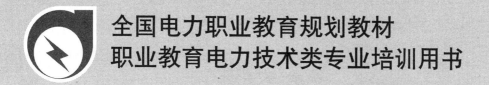

全国电力职业教育规划教材
职业教育电力技术类专业培训用书

农网变电运行与维护

焦日升　焦俊驰　编著

中国电力出版社
CHINA ELECTRIC POWER PRESS

内 容 提 要

本书为全国电力职业教育规划教材。

全书主要以 35、66 kV 的农网典型设计接线的变电站为模型，按照国家电网公司对农网变电运维岗位的有关规定和标准，按"目标驱动"的模式编写，直入主题。本书通过对农网变电运维岗位人员应重点掌握的智能变电站、变电站设备维护、变电站倒闸操作、变电站异常及事故处理四个方面的知识进行了翔实的分析和阐述，旨在提高农网变电运维岗位人员的技能水平，提升岗位能力。

本书主要作为电气运行人员与维护人员技能鉴定和提升岗位能力的专业培训用书，也可作为电力行业院校电力技术类及相关专业的教学用书。

图书在版编目（CIP）数据

农网变电运行与维护/焦日升，焦俊驰编著. —北京：中国电力出版社，2014.12

全国电力职业教育规划教材

ISBN 978 - 7 - 5123 - 6792 - 0

Ⅰ.①农… Ⅱ.①焦… ②焦… Ⅲ.①农村配电－变电所－电力系统运行－职业教育－教材 ②农村配电－变电所－电气设备－维修－职业教育－教材 Ⅳ.①TM63

中国版本图书馆 CIP 数据核字（2014）第 272399 号

中国电力出版社出版、发行

（北京市东城区北京站西街 19 号　100005　http：//www.cepp.sgcc.com.cn）

北京丰源印刷厂印刷

各地新华书店经售

*

2014 年 12 月第一版　　2014 年 12 月北京第一次印刷

787 毫米×1092 毫米　16 开本　32 印张　784 千字

定价 **80.00** 元

本书编审委员会

前 言

本书是根据国家电网公司"三集五大"体系建设要求和国家电网公司企业标准 Q/GDW 232—2008《国家电网公司生产技能人员职业能力培训规范》变电运行岗位相应知识及技能规定标准编写的一本变电运维岗位技能培训教材。在编写过程中得到了全国各网省电力公司有关专家、生产技术人员的大力支持与帮助。

本书从农网变电站的实际工作出发，通过对智能变电站、变电站设备维护、变电站倒闸操作、变电站异常及事故处理四个方面的知识进行了翔实的分析和阐述。本书解决了农网变电运维岗位人员急需有针对性的专用培训、技能鉴定教材的问题。通过"目标驱动"模式培训，可提高农网变电运维岗位人员的技能水平及胜任新型岗位的能力。

能够在相对最短的时间内，采用最为有效的培训模式使被培训者掌握必要的技术技能，是职业培训工作者一直探索的问题。编者通过多年的教学实践和调研发现，"目标驱动"模式培训受到了广大电力行业从业人员的广泛认同，并取得了良好的培训效果。

"目标驱动"的核心，在于要能够十分准确地对"是否达到了目标"进行判定。"达到了我们所期待的培训目标"是检验培训最终效果的"试金石"。

本书的特点：

（1）知识先进、理论联系实际，具有实用性和通用性的特点。

（2）图文并茂、内容丰富，具有可操作性强和适用广泛的特点。

（3）将所需知识、原理及相关规程、规定应用于不同的"目标驱动"之中，引导被培训者通过"目标驱动"培训模式直入主题，掌握和应用相关知识。

（4）可用于实际工作指导和培训，也可配合变电运维仿真系统进行自学和培训。

通过教学培训实践证明：本书对变电运维专业从业人员技术、技能水平的迅速提高起到了很大的促进作用，具有较强的专业指导意义，得到了现场员工的广泛认可，认知度较高。

本书第一章由焦日升、焦俊驰编著，第二章～第四章由焦日升编著。

对本书中所引用的专业书籍、论文及设备装置说明书的相关作者和有关设备制造厂家致以衷心的感谢！

焦日升技能大师工作室

2014 年 12 月

目　录

智 能 变 电 站

第 一 节　智 能 变 电 站 简 介

培训目标

(1) 掌握智能变电站体系结构和网络结构。
(2) 了解智能变电站智能设备功能、特点及状态监测。
(3) 了解智能变电站传输信息内容及特点。
(4) 了解智能变电站监控系统的主要功能。

【模块一】　智能变电站认知

一、智能变电站与常规变电站

变电站是电力网络的节点，它连接线路，输送电能，担负着变换电压等级、汇集电流、分配电能、控制电流流向、调整电压等功能。变电站的智能化运行是实现智能电网的基础环节之一。

智能变电站采用先进、可靠、集成、环保的智能设备，以全站信息数字化、通信平台网络化，信息共享标准化为基本要求，不仅能自动完成信息采集、测量、控制、保护、计量和监测等常规功能，还能在线监测站内设备的运行状态，智能评估设备的检修周期，从而完成设备资产的全寿命周期管理。同时具备支持电网实时自动控制、智能调节、在线分析决策、协同互动等高级应用功能。

如图1-1、图1-2所示，智能变电站能够完成比常规变电站范围更宽、层次更深、结

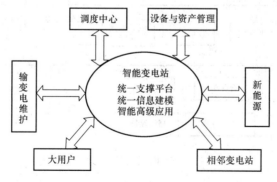

图 1-1　智能变电站概念示意图

构更为复杂的信息采集和信息处理，变电站内、站与调度、站与站之间、站与大用户和分布式能源的互动能力更强，信息的交换和融合更为方便快捷，控制手段更为灵活可靠。与常规变电站相比，智能变电站设备具有信息数字化、功能集成化、结构紧凑化、状态可视化等主要技术特征，符合易扩展、易升级、易改造、易维护的工业化应用要求。

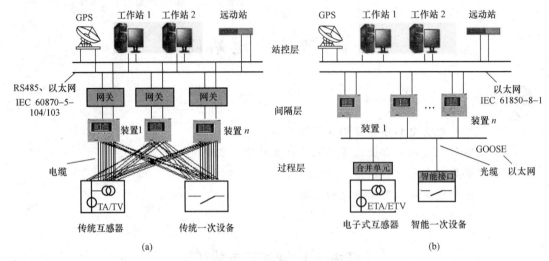

图 1-2　智能变电站与常规变电站结构对比图

(a) 传统变电站结构图；(b) 智能变电站结构图

二、智能变电站系统结构

如图 1-3 所示，智能变电站系统结构从逻辑上可以划分为三层，分别是站控层、间隔层和过程层。

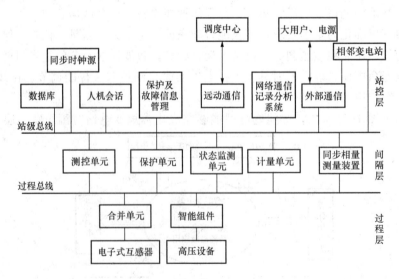

图 1-3　智能变电站系统结构

(1) 站控层。站控层包含自动化站级监视控制系统、站预控制、通信系统、对时系统等子系统，实现面向全站设备的监视、控制、告警及信息交互功能，完成数据采集和监视控制

（SCADA）、操作闭锁以及同步向量采集、电能量采集、保护信息管理等相关功能。

站控层功能高度集成，可在计算机或嵌入式装置中实现，也可分布在多台计算机或嵌入式装置中实现。

（2）间隔层。间隔层设备一般指继电保护装置、系统测控装置、监视功能组的主智能电子装置等二次设备，实现使用一个间隔数据并且作用于该间隔一次设备的功能，即与各种远方输入/输出、传感器和控制器通信。

（3）过程层。过程层包括变压器、断路器、隔离开关、电流/电压互感器等一次设备及其所属的智能组件以及独立的智能电子装置。

三、智能变电站网络结构和作用

1. 网络结构

变电站网络在逻辑上由站控层网络、间隔层网络、过程层网络组成。

站控层网络是指间隔层设备和站控层设备之间的网络，实现站控层内部以及站控层与间隔层之间的数据传输。

间隔层网络是指用于间隔层设备之间的通信，与站控层网络相连。

过程层网络是指间隔层设备和过程层设备之间的网络，实现间隔层设备与过程层设备之间的数据传输。

全站的通信网络应采用高速工业以太网组成，传输带宽应大于或等于 100Mb/s，部分中心交换机之间的连接宜采用 1000Mb/s 数据端口互联。

以 110kV 及以下变电站网络结构为例，其变电站自动化系统可采用三层设备两层网络结构，也可采用三层设备一层网络结构。

（1）110kV 及以下变电站站控层网络。

1）网络结构拓扑宜采用单星型。

2）站控层网络采用 100Mb/s 或更高速度的工业以太网。

3）站控层网络可传输 MMS 报文和 GOOSE 报文。

4）站控层交换机连接数据通信网关机、监控主机、综合应用服务器、数据服务器等设备。

（2）110kV 及以下变电站间隔层网络。

1）间隔层网络连接站控层网络，采用星型结构。

2）间隔层网络采用 100Mb/s 或更高速度的工业以太网。

3）间隔层交换机连接间隔内的保护、测控和其他智能电子设备，用于间隔内信息交换。

4）宜通过划分虚拟局域网（VLAN）将网络分隔成不同的逻辑网段。

（3）110kV 及以下变电站过程层网络。

过程层网络是间隔层设备和过程层设备之间的网络，实现间隔层设备与过程层设备之间的数据传输。全站的通信网络应采用高速工业以太网组成，传输带宽应大于或等于 100Mb/s，部分中心交换机之间的连接宜采用 1000Mb/s 数据端口互联。过程层网络包括 GOOSE 网和 SV 网，分别要求：

1）GOOSE 网。

a. 采用 100Mb/s 或更高速度的工业以太网。

b. 用于间隔层和过程层设备之间的数据交换。

c. 过程层 GOOSE 报文应采用网络方式传输，网络结构拓扑宜采用星型。

d. 110(66)kV 宜配置双网。35kV 及以下若采用户内开关柜保护测控下放布置时，宜不设置独立的 GOOSE 网络，GOOSE 报文可通过站控层网络传输。若采用户外敞开式配电装置保护测控集中布置时，可设置独立的 GOOSE 网络。主变压器各侧宜配置双网。

e. 保护装置与本间隔的智能终端设备之间采用点对点通信方式。

f. GOOSE 网络宜多间隔共用交换机。

2) SV 网（过程层采样值网络）。

a. 宜采用网络方式传输，通信协议宜采用 DL/T 860.92 或 IEC 61850-9-2 标准。采用 100Mb/s 或更高速度的工业以太网。

b. 用于间隔层和过程层设备之间的采样值传输。

c. 对于网络方式，网络结构拓扑宜采用星型，宜按照双网配置。

d. 保护装置以点对点方式接入 SV 数据。35kV 及以下若采用户内开关柜保护测控下放布置时，可采用点对点连接方式。若采用户外敞开式配电装置保护测控集中布置时，可采用点对点或网络连接方式。

e. 采样值网络宜多间隔共用交换机。

2. 网络作用

通过智能变电站站控层网络、过程层网络物理联系，逻辑上实现了智能变电站三个层次的应用功能：数据采集和统一存储、数据消息总线和统一访问接口、五类应用功能（运行监视、操作与控制、信息综合分析与智能告警、运行管理、辅助应用）。

四、智能设备

1. 智能组件

对一次设备进行测量、控制、保护、计量、检测等一个或多个二次设备的集合。安装于宿主旁，承担与宿主设备相关测量、控制和监控等功能。智能组件还可集成相关继电保护功能，智能组件内部及外部均支持网络通信。智能组件的结构与通信示意图如图 1-4 所示。

2. 智能高压设备

一次设备与其智能组件的有机结合体，两者共同组成一台（套）完整的智能设备。具有测量数字化、控制网络化、状态可视化、功能一体化和信息互动化特征的高压设备，如图 1-5 所示。

（1）智能变压器：变压器本体，内置或外置于变压器本体的传感器和控制器，实现对变压器测量、控制、计量、监测和保护的智能组件。

（2）断路器和组合电器：对于敞开式开关设备，一个智能组件隶属于一个断路器间隔，包括断路器及与其相关的隔离开关、接地开关、快速接地开关等。对于高压组合电器设备，还包括相关的电流电压互感器。

（3）智能断路器：具有较高性能的开关设备和控制设备，配有电子设备、传感器和执行器，不仅具有开关设备的基本功能，还具有附加功能，尤其在监测和诊断方面。其主要功能是：实现重合闸的智能操作。分合闸相角控制，实现断路器选项合闸和同步判断。

断路器和组合电器的智能化主要包括测量、控制、计量、状态监测和保护。

3. 电子式互感器

电子式互感器由连接到传输系统和二次转换器的一个或多个电流或电压传感器组成，用

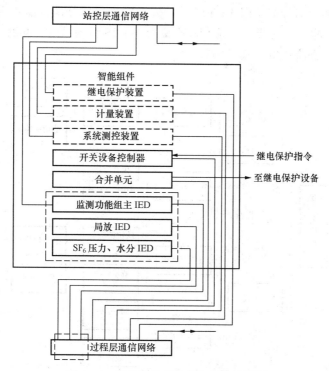

图 1-4 智能组件的结构与通信示意图

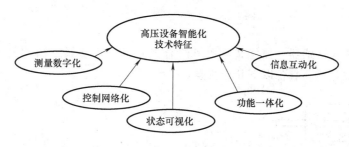

图 1-5 高压设备智能化技术特征

于传输正比于被测量的量,供测量仪器、仪表和继电保护或控制装置。

（1）电子式互感器的通用结构如图 1-6 所示,P1、P2 是一次输入端,S1、S2 是电压模拟量的二次输出端,数字输出与过程层的合并单元对接。

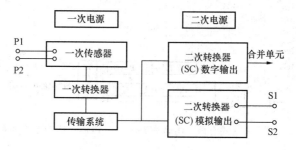

图 1-6 电子式互感器的通用结构

（2）电子式互感器的分类如图1-7所示。按一次传感部分是否需要供电划分为有源式电子互感器和无源式电子互感器。按应用场合划分为GIS结构的电子互感器、AIS结构（独立式）电子互感器、直流用电子式互感器。

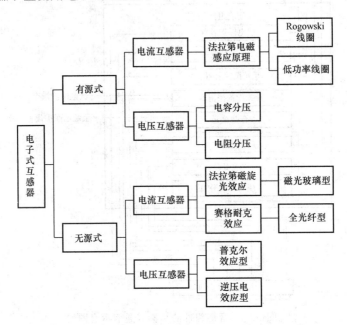

图1-7　电子式互感器的分类

（3）有源电子式互感器。独立式有源（组合式）电子互感器结构及工作原理如图1-8所示，有源电子式互感器具备以下几个特点：

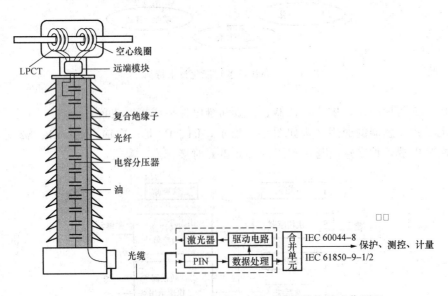

图1-8　独立式有源（组合式）电子互感器结构及工作原理

1) 利用电磁感应等原理感应被测信号。

TA：空心线圈（RC）；低功率线圈（LPCT）。

TV：分压原理：电容、电感、电阻。

2) 传感头部分具有需用电源的电子电路。

3) 利用光纤传输数字信号。

4) 独立式、GIS 式。

（4）无源电子互感器。无源电子互感器结构及工作原理如图 1-9 所示，无源电子式互感器与有源式电子互感器相比，无源式电子互感器的传感模块利用光学原理，由纯光学器件构成，不含电子电路，有着有源式无法比拟的电磁兼容性能。

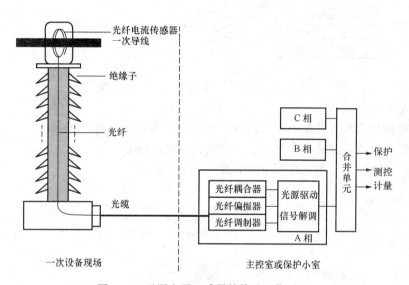

图 1-9 无源电子互感器结构及工作原理

无源电子式互感器具备以下几个特点：

1) 利用光纤传输传感信号。

2) 传感头部分不需电子电路及其电源。

3) 独立安装的互感器的理想解决方案。

4) Faraday 磁光效应（电流互感器）。

5) Pockels 电光效应（电压互感器）。

4. 合并单元

合并单元用以对来自二次转换器的电流和/或电压数据进行时间相关组合的物理单元。合并单元可以是互感器的一个组成件，也可以是一个分立单元。

合并单元对来自远端模块的各相电流电压信号进行同步，并转发给二次设备。如图 1-10 所示。

5. 一体化站用电源系统

将站用交流、直流、UPS、通信电源系统统一设计、生产：

（1）建立电源系统监控统一平台，与自动化系统集成，实现统一智能监控，进而实现状态检修。

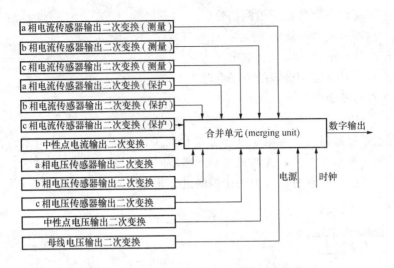

图 1-10　互感器与合并单元关系逻辑框图

　　(2) 智能监控除常规范围外,还包括蓄电池容量监测,交流系统漏电监测,所有进线、馈线回路监控,电源回路的程序化操作、联锁、协调联动等。

　　交直流一体化站用电源系统示意图如图 1-11 所示。

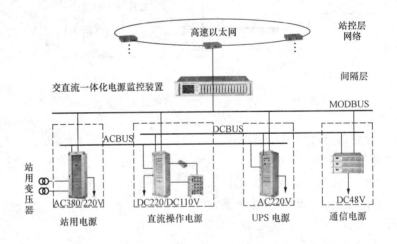

图 1-11　交直流一体化站用电源系统示意图

五、设备状态监测

　　通过传感器、计算机、通信网络等技术,获取设备的各种特征参量并结合专家系统分析,及早发现设备潜在故障。

　　例如:监测主变压器油中溶解气体、油中水分,铁芯接地电流,UHF 变压器局放检测等。监测 GIS、断路器 SF_6 气室微水、压力、温度、设备局部放电等。监测断路器分合闸时间、速度、分合闸线圈电流,储能电机工作状态(工作时的直流电流、电压波形),操作次数(含偷跳),开断电流加权值统计等。监测避雷器泄漏电流、动作次数等。监测组合型电子式互感器电流、电压信号数字化。

1. GIS 一、二次设备的状态监测

GIS 一、二次设备的状态监测示意图如图 1-12 所示，其智能组件柜功能如下：

（1）智能单元：完成开关、隔离开关等分合控制功能。

（2）合并单元：负责接入套管 CT（电子式互感器或传统互感器）。

（3）通用检测单元：负责接入温度、压力、液位等通用接口的信号，及瓦斯等非电量信号；此通用检测单元可作为监测功能组主 IED。

（4）专业检测单元：针对油中溶解气体、油中水分，铁芯接地电流，UHF 变压器局放检测，TMB 高压套管绝缘在线监测等专业性较强，数据分析较为复杂的监测项目；各专业检测单元装置物理独立。如果专业检测单元输出信号不符合 IEC 61850 标准，则需要经过通用检测单元来建模和转换，此通用检测单元功能可由监测功能组主 IED 完成。

（5）智能组件通过间隔数据单元实现与系统层的 IEC 61850 通信。

（6）智能组件通过过程层数据单元实现智能组件之间的 IEC 61850 通信。

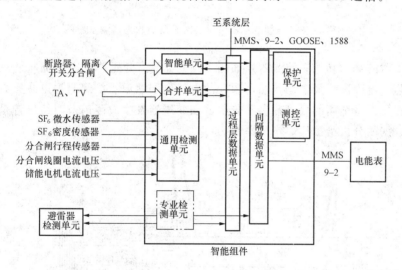

图 1-12　GIS 一、二次设备的状态监测示意图

2. 智能变压器状态监测

智能变压器一、二次设备的状态监测示意图如图 1-13 所示，其智能组件柜功能如下：

（1）智能单元：完成冷却器、有载分接开关等控制功能。

（2）合并单元：负责接入套管 CT（电子式互感器或传统互感器）。

（3）通用检测单元：负责检测接入温度、压力、液位等通用接口的信号，及气体等非电量信号；此通用检测单元可作为监测功能组主 IED。

（4）专业检测单元：针对油中溶解气体、油中水分，铁芯接地电流，UHF 变压器局放检测，TMB 高压套管绝缘在线监测等专业性较强，数据分析较为复杂的监测项目；各专业检测单元装置物理独立。如果专业检测单元输出信号不符合 IEC 61850 标准，则需要经过通用检测单元来建模和转换，此通用检测单元功能可由监测功能组主 IED 完成。

（5）智能组件通过间隔数据单元实现与系统层的 IEC 61850 通信。

（6）智能组件通过过程层数据单元实现智能组件之间的 IEC 61850 通信。

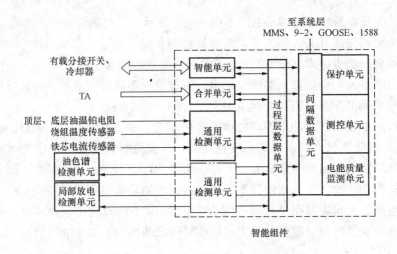

图 1-13　智能变压器一、二次设备的状态监测示意图

智能变压器的结构和状态监测示意如图 1-14 所示。变压器专家系统通过使用油色谱监测数据、铁芯电流频谱特征数据，结合顶层油温、底层油温、绕组测温以及压力和瓦斯动作等数据对变压器进行全面的故障预警和分析，在变压器发生故障前及时给出告警，在故障发生时通过对数据的分析给出故障产生原因。

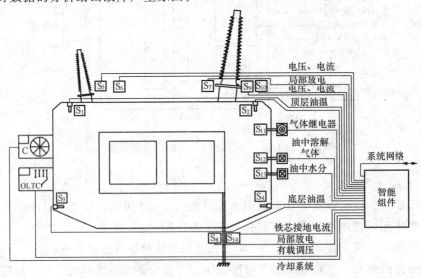

图 1-14　智能变压器的结构和状态监测示意图

注：

1. S1、S2 顶层油温，S3、S4 底层油温

2. S5、S6、S9、S10 电压、电流

3. S7、S8 局部放电

4、S11 瓦斯继电器

5. S12 油中溶解气体

6. S13 油中水分

7. S14 铁芯接地电流

8. C 冷却系统

9. OLTC 有载调压系统

3. 开关柜状态监测

开关柜测温系统示意图如图 1 - 15 所示，系统主要由安装在开关柜内的光纤温度传感器、光纤、光分路盒、光缆接续盒、光纤传感分析仪、火灾控制器、液晶显示屏、短信报警器、声光报警器等组成。

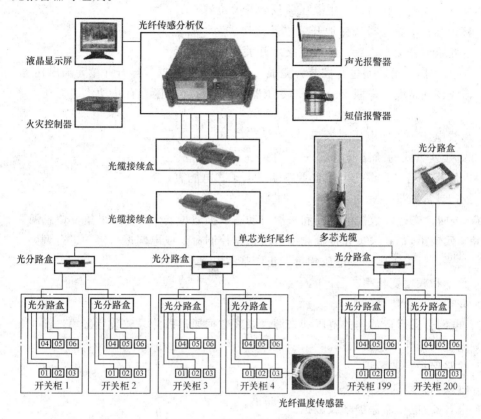

图 1 - 15 开关柜测温系统示意图

【模块二】 智能变电站数据传输与监控

一、智能变电站传输信息内容及特点

智能变电站传输信息应满足变电站当地运行管理和调度（调控）中心及其他主站系统的数据需求，满足智能电网调度技术支持系统以及调控一体化运行模式的要求，数据采集范围和传输要求如下。

1. 数据采集范围

数据采集范围应包括电网运行数据、设备运行信息、变电站运行异常信息。

2. 电网运行信息

电网运行信息包括稳态、动态和暂态数据。

（1）电网稳态运行数据的范围和来源。

1）状态数据采集，主要通过测控装置完成，信息源为一次设备辅助接点，通过电缆直接接入测控装置或智能终端。测控装置以 MMS 报文格式传输，智能终端以 GOOSE 报文格式传输。

　　a. 馈线、联络线、母联（分段）、变压器各侧断路器位置。

　　b. 电容器、电抗器、站用变压器断路器位置。

　　c. 母线、馈线、联络线、主变压器隔离开关位置。

　　d. 接地开关位置、母线接地开关位置。

　　e. 主变压器分接头位置，中性点接地开关位置等。

　　2）量测数据采集，通过测控装置完成，信息源为互感器（经合并单元输出）。

　　a. 馈线、联络线、母联（分段）、变压器各侧电流、电压、有功功率、无功功率、功率因数。

　　b. 母线电压、零序电压、频率。

　　c. 3/2 接线方式的断路器电流。

　　d. 电能量数据（来源于电能计量终端或电子式电能表）。

　　e. 统计计算数据。

　　（2）电网动态运行数据的范围和来源。动态数据通过 PMU 装置采集，信息源为互感器（经合并单元输出），其采集和传输频率应可根据控制命令或电网运行事件进行调整。

　　1）线路和母线正序基波电压相量、正序基波电流相量。

　　2）频率和频率变化率。

　　3）有功、无功计算量。

　　（3）电网暂态运行数据的范围和来源。录波数据通过故障录波装置采集：

　　1）主变压器保护录波数据。

　　2）线路保护录波数据。

　　3）母线保护录波数据。

　　4）电容器/电抗器保护录波数据。

　　5）开关分/合闸录波数据。

　　6）测量异常录波数据。

　　3. 设备运行信息

　　设备运行信息包括一次设备、二次设备和辅助设备运行信息。

　　（1）一次设备在线监测信息范围和来源：在线监测装置应上传设备状态信息及异常告警信号，一次设备在线监测数据通过在线监测装置采集。

　　1）变压器油箱油面温度、绕阻热点温度、绕组变形量、油位、铁芯接地电流、局部放电数据等。

　　2）变压器油色谱各气体含量等。

　　3）GIS、断路器的 SF_6 气体密度（压力）、局部放电数据等。

　　4）断路器行程—时间特性、分合闸线圈电流波形、储能电机工作状态等。

　　5）避雷器泄漏电流、阻性电流、动作次数等。

　　（2）二次设备运行状态信息范围和来源：包括二次设备健康状态诊断结果及异常预警信号，二次设备运行状态信息由站控层设备、间隔层设备和过程层设备提供。

　　1）装置运行工况信息。

2）装置软连接片投退信号。

3）装置自检、闭锁、对时状态、通信状态监视和告警信号。

4）装置 SV/GOOSE/MMS 链路异常告警信号。

5）测控装置控制操作闭锁状态信号。

6）保护装置保护定值、当前定值区号。

7）网络通信设备运行状态及异常告警信号。

（3）辅助设备运行状态信息范围和来源：辅助设备量测数据和状态量由电源、安防、消防、视频、门禁和环境监测等装置提供。

1）辅助设备量测数据。

a. 直流电源母线电压、充电机输入电压/电流、负载电流。

b. 逆变电源交、直流输入电压和交流输出电压。

c. 环境温度、湿度。

d. 开关室气体传感器氧气或 SF_6 浓度信息。

2）辅助设备状态量信息。

a. 交直流电源各进、出线开关位置。

b. 设备工况、异常及失电告警信号。

c. 安防、消防、门禁告警信号。

d. 环境监测异常告警信号。

e. 变电站运行异常信息包括保护动作、异常告警、自检信息和分析结果信息等。

二、智能变电站站内全景数据的统一信息平台

如图 1-16 所示，智能变电站内全景的统一信息平台利用先进的测量技术获得数据并将其转换成规范的信息，包括功率因数、电能质量、相位关系、设备健康状况和能力、表计的损坏、故障定位、变压器和线路负荷、关键元件的温度、停电确认、电能消费和预测等，为电力系统运行相关决策提供数据支持。

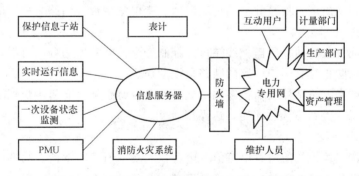

图 1-16 智能变电站内全景数据的统一信息平台

全景数据的统一信息平台实现变电站三态数据（稳态、暂态、动态）、设备状态、图像等全景数据综合采集技术。根据全景数据的统一建模原则，实现各种数据的品质处理技术及数据接口访问规范。开发满足各种实时性需求的数据中心系统，为智能化应用提供统一化的基础数据。

信息一体化平台作用：

（1）实现变电站全景数据平台，将反映变电站电力系统运行的稳态、暂态、动态数据以及光伏系统、电量系统、环境状态监测的数据集合采集到平台当中，对数据集合统一建模、统一接入、统一存储、统一处理、统一展示、统一上送。

（2）改变了变电站各个子系统数据采用不同编码规则、不同数据库平台所形成的若干信息孤岛。将原独立设置的各类子系统功能，经过整理全部融合，在统一平台上进行必要的数据结构重构，提高了数据利用率和互动性，提高了系统的可靠性、集成性及维护性。例如，常规变电站中的保护及故障信息子站、微机五防防误系统不再单独配置，降低了成本，提高了系统集成性。

（3）信息一体化平台对站内高级应用提供来源唯一、全面、标准的信息数据源和统一面向模型的数据接口。对变电站开放标准化的全景信息数据，实现全站应用功能在站控层后台的一体化配置及可视化展示。

三、智能变电站监控系统的主要功能

1. 显示功能

监控系统的显示功能包括显示变配电系统实际断路器柜体图、一次系统图，并在一次系统图上显示各断路器的分、合状态；显示各输配电回路的三相电流、三相电压、有功功率、无功功率、有功电能、无功电能、频率以及功率因数等电量参数；显示各断路器的分、合状态和事故报警类别等；显示各回路电量参数的实时曲线图；显示变压器的运行状态以及高温、超高温报警及瓦斯保护动作信息；显示其他工艺设备的运行状态及故障情况。

2. 报警功能

（1）状态报警：当变配电系统的断路器出现过载跳闸、短路故障以及综合继电保护装置内部故障时，计算机能通过多媒体音箱发出声音报警并自动记录时间、变电站名称、回路名称、事故类别。

（2）超限报警：当变配电系统的各参数量超过额定值时或其他工艺设备超限运行时，计算机能够通过多媒体音箱发出声音报警并自动记录时间、变电站名称、回路名称。

（3）三相不平衡报警：当变配电系统的三相电流或三相电压值出现不平衡时，计算机能够通过多媒体音箱发出声音报警并自动记录时间、变电站名称、回路名称。

3. 控制功能

在调控中心或变电站站控层监控终端可以控制变电站断路器的分、合闸，同时也可实现电气闭锁功能，以防止具有闭锁回路的断路器误动作。

在调控中心或变电站站控层监控终端下达操作命令时必须具有密码识别功能，只有操作人员输入正确密码并得到确认后才能下达操作命令。

4. 统计和打印功能

统计和打印所有监控站的所有电流值、电压值、功率值、频率值、功率因数值以及这些参数一天 24h 的变化曲线。统计和打印各断路器运行状态变化时间及故障报警时间类别。统计和打印各断路器操作时间及操作人员代码。统计和打印有功电能、无功电能的一天 24h 内单位小时用电量及向量图，同时具有峰谷计费功能。

5. 历史记录

在调控中心或变电站站控层监控终端能将所监测并统计的各电量参数、各断路器或隔离开关的状态变化时间、报警故障类别、操作人员代码和操作时间、开机或关机时间等信息永久保存，同时对整个变配电系统的运行情况进行分析。

6. 通信功能

监控系统内部通信遵守规定的通信协议，与上位机通信遵守规定的通信协议或 TCP/IP 通信协议。

7. 自检功能

监控系统应具有完善的自诊断功能。当监控系统发生故障时，自诊断功能将提供详细的故障信息，以便及时排除故障。

四、智能变电站监控系统应用软件的基本构成

监控系统是为监控人员提供的操作平台，以网络工作站的形式或以计算机的形式出现。变电站计算机监控技术是利用现代化技术、电子技术、通信技术、计算机及网络技术与电力设备相结合，将电网在正常及事故情况下的监测、控制、计量和供电部门的管理工作有机地融合在一起，完成监控端遥测、遥信、遥控、遥调四遥功能。任何一台运行在线的在线监控系统的机器都称为监控终端。智能变电站监控系统应用软件的基本构成如图 1-17 所示。

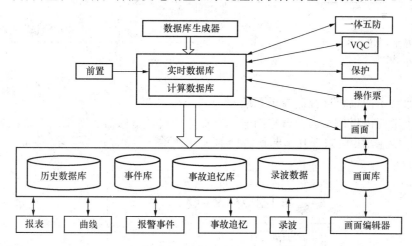

图 1-17 智能变电站监控系统应用软件的基本构成

五、智能变电站网络边界及安全防护

如图 1-18 所示，智能变电站一体化监控系统安全分区及防护原则如下：

（1）安全Ⅰ区的设备包括一体化监控系统监控主机、Ⅰ区数据通信网关机、数据服务器、操作员站、工程师工作站、保护装置、测控装置、PMU 等。

（2）安全Ⅱ区的设备包括综合应用服务器、计划管理终端、Ⅱ区数据通信网、变电设备状态监测装置、视频监控、环境监测、安防、消防等。

（3）安全Ⅰ区设备与安全Ⅱ区设备之间通信应采用防火墙隔离。

（4）智能变电站一体化监控系统通过正反向隔离装置向Ⅲ/Ⅳ区数据通信网关机传送数据，实现与其他主站的信息传输。

（5）智能变电站一体化监控系统与远方调度（调控）中心进行数据通信应设置纵向加密认证装置。

六、遥视系统构成及功能

变电站实现无人值班后，调控人员需要了解和掌握所调控变电站电气设备的运行状况和发生的问题，传统的人员定时巡视的方法已不能适应要求。因此需要在变电站自动化系统中

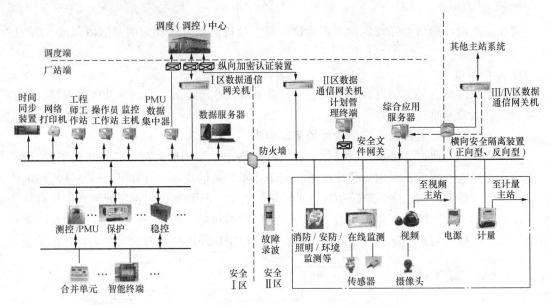

图 1-18 智能变电站一体化监控系统安全分区

配置基于图像技术的报警遥视监控子系统。

　　遥视系统主要由摄像头、云台控制器、红外热像仪、烟感器、图像识别系统和视频传输系统组成，如图 1-19 所示。其主要功能如下：

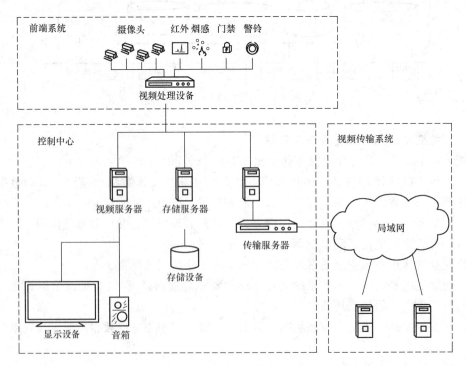

图 1-19 遥视系统构成示意图

（1）对空间进行扫描，能够对图像进行分割对比。如果有有害异物侵入，系统发出报警信号，启动录像装置，录入场景图像。

（2）循环监测电力设备发热程度，尤其是设备连接处，当检测到温度过高或温升过高时，系统发出报警信号，启动录像装置，录入场景图像。

（3）实现向调度和监控侧的遥信和视频图像传送，以使调控人员能够在远方了解和掌握变电站的实时信息，及时发现、处理事故。

（4）在调度和监控侧能够对云台进行远方控制，有巡视和特定场景的选择切换，能够实现远景和近景的变化控制。

（5）提供事后分析事故的有关图像资料。

（6）具有防火、防盗功能。

第二节　智能变电站应用

培训目标

（1）了解智能变电站术语定义。

（2）掌握调控告警信号类型与级别定义。

（3）了解智能变电站应用功能。

【模块一】 智能变电站术语及告警信息

一、智能变电站术语

1. 智能变电站

智能变电站（smart substation）是指采用先进、可靠、集成、低碳、环保的智能设备，以全站信息数字化、通信平台网络化、信息共享标准化为基本要求，自动完成信息采集、测量、控制、保护、计量和监测等基本功能，并可根据需要支持电网实时自动控制、智能调节、在线分析决策、协同互动等高级功能，实现与相邻变电站、电网调度等互动的变电站。

2. 智能设备

智能设备（intelligent equipment）是指一次设备与其智能组件的有机结合体，两者共同组成一台（套）完整的智能设备。

3. 智能组件

智能组件（intelligent combination）是指对一次设备进行测量、控制、保护、计量、检测等一个或多个二次设备的集合。

4. 智能单元

智能单元（smart unit）是一种智能组件。它与一次设备采用电缆连接，与保护、测控等二次设备采用光纤连接，实现对一次设备（如断路器、隔离开关、主变压器等）的测量、控制等功能。

5. 电子式互感器

电子式互感器（electronic instrument transformer）是一种装置，由连接到传输系统和二次转换器的一个或多个电流或电压传感器组成，用于传输正比于被测量的量，是供测量仪器、仪表和继电保护或控制装置应用的参数量。

6. 电子式电流互感器

电子式电流互感器（electronic current transformer，ECT）是一种电子式互感器，在正常适用条件下，其二次转换器的输出实质上正比于一次电流，且相位差在联结方向正确时接近于已知相位角。

7. 电子式电压互感器

电子式电压互感器（electronic voltage transformer，ETV）是一种电子式互感器，在正常适用条件下，其二次电压实质上正比于一次电压，且相位差在联结方向正确时接近于已知相位角。

8. 合并单元

合并单元（merging unit）是用以对来自二次转换器的电流和/或电压数据进行时间相关组合的物理单元。合并单元可以是互感器的一个组成件，也可以是一个分立单元。

9. 设备状态监测

设备状态监测（on-line monitoring of equipment）可通过传感器、计算机、通信网络等技术，获取设备的各种特征参量并结合专家系统分析，及早发现设备潜在故障。

10. 状态检修

状态检修（condition-based maintenance）是企业以安全、可靠性、环境、成本为基础，通过设备状态评价、风险评估、检修决策，达到运行安全可靠、检修成本合理的一种检修方式。

11. 制造报文规范

制造报文规范（manufacturing message specification，MMS）是 ISO/IEC 9506 标准所定义的一套用于工业控制系统的通信协议。MMS 规范了工业领域具有通信能力的智能传感器、智能电子设备（IED）、智能控制设备的通信行为，使出自不同制造商的设备之间具有互操作性（Interoperability）。

12. 面向变电站事件通用服务对象

面向变电站事件通用对象服务（generic objct oriented substation event，GOOSE），它支持由数据集组织的公共数据的交换，主要用于实现在多个具有保护功能的 IED 之间实现保护功能的闭锁和跳闸。

13. 互操作性

互操作性（interoperability）是指来自同一或不同制造商的两个以上智能电子设备交换信息、使用信息以正确执行规定功能的能力。

14. 一致性测试

一致性测试（conformance test）是指检验通信信道上数据流与标准条件的一致性，涉及访问组织、格式、位序列、时间同步、定时、信号格式和电平、对错误的反应等。执行一致性测试，证明与标准或标准特定描述部分相一致。一致性测试应由通过 ISO 9001 验证的组织或系统集成者进行。

15. 顺序控制

顺序控制（sequence control）是指发出整批指令，由系统根据设备状态信息变化情况判断每步操作是否到位，确认到位后自动执行下一指令，直至执行完所有指令。

16. 变电站自动化系统

变电站自动化系统（substation automation system）是指运行、保护和监视控制变电站一次系统的系统，实现变电站内自动化，包括智能电子设备和通信网络设施。

17. 交换机

交换机（switch）是一种有源的网络元件。交换机连接两个或多个子网，子网本身可由数个网段通过转发器连接而成。

18. 全景数据

全景数据（panoramic data）反映变电站电力系统运行的稳态、暂态、动态数据以及变电站设备运行状态、图像等的数据的集合。

19. 站域控制

站域控制（substation area control）可通过对变电站内信息的分布协同利用或集中处理判断，实现站内自动控制功能的装置或系统。

20. 站域保护

站域保护（substation area protection）是一种基于变电站统一采集的实时信息，以集中分析或分布协同方式判定故障，自动调整动作决策的继电保护。

二、调控告警信号类型与级别定义

按照对电网影响的程度，告警信号分为事故、异常、越限、变位、告知五类。级别分别对应如下：事故—1 级，异常—2 级，越限—3 级，变位—4 级，告知—5 级。

1. 事故信号

事故信号是由于电网故障、设备故障等，引起开关跳闸（包含非人工操作的跳闸）、保护装置动作出口跳合闸的信号以及影响全站安全运行的其他信号，是需实时监控、立即处理的重要信号。

事故信号实例：

（1）电气设备事故信息。

1）开关操作机构三相不一致动作跳闸。

2）站用电：站用电消失。

3）线路保护动作信号：保护动作（按构成线路保护装置分别接入监视）、重合闸动作、保护跳闸出口、低频减载动作。

4）母差保护动作信号：母差动作、失灵动作。

5）母联（分）保护动作信号：充电解列保护动作。

6）断路器保护动作信号：保护动作、重合闸动作。

7）主变压器保护动作信号：主保护动作、高（中、低）后备保护动作、过负荷告警、公共绕组过负荷告警（自耦变压器）、过载切负荷装置动作。

8）主变压器本体保护动作信号：本体重瓦斯动作、有载重瓦斯动作、本体压力释放动作、有载压力释放动作、冷却器全停、主变压器温度高跳闸等信号。

9）并联电容、电抗保护动作信号：保护动作。

10）所（站）用变压器保护动作信号：保护动作、非电量保护动作。

11）直流系统：全站直流消失。

12）继电保护、自动装置的动作类报文信息。

13）厂站、间隔事故总信号。

14）接地信号。

（2）辅助系统事故信息。

1）公用消防系统：火灾报警动作、消防装置动作。

2）主变压器消防系统喷淋装置动作、主变压器排油注氮出口动作。

3）厂站全站远动通信中断。

2. 异常信号

异常信号是反映设备运行异常情况的报警信号，影响设备遥控操作的信号，直接威胁电网安全与设备运行，是需要实时监控、及时处理的重要信号。

异常信号实例：

（1）威胁电网安全与设备运行的信号。

1）主变压器本体：冷却器全停、冷却器控制电源消失、本体油温过高、本体绕组温度高、本体风机工作电源故障、风机电源消失、本体风机停止、本体轻瓦斯告警、有载轻瓦斯告警。

2）开关操作机构：

a. 液压机构：油压低分闸闭锁、油压低合闸闭锁、氮气泄漏总闭锁。

b. 气动机构：气压低分、合闸闭锁。

c. 弹簧机构：储能电源故障、弹簧未储能。

3）气体绝缘的电流互感器、电压互感器：SF_6 压力异常（告警）信号。

4）GIS 本体动作信号：各气室 SF_6 压力低报警、闭锁信号。

5）线路电压回路监视：线路、母线电压无压、母线切换继电器动作异常。

6）母线电压回路监视：TV 二次侧并列动作、保护或测量电压消失、TV 二次侧测量保护空开动作、计量电压消失、TV 二次侧并列装置失电。

7）直流系统：绝缘报警（直流接地）、充电机交流电源消失。

8）UPS 及逆变装置：交直流失电、过载、故障信号。

9）保护装置信号：异常运行告警信号、故障闭锁信号（含重合闸闭锁）、交流回路（保护 TA 或 TV 断线）、装置电源消失信号、保护通道异常、保护自检异常的报文信号。

10）测控装置：异常运行告警信号、装置电源消失。

11）各测控/保护/测控保护一体化装置、远动装置：通信中断信号。

12）稳控装置：低周低压减荷装置、过负荷联切装置等稳控装置故障信号。

13）各备用电源自投装置：装置故障信号。

（2）影响遥控操作的信号。

1）GIS 操作机构异常信号：开关储能电动机失电、隔离开关操作电机失电。

2）控制回路状态：控制回路断线、控制电源消失。

3）主变压器过负荷闭锁有载调压操作的信号。

（3）设备故障告警信号。

1）主变压器本体：本体冷却器故障、有载油位异常、本体油位异常、本体风机故障、滤油机故障。

　　2）开关操作机构：加热器、照明空开跳闸。

　　3）GIS 操作机构异常信号：加热器故障、GIS 汇控柜告警电源消失。

　　4）厂站、间隔预告信号。

　　5）直流系统：直流接地、直流模块故障、直流电压过高、直流电压过低信号。

　　6）防误系统：电源失压告警信号。

　　7）继电保护与自动装置的网络异常信号。

　　8）GPS 告警信号：失步、异常告警、失电、无脉冲。

　　3．越限信号

　　越限信号是反映重要遥测量超出报警上下限区间的信息。重要遥测量主要有设备有功、无功、电流、电压、主变压器油温、断面潮流等。是需实时监控、及时处理的重要信号。

　　4．变位信号

　　变位信号特指开关类设备状态（分、合闸）改变的信息。该类信息直接反映电网运行方式的改变，是需要实时监控的重要信息。

　　5．告知信号

　　告知信号是反映电网设备运行情况、状态监测的一般信息，它主要包括隔离开关、接地刀闸位置信号、主变压器运行挡位，以及设备正常操作时的伴生信号（如保护连接片投/退、保护装置、故障录波器、收发信机的启动、异常消失信号，测控装置就地/远方等）。该类信号需定期查询。

【模块二】　智能变电站应用功能

一、智能变电站一体化监控系统的应用功能

　　智能变电站一体化监控系统的应用功能结构如图 1-20 所示，分为数据采集和统一存储、数据消息总线和统一访问接口、五类应用功能三个层次。

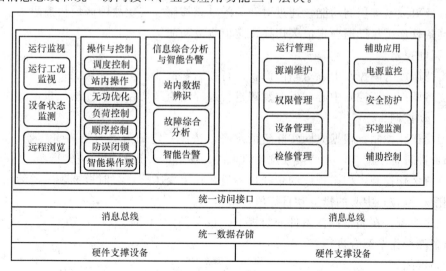

图 1-20　智能变电站一体化监控系统应用功能结构示意图

五类应用功能包括运行监视、操作与控制、信息综合分析与智能告警、运行管理、辅助应用。

1. 运行监视

通过可视化技术，实现对电网运行信息，保护信息，一、二次设备运行状态等信息的运行监视和综合展示。包含运行工况监视、设备状态监测和远程浏览三个方面。

（1）运行工况监视。

1）实现智能变电站全景数据的统一存储和集中展示。

2）提供统一的信息展示界面，综合展示电网运行状态、设备监测状态、辅助应用信息、事件信息、故障信息。

3）实现装置连接片状态的实时监视，当前定值区的定值及参数的召唤、显示。

（2）设备状态监测。

1）实现一次设备运行状态的在线监视和综合展示。

2）实现二次设备的在线状态监视，宜通过可视化手段实现二次设备运行工况、站内网络状态和虚端子连接状态监视。

3）实现辅助设备运行状态的综合展示。

（3）远程浏览。调度（调控）中心可以通过数据通信网关机，远方查看智能变电站一体化监控系统的运行数据，包括电网潮流、设备状态、历史记录、操作记录、故障综合分析结果等各种原始信息以及分析处理信息。

2. 操作与控制

实现智能变电站内设备就地和远方的操作控制。包括顺序控制、无功优化控制、正常或紧急状态下的断路器/隔离开关操作、防误闭锁操作等。调度（调控）中心通过数据通信网关机实现调度控制、远程浏览等。

（1）站内操作。

1）具备对全站所有断路器、电动开关、主变压器有载调压分接头、无功功率补偿装置及与控制运行相关的智能设备的控制及参数设定功能。

2）具备事故紧急控制功能，通过对开关的紧急控制，实现故障区域快速隔离。

3）具备软连接片投退、定值区切换、定值修改功能。

（2）调度控制。

1）支持调度（调控）中心对站内设备进行控制和调节。

2）支持调度（调控）中心对保护装置进行远程定值区切换和软连接片投退操作。

（3）自动控制。

1）无功优化控制：根据电网实际负荷水平，按照一定的策略对站内电容器、电抗器和变压器挡位进行自动调节，并可接收调度（调控）中心的投退和策略调整指令。

2）负荷优化控制：根据预设的减载目标值，在主变压器过载时根据确定的策略切负荷，可接收调度（调控）中心的投退和目标值调节指令。

3）顺序控制：在满足操作条件的前提下，按照预定的操作顺序自动完成一系列控制功能，宜与智能操作票配合进行。

（4）防误闭锁。

根据智能变电站电气设备的网络拓扑结构，进行电气设备的有电、停电、接地三种状态的拓扑计算，自动实现防止电气误操作逻辑判断。

（5）智能操作票。

在满足防误闭锁和运行方式要求的前提下，自动生成符合操作规范的操作票。

3. 信息综合分析与智能告警

通过对智能变电站各项运行数据（站内实时/非实时运行数据、辅助应用信息、各种报警及事故信号等）的综合分析处理，提供分类告警、故障简报及故障分析报告等结果信息。

（1）站内数据辨识。

1）数据校核：检测可疑数据，辨识不良数据，校核实时数据准确性。

2）数据筛选：对智能变电站告警信息进行筛选、分类、上送。

（2）故障分析决策。

1）故障分析：在电网事故、保护动作、装置故障、异常报警等情况下，通过综合分析站内的事件顺序记录、保护事件、故障录波、同步相量测量等信息，实现故障类型识别和故障原因分析。

2）分析决策：根据故障分析结果，给出处理措施。宜通过设立专家知识库，实现单事件推理、关联多事件推理、故障智能推理等智能分析决策功能。

3）人机互动：根据分析决策结果，提出操作处理建议，并将事故分析的结果进行可视化展示。

（3）智能告警。建立智能变电站故障信息的逻辑和推理模型，进行在线实时分析和推理，实现告警信息的分类和过滤，为调度（调控）中心提供分类的告警简报。

4. 运行管理

通过人工录入或系统交互等手段，建立完备的智能变电站设备基础信息，实现一、二次设备运行、操作、检修、维护工作的规范化。

（1）源端维护。

1）遵循 Q/GDW 624，利用图模一体化建模工具生成包含变电站主接线图、网络拓扑、一、二次设备参数及数据模型的标准配置文件，提供给一体化监控系统与调度（调控）中心。

2）智能变电站一体化监控系统与调度（调控）中心根据标准配置文件，自动解析并导入到自身系统数据库中。

3）变电站配置文件改变时，装置、一体化监控系统与调度（调控）中心之间应保持数据同步。

（2）权限管理。

1）设置操作权限，根据系统设置的安全规则或者安全策略，操作员可以访问且只能访问自己被授权的资源。

2）自动记录用户名、修改时间、修改内容等详细信息。

（3）设备管理。

1）通过变电站配置描述文件（SCD）的读取、与生产管理信息系统交互和人工录入三种方式建立设备台账信息。

2）通过设备的自检信息、状态监测信息和人工录入三种方式建立设备缺陷信息。

（4）定值管理。接收定值单信息，实现保护定值自动校核。

（5）检修管理。通过计划管理终端，实现检修工作票生成和执行过程的管理。

5．辅助应用

通过标准化接口和信息交互，实现对站内电源、安防、消防、视频、环境监测等辅助设备的监视与控制，包含电源监控、安全防护、环境监测和辅助控制四个方面内容。

（1）电源监控：采集交流、直流、不间断电源、通信电源等站内电源设备运行状态数据，实现对电源设备的管理。

（2）安全防护：接收安防、消防、门禁设备运行及告警信息，实现设备的集中监控。

（3）环境监测：对站内的温度、湿度、风力、水浸等环境信息进行实时采集、处理和上传。

（4）辅助控制：实现与视频、照明的联动。

二、智能变电站五类应用功能数据流向说明

1．应用间数据流向

智能变电站五类应用功能数据流向如图 1-21 所示。

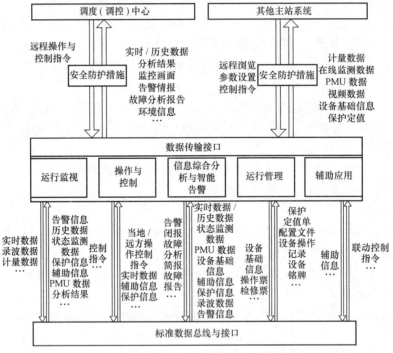

图 1-21　智能变电站五类应用功能数据流向

2．内部数据流

运行监视、操作与控制、信息综合分析与智能告警、运行管理和辅助应用通过标准数据总线与接口进行信息交互，并将处理结果写入数据服务器。

（1）运行监视。

1）流入数据：告警信息、历史数据、状态监测数据、保护信息、辅助信息、分析结果信息等。

2）流出数据：实时数据、录波数据、计量数据等。

（2）操作与控制。

1）流入数据：当地/远方的操作指令、实时数据、辅助信息、保护信息等。

2）流出数据：设备控制指令。

（3）信息综合分析与智能告警。

1）流入数据：实时/历史数据、状态监测数据、PMU数据、设备基础信息、辅助信息、保护信息、录波数据、告警信息等。

2）流出数据：告警简报、故障分析报告等。

（4）运行管理。

1）流入数据：保护定值单、配置文件、设备操作记录、设备铭牌等。

2）流出数据：设备台账信息、设备缺陷信息、操作票和检修票等。

（5）辅助应用。

1）流入数据：联动控制指令。

2）流出数据：辅助设备运行状态信息。

3. 外部数据流

智能变电站一体化监控系统的五类应用通过数据通信网关机与调度（调控）中心及其他主站系统进行信息交互。外部信息流包括流入数据与流出数据。

（1）流入数据：远程浏览和远程控制指令。

（2）流出数据：实时/历史数据、分析结果、监视画面、设备基础信息、环境信息、告警简报、故障分析报告等。

三、智能变电站部分应用功能简述

智能变电站具备数字化变电站典型的"三层两网"结构，是数字化变电站的延伸和发展。智能变电站与数字化变电站的主要区别在于站控层增加了高级应用服务器，实现多种高级应用功能，即设备状态可视化、智能告警与故障综合分析、源端维护、智能开票、一键式顺序控制、智能机器人巡检、负荷优化控制等。

1. 设备状态可视化

状态可视化是指基于自监测信息和经由信息互动获得的高压设备及其他状态信息，通过智能组件的自诊断，以智能电网其他相关系统可辨识的方式表述自诊断结果，使高压设备状态在电网中是可观测的。变电站端应采集主要一次设备（变压器、断路器等）状态信息，进行状态可视化展示并发送到上级系统，为实现优化电网运行和设备运行管理提供基础数据支撑。变电站的高级应用服务器将站内设备的状态在线监测信息上送，使上级部门能够监测站内设备状态并制订合理的检修策略。

变电站传统检修存在一个问题：电力系统长期以来在保障设备可靠运行方面做了大量的工作，尤其以定检为例，在规定的时间内必须停电检修。定检在过去的常规变电站中，为电力系统的稳定运行起到了一定的促进作用，但是随着技术进步也暴露出一些弊端。首先，定检存在一定的盲目性，不是站内所有设备都需要停电检修，而且检修本身也存在对设备的破坏性。其次，一次设备的动作次数是其寿命的重要象征，在检修期间的频繁动作缩短了其工作寿命。大面积检修之后往往容易给设备恢复正常状态留下隐患，如二次回路接线不能恢复到位、软硬连接片恢复不正确等。

变电站智能化状态监测系统基本结构及功能示意如图1-22所示。

将一次设备的状态传感器置于智能终端内，实现一次设备的状态检修，可以简化检验项目，开展状态检修。减少一次设备定期计划检修维护，降低检修费用，减少停电时间，进一

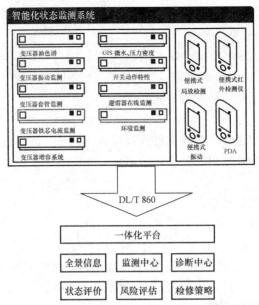

图1-22　变电站智能化状态监测系统基本结构及功能示意

步降低变电站全寿命周期成本。配置用于监测系统主设备的传感器包括 GIS 中 SF_6 气体压力密度传感器、微水监测传感器，断路器机械特性监测，主变压器油中溶解气体及微水监测、光纤绕组测温传感器、局部放电 UHF 探头、高压侧套管绝缘传感器、穿心式铁芯接地电流传感器，全站避雷器放电计数漏电流在线监测。

　　智能一次设备可以根据状态监测信息来判断开关的当前工作状态，同时处于操作的准备状态。当电力系统发生故障、继电保护装置发出分闸信号或者正常操作命令后，智能一次设备根据一定的算法求得与开关工作状态对应的操作机构预定的最佳状态，并驱动执行机构将操作机构调整至该状态，从而实现最优操作。智能化开关能对其状态进行连续不断的监测，同时记录每次开断情况，包括开断电流的大小、开断类型、是否发生拒分拒合现象等，短路时还应记录短路电流的变化过程，以便进行事故分析和开关维护。同时，也可通过断路器累积开断电流的大小来分析开关触头的烧蚀情况。利用所获的设备工作及状态信息，实现对设备状态的实时监测，并能够根据判别结果，进行相应的告警、保护等措施，保证一次设备的可靠性。

　　随着一次设备状态检修的推广，由于检修设备而导致的停电时间将越来越短，客观上对电气二次不停电检修提出了新要求，电气二次设备的状态检测对象不是单一元件，而是一个单元或一个系统。充分利用 IED 本身具备状态检修的实施基础（包括光纤通信系统、直流系统、回路系统、逻辑判断回路、软件功能等），在智能化变电站中开发专用的系统软件，分析二次设备运行状态，直接实现状态检修。

　　2. 智能告警与故障综合分析

　　智能告警及分析决策功能一方面能够对变电站的监控信息根据信息的重要程度进行分类分画面显示，同时也可以对一些检修中的设备信息进行人工屏蔽避免干扰，另一方面利用信息一体化平台的告警信息，根据一定的逻辑对告警及事故信息进行综合分析定位，并提供处理方案及措施，供运行操作人员参考。

　　智能告警技术为解决故障发生时变电站上送信息拥堵问题，基于全站设备对象信息统一建模，通过告警信息的筛选过滤，实现变电站正常及事故情况下告警信息分类。通过告警信息之间的逻辑关联，运用推理技术确定最终告警，便于运行人员快速调用。智能告警技术建立了信息上送的优先级标准，在异常及事故情况下实现信息分级上送。

智能变电站基于网络化的二次设备，为全站容量信息的上送提供了可能，面对大量的告警信息，根据运行需求对信息进行综合分类管理，实现全站信息的分类告警功能。根据告警信息的级别实行优先级管理，方便重要告警信息的及时处理，有助于智能变电站应对各类突发事件。综合推理和分析决策报告将准确地提供必要的与事故和异常相关的信息，同时包含该事故和异常的一般性处理原则和推荐方法，协助运行人员及时地分析和处理事故，削弱事故对电网的影响和异常的危害性。

3. 源端维护

源端维护是指利用变电站与调度主站数据模型一致性，使变电站一体化平台中的图、模、库在调度主站端具备可视化显示，从而方便地实现在调度主站端对变电站图、模、库数据的在线远端维护。

源端是指变电站端，维护内容是变电站主接线图、网络拓扑关系图等。变电站经常面临增容、扩建、切改的任务，相应地变电站的主接线图也发生变化，需要更新。在变电站端可以采用手工图形编辑的方式进行维护更新。

源端维护使得调度主站的工作压力大大减轻，只需要在站端通过源端维护软件进行更新并上传，调度主站就可以得到更新后的结果。

4. 智能开票

智能变电站智能开票系统示意如图 1-23 所示。

智能开票系统能够根据运行操作规则、当前电网的实际运行方式，在对整个变电站进行全方位和整体防误基础上，自动生成符合操作规范、可以具体执行的操作票，从而大大减轻运行人员的劳动，提高开票速度，排除人为因素所造成的工作差错，具有非常重要的意义。

智能操作票是智能调度和智能化变电站的重要应用之一。其中，智能调度操作票用于调度自动化人员进行调度操作的自动开票，而智能倒闸操作票用于变电站操作人员进行变电站内的各种倒闸操作。

5. 顺序控制

顺序控制也称程序化操作，是指在变电站原有标准化操作的前提下，由变电站自动化系统自动按照操作票规定的顺序执行相关运行方式变化的操作任务，每执行一步操作前自动检查防误闭锁逻辑，执行后根据设备状态信息变化情况判断设备操作效果，一次性地自动完成多个控制步骤的操作。一键式顺序控制是集控中心人员根据操作要求选择一条顺序化操作命令（一键操作），操作票的执行和操作过程的校验由变电站内自动化系统自动完成。

顺序控制必须满足无人值班及区域监控中心站管理模式的要求，可接收和执行监控中心、调度中心和本地自动化系统发出的控制指令，经安全校核正确后，自动完成符合相关运行方式变化要求的设备控制。

顺序控制的关键技术是在站控层 SCD 文件的标准化、模块化，以及顺序控制操作票的标准化。统一命名规范、统一检索机制、完全自描述实现模块间或者系统间信息的无缝交互。

（1）顺序控制的作用和对象。

变电站顺序控制对象主要包括一次设备操作（断路器、隔离开关等）和二次设备操作

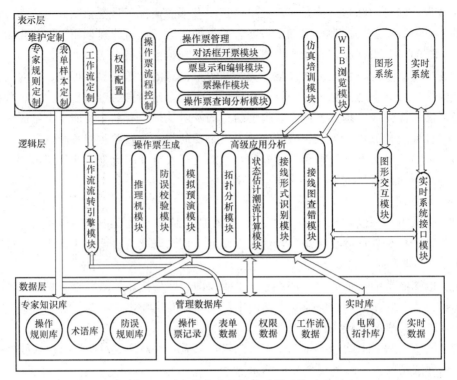

图 1-23　智能变电站智能开票系统示意

（保护软连接片的投退、保护定值区切换等）。

（2）顺序控制类型。

根据操作对象的不同，将顺序控制操作分为两种类型，即间隔内操作和跨间隔操作。

1）间隔内操作：间隔内操作的内容仅涉及本间隔内一次设备的操作，比如单条线路的一次状态（运行、热备、冷备、检修）切换等。

2）跨间隔操作：操作对象涉及多个间隔的一次操作以及多个间隔的二次操作，如双母接线变电站的倒闸操作，通常会涉及多个间隔运行方式的变化，同时也涉及多个保护设备软连接片、定值区的切换等。

跨间隔操作时，首先由一体化信息平台服务器（或监控后台服务器）自动识别系统的运行方式，其次根据操作任务选择操作间隔，然后调用各间隔满足该任务需求的操作票并按间隔逐项执行，最终完成操作任务。

（3）智能站顺序控制优点。

顺序控制操作票是在设备投运前已经编制完成并固化于监控系统微机或信息一体化平台中，已经经过严格审核和实际传动，节省了操作时间，提高了变电站运行操作的速度。

采用"模块化"的操作票，只需在编制顺序控制操作票时加强操作票审查和现场实际操作传动试验，就能够保证操作票内容的完整性、正确性，解决了由于操作人员技术素质偏低、设备现状认识不清等对运行操作安全性、正确性的影响，避免了操作人员现场编制操作票时可能产生的误操作。

采用监控后台顺序控制操作，由电脑按照程序自动执行操作票的遥控操作和状态检查，不会出现操作漏项缺项,操作速度快、效率高,降低了操作人员的劳动强度,也提高了变电站操作的自动化水平。

顺序控制操作采用"按钮"操作模式,实现了运行操作的"傻瓜式"操作,体现了变电站的智能化。

将顺序控制操作与设备状态可视化系统紧密结合实现视频联动,进一步完善设备状态检查功能,就可以使集控站或调度远方操作成为可能,在一定程度上节约了人力资源。

6. 智能机器人巡检

变电站设备巡检机器人系统是集机电一体化技术、多传感器融合技术、电磁兼容技术、导航及行为规划技术、机器人视觉技术、安防技术、稳定的无线传输技术于一体的复杂系统,采用完全自主或遥控方式,代替巡检人员对变电站内室外一次设备的部分项目进行巡检,并对图像进行分析和判断,及时发现电力设备存在的问题,为变电站提供了创新型的技术检测手段,提高了电网的可靠稳定运行水平。

机器人系统采用分层式控制结构,分为两层结构:基站控制系统层和移动站系统层,其控制逻辑如图 1-24 所示,系统结构如图 1-25 所示。

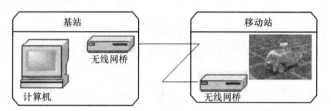

图 1-24 智能变电站巡检机器人系统控制逻辑图

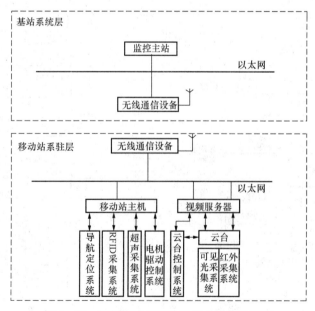

图 1-25 智能变电站巡检机器人系统结构图

基站控制系统层主要由监控计算机系统、交换机以及相应的无线通信设备组成。

其主要功能包括机器人遥控、自动巡视、实时图像数据监控、机器人状态信息显示、数据存储与分析、设备历史温度分析、MIS系统接口。

移动站系统主要由主控计算机、运动控制、导航定位、巡视检测、能源电池、网络通信等系统以及机器人机械结构等模块组成，实现机器人运动控制、导航定位、可见光及红外数据检测采集、能源管理补给以及状态信息上传等功能，结合基站控制系统，完成机器人遥控巡视和自动规划巡视等功能。

7. 负荷优化控制

利用信息一体化平台相关信息，由负荷优化控制功能软件进行分析计算，并根据预设目标及优化控制策略（包括负荷切割策略）上送和接受调度确认信息，在主站端实现变压器负荷的自动调节，并通过一体化平台输出调节命令，将变压器负荷控制在希望范围内，实现电网无功电压及负荷的智能调节及负载均衡。调节结果相关信息自动反馈到调度端，实现变电站负荷与电网协同互动，如图 1-26 所示。

采用软件模块嵌入到智能变电站信息一体化平台中，结合计算机通信技术，实现和主站端负荷优化控制策略互动，包括负荷切割策略上送和接受调度确认信息，以及调度远方投/退功能。

对于主变压器过载，减载策略根据主变压器过载能力信息预先在系统设定，在主变压器过载切负荷前，系统给出切负荷策略，并提前把信息反馈给调度及重要用户，并由调度确认。

对于电网事故减载，则由调度下减载目标值，系统根据预先设置的线路等级自动给出切负荷策略，并提前把信息反馈给调度及重要用户，并由调度确认。

切负荷的算法策略示意如图 1-27 所示。

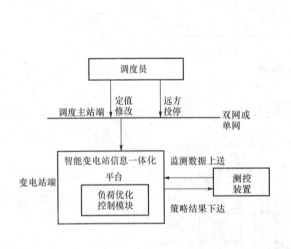

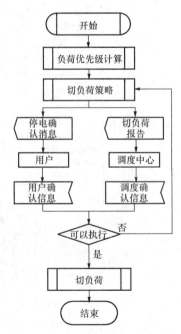

图 1-26　智能变电站负荷优化控制示意　　　　图 1-27　智能变电站切负荷的算法策略示意

第二章

变电站设备维护

第一节 变电站设备检修分类及管理

培训目标

(1) 了解变电站设备检修分类。

(2) 了解变电站设备 C、D 类运维项目内容。

(3) 了解变电设备基建、验收及启动阶段的管理内容。

【模块一】 变电站设备检修分类

一、计划性检修

(1) 春季设备安全大检查：主要项目包括设备绝缘试验、化学监督试验、消除设备缺陷、设备参数测试和清扫污染等，一般应在每年 3～6 月份进行。

(2) 秋季设备安全大检查：考虑设备能否高负载安全越冬和有无缺陷存在等情况安排检修项目，一般在每年 9～10 月份进行。

(3) 设备定期大修：检修项目和检修周期应按有关规程和设备说明书要求执行。主要设备若不能按期检修，应向检修专工汇报，经设备管辖单位主管经理或总工程师批准后方可延长检修周期。

(4) 设备维护小修：按小修周期进行，并处理存在的缺陷。

(5) 设备完善化改造、落实反事故技术措施、改扩建工程等其他计划性检修。

二、非计划性检修

(1) 事故抢修。设备运行中发生故障不能继续使用时，需要紧急抢修，抢修过程中应保证时间、人员、车辆、工器具和备品备件的落实，使设备尽快修复，尽早投入运行，任何人不得延误。

(2) 缺陷处理。对运行设备已掌握和新发现的缺陷应及时安排检修。

(3) 临时性检修。运行中的设备因故障跳闸、正常操作次数达到规定极限或其他原因需要临时性处理时，应按有关规定安排检修。

三、状态检修

状态检修是企业以安全、可靠性、环境、成本为基础，通过设备状态评价、风险评估、检修决策，达到运行安全可靠，检修成本合理的一种检修策略。

状态检修的基本流程包括设备信息收集、设备状态评价、设备风险评估、检修策略制定、年度检修计划制订、检修实施及绩效评估七个部分。

　　按工作性质、内容及工作涉及范围，检修工作分为 A 类检修、B 类检修、C 类检修、D 类检修四类。其中，A、B、C 类是停电检修，D 类是不停电检修。

　　（1）A 类检修：是指设备本体的整体性检查、维修、更换和试验。

　　（2）B 类检修：是指设备局部性的检修，部件的解体检查、维修、更换和试验。

　　（3）C 类检修：是对设备常规性检查、维修和试验。

　　（4）D 类检修：是对设备在不停电状态下进行的带电测试、外观检查和维修。

　　按照工作职责划分，变电运维专业承担 C、D 类检修任务。

　　变电站设备 C、D 类检修内容见表 2-1。

表 2-1　　　　　　　　　　　变电站设备 C、D 类检修内容

序号	设备	级别	序号	运维项目
1	变压器	C级	1	例行试验
			2	停电瓷件表面清扫、检查、补漆
		D级	3	普通带电测试：红外测试、铁芯接地电流、接地导通、接地电阻等
			4	专业带电测试：超高频和超声波局放检测、油色谱带电检测分析等
			5	带电维护：硅胶更换等
			6	散热器带电水冲洗
			7	专业巡检
			8	不停电渗漏油处理
			9	冷却系统的指示灯、空开更换
			10	冷却系统的风扇、电机更换等
			11	变压器油色谱在线监测装置载气瓶更换、渗油处理
2	断路器	C级	12	例行试验
			13	操作机构检查
			14	停电外观清扫、检查、补漆
		D级	15	普通带电测试：红外测试、SF_6 气体定性检漏
			16	专业带电测试：SF_6 组分分析
			17	不停电操作机构处理
			18	专业巡检
3	隔离开关	C级	19	停电清扫
			20	导电回路检查、维护
			21	接地闸刀检查
			22	传动部件检查、维护，加润滑油
			23	机构箱检查
		D级	24	带电测试：红外检测
			25	不停电操作机构处理

续表

序号	设备	级别	序号	运 维 项 目
4	电流互感器	C级	26	例行试验
			27	停电外观清扫、检查、补漆
		D级	28	普通带电测试：红外检测、接地导通等
			29	专业带电测试：相对介损
			30	带电防腐处理
			31	专业巡检
5	电压互感器	C级	32	例行试验
			33	停电清扫、维护、检查
		D级	34	带电测试：红外、接地导通等测试
			35	压变熔丝更换
			36	专业巡检
6	母线	C级	37	母线桥清扫、维护、检查、修理
		D级	38	带电测试：红外测试
			39	专业巡检
7	避雷器	C级	40	例行试验
			41	停电清扫、维护、检查
		D级	42	带电测试：红外、接地导通测试等
			43	带电测试：阻性电流等技术
			44	专业巡检
			45	在线监测仪更换
8	耦合电容器	C级	46	例行试验
			47	停电清扫、维护、检查
		D级	48	带电测试：红外、接地导通等测试
			49	带电测试：相对介损、高频局放等测试技术
			50	专业巡检
9	继电保护及自动装置	C级	51	保护装置及二次回路例行试验
			52	保护装置及二次回路诊断性试验
			53	保护装置插件或继电器更换
			54	保护装置程序升级、版本更新
			55	保护通道联调：光差通道、高频通道
			56	保护及自动装置改定值
			57	保护装置停电消缺、反措
		D级	58	保护差流检查、通道检查
			59	继电保护专业巡视
			60	二次设备红外测温：保护装置、二次回路

序号	设备	级别	序号	运 维 项 目
9	继电保护及自动装置	D级	61	故障录波器缺陷：通信中断、无法调取、装置故障、黑屏、死机、装置告警、无法录波
			62	保护子站缺陷：通信中断、丢帧严重处理、版本升级、死机、黑屏、无法启动、硬盘坏、装置告警处理
			63	GPS类装置缺陷处理：对时开出异常检查、装置异常检查、对时开入不准检查、对时芯片升级、更换
			64	交流设备缺陷：加热器更换、灯泡更换、打印机工作不正常
			65	保护设备屏柜内不停电消缺：门柜玻璃、门柜门锁、开关等缺陷处理
			66	二次封堵
10	监控装置	D级	67	专业巡检
			68	自动化信息核对
			69	后台监控系统装置除尘（包括UPS、后台主机等）
			70	监控系统及测控装置红外测试
			71	后台机、远动机重启
			72	测控装置一般性故障维护（通信故障、遥测不刷新等）
			73	常规、紧急缺陷处理（不停电）
11	直流系统	D级	74	带电监测：红外检测等
			75	带电测试：直流装置纹波系统，稳压、稳流精度等测试
			76	蓄电池动、静态放电测试，定期切换试验
			77	外观清扫、检查
			78	专业巡检
12	所用电系统	D级	79	带电监测：红外检测等
			80	带电维护：外观清扫、检查，定期切换试验
			81	专业巡检
13	电容器组	C级	82	清扫、维护、检查、修理
		D级	83	专业巡视
			84	带电测试：红外测试等

【模块二】 变电站设备基建、 验收及启动阶段的管理

一、基本要求

（1）各单位要针对变电设备在基建、验收及启动阶段的工作，制订明确的规定并严格执行。

（2）变电站新建、改建、扩建、检修、预试的一、二次设备的工作完成后，必须经过质量验收，设备验收工作结束后，应按照有关要求填写检修、试验记录，并履行相关手续。交接手续完备后，方能投入运行。

（3）新建、改建、扩建设备的竣工验收，主变压器及 110kV 及以上主设备大修后竣工验收，变电站站长（或专责工程师）、值班长应参加验收。

（4）新建、改建、扩建竣工验收，施工部门应向变电站移交有关资料，包括设备制造厂说明书、设备出厂试验记录、安装竣工图纸、安装记录及试验报告。设备检修后竣工验收，检修部门应移交检修、试验报告，并填写有关检修、试验记录。

（5）新安装、检修后的配电装置，防误闭锁装置必须完善、可靠，否则，不得投入运行。

（6）验收时发现问题，应及时处理。对于暂时无法处理，且不影响安全运行的，急需投入运行时，必须限期处理，经本单位主管领导批准后方能投入运行。

二、变电设备工程建设过程的管理

（1）生产运行单位应根据有关规定及时参与新建变电站工程建设的相关工作，做好各项生产准备。站内变电新设备的工程建设应按照《国家电网公司电力安全工作规程（变电站和发电厂电气部分）》和《电力建设安全工作规程》要求进行管理，运行单位应做好保证安全的组织措施和技术措施。

（2）在已带电运行的变电站内进行施工，施工前运行单位应对施工单位进行安全交底，详细交代工程建设工作地点及安全注意事项。设备作业区与运行设备区应用安全围栏进行围护，施工人员不得随意进入运行设备场区。

（3）基建设备与运行设备应有明显断开点，运行人员应督促施工人员做好可靠的安全措施，严防误动、误碰和误跳运行设备，与变电站相连接的未投运线路终端塔的跳线应保持断开。

（4）基建施工电源宜使用与站用电源分开的独立电源，若必须使用站用电源，运行人员必须合理安排站用电的运行方式，严防主变压器冷却、倒闸操作、开关储能及直流充电电源失去。

（5）运行人员应提前介入工程建设，及时参与、配合土建、接地网（极）施工以及各主要隐蔽工程验收，了解工程建设的施工质量，对施工过程中发生的质量问题应及时提出修正意见并做好记录。参与设备安装、设备调试等主要环节的工作，全面了解设备性能，及时发现新设备存在的问题。

三、变电站新设备的交接验收

（1）工程建设完工后，运行人员应积极参与由工程建设单位组织进行的工程预验收和正式交接验收。对验收中发现的问题，及时提交工程建设单位现场处理。

（2）新设备验收合格后，应办理交接手续。新设备交接手续应以正式的交接记录为依据。交接记录的内容包括交接的设备范围、工程完成情况、遗留问题及结论等。

（3）新设备交接验收过程中，变电设备的操作应由运行人员进行，对设备名称、编号、状态应进行仔细确认，严格进行监护。

（4）运行人员应配合做好新设备的接收工作，包括设备出厂资料、试验资料、图纸、现场设备、联动操作、备品备件、工器具等。新设备的验收受到工程进度和停电计划的影响时，允许进行分步交接验收。分步交接验收后的设备同样要履行交接手续，具备书面交接记录。

（5）交接后的新设备应调整至冷备用状态，所有保护自动化装置在停用状态。

四、新设备交接验收后的运行管理

（1）新设备交接验收结束、办理交接手续后，应视作运行设备，交由运行人员管理，不允许擅自改变交接后的新设备状态。新设备状态的改变、接地隔离开关或接地线等的操作要作为交接班内容移交。

（2）在新设备上工作，必须履行正常的工作票手续，由运行人员操作、许可、验收及终结，工作人员必须填写工作记录。工作结束后，由运行人员将新设备恢复到工作前的冷备用状态。

（3）新设备必须办理交接手续后方可进行与运行设备的搭接工作。搭接后的新设备（包括二次设备）应有可靠的防误措施，严防误分、误合或误投而造成事故。

五、新设备启动必须具备的条件

（1）工程已按照设计要求全部安装、调试完毕，验收中发现的缺陷已消除；启动范围内的所有设备均符合安全运行的要求，设备名称标牌、安装调试报告等齐全，具备投运条件。

（2）变电站现场运行规程、人员培训等各项生产准备工作完成。

（3）变电运行人员应认真组织学习启动调试方案，准备好相应的操作票，明确每一步操作的目的及意义，并做好事故预想。

（4）新设备启动前，变电运行人员应根据启动方案的要求，认真、仔细核对启动范围内所有一、二次设备的实际状态是否正确，若发现不正确，则要立即进行操作调整。检查及调整操作内容要有书面记录并签名，可纳入倒闸操作票进行管理。

六、新设备启动过程管理

（1）新设备自当值运行值班员向调度汇报具备启动条件起，即属于调度管辖设备，改变设备的状态必须有调度的正式操作指令。

（2）所有启动操作应严格按照启动方案的规定程序，规范作业，强化解锁钥匙管理，严防误操作。

（3）启动过程中发现缺陷，应立即暂停启动，并将缺陷情况汇报调度及有关部门。设备消缺工作应履行正常的检修申请手续，办理工作票。

（4）新设备启动过程中发生事故，当值人员应服从当值调度指挥，迅速进行故障隔离，并立即汇报有关部门。事故处理结束后，运行单位应将详细情况汇报调度，根据调度指令停止或继续进行启动工作。

第二节　变电站设备巡视

 培训目标

（1）掌握变电站不同种类设备的巡视内容。

（2）掌握变电站设备巡视的正确方法和技能。

（3）掌握变电站设备巡视的制度及注意事项。

（4）掌握变电站运维人员在设备巡视过程中的危险点及控制措施，能正确进行预控危险。

【模块一】 变电站设备巡视相关知识及要求

一、变电站设备巡视分类

变电站的设备巡视分为常规巡视、附加巡视、特殊巡视三类。

1. 常规巡视

应按规定的时间和路线进行常规巡视。

（1）有人值班变电站应每天 6、14 和 19 时（其中，19 时为闭灯巡视，可根据季节和负荷情况调整）巡视 3 次。

（2）运维队每周对所辖变电站巡视一次。

（3）调控中心值班人员每 2h 对所辖变电站监控信息浏览检查 1 次。

（4）各有人值班变电站值班人员每天填写一次标准化巡视指导卡（或智能终端），各无人值班变电站由运维队巡视人员每周填写一次标准化巡视指导卡，针对各设备单元，将设备压力、温度等主要运行参数记载清楚，以便比较分析。

2. 附加巡视

运行值班人员、运维队、调控中心值班人员在下列情况下应进行巡视（浏览检查）。

（1）负荷显著增加时。

（2）高峰负荷时。

（3）满负荷、超负荷时。

（4）告警信号频繁时。

（5）有人值班变电站每周五 21 时当值值班长闭灯全面检查；运维队队长选取所管辖范围内变电站每周进行一次 21 时闭灯全面检查。

3. 特殊巡视

运行值班人员、运维队、调控中心值班人员在下列情况下应根据实际需要适当增加巡视次数。

（1）新安装的设备，设备经过检修、改造或长期停用后重新投入系统运行时。要求新安装或改造后的主变压器投入运行 6h 内，每小时巡视 1 次；其他设备投入运行 3h 内，每小时巡视 1 次。

（2）设备的一般缺陷有发展，需要严密注视及设备缺陷处理后等。

（3）设备过负荷或因运行方式的倒换，负荷有明显增加时应进行巡视。

（4）事故跳闸和设备运行中出现过负荷或负荷剧增、超温、设备发热、系统冲击、跳闸、接地故障等异常情况时，应加强巡视。必要时，还应派专人监视。

（5）恶劣气候或天气突变，例如遇有雷雨、大风、浓雾、大雪、冰冻、高温等异常天气时，应加强巡视。

（6）法定节假日及上级通知有重要供电任务期间，应加强巡视。

（7）无人值班变电站开关事故跳闸，无论重合闸成功与否，运维队都应到变电站检查设备及保护动作情况。

二、天气变化或突变时应重点巡视的内容

（1）天气暴热时，应检查各种设备的温度、油位、油压、气压等的变化情况，检查油

温、油位是否过高，冷却设备是否正常运行，油压和气压是否正常变化，检查导线、接点是否有过热现象。

（2）天气骤冷时，应重点检查充油设备的位变情况，油压和气压是否正常变化，加热设备的运行情况，接头有无开裂、发热等现象，绝缘子有无积雪结冰，管道有无冻裂等现象。

（3）大风天气时，应注意临时设施牢固情况，导线舞动情况及有无杂物刮到设备上的可能性，接头有无异常情况，室外设备箱门是否已关闭好。

（4）降雨、雪天气时，应注意室外设备接点触头等处及导线是否有发热和冒气现象，检查门窗是否关好，屋顶、墙壁有无漏水现象。

（5）大雾潮湿天气时，应注意套管及绝缘部分是否有污闪和放电现象，必要时关灯检查。

（6）雷击后应检查绝缘子、套管有无闪络痕迹，检查避雷器是否动作。

（7）如果是设备过负荷明显增加时，应检查设备接点触头的温度变化情况，变压器严重过负荷时，应检查冷却器是否全部投入运行，并严格监视变压器的油温和油位的变化，若有异常应及时向调度汇报。

（8）当事故跳闸时，运维人员应检查一次设备有无异常，如导线有无烧伤、断股，设备的油位、油色、油压是否正常，有无喷油异常情况，绝缘子有无闪络、断裂等情况；二次设备应检查继电保护及自动装置的动作情况，事件记录及监控系统的信号情况，微机保护的事故报告打印情况，故障录波器录波情况；站用电系统的运行情况等。

三、巡视准备工作

1. 劳动组织及人员要求

（1）劳动组织：明确工作所需人员类别、作业人员数量和人员职责：

1）人员类别、作业人员数量：班组负责人 1 人和巡视人员 1～2 人。

2）人员职责：

①班组负责人：对变电站运行巡视工作全面负责；组织运行巡视人员安全、高质、按期完成巡视工作；发现缺陷及异常时，应准确判断类别和原因，及时汇报相关人员和当值调度员，并做好记录。

②巡视人员：严格按要求规定及作业指导书进行巡视；对巡视安全、质量、进度负责；发现缺陷及异常时，应准确判断类别和原因，及时汇报巡视班组负责人，并做好记录。

（2）人员要求：

1）人员应具备必要的电气知识和业务技能，且按工作性质，熟悉《国家电网公司电力安全工作规程（变电站和发电厂电气部分）》的相关部分，经年度考试合格，并经批准上岗。

2）巡视一般宜由两人进行，人员应经变电站运行规程考试合格经过本单位批准，允许单独巡视高压设备的人员，方可单独巡视高压设备。

3）具备必要的安全生产知识，学会紧急救护法，特别要学会触电急救。巡视前，巡视人员应精神状态正常，无妨碍工作病症，着装符合要求。

4）巡视前，认真学习作业指导书巡视内容、巡视路线、确定危险点。了解工作任务、内容，明确临近带电部位和危险点。

5）设备巡视要做好巡视记录。

6）发现缺陷及时分析，做好记录并按照缺陷管理制度向班长和上级汇报。

2．巡视高压设备安全要求

（1）经本单位批准允许单独巡视高压设备的人员巡视高压设备时，人体与带电体的安全距离不得小于规程规定值，不得进行其他工作，不得移开或越过遮栏。

（2）雷雨天气，需要巡视室外高压设备时，应穿绝缘靴，并不得靠近避雷器和避雷针。

（3）发生火灾、地震、台风、冰雪、洪水、泥石流或沙尘暴等灾害时，如需要对设备进行巡视，应制订必要的安全措施，得到设备运行管理单位分管领导批准，并至少两人一组，巡视人员应与派出部门之间保持通信联络。

（4）高压设备发生接地故障时，室内不得接近故障点 4m 以内，室外不得接近故障点 8m 以内。进入上述范围人员应穿绝缘靴，接触设备的外壳和构架时，应戴绝缘手套。

（5）巡视室内设备，应随手关门。

（6）高压室的钥匙应至少有三把，由运维人员负责保管，按值移交。一把专供紧急时使用，一把专供运维人员使用，其他可以借给经批准的巡视高压设备人员和经批准的检修、施工队伍的工作负责人使用，但应登记签名，巡视或当日工作结束后交还。

3．巡视时需要的备品备件与材料

（1）直流熔断器（铅丝）两个。

（2）交流熔断器（铅丝）两个。

4．巡视时需要的工器具与仪器仪表

（1）安全帽两顶。

（2）绝缘靴两双（需要时）。

（3）望远镜一只（需要时）。

（4）护目镜两副（需要时）。

（5）测温仪一台（需要时）。

（6）应急灯一盏（需要时）。

（7）钥匙一套。

（8）照相机一架（需要时）。

（9）万用表一块（需要时）。

5．分析巡视工作的危险点及制订相应的控制措施

（1）分析危险点及制订控制措施 1。

1）危险点分析及确认：巡视人员误登运行设备。

2）制订相应的控制措施：巡视设备时，不准攀登设备，并保持与带电设备足够的安全距离，110（66）kV 不小于 1.5m，35（20）kV 不小于 0.6m，10（13.8）kV 及以下不小于 0.7m。

（2）分析危险点及制订控制措施 2。

1）危险点分析及确认：误碰、误动运行设备。

2）制订相应的控制措施：碰触运行设备要小心谨慎，防止设备误动。

（3）分析危险点及制订控制措施 3。

1）危险点分析及确认：擅自打开运行或备用设备网门，擅自移动临时安全围栏，擅自跨越设备固定遮栏。

2）制订相应的控制措施：巡视设备时，不得移开或越过遮栏。

（4）分析危险点及制订控制措施 4。

1）危险点分析及确认：发现设备缺陷、异常时擅自进行处理。

2）制订相应的控制措施：严禁无票作业。在高、低压设备上工作应至少由两人进行，并完成保证安全的组织措施和技术措施。发现设备异常时，不得擅自处理。

（5）分析危险点及制订控制措施 5。

1）危险点分析及确认：擅自改变检修设备状态，变更工作地点安全措施。

2）制订相应的控制措施：不得变更有关检修设备的运行接线方式。不得擅自变更安全措施。如有特殊情况需要变更时，应先取得运行与检修双方的同意。

（6）分析危险点及制订控制措施 6。

1）危险点分析及确认：登高检查设备，如登上断路器机构平台检查设备时，感应电使人失去平衡，造成人员碰伤、摔伤。

2）制订相应的控制措施：巡视设备时，不准攀登设备，并保持与带电设备足够的安全距离，110（66）kV 不小于 1.5m，35（20）kV 不小于 0.6m，10（13.8）kV 及以下不小于 0.7m。

（7）分析危险点及制订控制措施 7。

1）危险点分析及确认：检查设备操作机构气泵、油泵等传动部件时，电机突然启动，传动装置伤人。

2）制订相应的控制措施：巡视设备时，不准碰触机构传动、转动部件。

（8）分析危险点及制订控制措施 8。

1）危险点分析及确认：高压设备发生接地时，造成人身感电。

2）制订相应的控制措施：高压设备发生接地时，室内不得接近故障点 4m 以内，室外不得接近故障点 8m 以内，进入上述范围人员必须穿绝缘靴，接触设备的外壳和构架时，必须戴绝缘手套。

（9）分析危险点及制订控制措施 9。

1）危险点分析及确认：夜间巡视，造成人员碰伤、摔伤。

2）制订相应的控制措施：夜间巡视，应及时开启设备区照明，并携带便携式照明用具。

（10）分析危险点及制订控制措施 10。

1）危险点分析及确认：开、关设备箱门，振动过大，造成设备误动。

2）制订相应的控制措施：开、关设备门应小心谨慎，用力要适当，不要过猛，防止过大振动。

（11）分析危险点及制订控制措施 11。

1）危险点分析及确认：擅自动用设备防误解锁用具解锁。

2）制订相应的控制措施：必须按规定使用防误解锁用具，巡视时不准打开防误锁具。

（12）分析危险点及制订控制措施 12。

1）危险点分析及确认：在继电保护室使用移动通信工具，造成保护误动。

2）制订相应的控制措施：在主控制室、继电保护室内禁止使用各种无线通信工具。

（13）分析危险点及制订控制措施 13。

1）危险点分析及确认：雷雨天气，造成人员伤害。

2）制订相应的控制措施：雷雨天气，需要巡视室外高压设备时，应穿绝缘靴，并不得靠近避雷针和避雷器。

（14）分析危险点及制订控制措施14。

1）危险点分析及确认：进出高压室，未随手关门，小动物进入，发生设备事故。

2）制订相应的控制措施：巡视配电装置，进出高压室，应随手将门关好。

（15）分析危险点及制订控制措施15。

1）危险点分析及确认：不戴安全帽，不按规定着装，在突发事件时失去保护。

2）制订相应的控制措施：任何人进入生产现场，应戴安全帽，着装必须符合规定。

（16）分析危险点及制订控制措施16。

1）危险点分析及确认：不按照巡视路线巡视，造成巡视不到位，漏巡视。

2）制订相应的控制措施：严格按照巡视路线、巡视项目进行巡视，保证巡视质量。

（17）分析危险点及制订控制措施17。

1）危险点分析及确认：使用不合格的安全工器具。

2）制订相应的控制措施：巡视前，检查所使用的安全工器具完好合格。

（18）分析危险点及制订控制措施18。

1）危险点分析及确认：人员身体状况不适，思想波动，造成巡视质量不高或发生人身伤害。

2）制订相应的控制措施：值班负责人指派身体和精神状态良好的人员巡视。

（19）分析危险点及制订控制措施19。

1）危险点分析及确认：进入 SF_6 设备室，没有检查室内 SF_6 气体含量是否超标，含氧量是否满足要求，不按规定排风，造成人身中毒。

2）制订相应的控制措施：进入 SF_6 设备室前，检查 SF_6 气体、氧气含量是否超标，报警装置无报警，启动通风装置至少15min，设备有泄漏时戴防毒面具。

（20）分析危险点及制订控制措施20。

1）危险点分析及确认：巡视电缆沟没有排出浊气，没有测试含氧量，发生人身中毒。

2）制订相应的控制措施：进入电缆沟应先通风、检测含氧量合格（不低于18%）。

（21）分析危险点及制订控制措施21。

1）危险点分析及确认：巡视时踩踏电缆沟盖板，盖板断裂或翻动易造成人身伤害。

2）制订相应的控制措施：巡视时不准踩踏盖板，跨越盖板应小心，躲过损坏或活动的电缆沟盖板。

（22）分析危险点及制订控制措施22。

1）危险点分析及确认：巡视时误动机构或柜上操作把手，发生误分合或停电事故。

2）制订相应的控制措施：巡视时禁止触碰机构或面板上的操作把手、按钮等，需要打开、关闭照明断路器和投入驱潮等时要核对名称，防止误触碰操作把手、按钮等。

四、巡视方法

1. 感官手段

通过运维人员的眼观、耳听、鼻嗅、手触等感官为主要检查手段，发现运行中设备的缺陷及隐患。

2. 工具和仪表手段

使用工具和仪表，进一步探明故障性质。较小的障碍也可在现场及时排除。

3. 常用巡视检查方法

常用的巡视检查方法有以下四种。

(1) 目测法。目测法就是值班人员用肉眼对运行设备可见部位的外观变化进行观察来发现设备的异常现象。

通过目测可以发现的异常现象有破裂、断线；变形（膨胀、收缩、弯曲）；松动；漏油、漏水、漏气；污秽；腐蚀；磨损；变色（烧焦、硅胶变色、油变黑）；冒烟；产生火花；有杂质异物；不正常的动作等。

这些外观现象往往反映了设备的异常情况，因此靠目测观察就可以做出初步的分析判断。应该说变电站的电气设备几乎均可采用目测法对外观进行巡视检查。所以，目测法是巡视检查的最常用的方法之一。

(2) 耳听法。虽然变电站的设备相对来说大都是静止的，但许多运行中的设备都会由于交流电的作用产生振动并发出各种声音。这些声音是运行设备所特有的，也可以说是一种表示设备运行状态的特征。

如果我们仔细注意辨认这种声音，并熟练掌握声音特点，就能根据它的高低节奏、音色的变化、音量的强弱、是否伴有杂音等，来判断设备是否运行正常。为了能更准确地掌握设备发出的声音，有时要借助于器械，如听音棒等。

例如，变电站的一、二次电磁式设备（如变压器、互感器、继电器、接触器等），正常运行通过交流电后，其绕组铁芯会发出均匀节律和一定响度的"嗡、嗡"声。运行值班人员应该熟悉掌握声音的特点，当设备出现故障时，会夹着杂音，甚至有"劈啪"的放电声，可以通过正常时和异常时的音律、音量的变化来判断设备故障的发生和性质。

(3) 鼻嗅法。人类嗅觉对气味的感觉因人而异，但电气设备的绝缘材料过热产生的气味大多数正常人都能嗅到并辨别出来。

气味是自然而然被感觉到的。如果值班人员和其他人员进入配电室检查电气设备，嗅到设备过热或绝缘材料被烧焦产生的气味时，值班人员应着手进行深入检查，看有没有冒烟的地方，有没有变色的部位，听一听有没有放电的声音等，直到查找出原因为止。可见，嗅气味是对电气设备的某些异常和缺陷比较灵敏的一种判断方法。

(4) 手触法。在巡视检查的整个过程中经常会用到手。用手触试检查是判断设备的部分缺陷和故障的一种必需的方法。

用手触试检查带电的高压设备是绝对禁止的。运行中的变压器、消弧线圈的中性点接地装置，必须视为带电设备，在没有可靠的安全措施时，也禁止用手触试。但对不带电且外壳接地良好的设备及不带电的附件等，检查其温度或温差时均需要用手触试。对于二次设备（如继电器等）发热、振动等也可用手触试检查。

用仪器检测的方法，如贴试温蜡片、在设备上涂试温漆或涂料、用红外线测温仪。

在设备易发热部位贴示温蜡片，黄、绿、红三种试温蜡片的熔点分别为 60、70、80℃。这种方法的优点是简便易行，但也存在一些缺点。它的主要缺点是不能和周围温度做比较；蜡片贴的时间长了易脱落。

涂料和漆可长期使用，但受阳光照射会引起变色，变色后不易分辨清楚，不能发现设备发热初期的微热以及温差等。红外线测温仪是一种利用高灵敏度的热敏感应辐射元件，检测由被测物发射出来的红外线而进行测温的仪表。能正确地测出运行设备的发热部位及发热程度。测温的目的是在运行设备发热部位尚未达到其最高允许温度之前，尽快发现发热的异常状态，以便采取相应的措施。为此当经过测温得到设备实际温度后，必须了解设备在测温时所带负荷情况，与该设备历年的温度记录资料及同等条件下同类设备温度做比较，并与各类电器设备的最高允许温度比较，然后进行综合分析，做出判断，制订处理意见。

为此当经过测温得到设备实际温度后，必须了解设备在测温时所带负荷情况，与该设备历年的温度记录资料及同等条件下同类设备温度做比较，并与各类电器设备的最高允许温度比较，然后进行综合分析，做出判断，制订处理意见。

五、设备缺陷的管理

1. 设备缺陷的分类

设备缺陷是指设备在运行中发生的异常，这些异常将影响电网和设备的安全、经济、优质运行。设备缺陷分为危急缺陷、严重缺陷和一般缺陷三类。

（1）危急缺陷。设备发生了直接威胁安全运行并需立即处理的缺陷，如不立即处理，随时可能造成设备损坏、人身伤亡、大面积停电、火灾等事故。

（2）严重缺陷。对人身或设备有严重威胁，暂时尚能坚持运行但需尽快处理的缺陷。

（3）一般缺陷。上述危急、严重缺陷以外的设备缺陷，指性质一般，程度较轻，对安全运行影响不大的缺陷。

2. 缺陷处理的一般规定

（1）运维人员发现缺陷后应对缺陷进行定性，并记入缺陷记录。同时应掌握所辖设备的全部缺陷，并督促设备缺陷的处理。缺陷未消除前，运维人员应加强监视设备缺陷的发展趋势。

（2）消缺工作应列入各单位生产计划中。对危急、严重或有普遍性的缺陷要及时研究对策，制订措施，尽快消除。

（3）缺陷消除时间应严格掌握，危急缺陷处理时限不超过 24h；严重缺陷处理时限不超过一个月；一般缺陷处理时限原则上为下一次设备停电，最长不超过一个例行试验周期，可不停电处理的一般缺陷处理时限不超过三个月。

【模块二】 变电站设备巡视检查

核心知识

（1）变电站一、二次设备的种类和结构。

（2）变电站一、二次设备巡视内容及要点。

关键技能

（1）掌握巡视变电站一、二次设备的正确方法和技能。

（2）在巡视变电站一、二次设备过程中运维人员能够对潜在的危险点正确认知并能提前预控危险。

目标驱动 ---

目标驱动一：变电站一、二次设备的正常巡视检查（见表 2-2）

表 2-2   变电站一、二次设备的正常巡视检查

设备名称	巡视项目		巡视标准
一、主变压器	1	变压器各测温装置完好，温度正常	（1）变压器本体、绕组温度计完好、无破损，指针不卡滞；测温管密封良好、无破损。 （2）记录变压器各侧上层油温数值，上层油温限值 85℃，温升限值 45℃。 （3）远方测温数值正确，与主变压器本体温度指示数值偏差不小于 5℃。 （4）相同运行条件，上层油温比平时温度高 10℃ 及以上，或负荷不变但油温不断上升，均为异常。 （5）绕组温度指示符合要求并记录
	2	检查变压器油位、油色正常	（1）变压器的油标油位指示，应和油枕上的环境温度标志线相对应、无大偏差，指针式油位计应与温度曲线相对应。 （2）正常油色应为透明的淡黄色。 （3）油位计应无破损。 （4）集气盒内充满油，无气体、无渗漏
	3	变压器本体、附件及各部连接处无渗漏油	（1）检查、记录渗漏油部位及程度。 （2）本体附件有油、灰的油门等部位必要时通过清擦鉴别是渗油还是油迹
	4	检查变压器本体及调压瓦斯继电器	（1）瓦斯继电器内充满油，无气体，无渗漏油。 （2）瓦斯继电器防雨措施完好，外设防雨罩安装牢固。 （3）瓦斯继电器的二次接线电缆应无损伤。 （4）二次端子箱是否关严，无受潮现象，电缆护管上部密封良好
	5	变压器声响正常	变压器正常应为均匀的"嗡嗡"声音，无放电等异常声响，如声音不正常，应使用木棒区分是外部干扰或内部问题
	6	压力释放阀或安全气道防爆膜完好无损	压力释放阀或安全气道防爆膜完好无损，无油迹，二次电缆无破损，管上部密封良好
	7	呼吸器是否完好，吸附剂干燥	（1）硅胶干燥，变色硅胶潮解变粉红色不超过 1/3。 （2）油杯完好，观察透明油杯中油没过呼吸嘴，有时可以看到呼吸器呼吸现象(有气泡)
	8	套管完好	（1）套管油位应在上、下油位标志线之间。 （2）绝缘套管清洁完整、无裂纹、机械损伤、放电及烧伤痕迹。 （3）套管末屏接地良好
	9	冷却系统完好，工作正常	（1）各运行冷却器手感温度相近，温度有明显区别的，检查散热器翻板阀门开闭状态。 （2）风扇、油泵、油流继电器工作正常；变压器油泵、风扇运转无异常声音，叶片无抖动蹭壳；油泵转动方向正确，无异常音响，油流继电器指针指向启动位置。 （3）根据主变压器温度及负荷情况等投入、退出冷却器。 （4）备用冷却器自动投入切换良好

续表

设备名称		巡视项目	巡 视 标 准
一、主变压器	10	引线接头、电缆、母线是否有发热迹象。导线弛度是否适当	(1) 引线线夹压接牢固、接触良好，无裂纹变形，铜铝过渡部位无裂纹。 (2) 接线端子无变色、氧化、热气流上升，试温片或变色漆不变色，夜间无发红现象。 (3) 雨雪天气，检查主导流接触部位，积雪不立即融化，无水蒸气现象。 (4) 上述检查，若需要鉴定，应使用红外测温装置进行检测。 (5) 导线弛度适当，对地、相间距离满足要求，无搭挂杂物
	11	各部位的接地完好	(1) 本体、铁芯、夹件接地完好，接地点不开焊，螺丝不松动。 (2) 铁芯接地电流数值超过 0.1A 时，查明原因
	12	主变压器有载调压装置完好	(1) 控制器电源指示灯显示正常。 (2) 分接位置、计数器指示器指示正确。 (3) 分接开关驱潮防凝露加热器应完好，在设定范围内自动投入、退出，无自动投入功能的巡视时按要求及时投入或退出。 (4) 带电虑油装置指示灯、位置把手与实际相符，计数器指示正确
	13	端子箱、控制箱清洁、严密	(1) 机构箱门关闭严密，防潮、防尘、防小动物措施良好，密封胶条无老化。 (2) 机构箱无锈蚀，孔洞已可靠封堵，二次接线端子紧固，不生锈。 (3) 电缆护管上部封堵严密，下部未刮伤电缆外皮
	14	设备标志齐全、清晰、明显	(1) 端子箱、控制箱、油泵、风扇、电源开关、散热器及变压器本体等均有标示牌。 (2) 相位牌有相色，A、B、C 相位牌分别用黄、绿、红三色标示。 (3) 标牌粘贴、固定牢固，粘贴位置合适明显。 (4) 电缆标志清晰、规范、准确
	15	本体	(1) 加强筋内无积水、结冰现象。 (2) 设备上无遗留物，无塔挂杂物
	16	基础及构架完好	(1) 本体及附件设备基础无下沉、冻鼓、无风化。 (2) 构支架无倾斜，无严重锈蚀，水泥杆无严重裂纹。 (3) 接地点不开焊、接触良好
	17	消防设施完好、齐全	消防设施运行正常，装置无报警、感温线无破损，灭火器数量充足完好、摆放整齐，试验日期在有效时间内
二、断路器	1	断路器声音正常	断路器内外部无放电声响
	2	分、合闸位置指示正确，与当时实际运行工况相符	(1) 断路器机构上分、合闸指示器位置正确清晰，分相开关要三相一致。 (2) 断路器机构拐臂、拉杆位置，弹簧拉伸程度正确，分相开关要三相一致。 (3) 控制柜上的开关位置指器（灯）正确，上述位置统一一一致，与实际相符
	3	接线端子完好无过热	(1) 接线端子及铜铝过渡无裂纹、接触良好，无变形、变色、氧化、热气流上升，试温片或变色漆无变色，夜间无发红现象。 (2) 雨雪天气，接线端子积雪不立即融化，无水蒸气现象。 (3) 上述检查，若需要鉴定，应使用红外测温装置进行检测

续表

设备名称		巡视项目	巡 视 标 准
	4	瓷套管完好无损	绝缘套管清洁，无裂纹、无机械损伤、无放电、无电晕及烧伤痕迹
	5	油断路器油位、油色正常，无渗漏	(1) 油断路器各相油标油位在正常范围内，油色透明无炭黑悬浮物。 (2) 油断路器本体各部位无渗漏油及油迹，放油阀关闭紧密
	6	SF$_6$ 断路器气室压力正常	SF$_6$ 气体压力与温度曲线相符，在额定范围内，防爆膜无异常
	7	真空断路器灭弧室无异常	真空断路器灭弧室无异音、无变色情况
	8	机构门关闭严密，驱潮加热正确投入	(1) 机构箱门平整、开启灵活、关闭紧密。 (2) 机构箱内清洁、防潮、防寒、防尘、防小动物措施良好，孔洞封堵严密。 (3) 机构箱内无异味，加热器、温、湿度控制装置完好，投入正确；一般温度设定低于 5℃投入，12℃停止，湿度在 85%启动加热
	9	电磁操作机构运行良好	(1) 分合闸线圈及合闸接触线圈无冒烟异味。 (2) 直流电源回路接线端子无松脱、无铜绿或锈蚀，电压监视正常
二、断路器	10	液压操作机构运行良好	(1) 油箱油位正常，各油路无渗漏油；发现高压油路渗油，应加强监视，及时联系处理。 (2) 液压机构油压正常，在规定范围内。 (3) 二次接线无松脱、油污
	11	气动操作机构运行良好	(1) 汇控柜及各相机构箱空气压力指示正常，在规定范围内（1.5～1.6MPa）。 (2) 每周一次将汇控柜内及气路管道沟内排水阀门打开排出水份，排水后将阀门关闭良好。 (3) 汇控柜及各相机构箱内无异味、无漏气声音，气道阀门关闭良好
	12	弹簧操作机构运行良好	(1) 储能电机电源正常，合闸弹簧已储能，储能行程到位。 (2) 传动部分完整无锈蚀，销子无脱落、销针齐全劈开
	13	断路器防误闭锁完好	开关柜机械、电气闭锁完好、可靠，均在闭锁状态
	14	设备标志齐全	设备标志齐全、清晰、明显，粘贴牢固
	15	基础及构架完好	(1) 设备基础无下沉、冻鼓、无风化。 (2) 构支架无倾斜，无严重锈蚀。水泥杆无严重裂纹。 (3) 接地点不开焊，接触良好
	16	断路器周边环境良好	设备上无塔挂杂物，周围无被风刮起的杂物

设备名称		巡视项目	巡视标准
三、GIS组合电器	1	组合电器室气体监测系统工作正常	(1) 检测 SF$_6$ 和氧气含量合格，当 SF$_6$ 气体含量超过 1000ppm，氧气含量低于 18% 时监控系统报警。 (2) 组合电器室通风系统良好，检漏超标时自动启动排风
	2	汇控柜设备运行正常	(1) 各交、直流开关投入正确，无特殊原因，只有照明开关在开位。 (2) 汇控柜设备位置指示牌或灯指示正确。 (3) 压力监视灯指示正确，与所监视气室压力相符（部分组合电器压力监视继电器采用交流电源，交流失电时，认真检查压力表，不能以指示灯不亮判断压力是否正常）。 (4) 控制方式开关（远方/就地开关）在远方位置或中间位置，钥匙已取下。 (5) 防误闭锁/解锁（联锁/短接）开关在闭锁（联锁）位置，钥匙取下，按防误解锁用具保管。 (6) 控制开关外装防误盒在闭锁状态。 (7) 继电器完好，无冒烟、打火现象，二次接线紧固、无松脱。电流互感器无开路；电压互感器无短路，二次开关或熔断器在投入位置
	3	分、合闸位置指示正确，与当时实际运行工况相符	(1) 断路器机构上分、合闸指示器位置正确。 (2) 隔离开关、接地开关机构拐臂、拉杆、分合闸指示器位置正确，三相一致。 (3) 汇控柜上的开关、隔离/接地开关位置信号指器（灯）正确，上述位置统一，与实际相符
	4	气室无异常	(1) 各气室压力正常，在厂家规定的数值范围内，压力表不渗油，与上次检查比较无大变化，全年泄漏率不超过 1%。 (2) 各气室无异音、异味，开关气室防爆装置完好
	5	避雷器在线监测装置运行正常	避雷器放电记录器指示正确，泄漏电流正常，三相指示基本一致，与初始值无大变化，突然变大、变小或为 0 均属不正常，记录动作次数及泄漏电流值
	6	高压带电显示闭锁装置指示正确	高压带电显示闭锁装置，设备带电时红色指示灯亮，停电时绿色指示灯亮。装置失电时红色、绿色指示灯均不亮
	7	机构门关闭严密，驱潮加热正确投入	(1) 机构箱门平整、开启灵活、关闭紧密。 (2) 机构箱内清洁、防潮、防尘、防小动物措施良好，孔洞封堵严密。 (3) 机构箱内无异味，加热器、温度、湿度控制装置完好，投入正确，一般温度设定低于 5℃ 投入，12℃ 停止，湿度在 85% 启动加热
	8	液压操作机构运行良好	(1) 油箱油位正常，各油路无渗漏油；发现高压油路渗油，应加强监视，及时联系处理。 (2) 液压机构油压正常，在规定范围内。 (3) 二次接线无松脱、油污

续表

设备名称		巡视项目	巡 视 标 准
三、GIS组合电器	9	气动操作机构运行良好	(1) 空气压力指示正常，在规定范围内（1.5MPa）。 (2) 每周一次将汇控柜内及气路管道沟内排水阀门打开排出水分，排水后将阀门关闭良好。 (3) 汇控柜内无异味、无漏气声音，气道阀门关闭良好
	10	弹簧操作机构运行良好	(1) 储能电机电源正常，合闸弹簧已储能，储能行程到位。 (2) 传动部分完整无锈蚀，销子无脱落、销针齐全劈开
	11	外观检查良好	(1) 组合电器清洁、无积尘。 (2) 各类配管及阀门无损伤、锈蚀，开闭位置正确。 (3) 管道的绝缘法兰与绝缘支架良好。 (4) 组合电器各部位接地不开焊，螺丝不松动。 (5) 设备标志齐全、清晰、明显，安装牢固
	12	安全要求	(1) 巡视时应先启动排风系统，通风 15min。 (2) 巡视时尽量避免在防爆膜附近或压力表等气室薄弱点处停留
四、PASS开关设备	1	外观检查良好	(1) 设备上无搭挂杂物。 (2) 绝缘套管清洁，无机械损伤、放电及烧伤痕迹。 (3) 上部三相防爆装置完好。 (4) 下部三相气室观察窗完整无破损。 (5) 设备外壳、机构箱、电流互感器接地引下线完好，接地良好紧固，基础接地点不开焊
	2	声音正常	(1) 气室内无放电声响。 (2) 电流互感器无异音
	3	接线端子完好无过热	(1) 接线端子紧固，无变色、裂纹、变形、氧化，无热气流上升，试温片或变色漆不变色，夜间无发红现象。 (2) 雨雪天气，检查主导流接触部位，积雪不立即融化，无水蒸气。 (3) 上述检查，若需要鉴定，应使用红外测温装置进行检测
	4	分、合闸位置指示正确，与当时实际运行工况相符	(1) 断路器传动轴，合闸时为红色，分闸时为绿色。 (2) 隔离开关/接地开关机构指示器红色为合闸，绿色为分闸。 (3) 隔离开关/接地开关机构连杆处指针位置正确。 (4) 控制柜开关、隔离开关、接地开关位置信号指灯正确。 (5) 隔离开关/接地开关三处位置要指示一致（否则可能分、合位置未终了）
	5	压力正常无泄漏	压力表指示正常，指针在绿区范围内，气温 20℃ 时，开关气室压力 0.6MPa；指针在黄区时，压力 0.56MPa，压力低报警；指针红区时，压力 0.54MPa，闭锁报警
	6	控制柜、机构箱严密	(1) 控制柜、断路器操作机构、隔离开关/接地开关机构关闭严密、密封良好，排气装置完好。 (2) 控制柜、机构加热驱潮器投入正确，一般是温度低于 5℃，15℃ 停止加热，或湿度大于 85％ 时启动。 (3) 断路器储能指示正确，已储能。 (4) 控制柜照明完好

设备名称	巡视项目		巡视标准
四、PASS 开关设备	7	二次电缆完好	各二次电缆完好，无破损，固定在线槽内，电缆护管上部封堵良好，下部未刮伤电缆
	8	安全要求	(1) 发现泄漏，设备未停电时，应远离设备。 (2) 运行中禁止打开断路器、隔离开关的机构箱门。 (3) 巡视时应先启动排风系统，通风15min
五、中置柜	1	状态显示仪完好，工作正常	(1) 状态显示仪各设备位置灯与实际相符。 (2) 设备带电显示仪显示正确与现场实际相符。 (3) 驱潮防凝露控制器，在温度、湿度设定范围内正确，在自动位置，不能自动启动的根据高压室温、湿度及时投入、关闭温控开关。 (4) 储能监视、主合闸回路电源监视回路完好，弹簧机构已储能
	2	防误闭锁装置完好投入	(1) 柜门、设备间机械闭锁完好，在闭锁状态。 (2) 微机防误或其他外携防误装置闭锁完好，在闭锁状态。 (3) 开关柜上的控制开关把手闭锁装置良好，在闭锁状态
	3	声音正常、无异味、通风良好	(1) 设备无振动及放电异常声响。 (2) 高压室内无异味，湿度高于85%时启动室内排风
	4	表计指示、开关位置正确	(1) 开关柜上的电流表、电压表、温度指示正确，与现场设备带电及负荷情况相符。 (2) 开关柜上控制方式开关在远方位置
	5	分、合闸位置指示正确与现场实际相符	(1) 开关分、合闸位置指示器、设备储能状态正确，观察窗完整清洁。 (2) 接地开关分合指示牌与三相机械拐臂一致
	6	设备标志齐全	设备标志齐全、清晰、明显，粘贴位置合适
	7	接地完好	柜体外部接地不开焊，内部能看到螺丝不松动
六、隔离开关	1	接线端子完好无过热	(1) 接线端子无裂纹、变形，铜铝过渡部位无裂纹，接触良好，无变色、氧化、热气流上升，试温片或变色漆不变色，夜间无发红现象。 (2) 雨雪天气，接线端子及动静触头接触部位，积雪不立即融化，无水蒸气现象。 (3) 上述检查，若需要鉴定，应使用红外测温装置进行检测。 (4) 导电杆下夹板无裂纹、松动，隔离开关咀触子无出槽脱落。 (5) 触头合闸深度适当不偏位，接触紧密无缝隙
	2	绝缘子部分完好	绝缘子清洁完整，无裂纹、损伤、放电及烧伤痕迹，铁磁结合部防水胶无脱落
	3	传动机构连杆、拉杆完好	(1) 拉杆、连杆无弯曲变形、松动、锈蚀，接头焊缝无开裂。 (2) 销钉齐全劈开，各部螺丝紧固、无松动

续表

设备名称	巡视项目		巡 视 标 准
六、隔离开关	4	操作机构闭锁完好	(1) 操作把手防误闭锁装置锁具完好，闭锁可靠。 (2) 操作机构机械闭锁栓在相应位置闭锁。 (3) 机构箱门关闭严密闭锁，防潮措施良好
	5	设备标志齐全	设备标志齐全、清晰、明显
	6	基础及构架完好	(1) 基础无下沉、冻鼓、风化。 (2) 构支架完好无倾斜，无严重锈蚀，水泥杆无严重裂纹。 (3) 接地点不开焊，接触良好
七、电流互感器	1	电流互感器声音正常，无异味	(1) 声音正常，无异常振动、放电声响。 (2) 无异味、过热、冒烟现象
	2	接线端子完好无过热	(1) 接线端子及接线板端子无裂纹、接触良好，无变形、变色、氧化，无热气流上升，试温片或变色漆不变色，夜间无发红现象。 (2) 雨雪天气，接线端子积雪不立即融化，无水蒸气现象。 (3) 上述检查，若需要鉴定，应使用红外测温装置进行检测
	3	外观检查完好	(1) 绝缘套管清洁完整、无裂纹、无损伤、放电及烧伤痕迹。 (2) 树脂浇注互感器外绝缘表面无积灰、粉蚀、开裂。 (3) 各部完好无锈蚀，油漆无脱落，设备上无杂物
	4	油色、油位正常，各部无渗漏	(1) 油标油位、油色正常，油标完好无渗漏。 (2) 膨胀器上油位指示器指示正确，油位与温度线相符，外表无渗漏油。 (3) 法兰密封完好，油门关闭严密，无渗漏油
	5	二次接线盒、箱密封良好	(1) 二次接线盒、箱门关闭严紧，防潮措施良好。 (2) 二次接线紧固无松脱、锈蚀、开路，电缆封堵完好
	6	设备标志齐全	设备标志齐全、清晰、明显
	7	基础及构架完好	(1) 基础无下沉、冻鼓、风化。 (2) 构支架完好无倾斜，无严重锈蚀，水泥杆无严重裂纹。 (3) 接地点不开焊，接触良好
八、电压互感器	1	声音正常，无异味	声音正常，无异常振动、放电声响，无异味
	2	接线端子完好无过热	接线端子无裂纹、变形、氧化、过热
	3	外观检查完好	(1) 绝缘套管清洁完整、无裂纹、无损伤、放电及烧伤痕迹。 (2) 树脂浇注互感器外绝缘表面无积灰、粉蚀、开裂。 (3) 各部完好无锈蚀，油漆无脱落，设备上无杂物

续表

设备名称	巡视项目		巡视标准
八、电压互感器	4	油色、油位正常，各部无渗漏	(1) 油标油位、油色正常，油标完好无渗漏。 (2) 膨胀器上油位指示器指示正确，油位与温度线相符，外表无渗漏油。 (3) 各部法兰密封完好、油门关闭严密，无渗漏油
	5	消谐器完好	消谐器接入并正常运行，记录二次消谐器动作情况
	6	二次接线盒、箱密封良好	(1) 二次接线盒、箱门关闭严紧，防潮措施良好。 (2) 二次接线紧固无松脱。二次开关或熔断器完好在投入位置，电缆护管封堵良好。 (3) 电容式电压互感器二次接地开关位置正确，与运行工况相符
	7	设备标志齐全	设备标志齐全、清晰、明显
	8	基础及构架完好	(1) 基础无下沉、冻鼓、风化。 (2) 构支架完好无倾斜，无严重锈蚀，水泥杆无严重裂纹。 (3) 接地点不开焊，接触良好
九、避雷器	1	外观检查良好	(1) 瓷柱及复合绝缘子清洁，无裂纹、机械损伤、放电及烧伤痕迹。 (2) 金属部件无锈蚀，油漆无脱落
	2	引线及接线端子完好无过热	各部接点连接紧固，无过热、松动、脱落现象，引线弛度是否适当
	3	在线监测仪完好，工作正常	(1) 放电计数器清洁完好无破损，指示正确，接地良好，记录避雷器动作次数。 (2) 泄漏电流三相基本一致，与初始值无大变化，突然变大、变小或为0均属不正常，记录数值。 (3) 运行时绿色指示灯亮
	4	设备标志齐全	设备标志齐全、清晰、明显
	5	基础及构架完好	(1) 基础无下沉、冻鼓、风化。 (2) 构架完好无倾斜，无严重锈蚀，水泥杆无严重裂纹。 (3) 接地点不开焊，接触良好
十、耦合电容器	1	引线及接线端子完好	上、下引线牢固，无松动、脱落现象，上部引线弛度适当，摇摆不过大
	2	声音正常无渗漏	无异音、无异味、过热、冒烟现象，各部无渗漏及油污
	3	瓷套完好	瓷套清洁、无裂纹、无机械损伤，放电及烧伤痕迹
	4	接地完好	接地开关在正确位置，上、下部端子紧固无松动，接地引下线完好
	5	结合滤波器	结合滤波器关闭严密
	6	设备标志齐全	设备标志齐全、清晰、明显

设备名称		巡视项目	巡视标准
十、耦合电容器	7	基础及构架良好	(1) 基础无下沉、冻鼓、无风化。 (2) 构支架完好无倾斜，无严重锈蚀，水泥杆无严重裂纹。 (3) 接地点不开焊，接触良好
十一、阻波器	1	引线及接线端子完好	(1) 上下引线端子牢固、无松动、脱落现象，引线无断股，引线弛度适当，摇摆不过大。 (2) 接线端子无变色、无氧化，无热气流上升，夜间无发红现象。 (3) 雨雪天气，接线端子积雪不立即融化，无水蒸气。 (4) 上述检查，若需要鉴定，应使用红外测温装置进行检测
	2	阻波器安装牢固	(1) 悬挂式阻波器安装牢固，摇摆不过大，满足安全距离要求，悬垂无放电、烧伤现象。 (2) 落地式阻波器支持瓷柱清洁完整、无裂纹、无损伤、放电及烧伤痕迹，铁磁结合部防水胶无脱落
	3	阻波器内部无放电	内部无放电现象，外观完整无变形、破损，油漆无脱落
	4	周边环境良好	设备上无搭挂杂物，周围无被风刮起的杂物
	5	基础及构架完好	(1) 基础无下沉、冻鼓、风化。 (2) 构架完好无倾斜，无严重锈蚀，水泥杆无严重裂纹。 (3) 接地点不开焊，接触良好
十二、电容器	1	设备外观完好	(1) 电容器外壳无明显凹凸变形。 (2) 框架式电容器，熔断器无熔断、锈蚀、变形。 (3) 集合式电容器压力释放阀完好。 (4) 设备各金属部位无严重锈蚀。 (5) 设备上无搭挂的杂物
	2	引线及接线端子完好	(1) 接线端子紧固，接触良好，无变色、氧化，无热气流上升，试温片或变色漆不变色、夜间不发红。 (2) 雨雪天气，接线端子积雪不立即融化，无水蒸气。 (3) 上述检查，若需要鉴定，应使用红外测温装置进行检测
	3	电容器测温装置完好，温度正常	(1) 本体温度计完好、无破损，指针不卡滞。 (2) 记录电容器上层油温数值，上层油温限值 65℃。 (3) 电容器外壳上粘贴的示温片、试温纸无融化、变色
	4	油色、油位、声音正常，无渗漏	(1) 集合式电容器油位指示应与环境温度标示线相对应、无大偏差，油色正常，油位计应无破损和渗漏油。 (2) 设备无放电声响。 (3) 电容器各部无渗漏及油污。 (4) 充油放电线圈无渗漏

续表

设备名称		巡视项目	巡　视　标　准
十二、电容器	5	呼吸器完好，吸附剂干燥	(1) 硅胶干燥，硅胶变粉红色不超过1/3。 (2) 油杯完好，观察透明油杯中油没过呼吸嘴，有时可以看到呼吸器呼吸现象（有气泡）
	6	套管清洁完整	母线支持套管、电容器、放电线圈套管清洁，无破损、裂纹，放电及烧伤痕迹
	7	设备接地良好	(1) 电容器外壳和构架应可靠接地。 (2) 接地极焊接紧固，无锈蚀
	8	设备标志齐全、清晰、明显	(1) 框架式电容器单只电容编号齐全、清晰。 (2) 集合式电容器分挡隔离开关要容量标识。无分挡隔离开关的各接线端子容量标识齐全正确。 (3) 相位牌相色清晰。A、B、C相位牌分别用红、绿、红三色标示。 (4) 粘贴、绑扎牢固，粘贴位置合适明显
	9	基础及构架、网门完好	(1) 设备基础无下沉、冻鼓、无风化。 (2) 各网门闭锁及机械锁良好，封堵正常
十三、电抗器	1	声音正常	无异常振动和声响
	2	设备外观完好	(1) 压力释放阀完好无损，无油迹。 (2) 设备各金属部位无严重锈蚀。 (3) 设备上无塔挂的杂物。 (4) 干式电抗器外包封表面清洁、无裂纹，无爬电痕迹，无油漆脱落现象，憎水性良好，撑条无错位。 (5) 接地可靠，周边金属物无异常发热现象
	3	电抗器测温装置完好，温度正常	(1) 温度计完好、无破损，指示正常。 (2) 记录油浸电抗器上层油温数值，上层油温限值85℃
	4	检查电抗器油位、油色正常无渗漏油	(1) 电抗器的油标油位指示与环境温度标志线相对应、无大偏差。 (2) 检查各部无渗漏油，记录渗漏部位及程度。 (3) 瓦斯继电器内充满油，无气体，油色应为淡黄色透明
	5	呼吸器是否完好，吸附剂干燥	(1) 硅胶干燥，变粉红色不超过1/3。 (2) 油杯完好，透明油杯有时可以看到呼吸器呼吸现象（有气泡）
	6	套管完好	(1) 套管油位应在上、下油位标志线之间。 (2) 瓷套清洁完整、有无裂纹、机械损伤、放电及烧伤痕迹
	7	接线端子完好无过热	(1) 接线端子紧固，无变色、裂纹、氧化，无热气流上升，试温片或变色漆不变色，夜间不发红。 (2) 雨雪天气，主导流接触部位积雪不立即融化，无水蒸气。 (3) 上述检查，若需要鉴定，应使用红外测温装置进行检测
	8	基础及支持瓷柱、网门完好	(1) 设备基础无下沉、冻鼓、无风化。 (2) 支持瓷柱清洁完整，无裂纹、损伤，无倾斜变形、放电及烧伤痕迹。 (3) 各网门闭锁及机械锁良好，封堵正常

设备名称		巡视项目	巡 视 标 准
十四、站用变压器	1	站用变压器测温装置完好，温度正常	(1) 温度计完好、无破损，指针不卡滞，指示正常。 (2) 记录站用变压器上层油温数值，上层油温限值 85℃、温升限值 45℃
	2	站用变压器油位、油色正常、无渗漏	(1) 油标油位指示，应与环境温度标志线相对应。 (2) 正常油色应为透明的淡黄色。 (3) 各部分无渗漏油，记录渗漏部位程度
	3	瓦斯继电器完好	瓦斯继电器内充满油，无气体，无渗漏油
	4	站用变压器音响正常	站用变压器正常应为均匀的嗡嗡声音，无放电等异常声响
	5	压力释放阀	压力释放阀完好无损，无油迹
	6	呼吸器是否完好，吸附剂干燥	(1) 硅胶无受潮变色，硅胶变粉红色不超过 1/3。 (2) 油杯完好，透明油杯有时可以看到呼吸器呼吸现象（有气泡）
	7	套管完好	(1) 套管油位应在上、下油位标志线之间，指针式油位计应与温度曲线相对应。 (2) 绝缘套管清洁完整、有无裂纹、机械损伤、放电及烧伤痕迹
	8	接线端子完好、无过热	(1) 接线端子紧固，无变色、无裂纹、无变形，铜铝过渡部位无裂纹。 (2) 接线端子无氧化、无热气流上升，试温片或变色漆不变色、夜间无发红。 (3) 雨雪天气主导流接触部位，积雪不立即融化，无水蒸气。 (4) 上述检查，若需要鉴定，应使用红外测温装置进行检测
	9	设备外观完好	(1) 金属部位无锈蚀，底座、支架牢固，无倾斜变形。 (2) 设备上无搭挂的杂物。 (3) 干式变压器表面平整应外绝缘表面清洁、无裂纹、无受潮及放电现象
	10	基础及构架、网门完好	(1) 设备基础无下沉、冻鼓、无风化。 (2) 接地点不开焊，螺丝不松动。 (3) 各网门闭锁及机械锁良好，封堵正常
十五、消弧线圈	1	消弧线圈测温装置完好，温度正常	(1) 消弧线圈温度计完好、无破损，指示正确。 (2) 记录消弧线圈上层油温数值，上层油温限值 85℃、温升限值 45℃
	2	检查消弧线圈油位、油色正常，无渗漏	(1) 消弧线圈的油标油位指示与环境温度标志线相符，指针式油位计与温度曲线相对应。 (2) 正常油色应为透明的淡黄色。 (3) 油位计应无破损，各部无渗漏油
	3	检查消弧线圈瓦斯继电器	(1) 瓦斯继电器内充满油，无气体，无渗漏油。 (2) 瓦斯继电器防雨措施完好，防雨罩牢固。 (3) 瓦斯继电器的引出线二次电缆应无损伤。 (4) 二次端子箱严密，无受潮现象，电缆护管上部密封良好

续表

设备名称		巡视项目	巡 视 标 准
十五、消弧线圈	4	压力释放阀或安全气道防爆膜完好无损	压力释放阀或安全气道防爆膜完好无损，无油迹
	5	呼吸器是否完好，吸附剂干燥	(1) 硅胶干燥，硅胶变粉红色不超过1/3。 (2) 油杯完好，透明油杯有时可以看到呼吸器呼吸现象（有气泡）
	6	套管完好	瓷套清洁完整、有无裂纹、机械损伤、放电及烧伤痕迹
	7	各部接地完好	接地点不开焊，螺丝不松动
	8	消弧线圈有载调抗装置	(1) 控制器电源指示灯显示正常。 (2) 分接位置指示器应指示正确。 (3) 分接开关驱潮防凝露加热器应完好，在设定范围内自动投入、退出，无自动投入功能的巡视时按要求及时投入、退出。 (4) 无载调压开关调节器防雨罩完好
	9	端子箱、控制箱清洁、严密	(1) 机构箱门关闭严密，防潮、防尘、防小动物措施良好，密封胶条无老化。 (2) 机构箱无锈蚀，孔洞已可靠封堵，二次接线端子紧固，不生锈，无过热、打火。 (3) 电缆护管上部封堵严密，下部未刮伤电缆外皮
	10	设备外观完好	(1) 金属部位无锈蚀，底座、支架牢固，无倾斜变形。 (2) 设备上无塔挂的杂物。 (3) 干式消弧线圈表面平整应外绝缘表面清洁、无裂纹、无受潮及放电现象
	11	基础及构架、网门完好	(1) 设备基础无下沉、冻鼓、无风化现象。 (2) 接地点不开焊，螺丝不松动。 (3) 各网门闭锁及机械锁良好，封堵正常
十六、母线	1	软母线完好	引线完整无破股、断股，引线弛度适当，对地、相间距离满足要求，无挂落异物
	2	硬母线完好	母线完好无变形、无异声、无振动过大现象，软连接无破损断片现象
	3	母线无过热	(1) 各接点线夹紧固、无松动脱落，无氧化，无热气流上升，试温片或变色漆不变色，夜间不发红。 (2) 雨雪天气，主导流接触部位积雪不立即融化，无水蒸气。 (3) 上述检查，若需要鉴定，应使用红外测温装置进行检测
	4	基础及构架良好	(1) 悬垂绝缘子有无破损及放电迹象，固定牢固。 (2) 瓷瓶清洁完整、无裂纹、无损伤、放电及烧伤痕迹。 (3) 构架无锈蚀、变形、裂纹、损坏。 (4) 设备基础无下沉、冻鼓、无风化。 (5) 接地点不开焊

设备名称	巡视项目		巡 视 标 准
十七、高压熔断器	1	熔断器完好	(1) 熔丝及熔丝管各相无熔断脱落。 (2) 熔丝管完整无破损。 (3) 接线端子紧固、无松动、无氧化、无过热
	2	基础及构架	(1) 基础无下沉、冻鼓、无风化。 (2) 构支架完好无倾斜，无严重锈蚀，水泥杆无严重裂纹。 (3) 基础及构架接地良好不开焊
十八、避雷针、避雷线	1	避雷针	(1) 避雷针无锈蚀、开焊，各接地点不开焊接触良好。 (2) 倾斜度不应大于架构高度的1/200。 (3) 设备基础无下沉、冻鼓、无风化。 (4) 地角螺丝紧固无松动
	2	避雷线	(1) 避雷线弧度适当，对带电设备安全距离满足要求。 (2) 避雷线上无搭挂杂物
十九、直流系统	1	微机直流系统监控装置工作正常，各监测数值准确	(1) 系统状态（浮充\均充），能自动转为均充的，在设定条件下均充、浮充自动切换；不能自动切换，按规程要求人为设定均充或浮充。 (2) Ⅰ路、Ⅱ路交流电压正常，电压380×(1±10%) V，无缺相或断相，两路交流切换动作正确。 (3) 直流输出电压正常（数值）(2.23～2.28)×104＝232～237V。 (4) 电池组电压正常（数值）浮充电时：(2.23～2.28)×104＝232～237V，均充电时：(2.30～2.35)×104＝239～244V。 (5) Ⅰ段/Ⅱ段直流控制母线电压正常（数值）220V±5V。母线电压自动调节装置在自动位置，自动调节失灵时，方可手动调节母线电压，并加强监视母线电压。 (6) 蓄电池组充放电电流正常（数值），符合蓄电池的要求。 (7) 直流输出电流正常（数值），与平时相比变动不大。 (8) Ⅰ段/Ⅱ段，正母/负母线对地电阻或电压正常（数值）；在线装置显示电阻OK或1，电阻低于20kΩ，泄漏电流大于1mA时，接地告警；切换绝缘监测电压表把手测量正对地、负对地电压为0V。控母单极电压为110V；共负接线方式，浮充电时：合母负极电压110V，正极电压125V电压，偏差值最高不得超过30V。 (9) 查看装置故障事件记录情况。 (10) 系统参数、信号监视设定正确，有人值守变电站声音报警功能投入
	2	高频模块开关工作正常	(1) 输出电压正常（数值），104只电池：合母高频开关浮充电压234V，均充电压244V，控母高频开关电压220V。 (2) 直流输出电压表的指示值与监控模块上直流输出的显示值，以及蓄电池组输出电压表的指示值三者应一致。 (3) 输出电流正常（数值），10A限流高频模块合母模块，正常时保证3只运行，至少2只，（蓄电池组充电电流）＋（控制母线电流）＝高频模块电流和。 (4) 面板上的电源指示灯和运行指示灯亮，故障灯灭

续表

设备名称		巡视项目	巡视标准
十九、直流系统	3	蓄电池运行良好	(1) 蓄电池外观清洁、无膨胀变形，电解液无渗漏，连板无腐蚀，端子无生盐。 (2) 蓄电池内部无异音、手感温度无过热。 (3) 各端子无松动过热，熔断器无熔断。 (4) 电池检测线固定良好，无破损。 (5) 安全阀密封可靠，呼吸器无堵塞。 (6) 抽测蓄电池电压正常，电池无开路、短路和落后电池。 (7) 单体蓄电池最高、最低电压值（数值），单体浮充时：（2.23～2.28）V，一般宜控制在 2.25V（25℃），均充时：（2.30～2.35）V。 (8) 蓄电池的单体电压偏差值超过规定，应对其进行强制均衡充电
	4	屏体及内部元件、接线完好	(1) 屏体及柜内元件清洁，通风良好，柜门关严。 (2) 面板上各指示灯、告警灯窗、仪表指示正确，符合装置说明书规定和现场实际情况。 (3) 绝缘接地选线仪液晶屏显示各参数正常。 (4) 各插件、接线端子无松脱、发热变色现象，可利用红外装置检查。 (5) 电压调节装置正常（包括检查调节开关位置）。 (6) 电缆孔洞封堵严密。 (7) 防雷电阻器、稳压电源、继电器等元件运行良好
	5	开关位置正确	(1) 高频模块输出开关（充电机输出开关）在合位。 (2) 电池输出开关在合位，熔断器完好，无熔断信号。 (3) 环网供电馈线直流开关只投一路。 (4) 两路交流电源开关均在合位。 (5) 监控系统装置交、直流电源开关在合位
	6	设备齐全	设备标志齐全、清晰、明显，粘贴牢固，电缆牌清晰，拴挂牢固
	7	环境要求	(1) 蓄电池及电池室温度正常，一般为 5～30℃，最高不得超过 35℃。 (2) 蓄电池室通风设施良好
	8	要求	交流停电或充电机异常未修复之前而蓄电池组独立带负载运行时，应及时启用备用充电机或备用蓄电池组投入运行，保证放电终止电压值应符合规定
二十、低压交流电源	1	各信号、仪表、开关正常	(1) 母线电压指示正确，并在规定范围内，电压 38×(1±10%) 范围内，无缺相或断相。 (2) 三相电流基本平衡，馈出线电流表指示正常。 (3) 二次开关分、合闸位置指示器、位置信号灯位置正确，与运行工况相符。 (4) 自动互投开关位置正确，与运行方式统一
	2	交流屏内部完好无异常	(1) 电源切换屏、馈出屏内无异常音响，屏内无焦味，继电器完好。 (2) 结线端子无松动、过热、老化现象，电流互感器无开路。 (3) 各交流屏内清洁、无杂物，底部封堵完好。 (4) 各熔断器良好无熔断现象，熔量选择适当。 (5) 各柜门关闭严密，开闭灵活。 (6) 导电部分绝缘良好无破损
	3	设备标示齐全	(1) 电缆牌齐全，标示清晰。 (2) 屏上各元件标志规范、齐全、清晰、命名准确、粘贴牢固

设备名称		巡视项目	巡 视 标 准
二十一、控制屏	1	控制屏前仪表及信号指示正常	(1) 电流表、有功表、无功表指示正确，指示无越限、负荷无过载情况。 (2) 断路器位置信号灯指示与断路器实际位置相符，信号灯无熄灭现象。 (3) 断路器操作把手位置与运行工况相符，防误闭锁装置完好可靠。 (4) 各信号灯窗显示与实际相符，正常应全熄灭。 (5) 切换把手位置符相运行要求
	2	控制屏后元件完好工作正常	(1) 屏内无异音、无焦味现象。 (2) 各电源开关、熔断器、小刀闸投入正常。 (3) 端子排及各元件端子无松脱、过热、氧化现象。 (4) 二次线无过热老化现象。 (5) 屏内清洁无杂物，底部封堵完好
	3	标示完好	屏上各元件标志规范、齐全、清晰、命名准确、粘贴牢固
二十二、保护屏、测控屏	1	保护屏前各信号、压板、开关正常	(1) 各指示灯指示正确，与运行状态相符，电源指示灯不暗或闪烁。 (2) 液晶显示屏，定值区、保护投入、各电气量显示正确与运行工况相符。 (3) 切换把手、保护压板投入正确、相符；打印机工作状态良好。 (4) 打印机工作状态良好
	2	保护屏后元件完好工作正常	(1) 保护屏内无异音、无焦味。 (2) 电源开关、电压开关投入正常。 (3) 端子排及各元件端子无松脱、过热、氧化现象。 (4) 二次线无过热老化现象。 (5) 屏内清洁无杂物，底部封堵完好
	3	标示完好	屏上各元件标志规范、齐全、清晰、命名准确、粘贴牢固
二十三、远动屏	1	运动屏前各信号、压板、把手正常	(1) 屏前各装置信号、电源指示工作正常。 (2) 屏前各装置无告警。 (3) 测控方式开关、把手位置与工况要求相符
	2	运动屏后各元件完好	(1) 屏内无异音、无焦味。 (2) 各电源开关投入正常。 (3) 端子排及各元件端子无松脱、过热、氧化现象。 (4) 二次线无过热老化现象。 (5) 屏内清洁无杂物，底部封堵完好
	3	标示完好	屏上各元件标志规范、齐全、清晰、命名准确、粘贴牢固
二十四、计量屏	1	屏前各表计完好正常	各电能表清洁、完好，无异音，运行正常
	2	屏后元件完好	(1) 屏内无异声、无焦味。 (2) 端子排及各元件端子无松脱、过热、氧化现象。 (3) 二次线无过热老化现象。 (4) 电压回路无短路，电流回路无开路。 (5) 屏内清洁无杂物，底部封堵完好

目标驱动二：智能变电站巡视检查（见表2-3）

表2-3　　　　　　　　　　　　　智能变电站巡视检查表

设备名称	巡视项目		巡　视　标　准
一、智能组件	1	主要智能组件	（1）查看智能组件柜柜门关闭是否严密，有无尘土，雨天有无漏水、积水现象，接线无松动。 （2）检查智能组件指示状态正常，显示屏显示设备状态正常。 （3）查看油中溶解气体监测IED测量值中气体和水分含量满足规程要求，气路、油路密封是否严密，有无出现漏气漏油现象。 （4）正常状态下，色谱微水监测IED在变压器上的进出油口阀门必须是打开状态
	2	避雷器智能组件	（1）智能组件指示灯指示正常。 （2）检查各避雷器传感器与设备连接牢固，无松动现象。 （3）在线监测显示屏显示泄漏电流、阻性电流在正常范围内
	3	GIS智能组件	（1）GIS智能组件柜柜门关闭严密，端子排接线无松动。 （2）断路器智能组件，GIS局放智能组件及SF_6微水智能组件各指示灯指示正常。 （3）GIS局放智能组件监测的视在放电量应不大于50pC。 （4）各传感器安装牢固，气室无漏气现象
二、电子式、光学互感器及合并单元	1	互感器	（1）设备外观完整无损。 （2）一次引线接触良好，接头无过热，引线无发热、变色。 （3）外绝缘表面清洁、无裂纹及放电现象。 （4）金属部位无锈蚀，底座、支架牢固，无倾斜变形。 （5）架构、遮栏、器身外涂漆层清洁、无爆皮掉漆。 （6）无异常振动、异常声音及异味。 （7）瓷套、底座、阀门和法兰等部位应无渗漏油现象。 （8）电子式、光学互感器的传感元件控制电源空气开关投入正常。 （9）防爆膜有无破裂。 （10）接地可靠。 （11）安装有在线监测的设备应有维护人员每周对在线监测数据查看一次，及时掌握互感器的运行状况
	2	合并单元	（1）设备外观完整无损。 （2）装置面板指示灯指示正常，无异常和报警灯指示。 （3）装置电源正常投入，无跳闸现象。 （4）光纤接口无松动、脱落现象，光纤转弯平缓无折角，外绝缘无破损和脏污
三、交直流一体化电源		交直流一体化电源	（1）交流母线电压应保持在380×（1±5%）V之间，电压过高过低时应调整站用变分接头。 （2）站用变压器屏进线电源相序应一致，交流切换装置应可靠，各级熔丝应匹配。 （3）交流母线三相电压应一致，各相负载应趋于平衡，无过载现象。 （4）各交流馈线空开分合闸指示正常，各智能馈线模块无异常信号。 （5）检查电源智能监测单元有无异常信号，检查站用变低压进线闸刀，各接头检查有无发热现象，切换检查电压指示是否正常。

设备名称	巡视项目	巡 视 标 准
三、交直流一体化电源	交直流一体化电源	（6）正常情况下站用变压器分列运行，联络隔离开关断开位置，当工作电源供电有异常时，应将工作电源倒至另一电源。 （7）蓄电池一般采用浮充电方式运行，电池单体电压应不低于 2.20V，应保证在 2.25～2.28V 范围内，如果高于或低于这一范围，则将会减少电池容量或寿命。 （8）电池应使用在自然通风良好环境温度＋10～＋30℃的工作场所。 （9）在正常情况下，直流母线电压应保持在 210～230V 之间，最高不得超过 245V。 （10）运维人员必须至少每月对蓄电池进行一次检查
四、在线监测系统	在线监测系统	（1）现场检查：外观检查正常、电源指示正常，各种信号显示正常。 （2）巡视油气管理接口无渗漏，电（光）缆的连接无脱落。 （3）监控后台、在线监测系统主机监测数据检查：在线监测数据正常、通信状态正常、无告警信息。 （4）避雷器在线监测系统，宜在监控后台定期查看避雷器动作次数及泄漏电流，并与历史数据进行比较
五、太阳能光伏发电系统	太阳能光伏发电系统	（1）电池板外观完整无损，表面清洁、无裂纹。 （2）电池板之间连接的引线接触良好，接头绝缘良好，无短路和接地，引线无发热、变色。 （3）底座、支架牢固，无倾斜变形。 （4）电池板及控制系统屏柜无异常振动、异常声音及异味。 （5）交、直流控制电源开关投入正常。 （6）交、直流电压、电流指示仪表指示正常，电能计量符合实际情况。 （7）底座、支架接地可靠。 （8）应有专业维护人员定期对太阳能光伏发电系统进行巡视和维护，保证系统的正常运行
六、防误闭锁装置	防误闭锁装置	（1）正常运行时应检查站控层或独立式防误闭锁系统与监控系统间通信正常。 （2）站控层或独立式防误闭锁系统接线图与实际一致。 （3）各闭锁点的锁具完好、齐全。 （4）存放解锁器具的钥匙箱加封符合要求。 （5）智能解锁钥匙监管箱关闭正常，液晶屏显示正常。 （6）间隔层五防逻辑联锁、电气闭锁、机械闭锁功能完好并投入

第三节　仪器、仪表的使用

 培训目标

（1）掌握变电站常用仪器、仪表的正确使用方法。

（2）掌握变电站运维人员在使用常用仪器、仪表过程中的危险点及控制措施，能正确预控危险。

【模块一】 万 用 表 的 使 用

核心知识 -

使用万用表的注意事项。

关键技能 -

（1）掌握使用万用表测量不同对象的使用方法。

（2）在使用万用表过程中运维人员能够对潜在的危险点正确认知并能提前预控危险。

目标驱动 -

目标驱动一：数字万用表的使用

数字万用表示意如图 2-1 所示，数字万用表原理框图如图 2-2 所示。

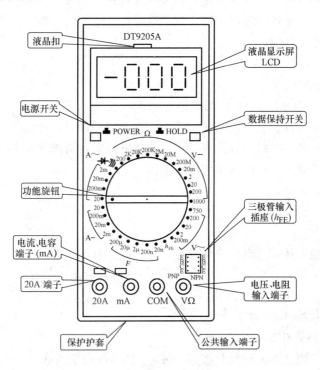

图 2-1　数字万用表示意

1. 测量电阻

（1）关掉被测电路电源。

（2）选择电阻挡（Ω）。

（3）将黑色测试探头插入 COM 输入插口，红色测试探头插入 Ω 输入插口。

（4）将探头前端跨接在器件两端，或测电阻的那部分电路两端。

（5）查看读数，确认测量单位——欧姆（Ω）、千欧（kΩ）或兆欧（MΩ）。

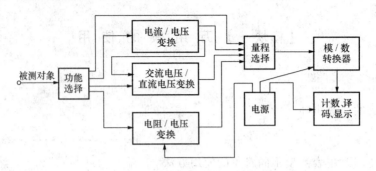

图 2-2　数字万用表原理框图

2. 测量电压

（1）将黑表笔插入 COM 端口，红表笔插入 VΩ 端口。

（2）功能旋转开关打至 V～（交流）或 V－（直流）位置，并选择合适的量程。

（3）红表笔探针接触被测电路正端，黑表笔探针接地或接负端，即与被测电路并联。

（4）读出 LCD 显示屏数字。

3. 测量电流

（1）关掉被测电路电源。

（2）黑表笔插入 COM 端口，红表笔插入 mA 或者 20A 端口。

（3）功能旋转开关打至 A～（交流）或 A－（直流）位置，并选择合适的量程。

（4）断开被测电路，将数字万用表串联入被测电路中，被测线路中电流从一端流入红表笔，经万用表黑表笔流出，再流入被测电路中。

（5）接通被测电路电源。

（6）读出 LCD 显示屏数字。

4. 测量电容

（1）将电容两端短接，对电容进行放电，确保数字万用表的安全。

（2）将功能旋转开关打至电容（C）测量挡，并选择合适的量程。

（3）将电容插入万用表 C-X 插孔。

（4）读出 LCD 显示屏上数字。

5. 二极管蜂鸣挡的作用

（1）二极管好坏的判断：转盘打在"—▷|—"挡，红表笔插在右一孔内，黑表笔插在右二孔内，两支表笔的前端分别接二极管的两极，然后颠倒表笔再测一次。

如果两次测量的结果是：一次显示"1"字样，另一次显示零点几的数字，那么，此二极管就是一个正常的二极管，假如两次显示都相同，则此二极管已经损坏，LCD 上显示的一个数字即是二极管的正向压降：硅材料约为 0.6V，锗材料约为 0.2V，根据二极管的特性，可以判断此时红表笔接的是二极管的正极，而黑表笔接的是二极管的负极。

（2）短路检查（判断线路通断）：将转盘打在"—▷|—"挡，表笔位置同上。用两表笔的另一端分别接被测两点，若此两点确实短路，则万用表中的蜂鸣器发出声响。

6. 使用数字万用表注意事项

（1）首先检查数字万用表的电池和熔丝管是否安装齐全完好。

（2）在进行测量前，应认真检查表笔及导线绝缘是否良好，如有破损应进行更换后再使用，以确保使用人员的安全。

（3）在进行测量时，特别要注意表笔的位置是否插对，功能转换开关是否置于相应的挡位上，特别是测量 220V 以上交流电压时必须更加小心，不能有麻痹思想。一旦出现表笔位置不对、功能开关位置不对，便会损坏仪表。

（4）测量时如果无法估计所测量的大小，应将量程拨置最高量限上进行测量，然后再据情况选择适宜的量程进行检测。

（5）有的数字万用表具有益出功能，即在最高位显示数字"1"，其他位均消隐，表明仪表已过载，此时应更换新的量程。

（6）数字万用表在电路上虽然有较完善的保护功能，但在操作上仍要尽量避免出现误操作。

（7）对于具有自动关机功能的数字万用表，当停止使用的时间超过 15min 时便会自动关机，切断主电源，使仪表进入备用状态，LCD 也为消隐状态。此时仪表就不能再进行测量了，如果继续使用必须按动两次电源开关才能恢复正常。

（8）使用数字电压表时要注意插孔旁边所注明的危险标记数据，该数据表示该插孔所输入电压、电流的极限值，使用时如果超过此值就可能损坏仪表，甚至击伤使用者。

（9）由于数字万用表在进行测量时会出现数字的跳动现象，为读数的准确，应等显示值稳定后再读数。

（10）当每次使用完万用表后，应将量程开关拨置最高电压挡，以避免下次使用时不慎损坏万用表。同时也应把电源开关关掉，以增长电池的使用寿命。

目标驱动二：指针式万用表使用

1. 测量直流电阻

指针式万用表示意如图 2-3 所示。

（1）应先将电路电源切断。如果电路中有电容器，应先将电容器放电后再进行测量。

（2）进行直流电阻测量时，将转换开关旋转到"Ω"的位置。

（3）万用表欧姆挡可以测量导体的电阻。欧姆挡用"Ω"表示，分为 $R×1$、$R×10$、$R×100$ 和 $R×1k$ 四挡。有些万用表还有 $R×10k$ 挡。

根据被测电阻大小选择合适的量程。若被测电阻仅有几十欧姆，可将转换开关选择在 $R×1$ 的位置。

（4）将选择开关置于 $R×100$ 挡，红色表笔插在符号"+"的插口内，黑色表笔插在符号"*"的插口内，然后将两表笔短路连接，这时回路电阻应为零，调整欧姆挡零位调整旋钮，使表针指向电阻刻度线右端的零位。若指针无法调到零点，则说明表内电池电压不足，应更换电池。

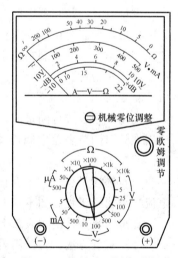

图 2-3　指针式万用表示意

（5）调零后，用两表笔分别接触被测电阻两引脚进行测量。正确读出指针所指电阻的数值，再乘以倍率（$R×100$ 挡应乘 100，$R×1k$ 挡应乘 1000……），就是被测电阻的阻值。

（6）为使测量较为准确，测量时应使指针指在刻度线中心位置附近。若指针偏角较小，应换用 $R \times 1k$ 挡，若指针偏角较大，应换用 $R \times 10$ 挡或 $R \times 1$ 挡。每次换挡后，应再次调整欧姆挡零位调整旋钮，然后再测量。

（7）测量结束后，应拔出表笔，将选择开关置于"OFF"挡或交流电压最大挡位，并收好万用表。

（8）严禁在电路带电情况下测量电阻。决不允许用万用表的欧姆挡，直接测量检流计、微安表表头与标准电池的内阻。

2．测量直流电压

（1）选择量程。万用表直流电压挡标有"V−"，根据电路中电源电压大小选择量程。若不清楚电压大小，应先用最高电压挡测量，逐渐换用低电压挡。

（2）测量方法。将万用表的红色表笔插入标有符号"＋"的插口内，黑色表笔插入标有"＊"的插口内。万用表应与被测电路并联。红笔应接被测电路和电源正极相接处，黑笔应接被测电路和电源负极相接处（见图2-4）。

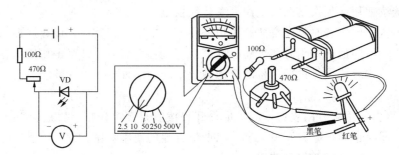

图 2-4　采用指针式万用表测量直流电压示意

测量时应清楚被测电路的正负极，以免指针倒转伤表。如果不知道正负极，就应先用最高电压挡，用表笔试测一下被测电路，根据表针的指向确定正负极性。

（3）正确读数。观察指示器所指标尺的位置，应使其指在标尺 2/3 左右位置。读数时，视线应正对指针。

3．测量直流电流

在用万用表进行测量前，首先要检查指示器的位置是否在零位上。如指示器偏离零位，应用螺丝刀调节表盖中间位置上的机械调零器，使指示器准确地指在零位上，方可进行测量。

（1）选择量程：万用表直流电流挡标有"μA"和"mA"。选择量程，应根据电路中的电流大小选择量程。如不知电流大小，应选用最大量程。

直流电流表是使用表盘上标有"−"符号的标尺。可根据量程选择不同的刻度。

（2）测量方法：将万用表的红色表笔插入表盖上标有符号"＋"的插口内，将黑色表笔插入标有符号"＊"的插口内，万用表应与被测电路串联。应将电路相应部分断开后，将万用表表笔接在断点的两端。红表笔应接在和电源正极相连的断点，黑表笔接在和电源负极相连的断点（见图2-5）。

（3）正确读数。观察指示器所指标尺的位置，应使其指在标尺 2/3 左右位置。读数时，视线应正对指针。

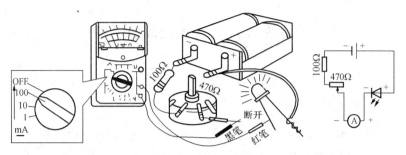

图 2-5 采用指针式万用表测量直流电流示意图

直流电流挡刻度线仍为第二条，如选 100mA 挡时，可用第三行数字，读数后乘 10 即可。

4. 测量交流电压

（1）在测量交流电压时，表笔没有极性要求。

（2）转换开关应旋转在交流电压挡"V～"的位置上，量程放在合适的量限上。

（3）当选择交流 10V 量程进行测量时，应使用表盘上标有 10V 的第三条标尺读取数值。50、250、500V 量程均使用标有"－"符号的第二条标尺。读数方法与直流电压相同。

例如，要测量 A、B 两相间的电压时，应选择交流电压 500V 量程，用两笔表笔接触两相电源时，指示器指在标尺 190 刻度值上，被测量的值应为

$$\frac{500}{250} \times 190 = 380 \ （V）$$

（4）为了保证安全，测量 500V 以上交流电压时，应采用将测试表笔一端固定在电路地电位上，再将测试表笔的另一端去接触被测高压电源，并应避免暴露测试表笔的金属部分，要谨慎操作。用万用表进行测量时，手不可接触表笔金属部分，以保证安全和测量的准确。

5. 测量交流电流

（1）在测量交流电流时，表笔没有极性要求，将表串接在被测的电路中。

（2）转换开关应旋转在电流挡的位置上，量程放在合适的量限上。

（3）按选择交流的量程，读取数值。

6. 使用指针式万用表的注意事项

（1）测量前检查指针是否在零位，如不在零位则用螺丝刀旋表头调零器调整至零位。

（2）在测量前一定要先检查转换开关的位置是否正确。当对被测量信号心中无数时，可先将量程开关置于大量程位置，然后再转换至适当的量程上。仪表选好量程进行测量时，若发现量程选择不当，也不要带电旋转换开关，特别是高电压和大电流，严禁带电转换量程。应断开电路后再进行量程切换。

（3）将红表笔插入"＋"接线柱黑表笔插入"－"（或"＊"）接线柱（测电流时另用接线柱连接）。测电压时将表笔并接在被测电路两端，测电流时用导线将万用表串接在被测电路中。测直流电时还要注意接线柱的极性：测直流电压时，接线柱正极接被测量的正极，接线柱负极接被测量的负极；测直流电流时用万能用表接线柱正极为电流流入端，负极为流出端。

（4）读数时要正确选择刻度，并且眼睛要正视表盘，以减少视差。

（5）每次测量完毕将转换开关放在空挡或交流电压最大量程位置上。

【模块二】 钳形电流表的使用

使用钳形电流表的注意事项。

（1）掌握钳形电流表的使用方法。

（2）在使用钳形电流表过程中运维人员能够对潜在的危险点正确认知并能提前预控危险。

目标驱动一：学习钳形电流表的结构及原理

钳形电流表原理结构图如图 2-6 所示。

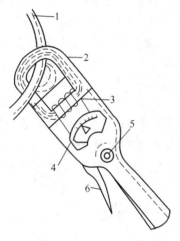

图 2-6　钳形电流表原理结构
1—被测载流导线；2—铁芯；3—二次绕组；
4—电流表；5—量限开关；6—手柄

1. 钳形电流表的组成

钳形电流表与普通电流表不同，它由电流互感器和电流表组成。可在不断开电路的情况下测量负荷电流，但只限于在被测线路电压不超过 500V 的情况下使用。

2. 原理简介

简单地说，钳形电流表就是利用电磁感应的原理，被测导线相当于带电一次绕组，钳口相当于铁芯。钳口卡住导线时，带电导线有电流通过时。导线自身产生的磁场，感应到钳口的铁芯，使铁芯内部产生磁通。而电流表铁芯上面还缠绕着一个二次绕组，磁通会使二次绕组也产生一个磁通，在铁芯内部两个磁通相互阻碍。这时会使二次绕组两端产生一个与一次绕组有变比倍率的电流数据。这个数据在经电流表内部集成电路处理后就会在电表上面的显示屏上面读出导线（也就是一次绕组）所流过的电流的大小数据。

目标驱动二：钳形电流表的使用

1. 明确使用钳形电流表的注意事项

（1）使用前应将表计柄擦干净，手部要干燥或戴绝缘手套。

（2）进行测量时，应注意操作人员对带电部分的安全距离。为保证测量安全，测量时应由两人进行，一人监护，一人操作，测量人员应戴绝缘手套并站在绝缘垫上或穿绝缘靴站在地上，以免发生触电危险。

（3）使用钳形电流表测导线的电位（或电压）时，不得超过制造厂规定的数值，否则，可能击穿钳形表铁芯外面的绝缘质，造成人员触电事故。低压钳形电流表只应该用来测量低压交流电流而不能用于测量高压电。

（4）在测裸体导线电流时，应注意不能使开口铁芯同时接触两相导线，以防发生短路烧毁设备或仪表。

（5）使用带有电压测量用的钳形电流表时，测电压时一定要把指示旋钮指向电压挡，电压与电流不可同时测量。

（6）每次测量后，要将调节电流表量程的切换开关在最高挡位，避免下次使用时，由于未经选择量程就进行测量而损坏仪表。

2. 使用钳形电流表的方法

（1）检查钳形表使用前，根据被测的对象，选择相应形式的钳形电流表，检查钳形电流表有无损坏，指针是否指向零位。如发现没有指向零位，可用小螺丝刀轻轻旋动机械调零旋钮，使指针回到零位上，将转换开关拨到需要的位置。检查钳口的开合情况以及钳口面上有无污物。如钳口面有污物，可用溶剂洗净并擦干；如有锈斑，应轻轻擦去锈斑。

（2）测量前对被测电流进行粗略估计，应先把钳形电流表量程放在最大挡位，然后根据被测电流指示值，由大到小选择合适的量程将量程选择旋钮置于合适位置，使测量时指针偏转后能停在精确刻度上（使读数超过刻度的1/2），以便得到较准确的读数。转换量程必须在不带电情况下或者在钳口张开情况下进行，以免损坏仪表。

（3）测量交流电流时，每次只能测量一根导线的电流，使被测导线位于钳口中部，并且钳口紧密闭合。合钳后若有杂音，可打开钳口重合一次，若杂音不能消除，应检查并清除闭合口处的尘污和锈蚀，以减少测量误差。如在钳口中穿入二相或三相绝缘导线，则其读数不是算术和而是向量和。例如，在对称电路中，铁芯中穿入两相的读数等于一相电流的值，穿入三相的读数为零。

（4）测量5A以下电流时，为得到较为准确的读数，在条件许可时，可将导线多绕几圈放进钳口进行测量，其实际电流数值应为仪表读数除以放进钳口内的导线根数。

（5）用钳形电流表测量电压时，一定要在被测前切换开关置于电压挡上，在接线柱上接触笔或带绝缘的线夹并触（接）在被测导线上。同时，应采取措施以防止钳口张开时，可能引起相间短路。

（6）记录测量结果将表拿平，然后读数，即测得的电流值。

【模块三】 绝缘电阻表的使用

核心知识 --

使用绝缘电阻表的注意事项。

关键技能 --

（1）正确选用绝缘电阻表。

（2）掌握使用绝缘电阻表的使用方法。

（3）在使用绝缘电阻表过程中运维人员能够对潜在的危险点正确认知并能提前预控危险。

目标驱动 --

目标驱动一：绝缘电阻表的选择

绝缘电阻表用来测量设备各种电压等级的绝缘电阻，如 500、1000、2500、5000V 等。绝缘电阻常用兆欧（MΩ）作计量单位（$1M = 10^6 \Omega$）。

使用的绝缘电阻表的其额定电压应与被测电气设备或线路的工作电压相适应，如绝缘电阻表的其额定电压选择过低，则测得的结果不准确。如绝缘电阻表的其额定电压选择过高，有可能损坏被测设备的绝缘。绝缘电阻表应按以下原则进行选择：

（1）一般规定被测设备的额定电压在 48V 及以下的电气设备和线路，选用 250V 绝缘电阻表；48V 以上至 500V 以下的，选用 500V 绝缘电阻表。

（2）各种线圈：被测设备的额定电压在 500V 及以下时，应选用 500V 绝缘电阻表。被测设备的额定电压在 500V 以上时，应选用 1000V 绝缘电阻表。

（3）电机、变压器绕组：被测设备的额定电压在 380V 及以下时，应选用 1000V 绝缘电阻表。被测设备的额定电压在 500V 以上时，应选用 1000～2500V 绝缘电阻表。

（4）电气设备绝缘：被测设备的额定电压在 500V 及以下时，应选用 500～1000V 绝缘电阻表。被测设备的额定电压在 500V 以上时，应选用 2500V 绝缘电阻表。

（5）绝缘子、母线、断路器：应选用 2500～5000V 绝缘电阻表。

目标驱动二：绝缘电阻表的使用

1. 明确安全注意事项

（1）使用绝缘电阻表测量高压设备绝缘，应由两人进行。

（2）测量用的导线，应使用相应的绝缘导线，其端部应有绝缘套。

（3）测量绝缘时，必须将被测设备从各方面断开，验明无电压，保证被测设备不带电，确实证明设备无人工作后，方可进行。在测量中禁止他人接近被测设备。在测量绝缘前后，必须将被测设备对地放电。测量线路绝缘时，应取得许可并通知对侧后方可进行。

（4）在使用绝缘电阻表测量绝缘电阻前，还应掌握环境温度及相对湿度，以便进行绝缘分析，当湿度较大时，应接屏蔽线。

（5）在有感应电压的线路上测量绝缘时，必须将相关线路同时停电，方可进行。遇有雷电时，严禁测量线路及变电站设备绝缘。

（6）在带电设备附近测量绝缘电阻时，测量人员和绝缘电阻表安放位置，必须选择适当，保持安全距离，以免绝缘电阻表引线或引线支持物触碰带电部分。移动引线时，必须注意监护，防止工作人员触电。

2. 明确绝缘电阻表的使用方法

绝缘电阻表测量绝缘电阻时的接线示意如图 2-7 所示。

（1）绝缘电阻表的测量范围不能过多地超出所需测量的绝缘电阻值，以减小测量误差。

（2）绝缘电阻表应水平放置，测量绝缘电阻尽可能远离外界磁场和大电流导体，否则，影响测量结果的准确度。

（3）不应使用绞型软线；测量用引接线不能绞连在一起。接线所使用的导线应是绝缘良好的单独导线，特别是线路端钮导线要绝缘良好，否则，绝缘电阻表输出电压时，影响测量结果的准确度。

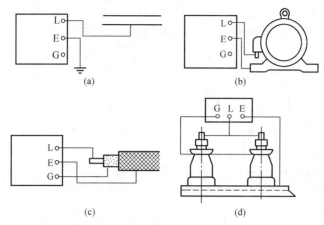

图 2-7 绝缘电阻表测量绝缘电阻时的接线示意
(a) 测量线路对地绝缘电阻；(b) 测量电动机绝缘电阻；
(c) 测量电缆绝缘电阻；(d) 测量变压器绝缘电阻

（4）测量前，应对绝缘电阻表进行开路试验和短路试验。开路试验，即绝缘电阻表的两根测量线不接触任何物体时，仪表的指针应指示在"∞"的位置上。短路试验，即将两极测量线迅速接触的瞬间（立即离开），仪表的指针应指示在"0"的位置。

（5）测量前必须将被测的设备对地放电，特别是电容式的电气设备，如电缆以及电容器等。

（6）使用绝缘电阻表时，接线应正确。绝缘电阻表标有"L"的端子接被测设备的"相"。标有"E"的端子接被测设备的地线；标有"G"的端子接屏蔽线，以减少因被测物表面泄漏电流引起的误差。

（7）如果被测设备短路，指针指零，应立即停止摇动手柄，以防因表内线圈发热而损坏仪表。

（8）测量时，如湿度过大，应考虑接用屏蔽线，即将表的"L"和"E"两个接线柱分别接在绝缘子的金属和瓷质部分，"G"接屏蔽线。

被测对象的表面应清洁、干燥，以减小测量误差。当被测物有污物或潮湿情况下，应将表面处理干净，同时使用屏蔽端钮 G，以保证测量结果准确度。

（9）当绝缘电阻表没有停止转动和被测物没有放电前，不可用手触及被测物的测量部分。测量大电容量的电气设备绝缘电阻时，在测定绝缘电阻后，应先将"L"连接线断开，再降速松开手柄，以免被测设备向绝缘电阻表倒充电而损坏仪表。

（10）测量时，顺时针摇动绝缘电阻表的摇把，使转速逐渐达到 120r/min，待调速器发生滑动后，即可得到稳定的读数。绝缘电阻的阻值随着测量时间长短而有所不同，一般采取1min 后的读数为准。遇到电容量较大的被测对象时，以达到指针稳定不变时为准。

（11）测量电容性电气设备的绝缘电阻时，应在取得稳定读数后，先取下测量线，再停止摇动摇把，测完后立即对被测电气设备进行放电。

（12）绝缘电阻表的量限分成三个区段，中间区段（Ⅱ区段）为准确度区，其他二个区段（Ⅰ和Ⅲ区段）为低准确度区。测量绝缘电阻时，应尽量使用中间区段，可以提高测量结果准确度。

【模块四】 接地电阻测试仪的使用

核心知识 -

接地电阻测试仪的结构、工作原理。

关键技能 -

（1）掌握接地电阻测试仪的使用方法。

（2）在使用接地电阻测试仪过程中运维人员能够对潜在的危险点正确认知并能提前预控危险。

目标驱动 -

目标驱动一：学习接地电阻测试仪的结构、工作原理

接地电阻测试仪外观示意图如图 2-8 所示，ZC-8 型接地电阻测量仪是按补偿法的原理制成的，内附手摇交流发电机作为电源，其工作原理如图 2-9 所示。（a）图中，TA 是电流互感器，F 是手摇交流发电机，Z 是机械整流器或相敏整流放大器，S 是量程转换开关，G 是检流计，R_S 是电位器。该表具有三个接地端钮，它们分别是接地端钮 E（E 端钮是由电位辅助端钮 P2 和电流辅助端钮 C2 在仪表内部短接而成）、电位端钮 P1 以及电流端钮 C1。各端钮分别按规定的距离通过探针插入地中，测量接于 E、P1 两端钮之间的土壤电阻。为了扩大量程，电路中接有两组不同的分流电阻 $R_1 \sim R_3$ 以及 $R_5 \sim R_8$，用以实现对电流互感器的二次电流 I_2 以及检流计支路的三挡分流。分流电阻的切换利用量程转换开关 S 完成，对应于转换开关有三个挡位，它们分别是 $0 \sim 1\Omega$、$1 \sim 10\Omega$ 和 $10 \sim 100\Omega$。

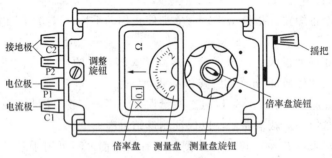

图 2-8　接地电阻测试仪外观示意图

将图 2-9（a）的线路进行简化，画成实际测量时的原理图，如图 2-9（b）所示。图中，E′为接地体，P′为电位接地极，C′为电流接地极，它们各自连接 E、P1、C1 端钮，分别插入距离接地体不小于 20m 和 40m 的土壤中。假设手摇交流发电机 F 在某一时刻输出交流电，其左端为高电位，则此刻电流 $\dot{I}_2$ 经电流互感器的原边→端钮 E→接地体 E′→大地→电流接地极 C′→端钮 C1，再回到手摇交流发电机右端，构成一个闭合回路。在 E′的接地电阻 R_X 上形成的压降为 IR_X，压降 IR_X 随着与 E′极距离的增加而急剧下降，在 P′极时降为零。同样，两电极 P′和 C′之间也会产生压降，其值为 IR_C，电位分布如图 2-9（b）所示。

电流互感器的二次电流为 KI（K 是互感器的变比，I_2/I_1），该电流经过电位器 S 的压

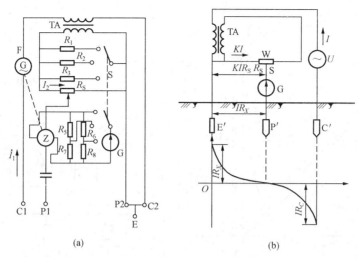

图 2-9　接地电阻测试仪工作原理示意图

(a) 原理接线；(b) 原理电路和电位分布

降为 KIR_S。借助调节电位器的活动触点 W，使检流计指示为零，此时，P'、S 两点间的电位为零，即为 $R_X = KR_S$。

被测的接地电阻 R_X 可由电流互感器的变比 K 和电位器的电阻 R_S 所决定，而与电流接地极 C' 的电阻 R 无关。用上述原理测量接地电阻的方法称为补偿法。

需要指出的是，电流接地极 C' 用来构成接地电流的通路是完全必要的。如果只有一个电极，则测量结果不可避免地将接地体 E' 的接地电阻包括进去，这显然是不正确的。还要指出的是，一般都是采用交流电进行接地电阻的测量，这是因为土壤的导电主要依靠地下电解质的作用，如果采用直流电就会引起化学极化作用，以致严重地歪曲测量结果。

目标驱动二：接地电阻测试仪的使用

1. 使用接地电阻测试仪准备工作

(1) 熟读接地电阻测量仪的使用说明书，应全面了解仪器的结构、性能及使用方法。

(2) 备齐测量时所必须的工具及全部仪器附件，并将仪器和接地探针擦拭干净，特别是接地探针，一定要将其表面影响导电能力的污垢及锈渍清理干净。

(3) 首先断开电源，将接地干线与接地体的连接点或接地干线上所有接地支线的连接点断开，使接地体脱离任何连接关系成为独立体。

(4) 对仪表进行短路试验，E、P、C 端扭短路，摇动手柄，调整粗调旋扭和细调拨盘，使指针指零。

(5) 测量接地电阻，应选择在土壤导电率最低、土壤干燥的时期，如冬季最冷的时候或夏季进行。

2. 使用接地电阻测试仪测量步骤

(1) 将两个接地探针沿接地体辐射方向分别插入距接地体 20、40m 的地下，插入深度为 400mm，如图 2-10 和图 2-11 所示。

(2) 将接地电阻测量仪平放于接地体附近旁平整的地方，并进行接线，接线方法如下：

1) 用最短的专用导线将接地体与接地测量仪的接线端"E1"（三端钮的测量仪）或与

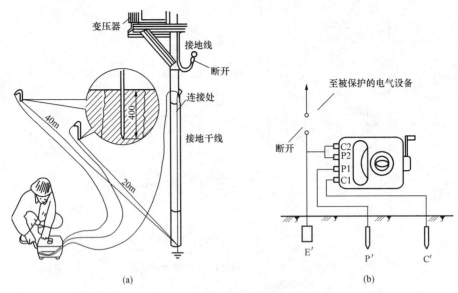

图 2 - 10　接地电阻测试仪使用示意图

（a）实际使用；（b）等效原理

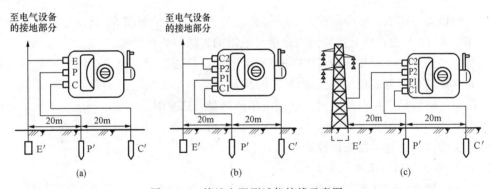

图 2 - 11　接地电阻测试仪接线示意图

（a）三端钮式测量仪的接线；（b）四端钮式测量仪的接线；（c）测量小接地电阻时的接线

"C2"短接后的公共端（四端钮的测量仪）相连。

2）用最长的专用导线将距接地体 40m 的测量探针（电流探针）与测量仪的接线钮
"C1"相连。

3）用余下的长度居中的专用导线将距接地体 20m 的测量探针（电位探针）与测量仪的
接线端"P1"相连。

（3）将测量仪水平放置后，检查检流计的指针是否指向中心线，否则，调节"零位调整
器"使测量仪指针指向中心线。

（4）将"倍率标度"（或称粗调旋钮）置于最大倍数，并慢慢地转动发电机转柄（指针
开始偏移），同时旋动"测量标度盘"（或称细调旋钮）使检流计指针指向中心线。

（5）当检流计的指针接近于平衡时（指针近于中心线）加快摇动转柄，使其转速达到
120r/min 以上，同时调整"测量标度盘"，使指针指向中心线。

（6）若"测量标度盘"的读数过小（小于1）不易读准确时，说明倍率标度倍数过大。此时应将"倍率标度"置于较小的倍数，重新调整"测量标度盘"使指针指向中心线上并读出准确读数。

（7）计算测量结果，即 $R_{地}$ ＝"倍率标度"读数×"测量标度盘"读数。

（8）为了保证所测接地电阻值的可靠，应改变方位重新进行复测。取几次测得值的平均值作为接地体的接地电阻。

3. 使用接地电阻测试仪测量的注意事项

（1）所有测试人员应严格执行《电气安全工作规程》和《变电站现场规程》的相关规定：保持与带电设备足够的安全距离，110(66)kV 不小于 1.5m，35(20)kV 不小于 0.6m，10(13.8)kV 及以下不小于 0.7m。防止发生人身感电或高空坠落事故。

变电站、发电厂升压站发现有系统接地故障时，禁止进行接地网接地电阻的测量。

（2）当检流计的灵敏度过高时，可将电位探测针插入土壤中浅一些。当检流计灵敏度不够时，可沿电位探测针和电流探测针注水湿润。

当大地干扰信号较强时，可以适当改变手摇发电机的转速，提高抗干扰能力，以获得平衡读数。

（3）当接地极 E' 和电流探测针 C' 之间距离大于 40m 时，电位探测针 P' 的位置可插在离开 E' 和 C' 中间直线几米以外，其测量误差可忽略不计。

当接地极 E'、电流探测针 C' 之间的距离小于 40m 时，则应将电位探测针 P' 插于 E' 与 C' 的直线中间。

（4）当用四钮端（0～1/10/100）Ω 规格的仪表测量小于 1Ω 电阻时应将 C2、P2 接线端钮的连接片打开，分别用导线连接到被测接地体上，以消除测量时连接导线电阻而产生的误差。

【模块五】　SF₆ 气 体 检 测

核心知识

SF₆ 气体检测的目的。

关键技能

（1）掌握 SF₆ 气体检漏仪、微水测试仪的使用方法。

（2）在使用 SF₆ 气体检漏仪、微水测试仪过程中运维人员能够对潜在的危险点正确认知并能提前预控危险。

目标驱动

目标驱动一：SF₆ 气体检漏

1. 明确 SF₆ 气体检漏的目的

其目的是防止 SF₆ 断路器 SF₆ 气体泄漏造成断路器爆炸，及充有 SF₆ 气体容器严重泄漏危及人身安全（房间内超过 $1×10^{-3}$ mg/m³ 的 SF₆ 气体会使人缺氧窒息）。另外，为了避免因为 SF₆ 断路器因为 SF₆ 气体泄漏造成产生的故障危及电网安全。因此在交接、大修时

及必要时检测充有 SF_6 气体容器泄漏情况并做出相应每年漏气率的报告是必不可少的工作流程。SF_6 断路器和 GIS 的 SF_6 气体检漏试验标准是年漏气率不大于 1‰（采用包扎法进行气体泄漏测量，以 24h 漏气量换算）或使用灵敏度不低于 $1×10^{-6}$（体积比）的检漏仪检测各密封面无泄漏（泄漏值得测量应在设备充气 24h 后进行）。

2. 明确安全注意事项

（1）对 SF_6 气体进行检漏须使用专用的检漏仪。

（2）如果有大量 SF_6 气体泄漏，那么操作人员不能停留在离泄漏点 10m 以内的地方。直至采取措施泄漏停止后，方能进入该区域。如果电器设备内部发生故障，在容器内肯定会存在 SF_6 电弧分解物，打开外壳进行清除以后，在检测工作中，有可能接触到污染的部件时，都必须使用防毒面具，并穿戴好防护工作服。

（3）若 GIS 设备安装在室内，为了保证进入 SF_6 断路器室内工作人员的安全，必须对检修室内进行通风，按要求空气中氧气含量的安全浓度不应低于 18%，正常维护检漏需要对室内进行通风换气。

（4）在进行 SF_6 断路器的检漏中，应严格按照产品使用说明书执行，要求检漏仪探头不允许长时间处在高浓度 SF_6 气体中，但在工作中往往忽略，因此当探头一旦触及高浓度 SF_6 气体时，表针立即为满刻度，强烈报警，这时应立即将探枪撤离到洁净区。

3. 明确设备 SF_6 气体易漏点

（1）GIS 设备易漏点：隔室、绝缘子、O 形密封圈、开关绝缘杆、互感器二次线端子、箱板连接点、气室母管、附件砂眼处和气室伸缩节接口等处。

（2）断路器气室易漏点：支柱驱动杆和密封圈划伤处、充气阀密封划伤处、充气阀密封不良处、支柱瓷套根部有裂纹处、法兰连接处、灭弧室顶盖有砂眼处、三联箱盖板、气体管路接头、密度继电器接口处、二次压力表接头、焊封和密封槽与密封圈（垫）尺寸不配合等处。

4. 明确检漏方法进行正确检漏

SF_6 气体泄漏检查分为定性检查和定量检查，定性检查是直接对设备各接头密封点铝铸件进行检测，可以查出设备各泄漏点位置。定量检查是通过包扎检测、挂瓶法或压力折算求出泄漏量，从而得出年泄漏率。

定性检漏有抽真空检漏和检漏仪检测两种方法：

（1）抽真空检漏法是将设备抽真空至 40Pa，停泵 0.5h，在真空表上读数为 A，再停 5h，读数为 B，若 $B-A≤133Pa$，则认为密封良好；

（2）检漏仪检漏是将检漏仪探头沿设备各连接口表面和铝铸件表面移动，根据检漏仪读数判断气体的泄漏情况。

检漏仪检漏时应注意：探头移动速度应慢，以防探头移动过快而错过泄漏点；检漏时不应在风速大的情况下，避免泄漏气体被风吹走而影响检漏；检漏仪选择灵敏度高、响应速度小的检漏仪，一般使用检漏仪的最低检出量小于 1ppm，响应速度小于 5s 较为合适。

定量检漏通常采用扣罩法、挂瓶法、局部包扎法、压降法等方法。扣罩法适用于高压断路器、小型设备适合做罩的场合，挂瓶法适用于法兰面有双道密封槽的场合，局部包扎法一般用于组装单元和大型产品，压降法适用于设备隔室漏气量较大时或运行期间测定漏气率。通常，SF_6设备在交接验收试验中，检漏工作都使用局部包扎法和扣罩法查漏。

SF_6气体检漏仪器原理分为声波法、电化学法、激光（红外）成像法等方法，不同厂家和型号的SF_6气体检漏仪器的操作、使用方法各异，在这里不进行详细介绍，请按使用说明书要求使用。

目标驱动二：SF_6气体微水测试

SF_6断路器气路系统示意如图2-12所示。

1. 明确SF_6气体微水测试的目的

当SF_6气体的含水量过高时，会危及电气设备的安全运行，主要表现在SF_6气体在电弧下的分解物遇水会发生化学反应生成具有强腐蚀性的HF和H_2SO_3等，会腐蚀损坏绝缘件；在温度降低时可能形成凝露水，使绝缘件表面绝缘强度显著降低甚至闪络。因此必须严格控制SF_6气体的含水量，保证电气设备的安全运行。

现有的检测SF_6气体微水含量的方法如重量法、电解法、露点法等均属于离线预防性检测，为减压后在大气压力下进行的测试。

在一定压力下，随着温度的下降气体中水蒸气压力达到其饱和压力而凝结出水或冰，此时的温度称为露点温度。与液态水平衡的温度成为露点，与固态水平衡的温度称为霜点，但在微量水分析中一般都称为露点。在我国电力系统，大多采用露点法在一个大气压下对SF_6气体湿度进行离线测试。

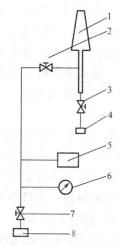

图2-12 SF_6断路器气路系统示意图

1—断路器本体；2—截止阀（常开）；
3、7—截止阀（常闭）；4—SF_6充放气口；
5—SF_6密度继电器；6—SF_6压力表；
8—气体检查口

不同厂家和型号的SF_6气体微水测试仪器的操作、使用方法各异，在这里不进行详细介绍，请按使用说明书要求使用。本文以目前使用较为普遍的露点仪进行说明。

2. 明确安全注意事项

（1）对SF_6气体进行微水测试须使用专用的测试仪，且需要停电测试。

（2）作业人员进入作业现场可能会发生走错间隔的危险及与带电设备保持距离不够的情况。保持与带电设备足够的安全距离，110(66)kV不小于1.5m，35(20)kV不小于0.6m，10(13.8)kV及以下不小于0.7m。

（3）检查试验设备接地良好，避免人员感电伤害。

（4）多个工作班组在工作现场时，注意与其他工作组的协调，避免分合断路器和避免高空坠物打击可能造成的人身伤害。

（5）试验设备高压试验时，严禁与其交叉作业。

（6）应正确使用试验设备，避免损坏试验及被试设备，避免造成被试设备SF_6气体泄漏。测试后应检查被试设备SF_6气体压力正常。

（7）高空作业时，系好安全带，严禁低挂高用、严禁系在不牢固的绝缘子等物体上，防止高空坠落。

（8）高空作业时，应用传递绳传递物品，严禁上下抛掷。

（9）使用梯子时，应有专人扶持。检查梯子牢固及与地面的角度，严禁使用金属梯子。

（10）在良好通风环境中进行，人站在上风方位。

（11）遇有室内作业时，首先对室内进行强力通风。换气量应达 200%，用装设高度小于 0.5m 的氧气含量测定仪测定室内氧气含量，空气中氧含量应大于 18%，并装设 SF_6 浓度报警仪，当工作现场空气中 SF_6 气体含量大于 $1000\mu L/L$ 时发出报警。

3．明确 SF_6 微水测试方法进行正确测试

（1）检查测试系统所有接头的气密性。

（2）几人同时工作时，需互相呼应，协同工作。

（3）在有良好通风环境中进行，人站在上风方位，必要时用工业用电风扇进行人工通风。

（4）露点仪的温度指示要每年定期进行校验。

（5）SF_6 气体含水量的测量要在设备充气 48h 后进行。

（6）测量时气路系统要保证良好的气密性，各连接口应紧密，无泄漏情况发生。

（7）湿度测量前和测量中露点仪及气路系统的干燥必须充分，必要时管道及设备的接头等部位可以用电吹风或大流量的高纯氮气进行吹干处理。

（8）SF_6 充气设备的进气端与露点仪进气端的连接管道要尽可能的短。

（9）检测环境温度应在 20℃左右进行（至少应在 10～30℃的温度范围检测），并且每次测量时的季节和环境温度应尽量接近。

（10）每次测试时尽可能使用同一台仪器，固定检测人员，便于数据的分析与比对，提高测试数据的准确度。读取测试结果的同时要记录检测时的环境温度与湿度。

（11）对变压器和互感器等有线圈的气室，如用露点仪检测的结果有疑问，应换用其他原理的仪器进行检测，避免诸如烃类等杂质对测量结果的影响。

（12）SF_6 电气设备气体湿度的允许值：

1）交接验收时：有电弧分解物的隔室≤0.015%，无电弧分解物的隔室≤0.025%。

2）运行允许值：有电弧分解物的隔室≤0.03%，无电弧分解物的隔室≤0.05%。

【模块六】 红 外 热 成 像 检 测

核心知识 ---

（1）电力设备运行时导致发热的原因。

（2）红外热成像检测的目的。

关键技能 ---

（1）掌握红外热成像仪的使用方法。

（2）在使用红外热成像仪过程中运维人员能够对潜在的危险点正确认知并能提前预控危险。

目标驱动 --

目标驱动一：红外热成像仪使用

1. 明确电力设备运行时导致发热的原因

（1）截流导体及连接件流量超载或接头接触不良等导致的发热。

（2）绝缘介质正常夹层极化（包括绝缘老化）导致的发热。

（3）绝缘介质性能差异导致的非正常发热。

（4）电力设备制造过程工艺质量控制不到位等原因形成的绝缘介质局部电场分布不均导致的发热。

（5）绝缘介质中杂质、气泡放电导致的发热。

（6）漏磁通过于集中涡流导致的发热。

（7）正常发热和非正常发热的界定。

（8）机械转动摩擦部分的异常发热。

单纯电气原因发热分为电流致热和电压致热。

2. 明确红外热成像检测的目的

在电场的作用下，绝缘介质的正常损耗、电导电流、有损极化总会产生热量，绝缘介质会有一定的温升。当产生的热量与散失的热量在绝缘介质合理的温升范围内平衡时，绝缘介质工作正常。当产生的热量与散失的热量失去合理范围内的平衡，产生的热量大于散失的热量而出现新的平衡时，设备绝缘将加速老化。当产生的热量与散失的热量失去平衡，设备绝缘温度越来越高，绝缘介质就会发生击穿。电化学击穿最后以热击穿的形式表现，也就是绝缘介质发热失去平衡。

设备绝缘介质的发热，特别是小体积设备或元件，热量总会传导到设备表面，我们可以通过红外检测设备表面温度的变化发现和判断设备内部故障的形成和发展。从某种意义上说，只要设备绝缘介质运行产生的热量与散失的热量在合理的范围内达到平衡，设备绝缘就不会因击穿而发生故障。这意味着，红外检测技术对发现和防止电力设备故障将起到重要作用。

3. 危险预控

所有测试人员应严格执行现场设备巡视时的危险预控措施。

4. 红外测温仪工作原理

红外测温仪由光学系统、光电探测器、信号放大器及信号处理、显示输出等部分组成，其工作原理如图 2-13 所示。

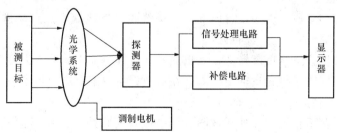

图 2-13 红外测温仪工作原理示意图

光学系统汇聚其视场内的目标红外辐射能量，视场的大小由测温仪的光学零件及其位置确定。红外能量聚焦在光电探测器上并转变为相应的电信号。该信号经过放大器和信号处理电路，并按照仪器内疗的算法和目标发射率校正后转变为被测目标的温度值。

5. 红外热成像仪现场操作

(1) 尽量选择在阴天或夜间进行测量。

开机后应保持镜头罩在遮蔽的状态下完成仪器自检。仪器自检完成热像稳定后，方可摘下镜头盖。

(2) 检查仪器参数设置，校对和调整时钟时间、辐射率、环境温度、拍摄距离、参考体温度、空气温度等参数与现场使用条件相符。

(3) 测量时环境温度不宜低于 5℃，空气湿度不宜大于 85％。不应在有雷、雨、雾、雪及风速超过 5m/s 的环境下进行测量。

(4) 针对不同的检测对象选择不同的环境温度参照体。

(5) 红外热成像仪镜头不得朝向太阳等表面温度超过 500℃ 以上的强热量辐射的物体。

(6) 测量设备发热点、正常相的对应点及环境温度参照体的温度时，应使用同一仪器相继测量。

(7) 应从不同方位进行检测、测出最热点的温度值。

(8) 记录异常设备的实际负荷电流和发热相、正常相及环境温度参照体的温度值。

(9) 红外热成像仪自动聚焦间隔时间比普通数码相机长，使用中不能频繁快速强制聚焦。只配置有手动调焦功能的红外热成像仪，使用中高焦应平衡。

(10) 红外热成像仪应统一使用热像图色标，避免经常改动设置。

(11) 如要使用恢复出厂参数设置功能，应征得红外热成像仪管理专责人的同意，并在有监护的情况下操作恢复。

(12) 冬季使用应提前将红外热成像仪放在室温条件下缓慢升温，防止机内元件、镜头结露和受潮。如红外热成像仪机体温度过低不能工作时，不得用取暖设施加热。

(13) 当镜头有水气覆盖时，应在清洁的外界条件下自然散发，不得用嘴吹气来加速水分蒸发。

(14) 操作结束后，应及时盖好镜头盖，关闭电源，取下电池和存储卡，将红外热成像仪放入仪器箱。存储卡、电池放在各自所在的卡盒内。

6. 数据后期分析

(1) 现场拍摄的设备红外热像图均应使用分析软件进行计算机分析和处理。

(2) 电流致热检测热像图的分析与诊断。

1) 电流致热检测中所发现的设备内部、设备线夹、连接端子热点应进行仪器设置参数校核，准确标明过热点的位置、设备元件。

2) 设备热点温度应进行负荷换算，做出热最大持续负荷下的热点温度预测。

3) 三相同位置同时过热的致热类缺陷，在诊断设备缺陷时应使用参考体温度进行对比。

(3) 电压致热检测热像图的分析与诊断。

1) 电压致热检测所拍摄的红外热像图分析中应首先将热像图仪器预设置的参数调整到现场实测数值。

2) 由于仪器拍摄的红外热像原图在微小温差状态下，人的视觉不易分辨，在使用分析软件对电压致热检测分析时，应首先将热像图温度范围调整至人的视觉可区分的区域内。

3）分析时，使用三相相间同位置最大温差比较方法，执行相关缺陷判断标准。

4）对于小体积电力设备，如避雷器、互感器、耦合电容器、套管等，如有必要，应进行线温分析。

5）诊断的电流致热缺陷以变电站为单位、电压致热缺陷以设备单元为单位编制，上报设备异常报警通知单。

【模块七】　超　声　波　检　测

核心知识

高压支柱瓷绝缘子超声波检测的目的。

关键技能

（1）掌握高压支柱瓷绝缘子超声波检测仪的使用方法。

（2）在使用高压支柱瓷绝缘子超声波检测仪过程中运维人员能够对潜在的危险点正确认知并能提前预控危险。

目标驱动

目标驱动一：高压支柱瓷绝缘子超声波仪使用

1. 明确高压支柱瓷绝缘子超声波检测的目的

绝缘子是发电厂和变电站的重要组成设备，起着支撑导线和绝缘的作用，其工作状态直接影响电网供电安全。由于绝缘子无固有形变且韧性极低，大多数瓷绝缘子长期承受电网运行中的机械负荷以及风雪日晒等恶劣天气的影响，使其附加应力增大而集中，导致内部缺陷急速扩大，极易引发瓷绝缘子脆性断裂，造成电网严重事故，还对运行人员及检修人员的人身安全构成威胁，成为电力系统安全运行的一大隐患，因此需要检测绝缘子内部物理状态。

2. 危险预控

所有测试人员应严格执行《电气安全工作规程》和《变电站现场规程》的相关规定。高压支柱瓷绝缘子超声波检测现场操作一定在设备停电且安全措施可靠的情况下进行，防止发生人身感电或高空坠落事故。

3. 高压支柱瓷绝缘子超声波检测现场操作

（1）开机，仪器进行自检，进入实时分屏显示屏幕。

（2）调节屏幕至合适的亮度和对比度。

（3）根据检测深度，选用检测方法。纵波斜角超声波检测和爬波超声波检测。纵波斜角超声波检测速度较慢，但可检测瓷件的中心部位，爬波检测速度较快，探测表面下 1～15mm 的裂纹非常敏感。选用一种方法发现缺陷后可用另一种方法验证，以提高检测准确度。

（4）进入屏幕设置，进行如下校核和设置：

1）校核长度计量单位、时间、显示波形等是否满足本次检测要求设置。

2）检查电源设备是否与本次检测的使用相符。

3）将脉冲发生接收器设置在 80dB，设置波形、脉冲能量、脉冲类型、脉冲频率。

4）完成抑制、峰值、屏幕冻结等特殊波形功能设置。

5）将闸门设置在 1，选择合适的测试厚度、回波厚度，激活闸门报警。

（5）仪器校准。

仪器正式使用前应进行如下项目校准：

1）初始增益、零点漂移校准。

2）直探头、延迟式探头、双晶探头、斜探头校准。

（6）选择探头。

1）在高压支柱瓷绝缘子第一瓷沿距法兰口距离允许的情况下，尽量选用晶片尺寸大的探头，提高灵敏度和检测速度。

2）在保证系统灵敏度的情况下，探头频率一般在 2～5MHz 范围内选择，推荐选用 2.5MHz 探头。

3）纵波斜角超声波检测选择折射角为 8°～15°，爬波检测选择折射角为 85°。

4）纵波斜角超声波检测根据下式选择探头角度：

$$X = \arctan \frac{A}{B}$$

式中　　A——法兰沿内距离，一般选 30mm；

　　　　B——工件直径；

　　　　X——探头角度。

5）纵波斜角超声波检测晶片选择在保证系统灵敏度的情况下，须使探头在检测面上有足够的移动范围，推荐晶片尺寸为 8×10mm。

各种探头适用范围、纵向长度、晶片尺寸、频率见表 2-4。

表 2-4　　　　　　　　　　　　　　探 头 的 选 择

探头型号	纵向长度（mm）	晶片尺寸（mm）	频率（Hz）	适用范围
1R90	10～15	10×10	2.5	高强瓷
3R90	10～15	10×10	2.5	普通瓷
8R90	10	8×10	2.5	直径大于 150mm
14R90	10	8×10	2.5	直径 100～150mm

（7）检测。

1）高压支柱瓷绝缘子法兰口内 3cm 和第一瓷沿之间在这个范围内受力较大，断裂 95% 在此范围内发生。高压支柱瓷绝缘子的超声波检测范围在法兰口内 3cm 和第一瓷沿之间。

2）检测时，应使探头路径覆盖全部被检高压支柱瓷绝缘子的法兰口内 3cm 和第一瓷沿之间区域，不得漏检。

3）纵波斜角超声波检测和爬波超声波检测。纵波斜角超声波检测速度较慢，但可检测瓷件的中心部位，爬波检测速度较快，探测表面下 1～15mm 的裂纹非常敏感。根据现场情况确定检测方式。选用一种方法发现缺陷后可用另一种方法验证，提高检测准确度。

4）检测不同类别的电瓷（高强瓷、普通瓷），应使用同类别的试块和探头，调整比例尺和灵敏度。

5）当检测中发现被测高压支柱瓷绝缘子回波波形异常时，应在周边区域反复检测，确定波形差异最大区域，从不同角度、用不同类型探头拍摄超声波波形图片备案。

（8）电池管理。

请严格按照不同规格和型号的测试仪说明书执行。

【模块八】　介损（$\tan\delta$）测试

测量介损（$\tan\delta$）的目的。

（1）掌握数字高压介损测试仪的使用方法。

（2）在使用数字高压介损测试仪过程中运维人员能够对潜在的危险点正确认知并提前预控危险。

目标驱动一：数字高压介损测试仪的使用

1. 测量介质损耗因数目的

按照电力设备预防性试验规程的规定，对多种电力设备（如电力变压器、发电机组、高压断路器、电压互感器、电流互感器、套管、耦合电容等）都需要做介质损耗因素（$\tan\delta$）的测量。

测量介质损耗因数 $\tan\delta$ 判断电气设备的绝缘状况是一种传统的、十分有效的方法。它能反映出绝缘的一系列缺陷，如绝缘受潮、油或浸渍物脏污或劣化变质、绝缘中有气隙发生放电等。这时流过绝缘的电流中有功分量 IR_x 增大了，$\tan\delta$ 也随之加大。

所以 $\tan\delta$ 试验是一项必不可少而且非常有效的试验，能较灵敏地反映出设备绝缘情况，发现设备缺陷。

2. 危险预控

所有测试人员应严格执行《电气安全工作规程》和《变电站现场规程》的相关规定。数字高压介损测试仪测试现场操作一定要在设备停电且安全措施可靠的情况下进行，防止发生人身感电或高空坠落事故。

3. 数字高压介损测试仪基本测量原理

数字高压介损测试仪基本测量原理是基于传统西林电桥的原理基础上，见图 2 - 14，测量系统通过标准侧 R_4 和被试侧 R_3 分别将流过标准电容器和被试品的电流信号进行高速同步采样，经模数（A/D）转换装置测量得到两组信号波形数据，再经计算处理中心分析系统，分别得出标准侧和被试侧正弦信号的幅值、相位关系，从而计算出被试品的电容量及介损值。

智能型电桥的测量回路还是一个桥体。R_3、R_4 两端的电压经过 A/D 采样送到计算机，求得

$$\dot{I}_{\mathrm{cn}}=\frac{\dot{U}_{\mathrm{n}}}{R_4},\quad \dot{I}_{\mathrm{x}}=\frac{\dot{U}_{\mathrm{x}}}{R_3},\quad \dot{U}=\dot{I}_{\mathrm{cn}}\times标准电容电抗=\frac{\dot{I}_{\mathrm{cn}}}{\mathrm{j}\omega C_{\mathrm{n}}}$$

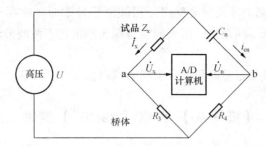

图 2 - 14　数字式自动介损测试仪原理接线图

$$Z_x = \frac{\dot{U}}{\dot{I}_x} = \frac{R_3}{R_4} \times \frac{\dot{U}_n}{\dot{U}_x} \times \frac{1}{j\omega C_n}, \quad \tan\delta = \frac{1}{\omega C_x R_x} = \omega C_4 R_4$$

$$C_x = \frac{R_4 C_n}{R_3} \cdot \frac{1}{1 + \tan^2\delta} \approx \frac{R_4 C_n}{R_3} \quad (当 \tan\delta < \delta < 1 时)$$

4. 数字高压介损测试仪基本结构

数字式自动介损测试仪原理结构框图如图 2 - 15 所示。

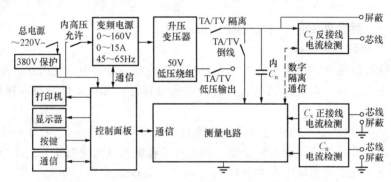

图 2 - 15　数字式自动介损测试仪原理结构框图

测量电路：傅里叶变换、复数运算等全部计算和量程切换、变频电源控制等。

控制面板：打印机、键盘、显示和通信中转。

变频电源：采用 SPWM 开关电路产生大功率正弦波稳压输出。

升压变压器：将变频电源输出升压到测量电压。

标准电容器：内 C_n，测量基准。

C_n 电流检测：用于检测内标准电容器电流。

C_x 正接线电流检测：只用于正接线测量。

C_x 反接线电流检测：只用于反接线测量。

反接线数字隔离通信：采用精密 MPPM 数字调制解调器，将反接线电流信号送到低压侧。

5. 数字高压介损测试仪检测现场操作

启动测量后高压设定值送到变频电源，变频电源用 PID 算法将输出缓速调整到设定值，测量电路将实测高压送到变频电源，微调低压，实现准确高压输出。根据正/反接线设置，测量电路根据试验电流自动选择输入并切换量程，测量电路采用傅里叶变换滤掉干扰，分离出信号基波，对标准电流和试品电流进行矢量运算，幅值计算电容量，角差计算 tanδ。反复进行多次测量，经过排序选择一个中间结果。测量结束，测量电路发出降压指令变频电源缓速降压到 0。

具体操作步骤及注意事项如下：

（1）试验应在良好的天气条件下进行，试品及环境温度不低于 5℃。

（2）认真阅读测试仪使用操作说明书，掌握接线方法和操作技能。

（3）使用前对测试仪进行检查。如测试仪带电自检、测试高压电缆线、信号线及各接线端子的外观检查，必要时要对高压电缆线进行绝缘或耐压试验。

（4）禁止打开测试仪外壳，防止人员高压感电。

（5）为了保证测试数据的准确及人身、测试仪的安全，必须将测试仪可靠接地，如接地不良则会引起测试仪保护或数据严重波动。

（6）根据测试条件、试品类型，选择正确接线方式，选择内高压标准电容器及外高压标准电容器。正确输入外高压标准电容器各项参数，合理安排布置试验设备、测试仪及操作人员的位置和安全措施。

（7）测试接线牢固，人员禁止在高压线或高压线旁穿越上下。

（8）数字高压介损测试仪若使用变频法消除干扰时，可选择 45/55Hz 自动变频。

（9）测量完毕后，仪器自动降压，切断高压后，再读取测试数据。

6. 数字高压介损测试仪接线

（1）正接法：当被试设备的低压测量端或二次端对地绝缘时，采用该方法。此时测量的介损仪测量回路处于地电位，操作安全方便，不受被试品对地寄生电容的影响，测量准确。适用试品对地绝缘测量，如电容式套管、耦合电容器、带末屏的电流互感器等，如图 2-16 所示。

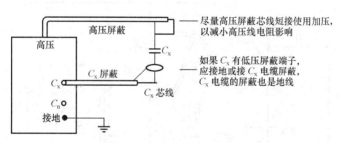

图 2-16　数字式自动介损测试仪正接线方式

（2）反接法：当被试设备的低压测量端或二次端对地无法绝缘，直接接地时，采用该方法。此时测量的介损仪测量回路处于高电位，操作不安全、不方便，因被试品接地，现场应用广泛，适用试品如变压器、不带末屏的电流互感器 tanδ 的测量，如图 2-17 所示。

（3）电容式电压互感器接线。

1）C_1 由 $C_{11} \sim C_{14}$ 多节电容器组成时，测 C_{11} 可用高压屏蔽，屏蔽其他电容。中间几节电容可用一般正、反接线测量，如图 2-18 所示。

2）用自激法测量 C_{12} 时，将高压芯线与 C_x 对调，如图 2-19 所示。

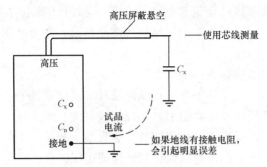

图 2-17　数字式自动介损测试仪反接线方式

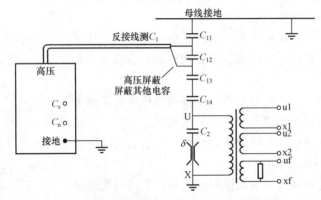

图 2-18　数字式自动介损测试仪测试电容式电压互感器接线图

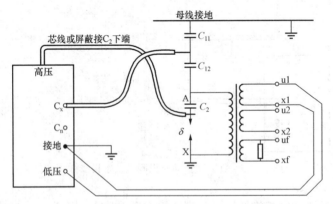

图 2-19　数字式自动介损测试仪测试电容式电压互感器自激法测 C_{12} 接线图

【模块九】 超高频和超声波局放检测

核心知识 --

超高频和超声波局放检测的目的。

关键技能 --

（1）了解超高频和超声波局放检测的方法。

（2）在进行超高频和超声波局放检测过程中运维人员能够对潜在的危险点正确认知并提前预控危险。

目标驱动 --

目标驱动一：超声波局放检测

1. 超高频和超声波局放检测的目的

（1）局部放电的原因。

局部放电是指绝缘结构中由于电场分布不均匀、局部电场过高而导致的绝缘介质中局部范围内的放电或击穿现象。

它可能产生在固体绝缘孔隙中、液体绝缘气泡中或不同介质特性的绝缘层间。如果电场强度高于介质所具有的特定值，也可能发生在液体或固体绝缘中。

（2）局部放电的种类。

1）绝缘材料内部放电（固体—空穴；液体—气泡）。

2）表面放电。

3）高压电极尖端放电。

（3）局部放电的特点。

1）放电能量很小，短时间内存在不影响电气设备的绝缘强度。

2）对绝缘的危害是逐渐加大的，它的发展需要一定时间→累计效应→缺陷扩大→绝缘击穿的过程。

3）对绝缘系统寿命的评估分散性很大。与发展时间、局放种类、产生位置、绝缘种类等有关。

（4）检测的目的。局部放电逐渐发展，通过对其周围绝缘介质不断侵蚀，最终导致整个绝缘系统的失效，所以局部放电是造成绝缘劣化的主要原因，同时它也是绝缘劣化的重要征兆和表现形式，与绝缘材料的劣化和击穿过程密切相关，能有效地反映电力设备内部绝缘的故障，尤其对突发性故障的早期发现比介质损耗测量、油中气体含量分析等方法要有效得多。

确定试品是否存在放电及放电是否超标，确定局部放电起始和熄灭电压。发现其他绝缘试验不能检查出来的绝缘局部隐形缺陷及故障。局部放电试验属非破坏性试验，不会造成绝缘损伤。

2. 危险预控

所有测试人员应严格执行《电气安全工作规程》和《变电站现场规程》的相关规定，特别注意防止发生人身感电或高空坠落事故。

3. 超声波局部放电测量原理及特点

超声波局部放电测量原理示意如图 2-20 所示。

超声波是一种振荡频率高于 20kHz 的声波，超声波的波长较短，可以在气体、液体和固体等媒介中传播，传播的方向性较强，故能量较集中，因此通过超声波测试技术可以测定局部放电的位置和放电程度。

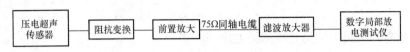

图 2-20　超声波局部放电测量原理示意

利用测超声波检测技术来测定局部放电的位置及放电程度，这种方法较简单，不受环境条件限制，但灵敏度较低，不能直接定量。超声波声测量方法常用于放电部位确定及配合电测法的补充手段。但声测法有它独特的优点，即它可在试品外壳表面不带电的任意部位安置传感器，可较准确地测定放电位置，且接收的信号与系统电源没有电的联系，不会受到电源系统的电信号的干扰，因此进行局部放电测量时，将电测法和声测法同时运用。两种方法的优点互补，再配合一些信号处理分析手段，则可得到很好的测量效果。

当设备内部有故障放电时（几千到几万皮库），这时利用电信号作为仪器触发信号，也即以电信号作为时间参考零点，然后以 1-3 个通道采集声信号，仪器 A/D 采样频率可选在 500kHz 或 1MHz 并移动传感器位置，以便有效地测到超声信号，如图 2-21 所示。测得电信号与声信号的时间差 Δt 就可计算出放电点与传感器位置的距离，$s = v\Delta t$，一般计算取 $v = 1.42\text{mm}/\mu s$。

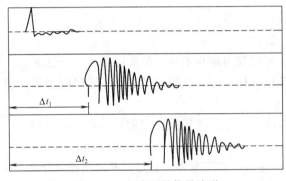

图 2-21　超声测量信号波形

例如，GIS 内部产生局部放电信号的时候，会产生冲击的振动及声音，GIS 局部放电会产生声波，其类型包括纵波、横波和表面波。纵波通过气体传到外壳、横波则需要通过固体介质（比如绝缘子等）传到外壳。通过贴在 GIS 外壳表面的压电式传感器接收这些声波信号，以达到监测 GIS 局放的目的。因此可以用在腔体外壁上安装的超声波传感器来测量局部放电信号，如图 2-22 所示。

超声波局部放电测量特点：

（1）可以较准确地测定局部放电的位置。

（2）测量简便。可在被测设备外壳任意安装传感器。

（3）不受电源信号的干扰。

（4）测试灵敏度低，不能直接定量。

目标驱动二：超高频局放检测

1. 危险预控

所有测试人员应严格执行《电气安全工作规程》和《变电站现场规程》的相关规定，特

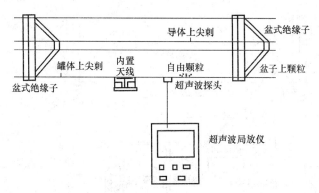

图 2-22 GIS 超声波局部放电测量接线示意

别注意防止发生人身感电或高空坠落事故。

2. 超高频局部放电测量原理及特点

局部放电所辐射的电磁波的频谱特性与局部放电源的几何形状以及放电间隙的绝缘强度有关。当放电间隙比较小时，放电过程的时间比较短，电流脉冲的陡度比较大，辐射高频电磁波的能力比较强；当放电间隙的绝缘强度比较高时，击穿过程比较快，此时电流脉冲的陡度比较大，辐射高频电磁波的能力比较强。该类放电脉冲可以辐射上升沿达到 $1\sim 2$ns、频率达到数吉赫兹的高频电磁波，为一种横电磁波（TEM）。该电磁波的能量以固定的速度沿电磁波的传播方向流动。所以，通过耦合这种以 TEM 波形式传输的电磁信号，就可以监测到变压器内部的局部放电，并进一步认识其绝缘状态。这种监测方法称作超高频监测方法。

局部放电超高频测量其测量的中心频率通常在数百兆赫兹、带宽为几十兆赫兹。通常，超高频范围内（$300\sim 3000$MHz）提取局部放电产生的电磁波信号，包括电气设备外部引线上包括电晕在内的外界干扰信号几乎不存在，检测系统受外界干扰影响小，因而能较有效地抑止外部干扰和提高信噪比。

例如，GIS 发生绝缘故障的原因是其内部电场的畸变，往往伴随着局部放电现象，产生脉冲电流，电流脉冲上升时间及持续时间仅为纳秒（ns）级，该电流脉冲将激发出高频电磁波，其主要频段为 $0.3\sim 3$GHz，该电磁波可以从 GIS 上的盘式绝缘子处泄露出来，采用超高频传感器（频段为 $0.3\sim 3$GHz）测量绝缘缝隙处的电磁波，然后根据接收的信号强度来分析局部放电的严重程度，如图 2-23 所示。

超高频局部放电测量特点如下：

（1）仅仅能知道发生了故障，但不能对发生故障的点进行准确的定位。

（2）不能给出一个放电量大小的结果。

（3）可以带电测量，测量方法不改变设备的运行方式，并且可以实现在线连续监测。

（4）可有效地抑制背景噪声，如空气电晕等产生的电磁干扰频率一般均较低，超高频方法可对其进行有效抑制。

（5）抗干扰能力强。

目标驱动三：超声波和超高频联合局放检测

1. GIS 局部放电超高频和超声波联合法的步骤

以 GIS 局部放电检测为例，如图 2-24 所示。

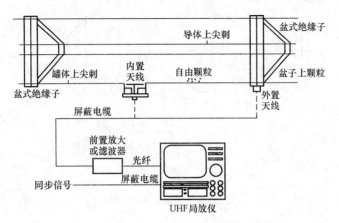

图 2-23 GIS 超高频局部放电测量接线示意图

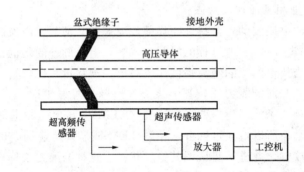

图 2-24 GIS 局部放电超声波和超高频联合法测量接线示意图

(1) 在 GIS 盆式绝缘子处放置 UHF 传感器，进行超高频检测，进行电磁波信号的测量，判断是否存在电磁波信号。

(2) 使用超声传感器逐点进行声信号检测，判断是否存在声信号。之后根据出现的几种具体情况进行进一步的分析判断。

2. 对检测数据分析定性

(1) 如果电信号和声信号都存在，则使用超高频法根据盆式绝缘子的位置进行粗略定位，同时使用超声法进行精确定位，如果两者都定位到同一个 GIS 腔体且表现一致，则判断该腔体内部存在放电故障，具有绝缘缺陷，应根据具体情况进行进一步跟踪检测或采取相应措施。

(2) 如果只测量到了超高频电磁波信号而没有超声波信号，则应通过改变 UHF 传感器的位置摆放和传感器的方向性及信号的频率分布，判断是否是周围设备发生了局部放电或者是否存在另外的干扰源，并对 GIS 设备进行重点跟踪观察。

(3) 如果超声波法测量到了声信号而超高频法没有测量到电磁波信号，则在使用超声法在超声信号最大的部位进行精确定位。通过具体位置及设备结构进行分析，是否是设备本身的正常振动或者是设备的结构导致超高频信号衰减很大，不能通过检测位置测量到，并对设备进行重点跟踪观察。

3. 超声波和超高频联合局部放电测量特点

同时提取局部放电信号的 UHF 信号和超声信号，通过对两种信号的对比分析，能更加有效地排除现场干扰，提高局部放电定位精度和缺陷类型识别的准确性，有利于发现并确定绝缘缺陷。

第四节 变电设备验收

培训目标

(1) 掌握变电站不同种类设备的验收流程及规定。

(2) 掌握变电站设备验收的正确方法和技能。

(3) 掌握变电站设备验收的内容及注意事项。

(4) 掌握变电站运维人员在设备验收过程中的危险点及控制措施，能正确预控危险。

【模块一】 变电站设备验收相关知识及要求

一、验收工作的一般流程

(1) 工作班全部工作结束后，由工作负责人填写站内修试记录簿或继保工作记录簿。

(2) 工作负责人陪同运维人员到现场交代、验收，检修设备应恢复到许可时的原来状况。

(3) 运维人员应根据工作票工作内容，按有关设备验收项目逐项逐条进行验收。

(4) 运维人员还应检查工作场地，应做到工作完料尽场地清。

(5) 运维人员验收结束，双方在工作票上签名，办理终结手续。收回临时安全设施，恢复常设遮栏及安全措施。之后在工作票上盖上"已执行"章，一份交工作负责人带回，另一份由运维人员收执存档。

(6) 运维人员在所有工作票全部终结并根据记录的验收结果确认是否可投运，并及时向调度汇报。

二、一次电气设备验收的一般规定

(1) 凡是新建、扩建、大小修、预试的一次变电设备，必须按国家电网公司颁布有关规程的技术标准经过验收合格、手续完备后方能投入运行。

(2) 设备检修后，应先由检修工作负责人验收，之后再由运维人员进行验收。在设备的安装或检修施工过程中需要中间验收时，变电站当值负责人应指定专人配合进行，对其隐蔽部分，施工单位应做好记录。中间验收项目应由变电站站长与施工或检修单位共同商定。

(3) 新设备或重要设备由公司主管部门会同有关部门派人共同负责验收。在大小修、预试、继电保护、仪表校验后，由有关修试人员将情况记入记录簿中，并注明是否可以投入运行，无疑问后方可办理完工手续。

(4) 当验收的设备个别项目未达到验收标准而系统又急需投入运行时，需经公司总工程师批准，方可投入运行，并将请示意见、决定记入上级命令记录簿中。

（5）验收检查设备应注意做到下列各点：

1）应有填写完整的检修报告，它包括检修工作项目及应消除缺陷的处理情况。检查应全面，并有运维人员签名。

2）设备预试、继电保护校验后，应在现场记录簿上填写工作内容、试验项目及是否合格、可否投运的结论等，检查无误后，运维人员签名。

3）核对一次接线相位应正确无误，配电装置的各项安全净距应符合标准。

4）注油设备验收应注意油位是否适当，油色应透明不发黑，外壳应无渗油现象。充气设备、液压机构应注意压力是否正常。

5）户外设备应注意引线不过紧、过松，导线无松股等异常现象。

6）设备接头处示温蜡片应全部按规定补贴齐全。

7）绝缘子、瓷套、绝缘子瓷质部分应清洁、无破损、裂纹。

8）断路器、隔离开关等设备除应进行外观检查外，还应做到进行分、合操作三次应无异常情况，且联锁闭锁正常。检查断路器、隔离开关最后状态应在拉开位置。

9）变压器验收时应检查分接头位置是否符合调度规定的使用挡。

10）一次设备铭牌应齐全、正确、清楚。

11）检查设备上应无遗留物件，特别要注意工作班施工时装设的接地线、短路线、扎丝等。

三、电气设备验收的相关要求

1. 变电设备检修验收人员的要求

（1）精神状态要求：人员精神状态正常，无妨碍工作的病症，着装符合要求。

（2）资质要求：

1）具备必要的电气知识，熟悉变电设备，持有本专业职业资格证书，并经年度《电业安全工作规程》、《现场运行规程》考试合格。

2）明确验收工作的危险点及制订相应的控制措施。

2. 验收高压设备安全要求

（1）验收检查时应与带电设备保持足够的安全距离，110(66)kV 不小于 1.5m，35(20)kV 不小于 0.6m，10(13.8)kV 及以下不小于 0.7m。

（2）验收设备时，不得进行其他工作（严禁进行电气工作），不得移开或越过遮栏。

（3）进入检修设备区域人员必须穿绝缘靴，正确使用标准的工器具。

（4）在继电室禁止使用移动通信工具，防止造成保护及自动装置误动。

（5）进入设备区，必须戴安全帽。

（6）发现设备缺陷及异常时，应及时填写在验收卡中，并要求作业人员进行处理，不得擅自处理。

（7）验收工作时，禁止变更检修现场安全措施，禁止改变检修设备状态。

（8）验收前，检查所使用的安全工器具完好。

（9）验收 SF_6 高压设备时，应做好通风工作（室外设备自然通风 15min），有必要向检修人员了解现场安全后再进入，进行验收工作防止中毒现象发生。

（10）严禁不符合验收人员要求的人员进行设备验收工作。

3. 分析验收工作的危险点及制订相应的控制措施

(1) 分析危险点及制订控制措施1。

1) 危险点分析及确认：验收人员误登运行设备。

2) 制订相应的控制措施：验收设备时，与带电设备保持足够的安全距离，110(66)kV不小于1.5m，35(20)kV不小于0.6m，10(13.8)kV及以下不小于0.7m。

(2) 分析危险点及制订控制措施2。

1) 危险点分析及确认：误碰、误动运行设备。

2) 制订相应的控制措施：验收时，禁止碰触运行设备。

(3) 分析危险点及制订控制措施3。

1) 危险点分析及确认：擅自打开运行或备用设备网门，擅自移动临时安全围栏，擅自跨越设备固定遮栏。

2) 制订相应的控制措施：验收设备时，不得移开或越过遮栏。

(4) 分析危险点及制订控制措施4。

1) 危险点分析及确认：擅自改变检修设备状态，变更工作地点安全措施。

2) 制订相应的控制措施：不得变更有关检修设备的运行接线方式。不得擅自变更安全措施。如有特殊情况需要变更时，应先取得运行与检修双方的同意。核对检修设备状态（如开关、刀闸的位置）是否正确。

(5) 分析危险点及制订控制措施5。

1) 危险点分析及确认：登高验收设备时，造成人员碰伤、摔伤。

2) 制订相应的控制措施：登高验收设备时，正确使用安全带。

(6) 分析危险点及制订控制措施6。

1) 危险点分析及确认：验收设备操作机构气泵、油泵等传动部件时，电机突然启动，传动装置伤人。

2) 制订相应的控制措施：验收设备时，不准碰触机构传动、转动部件。

(7) 分析危险点及制订控制措施7。

1) 危险点分析及确认：验收设备，光线不足造成人员碰伤、摔伤。

2) 制订相应的控制措施：光线不足时验收设备，应开启设备区照明，或携带便携式照明用具。

(8) 分析危险点及制订控制措施8。

1) 危险点分析及确认：擅自动用设备防误解锁用具解锁，造成误操作。

2) 制订相应的控制措施：验收时必须按规定使用防误解锁用具，不准随意打开防误锁具。

(9) 分析危险点及制订控制措施9。

1) 危险点分析及确认：雷雨天气，造成人员伤害。

2) 制订相应的控制措施：雷雨天气，需要验收室外高压设备时，应穿绝缘靴，并不得靠近避雷针和避雷器。

(10) 分析危险点及制订控制措施10。

1) 危险点分析及确认：进出高压室，未随手关门，小动物进入，发生设备事故。

2）制订相应的控制措施：验收配电装置，进出高压室，应随手将门关好。

（11）分析危险点及制订控制措施 11。

1）危险点分析及确认：不戴安全帽，不按规定着装，在突发事件时失去保护。

2）制订相应的控制措施：任何人进入生产现场，应戴安全帽，着装必须符合规定。

（12）分析危险点及制订控制措施 12。

1）危险点分析及确认：使用不合格的工器具。

2）制订相应的控制措施：验收前，检查所使用的工器具完好、合格。

（13）分析危险点及制订控制措施 13。

1）危险点分析及确认：人员身体状况不适，思想波动，造成验收质量不高或发生人身伤害。

2）制订相应的控制措施：值班负责人指派身体和精神状态良好的人员进行设备验收。

（14）分析危险点及制订控制措施 14。

1）危险点分析及确认：进入 SF_6 设备室，没有检查室内 SF_6 气体含量是否超标，含氧量是否满足要求，不按规定排风，造成人身中毒。

2）制订相应的控制措施：进入 SF_6 设备室验收前，检查 SF_6 气体、氧气含量是否超标，报警装置无报警，启动通风装置至少 15min，设备有泄漏时戴防毒面具。

（15）分析危险点及制订控制措施 15。

1）危险点分析及确认：进入电缆沟验收时，没有排出浊气，没有测试含氧量，发生人身中毒。

2）制订相应的控制措施：进入电缆沟验收应先通风、检测含氧量合格（不低于 18%）。

（16）分析危险点及制订控制措施 16。

1）危险点分析及确认：设备存在缺陷没有及时发现或发现后没有处理即投入运行，造成后果。

2）制订相应的控制措施：严格按照验收规范进行验收，防止设备带缺陷投入运行。

【模块二】 变电站设备安装及大修验收

核心知识

（1）变电站一、二次设备的种类和结构。

（2）变电站一、二次设备安装及大修验收标准和规范。

关键技能

（1）掌握变电站一、二次设备安装及大修验收的正确方法和技能。

（2）在变电站一、二次设备安装及大修验收过程中运维人员能够对潜在的危险点正确认知并提前预控危险。

目标驱动 ---

目标驱动一：变压器安装及大修验收（见表 2-5）

表 2-5 变压器安装及大修验收

设备名称	序号	验 收 标 准 及 规 范
主变压器	1	本体： (1) 变压器各部位均无渗漏、油污。 (2) 加强筋已钻眼，大沿胶圈密封良好，各部螺丝紧固，吊环部件齐全。 (3) 主变压器本体顶盖上部无遗留杂物。 (4) 变压器固定装置稳固。 (5) 大盖坡度为 1%～1.5% 的升高坡度
	2	油枕油位合适，油位表指示正确
	3	套管： (1) 瓷套表面清洁无裂缝、损伤各部位均无渗漏、油污。 (2) 油位指示正常。 (3) 电容套管末屏接地可靠。 (4) 引线连接可靠、对地和相间距离符合要求，各导电接触面应涂有电力复合脂。引线松紧适当，无明显过紧或过松现象
	4	升高座和套管型电流互感器，套管型电流互感器二次接线板及端子密封完好，无渗漏，清洁无氧化，已排气
	5	瓦斯继电器： (1) 检查瓦斯继电器连通管应有 2%～4% 的升高坡度。 (2) 集气盒内应充满变压器油，且密封良好。 (3) 瓦斯继电器的电缆引线在继电器侧应有滴水弯，电缆孔应封堵完好。 (4) 观察窗的挡板应处于打开位置。 (5) 瓦斯继电器防雨罩安装牢固，两端阀门在打开位置
	6	压力释放阀： (1) 压力释放阀及导向装置的安装方向应正确，阀盖和升高座内应清洁，密封良好。 (2) 压力释放阀的电缆引线在继电器侧应有滴水弯，电缆孔应封堵完好
	7	有载分接开关： (1) 传动机构应固定牢靠，连接位置正确，且操作灵活，无卡涩现象。 (2) 电气控制回路接线正确、螺栓紧固、绝缘良好。接触器动作正确、接触可靠。 (3) 远方操作、就地操作、紧急停止按钮、电气闭锁和机械闭锁正确可靠。 (4) 操作机构挡位指示、分接开关本体分接位置指示、监控系统上分接开关分接位置指示应一致
	8	吸湿器： (1) 吸湿器与储油柜间的连接管的密封应良好，呼吸应畅通。 (2) 吸湿剂应干燥、无变色，油杯应充满油并无渗漏
	9	测温装置： (1) 就地和远方温度计指示值应一致。 (2) 顶盖上的温度计座内应注满变压器油，密封良好
	10	净油器：上、下阀门均应在开启位置

续表

设备名称	序号	验 收 标 准 及 规 范
主变压器	11	控制箱（包括有载分接开关、冷却系统控制箱）： （1）内部断路器、接触器动作灵活无卡涩，触头接触紧密、可靠，无异常声音。 （2）控制箱密封良好，内外清洁无锈蚀，端子排清洁无异物，驱潮装置工作正常。 （3）交直流电路应使用独立的电缆，回路分开
	12	接地装置： （1）变压器本体油箱应在不同位置分别有两根引向不同地点的水平接地体，铁芯接地电流表安装完好。 （2）中性点接地开关安装调试完好。 （3）中性点电流互感器瓷套清洁无裂痕，油位正常，无渗漏油现象，各引线接点安装牢固，各部密封良好。 （4）放电间隙安装符合规定，间隙距离为300mm。 （5）满足双接地带的要求
	13	冷却装置： （1）风扇电动机及叶片应安装牢固，并应转动灵活，无卡滞，试转时应无振动、过热，叶片应无扭曲变形或与风筒碰擦等情况，转向正确。 （2）散热片表面油漆完好，管路接头无渗油现象。 （3）管路中阀门操作灵活、开启位置正确。阀门及法兰连接处密封良好无渗油现象。 （4）油泵转向正确，转动时应无异常噪声、振动或过热现象，油泵保护不误动。密封良好，无渗油或进气现象（负压区严禁渗漏），油流继电器指示正确，无抖动现象。 （5）备用、辅助冷却器应按规定投入。 （6）电源应按规定投入，自动切换功能良好，信号正确
	14	现场无遗留杂物
	15	主变压器土建基础完好
	16	设备各种标志齐全、正确
	17	新装变压器安装文件、产品说明书、出厂合格证、交接试验等文件资料齐全
	18	各种检修试验数据齐全且合格，检修、试验人员在记录中已签字，确有"可以投运"结论

目标驱动二：断路器安装及大修验收（见表2-6）

表2-6　　　　　　　　　　断路器安装及大修验收

设备名称	验收项目	序号	验 收 标 准 及 规 范
断路器	公共部分	1	断路器瓷套无裂纹
		2	各部接点牢固无松动，引线间距及松紧程度合适
		3	法兰连接螺栓紧固、无裂纹、无锈蚀现象
		4	相位漆颜色鲜明，防雨胶圈齐全无损坏
		5	断路器传动试验良好
		6	构架接地良好，满足双接地的要求，接地线满足短路电流的要求
		7	明敷设接地线的表面涂用15～100mm宽度相等的黄绿相间的条纹
		8	机构箱内线号标记齐全规范，接点紧固，电缆标志齐全
		9	机构箱门密封良好，开关灵活

设备名称	验收项目	序号	验 收 标 准 及 规 范
断路器	公共部分	10	机构箱内无遗留杂物及电缆孔洞封堵良好
		11	电接点压力表接点闭锁上限及遥信校对正确，微动开关油泵启动、停止及遥信校对正确，油泵打压超时试验及遥信校对正确
		12	设备各种标志齐全、规范
		13	接线连板不用铜铝过渡，并接触良好，螺丝紧固
		14	新装断路器安装文件、产品说明书、出厂合格证、交接试验等文件资料齐全
		15	各种检修试验数据齐全且合格，检修、试验人员在记录中已签字，确有"可以投运"结论
	SF$_6$（液压机构）	1	本体 SF$_6$ 气体应在合格范围内（以断路器说明书为准），符合温度曲线要求
		2	SF$_6$ 气体无泄漏
		3	液压机构各部分完整无渗油和漏氮现象，油位、压力正常
		4	加热器及温控器良好
		5	电机及二次回路控制线绝缘良好，端子螺丝紧固，电源接点良好
	SF$_6$（弹簧机构）	1	本体 SF$_6$ 气体应在合格范围内（以断路器说明书为准），符合温度曲线要求
		2	SF$_6$ 气体无泄漏
		3	合闸弹簧储能正常
		4	储能动作正常，辅助接点转换正常，接触良好，交流电源良好
		5	机械闭锁装置齐全完整
		6	弹簧储能机构的传动部分完整无锈蚀、脱漆
	真空断路器（弹簧机构）	1	储能弹簧无锈蚀、无断裂，拐臂、拉杆完整，锁针、卡簧、螺丝备帽齐全
		2	弹簧储能机构的传动部分完整无锈蚀、脱漆
		3	合闸弹簧储能正常
		4	机械闭锁装置齐全完整
	真空断路器（小车、电磁机构）	1	真空断路器外壳完好无破损现象，支持绝缘子完好
		2	手车柜、行程开关和触头无磨损，触头无弯曲
		3	小车上清洁，各种连接完整，各销钉打开，卡簧、螺丝紧固，操作机构动作灵活可靠
		4	小车插件接触良好，无开路、短路现象。端子排和控制、分合闸保险完好。端子无松动、无锈蚀
		5	小车推入和拉出无卡涩现象，试验位置、工作位置信号正确。远方及就地传动和重合闸试验良好
		6	防误装置齐全，地址码无缺损，并能起到防误作用
	少油（液压机构）	1	合闸保持弹簧无锈蚀现象，机械闭锁装置齐全，分合闸指示正确，构架接地线良好
		2	防雨帽齐全无破损、倾斜
		3	微动开关顶子无卡滞，动作灵活、可靠，活塞导向杆无锈蚀已涂润滑油
		4	中间机构箱螺丝紧固，水平拉杆备帽无松动，内、外部不渗油、无油污
		5	小车推入和拉出无卡涩现象，试验位置、工作位置信号正确。远方及就地传动和重合闸试验良好

目标驱动三：组合电器安装及大修验收（见表 2 - 7）

表 2 - 7 组合电器安装及大修验收

设备名称	序号	验 收 标 准 及 规 范
GIS	1	组合电器应安装牢靠，外表清洁完整，动作性能符合产品的技术规定
	2	电气连接应可靠，且接触良好
	3	组合电器传动试验良好，无卡阻现象，分、合闸指示正确，辅助开关及电气应动作正确、可靠
	4	构架接地良好，满足双接地的要求，接地线满足短路电流的要求
	5	明敷设接地线的表面涂用 $15 \sim 100mm$ 宽度相等的黄绿相间的条纹
	6	机构内无遗留杂物，空气开关外壳完好、接线端子紧固，各部转动轴锁转动灵活，销针齐全劈开，辅助开关接点无过热烧伤，接触良好
	7	弹簧储能机构的传动部分完整无锈蚀、脱漆，机械闭锁装置齐全完整，分合闸指示正确，合闸弹簧储能正常
	8	储能弹簧无锈蚀、无断裂，拐臂、拉杆完整，锁针、卡簧、螺丝备帽齐全
	9	SF_6 气体压力正常，密度继电器的报警、闭锁定值符合规定，电气回路传动正确
	10	SF_6 气体漏气率和含水量符合规定，检漏装置良好，高压带电装置显示正确
	11	油漆应完整，相位色标志正确，各种标志齐全规范
	12	电气闭锁传动试验良好，机械闭锁装置完好
	13	控制柜密封良好，灯窗显示正确，操作把手位置正确
	14	内部接线正确，符合设计要求
	15	二次接线绝缘良好，线号标记清晰、齐全、规范，螺丝紧固
	16	机构箱内无遗留杂物及电缆孔洞封堵良好
	17	各部位置指示器指示正确，高压带电监测仪指示正确
	18	检测 SF_6 和氧气含量合格，当 SF_6 气体含量超过 $1 \times 10^{-3} mg/m^3$，氧气含量不低于 18%，监控系统报警
	19	组合电器室通风系统良好，检漏超标时自动启动排风
	20	新装断路器安装文件、产品说明书、出厂合格证、交接试验等文件资料齐全
	21	各种检修试验数据齐全且合格，检修、试验人员在记录中已签字，确有"可以投运"结论

目标驱动四：插拔式开关设备安装及大修验收（见表 2 - 8）

表 2 - 8 插拔式开关设备安装及大修验收

设备名称	序号	验 收 标 准 及 规 范
PASS	1	安装牢靠，外表清洁完整，动作性能符合产品的技术规定
	2	电气连接应可靠，且接触良好
	3	传动试验良好，无卡阻现象，分、合闸指示正确，辅助开关及电气应动作正确、可靠，支架及接地引线应无锈蚀和损伤，接地应良好
	4	混合气体压力正常，密度继电器的报警、闭锁定值符合规定，电气回路传动正确
	5	储能弹簧无锈蚀、无断裂，拐臂、拉杆完整，锁针、卡簧、螺丝备帽齐全，弹簧储能机构的传动部分完整无锈蚀、脱漆，机械闭锁装置齐全完整，分合闸指示正确，合闸弹簧储能正常，机构内无遗留杂物，空气开关外壳完好、接线端子紧固

续表

设备名称	序号	验 收 标 准 及 规 范
PASS	6	一次接线正确，垫圈、弹簧垫齐全，螺丝紧固
	7	防爆装置功能完善
	8	观察窗不破损
	9	控制回路电流满足要求 1～2A
	10	接地开关控制回路拆除，接地开关停用
	11	接线连板不用铜铝过渡，并接触良好，螺丝紧固
	12	二次接线绝缘良好，线号标记清晰、齐全、规范，螺丝紧固
	13	机构箱内无遗留杂物及电缆孔洞封堵良好
	14	接地报警功能完善
	15	构架接地良好，满足双接地的要求，接地线满足短路电流的要求
	16	明敷设接地线的表面涂用 15～100mm 宽度相等的黄绿相间的条纹
	17	混合气体漏气率和含水量符合规定
	18	绝缘外套清洁无裂痕，各引线接点安装牢固，一次接线正确，各部密封垫无老化，气室观察窗玻璃完好透明
	19	外绝缘对地安全距离符合要求
	20	油漆应完整，相位色标志正确，各种标志齐全、规范
	21	压力异常跳闸回路拆除
	22	防误功能齐全
	23	套管电流互感器无开路
	24	新装安装文件、产品说明书、出厂合格证、交接试验等文件资料齐全
	25	各种检修试验数据齐全且合格，检修、试验人员在记录中已签字，确有"可以投运"结论

目标驱动五：电流互感器安装及大修验收（见表 2-9）

表 2-9   电流互感器安装及大修验收

设备名称	验收项目	序号	验 收 标 准 及 规 范
电流互感器	公共部分	1	一、二次接线正确（变比、极性、角差、比差正确）
		2	构架接地良好，满足双接地的要求，接地线满足短路电流的要求
		3	明敷设接地线的表面涂用 15～100mm 宽度相等的黄绿相间的条纹
		4	二次端子箱清扫干净，端子无松动，构架及外壳油漆完整无锈蚀，接地良好
		5	二次接线绝缘良好，线号标记清晰、齐全、规范，螺丝紧固
		6	二次接地良好，闲置端子短路并可靠接地
		7	机构箱内无遗留杂物及电缆孔洞封堵良好
		8	接线连板不用铜铝过渡，并接触良好，螺丝紧固
		9	设备各种标志齐全规范
		10	新装电流互感器安装文件、产品说明书、出厂合格证、交接试验等文件资料齐全
		11	各种检修试验数据齐全且合格，检修、试验人员在记录中已签字，确有"可以投运"结论

续表

设备名称	验收项目	序号	验收标准及规范
电流互感器	干式	1	复合绝缘子清洁，绝缘子裙边无变形
	油浸	1	瓷套清洁无裂痕，各部密封垫无老化，油位观察窗玻璃完好透明
		2	膨胀器完好，油位正常，无渗漏油现象
		3	35、66kV电流互感器末屏接地可靠

目标驱动六：电压互感器安装及大修验收（见表 2 - 10）

表 2 - 10　　　　　　　　　　　电压互感器安装及大修验收

设备名称	验收项目	序号	验收标准及规范
电压互感器	公共部分	1	一、二次接线正确
		2	构架接地良好，满足双接地的要求，接地线满足短路电流的要求
		3	明敷设接地线的表面涂用15～100mm宽度相等的黄绿相间的条纹
		4	二次端子箱清扫干净，端子无松动，构架及外壳油漆完整无锈蚀，接地良好
		5	二次接线绝缘良好，线号标记清晰、齐全、规范，螺丝紧固
		6	工作接地良好
		7	机构箱内无遗留杂物及电缆孔洞封堵良好
		8	瓷套表面清洁无裂缝、损伤各部位均无渗漏、油污，油位正常
		9	接线连板不用铜铝过渡，并接触良好，螺丝紧固
		10	设备各种标志齐全规范
		11	新装电压互感器安装文件、产品说明书、出厂合格证、交接试验等文件资料齐全
	电容式	1	按照主件编号组装不得错装
		2	各组件连接处接触面除去氧化层应涂以电力复合脂
		3	保护间隙距离调整合适，符合技术要求
		4	均压环安装方向正确，符合规定
		5	35、66kV电压互感器末屏接地可靠
	电磁式	1	互感器安装面水平，同一组互感器的极性方向应一致
		2	二次引出线接线时应有防止转动措施，防止外部操作造成内部引线扭断
		3	35、66kV电压互感器末屏接地可靠

目标驱动七：隔离开关安装及大修验收（见表 2 - 11）

表 2 - 11　　　　　　　　　　　隔离开关安装及大修验收

设备名称	验收项目	序号	验收标准及规范
隔离开关	公共部分	1	绝缘子清洁无裂痕破损，引线松紧程度合适，各连接部分螺栓紧固，拉杆、连杆无弯曲，轴锁无变形，转动部分已涂润滑油，接头焊缝无开裂
		2	拉合试验合格无卡滞现象，三相同期合格，触头接触良好，弹簧无疲劳现象，触指深度合格，辅助开关接触、弹性良好，遥信正确
		3	接地开关传动无卡滞现象，同期合格，接触良好
		4	外壳油漆完整无锈蚀，防误闭锁装置完好

设备名称	验收项目	序号	验 收 标 准 及 规 范
隔离开关	公共部分	5	绝缘子探伤试验合格
		6	设备各种标志齐全规范
		7	接地良好，满足双接地的要求
		8	防误功能齐全
		9	新装隔离开关安装文件、产品说明书、出厂合格证、交接试验等文件资料齐全
		10	各种修试数据齐全合格，检修、试验人员在记录中已签字，确有"可以投运"结论
	手动机构	1	手动机构各元件完好，各转动部分涂低温润滑脂
		2	辅助开关切换灵活，接触良好，二次回路绝缘电阻大于2MΩ
		3	机构安装水平，机构主轴与接地开关转轴在同一垂线上
	电动机构	1	机构箱内清洁，外壳油漆完整无锈蚀，防误闭锁装置完好
		2	操作机构箱清洁完整，电机转动平稳无异音，绝缘良好
		3	电动拉合试验合格，无卡滞现象
		4	电动机构电机空开应既满足上级级差的要求，又要满足电机功率的要求，驱潮电热装置完好，密封良好
		5	机构限位装置应准确可靠，在规定分、合闸极限位置可靠切断电源
		6	电动机构手动和电动相互闭锁
		7	操作机构箱封堵良好，通风口有防尘措施
	剪刀式	1	静触头铜管不应焊接，应是一个整体
		2	动静触头夹紧力合适，符合要求
		3	导电隔离开关中间轴、活动肘节转动灵活，各转动部分涂低温润滑脂
	水平拉杆式	1	主隔离开关分、合位置转动90°，在分、合闸终点位置定位螺钉与挡板的间隙满足1~3mm的要求
		2	触头臂与触脂臂应处于同一水平线，触头接触对称，上、下位差不大于5mm

目标驱动八：母线安装及大修验收（见表2-12）

表2-12　　　　　　　　　　　　　　母线安装及大修验收

设备名称	序号	验 收 标 准 及 规 范
母线（软母线、硬母线）	1	绝缘子清洁无裂纹，各部接点紧固无锈蚀，弛度合适，各部销针齐全完整
	2	母线无破股、断股现象
	3	支持绝缘子清洁无裂纹、无倾斜，各部接点紧固无锈蚀，相位漆色明显，弯曲度不超过标准，构架无锈蚀、接地良好
	4	满足管母线热胀冷缩的需求，防止瓷瓶受力，伸缩接头无松动、断片，固定部位无窜动等应力现象
	5	外绝缘满足所处污秽区等级标准
	6	瓷铁胶合部位涂抹防水胶
	7	相位标志明显

设备名称	序号	验 收 标 准 及 规 范
母线（软母线、硬母线）	8	支持绝缘子探伤合格
	9	构架无锈蚀、接地良好，满足双接地的要求，接地线满足短路电流的要求
	10	设备标志齐全规范
	11	新装母线安装文件、产品说明书、出厂合格证、交接试验等文件资料齐全
	12	各种检修试验数据齐全且合格，检修、试验人员在记录中已签字，确有"可以投运"结论

目标驱动九：避雷器安装及大修验收（见表 2 - 13）

表 2 - 13 避雷器安装及大修验收

设备名称	序号	验 收 标 准 及 规 范
避雷器	1	安装牢固，瓷质清洁无破损、无裂纹，引线安装牢固，松紧程度合适，垂直度符合要求，均压环水平，法兰连接处无缝隙
	2	无锈蚀，接地良好，满足双接地的要求，接地线满足短路电流的要求
	3	泄露电流在线监测仪完好，连线应满足短路电流的要求，截面在 10mm^2 以上
	4	放电计数器密封良好，玻璃完好透明
	5	接线连板不用铜铝过渡，并接触良好，螺丝紧固
	6	引线松、紧弛度合适，不能使避雷器受力过大
	7	设备各种标志齐全规范
	8	新装避雷器安装文件、产品说明书、出厂合格证、交接试验等文件资料齐全
	9	各种检修试验数据齐全且合格，检修、试验人员在记录中已签字，确有"可以投运"结论

目标驱动十：电力电容器安装及大修验收（见表 2 - 14）

表 2 - 14 电力电容器安装及大修验收

设备名称	序号	验 收 标 准 及 规 范
电力电容器	1	电容器外壳无凹凸变形和渗油现象，熔断器安装牢固
	2	电容器瓷套无裂纹无破损，表面清洁
	3	箱式组合式电容器外壳油漆完整无锈蚀，各部无渗漏油现象，储油柜油位正常
	4	引出端子连接牢固，垫圈螺母齐全
	5	熔丝配置合适无脱落，熔丝与熔丝管壁间不挂卡
	6	引线安装牢固，接点接触紧固良好
	7	相位色漆明显，各部无搭挂杂物，每只电容器应按顺序标号
	8	电容器组及构架接地良好，油漆完整、无锈蚀
	9	设备各种标志齐全规范
	10	66、35kV 电容器瓷柱探伤合格
	11	套管接线采用软连接
	12	新装电容器安装文件、产品说明书、出厂合格证、交接试验等文件资料齐全
	13	检修试验数据齐全且合格，检修、试验人员在记录中已签字，确有"可以投运"结论

目标驱动十一：电抗器安装及大修验收（见表 2 - 15）

表 2 - 15 电抗器安装及大修验收

设备名称	序号	验收标准及规范
电抗器	1	电抗器本体外观检查良好，无变形现象，表面漆完整，有无脱落
	2	瓦斯继电器无渗油现象，油标油位指示正常
	3	电抗器冷却装置正常。散热器完好无开焊
	4	引线连接牢固可靠，各部接点安装牢固
	5	支持绝缘子清洁完好，无破损，无倾斜，66kV 电抗器瓷柱探伤合格
	6	油温度计完好
	7	设备各种标志齐全、规范
	8	新装电抗器安装文件、产品说明书、出厂合格证、交接试验等文件资料齐全
	9	各种检修试验数据齐全且合格，检修、试验人员在记录中已签字，确有"可以投运"结论

目标驱动十二：耦合电容器安装及大修验收（见表 2 - 16）

表 2 - 16 耦合电容器安装及大修验收

设备名称	序号	验收标准及规范
耦合电容器	1	耦合电容器本体清洁完整，瓷套无裂纹、破损
	2	引线安装牢固，弛度合适
	3	接线连板不用铜铝过渡，并接触良好，螺丝紧固，接线端子至少用两个螺丝紧固
	4	接地开关完好位置正确，接地良好
	5	电压抽取连线用铜棍，符合短路电流要求
	6	设备各种标志齐全规范
	7	新装耦合电容器安装文件、产品说明书、出厂合格证、交接试验等文件资料齐全
	8	各种检修试验数据齐全且合格，检修、试验人员在记录中已签字，确有"可以投运"结论

目标驱动十三：阻波器安装及大修验收（见表 2 - 17）

表 2 - 17 阻波器安装及大修验收

设备名称	序号	验收标准及规范
阻波器	1	本体及瓷瓶清洁完整，安装牢固，表面漆无脱落完整
	2	引线接点安装牢固，弛度合适
	3	吊串采用双串，防止风偏
	4	避雷器等附属元件试验合格
	5	新装阻波器安装文件、产品说明书、出厂合格证、交接试验等文件资料齐全
	6	各种检修试验数据齐全且合格，检修、试验人员在记录中已签字，确有"可以投运"结论

目标驱动十四：高频开关电源装置安装及大修验收（见表 2-18）

表 2-18　　　　　高频开关电源装置安装及大修验收

设备名称	序号	验收标准及规范
高频开关电源装置	1	微机型绝缘监测装置的直流电源系统监测和显示其支路的绝缘状态功能良好
	2	直流电源装置的直流母线及各支路绝缘合格
	3	设备屏、柜的固定及接地应可靠，门与柜体之间经截面不小于 $6mm^2$ 的裸体软导线可靠连接，外表防腐涂层应完好、设备清洁整齐
	4	设备屏、柜内所装电器元件应齐全完好，安装位置正确，固定牢固。空气断路器或熔断器选用符合规定，动作选择性配合满足要求
	5	二次接线应正确，连接可靠，标志齐全、清晰，绝缘符合要求
	6	设备屏、柜及电缆安装后，孔洞封堵应良好
	7	设备各种标志齐全规范
	8	操作及联动试验正确，交流电源切换可靠，符合设计要求
	9	安装使用说明书、设备出厂试验报告、合格证、安装报告应齐全
	10	各种检修试验数据齐全且合格，检修、试验人员在记录中已签字，确有"可以投运"结论

目标驱动十五：蓄电池组安装及大修验收（见表 2-19）

表 2-19　　　　　蓄电池组安装及大修验收

设备名称	序号	验收标准及规范
蓄电池组	1	蓄电池室及其通风、调温、照明等装置符合要求
	2	组柜安装的蓄电池排列整齐，标识清晰、正确，蓄电池间距符合规定，通风散热设计合理，测温装置工作正常
	3	安装布线应排列整齐，极性标志清晰、正确
	4	每只蓄电池按顺序标号，由正极按序排列，蓄电池外壳清洁、完好，液面正常，密封电池无渗液
	5	极板无弯曲、变形及活性物质剥落
	6	初充电、放电容量及倍率校验的结果应符合要求
	7	蓄电池组的绝缘应良好
	8	蓄电池呼吸装置完好，通气正常
	9	安装使用说明书、设备出厂试验报告、合格证、蓄电池充、放电记录及曲线、充放电特性曲线齐全
	10	各种检修试验数据齐全且合格，检修、试验人员在记录中已签字，确有"可以投运"结论

目标驱动十六：交流配电屏安装及大修验收（见表 2-20）

表 2-20　　　　　交流配电屏安装及大修验收

设备名称	序号	验收标准及规范
交流配电屏	1	柜上各主开关、把手位置正确，柜上各信号灯指示正确，电源进线与配出线相位正确，接线端子紧固

续表

设备名称	序号	验收标准及规范
交流配电屏	2	交流母线电压正常，输出电流指示正常
	3	各配出回路位置正确，母线、端子无过热，柜内无异声、焦味
	4	各控制回路熔断器良好，无熔断现象，熔量选择适当
	5	手动、自动装置传动试验良好，操作及联动试验正确，交流电源切换可靠，符合设计要求
	6	各屏配线规范，符合规定
	7	导电部分与柜门保持足够的安全距离，防止人员开门触电
	8	一次进线与二次进线应有明显的断开点
	9	各控制回路空开级差配合应符合要求
	10	屏体底脚螺栓紧固，接地良好，屏底封堵良好，柜门接地良好
	11	遥测、遥信接入系统
	12	设备各种标志齐全规范
	13	安装使用说明书、设备出厂试验报告、合格证、安装报告齐全
	14	各种检修试验数据齐全且合格，检修、试验人员在记录中已签字，确有"可以投运"结论

目标驱动十七：继电保护安装及大修验收（见表 2 - 21）

表 2 - 21　　　　　　　　　　　继电保护安装及大修验收

设备名称	序号	验收标准及规范
继电保护	1	检查核对继电保护装置上定值按有关定值单进行整定；继保校验人员对于更改整定书和软件版本的微机保护装置，在移交前要打印出各 CPU 所有定值区的定值，并签字；继保校验人员必须将各 CPU 的定值区均可靠设置于当初设备停运、值班人员许可工作时的定值区
	2	检查元件封好，元件内无杂物
	3	工具、仪表不遗留在工作现场，工作现场清洁、无遗留物件、杂物
	4	工作现场开挖的孔洞应封堵
	5	空开级差配合应符合要求，用专用的直流空开
	6	应有填写详细的工作记录（结论、发现问题、处理情况、运行注意事项等），继电保护交代记录填写完整
	7	接线变动后应与图纸相符
	8	传动试验合格，四遥功能良好
	9	屏体底脚螺栓紧固，接地良好，屏底封堵良好，柜门接地良好，柜门有限位装置
	10	跳闸回路与正电源有效隔离
	11	空开、压板等各种标志齐全规范，闲置压板取下
	12	由运行人员打印出该微机保护装置在移交前最终状态下的各 CPU 当前区定值，并负责核对，保证这些定值区均设值可靠。继保与运行双方人员在打印报告上签字
	13	二次接线端子紧固，线号标志清楚，电缆标示牌齐全规范
	14	安装使用说明书、设备出厂试验报告、合格证、图纸、安装报告齐全规范
	15	各种调试、安装试验数据齐全且合格，试验人员在记录中已签字，确有"可以投运"结论

目标驱动十八：防误装置安装及大修验收（见表 2 - 22）

表 2 - 22　　　　　　　　　　　　　防误装置安装及大修验收

设备名称	序号	验 收 标 准 及 规 范
防误装置	1	防误装置软件，一、二次系统图与实际设备相符
	2	五防防误装置闭锁逻辑关系正确
	3	设备锁具齐全完好，安装牢固、编码正确、标志正确、安装位置正确
	4	电脑钥匙充电装置完好
	5	电脑钥匙壳体有无损坏，接触完好
	6	地线桩焊接部位完好，地线头接线部位牢固，接地线合接地头配合良好
	7	控制器、闭锁器安装牢固接线正确
	8	遥控功能传动良好，"五防"功能完善
	9	主机与监控系统对位
	10	机械编码锁无卡滞、变形现象
	11	所有锁具按逻辑程序全部开启一次
	12	防误装置万能钥匙使用良好
	13	安装使用说明书、合格证、安装报告齐全规范
	14	各种调试、安装试验数据齐全且合格，并在记录中已签字，确有"可以投运"结论

目标驱动十九：远动装置安装及大修验收（见表 2 - 23）

表 2 - 23　　　　　　　　　　　　　远动装置安装及大修验收

设备名称	序号	验 收 标 准 及 规 范
远动装置	1	屏体的正面及背面各单元模块、端子牌等应标明编号、名称、用途及操作位置，标明的字迹应清晰、工整，且不易脱色
	2	信号回路的信号灯显示准确，工作可靠，压板把手标志正确等
	3	端子排无损坏，固定牢固，绝缘良好
	4	各种遥测、通信信息正确，"四遥"功能完好
	5	屏体底脚螺栓紧固，接地良好，屏底封堵良好，柜门接地良好，柜门有限位装置
	6	接线绝缘良好，线号标记清晰、齐全、规范，螺丝紧固
	7	屏头、压板等标志齐全、规范
	8	安装使用说明书、设备出厂试验报告、合格证、图纸、安装报告齐全规范
	9	工作人员现场交代记录详细、完整并经双方签名，确有"可以投运"结论

目标驱动二十：接地装置安装及大修验收（见表 2 - 24）

表 2 - 24　　　　　　　　　　　　　接地装置安装及大修验收

设备名称	序号	验 收 标 准 及 规 范
接地装置	1	接地网外漏部分连接可靠
	2	构架接地良好，满足双接地的要求，接地线满足短路电流的要求
	3	明敷设接地线的表面涂用 15～100mm 宽度相等的黄绿相间的条纹

续表

设备名称	序号	验收标准及规范
接地装置	4	标志齐全正确
	5	焊接面应防腐、焊接牢固
	6	供连接临时接地线用的连接板的数量及位置符合设计要求
	7	工频接地电阻值及设计要求的其他测试参数符合设计规定
	8	接地体顶面埋设深度符合设计规定（当无规定时，不宜小于0.6m）
	9	接地体的连接采用焊接，必须牢固无虚焊
	10	隐蔽工程拍照存档
	11	各种安装试验数据齐全且合格，并在记录中已签字，确有"可以投运"结论

目标驱动二十一：监控装置安装及大修验收（见表2-25）

表2-25　　　　　　　　监控装置安装及大修验收

设备名称	序号	验收标准及规范
监控装置	1	屏体的正面及背面各单元模块、端子牌等应标明编号、名称、用途及操作位置，其标明的字迹应清晰、工整，且不易脱色
	2	主机与监控系统对位，主机显示数值电压、电流、有功、无功等正确齐全
	3	主机显示断路器、隔离开关变位情况与实际设备位置相符
	4	各种插件完好可靠
	5	各种遥测、遥信信息正确，四遥功能完好
	6	屏体底脚螺栓紧固，接地良好，屏底封堵良好，柜门接地良好，柜门有限位装置
	7	接线绝缘良好，线号标记清晰、齐全、规范，螺丝紧固
	8	屏头、压板等标志齐全、规范
	9	安装使用说明书、设备出厂试验报告、合格证、图纸、安装报告齐全规范
	10	工作人员现场交代记录详细、完整并经双方签名，确有"可以投运"结论

【模块三】 变电站设备小修验收

核心知识

（1）变电站一、二次设备的种类和结构。
（2）变电站一、二次设备小修验收标准和规范。

关键技能

（1）掌握变电站一、二次设备小修验收的正确方法和技能。
（2）在变电站一、二次设备小修验收过程中运维人员能够对潜在的危险点正确认知并提前预控危险。

目标驱动 --

目标驱动一：变压器小修验收（见表 2 - 26）

表 2 - 26　　　　　　　　　　　　变 压 器 小 修 验 收

设备名称	序号	验 收 标 准 及 规 范
变压器	1	变压器本体和组件等各部位均无渗漏
	2	油枕油位合适，油位表指示正确
	3	套管： (1) 瓷套表面清洁无裂缝、损伤。 (2) 油位指示正常
	4	瓦斯继电器： (1) 集气盒内应充满变压器油且密封良好。 (2) 观察窗的挡板应处于打开位置
	5	有载分接开关： (1) 操作灵活，无卡涩现象。 (2) 远方操作、就地操作、紧急停止按钮、电气闭锁和机械闭锁正确可靠。 (3) 操作机构挡位指示、分接开关本体分接位置指示、监控系统上分接开关分接位置指示应一致
	6	吸湿器：吸湿剂应干燥、无变色
	7	测温装置： (1) 就地和远方温度计指示值应一致。 (2) 记忆最高温度的指针应与指示实际温度的指针重叠
	8	净油器：上、下阀门均应在开启位置
	9	控制箱（包括有载分接开关、冷却系统控制箱）： (1) 内部断路器、接触器动作灵活无卡涩，触头接触紧密、可靠，无异常声音。 (2) 控制箱密封良好，内外清洁无锈蚀，端子排清洁无异物，驱潮装置工作正常
	10	冷却装置： (1) 风扇无卡滞，试转时应无振动、过热，转向正确。 (2) 散热片表面油漆完好，管路接头无渗油现象。 (3) 管路中阀门开闭位置正确。阀门及法兰连接处密封良好无渗油现象。 (4) 油泵转向正确，转动时应无异常噪声、振动或过热现象，密封良好，无渗油或进气现象（负压区严禁渗漏）。油流继电器指示正确，无抖动现象。 (5) 备用、辅助冷却应按规定投入。 (6) 电源应按规定投入，自动切换功能良好，信号正确
	11	各种检修试验数据齐全且合格，检修、试验人员在记录中已签字，确有"可以投运"结论

目标驱动二：断路器小修验收（见表 2 - 27）

表 2 - 27　　　　　　　　　　　　断 路 器 小 修 验 收

设备名称	验收项目	序号	验 收 标 准 及 规 范
断路器	公共部分	1	断路器瓷套清洁无裂纹
		2	各部接点牢固无松动，引线间距及松紧程度合适
		3	法兰连接螺栓紧固、无裂纹、无锈蚀现象
		4	相位漆颜色鲜明，防雨胶圈齐全无损坏
		5	断路器传动试验良好

续表

设备名称	验收项目	序号	验收标准及规范
断路器	公共部分	6	机构箱内线号标记齐全规范，接点紧固，电缆标志齐全
		7	机构箱门密封良好，开关灵活
		8	机构箱内无遗留杂物及电缆孔洞封堵良好
		9	电接点压力表接点闭锁上限及遥信校对正确，微动开关油泵启动、停止及遥信校对正确，油泵打压超时试验及遥信校对正确
		10	接线连板接触良好，螺丝紧固
		11	各种检修试验数据齐全且合格，检修、试验人员在记录中已签字，确有"可以投运"结论
	SF₆（液压机构）	1	本体 SF_6 气体应在合格范围内，符合温度曲线要求
		2	SF_6 气体无泄漏
		3	液压机构各部分完整无渗油和漏氮现象，油位、压力正常
		4	加热器及温控器良好
		5	电机及二次回路控制线绝缘良好，端子螺丝紧固，电源接点良好
	SF₆（弹簧机构）	1	本体 SF_6 气体应在合格范围内，符合温度曲线要求
		2	SF_6 气体无泄漏
		3	合闸弹簧储能正常
		4	储能动作正常，辅助接点转换正常，接触良好，交流电源良好
		5	机械闭锁装置完好
		6	弹簧储能机构的传动部分完整无锈蚀、脱漆
	真空断路器（弹簧机构）	1	储能弹簧无锈蚀、无断裂，拐臂、拉杆完整，锁针、卡簧、螺丝备帽齐全
		2	弹簧储能机构的传动部分完整无锈蚀、脱漆
		3	合闸弹簧储能正常
		4	机械闭锁装置完好
	真空断路器（小车、电磁机构）	1	真空开关外壳完好无破损现象，支持绝缘子完好
		2	手车柜、行程开关和触头无磨损，触头无弯曲
		3	小车上清洁，各种连接完整，各销钉打开，卡簧、螺丝紧固，操作机构动作灵活可靠
		4	小车插件接触良好，无开路、短路现象。端子排和控制、分合闸保险完好。端子无松动、无锈蚀
		5	小车推入和拉出无卡涩现象，试验位置、工作位置信号正确，远方及就地传动和重合闸试验良好
		6	防误装置齐全，地址码无缺损
	少油（液压机构）	1	合闸保持弹簧无锈蚀现象，机械闭锁装置齐全，分合闸指示正确，构架接地线良好
		2	防雨帽齐全无破损、倾斜
		3	微动开关顶子无卡滞，动作灵活、可靠，活塞导向杆无锈蚀已涂润滑油
		4	中间机构箱螺丝紧固，水平拉杆备帽无松动，内、外部不渗油、无油污
		5	小车推入和拉出无卡涩现象，试验位置、工作位置信号正确，远方及就地传动和重合闸试验良好

目标驱动三：组合电器小修验收（见表 2 - 28）

表 2 - 28　　　　　　　　　　　　　　组 合 电 器 小 修 验 收

设备名称	序号	验 收 标 准 及 规 范
GIS	1	组合电器外表清洁完整
	2	电气连接应可靠，且接触良好
	3	组合电器传动试验良好，无卡阻现象，分、合闸指示正确，辅助开关及电气应动作正确可靠；支架及接地引线应无锈蚀和损伤，接地应良好
	4	储能弹簧无锈蚀、无断裂，拐臂、拉杆完整，锁针、卡簧、螺丝备帽齐全，弹簧储能机构的传动部分完整无锈蚀、脱漆，机械闭锁装置齐全完整，分合闸指示正确，合闸弹簧储能正常，机构内无遗留杂物，空气开关外壳完好、接线端子紧固，二次接线螺丝紧固绝缘良好，各部转动轴锁转动灵活，销针齐全劈开，辅助开关接点无过热烧伤，接触良好
	5	SF_6 气体压力正常
	6	油漆应完整，相位色标志正确，各种标志齐全
	7	闭锁装置完好
	8	各部位置指示器指示正确
	9	各种检修试验数据齐全且合格，检修、试验人员在记录中已签字，确有"可以投运"结论

目标驱动四：插拔式开关设备小修验收（见表 2 - 29）

表 2 - 29　　　　　　　　　　　　插拔式开关设备小修验收

设备名称	序号	验 收 标 准 及 规 范
PASS	1	外表清洁完整
	2	电气连接应可靠，且接触良好
	3	传动试验良好，无卡阻现象，分、合闸指示正确，辅助开关及电气应动作正确可靠，支架及接地引线应无锈蚀和损伤，接地应良好
	4	混合气体压力正常，密度继电器的报警、闭锁定值符合规定，电气回路传动正确
	5	储能弹簧无锈蚀、无断裂，拐臂、拉杆完整，锁针、卡簧、螺丝备帽齐全，弹簧储能机构的传动部分完整无锈蚀、脱漆，机械闭锁装置齐全完整，分合闸指示正确，合闸弹簧储能正常，机构内无遗留杂物，空气开关外壳完好、接线端子紧固
	6	防爆装置功能完善
	7	观察窗不破损
	8	接线连板接触良好，螺丝紧固
	9	二次接线绝缘良好，线号标记清晰、齐全、规范，螺丝紧固
	10	机构箱内无遗留杂物及电缆孔洞封堵良好
	11	混合气体漏气率和含水量符合规定
	12	绝缘外套清洁无裂痕，各引线接点接触良好，各部密封垫无老化，气室观察窗玻璃完好透明
	13	油漆应完整，相位色标志正确，各种标志齐全规范
	14	各种检修试验数据齐全且合格，检修、试验人员在记录中已签字，确有"可以投运"结论

目标驱动五：电流互感器小修验收（见表 2 - 30）

表 2 - 30 电流互感器小修验收

设备名称	验收项目	序号	验 收 标 准 及 规 范
电流互感器	公共部分	1	二次端子箱清扫干净，端子无松动，构架及外壳油漆完整无锈蚀，接地良好
		2	二次接线绝缘良好，线号标记清晰、齐全、规范，螺丝紧固
		3	二次接地良好，闲置端子短路并可靠接地
		4	机构箱内无遗留杂物及电缆孔洞封堵良好
		5	接线连板接触良好，螺丝紧固
		6	设备各种标志齐全规范
		7	各种检修试验数据齐全且合格，检修、试验人员在记录中已签字，确有"可以投运"结论
	干式	1	复合绝缘子清洁，绝缘子裙边无变形
	油浸	1	瓷套清洁无裂痕，各部密封垫无老化，油位观察窗玻璃完好透明
		2	膨胀器完好，油位正常，无渗漏油现象
		3	110kV 电流互感器末屏接地可靠
		4	35、66kV 电流互感器末屏接地可靠

目标驱动六：电压互感器小修验收（见表 2 - 31）

表 2 - 31 电压互感器小修验收

设备名称	验收项目	序号	验 收 标 准 及 规 范
电压互感器	公共部分	1	二次端子箱清扫干净，端子无松动，构架及外壳油漆完整无锈蚀，接地良好
		2	二次接线绝缘良好，线号标记清晰、齐全、规范，螺丝紧固
		3	工作接地良好
		4	机构箱内无遗留杂物及电缆孔洞封堵良好
		5	瓷套表面清洁无裂缝、损伤各部位均无渗漏、油污，油位正常
		6	接线连板接触良好，螺丝紧固
		7	设备各种标志齐全规范
		8	各种检修试验数据齐全且合格，检修、试验人员在记录中已签字，确有"可以投运"结论
	电容式	1	各组件连接处接触面除去氧化层应涂以电力复合脂
		2	保护间隙距离调整合适，符合技术要求
		3	35、66kV 电压互感器末屏接地可靠
	电磁式	1	互感器安装面水平，同一组互感器的极性方向应一致
		2	二次引出线接线时应有防止转动措施，防止外部操作造成内部引线扭断
		3	35、66kV 电压互感器末屏接地可靠

目标驱动七：隔离开关小修验收（见表 2 - 32）

表 2 - 32　　　　　　　　　隔 离 开 关 小 修 验 收

设备名称	验收项目	序号	验 收 标 准 及 规 范
隔离开关	公共部分	1	绝缘子清洁无裂痕破损，引线松紧程度合适，各连接部分螺栓紧固，拉杆、连杆无弯曲，轴锁无变形，转动部分已涂润滑油，接头焊缝无开裂
		2	拉合试验合格无卡滞现象，三相同期合格，触头接触良好，弹簧无疲劳现象，触指深度合格，辅助开关接触、弹性良好，遥信正确
		3	接地开关传动无卡滞现象，同期合格，接触良好
		4	外壳油漆完整无锈蚀，防误闭锁装置完好
		5	绝缘子探伤试验合格
		6	设备各种标志齐全规范
		7	接地良好，满足双接地的要求
		8	防误功能齐全
		9	绝缘子清洁无裂痕破损，引线松紧程度合适，各连接部分螺栓紧固，拉杆、连杆无弯曲，轴锁无变形，转动部分已涂润滑油，接头焊缝无开裂
		10	各种修试数据齐全合格，检修、试验人员在记录中已签字，确有"可以投运"结论
	手动机构	1	手动机构各元件完好，各转动部分涂温润滑脂
		2	辅助开关切换灵活，接触良好，二次回路绝缘电阻大于 $2M\Omega$
		3	机构安装水平，机构主轴与接地开关转轴在同一垂线上
	电动机构	1	机构箱内清洁，外壳油漆完整无锈蚀，防误闭锁装置完好
		2	操作机构箱清洁完整，电机转动平稳无异音，绝缘良好
		3	电动拉合试验合格无卡滞现象
		4	电动机构电机空开应满足上级级差的要求，又要满足电机功率的要求，驱潮电热装置完好，密封良好
		5	机构限位装置应准确可靠，在规定分、合闸极限位置可靠切断电源
		6	电动机构手动和电动相互闭锁
		7	操作机构箱封堵良好，通风口有防尘措施
	剪刀式	1	静触头铜管不应焊接，应是一个整体
		2	动静触头夹紧力合适，符合要求
		3	导电隔离开关中间轴、活动肘节转动灵活，各转动部分涂低温润滑脂
	水平拉杆式	1	主隔离开关分、合位置转动 90°，在分、合闸终点位置定位螺钉与挡板的间隙满足 $1\sim3mm$ 的要求
		2	触头臂与触脂臂应处于同一水平线，触头接触对称，上、下位差不大于 5mm

目标驱动八：母线小修验收（见表 2-33）

表 2-33 母 线 小 修 验 收

设备名称	序号	验收标准及规范
母线（软母线、硬母线）	1	绝缘子清洁无裂纹，各部接点紧固无锈蚀，弛度合适，各部销针齐全完整，构架无锈蚀、接地良好
	2	母线无破股、断股现象
	3	支持绝缘子清洁无裂纹、无倾斜，伸缩接头无松动、断片，固定部位无窜动等应力现象，各部接点紧固无锈蚀
	4	支持绝缘子探伤合格
	5	各种检修试验数据齐全且合格，检修、试验人员在记录中已签字，确有"可以投运"结论

目标驱动九：避雷器小修验收（见表 2-34）

表 2-34 避 雷 器 小 修 验 收

设备名称	序号	验收标准及规范
避雷器	1	绝缘子清洁无破损、无裂纹，引线牢固，松紧程度合适，法兰连接处无缝隙
	2	无锈蚀，接地良好，放电计数器密封良好，玻璃完好透明
	3	泄露电流在线监测仪完好
	4	各种检修试验数据齐全且合格，检修、试验人员在记录中已签字，确有"可以投运"结论

目标驱动十：电力电容器小修验收（见表 2-35）

表 2-35 电力电容器小修验收

设备名称	序号	验收标准及规范
电力电容器	1	电容器外壳无凹凸变形和渗油现象，引出端子连接牢固，垫圈螺母齐全，熔断器安装牢固
	2	箱式组合式电容器外壳油漆完整无锈蚀，各部无渗漏油现象，储油柜油位正常
	3	电容器瓷套无裂纹无破损，表面清洁，电容器组及构架接地良好，油漆完整、无锈蚀，各部无搭挂杂物
	4	检修试验数据齐全且合格，检修、试验人员在记录中已签字，确有"可以投运"结论

目标驱动十一：电抗器小修验收（见表 2-36）

表 2-36 电 抗 器 小 修 验 收

设备名称	序号	验收标准及规范
电抗器	1	电抗器本体外观检查良好无变形现象，表面漆完整无脱落，瓦斯继电器无渗油现象，油标油位指示正常，电抗器冷却装置正常
	2	引线牢固可靠，各部接点安装牢固
	3	支持绝缘子清洁完好，无破损，无倾斜
	4	各种检修试验数据齐全且合格，检修、试验人员在记录中已签字，确有"可以投运"结论

目标驱动十二：耦合电容器小修验收（见表 2 - 37）

表 2 - 37　　　　　　　　　　　　　耦合电容器小修验收

设备名称	序号	验 收 标 准 及 规 范
耦合电容器	1	耦合电容器本体清洁完整，瓷套无裂纹、破损，引线牢固，弛度合适
	2	接地刀闸完好，位置正确，接地良好
	3	各种检修试验数据齐全且合格，检修、试验人员在记录中已签字，确有"可以投运"结论

目标驱动十三：阻波器小修验收（见表 2 - 38）

表 2 - 38　　　　　　　　　　　　　阻 波 器 小 修 验 收

设备名称	序号	验 收 标 准 及 规 范
阻波器	1	本体及瓷瓶清洁完整，引线接点紧固，弛度合适
	2	各种检修试验数据齐全且合格，检修、试验人员在记录中已签字，确有"可以投运"结论

目标驱动十四：高频开关电源装置小修验收（见表 2 - 39）

表 2 - 39　　　　　　　　　　　　高频开关电源装置小修验收

设备名称	序号	验 收 标 准 及 规 范
高频开关电源装置	1	直流电源装置的直流母线及各支路绝缘合格
	2	设备屏、柜内所装电器元件应齐全完好，固定牢固
	3	孔洞封堵应良好
	4	操作及联动试验正确，交流电源切换可靠
	5	各种检修试验数据齐全且合格，检修、试验人员在记录中已签字，确有"可以投运"结论

目标驱动十五：蓄电池组小修验收（见表 2 - 40）

表 2 - 40　　　　　　　　　　　　　蓄 电 池 组 小 修 验 收

设备名称	序号	验 收 标 准 及 规 范
蓄电池组	1	蓄电池外壳清洁、完好，液面正常，密封电池无渗液
	2	极板应无弯曲、变形及活性物质剥落
	3	蓄电池呼吸装置完好，通气正常
	4	各种检修试验数据齐全且合格，检修、试验人员在记录中已签字，确有"可以投运"结论

目标驱动十六：交流配电屏小修验收（见表 2 - 41）

表 2 - 41　　　　　　　　　　　　　交流配电屏小修验收

设备名称	序号	验 收 标 准 及 规 范
交流配电屏	1	柜上各主开关、把手位置正确，柜上各信号灯指示正确
	2	交流母线电压正常，输出电流指示正常
	3	母线、端子无过热，柜内无异声、焦味
	4	各熔断器良好无熔断现象，熔量选择适当
	5	手动、自动装置传动试验良好
	6	各种检修试验数据齐全且合格，检修、试验人员在记录中已签字，确有"可以投运"结论

目标驱动十七：继电保护二次回路小修验收（见表 2 - 42）

表 2 - 42　　　　　　　　　　继电保护二次回路小修验收

设备名称	序号	验收标准及规范
继电保护 二次回路	1	检查核对继电保护装置上定值是否按有关定值单进行整定
	2	运行操作部件（如连接片、小开关、熔丝、电流端子等）是否恢复许可开工时工作状态
	3	检查继电器是否封好，继电器内应无杂物
	4	询问并检查拆动的小线是否恢复，是否坚固
	5	接线变动后应在相应图纸上做如实修改
	6	继保校验人员必须将各 CPU 的定值区均可靠设置于当初设备停运、值班人员许可工作时的定值区
	7	由运行人员打印出该微机保护装置在移交前最终状态下的各 CPU 当前区定值，并负责核对，保证这些定值区均设值可靠，继保与运行双方人员在打印报告上签字
	8	工作现场清洁，无遗留物件和杂物
	9	继电保护交代记录填写完整，确有"可以投运"结论

目标驱动十八：防误装置小修验收（见表 2 - 43）

表 2 - 43　　　　　　　　　　防误装置小修验收

设备名称	序号	验收标准及规范
防误装置	1	设备锁具应齐全完好
	2	电脑钥匙充电装置完好
	3	电脑钥匙壳体无损坏，接触完好
	4	地线桩焊接部位应完好，地线头接线部位应牢固
	5	机械编码锁有无卡滞、变形现象
	6	防误装置万能钥匙使用良好，确有"可以投运"结论

目标驱动十九：远动装置小修验收（见表 2 - 44）

表 2 - 44　　　　　　　　　　远动装置小修验收

设备名称	序号	验收标准及规范
远动装置	1	信号回路的信号灯、光字牌、等应显示准确，工作可靠
	2	各种遥测、遥信信息正确
	3	四遥功能完好
	4	工作人员现场交代记录详细、完整并经双方签名，确有"可以投运"结论

【模块四】　智能变电站验收

核心知识

（1）智能变电站系统结构和网络结构。

（2）智能变电站验收标准和规范。

关键技能 --

（1）掌握智能变电站验收的正确方法和技能。

（2）在智能变电站验收过程中运维人员能够对潜在的危险点正确认知并提前预控危险。

目标驱动 --

目标驱动一：过程层验收

一、一次设备验收（见表2-45）

表2-45　　　　　　　　　　　　　　一 次 设 备 验 收

设备名称	序号	验收标准及规范
一次设备	1	对于不同电压等级的常规变电站，验收时应考虑到目前智能化的一次设备尚不成熟，传感器的布置应结合工程技术实际，不对一次设备的安全使用构成威胁，不对一次设备本体进行改变，不影响原有电气和机械结构
	2	安装传感器后，GIS组合电器及其传动机构的联动应正常，无卡阻现象；分、合闸指示正确；辅助开关及电气闭锁应动作正确可靠；密度和微水继电器的报警闭锁定值应符合规定，电气回路传动正确
	3	安装传感器后，真空断路器与其操作机构的联动应正常，无卡阻现象；分、合闸指示正确；辅助开关动作应准确可靠，接点无电弧烧损；灭弧室的真空度应符合有关技术规定
	4	安装传感器后，空气断路器在气动操作时不应有剧烈振动
	5	验收应进行传感器外观检查、电气回路检查、机械特性检查、元器件固定和导线连接可靠性检查、绝缘性能检查、远程通信数据上传、下达检查
	6	新装设备安装文件、产品说明书、出厂合格证、交接试验等文件资料齐全
	7	各种检修试验数据齐全且合格，检修、试验人员在记录中已签字，确有"可以投运"结论

二、智能组件验收（见表2-46）

表2-46　　　　　　　　　　　　　　智 能 组 件 验 收

设备名称	序号	验收标准及规范
智能组件	1	智能组件柜应满足《高压设备智能化技术导则》及《油浸式电力变压器及断路器智能化技术条件》中对智能组件柜相关技术要求。户外智能组件柜采用不锈钢和具有磁屏蔽功能涂层的保温材料组成的双层结构，内部有温湿度自动调节功能，确保智能组件柜内所有智能组件和电气元件工作在良好的环境条件下
	2	对智能组件中各部分监测IED的安装接线以及软件调试进行检查，对主IED与站控层的通信联调情况进行检查。对智能组件的控制单元应进行传动试验验收。主要验收以下环节： （1）主IED与站控层及各子IED设备通信正常，并能正常接收各子IED上传的数据。对于检测单元，还应能将子IED上传的检测数据与风险度最高的自评估结果数据上传到站控层，检测单元的子IED应能响应主IED对历史数据的召唤。 （2）与图纸核对智能组件各接线正确无误，检查各类传感器、变压器油色谱接口法兰安装正确牢固，应无漏油、漏气现象。 （3）通电检查智能组件显示、指示正常，与后台监控核对信号正确无误，进行相关遥控、遥调等试验正确

设备名称	序号	验收标准及规范
智能组件	3	新装设备安装文件、产品说明书、出厂合格证、交接试验等文件资料齐全
	4	各种检修试验数据齐全且合格，检修、试验人员在记录中已签字，确有"可以投运"结论

三、电子式互感器验收（见表 2-47）

表 2-47　　　　　　　　　　电 子 式 互 感 器 验 收

设备名称	序号	验收标准及规范
电子式互感器	1	电子式互感器在出厂前应进行外观检查、极性检验、电流互感器准确度试验、电压互感器准确度试验、一次端工频耐压试验、低压器件工频耐压试验及气密性试验等；若电子式互感器与 GIS 的配套组装，应进行气密性及 1min 工频耐压等试验；智能变电站竣工验收时，应检查上述试验报告详细完备；应验收电子式电流互感器误差和极性测试报告及电子式电压互感器的误差测试报告
	2	智能变电站现场应进行光纤传光性能检测、互感器变比测试、互感器引出极性检查、远端模块或合并单元掉电应能可靠闭锁相关保护，并发异常信号，主要验收以下环节： （1）合并单元输入光纤接口调试：通过将合并单元输入光纤接口与采集器输出光纤接口相互连接以判断合并单元输入光纤接口是否正常工作。 （2）合并单元输出接口调试：通过将合并单元输出接口与保护测控装置输入接口相互连接，检查合并单元和保护测控装置能否正常通信。 （3）采集器调试及交流模拟量采样精度检查
	3	通过外加标准信号源的方式，检查保护测控装置的采样值
	4	新装设备安装文件、产品说明书、出厂合格证、交接试验等文件资料齐全
	5	各种检修试验数据齐全且合格，检修、试验人员在记录中已签字，确有"可以投运"结论

目标驱动二：间隔层验收（见表 2-48）

表 2-48　　　　　　　　　　间 隔 层 验 收

设备名称	序号	验收标准及规范
间隔层	1	室内、外所有设备、控制电缆、光缆、元器件等均应有标志、标识，各元器件均应设置标签，传动一些非跳闸的信号时，应尽量模拟实际运行情况（如合上所对应间隔的开关）进行传动，防止运行中，由于寄生回路或错接线造成开关跳闸
	2	光纤、电缆芯线和所配导线的端部均应标明其回路编号，编号应正确，字迹清晰且不易脱色，所有二次配线应整齐美观，导线绝缘良好无损伤
	3	保护、测控等装置的出厂技术资料逐套验收检查。验收二次电气试验报告及保护整组传动试验报告。接入交流电源（220V 或 380V）的端子应与其他回路（如直流、TA、TV 等回路）端子采取有效隔离措施，并有明显标识，户外端子箱、机构箱、接线盒等应有防风、防水、防潮以及防小动物的措施
	4	二次接线与二次回路验收时，可以利用传动方式进行二次回路正确性、完整性检查，传动方案应尽可能考虑周全。在验收工作中，应加强对二次装置本身不易检测到的二次回路的检验检查，以提高继电保护及相关二次回路的整体可靠性、安全性。进行整组实验，检查跳闸逻辑、出口行为与整定值要求应一致，整组试验时应配合进行监控系统相关信号的传动试验。开关传动试验时必须注意各保护装置、故障录波、信息子站、监控系统以及对应一次设备的动作行为是否正确，并检查各套保护与跳闸压板的唯一一对应关系

设备名称	序号	验收标准及规范
间隔层	5	采用电子式互感器的保护测控装置的验收与常规变电站相同，主要区别在于需要将模拟量信号经过专用的设备转换成数字信号后再输入保护装置进行测试
	6	新装设备安装文件、产品说明书、出厂合格证、交接试验等文件资料齐全
	7	各种检修试验数据齐全且合格，检修、试验人员在记录中已签字，确有"可以投运"结论

目标驱动三：站控层验收（见表 2 - 49）

表 2 - 49   站 控 层 验 收

设备名称	序号	验收标准及规范
站控层	1	核对变电站内所有设备、装置的"四遥"信号，保证变电站后台与调度端的信号传输与变位正确。变电站监控系统遥控、遥测、遥信、遥调等功能完善，设备运行可靠，能够方便地进行运行维护。变电站测控装置进行通流试验，装置显示及精度满足要求。对变电站逆变电源进行交直流切换试验应正常，确保在全站交流失电后逆变电源运行的可靠性
	2	变电站计算机监控系统厂家应提供接入站控层所有智能设备的模型文件与设备联调试验报告
	3	进行变电站各类网络报文的验收时，应通过网络记录分析系统，全过程进行完整的报文记录（带绝对时标的完整网络通讯报文），验收检查包括 MMS 通信网络、GOOSE 通信网络和 SV 采样值通信网络的报文记录
	4	新装设备安装文件、产品说明书、出厂合格证、交接试验等文件资料齐全
	5	各种检修试验数据齐全且合格，检修、试验人员在记录中已签字，确有"可以投运"结论

目标驱动四：主要系统功能验收

一、顺序控制功能验收（见表 2 - 50）

表 2 - 50   顺 序 控 制 功 能 验 收

设备名称	序号	验收标准及规范
控制功能	1	一个任务要对多个设备进行操作（如倒母线等），计算机监控终端可按规定的程序进行顺序控制操作，监控系统提供一个顺序操作的命令编制接口即顺序控制操作组态软件，使运行单位能按电网运行管理要求编制顺序操作指令，以满足顺序控制的功能要求；顺序控制不仅可以完成对断路器、隔离开关等一次设备可控，而且在执行步骤中还能加入对保护软压板的控制操作
	2	验收确认编制的顺序指令能完成对开关设备、二次设备、继电保护设备及变电站其他设备的控制要求，同时还能在顺序操作指令中编入各步操作的检查条件、校核条件和操作完成的返回信息，以满足安全操作要求
	3	检查条件、校验条件能采用监控系统已采集的状态量信息、测量信息和其他输入信息进行数学和逻辑运算的结果，操作完成信息可以采用遥信信号形式
	4	顺序控制应以操作过程清单等方式记录操作过程，生产厂家应提供顺序控制组态软件以方便验收单位检查所编制的顺序控制操作指令是否满足变电站的实际运行要求
	5	新装设备安装文件、产品说明书、出厂合格证、交接试验等文件资料齐全
	6	各种测试、试验数据齐全且合格，检修、试验人员在记录中已签字，确有"可以投运"结论

二、设备状态可视化功能验收（见表 2 - 51）

表 2 - 51 设备状态可视化功能验收

设备名称	序号	验收标准及规范
设备状态可视化功能	1	应采集主要一次设备（变压器、断路器等）状态信息，进行可视化展示并发送到上级系统；一体化信息平台通过单独网络以 DL/T 860 通信服务获得智能设备（如在线检测智能组件）采集的监测数据后保存到数据库，并在运行界面上进行数据展示；验收时，要按变电站现场实际配置的设备与一体化信息平台进行联调
	2	验收信号的过滤及报警显示方案，即按时序采集上来的实时信号，哪些要过滤不显示；要显示的信号以什么样的方式显示；为实现信号过滤，系统必须对全部的告警信号统一描述，并标注出重要程度
	3	验收告警信号的逻辑关联功能。即哪些告警信号是相互关联的，比如断路器 SF$_6$ 泄漏报警与断路器控制回路断线关联，关联信号要放在一起显示，便于综合判断，要求系统对现场设备、回路熟悉，并要总结归类
	4	验收提前预置的事故及异常处理方案的正确性以及是否与变电站现场相符
	5	新装设备安装文件、产品说明书、出厂合格证、交接试验等文件资料齐全
	6	各种测试、试验数据齐全且合格，检修、试验人员在记录中已签字，确有"可以投运"结论

三、智能告警与分析决策功能验收（见表 2 - 52）

表 2 - 52 智能告警与分析决策功能验收

设备名称	序号	验收标准及规范
智能告警与分析决策功能	1	监控系统改造应根据变电站逻辑和推理模型，实现对告警信息进行分类分层与筛选，对变电站的运行状态进行在线实时分析和推理，自动报告设备异常并提出故障处理指导简报
	2	验收时，应针对变电站的主要故障类型，如线路故障、母线故障、主变压器故障、断路器拒动等，利用网络拓扑技术，根据每种故障类型发生的关键条件，结合接线方式、运行方式、逻辑、时序等综合判断，给出故障报告，提供故障类型、相关信息、故障结论及处理方式给运行人员参考，辅助故障判断和处理
	3	应能实现通过拓扑技术获得设备间的带电状态和运行方式，然后结合相关的开关状态和变位信息、保护动作信息、测量值等综合推理，满足故障条件则通知告警窗并生成故障报告供运行人员调阅
	4	新装设备安装文件、产品说明书、出厂合格证、交接试验等文件资料齐全
	5	各种测试、试验数据齐全且合格，检修、试验人员在记录中已签字，确有"可以投运"结论

四、故障信息综合分析决策功能验收（见表 2 - 53）

表 2 - 53 故障信息综合分析决策功能验收

设备名称	序号	验收标准及规范
故障信息综合分析决策功能	1	模拟变电站各类不同故障，能够将变电站故障分析结果以简洁明了的可视化界面综合展示，并判断正确
	2	新装设备安装文件、产品说明书、出厂合格证、交接试验等文件资料齐全
	3	各种测试、试验数据齐全且合格，检修、试验人员在记录中已签字，确有"可以投运"结论

五、支撑经济运行与优化控制功能验收（见表 2 - 54）

表 2 - 54　　　　　　　　　　支撑经济运行与优化控制功能验收

设备名称	序号	验收标准及规范
支撑经济运行与优化控制功能	1	能够根据变电站实际运行情况进行分析诊断，利用变压器自动调压、无功补偿设备自动调节等手段，支持变电站及智能电网调度技术支持系统安全经济运行及优化控制
	2	新装设备安装文件、产品说明书、出厂合格证、交接试验等文件资料齐全
	3	各种测试、试验数据齐全且合格，检修、试验人员在记录中已签字，确有"可以投运"结论

目标驱动五：辅助设施功能验收

一、运行环境检测系统验收（见表 2 - 55）

表 2 - 55　　　　　　　　　　运行环境检测系统验收

设备名称	序号	验收标准及规范
控制功能	1	环境监测功能：可对变电站运行环境，包括室内温度、湿度、浸水等情况进行监测
	2	智能控制功能：实现对变电站空调的远程开启和关闭；实现远程巡视灯光的开启和关闭；实现对风机的开启和关闭；可根据传感器的状态实现对以上设备的自动控制；当有火警发生时可自动关闭空调、风机等相关设备
	3	火警监测功能：通过烟雾传感器实现对变电站火警的监测及预警，并实现与图像监控的联动
	4	智能安全防护功能：阻止非法进入，遇到警情立即告警。利用智能门禁系统实现身份确认，禁止无卡人员进入；与电子围栏或红外对射告警配合实现非法进入的告警；可实现远程开门
	5	图像监控功能：监视变电站各设备的运行情况，实现远程监控；与环境监测配合实现摄像头的自动控制
	6	通信功能：接口协议支持 IEC 61850
	7	告警功能：管理机实时检查各测量值，当有数据超过设定的报警限时，系统会立即提示告警，并根据预先设定的程序与各监测终端实现联动
	8	数据查询功能：系统可以查询每个监控点的报警参数、报警记录、排序、打印等；查询每个监控点的监控参数、历史数据、排序、打印等；按时间查询、按时间段查询、按告警查询等，提供多种条件查询
	9	日志记录功能：系统可以记录用户的使用情况，以及告警信息；通过日志可以查询所有的告警信息
	10	新装设备安装文件、产品说明书、出厂合格证、交接试验等文件资料齐全
	11	各种测试、试验数据齐全且合格，检修、试验人员在记录中已签字，确有"可以投运"结论

二、智能巡视系统验收（见表 2 - 56）

表 2 - 56　　　　　　　　　　智能巡视系统验收

设备名称	序号	验收标准及规范
控制功能	1	现场验收应包括功能试验和稳定性试验。试验内容主要包括设备的启动、重新启动、初始化、设备间的通信、故障排除等，在设备全负载全功能情况下，进行连续运行试验
	2	新装设备安装文件、产品说明书、出厂合格证、交接试验等文件资料齐全
	3	各种测试、试验数据齐全且合格，检修、试验人员在记录中已签字，确有"可以投运"结论

第三章

变电站倒闸操作

第一节　倒闸操作票填写注意事项及有关规定

 培训目标

(1) 掌握倒闸操作的概念。

(2) 掌握电气设备状态分类及概念。

(3) 掌握倒闸操作票的特定操作术语。

(4) 掌握倒闸操作票的填写内容。

(5) 掌握倒闸操作的注意事项。

(6) 掌握倒闸操作流程。

一、倒闸操作概念及相关知识

1. 一次设备状态

发电厂、变电站的电气设备需进行检修、试验，有时还会遇到事故处理，需改变设备的运行状态和系统的运行方式，这些都需通过倒闸操作来完成。

电气设备由一种状态转变到另一种状态，或改变系统运行方式所进行的一系列操作，称为倒闸操作。

倒闸操作与电气设备实际所处的状态密切相关，设备所处的状态不同，倒闸操作的步骤、复杂程度也不同。因此进行电气设备的倒闸操作，必须知道设备所处的状态，根据设备的状态和系统运行方式，编制操作票，经过预演，然后再进行倒闸操作。

电气设备所处的状态有四种，即检修状态、冷备用状态、热备用状态和运行状态（有时称检修、备用、试验、运行四种）。

(1) 检修状态：是指连接设备的各侧均有明显的断开点或可判断的断开点，需要检修的设备已接地的状态，或该设备与系统彻底隔离，与断开点设备没有物理连接时的状态。在该状态下设备的保护和自动装置、控制、合闸及信号电源等均应退出。

(2) 冷备用状态：是指连接该设备的各侧均无安全措施，且连接该设备的各侧均有明显断开点或可判断的断开点。

(3) 热备用状态：是指该设备已具备运行条件，经一次合闸操作即可转为运行的状态。母线、变压器、电抗器、电容器及线路等电气设备的热备用是指连接该设备的各侧均无安全措施，各侧的断路器全部在分位，且至少一组断路器各侧隔离开关处于合位，设备继电保护投入，断路器的控制、合闸及信号电源投入。断路器的热备用是指其本身在分位、各侧隔离开关在合位，设备继电保护及自动装置满足带电要求。

(4) 运行状态：是指设备或电气系统带有电压，其功能有效。母线、线路、断路器、变压器、电抗器、电容器及电压互感器等一次电气设备的运行状态，是指从该设备电源至受电端的电路接通并有相应电压（无论是否带有负荷），且控制电源、继电保护及自动装置正常投入。

2. 二次设备状态

检修状态：是指该设备与系统彻底隔离，与运行设备没有物理连接时的状态。

冷备用状态：是指其工作电源退出，出口连接片断开时的状态。

热备用状态：是指其工作电源投入，出口连接片断开时的状态。

运行状态：是指其工作电源投入，出口连接片连接到指令回路的状态。

3. 操作术语

电气操作：是指将电气设备状态运行转换，一次系统运行方式变更，继电保护定值调整、装置的启停用，二次回路切换，自动装置投切、试验等所进行的操作执行过程的总称。常用电气操作如下：

（1）单一操作：是指一个操作项完成后，不再有其他相关联的电气操作。

（2）倒母线：是指双母线接线方式的变电站（开关站），将一组母线上的部分或全部线路、变压器倒换到另一组母线上运行或热备用的操作。

（3）倒负荷：是指将线路（或变压器）负荷转移至其他线路（或变压器）供电的操作。

（4）并列：是指发电机（调相机）与电网或电网与电网之间在相序相同，电压、频率允许的条件下并联运行的操作。

（5）解列：是指通过人工操作或保护及自动装置动作使电网中断路器断开，使发电机（调相机）脱离电网或电网分成两个及以上部分运行的过程。

（6）合环：是指将线路、变压器或断路器串构成的网络闭合运行的操作。

（7）同期合环：是指通过自动化设备或仪表检测同期后自动或手动进行的合环操作。

（8）解环：是指将线路、变压器或断路器串构成的闭合网络开断运行的操作。

（9）充电：是指空载的线路、母线、变压器等电气设备有标称电压的操作。

（10）核相：是指用仪表或其他手段核对两电源或环路相位、相序是否相同。

（11）定相：是指新建、改建的线路或变电站在投运前，核对三相标志与运行系统是否一致。

（12）代路：是指用旁路断路器代替其他断路器运行的操作。

4. 调度指令

综合令：是指发令人说明操作任务、要求、操作对象的起始和终结状态，具体操作步骤和操作顺序项目由受令人拟订的调度指令。只涉及一个单位完成的操作才能使用综合令。

单项令：是指由值班调度员下达的单项操作的操作指令。

逐相令：是指根据一定的逻辑关系，按顺序下达的综合令或单项令。

5. 倒闸操作内容

倒闸操作有一次设备的操作，也有二次设备的操作，其操作内容如下：

（1）拉开或合上某些断路器（开关）和隔离开关（刀闸）。

（2）拉开或合上接地隔离开关（接地刀闸），拆除或装设接地线。

（3）装上或取下二次回路中的某些控制回路、信号回路、测量回路、电压互感器回路的熔断器（保险）或空气断路器（空气开关）。

（4）投入或退出某些继电保护和自动装置及改变其整定值。

（5）改变变压器或消弧线圈的分接头。

（6）投入或退出补偿装置。

6．操作票执行

操作票：是指进行电气操作的书面依据，包括调度指令票和变电操作票。

操作任务：是指根据同一个操作目的而进行的一系列相互关联、依次连续进行的电气操作过程。

双重命令：是指按照有关规定确定的电气设备中文名称和编号。

模拟预演（模拟操作）：是指为保障倒闸操作的正确和完整，在电网或电气设备进行倒闸操作前，将已拟订的操作票在模拟系统上按照已定操作程序进行演示操作。

复诵：是指将对方说话内容进行的原文重复表述，并得到对方的认可。

唱票：是指监护人根据操作内容（或事故处理过程中确定的操作内容）逐项朗诵操作指令，操作人朗声复诵指令并得到监护人认可的过程。

7．操作常用动词

合上：是指各种断路器（开关）、隔离开关通过人工操作使其由分位转为合位的操作。

拉开：是指各种断路器（开关）、隔离开关通过人工操作使其由合位转为分位的操作。

装设接地线：是指通过接地短路线使电气设备全部或部分可靠接地的操作。

拆除接地线：是指将接地短路线从电气设备上取下并脱离接地的操作。

投入、停用、切换、退出：是指使继电保护、安全自动装置、故障录波装置、变压器有载调压分接头、消弧线圈分接头等设备达到指令状态的操作。

取下或装上：是指将熔断器退出或嵌入工作回路的操作。

插入或拔出：是指将二次插件嵌入或退出工作回路的操作。

悬挂或取下：是指将临时标示牌放置到指定位置或从放置位置移开的操作。

调整：是指变压器调压抽头位置或消弧线圈分接头切换的操作等。

8．倒闸操作票的填写注意事项

倒闸操作票由操作人（值班员）根据值班调度员下达的操作任务、值班负责人下达的命令或工作票要求填写，填写人应了解设备的运行方式或运行状态，并对照一次系统模拟图板或一次系统接线图填写，填写操作票应遵循《国家电网公司电力安全工作规程》和《变电站现场运行规程》的规定要求，并符合以下规定：

操作票应用黑色或蓝色的钢（水）笔或圆珠笔逐项填写。用计算机开出的操作票应与手写票面统一；操作票票面应清楚整洁，不得任意涂改。

操作票应填写设备的双重名称，即设备名称和编号。操作人和监护人应根据模拟图或接线图核对所填写的操作项目，并分别手工或电子签名，然后经运维值班负责人审核签名。

每张操作票只能填写一个操作任务。

应该填入操作票的项目有：应拉合的设备［断路器（开关）、隔离开关（刀闸）、接地刀闸（装置）等］验电，装拆接地线，合上（安装）或断开（拆除）控制回路或电压互感器回路的空气开关、熔断器，切换保护回路和自动化装置及检验是否确无电压等。

拉合设备［断路器（开关）、隔离开关（刀闸）、接地刀闸（装置）等］后检查设备的位置。

进行停、送电操作时，在拉合隔离开关（刀闸）、手车式开关拉出、推入前，检查断路器（开关）确在分位。

在进行倒负荷或解、并列操作前后，检查相关电源运行及负荷分配情况。

设备检修后合闸送电前，检查送电范围内接地刀闸（装置）已拉开，接地线已拆除。

二、倒闸操作要求

（1）倒闸操作的基本条件。

1）有与现场一次设备和实际运行方式相符的一次系统模拟图（包括各种电子接线图）。

2）操作设备应具有明显的标志，包括命名、编号、分合指示，旋转方向、切换位置的指示及设备相色等。

3）高压电气设备都应安装完善的防误操作闭锁装置。防误闭锁装置不得随意退出运行，停用防误闭锁装置应经本单位总工程师批准；短时间退出防误闭锁装置时，应经本单位防误专责人批准，并应按程序尽快投入。

4）有当值调度员、运维值班负责人正式发布的指令（规范的操作术语），并使用经事先审核合格的操作票。

5）下列三种情况必须加挂机械锁：

a. 未装防误闭锁装置或闭锁装置失灵的刀闸手柄和网门；

b. 当电气设备处于冷备用时，网门闭锁失去作用时的有电间隔网门；

c. 设备检修时，回路中的各来电侧刀闸操作手柄和电动操作刀闸机构箱的箱门。

机械锁要一把钥匙开一把锁，钥匙要编号并妥善保管。

（2）倒闸操作可以通过就地操作、遥控操作、程序操作完成。遥控操作、程序操作的设备应满足有关技术条件。

（3）倒闸操作的分类。

1）监护操作：由两人进行同一项的操作。

监护操作时，其中一人对设备较为熟悉者做监护。特别重要和复杂的倒闸操作，由熟练的运行人员操作，运维值班负责人监护。

2）单人操作：由一人完成的操作。

a. 单人值班的变电站操作时，运行人员根据发令人用电话传达的操作指令填操作票，复诵无误。

b. 实行单人操作的设备、项目及运行人员需经设备运行管理单位批准，人员应通过专项考核。

c. 单人操作时不得进行登高或登杆操作。

（4）停电拉闸操作应按照断路器（开关）→负荷侧隔离开关（刀闸）→电源侧隔离开关（刀闸）的顺序依次进行，送电合闸操作应按与上述相反的顺序进行。严禁带负荷拉合隔离开关（刀闸）。

（5）开始操作前，应先在模拟图（或微机防误装置、微机监控装置）上进行核对性模拟预演，无误后，再进行操作。操作前应先核对系统方式、设备名称、编号和位置，操作中应认真执行监护复诵制度（单人操作时也应高声唱票），宜全过程录音。操作过程中应按操作票填写的顺序逐项操作。每操作一步，应检查无误后做一个"√"记号，全部操作完毕后进行复查。

（6）监护操作时，操作人在操作过程中不得有任何未经监护人同意的操作行为。

（7）操作中发生疑问时，应立即停止操作并向发令人报告。待发令人再行许可后，方可进行操作。不准擅自更改操作票，不准随意解除闭锁装置。解锁工具（钥匙）应封存保管，所有操作人员和检修人员严禁擅自使用解锁工具（钥匙）。若遇特殊情况需解锁操作，应经运行管理部门防误装置专责人到现场核实无误并签字后，由运行人员报告当值调度员，方能使用解锁工具（钥匙）。单人操作、检修人员在倒闸操作过程中严禁解锁。如需解锁，应待增派运行人员到现场后，履行上述手续后处理。解锁工具（钥匙）使用后应及时封存。

（8）电气设备操作后的位置检查应以设备实际位置为准，无法看到实际位置时，可通过设备机械位置指示、电气指示、带电显示装置、仪表及各种遥测、遥信等信号的变化来判断。判断时，应有两个及以上的指示，且所有指示均已同时发生对应变化，才能确认该设备已操作到位。以上检查项目应填写在操作票中作为检查项。

（9）用绝缘杆拉合隔离开关（刀闸）或经传动机构拉合断路器（开关）和隔离开关（刀闸）、验电、装设接地线等项目时均应戴绝缘手套。雨天操作室外高压设备时，绝缘杆应有防雨罩，应穿绝缘靴。接地网电阻不符合要求的，晴天也应穿绝缘靴。雷电时，一般不进行倒闸操作，禁止在就地进行倒闸操作。

（10）装卸高压熔断器，应戴护目眼镜和绝缘手套，必要时使用绝缘夹钳，并站在绝缘垫或绝缘台上。

（11）断路器（开关）遮断容量应满足电网要求。如遮断容量不够，应将操作机构用墙或金属板与该断路器（开关）隔开，应进行远方操作，重合闸装置应停用。

（12）电气设备停电后（包括事故停电），在未拉开有关隔离开关（刀闸）和做好安全措施前，不得触及设备或进入遮栏，以防突然来电。

（13）在发生人身触电事故时，可以不经许可，即行断开有关设备的电源，但事后应立即报告调度（或设备运行管理单位）和上级部门。

（14）下列各项工作可以不用操作票：

1）事故应急处理。

2）拉合断路器（开关）的单一操作。

上述操作在完成后应做好记录，事故应急处理应保存原始记录。

（15）同一变电站的操作票应事先连续编号，计算机生成的操作票应在正式出票前连续编号，操作票按编号顺序使用。作废的操作票，应注明"作废"字样，未执行的应注明"未执行"字样，已操作的应注明"已执行"字样。操作票应保存一年。

三、倒闸操作的"六要"、"八步"、"十禁"

（1）所有电气设备及其辅助设备的倒闸操作，必须具备下列六个基本要求：

1）调度操作命令必须由有权发布调度命令的值班调度员（所属调度单位发文公布）发布；操作人和监护人必须由工区批准并公布的合格人员担任。

2）现场一、二次设备应有明显标志，包括命名、编号、转动方向、切换装置的特殊标志以及区别相位的相色漆。

3）要有与现场设备一致的一次系统模拟图、现场运行规程、继电保护整定单等。

4）除事故处理外，要有正确的调度指令和合格的操作票（经审核批准的典型操作票仅作参考）。

5）要有统一、确切的调度术语和操作术语。

6）要有合格的操作工具、安全用具和设施。

（2）具体倒闸操作应按照以下倒闸操作步骤执行（即"八步"）：

1）操作人员按调度预先下达的操作任务（操作步骤）正确填写操作票。

2）经审票并预演正确或经技术措施审票正确。

3）操作前明确操作目的、做好危险点分析和预控。

4）调度正式发布操作指令及发令时间。

5）操作人员检查核对设备名称、编号、状态。

6）按操作票逐项唱票、复诵、监护、操作，确认设备变位并勾票。

7）向调度汇报操作结束及时间。

8）做好记录，并使模拟图与设备状态一致，然后签销操作票。

（3）倒闸操作实施过程中应做到"十禁"。

1）严禁无票或未接到调度正式指令就开始操作。

2）严禁不按规定穿戴劳动防护用品或使用不合格的安全工器具。

3）严禁操作失去监护或监护人越权操作。

4）严禁操作时不复诵，不核对设备名称、编号、状态。

5）严禁擅自更改操作票顺序、内容或跳项、漏项操作。

6）严禁操作过程中未经批准擅自解锁。

7）严禁拉（合）隔离开关前未确认确无负荷。

8）严禁未经验电就接地或未检查接地就合隔离开关。

9）严禁操作时超出权限处理缺陷。

10）严禁雷电时就地倒闸操作。

四、倒闸操作人员应具备的条件

1. 资质要求

倒闸操作由经书面批准，具备相应操作权限的值班运行人员执行。由具有操作监护权的值班运行人员监护。

2. 精神状态要求

当值人员应保证良好的精神状态，如发现人员精神状态不佳、身体状态不良、家庭矛盾纠纷和家庭有大事造成精力不集中影响操作和其他工作，值班长有权上报运维班长，并停止其工作，适时更换合适人员担任此工作。

3. 操作票审核

操作人与监护人员在操作前要认真审查核对操作票的正确性。

4. 操作要求

操作人与监护人员在操作过程中要戴安全帽。操作人在操作手柄机构刀闸、允许现场操作的开关、验电、装设接地线等时要戴绝缘手套，监护人、操作人在操作过程中要穿绝缘鞋，雨天操作时监护人、操作人要穿绝缘靴（大雾、大雪、积水、潮湿等绝缘强度低时也要穿绝缘靴）。雷电时禁止进行倒闸操作。

五、危险点分析与预防控制措施（见表 3-1）

表 3-1　危险点分析与预防控制措施

序号	危　险　点	控　制　措　施
1	检修后的工作终结时，不认真验收设备，未发现设备状态发生变化，送电时引起事故	要严格履行工作结束手续，值班人员到现场细致检查设备是否有变动
2	操作人员身体条件不胜任操作任务时安排其进行操作，不能完成操作任务	在班前会上对操作人员有正确判断及时调整
3	监护人代替操作人操作，有可能引发误操作	应该禁止，并对违章人员做出处理
4	不认真唱票及执行操作"四对照"，有可能发错、听错命令，看错设备名称，走错设备间隔引发误操作	加强对值班人员的教育使他们对正确执行操作程序有明确认识
5	发现异常情况未查清原因就继续操作，或强行解锁而发生误操作，发生事故时可能扩大事故，或引发事故	立即停止操作向值班负责人或调度人员询问清楚再操作
6	操作不协调，操作人存在依赖监护人的心理，降低操作的安全性	监护人与操作人既有分工又需呼应
7	操作行进中，监护人先行，操作人在后，可能导致走错设备位置等。	行走时，操作人先行，监护人在后监督，防止走错设备位置等
8	操作中，未注意脚下，操作人员的摔伤、撞伤和在高处装拆接地线时，线夹掉落，对操作人身体造成伤害	操作时戴好安全帽；夜间操作，照明要充足；要穿防滑性能良好的软底鞋
9	室外设备发生接地时，操作人员在接地范围内，造成接触电压或触电伤人	双脚并为一点防止产生跨步电压并蹦离接地区域
10	室外设备发生接地时，操作人员进入接地范围内，造成接触电压或触电伤人	必须穿绝缘靴，接触设备的构架时，应戴绝缘手套
11	隔离开关瓷柱断落时有发生，对操作人身体造成伤害	操作前对操作设备进行认真检查，人员应选择好位置，避免操作过程中部件伤人
12	使用不合格、合适的安全工器具或者使用的方法不正确，引起人身感电	操作前认真检查核对
13	人和工器具与带电体保持足够的安全距离不够，引起人身感电	注意安全用具的有效安全距离
14	未核查设备名称、编号，走错位置，带负荷拉合隔离开关	认真核对设备名称、编号，不要走错位置
15	未核查开关合分闸指示位置，带负荷拉合隔离开关	核查开关合分闸指示位置
16	未核查清楚接地线（接地开关）的位置和数量，带地线（接地开关）合闸送电	核查清楚接地线（地刀）的位置和数量
17	在正常的操作条件下使用万用钥匙操作，走错位置造成误操作	使用万用钥匙按要求进行使用
18	填写、审查操作票不认真，误（漏）拉合开关、隔离开关	正确填写、严格审查操作票，确保操作票无误
19	跳项、漏项或擅自更改操作顺序，引发操作事故	严格执行操作规程

六、倒闸操作流程

倒闸操作流程按目前对变电站的不同管理模式和设备的实际状况可分为三种：

（1）运维队所辖变电站操作，设备全部可以实现四遥（全部可控），设备全部可控操作流程图如图 3-1 所示。

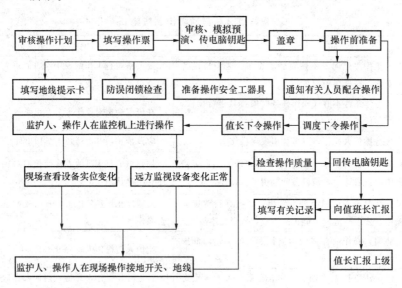

图 3-1　设备全部可控操作流程图

（2）运维队所辖变电站操作，设备部分实现四遥（仅断路器可控），设备部分可控操作流程图如图 3-2 所示。

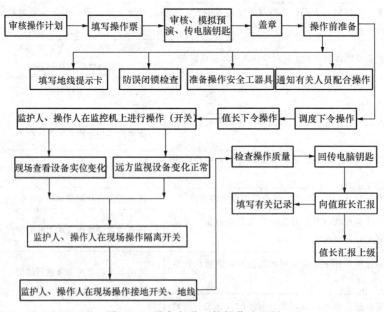

图 3-2　设备部分可控操作流程图

（3）有人值班的变电站（老旧变电站没有进行改造）操作，设备部分仅仅实现两遥或三遥（不可遥控），设备不可控操作流程图如图 3-3 所示。

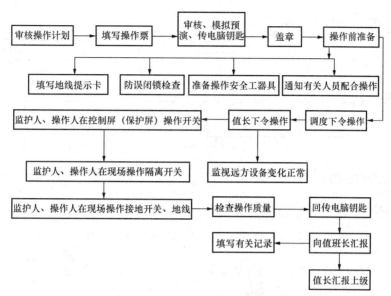

图 3-3　设备不可控操作流程图

设备停电检修操作整体流程图如图 3-4 所示,设备检修结束送电操作整体流程图如图 3-5 所示。

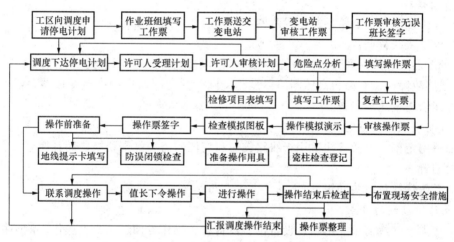

图 3-4　设备停电检修操作整体流程图

七、桥形接线有关知识

桥形接线适应于仅有两台主变压器和两条进线的装置中,根据桥断路器位置的不同,分为内桥和外桥两种接线方式。

1. 内桥接线

(1) 内桥接线的桥断路器接在变压器侧,另外两台断路器接在引出线侧。

(2) 内桥接线的特点:

1) 线路发生故障,仅故障线路的断路器跳闸,其余支路均可继续工作并保持相互联系,不影响变压器工作。

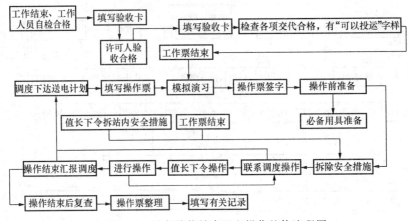

图 3-5 设备检修结束送电操作整体流程图

2）变压器故障会短时影响一条线路工作。

3）正常运行时变压器操作复杂。

4）线路停送电操作简单。

（3）适用范围：内桥接线适用于线路较长（线路较长故障高几率高）、容量较小和变压器不需要经常切换运行方式的装置中。

2. 外桥接线

（1）外桥接线的桥断路器接在线路侧，另外两台断路器接在变压器支路中。

（2）外桥接线特点：

1）变压器发生故障时，仅故障变压器支路的断路器自动跳闸，其余支路照常工作。

2）线路故障时，有两台高压断路器自动跳闸，并切除对应的一台变压器，需经隔离开关操作才能恢复变压器工作。

3）线路投入与切除时，操作复杂。

（3）适用范围：外桥接线适用于线路较短和变压器需要经常切换，而且变电站有穿越功率通过的装置。

八、单母线接线有关知识

1. 单母线接线的特点

（1）优点：接线简单、清晰、设备少、投资省、操作方便、不易误操作，便于扩建和采用成套配电装置。

（2）缺点：运行不够灵活，母线隔离开关工作需母线停电，供电可靠差。

2. 单母线分段接线

（1）单母线分段接线的运行方式。

1）分段断路器闭合运行。正常运行时分段断路器在合位，两个电源分别接在两段母线上，两段母线上的负荷应均匀分配，以使两段母线上的电压均衡。运行中，当任意一段母线发生故障时，继电保护装置动作，首先跳开分段断路器，然后再跳开故障母线段上的电源开关，从而保证另一段母线继续供电。

2）分段断路器断开运行。正常运行时分段断路器在分闸位置，每个电源只向接至本段母线上的引出线供电，两段母线上的电压可能不同。为提高供电可靠性，可加装备用电源自动投入装置，当任一电源故障时，在其电源支路开关自动跳开后，备用电源自动投入装置自动合上分段断路器，由另一电源继续向两个半段供电。这种运行方式可能导致正常运行时两段母线电压不相等，若有两段母线向一个重要用户供电时，会给用户带来一些困难。分段断路器断开运行还可以限制短路电流。

（2）单母线分段接线的主要优缺点：

1）当母线发生故障时，仅故障母线停止工作，另一段母线仍继续工作。

2）对重要用户，可由不同段母线分别引出的两个回路供电，以保证供电可靠。

3）当一段母线故障或检修时，必须断开接在该段母线上的所有支路，使之停止工作。

4）任一支路断路器检修时，该支路必须停止工作。

5）当出线为双回路时，会使架空线路出现交叉跨越。

（3）适用范围：单母线分段接线一般适用于电压为 6～10kV，出线为 6 回及以上的装置中；电压为 35～66kV，出线为 4～8 回和电压为 110～220kV，出线为 3～4 回的装置中。

第二节　线路及高压开关类设备操作

培训目标

（1）掌握线路停送电倒闸操作票的正确填写技能。

（2）掌握线路停送电倒闸操作原则。

（3）掌握线路停送电倒闸操作规定。

（4）掌握线路停送电倒闸操作的注意事项。

【模块一】 线路及高压开关类设备停电操作

核心知识

（1）线路及高压开关类设备停电操作的规定。

（2）线路及高压开关类设备停电倒闸操作的原则。

关键技能

（1）根据调度或运维负责人倒闸操作指令正确填写线路及高压开关类设备停电倒闸操作票。

（2）在线路及高压开关类设备停电倒闸操作过程中运维人员能够对潜在的危险点正确认知并能提前预控危险。

目标驱动

目标驱动一：10kV 线路停电操作

××66(35)kV 变电站一次设备接线方式如图 3-6 所示（运行方式：Ⅰ进线 101 断路器代 1 号主变压器、10kVⅠ段母线运行，Ⅱ进线 102 断路器代 2 号主变压器、10kVⅡ段母线运行，内桥 100 断路器、10kV 分段 000 断路器热备用），××变电站高压侧为内桥接线（GIS 设备），10kV 侧为单母分段接线（小车开关柜）。

66(35)kV 内桥备投投入，10kV 分段备投投入。

1、2 号主变压器保护配置：瓦斯、调载瓦斯、差动、一次过电流（高后备）、二次过电流（低后备）、过负荷保护。

配电线保护配置：电流速断保护、限时电流速断保护、定时限过流保护、重合闸。

66kV 桥联保护配置：电流速断保护（短充）、定时限过流保护（长充）。

10kV 分段保护配置：电流速断保护（短充）、定时限过流保护（长充）。

电容器保护配置：电流速断保护、定时限过流保护、低电压保护、过电压保护、电压不平衡保护。

站用变压器保护配置：限时电流速断保护、定时限过流保护。

1. 操作任务

××变电站 10kVⅠ出线由运行转为线路检修。

2. 操作项目

（1）选择 10kVⅠ出线 003 断路器分闸。

（2）检查 10kVⅠ出线 003 断路器分闸选线正确。

（3）拉开 10kVⅠ出线 003 断路器。

（4）检查 10kVⅠ出线 003 断路器三相电流表计指示正确，电流 A 相____ A、B 相____ A、C 相____ A。

（5）检查 10kVⅠ出线 003 断路器分位监控信号指示正确。

（6）检查 10kVⅠ出线保护测控装置断路器位置指示正确。

（7）检查 10kVⅠ出线 003 断路器分位机械位置指示正确。

（8）将 10kVⅠ出线 003 断路器操作方式开关由远方切至就地位置。

（9）将 10kVⅠ出线 003 小车开关拉至试验位置。

（10）检查 10kVⅠ出线 003 小车开关确已拉至试验位置。

（11）检查 10kVⅠ出线电流互感器线路侧带电显示器三相指示无电。

（12）合上 10kVⅠ出线 003-QS3 接地开关。

（13）检查 10kVⅠ出线 003-QS3 接地开关合位监控信号指示正确。

（14）检查 10kVⅠ出线 003-QS3 接地开关操控屏位置指示确在合位。

（15）检查 10kVⅠ出线 003-QS3 接地开关合位机械位置指示正确。

（16）拉开 10kVⅠ出线 003 断路器控制直流电源空气断路器。

3. 操作项目解析

（1）操作项目总体操作步骤划分。

步骤一：停电。

操作项目中的（1）～（3）项，为操作人员在监控机上进行的操作项目。

步骤二：检查断路器运行工况。

操作项目中的（4）～（7）项，其中操作项目（4）～（5）项为操作人员在监控机上进行的检查项目，操作项目（6）项为操作人员在 10kVⅠ出线 003 断路器保护测控装置上进行的检查项目，操作项目（7）项为操作人员在 10kVⅠ出线 003 断路器操控屏上进行的检查项目。

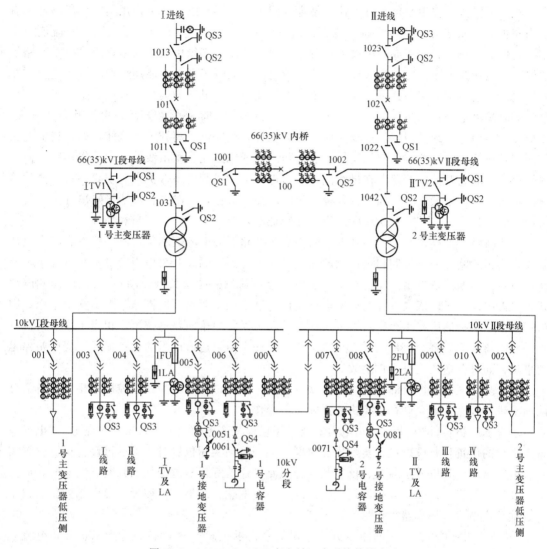

图 3-6 ××66(35)kV 变电站一次系统接线方式

步骤三：将需要停电的线路与变电站 10kV 母线隔离。

操作项目中的（8）～（10）项，为操作人员在 10kV Ⅰ 出线 003 断路器操控屏上进行的检查、操作项目。

步骤四：布置必要的安全措施。

操作项目中的（11）～（16）项，其中操作项目中的（11）～（12）、（14）～（16）项为操作人员在 10kV Ⅰ 出线 003 断路器操控屏上进行的检查、操作项目，操作项目（13）项为操作人员在监控机上进行的检查项目。

（2）操作项目总体操作步骤解析。

步骤一解析：《国家电网公司电力安全工作规程（变电部分）》2.3.6.1 规定："停电拉闸操作应按照断路器（开关）—负荷侧隔离开关（刀闸）—电源侧隔离开关（刀闸）的顺序依次进行，送电合闸操作应按与上述相反的顺序进行。严禁带负荷拉合隔离开关（刀闸）。"

在实际操作过程中必须执行上述之规定，因为断路器和隔离开关作用不同，断路器具有相当完善的灭弧结构和足够的断流能力；而隔离开关只装有简单的灭弧装置，断流能力很小。它们配合在一起连接成一组设备运行。电路的通断，必须由断路器来完成。只有断路器能够可靠地断开电路正常与事故短路时的故障电流，而隔离开关不能用来切断负荷电流。断路器组装在电路中的作用：一是为了改变一次接线，形成灵活的运行方式；二是为了设备检修的需要隔离电源；三是用以拉、合小电流设备的电路。断路器断开后，再拉开隔离开关，以形成明显的空气绝缘间隙。现场操作时，应先拉开线路侧隔离开关。这样，如果遇上走错间隔带负荷拉隔离开关，引起弧光短路点在断路器的线路侧，则由线路保护动作切除；而若先拉母线侧隔离开关，短路点在母线侧，将由母线保护或其后备保护延时切除，将造成故障范围扩大。在送电操作中，如果因种种原因断路器在合位，此时先合母线侧隔离开关。同样可以防止事故扩大。其次，从母线到线路逐级送电，出现事故便于判断和处理。

小车断路器的操作有着其特殊性，因为小车断路器的电源侧和负荷侧一般不会配有隔离开关，小车断路器的电源侧和负荷侧的插入式触头起到了隔离开关作用，只是在拉开小车断路器后将小车断路器拉出操作过程中不能按先拉负荷侧隔离开关（刀闸）、后拉电源侧隔离开关（刀闸）的顺序依次进行的规定进行操作。这给小车断路器的操作带来了安全隐患，因为一旦由于某种原因在小车断路器未拉开的情况下误将小车断路器拉出，相当于带负荷拉开母线侧隔离开关，将造成母线弧光短路事故。这样不但会造成严重的设备损坏、变电站停电的事故，而且会造成人身伤亡事故。

为了防止误操作事故的发生，操作项目中的（1）～（3）项必须在监控机上相应设备的分画面上进行操作，不允许在监控机的主画面上操作。

步骤二解析：《国家电网公司电力安全工作规程（变电部分）》2.3.6.5规定："电气设备操作后的位置检查应以设备实际位置为准，无法看到实际位置时，可通过设备机械位置指示、电气指示、带电显示装置、仪表及各种遥测、遥信等信号的变化来判断。判断时，应有两个及以上的指示，且所有指示均已同时发生对应变化，才能确认该设备已操作到位。以上检查项目应填写在操作票中作为检查项。"

"检查10kVⅠ出线003断路器分位监控信号指示正确"、"检查表计指示正确，电流A相____A、B相____A、C相____A"是操作人员在监控机上进行检查的项目，同时操作人员在监控机上应检查10kVⅠ出线有功、无功指示0值。检查此项目的目的在于确证10kVⅠ出线003断路器已断开了供电线路负荷，且应与10kVⅠ出线003断路器操控屏上"10kVⅠ出线电流、有功、无功指示0值"信息一致。

"检查10kVⅠ出线003断路器分位机械位置指示正确"、"检查10kVⅠ出线保护测控装置断路器位置指示正确"是操作人员在10kVⅠ出线003断路器操控屏上进行的检查项目，不但检查10kVⅠ出线003断路器位置指示牌在"分闸"位置，而且检查10kVⅠ出线003断路器机械位置指示正确和断路器保护测控装置开关位置指示正确。

其实，在倒闸操作中执行《国家电网公司电力安全工作规程（变电部分）》2.3.6.5规定，往往检查两个信息就可以判断10kVⅠ出线003断路器的位置，因此没有必要检查过多的信息，有特殊要求和规定的除外。

步骤三解析：《国家电网公司电力安全工作规程（变电部分）》4.2.2规定："检修设备停电，应把各方面的电源完全断开（任何运行中的星形接线设备的中性点，应视为带电设备）。禁止在只经断路器（开关）断开电源或只经换流器闭锁隔离电源的设备上工作。应拉开隔离开关（刀闸），手车断路器应至试验或检修位置，应使各方面有一个明显的断开点，若无法观察到停电设备的断开点，应能够反映设备运行状态的电气和机械等指示。与停电设备有关的变压器和电压互感器，应将设备各侧断开，防止向停电检修设备反送电。"

高压断路器的断路能力虽然很强，但其开断行程有限。断路器的动静触头在灭弧室内，断与不断，只有靠分合闸指示牌指示，外观上不够明显，如果断路器在退出状态时操作能源没有断开，一旦其控制回路出现问题或发生二次混线、误碰、误操作等，都会使断路器的操作机构自动合闸使设备带电。如果因为断路器操作机构故障时，可能发生操作机构显示断路器在分位，而断路器实际位置在合位的状况。因此安规规定："禁止在只经断路器（开关）断开电源或只经换流器闭锁隔离电源的设备上工作。"

"将10kV Ⅰ出线003断路器操作方式开关由远方切至就地位置"有目的在于断开10kV Ⅰ出线003断路器远方操控回路，防止远方误操作。

断路器控制信号回路示意如图3-7所示。

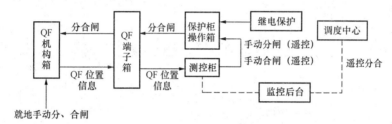

图3-7 断路器控制信号回路示意图

10kV开关柜平面布置如图3-8所示。

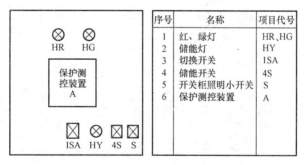

序号	名称	项目代号
1	红、绿灯	HR、HG
2	储能灯	HY
3	切换开关	1SA
4	储能开关	4S
5	开关柜照明小开关	S
6	保护测控装置	A

图3-8 10kV开关柜平面布置

10kV开关柜操作方式开关位置示意图如图3-9所示。

6～35kV开关柜弹簧储能机控制回路如图3-10所示。

10kV开关柜带电显示回路如图3-11所示。

小车断路器处于"运行"、"试验"、"检修"位置示意如图3-12所示。

"将10kV Ⅰ出线003小车断路器由运行位置拉至试验位置"是使10kV Ⅰ出线线路与10kV母线有一个明显的断开点。

"检查10kV Ⅰ出线003小车断路器确已拉至试验位置"是为了确证10kV Ⅰ出线003小车断路器的实际位置，不但检查10kV Ⅰ出线003小车断路器在"试验"位置，而且检查

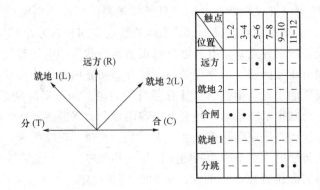

触点位置	1-2	3-4	5-6	7-8	9-10	11-12
远方	-	-	●	●	-	-
就地2	-	-	-	-	-	-
合闸	●	●	-	-	-	-
就地1	-	-	-	-	-	-
分跳	-	-	-	-	●	●

图 3-9　10kV 开关柜操作方式开关位置示意图

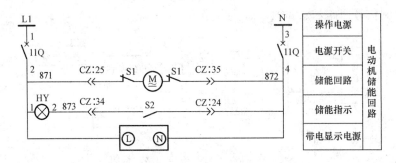

图 3-10　6~35kV 开关柜弹簧储能机控制回路

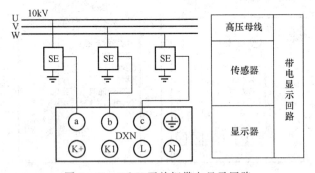

图 3-11　10kV 开关柜带电显示回路

10kVⅠ出线 003 断路器机械位置指示正确。

　　步骤四解析:《国家电网公司电力安全工作规程(变电部分)》4.3.3 规定:"对无法进行直接验电的设备、高压直流输电设备和雨雪天气时的户外设备,可以进行间接验电。即通过设备的机械指示位置、电气指示、带电显示装置、仪表及各种遥测、遥信等信号的变化来判断。判断时,应有两个及以上的指示,且所有指示均已同时发生对应变化,才能确认该设备已无电;若进行遥控操作,则应同时检查隔离开关(刀闸)的状态指示、遥测、遥信信号及带电显示装置的指示进行间接验电。330kV 及以上的电气设备,可采用间接验电方法进行验电。"

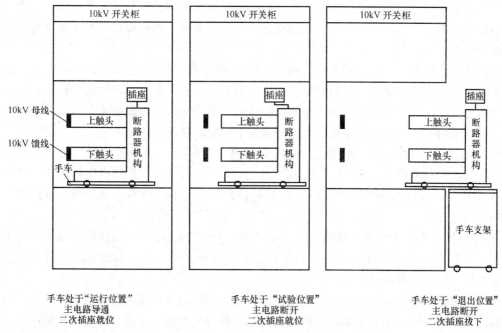

手车处于"运行位置"
主电路导通
二次插座就位

手车处于"试验位置"
主电路断开
二次插座就位

手车处于"退出位置"
主电路断开
二次插座拔下

图 3-12 小车断路器处于"运行"、"试验"、"检修"位置示意图

在 10kVⅠ出线 003 小车断路器操控屏上无法进行直接验电,因此"检查 10kVⅠ出线电流互感器线路侧带电显示器三相指示无电"是进行间接验电方法之一。

《国家电网公司电力安全工作规程(变电部分)》4.4.2 规定:"当验明设备确已无电压后,应立即将检修设备接地并三相短路。电缆及电容器接地前应逐相充分放电,星形接线电容器的中性点应接地,串联电容器及与整组电容器脱离的电容器应逐个多次放电,装在绝缘支架上的电容器外壳也应放电。"

"将检修设备接地并三相短路"这是由实际故障在防护上的各种特点所决定的。是保证工作人员免遭触电伤害最直接的保护措施。在检修设备上装三相短路接地线的作用是使工作地点始终在"地电位"的保护之中,同时还可将停电设备上剩余电荷放尽,另外当发生电源侧误送电时,还可作用断路器迅速切除电源。

如果只将三相短路而不接地,则当发生"单相电源侵入"(一旦遇有交叉线路一相断线串入单相电源时,工作设备因本身未接地,不仅不是等地电位而是故障线路的额定电压。或邻近带电设备流过不对称电流而在检修设备上产生较高的感应电压等情况)时,均将在检修设备的三相上产生危险电压,危及检修人员的安全。

如果不是接地并三相短路,而是三相分别接地,三相均对地存在一个对地等效电阻,则当发生电源侧突然合闸送电时,产生三相接地短路电流,它在该等效电阻上产生的相当大的电压降就回施加在检修设备上,足以危及工作人员的安全。即三短路电流 $I_k^{(3)}$ 将流过接地电阻 R,而在其上产生电压降 U_k,此 U_k 即为加到检修设备上的对地电压。U_k 的大小取决于 $I_k^{(3)}$ 和 R 的乘积,显然其可能达到相当大的数值而危及安全。由此可见,采用以上两种保护方式均不能起到预期的保护作用,而且,发生电源侧三相同时合闸送电时(即对称性三相短路故障),故障点的电位等于零,这就实现了对工作地段零电位保护。而此时,接地处无电流流过，接地线只是起了重复接零的作用，前面分析的是对称性三短路，但实际上这种完全对称的情况是不存在的，因此实现接地还可进一步限制不完全对称短路情况下短路处所出现的对地电位。

由此可见，在工作地点两侧装设三相短路接地线，可以保证工作地点的等地电位，采用三相短路接地线是保护工作人员免受触电伤害最有效的措施。装设三相短路接地线必须在验明设备确无电压以后立即进行。如果相隔时间较长，则应在装接地线前重新验电，这是考虑到在较长时间间隔中，可能发生停电设备突然来电的意外情况。

"合上 10kVⅠ出线 003-QS3 接地开关"和"检查 10kVⅠ出线 003-QS3 接地开关合位监控信号指示正确"、"检查 10kVⅠ出线 003-QS3 接地开关操控屏位置指示确在合位"、"检查 10kVⅠ出线 003-QS3 接地开关合位机械位置指示正确"，目的在于立即将检修设备接地并三相短路且确证良好。

《国家电网公司电力安全工作规程（变电部分）》4.2.3 规定："检修设备和可能来电侧的断路器（开关）、隔离开关（刀闸）应断开控制电源和合闸电源，隔离开关（刀闸）操作把手应锁住，确保不会误送电。"

操作能源是对断路器和隔离开关控制电源以及它们的各种形式的合闸能源的统称。断路器和隔离开关断开后，如果不断开它们的控制电源和合闸电源，可能会因为多种原因，如试验保护、遥控装置调试适当、误操作等，断路器或隔离开关会被突然合上，造成检修设备带电，使工作安全遭到破坏。

"拉开 10kVⅠ出线 003 断路器控制直流电源空气断路器"目的在于防止断路器发生误合闸。

将"拉开 10kVⅠ出线 003 断路器控制直流电源空气断路器"放在操作项目最后的目的是一旦在操作过程中发生了因为误操作或其他原因造成的 10kVⅠ出线电流互感器线路侧短路事故时，如果断路器在合位，断路器与继电保护装置相互配合及时切除故障。

目标驱动二：10kV 线路及断路器停电操作

××变电站一次设备接线方式如图 3-6 所示（运行方式：Ⅰ进线 101 断路器代 1 号主变压器、10kVⅠ段母线运行，Ⅱ进线 102 断路器代 2 号主变压器、10kVⅡ段母线运行，内桥 100 断路器、10kV 分段 000 断路器热备用），××变电站高压侧为内桥接线（GIS 设备），10kV 侧为单母分段接线（小车开关柜）。

保护配置请见第三章第二节【模块一】目标驱动一中所述。

1. 操作任务

××变电站 10kVⅠ出线 003 断路器及线路由运行转为检修。

2. 操作项目

（1）选择 10kVⅠ出线 003 断路器分闸。

（2）检查 10kVⅠ出线 003 断路器分闸选线正确。

（3）拉开 10kVⅠ出线 003 断路器。

（4）检查 10kVⅠ出线 003 断路器三相电流表计指示正确，电流 A 相____ A、B 相____ A、C 相____ A。

（5）检查 10kVⅠ出线 003 断路器分位监控信号指示正确。

（6）检查 10kVⅠ出线保护测控装置断路器位置指示正确。

（7）检查 10kVⅠ出线 003 断路器分位机械位置指示正确。

（8）将 10kVⅠ出线 003 断路器操作方式开关由远方切至就地位置。

（9）将 10kVⅠ出线 003 小车开关拉至试验位置。

（10）检查 10kVⅠ出线 003 小车开关确已拉至试验位置。

（11）检查 10kVⅠ出线电流互感器线路侧带电显示器三相指示无电。

（12）合上 10kVⅠ出线 003-QS3 接地隔离开关。

（13）检查 10kVⅠ出线 003-QS3 接地隔离开关确在合位。

（14）拉开 10kVⅠ出线 003 断路器保护电源空气断路器。

（15）拉开 10kVⅠ出线 003 断路器控制直流电源空气断路器。

（16）取下 10kVⅠ出线 003 小车开关二次插件。

（17）将 10kVⅠ出线 003 小车开关拉至检修位置。

（18）检查 10kVⅠ出线 003 小车开关已拉至检修位置。

3. 操作项目解析

（1）操作项目总体操作步骤划分。

步骤一：停电。

操作项目中的（1）～（3）项，为操作人员在监控机上进行的操作项目。

步骤二：检查断路器运行工况。

操作项目中的（4）～（7）项，其中操作项目（4）为操作人员在监控机上进行的检查项目，操作项目（5）～（7）项为操作人员在 10kVⅠ出线 003 断路器操控屏上进行的检查项目。

步骤三：将需要停电的线路与变电站 10kV 母线隔离。

操作项目中的（8）～（10）项，为操作人员在 10kVⅠ出线 003 断路器操控屏上进行的检查、操作项目。

步骤四：布置必要的安全措施。

操作项目中的（11）～（15）项，为操作人员在 10kVⅠ出线 003 断路器操控屏上进行的检查、操作项目。

步骤五：将 10kVⅠ出线 003 小车断路器由试验位置拉至检修位置。

操作项目中的（16）～（18）项，为操作人员在 10kVⅠ出线 003 断路器操控屏上进行的检查、操作项目。

（2）操作项目总体操作步骤解析。

步骤一解析：请见第三章第二节【模块一】目标驱动一中相关内容。

步骤二解析：请见第三章第二节【模块一】目标驱动一中相关内容。

步骤三解析：请见第三章第二节【模块一】目标驱动一中相关内容。

步骤四解析：请见第三章第二节【模块一】目标驱动一中相关内容。

步骤五解析：小车断路器拉至检修位置前，应先断开断路器控制及保护电源，再取下小车的二次插头。否则将会造成小车的二次插头及相关的电气元器件烧损。

目标驱动三：66（35）kV 线路及断路器停电操作 1

××变电站一次设备接线方式如图 3-6 所示（运行方式：Ⅰ进线 101 断路器代 1 号主变压器、10kVⅠ段母线运行，Ⅱ进线 102 断路器代 2 号主变压器、10kVⅡ段母线运行，内桥 100 断路器、10kV 分段 000 断路器热备用），××变电站高压侧为内桥接线（GIS 设备），

10kV 侧为单母分段接线（小车开关柜）。

保护配置请见第三章第二节【模块一】目标驱动一中所述。

1. 操作任务

66(35)kV 内桥 100 断路器由热备用转为运行，66(35)kVⅠ进线 101 断路器及线路由运行转为检修。

2. 操作项目

(1) 退出 66(35)kV 备投装置功能（具体操作步骤略）。

(2) 检查 66(35)kVⅠ进线 101 断路器确在合位。

(3) 检查 66(35)kVⅡ进线 102 断路器确在合位。

(4) 检查 66(35)kV 内桥 100 断路器在热备用。

(5) 选择 66(35)kV 内桥 100 断路器合闸。

(6) 检查 66(35)kV 内桥 100 断路器合闸选线正确。

(7) 合上 66(35)kV 内桥 100 断路器。

(8) 检查 66(35)kV 内桥 100 断路器三相电流表计指示正确，电流 A 相____ A、B 相____A、C 相____A。

(9) 检查 66(35)kV 内桥 100 断路器合位监控信号指示正确。

(10) 检查 66(35)kV 内桥保护测控装置断路器位置指示正确。

(11) 检查 66(35)kV 内桥 100 断路器汇控柜位置指示确在合位。

(12) 检查 66(35)kV 内桥 100 断路器合位机械位置指示正确。

(13) 选择 66(35)kVⅠ进线 101 断路器分闸。

(14) 检查 66(35)kVⅠ进线 101 断路器分闸选线正确。

(15) 拉开 66(35)kVⅠ进线 101 断路器。

(16) 检查 66(35)kVⅠ进线 101 断路器三相电流表计指示正确，电流 A 相____ A、B 相____A、C 相____A。

(17) 检查 66(35)kVⅠ进线 101 断路器分位监控信号指示正确。

(18) 检查 66(35)kVⅠ进线保护测控装置断路器位置指示正确。

(19) 检查 66(35)kVⅠ进线 101 断路器汇控柜位置指示确在分位。

(20) 检查 66(35)kVⅠ进线 101 断路器分位机械位置指示正确。

(21) 合上 66(35)kVⅠ进线 101 断路器汇控柜隔离开关电机电源空气断路器。

(22) 选择 66(35)kVⅠ进线 1013 隔离开关分闸。

(23) 检查 66(35)kVⅠ进线 1013 隔离开关分闸选线正确。

(24) 拉开 66(35)kVⅠ进线 1013 隔离开关。

(25) 检查 66(35)kVⅠ进线 1013 隔离开关分位监控信号指示正确。

(26) 检查 66(35)kVⅠ进线 1013 隔离开关汇控柜位置指示确在分位。

(27) 检查 66(35)kVⅠ进线 1013 隔离开关位置指示器确在分位。

(28) 选择 66(35)kVⅠ进线 1011 隔离开关分闸。

(29) 检查 66(35)kVⅠ进线 1011 隔离开关分闸选线正确。

(30) 拉开 66(35)kVⅠ进线 1011 隔离开关。

(31) 检查 66(35)kVⅠ进线 1011 隔离开关分位监控信号指示正确。

（32）检查 66(35)kV I 进线 1011 隔离开关汇控柜位置指示确在分位。

（33）检查 66(35)kV I 进线 1011 隔离开关位置指示器确在分位。

（34）检查 66(35)kV I 进线 1013 隔离开关带电显示器三相指示无电。

（35）将 66(35)kV I 进线 101 断路器汇控柜操作方式选择开关由远控切至近控位置。

（36）选择 66(35)kV I 进线 1013-QS3 接地开关合闸。

（37）检查 66(35)kV I 进线 1013-QS3 接地开关合闸选线正确。

（38）合上 66(35)kV I 进线 1013-QS3 接地开关。

（39）检查 66(35)kV I 进线 1013-QS3 接地开关合位监控信号指示正确。

（40）检查 66(35)kV I 进线 1013-QS3 接地开关汇控柜位置指示确在合位。

（41）检查 66(35)kV I 进线 1013-QS3 接地开关合位机械位置指示正确。

（42）合上 66(35)kV I 进线 1013-QS2 接地开关。

（43）检查 66(35)kV I 进线 1013-QS2 接地开关汇控柜位置指示确在合位。

（44）检查 66(35)kV I 进线 1013-QS2 接地开关合位机械位置指示正确。

（45）检查 66(35)kV I 进线 1013-QS2 接地开关合位监控信号指示正确。

（46）合上 66(35)kV I 进线 1011-QS1 接地开关。

（47）检查 66(35)kV I 进线 1011-QS1 接地开关汇控柜位置指示确在合位。

（48）检查 66(35)kV I 进线 1011-QS1 接地开关合位机械位置指示正确。

（49）检查 66(35)kV I 进线 1011-QS1 接地开关合位监控信号指示正确。

（50）将 66(35)kV I 进线 101 断路器汇控柜操作方式选择开关由近控切至远控位置。

（51）拉开 66(35)kV I 进线 101 断路器汇控柜隔离开关电机电源空气断路器。

（52）拉开 66(35)kV I 进线 101 断路器汇控柜断路器储能电源空气断路器。

（53）拉开 66(35)kV I 进线 101 断路器控制直流电源空气断路器。

（54）退出 1 号主变压器主保护跳 66(35)kV I 进线 101 断路器出口连接片（具体操作步骤略）。

（55）退出 1 号主变压器后备保护跳 66(35)kV I 进线 101 断路器出口连接片（具体操作步骤略）。

3. 操作项目解析

（1）操作项目总体操作步骤划分。

步骤一：退出 66(35)kV 内桥备投功能。

操作项目（1）项，具体操作步骤略。为操作人员在备自投保护屏上进行的检查、操作项目。

步骤二：1、2 号主变压器在 66(35)kV 侧并列操作。

操作项目中的（2）～（4）项，为操作人员在 66(35)kV I 进线 101 断路器、66(35)kV II 进线 102 断路器、66(35)kV 内桥 100 断路器间隔监控机上进行的检查项目。

操作项目中的（5）～（12）项，为操作人员在 66(35)kV 内桥 100 断路器间隔汇控柜和监控机上进行的检查、操作项目。

步骤三：66(35)kV I 进线停电操作。

操作项目中的（13）～（33）项，为操作人员在 66(35)kV I 进线 101 断路器间隔汇控柜和监控机上进行的检查、操作项目。

步骤四：布置安全措施。

操作项目中的（34）～（53）项，其中操作项目中的（34）～（52）项为操作人员在66(35) kVⅠ进线101断路器间隔汇控柜和监控机上进行的检查项目。

操作项目中的（53）项为操作人员在66(35)kVⅠ进线保护测控屏上进行的操作项目。

步骤五：退出1号主变压器主保护、后备保护跳66(35)kVⅠ进线101断路器连接片。

操作项目中的（54）～（55）项，为操作人员在1号主变压器保护屏上（或在监控机上退出相应的软连接片）进行的操作项目。

（2）操作项目总体操作步骤解析。

步骤一解析：由于变电站一次系统运行方式改变后，相应备自投逻辑关系发生了变化，为了避免备自投装置误动作，在变电站一次系统运行方式改变之前必须退出备自投装置运行。

"66(35)kV内桥100断路器由热备用转为运行，66(35)kVⅠ进线101断路器由运行转为线路检修"操作任务后，变电站66(35)kV侧接线方式已经没有了备投设备或电源，因此"退出66(35)kV内桥备投功能"后不需要再投入。

步骤二解析："1、2号主变压器在66(35)kV侧并列操作"之前需要检查变电站运行方式和设备符合并列操作条件，操作项目中的（2）～（4）项。

"合上66(35)kV内桥100断路器"，执行"1、2号主变压器在66(35)kV侧并列操作"，变电站66(35)kV侧原有的内桥备投方式就发生了改变，况且操作开始时已经退出66(35) kV内桥备投功能。此时10kV侧分段备投正常运行。

步骤三解析：《国家电网公司电力安全工作规程（变电部分）》2.3.6.1规定："停电拉闸操作应按照断路器（开关）—负荷侧隔离开关（刀闸）—电源侧隔离开关（刀闸）的顺序依次进行，送电合闸操作应按与上述相反的顺序进行。严禁带负荷拉合隔离开关（刀闸）。"

为了防止误操作事故的发生，"拉开66(35)kVⅠ进线101断路器"、"拉开66(35)kVⅠ进线1013隔离开关"、"拉开66(35)kVⅠ进线1011隔离开关"操作必须在监控机上相应设备的分画面上进行操作，不允许在监控机上主画面上操作。

操作断路器必须远方操作，不允许带电手动合闸操作。就地操作断路器，断路器的动作行为将不受任何闭锁逻辑限制，易造成条件不允许时的误合闸。远方操作的断路器，一方面可以避免误合断路器，另一方面断路器一旦合入故障回路，可以避免因断路器损坏或爆炸造成的人身伤害事故，确保人身安全。

GIS设备结构和其操作与常规电气设备有不同之处，其电流互感器、电压互感器、避雷器、母线、断路器、隔离开关、接地隔离开关等电气设备均装在密闭的充满SF_6气体的金属容器内。断路器、隔离开关、接地隔离开关变位后，在监控机上能够观察到相关设备的变位信息，在汇控柜上也能观察到相关设备的变位信号，在GIS设备上只能观察到相关设备机械变位后的"分"、"合"指示标示牌，不能真正观察到相关设备机械变位后的情况。

《国家电网公司电力安全工作规程（变电部分）》2.3.6.5规定："电气设备操作后的位置检查应以设备实际位置为准，无法看到实际位置时，可通过设备机械位置指示、电气指示、带电显示装置、仪表及各种遥测、遥信等信号的变化来判断。判断时，应有两个及以上的指示，且所有指示均已同时发生对应变化，才能确认该设备已操作到位。以上检查项目应填写在操作票中作为检查项。"

《国家电网公司电力安全工作规程（变电部分）》4.2.2 规定："检修设备停电，应把各方面的电源完全断开（任何运行中的星形接线设备的中性点，应视为带电设备）。禁止在只经断路器（开关）断开电源或只经换流器闭锁隔离电源的设备上工作。应拉开隔离开关，……应使各方面有一个明显的断开点，若无法观察到停电设备的断开点，应有能够反映设备运行状态的电气和机械等指示。与停电设备有关的变压器和电压互感器，应将设备各侧断开，防止向停电检修设备反送电。"

高压断路器的断路能力虽然很强，但它的开断行程很有限。断路器的动静触头在灭弧室内，断与不断，只有靠分合闸指示牌指示，外观上不够明显，如果断路器在退出状态时操作能源没有断开，一旦它的控制回路出现问题或发生二次混线、误碰、误操作等，都会使断路器的操作机构自动合闸使设备带电。断路器操作机构故障时，可能发生操作机构显示断路器在分位，而断路器实际位置在合位的状况。因此安规定："禁止在只经断路器（开关）断开电源或只经换流器闭锁隔离电源的设备上工作。"因此 66(35)kVⅠ进线 101 断路器由运行转为线路检修，需要"拉开 66(35)kVⅠ进线 1013 隔离开关"和"拉开 66(35)kVⅠ进线 1011 隔离开关"，是使 66(35)kVⅠ进线线路与变电站 66(35)kV 设备有一个明显的断开点。

步骤四解析：《国家电网公司电力安全工作规程（变电部分）》4.3.3 规定："对无法进行直接验电的设备、高压直流输电设备和雨雪天气时的户外设备，可以进行间接验电。即通过设备的机械指示位置、电气指示、带电显示装置、仪表及各种遥测、遥信等信号的变化来判断。判断时，应有两个及以上的指示，且所有指示均已同时发生对应变化，才能确认该设备已无电；若进行遥控操作，则应同时检查隔离开关（刀闸）的状态指示、遥测、遥信信号及带电显示装置的指示进行间接验电。330kV 及以上的电气设备，可采用间接验电方法进行验电。"

在 66(35)kVⅠ进线汇控柜上无法进行直接验电，因此"检查 66(35)kVⅠ进线 1013 隔离开关带电显示器三相指示无电"是进行间接验电方法之一。

《国家电网公司电力安全工作规程（变电部分）》4.4.2 规定："当验明设备确已无电压后，应立即将检修设备接地并三相短路。电缆及电容器接地前应逐相充分放电，星形接线电容器的中性点应接地，串联电容器及与整组电容器脱离的电容器应逐个多次放电，装在绝缘支架上的电容器外壳也应放电。"

"将检修设备接地并三相短路"这是由实际故障在防护上的各种特点所决定的。如果只装设短路线而不接地，一旦遇有交叉线路一相断线串入单相电源时，工作设备因本身未接地，不仅不是等地电位而是故障线路的额定电压。如果不是接地并三相短路，而是三相分别接地，三相均对地存在一个对地等效电阻，电源一旦合闸，产生三相接地短路电流，它在该等效电阻上产生的相当大的电压降就回施加在检修设备上，足以危及工作人员的安全。在工作地点两侧装设短路接地线，可以保证工作地点的等地电位，进行安全作业。

"合上 66(35)kVⅠ进线 1013-QS3 接地隔离开关"和"检查 66(35)kVⅠ进线 1013-QS3 接地隔离开关确在合位"的目的在于立即将检修设备接地并三相短路且确证良好。

《国家电网公司电力安全工作规程（变电部分）》4.2.3 规定："检修设备和可能来电侧的断路器（开关）、隔离开关（刀闸）应断开控制电源和合闸电源，隔离开关（刀闸）操作把手应锁住，确保不会误送电。"

简化的断路器控制回路图如图 3-13 所示，图中 FU1、FU2 为断路器控制回路熔断器，当然也可以用空气断路器代替。操作能源是对断路器和隔离开关控制电源以及它们的各种形式的合闸能源的统称。断路器和隔离开关断开后，如果不断开它们的控制电源和合闸电源，可能会因为多种原因，如试验保护、遥控装置调试适当、误操作等，断路器或隔离开关会被突然合上，造成检修设备带电，使工作安全遭到破坏。

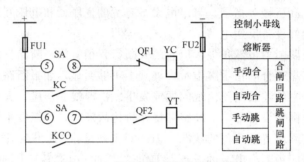

图 3-13　简化的断路器控制回路图

SA—控制开关；YT—跳闸线圈；YC—合闸线圈；QF1、QF2—断路器辅助触点；

KC—自动装置触点；KCO—继电保护出口继电器；FU1、FU2—熔断器

三相交流操作的隔离开关控制回路原理图如图 3-14 所示。

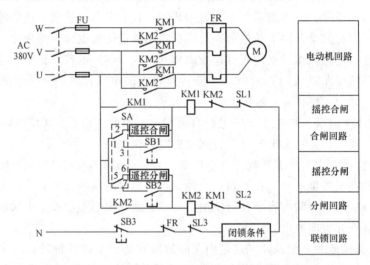

图 3-14　三相交流操作的隔离开关控制回路原理图

"拉开 66(35)kV Ⅰ进线 101 断路器控制直流电源空气断路器"的目的在于防止断路器误合闸。

"拉开 66(35)kV Ⅰ进线 101 断路器汇控柜隔离开关电机电源空气断路器"的目的在于防止隔离开关误合闸。

"拉开 66(35)kV Ⅰ进线 101 断路器汇控柜断路器储能电源空气断路器"是避免工作人员受到机械伤害的一项措施。

将"拉开 66(35)kV Ⅰ进线 101 断路器控制直流电源空气断路器"项放在操作项目最后的目的是一旦在操作过程中发生了因为误操作或其他原因造成的 66(35)kV Ⅰ进线电流互感器线路侧短路事故时，如果断路器在合位，断路器与继电保护装置相互配合及时切

除故障。

步骤五解析：66(35)kVⅠ进线101断路器由运行转为检修后，1号主变压器保护动作后再对66(35)kVⅠ进线101断路器发出动作指令不但失去了意义，而且此时一旦其断路器动作，将致使检修工作人员可能受到机械伤害。因此66(35)kVⅠ进线101断路器由运行转为检修后，需要退出1号主变压器保护跳66(35)kVⅠ进线101断路器出口连接片。

目标驱动四：66(35)kV线路及断路器停电操作2

××变电站一次设备接线方式如图3-6所示（运行方式：Ⅰ进线101断路器、内桥100断路器、1号主变压器、2号主变压器、10kVⅠ段母线、10kVⅡ段母线运行，Ⅱ进线102断路器、10kV分段000断路器热备用），××变电站高压侧为内桥接线（GIS设备），10kV侧为单母分段接线（小车开关柜）。

保护配置请见第三章第二节【模块一】目标驱动一中所述。

1. 操作任务

××变电站66(35)kVⅡ进线102断路器由热备用转为运行，66(35)kVⅠ进线101断路器及线路由运行转为检修。

2. 操作项目

(1) 退出66(35)kV备投装置功能（具体操作步骤略）。

(2) 选择66(35)kVⅡ进线102断路器合闸。

(3) 检查66(35)kVⅡ进线102断路器合闸选线正确。

(4) 合上66(35)kVⅡ进线102断路器。

(5) 检查66(35)kVⅡ进线102断路器合位监控信号指示正确。

(6) 检查66(35)kVⅡ进线保护测控装置断路器位置指示正确。

(7) 检查66(35)kVⅡ进线102断路器汇控柜位置指示确在合位。

(8) 检查66(35)kVⅡ进线102断路器合位机械位置指示正确。

(9) 检查66(35)kVⅡ进线102断路器三相电流表计指示正确，电流A相＿＿A、B相＿＿A、C相＿＿A。

(10) 选择66(35)kVⅠ进线101断路器分闸。

(11) 检查66(35)kVⅠ进线101断路器分闸选线正确。

(12) 拉开66(35)kVⅠ进线101断路器。

(13) 检查66(35)kVⅠ进线101断路器分位监控信号指示正确。

(14) 检查66(35)kVⅠ进线保护测控装置断路器位置指示正确。

(15) 检查66(35)kVⅠ进线101断路器汇控柜位置指示确在分位。

(16) 检查66(35)kVⅠ进线101断路器分位机械位置指示正确。

(17) 检查66(35)kVⅠ进线101断路器三相电流表计指示正确，电流A相＿＿A、B相＿＿A、C相＿＿A。

(18) 将66(35)kVⅠ进线101断路器汇控柜操作方式选择开关由远控切至近控位置。

(19) 合上66(35)kVⅠ进线101断路器汇控柜隔离开关电机电源空气断路器。

(20) 选择66(35)kVⅠ进线1013隔离开关分闸。

(21) 检查66(35)kVⅠ进线1013隔离开关分闸选线正确。

(22) 拉开66(35)kVⅠ进线1013隔离开关。

（23）检查 66(35)kV Ⅰ进线 1013 隔离开关分位监控信号指示正确。

（24）检查 66(35)kV Ⅰ进线 1013 隔离开关汇控柜位置指示确在分位。

（25）检查 66(35)kV Ⅰ进线 1013 隔离开关位置指示器确在分位。

（26）选择 66(35)kV Ⅰ进线 1011 隔离开关分闸。

（27）检查 66(35)kV Ⅰ进线 1011 隔离开关分闸选线正确。

（28）拉开 66(35)kV Ⅰ进线 1011 隔离开关。

（29）检查 66(35)kV Ⅰ进线 1011 隔离开关分位监控信号指示正确。

（30）检查 66(35)kV Ⅰ进线 1011 隔离开关汇控柜位置指示确在分位。

（31）检查 66(35)kV Ⅰ进线 1011 隔离开关位置指示器确在分位。

（32）合上 66(35)kV Ⅰ进线 1011-QS1 接地开关。

（33）检查 66(35)kV Ⅰ进线 1011-QS1 接地开关汇控柜位置指示确在合位。

（34）检查 66(35)kV Ⅰ进线 1011-QS1 接地开关合位机械位置指示正确。

（35）检查 66(35)kV Ⅰ进线 1011-QS1 接地开关合位监控信号指示正确。

（36）合上 66(35)kV Ⅰ进线 1013-QS2 接地开关。

（37）检查 66(35)kV Ⅰ进线 1013-QS2 接地开关汇控柜位置指示确在合位。

（38）检查 66(35)kV Ⅰ进线 1013-QS2 接地开关合位机械位置指示正确。

（39）检查 66(35)kV Ⅰ进线 1013-QS2 接地开关合位监控信号指示正确。

（40）检查 66(35)kV Ⅰ进线 1013 隔离开关线路侧带电显示器三相指示无电。

（41）合上 66(35)kV Ⅰ进线 1013-QS3 接地开关。

（42）检查 66(35)kV Ⅰ进线 1013-QS3 接地开关汇控柜位置指示确在合位。

（43）检查 66(35)kV Ⅰ进线 1013-QS3 接地开关合位机械位置指示正确。

（44）检查 66(35)kV Ⅰ进线 1013-QS3 接地开关合位监控信号指示正确。

（45）将 66(35)kV Ⅰ进线 101 断路器汇控柜操作方式选择开关由近控切至远控位置。

（46）拉开 66(35)kV Ⅰ进线 101 断路器汇控柜隔离开关电机电源空气断路器。

（47）拉开 66(35)kV Ⅰ进线 101 断路器汇控柜断路器储能电源空气断路器。

（48）拉开 66(35)kV Ⅰ进线 101 断路器控制直流电源空气断路器。

（49）退出 1 号主变压器主保护跳 66(35)kV Ⅰ进线 101 断路器出口连接片（具体操作步骤略）。

（50）退出 1 号主变压器后备保护跳 66(35)kV Ⅰ进线 101 断路器出口连接片（具体操作步骤略）。

3. 操作项目解析

（1）操作项目总体操作步骤划分。

步骤一：退出 66(35)kV 备投装置功能。

操作项目（1）项，具体操作步骤略。为操作人员在备自投保护屏上进行的检查、操作项目。

步骤二：66(35)kV Ⅰ进线和 66(35)kV Ⅱ进线在本站 66(35)kV 侧环并操作。

操作项目中的（2）～（9）项，为操作人员在 66(35)kV Ⅱ进线 102 断路器间隔汇控柜和监控机上进行的检查、操作项目。

步骤三：66(35)kVⅠ进线停电操作。

操作项目中的（10）～（31）项，为操作人员在66(35)kVⅠ进线101断路器间隔汇控柜和监控机上进行的检查、操作项目。

步骤四：布置安全措施。

操作项目中的（32）～（48）项，其中操作项目中的（32）～（47）项为操作人员在66(35)kVⅠ进线101断路器间隔汇控柜和监控机上进行的检查、操作项目。

操作项目中的（48）项为操作人员在66(35)kVⅠ进线保护测控屏上进行的操作项目。

步骤五：退出1号主变压器主保护、后备保护跳66(35)kVⅠ进线101断路器连接片。

操作项目中的（49）～（50）项，为操作人员在1号主变压器保护屏上（或在监控机上退出相应的软连接片）进行的操作项目。

（2）操作项目总体操作步骤解析。

步骤一解析：由于变电站一次系统运行方式改变后，相应备自投逻辑关系发生了变化，为了避免备自投装置误动作，在变电站一次系统运行方式改变之前必须退出备自投装置运行。

由于"××变电站66(35)kVⅠ进线101断路器及线路由运行转为检修"操作任务后，变电站66(35)kV侧接线方式已经没有了备投设备或电源，因此"退出66(35)kV备投装置功能"后不需要再投入。

步骤二解析："66(35)kVⅠ进线和66(35)kVⅡ进线在本站66(35)kV侧环并操作"之前需要检查变电站运行方式和设备符合环并操作条件，操作项目中的（2）～（9）项。

"合上66(35)kVⅡ进线102断路器"，执行"66(35)kVⅠ进线和66(35)kVⅡ进线在本站66(35)kV侧环并操作"，变电站原有的66(35)kV侧Ⅱ进线102断路器备投方式就发生了改变，况且操作开始时已经退出66(35)kVⅡ进线102断路器备投功能。此时10kV侧分段备投正常运行。

步骤三解析：请见第三章第二节【模块一】目标驱动三中相关内容。

步骤四解析：请见第三章第二节【模块一】目标驱动三中相关内容。

步骤五解析：请见第三章第二节【模块一】目标驱动三中相关内容。

【模块二】　线路及高压开关类设备送电操作

核心知识 --

（1）线路及高压开关类设备送电操作的规定。

（2）线路及高压开关类设备送电倒闸操作的原则。

关键技能 --

（1）根据调度或运维负责人倒闸操作指令正确填写线路及高压开关类设备送电倒闸操作票。

（2）在线路及高压开关类设备送电倒闸操作过程中运维人员能够对潜在的危险点正确认知并能提前预控危险。

目标驱动 -

目标驱动一：10kV 线路送电操作

××变电站一次设备接线方式如图 3-6 所示（运行方式：Ⅰ进线 101 断路器代 1 号主变压器、10kVⅠ段母线运行，Ⅱ进线 102 断路器代 2 号主变压器、10kVⅡ段母线运行，内桥 100 断路器、10kV 分段 000 断路器热备用），××变电站高压侧为内桥接线（GIS 设备），10kV 侧为单母分段接线（小车开关柜）。

保护配置请见第三章第二节【模块一】目标驱动一中所述。

1. 操作任务

××变电站 10kVⅠ出线线路由检修转为运行。

2. 操作项目

（1）合上 10kVⅠ出线 003 断路器控制直流电源空气断路器。

（2）检查 10kVⅠ出线 003 断路器保护投入正确。

（3）拉开 10kVⅠ出线 003-QS3 接地隔离开关。

（4）检查 10kVⅠ出线 003-QS3 接地隔离开关分位监控信号指示正确。

（5）检查 10kVⅠ出线 003-QS3 接地隔离开关操控屏位置指示确在分位。

（6）检查 10kVⅠ出线 003-QS3 接地隔离开关位置指示器确在分位。

（7）检查 10kVⅠ出线 003 断路器确在分位。

（8）将 10kVⅠ出线 003 小车开关推至运行位置。

（9）检查 10kVⅠ出线 003 小车开关确已推至运行位置。

（10）将 10kVⅠ出线 003 断路器操作方式开关由"就地"切至"远方"位置。

（11）选择 10kVⅠ出线 003 断路器合闸。

（12）检查 10kVⅠ出线 003 断路器合闸选线正确。

（13）合上 10kVⅠ出线 003 断路器。

（14）检查 10kVⅠ出线 003 断路器三相电流表计指示正确，电流 A 相＿＿ A、B 相＿＿ A、C 相＿＿ A。

（15）检查 10kVⅠ出线 003 断路器合位监控信号指示正确。

（16）检查 10kVⅠ出线保护测控装置断路器位置指示正确。

（17）检查 10kVⅠ出线 003 断路器合位机械位置指示正确。

（18）检查 10kVⅠ出线 003 断路器重合闸投入正确。

3. 操作项目解析

（1）操作项目总体操作步骤划分。

步骤一：拆除安全措施。

操作项目中的（1）～（6）项，为操作人员在 10kVⅠ出线 003 断路器操控屏上进行的检查、操作项目。

步骤二：将小车断路器由试验位置推至运行位置。

操作项目中的（7）～（9）项，为操作人员在 10kVⅠ出线 003 断路器操控屏上进行的检查、操作项目。

步骤三：送电。

操作项目中的（10）～（13）项，其中操作项目（10）为操作人员在 10kVⅠ出线 003 断路器操控屏上进行的操作项目，操作项目（11）～（13）项为操作人员在监控机上进行的检查、操作项目。

步骤四：检查断路器运行工况。

操作项目中的（14）～（18）项，其中操作项目（14）～（15）项为操作人员在监控机上进行的检查项目，操作项目（16）～（18）项为操作人员在 10kVⅠ出线 003 断路器操控屏上进行的检查项目。

（2）操作项目总体操作步骤解析。

步骤一解析：《国家电网公司电力安全工作规程（变电部分）》2.3.4.3 第 5）条规定："设备检修后合闸送电前，检查送电范围内接地隔离开关（装置）已拉开，接地线已拆除。"

"合上 10kVⅠ出线 003 断路器控制直流电源空气断路器"和"检查 10kVⅠ出线 003 断路器保护投入正确"目的在于使 10kVⅠ出线 003 断路器控制回路和保护装置处于工作状态，一旦 10kVⅠ出线电流互感器线路侧有接地线未拆除或有故障，而将小车断路器合闸时，由继电保护装置和小车断路器配合切除故障。

一般情况下，如果在停电操作或在工作过程中没有操作过保护装置，可在操作票不必填写"检查 10kVⅠ出线 003 断路器保护投入正确"项，但重要的操作需要填写此项。

10kV 线路电流保护展开原理简图如图 3-15 所示。"检查 10kVⅠ出线 003 断路器保护投入正确"项不但需要检查图中保护连接片 1XB～3XB 确已投入，同时检查保护装置液晶屏上信息显示相关保护投入正确。

步骤二解析：《国家电网公司电力安全工作规程（变电部分）》2.3.4.3 第 3）条规定："进行停、送电操作时，在拉、合隔离开关（刀闸），手车式断路器拉出、推入前，检查断路器（开关）确在分闸位置。"

小车断路器的操作有着其特殊性，因为小车断路器的电源侧和负荷侧一般不会配有隔离开关，小车断路器的电源侧和负荷侧的插入式触头起到了隔离开关作用，只是在拉开小车断路器后将小车断路器推至运行操作过程中不能按先合电源侧隔离开关（刀闸）、后合负荷侧隔离开关（刀闸）的顺序依次进行的规定进行操作。这给小车断路器操作带来了安全隐患，因为一旦由于某种原因在小车断路器未拉开的情况下误将小车断路器推至运行位置，相当带负荷合母线侧隔离开关，将造成母线弧光短路事故。这样不但会造成严重的设备损坏、变电站停电事故，而且会造成人身伤亡事故。因此"将 10kVⅠ出线 003 小车断路器由试验位置推至运行位置"之前一定"检查 10kVⅠ出线 003 断路器在分位"。

小车断路器处于"运行"、"试验"、"检修"位置示意图如图 3-12 所示。

步骤三解析：10kV 小车断路器一般情况下不进行就地操作，因此"将 10kVⅠ出线 003 断路器操作方式开关由就地切至远方位置"以实现断路器的远方操作。

为了防止误操作事故的发生，操作项目中的（10）～（13）项必须在监控机上相应设备的分画面上进行操作，不允许在监控机上主画面上操作。

步骤四解析：《国家电网公司电力安全工作规程（变电部分）》2.3.6.5 规定："电气设备操作后的位置检查应以设备实际位置为准，无法看到实际位置时，可通过设备机械位置指

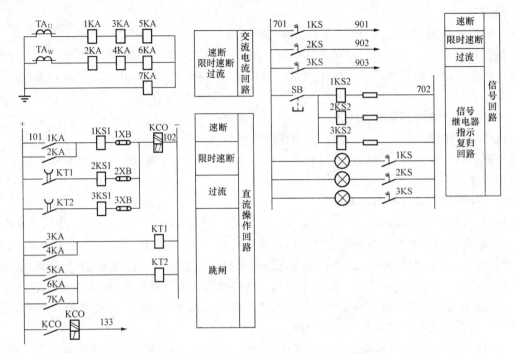

图 3-15   10kV 线路电流保护展开原理简图

示、电气指示、带电显示装置、仪表及各种遥测、遥信等信号的变化来判断。判断时，应有两个及以上的指示，且所有指示均已同时发生对应变化，才能确认该设备已操作到位。以上检查项目应填写在操作票中作为检查项。"

"检查 10kV I 出线 003 断路器合位监控信号指示正确"、"检查表计指示正确，电流 A 相＿＿＿A、B 相＿＿＿A、C 相＿＿＿A"是操作人员在监控机上进行检查的项目，同时检查 10kV I 出线有功、无功指示值正确。检查此项目的目的在于确证 10kV I 出线 003 断路器合闸良好，且与 10kV I 出线 003 断路器操控屏上"10kV I 出线电流、有功、无功指示值"信息一致。

"检查 10kV I 出线 003 断路器合位机械位置指示正确"、"检查 10kV I 出线保护测控装置断路器位置指示正确"是操作人员在 10kV I 出线 003 断路器操控屏上进行的检查项目，不但检查 10kV I 出线 003 断路器位置指示牌在"合闸"位置，而且检查 10kV I 出线 003 断路器机械位置指示正确和断路器保护测控装置开关位置指示正确。

如果线路保护装置使用微机型继电保护，考虑到微机保护在线路停、送电操作过程中能可靠闭锁重合闸装置，因此在线路停、送电操作过程中一般不考虑重合闸出口连接片的投退问题，特殊要求或特殊情况除外。

目标驱动二：10kV 线路及断路器送电操作

××变电站一次设备接线方式如图 3-6 所示（运行方式：I 进线 101 断路器代 1 号主变压器、10kV I 段母线运行，II 进线 102 断路器代 2 号主变压器、10kV II 段母线运行，内桥 100 断路器、10kV 分段 000 断路器热备用），××变电站高压侧为内桥接线（GIS 设备），10kV 侧为单母分段接线（小车开关柜）。

保护配置请见第三章第二节【模块一】目标驱动一中所述。

1. 操作任务

××变电站 10kVⅠ出线 003 断路器及线路由检修转为运行。

2. 操作项目

（1）检查 10kVⅠ出线 003 断路器保护投入正确。

（2）拉开 10kVⅠ出线 003-QS3 接地开关。

（3）检查 10kVⅠ出线 003-QS3 接地开关分位监控信号指示正确。

（4）检查 10kVⅠ出线 003-QS3 接地开关操控屏位置指示确在分位。

（5）检查 10kVⅠ出线 003-QS3 接地开关位置指示器确在分位。

（6）检查 10kVⅠ出线 003 断路器确在分位。

（7）将 10kVⅠ出线 003 小车开关推至试验位置。

（8）检查 10kVⅠ出线 003 小车开关确已推至试验位置。

（9）装上 10kVⅠ出线 003 小车开关二次插件。

（10）合上 10kVⅠ出线 003 断路器控制直流电源空气断路器。

（11）合上 10kVⅠ出线 003 断路器保护电源空气断路器。

（12）将 10kVⅠ出线 003 小车开关推至运行位置。

（13）检查 10kVⅠ出线 003 小车开关确已推至运行位置。

（14）将 10kVⅠ出线 003 断路器操作方式开关由就地切至远方位置。

（15）选择 10kVⅠ出线 003 断路器合闸。

（16）检查 10kVⅠ出线 003 断路器合闸选线正确。

（17）合上 10kVⅠ出线 003 断路器。

（18）检查 10kVⅠ出线 003 断路器三相电流表计指示正确，电流 A 相＿＿ A、B 相＿＿ A、C 相＿＿ A。

（19）检查 10kVⅠ出线 003 断路器合位监控信号指示正确。

（20）检查 10kVⅠ出线保护测控装置断路器位置指示正确。

（21）检查 10kVⅠ出线 003 断路器合位机械位置指示正确。

（22）检查 10kVⅠ出线 003 断路器重合闸投入正确。

3. 操作项目解析

（1）操作项目总体操作步骤划分。

步骤一：拆除安全措施。

操作项目中的（1）～（5）项，为操作人员在 10kVⅠ出线 003 断路器操控屏上进行的检查、操作项目。

步骤二：将 10kVⅠ出线 003 小车断路器由检修位置推至试验位置。

操作项目中的（6）～（11）项，为操作人员在 10kVⅠ出线 003 断路器操控屏上进行的检查、操作项目。

步骤三：将 10kVⅠ出线 003 小车断路器由试验位置推至运行位置。

操作项目中的（12）～（13）项，为操作人员在 10kVⅠ出线 003 断路器操控屏上进行的检查、操作项目。

步骤四：送电。

操作项目中的（14）～（17）项，其中操作项目（14）为操作人员在 10kVⅠ出线 003 断路器操控屏上进行的操作项目，操作项目（15）～（17）项为操作人员在监控机上进行的检查项目。

步骤五：检查断路器运行工况。

操作项目中的（18）～（22）项，其中操作项目（18）、（19）为操作人员在监控机上进行的检查项目，操作项目（20）～（22）项为操作人员在 10kVⅠ出线 003 断路器操控屏上进行的检查项目。

（2）操作项目总体操作步骤解析。

步骤一解析：除了"合上 10kVⅠ出线 003 断路器控制直流电源空气断路器"和"合上 10kVⅠ出线 003 断路器保护直流电源空气断路器"操作项目没有填写在操作的起始项之外，其他操作项目与典型操作 2 相同，有关解析内容与第三章第二节【模块二】目标驱动一中相关内容相同。

由于"合上 10kVⅠ出线 003 断路器控制直流电源空气断路器"、"合上 10kVⅠ出线 003 断路器保护直流电源空气断路器"操作项目与"装上 10kVⅠ出线 003 断路器二次插件"操作项目顺序必须是"装上 10kVⅠ出线 003 断路器二次插件"操作项目在前，而"合上 10kVⅠ出线 003 断路器控制直流电源空气断路器"、"合上 10kVⅠ出线 003 断路器保护直流电源空气断路器"操作项目在后，否则将会造成小车的二次插头及相关的电气元器件烧损。

步骤二解析：一旦由于某种原因在小车断路器未拉开的情况下误将小车断路器推至运行位置，相当带负荷合母线侧隔离开关，将造成母线弧光短路事故。这样不但会造成严重的设备损坏、变电站停电事故，而且也可能会造成人身伤亡事故。因此"将 10kVⅠ出线 003 小车断路器由试验位置推至运行位置"之前一定"检查 10kVⅠ出线 003 断路器在分位"。

因为小车的二次插头连接线较短，只有"将 10kVⅠ出线 003 小车断路器由检修位置推至试验位置"，才能继续按顺序完成"合上 10kVⅠ出线 003 断路器控制直流电源空气断路器"、"合上 10kVⅠ出线 003 断路器保护直流电源空气断路器"、"装上 10kVⅠ出线 003 断路器二次插件"操作项目。

步骤三解析：只有 10kVⅠ出线 003 断路器的保护直流、控制直流和保护装置投入运行，才能"将 10kVⅠ出线 003 小车断路器由试验位置推至运行位置"。确保在"合上 10kVⅠ出线 003 断路器"时，一旦 10kVⅠ出线线路侧发生短路故障，如果断路器在合位，保护装置和断路器相互配合切除故障。

步骤四解析：请见第三章第二节【模块二】目标驱动一中相关内容。

步骤五解析：请见第三章第二节【模块二】目标驱动一中相关内容。

目标驱动三：66(35)kV 线路及断路器送电操作 1

××变电站一次设备接线方式如图 3 - 6 所示（运行方式为Ⅰ进线 101 断路器代 1 号主变压器、10kVⅠ段母线运行，Ⅱ进线 102 断路器代 2 号主变压器、10kVⅡ段母线运行，内桥 100 断路器、10kV 分段 000 断路器热备用），××变电站高压侧为内桥接线（GIS 设备），10kV 侧为单母分段接线（小车开关柜）。

保护配置请见第三章第二节【模块一】目标驱动一中所述。

1. 操作任务

××变电站 66(35)kVⅠ进线 101 断路器及线路由检修转为运行。

2. 操作项目

(1) 合上 66(35)kV Ⅰ进线 101 断路器控制直流电源空气断路器。

(2) 合上 66(35)kV Ⅰ进线 101 断路器汇控柜断路器储能电源空气断路器。

(3) 合上 66(35)kV Ⅰ进线 101 断路器汇控柜隔离开关电机电源空气断路器。

(4) 将 66(35)kV Ⅰ进线 101 断路器汇控柜操作方式选择开关由远控切至近控位置。

(5) 选择 66(35)kV Ⅰ进线 1013-QS3 接地开关分闸。

(6) 检查 66(35)kV Ⅰ进线 1013-QS3 接地开关分闸选线正确。

(7) 拉开 66(35)kV Ⅰ进线 1013-QS3 接地开关。

(8) 检查 66(35)kV Ⅰ进线 1013-QS3 接地开关合位监控信号指示正确。

(9) 检查 66(35)kV Ⅰ进线 1013-QS3 接地开关汇控柜位置指示确在分位。

(10) 检查 66(35)kV Ⅰ进线 1013-QS3 接地开关位置指示器确在分位。

(11) 选择 66(35)kV Ⅰ进线 1013-QS2 接地开关分闸。

(12) 检查 66(35)kV Ⅰ进线 1013-QS2 接地开关分闸选线正确。

(13) 拉开 66(35)kV Ⅰ进线 1013-QS2 接地开关。

(14) 检查 66(35)kV Ⅰ进线 1013-QS2 接地开关合位监控信号指示正确。

(15) 检查 66(35)kV Ⅰ进线 1013-QS2 接地开关汇控柜位置指示确在分位。

(16) 检查 66(35)kV Ⅰ进线 1013-QS2 接地开关位置指示器确在分位。

(17) 选择 66(35)kV Ⅰ进线 1011-QS1 接地开关分闸。

(18) 检查 66(35)kV Ⅰ进线 1011-QS1 接地开关分闸选线正确。

(19) 拉开 66(35)kV Ⅰ进线 1011-QS1 接地开关。

(20) 检查 66(35)kV Ⅰ进线 1011-QS1 接地开关分位监控信号指示正确。

(21) 检查 66(35)kV Ⅰ进线 1011-QS1 接地开关汇控柜位置指示确在分位。

(22) 检查 66(35)kV Ⅰ进线 1011-QS1 接地开关位置指示器确在分位。

(23) 将 66(35)kV Ⅰ进线 101 断路器汇控柜操作方式选择开关由近控切至远控位置。

(24) 检查 66(35)kV Ⅰ进线 101 断路器确在分位。

(25) 选择 66(35)kV Ⅰ进线 1011 隔离开关合闸。

(26) 检查 66(35)kV Ⅰ进线 1011 隔离开关合闸选线正确。

(27) 合上 66(35)kV Ⅰ进线 1011 隔离开关。

(28) 检查 66(35)kV Ⅰ进线 1011 隔离开关合位监控信号指示正确。

(29) 检查 66(35)kV Ⅰ进线 1011 隔离开关汇控柜位置指示确在合位。

(30) 检查 66(35)kV Ⅰ进线 1011 隔离开关合位机械位置指示正确。

(31) 选择 66(35)kV Ⅰ进线 1013 隔离开关合闸。

(32) 检查 66(35)kV Ⅰ进线 1013 隔离开关合闸选线正确。

(33) 合上 66(35)kV Ⅰ进线 1013 隔离开关。

(34) 检查 66(35)kV Ⅰ进线 1013 隔离开关合位监控信号指示正确。

(35) 检查 66(35)kV Ⅰ进线 1013 隔离开关汇控柜位置指示确在合位。

(36) 检查 66(35)kV Ⅰ进线 1013 隔离开关合位机械位置指示正确。

(37) 拉开 66(35)kV Ⅰ进线 101 断路器汇控柜隔离开关电机电源空气断路器。

(38) 投入 1 号主变压器主保护跳 66(35)kV Ⅰ进线 101 断路器出口连接片（具体操作步

骤略）。

　　（39）投入 1 号主变压器后备保护跳 66(35)kVⅠ进线 101 断路器出口连接片（具体操作步骤略）。

　　（40）选择 66(35)kVⅠ进线 101 断路器合闸。

　　（41）检查 66(35)kVⅠ进线 101 断路器合闸选线正确。

　　（42）合上 66(35)kVⅠ进线 101 断路器。

　　（43）66(35)kVⅠ进线 101 断路器电流表计指示正确，电流 A 相＿＿ A、B 相＿＿ A、C 相＿＿ A。

　　（44）检查 66(35)kVⅠ进线 101 断路器合位监控信号指示正确。

　　（45）检查 66(35)kVⅠ进线保护测控装置断路器位置指示正确。

　　（46）检查 66(35)kVⅠ进线 101 断路器汇控柜位置指示确在合位。

　　（47）检查 66(35)kVⅠ进线 101 断路器合位机械位置指示正确。

　　（48）选择 66(35)kV 内桥 100 断路器分闸。

　　（49）检查 66(35)kV 内桥 100 断路器分闸选线正确。

　　（50）拉开 66(35)kV 内桥 100 断路器。

　　（51）检查 66(35)kV 内桥 100 断路器电流表计指示正确，电流 A 相＿＿ A、B 相＿＿ A、C 相＿＿ A。

　　（52）检查 66(35)kV 内桥 100 断路器分位监控信号指示正确。

　　（53）检查 66(35)kV 内桥保护测控装置断路器位置指示正确。

　　（54）检查 66(35)kV 内桥 100 断路器汇控柜位置指示确在分位。

　　（55）检查 66(35)kV 内桥 100 断路器分位机械位置指示正确。

　　（56）投入 66(35)kV 备投装置功能（具体操作步骤略）。

　　3. 操作项目解析

　　（1）操作项目总体操作步骤划分。

　　步骤一：合上断路器控制直流电源及储能电源。

　　操作项目中的（1）项，为操作人员在 66(35)kVⅠ进线保护测控屏上进行的操作项目。

　　操作项目中的（2）项，为操作人员在 66(35)kVⅠ进线 101 断路器间隔汇控柜上进行的操作项目。

　　步骤二：拆除安全措施。

　　操作项目中的（3）～（22）项，为操作人员在 66(35)kVⅠ进线 101 断路器间隔汇控柜和监控机上进行的检查、操作项目。

　　步骤三：将断路器由冷备用转为热备用。

　　操作项目中的（23）～（37）项，为操作人员在 66(35)kVⅠ进线 101 断路器间隔汇控柜和监控机上进行的检查、操作项目。

　　步骤四：投入 1 号主变压器保护跳Ⅰ进线 101 断路器出口连接片。

　　操作项目中的（38）～（39）项，为操作人员在 1 号主变压器保护屏上（或在监控机上操作相应的软连接片）进行的操作项目。

　　步骤五：66(35)kVⅠ进线和 66(35)kVⅡ进线在本站 66(35)kV 侧环并操作。

　　操作项目中的（40）～（47）项，为操作人员在 66(35)kVⅠ进线 101 断路器间隔汇控柜和监控机上进行的检查、操作项目。

步骤六：66(35)kV 内桥 100 断路器由运行转为热备用。

操作项目中的（48）～（55）项，为操作人员在 66(35)kV 内桥 100 断路器间隔汇控柜和监控机上进行的检查、操作项目。

操作项目中的（56）项，为操作人员在备自投保护屏上（或在监控机上操作相应的软连接片）进行的操作项目。

（2）操作项目总体操作步骤解析。

步骤一解析：简化的断路器控制回路如图 3 - 13 所示，"合上 66(35)kV Ⅰ进线 101 断路器控制直流电源空气断路器"目的是使 66(35)kV Ⅰ进线 101 断路器控制回路处于工作状态，"合上 66(35)kV Ⅰ进线 101 断路器汇控柜断路器储能电源空气断路器"是保证断路器具备分合闸能力。一旦 66(35)kV Ⅰ进线电流互感器线路侧或母线侧有接地线未拆除或有故障，当断路器合闸时，由继电保护装置和断路器配合切除故障。

但典型内桥接线的Ⅰ进线和Ⅱ进线的保护配置与其他的电源线路的保护配置可能存在差别。

分析一：典型内桥接线的Ⅰ进线和Ⅱ进线一般不配线路保护，若不配线路保护，在拆除接地线操作过程中如果 66(35)kV Ⅰ进线电流互感器线路侧或母线侧有接地线未拆除或有故障，则本身设备单元没有保护装置和断路器共同配合切除故障的功能，需要上一级保护或与之相关联的保护动作切除故障。此时"合上 66(35)kV Ⅰ进线 101 断路器控制直流电源空气断路器"就没有意义，但为了执行常规合理的操作原则和考虑下一步的操作的合理性，还是要执行此项操作。

分析二：如果考虑到典型内桥接线的Ⅰ进线和Ⅱ进线环网运行时确保Ⅰ进线和Ⅱ进线的供电可靠性，Ⅰ进线和Ⅱ进线配置线路保护。此时"合上 66(35)kV Ⅰ进线 101 断路器控制直流电源空气断路器"就有实际意义。

步骤二解析：《国家电网公司电力安全工作规程（变电部分）》2.3.4.3 第 5）条规定："设备检修后合闸送电前，检查送电范围内接地隔离开关（装置）已拉开，接地线已拆除。"

一般送电线路线路侧所装设的三相短路接地线（接地开关）是保证线路侧作业人员和变电站内相关工作范围作业人员的一项必要安全措施，同时也是关系到不同专业和不同作业组之间相互配合的一项必要安全措施，因此调度必须掌握。只有当涉及此项作业的每一个作业组均向调度汇报各自工作任务已经完成，自设安全措施均已拆除，且相关设备已具备投运条件时，调度才会命令送电线路各端变电站运行人员拆除送电线路线路侧所装设的三相短路接地线（接地隔离开关）。当确认送电线路上所涉及的三相短路接地线（接地隔离开关）全部拆除后，调度按照送电计划命令运行人员将线路送电。否则将会造成带接地线合闸送电或送电到工作地点的恶性误操作事故。

步骤三解析：《国家电网公司电力安全工作规程（变电部分）》2.3.4.3 第 3）条规定："进行停、送电操作时，在拉、合隔离开关（刀闸）、手车式断路器拉出、推入前，检查断路器（开关）确在分位。"

有关断路器（开关）与隔离开关（刀闸）操作的详细解析内容请见第三章第二节【模块一】目标驱动一步骤一解析中相关内容。

步骤四解析：66(35)kV Ⅰ进线 101 断路器由热备用转为运行后，其电流互感器的主变差动保护用线圈就已经接入到 1 号主变压器差动保护二次回路之中，同时 66(35)kV Ⅰ进线 101 断路器和 66(35)kV 内桥 100 断路器同时成为 1 号主变压器差动保护的 66(35)kV 侧主断路器，因此在 66(35)kV Ⅰ进线 101 断路器由热备用转为运行前需要"投入 1 号主变压器保护跳Ⅰ进线 101 断路器出口连接片"。

步骤五解析：执行"66(35)kV Ⅰ进线和 66(35)kV Ⅱ进线在本站 66(35)kV 侧环并操作"操作任务后，实际上是将 1、2 号主变压器在 66(35)kV 并列运行，此时应注意 1、2 号主变压器并列操作应在符合变压器并列运行条件的前提下进行。

步骤六解析：完成"66(35)kV 内桥 100 断路器由运行转为热备用"操作项目后，变电站一次系统接线由高压侧无备投、低压侧分段备投方式应转为投入高压侧内桥备投、低压侧分段备投方式，按照备自投逻辑原理和现场运行规程要求投入高压侧内桥备投。

投入高压侧内桥备投操作先将相关备投切换把手由退出切至投入位置，然后投入保护出口连接片，符合保护投退原则。

先投入其保护功能连接片，可以检查保护装置是否运行正常，如正常再投入保护出口连接片；否则，一旦投入保护功能连接片后发现保护装置异常，应停止投入保护出口连接片的操作，避免事故的发生。如果先投入其保护出口连接片，后投入其保护功能连接片，一旦因为人员误操作原因或保护装置误动等原因致使保护误动作，将通过保护出口连接片造成保护误动作跳闸事故。

目标驱动四：66(35)kV 线路及断路器送电操作 2

××变电站一次设备接线方式如图 3-6 所示（运行方式：Ⅰ进线 101 断路器、内桥 100 断路器、1 号主变压器、2 号主变压器、10kV Ⅰ段母线、10kV Ⅱ段母线运行，Ⅱ进线 102 断路器、10kV 分段 000 断路器热备用），××变电站高压侧为内桥接线（GIS 设备），10kV 侧为单母分段接线（小车开关柜）。

保护配置请见第三章第二节【模块一】目标驱动一中所述。

1. 操作任务

××变电站 66(35)kV Ⅰ进线 101 断路器及线路由检修转为运行。

2. 操作项目

(1) 合上 66(35)kV Ⅰ进线 101 断路器控制直流电源空气断路器。

(2) 合上 66(35)kV Ⅰ进线 101 断路器汇控柜断路器储能电源空气断路器。

(3) 合上 66(35)kV Ⅰ进线 101 断路器汇控柜隔离开关电机电源空气断路器。

(4) 将 66(35)kV Ⅰ进线 101 断路器汇控柜操作方式选择开关由远控切至近控位置。

(5) 选择 66(35)kV Ⅰ进线 1013-QS3 接地开关分闸。

(6) 检查 66(35)kV Ⅰ进线 1013-QS3 接地开关分闸选线正确。

(7) 拉开 66(35)kV Ⅰ进线 1013-QS3 接地开关。

(8) 检查 66(35)kV Ⅰ进线 1013-QS3 接地开关分位监控信号指示正确。

(9) 检查 66(35)kV Ⅰ进线 1013-QS3 接地开关汇控柜位置指示确在分位。

(10) 检查 66(35)kV Ⅰ进线 1013-QS3 接地开关位置指示器确在分位。

(11) 选择 66(35)kV Ⅰ进线 1013-QS2 接地开关分闸。

(12) 检查 66(35)kV Ⅰ进线 1013-QS2 接地开关分闸选线正确。

(13) 拉开 66(35)kV Ⅰ进线 1013-QS2 接地开关。

（14）检查 66(35)kVⅠ进线 1013-QS2 接地开关分位监控信号指示正确。

（15）检查 66(35)kVⅠ进线 1013-QS2 接地开关汇控柜位置指示确在分位。

（16）检查 66(35)kVⅠ进线 1013-QS2 接地开关位置指示器确在分位。

（17）选择 66(35)kVⅠ进线 1011-QS1 接地开关分闸。

（18）检查 66(35)kVⅠ进线 1011-QS1 接地开关分闸选线正确。

（19）拉开 66(35)kVⅠ进线 1011-QS1 接地开关。

（20）检查 66(35)kVⅠ进线 1011-QS1 接地开关分位监控信号指示正确。

（21）检查 66(35)kVⅠ进线 1011-QS1 接地开关汇控柜位置指示确在分位。

（22）检查 66(35)kVⅠ进线 1011-QS1 接地开关位置指示器确在分位。

（23）将 66(35)kVⅠ进线 101 断路器汇控柜操作方式选择开关由近控切至远控位置。

（24）检查 66(35)kVⅠ进线 101 断路器确在分位。

（25）选择 66(35)kVⅠ进线 1011 隔离开关合闸。

（26）检查 66(35)kVⅠ进线 1011 隔离开关合闸选线正确。

（27）合上 66(35)kVⅠ进线 1011 隔离开关。

（28）检查 66(35)kVⅠ进线 1011 隔离开关合位监控信号指示正确。

（29）检查 66(35)kVⅠ进线 1011 隔离开关汇控柜位置指示确在合位。

（30）检查 66(35)kVⅠ进线 1011 隔离开关合位机械位置指示正确。

（31）选择 66(35)kVⅠ进线 1013 隔离开关合闸。

（32）检查 66(35)kVⅠ进线 1013 隔离开关合闸选线正确。

（33）合上 66(35)kVⅠ进线 1013 隔离开关。

（34）检查 66(35)kVⅠ进线 1013 隔离开关合位监控信号指示正确。

（35）检查 66(35)kVⅠ进线 1013 隔离开关汇控柜位置指示确在合位。

（36）检查 66(35)kVⅠ进线 1013 隔离开关合位机械位置指示正确。

（37）拉开 66(35)kVⅠ进线 101 断路器汇控柜隔离开关电机电源空气断路器。

（38）投入 1 号主变压器主保护跳 66(35)kVⅠ进线 101 断路器出口连接片（具体操作步骤略）。

（39）投入 1 号主变压器后备保护跳 66(35)kVⅠ进线 101 断路器出口连接片（具体操作步骤略）。

（40）选择 66(35)kVⅠ进线 101 断路器合闸。

（41）检查 66(35)kVⅠ进线 101 断路器合闸选线正确。

（42）合上 66(35)kVⅠ进线 101 断路器。

（43）66(35)kVⅠ进线 101 断路器电流表计指示正确，电流 A 相＿＿ A、B 相＿＿A、C 相＿＿ A。

（44）检查 66(35)kVⅠ进线 101 断路器合位监控信号指示正确。

（45）检查 66(35)kVⅠ进线保护测控装置断路器位置指示正确。

（46）检查 66(35)kVⅠ进线 101 断路器汇控柜位置指示确在合位。

（47）检查 66(35)kVⅠ进线 101 断路器合位机械位置指示正确。

（48）选择 66(35)kVⅡ进线 102 断路器分闸。

（49）检查 66(35)kVⅡ进线 102 断路器分闸选线正确。

（50）拉开 66(35)kVⅡ进线 102 断路器。

（51）检查 66(35)kVⅡ进线 102 断路器电流表计指示正确，电流 A 相____ A、B 相____ A、C 相____ A。

（52）检查 66(35)kVⅡ进线 102 断路器分位监控信号指示正确。

（53）检查 66(35)kVⅡ进线保护测控装置断路器位置指示正确。

（54）检查 66(35)kVⅡ进线 102 断路器汇控柜位置指示确在分位。

（55）检查 66(35)kVⅡ进线 102 断路器分位机械位置指示正确。

（56）投入 66(35)kV 备投装置功能（具体操作步骤略）。

3. 操作项目解析

（1）操作项目总体操作步骤划分。

步骤一：合上断路器控制直流电源及储能电源。

操作项目中的（1）项，为操作人员在 66(35)kVⅠ进线保护测控屏上进行的操作项目。

操作项目中的（2）项，为操作人员在 66(35)kVⅠ进线 101 断路器间隔汇控柜上进行的操作项目。

步骤二：拆除安全措施。

操作项目中的（3）～（22）项，为操作人员在 66(35)kVⅠ进线 101 断路器间隔汇控柜和监控机上进行的检查、操作项目。

步骤三：将断路器由冷备用转为热备用。

操作项目中的（23）～（37）项，为操作人员在 66(35)kVⅠ进线 101 断路器间隔汇控柜和监控机上进行的检查、操作项目。

步骤四：投入 1 号主变压器保护跳Ⅰ进线 101 断路器出口连接片。

操作项目中的（38）～（39）项，为操作人员在 1 号主变压器保护屏上（或在监控机上操作相应的软连接片）进行的操作项目。

步骤五：66(35)kVⅠ进线和 66(35)kVⅡ进线在本站 66(35)kV 侧环并操作。

操作项目中的（40）～（47）项，为操作人员在 66(35)kVⅠ进线 101 断路器间隔汇控柜和监控机上进行的检查、操作项目。

步骤六：66(35)kVⅡ进线 102 断路器由运行转为热备用。

操作项目中的（48）～（55）项，为操作人员在 66(35)kVⅡ进线 102 断路器间隔汇控柜和监控机上进行的检查、操作项目。

操作项目中的（56）项，为操作人员在备自投保护屏（或在监控机上操作相应的软连接片）进行的操作项目。

（2）操作项目总体操作步骤解析。

步骤一解析：请见第三章第二节【模块二】目标驱动三中相关内容。

步骤二解析：请见第三章第二节【模块二】目标驱动三中相关内容。

步骤三解析：请见第三章第二节【模块二】目标驱动三中相关内容。

步骤四解析：请见第三章第二节【模块二】目标驱动三中相关内容。

步骤五解析：请见第三章第二节【模块二】目标驱动三中相关内容。

步骤六解析：在完成"66(35)kVⅡ进线 102 断路器由运行转为热备用"操作项目后，变电站一次系统接线由高压侧无备投、低压侧分段备投方式应转为投入高压侧进线备投、低压侧分段备投方式，按照备自投逻辑原理和现场运行规程要求投入高压侧进线备投。

其他解析内容请见第三章第二节【模块二】目标驱动三中相关内容。

危险预控 -

表 3-2 线路及高压开关类设备操作危险点及控制措施

序号	线路及高压开关类设备操作危险点	控 制 措 施
1	就地操作（分、合闸操作）误拉合断路器	（1）接受操作计划或倒闸操作命令以及联系操作一定要录音，复诵核对清楚。 （2）开始操作前，应先在模拟图（或微机防误装置、微机监控装置）上进行核对性模拟预演，无误后，再进行操作。操作前应先核对系统方式、设备名称、编号和位置，操作中应认真执行监护复诵制度（单人操作时也应高声唱票）。 （3）下令必须准确，复令必须声音洪亮。 （4）严防走错间隔，造成误拉合运行断路器。 （5）拉、合断路器时必须使用防误闭锁器，正常情况下严禁使用万用钥匙操作。 （6）检查断路器位置要结合表计、机械位置指示、拉杆状态、灯光、弹簧拐臂等综合判断，严禁仅凭一种现象判断断路器位置
2	就地操作（分、合闸操作）拉合断路器时拧错方向	（1）断路器预合闸时要检查绿灯闪光后方可拧至合位。 （2）断路器预切闸时要检查红灯闪光后方可拧至切闸位置。 （3）操作人手指合方向，监护人确认无误后方可操作
3	遥控操作（分、合闸操作）误拉合断路器	（1）认真核对监控系统中遥控设备的名称及编号，且应在相应设备的分画面进行操作，不允许在主画面上操作，防止误拉合其他断路器。 （2）遥控操作必须两人进行，一人操作，一人监护。 （3）下令必须准确，复令必须声音洪亮。 （4）如现场检查断路器位置须戴安全帽。 （5）检查时严禁仅凭一种现象判断断路器位置
4	小车断路器柜（分、合闸操作）误拉合断路器	（1）接受操作计划或倒闸操作命令以及联系操作一定要录音，复诵核对清楚。 （2）开始操作前，应先在模拟图（或微机防误装置、微机监控装置）上进行核对性模拟预演，无误后，再进行操作。操作前应先核对系统方式、设备名称、编号和位置，操作中应认真执行监护复诵制度（单人操作时也应高声唱票）。 （3）下令必须准确，复令必须声音洪亮。 （4）严防走错间隔，造成误拉合运行断路器。 （5）拉、合断路器时必须使用防误闭锁器，正常情况下严禁使用万用钥匙操作。 （6）检查断路器位置要结合表计、机械位置指示、拉杆状态、灯光、弹簧拐臂等综合判断，严禁仅凭一种现象判断断路器位置 （7）小车断路器柜断路器就地分（合）闸操作前严禁打开柜门，在确认断路器已在分（合）位后，方可打开柜门进行下步操作

续表

序号	线路及高压开关类设备操作危险点	控　制　措　施
5	手动操作隔离开关误拉合隔离开关	(1) 接受操作计划或倒闸操作命令以及联系操作一定要录音，复诵核对清楚。 (2) 开始操作前，应先在模拟图（或微机防误装置、微机监控装置）上进行核对性模拟预演，无误后，再进行操作。操作前应先核对系统方式、设备名称、编号和位置，操作中应认真执行监护复诵制度（单人操作时也应高声唱票）。 (3) 拉合隔离开关时必须使用防误闭锁器。 (4) 下令必须准确，复令必须声音洪亮。 (5) 拉合隔离开关前应检查开关实际位置。 (6) 送电操作应先合母线侧隔离开关后合线路侧隔离开关，停电操作时与此相反。 (7) 母线操作拉母线侧隔离开关前应检查另一母线隔离开关在合位。 (8) 停电操作顺序应先拉开线路侧隔离开关，再拉开电源侧隔离开关。送电顺序相反
6	手动操作隔离开关时隔离开关瓷瓶折断伤人	(1) 操作前认真检查瓷瓶有无裂纹，否则应停止操作。 (2) 监护人与操作人正确选择站位（躲开瓷瓶断裂掉落方向），风天操作尽量选择站在上风口
7	手动操作隔离开关时拉合隔离开关过程中操作人员碰伤手	(1) 拉合隔离开关过程中操作人员用力适当，注意隔离开关操作杆、手、相邻物体的位置。 (2) 拉合隔离开关开始时应先试验隔离开关触头在受力后是否活动自如。 (3) 拉隔离开关时，开始应慢而谨慎，当触头刚分离无问题后应果断，保证迅速灭弧。 (4) 合隔离开关时应迅速果断，在合闸终了时不可用力过猛，避免对瓷瓶等产生冲击
8	手动操作隔离开关时带负荷拉合隔离开关	(1) 操作隔离开关前一定要检查相关断路器在断开的位置。 (2) 操作隔离开关后其定位销子一定要销好，防止机构自动滑脱造成事故。 (3) 倒母线过程中拉合母线隔离开关一定要保证母联断路器在合位，同时取下可熔保险器防止跳闸。 (4) 严格执行防误闭销装置的管理，保证隔离开关检修时相邻运行刀闸机构锁死。 (5) 保证隔离开关只开断满足其遮断容量的电流。 (6) 隔离开关检修后检查其在开位。 (7) 错拉隔离开关时，隔离开关刚离开静触头，产生电弧，这时应立即合上，便可灭弧，避免事故。 (8) 错合隔离开关时（已带负荷），立即用断路器切断负荷

续表

序号	线路及高压开关类设备操作危险点	控 制 措 施
9	遥控电动操作隔离开关误拉合隔离开关	（1）接受操作计划或倒闸操作命令以及联系操作一定要录音，复诵核对清楚。 （2）认真核对监控系统中要遥控设备的名称及编号，且应在相应设备的分画面进行操作，不允许在主画面上操作，防止误拉合其他隔离开关。 （3）拉合隔离开关时必须使用"五防"系统。 （4）下令必须准确，复令必须声音洪亮。 （5）拉合隔离开关前应检查开关实际位置。 （6）送电操作应先合母线侧隔离开关后合线路侧隔离开关，停电操作时与此相反。 （7）母线操作拉母线侧隔离开关前应检查另一母线隔离开关在合位。 （8）停电操作顺序应先拉开线路侧隔离开关，再拉开电源侧隔离开关。送电顺序相反。 （9）检查操作机构箱门电气闭锁回路正常。 （10）检查电动隔离开关操作电源断路器在投入位置。 （11）操作后检查监控系统隔离开关变位信息正确。 （12）如现场检查隔离开关位置须戴安全帽
10	遥控电动操作隔离开关带负荷拉合隔离开关	（1）认真核对监控系统中遥控设备的名称及编号，且应在相应设备的分画面进行操作，不允许在主画面上操作，防止误拉合其他隔离开关。 （2）操作隔离开关前一定要检查相关断路器在断开的位置。 （3）操作隔离开关后的定位销子一定要销好，防止机构自动滑脱造成事故。 （4）倒母线过程中拉合母线隔离开关一定要保证母联断路器在合位，同时取下可熔保险器防止跳闸。 （5）严格执行防误闭锁装置的管理，保证隔离开关检修时相邻运行隔离开关机构锁死。 （6）保证隔离开关只开断满足其遮断容量的电流。 （7）隔离开关检修后检查其在开位。 （8）错拉隔离开关时，隔离开关刚离开静触头，产生电弧，这时应立即合上，便可灭弧，避免事故。 （9）错合隔离开关时（已带负荷），立即用断路器切断负荷。 （10）检查操作机构箱门电气闭锁回路正常。 （11）检查电动隔离开关操作电源断路器在投入位置。 （12）操作后检查监控系统隔离开关变位信息正确。 （13）如现场检查隔离开关位置须戴安全帽
11	就地电动操作隔离开关误拉合隔离开关	（1）接受操作计划或倒闸操作命令及联系操作一定要录音，复诵核对清楚。 （2）开始操作前，应先在模拟图（或微机防误装置、微机监控装置）上进行核对性模拟预演，无误后，再进行操作。操作前应先核对系统方式、设备名称、编号和位置，操作中应认真执行监护复诵制度（单人操作时也应高声唱票）。 （3）拉合隔离开关时必须使用防误闭锁器。 （4）下令必须准确，复令必须声音洪亮。 （5）拉合隔离开关前应检查开关实际位置。

序号	线路及高压开关类设备操作危险点	控　制　措　施
11	就地电动操作隔离开关误拉合隔离开关	（6）送电操作应先合母线侧隔离开关后合线路侧隔离开关，停电操作时与此相反。 （7）母线操作拉母线侧隔离开关闸前应检查另一母线隔离开关在合位。 （8）停电操作顺序应先拉开线路侧隔离开关，再拉开电源侧隔离开关，送电顺序相反。 （9）检查操作机构箱门电气闭锁回路正常。 （10）检查电动隔离开关操作电源断路器在投入位置。 （11）操作后检查监控系统隔离开关变位信息正确。 （12）如现场检查隔离开关位置须戴安全帽
12	就地电动操作隔离开关绝缘子折断伤人	监护人与操作人正确选择站位（躲开瓷瓶断裂掉落方向），风天操作尽量选择站在上风口
13	就地电动操作隔离开关带负荷拉合隔离开关	（1）操作隔离开关前一定要检查相关断路器在断开的位置。 （2）操作隔离开关后的定位销子一定要销好，防止机构自动滑脱造成事故。 （3）倒母线过程中拉合母线隔离开关一定要保证母联断路器在合位，同时取下可熔保险器防止跳闸。 （4）严格执行防误闭锁装置的管理，保证隔离开关检修时相邻运行隔离开关机构锁死。 （5）保证隔离开关只开断满足其遮断容量的电流。 （6）隔离开关检修后检查其在开位
14	就地操作小车断路器（小车隔离开关）误拉合隔离开关	（1）严防走错间隔。 （2）拉出、推入小车断路器时要注意掌握小车断路器行程，防止损坏小车断路器。 （3）小车断路器推入前必须检查车体上无遗留物件
15	PASS隔离开关合闸、分闸操作误拉合隔离开关	（1）PASS断路器、隔离开关只允许电动操作，严禁手动操作。 （2）只有断路器在分闸状态时隔离开关才能实现动作
16	GIS隔离开关合闸、分闸操作误拉合隔离开关	（1）操作GIS隔离开关前必须检查相关断路器在分位。 （2）停电操作顺序应先拉开线路侧隔离开关，再拉开电源侧隔离开关，送电顺序相反。 （3）隔离开关旋转把手在隔离开关完全分合到位后，方可归位松手
17	走错间隔，误入带电间隔	（1）监护人、操作人应走到设备标识牌前进行核对，在每步操作结束后，应由监护人在原位向操作人提示下一步操作内容。 （2）中断操作重新开始操作前，应重新核对设备命名。 （3）执行一个操作任务中途严禁换人
18	解锁操作，造成带负荷拉隔离开关	（1）在操作过程中遇有锁打不开等问题时，严禁擅自解锁或更改操作票。 （2）若确实需要进行解锁操作时，必须履行防误闭锁装置解锁申请批准程序，经批准后方可进行。 （3）在使用解锁钥匙进行操作前，再次进行"四对照"，确认被操作设备、操作步骤无误后，方可解锁，并加强监护

续表

序号	线路及高压开关类设备操作危险点	控 制 措 施
19	带电装设接地线	(1) 接受操作计划或倒闸操作命令以及联系操作一定要录音,复诵核对清楚。 (2) 照操作任务和系统运行方式,对照模拟图认真进行核对性模拟预演,对照设备的名称、编号、位置、拉合方向,无误后再进行操作。 (3) 装设接地线时必须使用防误闭锁器。 (4) 下令必须准确,复令必须声音洪亮。 (5) 严格按安规规定验电,验证确无电压后方可装设接地线(或合接地开关)。 (6) 对于线路侧接地线(或接地开关)装设操作,必须待调令后方可验电,验证确无电压后装设接地线(或合接地开关)
20	带接地线合隔离开关	(1) 合闸送电操作前,认真检查现场设备送电范围内所装设地线是否全部拆除。 (2) 工作票上下班交接所列必须装设的接地线在拆除时核对其编号与操作票上一致。 (3) 操作前检查线路出线上及站内设备上装设的接地线(或接地开关)确已拆除,线路侧隔离开关必须待调令后方可进行操作
21	装设、拆除接地线时感应电压、残存电荷伤人	(1) 装设接地线应先接接地端,后接导体端,接地线应接触良好,连接应可靠,拆除地线的顺序与此相反。 (2) 装、拆接地线均应使用绝缘棒和戴绝缘手套;人体不得碰触接地线或未接地的导线,以防止触电;带接地线拆设备接头时,应采取防止接地线脱落的措施
22	装设、拆除接地线时触电伤人	(1) 装设、拆除接地线时应选择合理站位。 (2) 装设、拆除接地线与带电部分应考虑接地线摆动时仍符合安全距离的规定
23	误、漏投入或误、漏退出保护及保护连接片	(1) 严格按操作票和调度命令执行操作,不准跳项及漏项。 (2) 操作前认真核对保护名称及位置无误后,投入或退出保护及保护连接片
24	操作低压熔断器时误操作或人身感电	(1) 取下断路器操作或保护熔断器时,应先取负极,后取正极,装上时与此相反。 (2) 取下、装上低压熔断器时,应戴绝缘手套或使用绝缘夹钳

思维拓展 --

××变电站一次设备接线方式如图 3-6 所示(运行方式:Ⅰ进线 101 断路器代 1 号主变压器、10kVⅠ段母线运行,Ⅱ进线 102 断路器代 2 号主变压器、10kVⅡ段母线运行,内桥 100 断路器、10kV 分段 000 断路器热备用),××变电站高压侧为内桥接线(GIS 设备),10kV 侧为单母分段接线(小车开关柜)。

在上述运行方式下请读者思考后并写出以下操作步骤:

（1）66（35）kV 内桥 100 断路器由热备用转检修。

（2）66（35）kV Ⅱ 进线 102 断路器由热备用转检修。

（3）66（35）kV Ⅱ 进线 102 断路器由热备用转运行。

相关知识 --

1. 直流控制熔断器的操作规范

（1）取下直流控制熔断器时，应先取正极，后取负极。安装直流控制熔断器时，应先装负极，后装正极。这样做的目的是防止产生寄生回路，避免保护装置误动作。装、取熔断器应迅速，不得连续地接通和断开，取下和再装上之间要有一段时间间隔（应不小于 5s）。

（2）运行中的保护装置要停用直流电源时，应先停用保护出口连接片，再停用直流回路；恢复时次序相反。

（3）母线差动保护、失灵保护停用直流熔断器时，应先停用出口连接片。在加用直流回路以后，要检查整个装置工作是否正常，必要时，使用高内阻电压表测量出口连接片两端无电压后，再加用出口连接片。

（4）在断路器停电的操作中，断路器的控制熔断器应在拉开开关并做好安全措施（指装设接地线或装绝缘罩）之后取下。当断路器未断开，造成带负荷拉隔离开关时，断路器的保护可动作于跳闸。如果在拉开隔离开关之前取下熔断器，则会因断路器不能跳闸而扩大事故。

（5）在断路器送电操作中，断路器的控制熔断器应在拆除安全措施之前装上。这是因为在装上控制熔断器后，可以检查保护装置和控制回路工作状态是否完好。如有问题，可在安全措施未拆除时，予以处理。另外，这时保护装置已处于准备工作状态，在后面的操作中，若因断路器的原因造成事故，保护回路可以动作于跳闸。如果在闭合隔离开关后，再安装控制熔断器，若因断路器未断开造成带负荷合隔离开关，会使断路器不能跳闸而扩大事故。

2. 小车断路器操作步骤及注意事项

（1）小车断路器的三个位置和几个状态。

1）运行位置：小车断路器的上下触头均插入断路器柜体内的静触头，并接触良好。

2）试验位置：小车断路器的上下触头离开断路器柜体内的静触头一定距离，并在轨道规定位置进行闭锁。

3）检修位置：对于中置柜小车断路器，已经取下二次插头，并将小车移至小车检修平台，单台小车检修时，将小车移至小车检修平台后，还应将断路器柜柜门锁死。

4）断路器运行状态：小车断路器在运行位置，断路器在合闸位置。

5）断路器热备用状态：小车断路器在运行位置，断路器在分闸位置。

6）断路器冷备用状态：小车断路器在试验位置，断路器在分闸位置。

7）断路器检修状态：小车断路器在检修位置，断路器在分闸位置。

8）线路检修状态：小车断路器在试验位置，断路器在分闸位置，线路侧接地开关闭合。

9）断路器及线路检修状态：小车断路器在检修位置，断路器在分闸位置，线路侧接地开关闭合。

（2）操作小车断路器前，应检查相应回路断路器是否在分闸位置，应以断路器机械位置为准，不能观察断路器机械位置，按安规要求执行，确保断路器在分闸位置，防止带负荷拉合小车断路器。

断路器具有灭弧能力，是开断和闭合电路的主要设备，所以要先拉开断路器。

（3）插入小车摇把前应按五防顺序打开操作闭锁，严禁解除闭锁，小车摇把机械闭锁有两种情况：

1）断路器在合位时，由于其电气闭锁，一般不能打开机械闭锁插入摇把。

2）断路器在合位时，部分（以现场为准）小车断路器具有解除闭锁时断路器跳闸功能，防止了带负荷拉小车的事故，但是在误入间隔强行解锁时，断路器会跳闸，因此在解锁前一定要认真核对设备编号，并按五防顺序开锁，严禁强行解锁。

（4）小车断路器由运行位置拉至试验位置前应将操作方式开关切至就地方式，防止他人远方遥控断路器，小车断路器由运行位置拉至试验位置时，一定要在柜门关闭的情况下进行，不得开门操作。小车断路器拉至试验位置后，应及时将小车摇把取下并将操作孔加锁。

（5）小车断路器拉至检修位置前，应先断开断路器控制及合闸电源，再取下小车的二次插头。取下二次插头的原因是：

1）插头二次电缆较短。

2）取下二次插头方能关闭柜门。

（6）小车断路器在拉入平台前，应将平台放置到断路器柜体前，微量调整平台高度（一般不需调整），使平台轨道与柜体轨道高度相同，并将平台固定（固定销），防止在向外拉出小车时平台滑脱，之后将小车断路器拉至小车检修平台，并锁死定位销，防止小车从平台滑脱。解除平台固定销，将小车断路器移至检修地点，单台小车检修时，将小车断路器移出柜体后，应将断路器柜门锁住，防止误入。

（7）小车断路器检修时，将小车拉出柜体即可，无需在小车上装设地线。线路检修时，应合上线路侧接地开关，很多小车只有闭合接地开关后才能打开后柜门，因此不能在柜内线路电缆头处验电，验电时只能以安规规定的间接验电的方法进行，但是安规又规定"330kV及以上的电气设备，可采用间接验电的方法进行验电"，另外在现场实际中，在10kV线路如果有环路电源，可能反送至线路侧，间接验电只能说明本侧电源未送至线路，而不能确保线路无电，因此验电的方法按当地现场运行规程执行。

（8）断路器、线路检修完毕恢复送电前，应检查送电回路无短路线，包括检修人员布置的短路试验线。

（9）小车断路器在推入试验位置前应检查断路器在断开位置。

（10）小车推入试验位置后，应先插入二次插头，再投入控制及合闸断路器，防止断路器在插入二次插件时储能电机启动烧坏插头，小车在推入运行位置前应确保保护正确投入。

（11）小车断路器在拉出推入过程中出现卡滞，应检查原因，严禁蛮力拉拽以防止损坏小车部件。

（12）小车推入运行位置后，有条件的可通过观察孔观察插头插入位置，确保小车插头插入良好。

（13）电压互感器小车操作前应确认系统无谐振及接地等故障，严禁用隔离开关和小车拉合故障的电压互感器。

（14）具有小车断路器的现场应配备防电弧服，拉合小车断路器时应穿戴整齐。

（15）小车断路器的线路侧接地隔离开关拉合后应检查接地隔离开关的触头位置，防止传动机构故障使触头分合不到位。

（16）断路器传动试验必须在试验位置进行；线路检修时，小车断路器拉至试验位置即可。

（17）断路器检修应将小车拉至检修位置，断路器柜内轨道及柜内其他检修工作应将母线停电。

3. 10kV 真空断路器操作步骤及注意事项

（1）操作前应检查控制回路是否正常，储能机构应已储能，即具备运行操作条件。

（2）长期停运的断路器在正式执行操作前，应通过远方控制方式进行试操作 2、3 次，无异常后，方能按操作票拟订方式操作，此操作应在断路器冷备用状态下进行。

（3）双电源断路器分闸前，应考虑所带的负荷安排，例如，在停用 1 号主变压器低压侧断路器，合上低压侧分段断路器前，应检查 10kV 侧的负荷电流之和不会使 2 号主变压器过负荷。

（4）操作前，应检查断路器有关保护和自动装置在正确投入位置。

（5）操作前后断路器分、合闸位置指示正确。

（6）操作过程中，应同时监视有关电压、电流、功率等指示，以及断路器控制开关指示灯的变化。

（7）10kV 断路器一般应进行远方操作，在监控机操作时应经过五防判断，并核对断路器编号，防止误拉合断路器，当断路器遥控失败、返校不成功时应检查：

1）断路器的控制回路是否完好。

2）远方就地操作把手是否在"远方"位置。

3）断路器的远动通信系统是否异常。

（8）就地操作，转动控制开关时，不可用力过猛，防止损坏控制开关。

（9）断路器合闸后，应检查与其相关的信号（如电流、给母线充电后的母线电压、监控机断路器位置的变位），到现场检查其内部有无异常和气味并检查断路器的机械位置以判断断路器分合的正确性，避免由于断路器假分假合造成误操作事故。

（10）断路器操作时，当遥控失灵，现场规定允许进行近控就地操作时，应注意人身防护，站位应避开分合断路器的正面，并选择有利于逃生的地点。

（11）断路器累计分闸或切断故障电流次数（或规定切断故障电流累计值）达到规定时，应停电检修。还要特别注意当断路器跳闸次数只剩有一次时，应停用重合闸，以免故障重合时造成跳闸引起断路器损坏。

（12）断路器的实际短路开断容量低于或接近运行地点的短路容量时，短路故障后禁止强送电，并应停用自动重合闸。

（13）真空开关漏气后会有嘶嘶的异常（有的会变色），会严重影响断路器灭弧性能，此时严禁拉合开关，可用上级电源将异常回路停电。

（14）断路器操作机构因储能不足而发生分、合闸闭锁时，不准对其解除闭锁，进行操作。储能不足时，同样影响断路器分、合闸速度，导致灭弧困难。

（15）对于弹簧储能机构的断路器，在合闸后应检查弹簧已压紧储能。

第三节　补偿设备操作

培训目标

（1）掌握低压电容器、电抗器停送电倒闸操作票的正确填写技能。

（2）掌握低压电容器、电抗器停送电倒闸操作原则。

（3）掌握低压电容器、电抗器停送电倒闸操作规定。

（4）掌握低压电容器、电抗器停送电倒闸操作的注意事项。

【模块一】　低压电容器、电抗器停电操作

核心知识

（1）低压电容器、电抗器停电操作的规定。

（2）低压电容器、电抗器停电倒闸操作的原则。

关键技能

（1）根据调度或运维负责人倒闸操作指令正确填写低压电容器、电抗器停电倒闸操作票。

（2）在低压电容器、电抗器停电倒闸操作过程中，运维人员能够对潜在的危险点正确认知，并能提前预控危险。

目标驱动

目标驱动一：10kV 电容器、电抗器停电操作

××变电站一次设备接线方式如图 3-6 所示（运行方式：Ⅰ进线 101 断路器代 1 号主变压器、10kVⅠ段母线运行，Ⅱ进线 102 断路器代 2 号主变压器、10kVⅡ段母线运行，内桥 100 断路器、10kV 分段 000 断路器热备用），××变电站高压侧为内桥接线（GIS 设备），10kV 侧为单母分段接线（小车开关柜）。

保护配置请见第三章第二节【模块一】目标驱动一中所述。

1. 操作任务

××变电站 10kV 1 号电容器、电抗器由运行转为检修。

2. 操作项目

（1）选择 10kV 1 号电容器 006 断路器分闸。

（2）检查 10kV 1 号电容器 006 断路器分闸选线正确。

（3）拉开 10kV 1 号电容器 006 断路器。

（4）检查 10kV 1 号电容器 006 断路器三相电流表计指示正确，电流 A 相＿＿ A、B 相＿＿A、C 相＿＿ A。

（5）检查 10kV 1 号电容器 006 断路器分位监控信号指示正确。

（6）检查 10kVⅠ出线保护测控装置断路器位置指示正确。

(7) 检查 10kV 1 号电容器 006 断路器分位机械位置指示正确。

(8) 将 10kV 1 号电容器 006 断路器操作方式开关由远方切至就地位置。

(9) 将 10kV 1 号电容器 006 小车断路器由工作位置拉至试验位置。

(10) 检查 10kV 1 号电容器 006 小车断路器确已拉至试验位置。

(11) 检查 10kV 1 号电容器电流互感器线路侧带电显示器三相指示无电。

(12) 合上 10kV 1 号电容器 006-QS3 接地开关。

(13) 检查 10kV 1 号电容器 006-QS3 接地开关合位监控信号指示正确。

(14) 检查 10kV 1 号电容器 006-QS3 接地开关操控屏位置指示确在合位。

(15) 检查 10kV 1 号电容器 006-QS3 接地开关合位机械位置指示正确。

(16) 拉开 10kV 1 号电容器 006 断路器控制直流电源空气断路器。

(17) 拉开 10kV 1 号电容器 0061 隔离开关。

(18) 检查 10kV 1 号电容器 0061 隔离开关分位监控信号指示正确。

(19) 检查 10kV 1 号电容器 0061 隔离开关分位机械位置指示正确。

(20) 合上 10kV 1 号电容器 0061-QS4 接地开关。

(21) 检查 10kV 1 号电容器 0061-QS4 接地开关合位监控信号指示正确。

(22) 检查 10kV 1 号电容器 0061-QS4 接地开关合位机械位置指示正确。

3. 操作项目解析

(1) 操作项目总体操作步骤划分。

步骤一：停电。

操作项目中的 (1)～(3) 项，为操作人员在监控机上进行的操作项目。

步骤二：检查断路器运行工况。

操作项目中的 (4)～(7) 项，其中操作项目 (4)～(5) 项为操作人员在监控机上进行的检查项目，操作项目 (6) 项为操作人员在 10kV 1 号电容器 006 断路器保护测控装置上进行的检查项目，操作项目 (7) 项为操作人员在 10kV 1 号电容器 006 断路器操控屏上进行的检查项目。

步骤三：将需要停电的线路与变电站 10kV 母线隔离。

操作项目中的 (8)～(10) 项，为操作人员在 10kV 1 号电容器 006 断路器操控屏上进行的检查、操作项目。

步骤四：布置必要的安全措施。

操作项目中的 (11)～(22) 项，其中操作项目中的 (11)～(12)、(14)～(16) 项为操作人员在 10kV 1 号电容器 006 断路器操控屏上进行的检查、操作项目，操作项目 (13) 项为操作人员在监控机上进行的检查项目。(17)～(22) 项为操作人员在 10kV 1 号电容器 0061 隔离开关处进行的检查、操作项目。

(2) 操作项目总体操作步骤解析。

10kV 电容器间隔一次接线示意如图 3 - 16 所示，10kV 电容器设备断面示意如图 3 - 17 所示。

步骤一解析：请见第三章第二节【模块一】目标驱动一中相关内容。

步骤二解析：请见第三章第二节【模块一】目标驱动一中相关内容。

步骤三解析：请见第三章第二节【模块一】目标驱动一中相关内容。

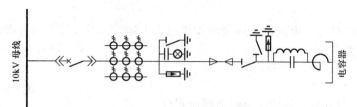

图 3 - 16 10kV 电容器间隔一次接线示意

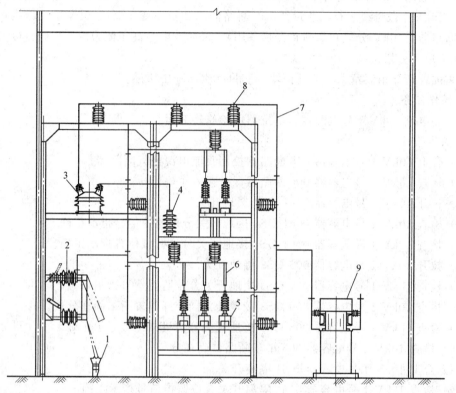

图 3 - 17 10kV 电容器设备断面示意

1—电缆；2—隔离开关；3—放电线圈；4—避雷器；5—电容器；
6—熔断器；7—矩形引线排；8—支持绝缘子；9—串联电抗器

步骤四解析：请见第三章第二节【模块一】目标驱动一中相关内容。

【模块二】 低压电容器、 电抗器送电操作

核心知识 --

(1) 低压电容器、电抗器送电操作的规定。

(2) 低压电容器、电抗器送电倒闸操作的原则。

关键技能 --

(1) 根据调度或运维负责人倒闸操作指令正确填写低压电容器、电抗器送电倒闸操

作票。

（2）在低压电容器、电抗器送电倒闸操作过程中运维人员能够对潜在的危险点正确认知并能提前预控危险。

目标驱动 ---

目标驱动一：10kV 电容器、电抗器送电操作

××变电站一次设备接线方式如图 3-6 所示（运行方式：Ⅰ进线 101 断路器代 1 号主变压器、10kVⅠ段母线运行，Ⅱ进线 102 断路器代 2 号主变压器、10kVⅡ段母线运行，内桥 100 断路器、10kV 分段 000 断路器热备用），××变电站高压侧为内桥接线（GIS 设备），10kV 侧为单母分段接线（小车开关柜）。

保护配置请见第三章第二节【模块一】目标驱动一中所述。

1. 操作任务

××变电站 10kV 1 号电容器、电抗器由检修转为运行。

2. 操作项目

（1）合上 10kV 1 号电容器 006 断路器控制直流电源空气断路器。

（2）检查 10kV 1 号电容器 006 断路器保护投入正确。

（3）拉开 10kV 1 号电容器 0061-QS4 接地开关。

（4）检查 10kV 1 号电容器 0061-QS4 接地开关分位监控信号指示正确。

（5）检查 10kV 1 号电容器 0061-QS4 接地开关分位机械位置指示正确。

（6）拉开 10kV 1 号电容器 006-QS3 接地开关。

（7）检查 10kV 1 号电容器 006-QS3 接地开关分位监控信号指示正确。

（8）检查 10kV 1 号电容器 006-QS3 接地开关操控屏位置指示确在分位。

（9）检查 10kV 1 号电容器 006-QS3 接地开关分位机械位置指示正确。

（10）检查 10kV 1 号电容器 006 小车断路器确在分位。

（11）合上 10kV 1 号电容器 0061 隔离开关。

（12）检查 10kV 1 号电容器 0061 隔离开关合位监控信号指示正确。

（13）检查 10kV 1 号电容器 0061 隔离开关合位机械位置指示正确。

（14）将 10kV 1 号电容器 006 小车断路器由试验位置推至工作位置。

（15）检查 10kV 1 号电容器 006 小车断路器确已推至工作位置。

（16）将 10kV 1 号电容器 006 断路器操作方式开关由就地切至远方位置。

（17）选择 10kV 1 号电容器 006 断路器合闸。

（18）检查 10kV 1 号电容器 006 断路器合闸选线正确。

（19）合上 10kV 1 号电容器 006 断路器。

（20）检查 10kV 1 号电容器 006 断路器三相电流表计指示正确，电流 A 相____ A、B 相____ A、C 相____ A。

（21）检查 10kV 1 号电容器 006 断路器合位监控信号指示正确。

（22）检查 10kVⅠ出线保护测控装置断路器位置指示正确。

（23）检查 10kV 1 号电容器 006 断路器合位机械位置指示正确。

3. 操作项目解析

（1）操作项目总体操作步骤划分。

步骤一：拆除安全措施。

操作项目中的（1）～（9）项，其中操作项目（1）～（2）为操作人员在10kV 1号电容器006断路器操控屏上进行的检查、操作项目，操作项目（3）、（5）项为操作人员在10kV 1号电容器0061隔离开关处进行的检查、操作项目，操作项目（4）项为操作人员在监控机上进行的检查项目。操作项目中的（6）、（8）～（10）项为操作人员在10kV 1号电容器006断路器操控屏上进行的检查、操作项目，操作项目中的（7）项为操作人员在监控机上进行的检查项目。

步骤二：将10kV 1号电容器006断路器及电容器、电抗器由冷备用恢复到热备用。

操作项目中的（11）～（15）项，其中操作项目（11）为操作人员在10kV 1号电容器0061隔离开关处进行的操作项目，（12）～（15）项为操作人员在10kV 1号电容器006断路器操控屏上进行的检查、操作项目。

步骤三：送电。

操作项目中的（16）～（19）项，其中操作项目（16）为操作人员在10kV 1号电容器006断路器操控屏上进行的操作项目，操作项目（17）～（19）项为操作人员在监控机上进行的检查、操作项目。

步骤四：检查断路器运行工况。

操作项目中的（20）～（23）项，其中操作项目（19）～（20）项为操作人员在监控机上进行的检查项目，操作项目（22）～（23）项为操作人员在10kV 1号电容器006断路器操控屏上进行的检查项目。

（2）操作项目总体操作步骤解析。

10kV电容器间隔一次接线示意如图3-16所示，10kV电容器设备断面示意如图3-17所示。

步骤一解析：请见第三章第二节【模块二】目标驱动一中相关内容。

步骤二解析：请见第三章第二节【模块二】目标驱动一中相关内容。

步骤三解析：请见第三章第二节【模块二】目标驱动一中相关内容。

步骤四解析：请见第三章第二节【模块二】目标驱动一中相关内容。

危险预控 --

表3-3　　　　　　　　低压电容器、电抗器设备操作危险点及控制措施

序号	低压电容器、电抗器设备操作危险点	控 制 措 施
1	包括线路及高压开关类设备操作危险点	包括线路及高压开关类设备操作控制措施
2	电容器组投入或退出操作时间小于5min时间，造成电容器组损坏或爆炸	（1）电容器组切除后再次投入运行，应间隔5min后进行。 （2）必要时应对电容器组进行放电
3	电容器停用时，未对其逐个放电，造成人身触电	（1）进入电容器设备间隔前，必须合上电容器接地隔离开关及中性点隔离开关。 （2）对电容器逐个放电后，安全技术措施可靠，允许工作人员进入
4	电容器组投切操作时电容器爆炸伤人	电容器组切操作时，人员不准接近电容器组

续表

序号	低压电容器、电抗器设备操作危险点	控 制 措 施
5	系统异常运行或天气异常时电容器爆炸伤人	(1) 雷雨天气时人员不准接近电容器组。 (2) 系统异常运行时人员不准接近电容器组

思维拓展

××变电站一次设备接线方式如图 3-6 所示（运行方式：Ⅰ进线 101 断路器代 1 号主变压器、10kV Ⅰ段母线运行，Ⅱ进线 102 断路器代 2 号主变压器、10kV Ⅱ段母线运行，内桥 100 断路器、10kV 分段 000 断路器热备用），××变电站高压侧为内桥接线（GIS 设备），10kV 侧为单母分段接线（小车开关柜）。

在上述运行方式下请读者思考后写出以下操作步骤：

10kV 1 号电容器异常运行（10kV 1 号电容器 006 断路器故障拉不开）时的倒闸操作步骤。

相关知识

电容器操作及维护注意事项

根据电网运行需要，电容器组投入或退出电网的操作。一般有两种方式，即手动投、切和自动投、切。所谓手动投切是指当电网电压下降到规定值范围下限（或工作需要）时值班员手动将电容器组断路器合上（电容器组投入电网运行），当电压上升到规定值范围上限（或工作需要）时，手动将电容器组断路器拉开（退出电容器组）。自动投、切是指利用 VQC 自动投、切装置，当电网电压下降到某一定值时，自动装置将动作合上电容器组断路器；反之，当电压上升到某整定值时，自动装置将动作电容器组断路器跳闸。

电容器组由于操作频繁，要求断路器及其操作机构更加可靠。由于断开电容器组会产生很高的过电压，要求断路器灭弧不重燃。由于合闸时电容器组产生很高频率合闸涌流，断路器要承受很大的涌流冲击，要求断路器性能良好，且能多次动作不检修，因此多采用真空断路器或 SF_6 断路器。

（1）电容器组的一切设备属地区级调度管辖，电容器组的投入和切除按调度下达的电压曲线，按逆调压原则由监控值班员自行掌握操作。

（2）新投入的电容器组应在额定电压下充击合闸三次。

（3）正常情况下全站停电操作时，应先断开电容器断路器，后断开各路出线断路器。恢复送电时，应先合各路出线断路器，再根据母线电压及系统情况，决定是否投入电容器。这是因为变电站母线无负荷时，母线电压可能较高，有可能超过电容器的允许电压，对电容器的绝缘不利。

（4）为防止过电压，当空载变压器投入时，可能与电容器发生铁磁谐振产生的过电压而使过电流保护动作，因此应尽量避免无负荷空投电容器这种情况。在主变压器投入运行后，再投入电容器，在主变压器停止运行前，先退出电容器。

（5）电容器断路器跳闸后不应抢送。保护熔断器熔断后，未查明原因之前不准更换熔断器送电，这是因为电容器组断路器跳闸或熔断器熔断都可能是电容器故障引起的。只有经过检查确认是外部原因造成的跳闸或熔断器熔断后，才能再次合闸试送。

（6）电容器组禁止带电荷合闸。电容器组切除 5min 后才能进行再次合闸。在交流电路中，如果电容器带有电荷时合闸，则可能使电容器承受两倍左右甚至更高的额定电压的峰值。这对电容器是有害的，同时也会造成很大的冲击电流，使断路器跳闸或熔断器熔断。因此，电容器组每次切除后必须随即进行放电，待电荷消失后方可再次合闸。一般来说，只要电容器组的放电电阻选的合适，那么，1min左右即可达到再次合闸的要求。所以电气设备运行管理规程中规定，电容器组每次重新合闸，必须于电容器组断开5min后进行。

（7）电容器长期运行电压不应大于其额定电压的5%，最高运行电压不得超过10%。

（8）电容器在运行中三相电流基本平衡，各相电流差不应超过±5%，超过时应查明原因。

（9）电容器运行的环境温度不应超过40℃。

（10）电容器组的投入和切除应做好记录，并做好相应断路器的切、合操作次数的统计。

（11）电容器组进行检修时，应在断电后，经放电TV放电10min。为了防止电容器组带电荷使检修人员触电而发生危险，在开始工作前还应将电容器三相每段接地放电，对熔断器熔断的电容器应进行单独放电。

（12）电容器退出检修时，应经充分放电后才能开始工作。

（13）接有电容器的母线突然失电，同时电容器失压保护未动作或电容器断路器未跳开时，运行人员应立即拉开电容器断路器。

（14）利用电容器及主变压器有载调压调整母线电压时，当母线电压偏低应先投电容器，如仍不满足电压要求，再通过主变压器有载调压进行调整。当母线电压偏高应先停电容器，如仍不满足电压要求，再通过主变压器有载调压进行调整。

（15）集合式电容器有关要求：

1）主要由多个带铁壳的内部单元电容器、框架、箱体、出线套管和支持绝缘子组成。箱体由钢板焊接而成，为全密封结构，箱盖上装有出线套管、金属膨胀器及压力释放阀。箱壁一侧装有压力式温度计，用来监视箱体内上层油温，另一侧的下部装有油阀。

2）单元电容器内每个元件串有一根熔断器，当某个元件击穿时，其他完好元件即对其放电，使熔断器迅速断开，切除故障元件，从而使电容器能继续运行。另外，电容器设置差压保护，用以监视电容器内部故障。

3）正常运行时，电容器外壳带有1/2相电压，值班员严禁触及运行中的电容器外壳。

4）电容器进行检修时，当电容器从电网切除后，虽然已自动放电，但在人体接触其导电部分前仍需用接地棒接地放电。

第四节　站用电、消弧线圈操作

培训目标

（1）掌握站用变压器、消弧线圈停送电倒闸操作票的正确填写技能。

（2）掌握站用变压器、消弧线圈停送电倒闸操作原则。

（3）掌握站用变压器、消弧线圈停送电倒闸操作规定。

（4）掌握站用变压器、消弧线圈停送电倒闸操作的注意事项。

【模块一】 消弧线圈停电操作

核心知识

(1) 10kV 消弧线圈停电操作的规定。

(2) 10kV 消弧线圈停电倒闸操作的原则。

关键技能

(1) 根据调度或运维负责人倒闸操作指令正确填写站用 10kV 消弧线圈停电倒闸操作票。

(2) 在 10kV 消弧线圈停电倒闸操作过程中运维人员能够对潜在的危险点正确认知，并能提前预控危险。

目标驱动

目标驱动一：10kV 消弧线圈停电操作

××变电站一次设备接线方式如图 3-6 所示（运行方式：Ⅰ进线 101 断路器代 1 号主变压器、10kVⅠ段母线运行，Ⅱ进线 102 断路器代 2 号主变压器、10kVⅡ段母线运行，内桥 100 断路器、10kV 分段 000 断路器热备用），××变电站高压侧为内桥接线（GIS 设备），10kV 侧为单母分段接线（小车开关柜）。

保护配置请见第三章第二节【模块一】目标驱动一中所述。

1. 操作任务

××变电站 10kV 1 号消弧线圈由运行转为检修。

2. 操作项目

(1) 检查 10kV 系统无异常。

(2) 10kV 1 号消弧线圈控制装置退出操作（具体步骤略）。

(3) 拉开 10kV 1 号消弧线圈一次 0051 隔离开关。

(4) 在 10kV 1 号消弧线圈一次 0051 隔离开关至消弧线圈侧三相验电确无电压。

(5) 在 10kV 1 号消弧线圈一次 0051 隔离开关至消弧线圈侧装设____号接地线。

3. 操作项目解析

(1) 操作项目总体操作步骤划分。

步骤一：检查 10kV 系统无异常。

操作项目中的 (1) 项，为操作人员在监控机上进行的检查项目。

步骤二：将消弧线圈与系统脱离运行。

操作项目中的 (2)、(3) 项，其中操作项目 (2) 为操作人员在消弧线圈控制装置处进行的操作项目，操作项目 (3) 为操作人员在 10kV 1 号消弧线圈一次 0051 隔离开关处进行的操作项目。

步骤三：布置必要的安全措施。

操作项目中的 (4)、(5) 项，为操作人员在 10kV 1 号消弧线圈一次 0051 隔离开关至消弧线圈侧进行的检查、操作项目。

（2）操作项目总体操作步骤解析。

步骤一解析：如果系统发生单相接地、谐振及中性点位移电压大于15％相电压等异常时（在调控中心和变电站当地监控系统上及当地消弧线圈测控屏上可监视到系统相关异常信息或可听到消弧线圈有嗡嗡声），禁止拉合消弧线圈与中性点之间的单相隔离开关。

小电流接地系统发生诸如上述异常时，将会在消弧线圈的电气回路中流过一定数值的补偿电流，由于隔离开关不能带负荷操作，如果此时拉合消弧线圈与中性点之间的单相隔离开关，将会造成带负荷拉隔离开关产生电弧的事故，严重威胁人身和设备的安全。因此在拉合消弧线圈与中性点之间的单相隔离开关之前一定要"检查10kV系统无异常"。

步骤二解析：《国家电网公司电力安全工作规程（变电部分）》4.2.2规定："检修设备停电，应把各方面的电源完全断开（任何运行中的星形接线设备的中性点，应视为带电设备）。禁止在只经断路器（开关）断开电源或只经换流器闭锁隔离电源的设备上工作。应拉开隔离开关（刀闸），手车断路器应拉至试验或检修位置，应使各方面有一个明显的断开点，若无法观察到停电设备的断开点，应有能够反映设备运行状态的电气和机械等指示。与停电设备有关的变压器和电压互感器，应将设备各侧断开，防止向停电检修设备反送电。"

步骤三解析：《国家电网公司电力安全工作规程（变电部分）》4.3.3规定："对无法进行直接验电的设备、高压直流输电设备和雨雪天气时的户外设备，可以进行间接验电。即通过设备的机械指示位置、电气指示、带电显示装置、仪表及各种遥测、遥信等信号的变化来判断。判断时，应有两个及以上的指示，且所有指示均已同时发生对应变化，才能确认该设备已无电；若进行遥控操作，则应同时检查隔离开关（刀闸）的状态指示、遥测、遥信信号及带电显示装置的指示进行间接验电。330kV及以上的电气设备，可采用间接验电方法进行验电。"

"在10kV 1号消弧线圈一次0051隔离开关至消弧线圈侧三相验电确无电压"的操作属于直接验电。

《国家电网公司电力安全工作规程（变电部分）》4.4.2规定："当验明设备确已无电压后，应立即将检修设备接地并三相短路。电缆及电容器接地前应逐相充分放电，星形接线电容器的中性点应接地，串联电容器及与整组电容器脱离的电容器应逐个多次放电，装在绝缘支架上的电容器外壳也应放电。"

其详细解析内容请见第三章第二节【模块一】目标驱动一中相关内容。

【模块二】 消弧线圈送电操作

核心知识 --

（1）10kV消弧线圈送电操作的规定。

（2）10kV消弧线圈送电倒闸操作的原则。

关键技能 --

（1）根据调度或运维负责人倒闸操作指令正确填写站用10kV消弧线圈送电倒闸操作票。

（2）在10kV消弧线圈送电倒闸操作过程中运维人员能够对潜在的危险点正确认知并能

提前预控危险。

目标驱动一：10kV 消弧线圈送电操作

××变电站一次设备接线方式如图 3-6 所示（运行方式：Ⅰ进线 101 断路器代 1 号主变压器、10kVⅠ段母线运行，Ⅱ进线 102 断路器代 2 号主变压器、10kVⅡ段母线运行，内桥 100 断路器、10kV 分段 000 断路器热备用），××变电站高压侧为内桥接线（GIS 设备），10kV 侧为单母分段接线（小车开关柜）。

保护配置请见第三章第二节【模块一】目标驱动一中所述。

1. 操作任务

××变电站 10kV 1 号消弧线圈由检修转为运行。

2. 操作项目

（1）拆除 10kV 1 号消弧线圈一次 0051 隔离开关至消弧线圈侧＿＿＿号接地线。

（2）检查 10kV 1 号消弧线圈一次 0051 隔离开关至消弧线圈侧＿＿＿号接地线确已拆除。

（3）检查 10kV 系统无异常。

（4）合上 10kV 1 号消弧线圈一次 0051 隔离开关。

（5）10kV 1 号消弧线圈控制装置投入操作（具体步骤略）。

3. 操作项目解析

（1）操作项目总体操作步骤划分。

步骤一：拆除安全措施。

（1）、（2）项为操作人员在 10kV 1 号消弧线圈一次 0051 隔离开关至消弧线圈侧进行的检查、操作项目。

步骤二：检查 10kV 系统无异常。

操作项目中的（3）项，为操作人员在监控机上进行的检查项目。

步骤三：将消弧线圈投入系统运行。

操作项目中的（4）、（5）项，其中操作项目（4）为操作人员在 10kV 1 号消弧线圈一次 0051 隔离开关处进行的操作项目，操作项目（5）为操作人员在消弧线圈控制装置处进行的操作项目。

（2）操作项目总体操作步骤解析。

步骤一解析：请见第三章第二节【模块二】目标驱动一中相关内容。

步骤二、三解析：请见第三章第三节【模块二】目标驱动一中相关内容。

【模块三】 站用变压器停电操作

（1）站用变压器停电操作的规定。

（2）站用变压器停电倒闸操作的原则。

关键技能 --

（1）根据调度或运维负责人倒闸操作指令正确填写站用变压器停电倒闸操作票。

（2）在站用变压器停电倒闸操作过程中运维人员能够对潜在的危险点正确认知并能提前预控危险。

目标驱动 --

目标驱动一：10kV 站用变压器停电操作

××变电站一次设备接线方式如图 3-6 所示（运行方式：Ⅰ进线 101 断路器代 1 号主变压器、10kVⅠ段母线运行，Ⅱ进线 102 断路器代 2 号主变压器、10kVⅡ段母线运行，内桥 100 断路器、10kV 分段 000 断路器热备用），××变电站高压侧为内桥接线（GIS 设备），10kV 侧为单母分段接线（小车开关柜）。

保护配置请见第三章第二节【模块一】目标驱动一中所述。

1. 操作任务

××变电站 10kV 1 号接地变及 005 断路器由运行转为检修。

2. 操作项目

（1）检查 10kV 2 号接地变压器确不会过负荷。

（2）检查 10kV 1 号接地变压器 0.4kV 侧运行正常。

（3）检查 10kV 1、2 号接地变压器 0.4kV 侧分段 40 断路器确在合位。

（4）拉开 10kV 1 号接地变压器 0.4kV 侧 41 进线断路器。

（5）检查 10kV 1 号接地变压器 0.4kV 侧交流接触器确在分位。

（6）检查 10kV 2 号接地变压器 0.4kV 侧交流接触器确在合位。

（7）拉开 10kV 1 号接地变压器 0.4kV 侧 41-1 总隔离开关。

（8）检查 10kV 1 号接地变压器 0.4kV 侧 41-1 总隔离开关确在分位。

（9）将站用变压器 0.4kV 自投开关由"互投"切至"2 号交流"位置。

（10）检查 10kV 系统无异常。

（11）10kV 1 号消弧线圈控制装置退出操作（具体步骤略）。

（12）拉开 10kV 1 号消弧线圈一次 0051 隔离开关。

（13）选择 10kV 1 号接地变压器 005 断路器分闸。

（14）检查 10kV 1 号接地变压器 005 断路器分闸选线正确。

（15）拉开 10kV 1 号接地变压器 005 断路器。

（16）检查 10kV 1 号接地变压器 005 断路器电流表计指示正确，电流 A 相____ A、B 相____A、C 相____ A。

（17）检查 10kV 1 号接地变压器 005 断路器分位监控信号指示正确。

（18）检查 10kV 1 号接地变压器 005 断路器分位机械位置指示正确。

（19）检查 10kV 1 号接地变压器保护测控装置断路器位置指示正确。

（20）将 10kV 1 号接地变压器 005 断路器操作方式开关由远方切至就地位置。

（21）将 10kV 1 号接地变压器 005 小车开关拉至试验位置。

（22）检查 10kV 1 号接地变压器 005 小车开关确已拉至试验位置。

（23）检查 10kV 1 号接地变压器 005 小车开关柜电流互感器接地变侧带电显示器三相指

示无电。

（24）合上 10kV 1 号接地变压器 005-QS3 接地隔离开关。

（25）检查 10kV 1 号接地变压器 005-QS3 接地隔离开关确在合位。

（26）在 10kV 1 号接地变压器二次 0.4kV 套管低压侧 41-1 隔离开关侧三相验电确无电压。

（27）在 10kV 1 号接地变压器二次 0.4kV 套管低压侧 41-1 隔离开关侧三相装设一号接地线。

（28）拉开 10kV 1 号接地变压器 005 断路器保护电源空气断路器。

（29）拉开 10kV 1 号接地变压器 005 断路器控制直流电源空气断路器。

（30）取下 10kV 1 号接地变压器 005 小车开关二次插件。

（31）将 10kV 1 号接地变压器 005 小车开关拉至检修位置。

（32）检查 10kV 1 号接地变压器 005 小车开关确已拉至检修位置。

3. 操作项目解析

（1）操作项目总体操作步骤划分。

步骤一：10kV 1 号接地变压器 0.4kV 侧停电。

操作项目中的（1）～（6）项，为操作人员在低压交流控制屏上进行的检查项目。

步骤二：将需要停电的 10kV 1 号接地变压器与变电站 0.4kV 侧隔离。

操作项目中的（7）～（9）项，为操作人员在低压交流控制屏上进行的检查、操作项目。

步骤三：10kV 1 号消弧线圈停电。

操作项目中的（10）～（12）项，其中操作项目（10）为操作人员在监控机上进行的检查项目，操作项目（11）为操作人员在 10kV 1 号消弧线圈控制装置上进行的操作项目，操作项目（12）项为操作人员在 10kV 1 号消弧线圈一次 0051 隔离开关处进行的操作项目。

步骤四：10kV 1 号接地变压器 10kV 高压侧停电。

操作项目中的（13）～（15）项，为操作人员在监控机上进行的检查、操作项目。

步骤五：检查 10kV 1 号接地变压器 10kV 高压侧 005 断路器位置。

操作项目中的（16）～（18）项，其中操作项目（16）为操作人员在监控机上进行的检查项目，操作项目（17）、（18）项为操作人员在 10kV 1 号接地变压器 005 断路器操控屏上进行的检查项目。

步骤六：将需要停电的 10kV 1 号接地变压器及 005 断路器与变电站 10kVⅠ母线隔离。

操作项目中的（19）～（22）项，为操作人员在 10kV 1 号接地变 005 断路器操控屏上进行的检查、操作项目。

步骤七：布置必要的安全措施。

操作项目中的（23）～（32）项，其中操作项目（23）～（25）、（28）～（32）项为操作人员在 10kV 1 号接地变压器 005 断路器操控屏上进行的检查、操作项目，（26）、（27）项为操作人员在 10kV 1 号接地变压器二次 0.4kV 套管上进行的检查、操作项目。

（2）操作项目总体操作步骤解析。

站用电一次系统接线如图 3-18 所示，接地变压器及消弧线圈间隔一次接线示意如图 3-19 所示，接地变压器及消弧线圈断面如图 3-20 所示。

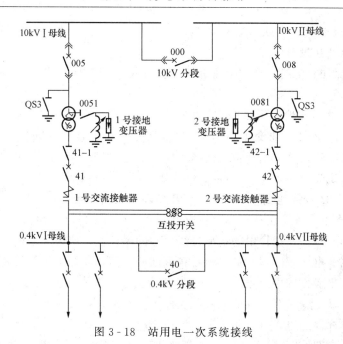

图 3-18 站用电一次系统接线

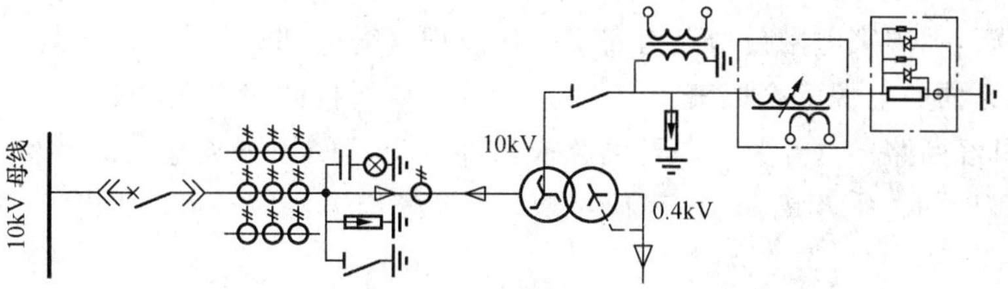

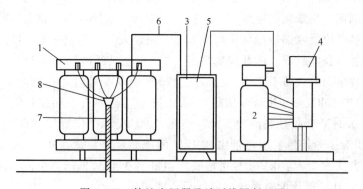

图 3-19 接地变压器及消弧线圈间隔一次接线示意

图 3-20 接地变压器及消弧线圈断面图
1—电力变压器；2—消弧线圈；3—有载开关；4—阻尼箱；
5—组合柜；6—铜排；7—高压电缆；8—电缆头

步骤一解析：站用电正常运行方式为 10kV 分段 000 断路器热备用，两路交流电源高压侧都送电。正常时，"交流进线互投开关"切至"互投"位置，回路默认 1 路交流。当 1 路交流工作电源失电时，自动切换到 2 路交流电源。1 路交流电源恢复，回路自动切换回 1 路交流电源。低压交流控制屏上所有出线断路器合位，0.4kV 分段 40 断路器在合位。

"交流进线互投开关"有四个方式：↑——退出；↓——互投；←2 路交流；→1 路交流。正常运行切至"互投"位置。

当 1、2 路交流均有电时，将"交流进线互投开关"切至 2 路交流，不起作用，回路始终默认 1 路电源。

由于 10kV 1、2 号接地变压器 10kV 侧分段 000 断路器热备用，0.4kV 分段 40 断路器在合位。即 10kV 1、2 号接地变压器 10kV 侧分列运行，0.4kV 并列运行。执行"10kV 1 号接地变压器及 005 断路器由运行转为检修"操作，将 0.4kV 负荷全部由 10kV 2 号接地变压器带出之前，一定要先检查 10kV 1、2 号接地变压器总负荷和检查 0.4kV Ⅰ、Ⅱ 母线运行正常，确保 10kV 2 号接地变压器带全部低压负荷后不会过负荷。

《国家电网公司电力安全工作规程（变电部分）》4.2.2 规定："检修设备停电，应把各方面的电源完全断开（任何运行中的星形接线设备的中性点，应视为带电设备）……与停电设备有关的变压器和电压互感器，应将设备各侧断开，防止向停电检修设备反送电。"

按照变压器停电操作顺序：停电时，先停负荷侧，后停电源侧。送电时，先送电源侧，后送负荷侧。对于联络变压器，一般在低压侧停（送）电，在高压侧解（合）环。在多电源情况下，按上述顺序停送电，可以防止变压器反充电。

"拉开 10kV 1 号接地变压器 0.4kV 侧 41 断路器"，先将 10kV 1 号接地变压器 0.4kV 侧停电。

步骤二解析：《国家电网公司电力安全工作规程（变电部分）》4.2.2 规定："检修设备停电，应把各方面的电源完全断开（任何运行中的星形接线设备的中性点，应视为带电设备）。禁止在只经断路器（开关）断开电源或只经换流器闭锁隔离电源的设备上工作。应拉开隔离开关（刀闸），手车断路器应拉至试验或检修位置，应使各方面有一个明显的断开点……。"

低压断路器的断路动静触头的开断行程有限。断路器的动静触头在断路器壳内，是否断开，只有靠分合闸指示牌指示，外观上不够明显，如果断路器在退出状态时操作能源没有断开，一旦它的控制回路出现问题或发生二次混线、误碰、误操作等，都会使断路器的操作机构自动合闸使设备带电。断路器操作机构故障时，可能发生操作机构显示断路器在分位，而断路器实际位置在合位的状况。因此安规规定："禁止在只经断路器（开关）断开电源或只经换流器闭锁隔离电源的设备上工作。"必须"拉开 10kV 1 号接地变压器 0.4kV 侧 41-1 隔离开关"，并"检查 10kV 1 号接地变压器 0.4kV 侧 41-1 隔离开关确在分位。"

将'站用变 0.4kV 自投开关由"互投"切至"2 号交流"位置'，交流互投功能不起作用。将原来的 10kV 1 号接地变压器带出 0.4kV 低压侧全部负荷，10kV 1 号接地变压器热备用运行的运行方式改变为 10kV 2 号接地变压器带出 0.4kV 低压侧全部负荷的运行方式。

站用变压器 0.4kV 低压配电系统电源运行方式说明：

1)"交流进线互投开关"有 4 个方式：↑——退出；↓——互投；←2 路交流；→1 路交流。正常运行切至"互投"位置。

2) 当 1、2 路交流均有电时，将"交流进线互投开关"切至 2 路交流，不起作用，回路始终默认 1 路电源。

3) 正常运行方式：两路交流电源高压侧都送电。正常时，"交流进线互投开关"切至"互投"位置，回路默认 1 路交流。当 1 路交流工作电源失电时，自动切换到 2 路交流电源。1 路交流电源恢复，回路自动切换回 1 路交流电源。低压配电屏上所有出线断路器合位，低压联络断路器合位。

步骤三解析：请见第三章第四节【模块一】目标驱动一中相关内容。

步骤四解析：为了防止误操作事故的发生，操作项目中的（10）～（12）项必须在监控机上相应设备的分画面上进行操作，不允许在监控机上主画面上操作。

步骤五解析：《国家电网公司电力安全工作规程（变电部分）》2.3.6.5 规定："电气设备操作后的位置检查应以设备实际位置为准，无法看到实际位置时，可通过设备机械位置指示、电气指示、带电显示装置、仪表及各种遥测、遥信等信号的变化来判断。判断时，应有两个及以上的指示，且所有指示均已同时发生对应变化，才能确认该设备已操作到位。以上检查项目应填写在操作票中作为检查项。"

"检查 10kV 1 号接地变压器 005 断路器分位监控信号指示正确"、"检查表计指示正确，电流 A 相____ A、B 相____ A、C 相____ A"是操作人员在监控机上进行检查的项目，同时操作人员在监控机上应检查 10kV 1 号接地变压器有功、无功指示 0 值。检查此项目的目的在于确证 10kV 1 号接地变压器 005 断路器已断开了供电线路负荷，且与 10kV 1 号接地变压器 005 断路器操控屏上 "10kV 1 号接地变压器电流、有功、无功指示 0 值"信息一致。

"检查 10kV 1 号接地变压器保护测控装置断路器位置指示正确"是在 10kV 1 号接地变压器 005 断路器保护测控装置上进行的检查项目。

"检查 10kV 1 号接地变压器 005 断路器分位机械位置指示正确"是操作人员在 10kV 1 号接地变压器 005 断路器操控屏上进行的检查项目，不但检查 10kV 1 号接地变压器 005 断路器位置指示牌在分闸位置，而且检查 10kV 1 号接地变压器 005 断路器机械位置指示正确。

其实，在倒闸操作中执行《国家电网公司电力安全工作规程（变电部分）》2.3.6.5 规定，往往检查两个信息就可以判断 10kV 1 号接地变压器 005 断路器的位置，因此没有必要检查过多的信息，有特殊要求和规定的除外。

步骤六解析：请见第三章第二节【模块一】目标驱动一中相关内容。

步骤七解析：请见第三章第二节【模块一】目标驱动一中相关内容。

【模块四】 站用变压器送电操作

核心知识 -

（1）站用变压器送电操作的规定。

（2）站用变压器送电倒闸操作的原则。

关键技能 -

（1）根据调度或运维负责人倒闸操作指令正确填写站用变压器送电倒闸操作票。

（2）在站用变压器送电倒闸操作过程中运维人员能够对潜在的危险点正确认知并能提前预控危险。

目标驱动 -

目标驱动一：10kV 站用变压器送电操作

××变电站一次设备接线方式如图 3 - 6 所示（运行方式：Ⅰ进线 101 断路器代 1 号主变压器、10kV Ⅰ段母线运行，Ⅱ进线 102 断路器代 2 号主变压器、10kV Ⅱ段母线运行，内桥 100 断路器、10kV 分段 000 断路器热备用），××变电站高压侧为内桥接线（GIS 设备），10kV 侧为单母分段接线（小车开关柜）。

保护配置请见第三章第二节【模块一】目标驱动一中所述。

1. 操作任务

××变电站 10kV 1 号接地变压器及 005 断路器由检修转为运行。

2. 操作项目

（1）检查 10kV 1 号接地变压器 005 断路器保护投入正确。

（2）拉开 10kV 1 号接地变压器 005-QS3 接地隔离开关。

（3）检查 10kV 1 号接地变压器 005-QS3 接地隔离开关确在分位。

（4）拆除 10kV 1 号接地变压器二次 0.4kV 套管低压侧 41-1 隔离开关侧三相接地线一组。

（5）检查 10kV 1 号接地变压器二次 0.4kV 套管低压侧 41-1 隔离开关侧三相接地线一组确已拆除。

（6）检查 10kV 1 号接地变压器 005 断路器确在分位。

（7）将 10kV 1 号接地变压器 005 小车开关推至试验位置。

（8）检查 10kV 1 号接地变压器 005 小车开关确已推至试验位置。

（9）装上 10kV 1 号接地变压器 005 小车开关二次插件。

（10）合上 10kV 1 号接地变压器 005 断路器控制直流电源空气断路器。

（11）合上 10kV 1 号接地变压器 005 断路器保护电源空气断路器。

（12）将 10kV 1 号接地变压器 005 小车开关推至运行位置。

（13）检查 10kV 1 号接地变压器 005 小车开关确已推至运行位置。

（14）将 10kV 1 号接地变压器 005 断路器操作方式开关由就地切至远方位置。

（15）选择 10kV 1 号接地变压器 005 断路器合闸。

（16）检查 10kV 1 号接地变压器 005 断路器合闸选线正确。

（17）合上 10kV 1 号接地变压器 005 断路器。

（18）检查 10kV 1 号接地变压器 005 断路器电流表计指示正确，电流 A 相＿＿ A、B 相＿＿ A、C 相＿＿ A。

（19）检查 10kV 1 号接地变压器 005 断路器合位监控信号指示正确。

（20）检查 10kV 1 号接地变压器 005 断路器合位机械位置指示正确。

（21）检查 10kV 1 号接地变压器保护测控装置断路器位置指示正确。

（22）检查 10kV 2 号接地变压器 0.4kV 低压侧交流接触器确在合位。

（23）检查 10kV 1 号接地变压器 0.4kV 低压侧交流接触器确在分位。

（24）合上 10kV 1 号接地变压器 0.4kV 低压侧 41-1 总隔离开关。

（25）检查 10kV 1 号接地变压器 0.4kV 低压侧 41-1 总隔离开关确在合位。

（26）合上 10kV 1 号接地变压器 0.4kV 低压侧 41 进线断路器。

（27）将站用变 0.4kV 低压自投开关由"2 号交流"切至"互投"位置。

（28）检查 10kV 1 号接地变压器 0.4kV 低压侧交流接触器确在合位。

（29）检查 10kV 系统无异常。

（30）合上 10kV 1 号消弧线圈一次 0051 隔离开关。

（31）10kV 1 号消弧线圈控制装置投入操作（具体步骤略）。

3. 操作项目解析

（1）操作项目总体操作步骤划分。

步骤一：拆除安全措施。

操作项目中的（1）～（7）项，其中操作项目（1）～（3）项为操作人员在 10kV 1 号接地变压器 005 断路器操控屏上进行的检查、操作项目，（4）、（5）项为操作人员在 10kV 1 号接地变压器二次 0.4kV 套管上进行的检查、操作项目。

步骤二：将 10kV 1 号接地变压器 005 小车断路器由检修位置推至试验位置。

操作项目中的（6）～（11）项，为操作人员在 10kV 1 号接地变压器 005 断路器操控屏上进行的检查、操作项目。

步骤三：将 10kV 1 号接地变压器 005 小车断路器由试验位置推至运行位置。

操作项目中的（12）、（13）项，为操作人员在 10kV 1 号接地变压器 005 断路器操控屏上进行的检查、操作项目。

步骤四：10kV 1 号接地变压器送电。

操作项目中的（14）～（17）项，其中操作项目（16）为操作人员在 10kV 1 号接地变压器 005 断路器操控屏上进行的检查项目，（15）～（17）项为操作人员在监控机上进行的检查项目。

步骤五：检查断路器运行工况。

操作项目中的（18）～（21）项，其中操作项目（18）～（19）为操作人员在监控机上进行的检查项目，（20）、（21）项为操作人员在 10kV 1 号接地变 005 断路器操控屏上进行的检查项目。

步骤六：10kV 1、2 号接地变压器 0.4kV 低压侧改变互投方式。

操作项目中的（22）～（28）项，为操作人员在低压交流控制屏上进行的检查、操作项目。

步骤七：投入 10kV 1 号消弧线圈运行。

操作项目中的（29）～（31）项，其中操作项目（29）为操作人员在监控机上进行的检查项目，操作项目（30）项为操作人员在 10kV 1 号消弧线圈一次 0051 隔离开关处进行的操作项目，操作项目（31）为操作人员在消弧线圈控制装置上进行的操作项目。

（2）操作项目总体操作步骤解析。

站用电一次系统接线如图 3-18 所示，接地变压器及消弧线圈间隔一次接线示意如图 3-19 所示，接地变压器及消弧线圈断面如图 3-20 所示。

步骤一解析：《国家电网公司电力安全工作规程（变电部分）》2.3.4.3 第 5）条规定："设备检修后合闸送电前，检查送电范围内接地隔离开关（装置）已拉开，接地线已拆除。"

"检查 10kV 1 号接地变压器 005 断路器保护投入正确"目的在于为"10kV 1 号接地变压器及 005 断路器由检修转为运行"做好准备。

步骤二解析：一旦由于某种原因在小车断路器未拉开的情况下误将小车断路器推至运行位置，相当带负荷合母线侧隔离开关，将造成母线弧光短路事故。这样不但会造成严重的设备损坏、变电站停电事故，而且也可能会造成人身伤亡事故。因此"将 10kV 1 号接地变压器 005 小车开关推至运行位置"之前一定"检查 10kV 1 号接地变压器 005 断路器在开位"。

　　因为小车的二次插头连接线较短，只有"将10kV 1号接地变压器005小车断路器由检修位置推至试验位置"，才能继续按顺序完成"合上10kV 1号接地变压器005断路器控制直流电源空气断路器"、"合上10kV 1号接地变压器005断路器保护直流电源空气断路器"、"装上10kV 1号接地变压器005断路器二次插件"操作项目。

　　步骤三解析：只有10kV 1号接地变压器005断路器的保护直流、控制直流和保护装置投入运行，才能"将10kV 1号接地变压器005小车断路器由试验位置推至运行位置"。确保在"合上10kV 1号接地变压器005断路器"时，一旦10kV 1号接地变压器发生短路故障，如果断路器在合位，保护装置和断路器相互配合切除故障。

　　"装上10kV 1号接地变压器005断路器二次插件"之后再"合上10kV 1号接地变压器005断路器控制直流电源空气断路器"、"合上10kV 1号接地变压器005断路器保护直流电源空气断路器"，否则将会造成小车的二次插头及相关的电气元器件烧损。

　　小车断路器处于"运行"、"试验"、"检修"位置示意如图3-12所示。

　　步骤四解析：10kV 小车断路器一般情况下不进行就地操作，因此"将10kV 1号接地变压器005断路器操作方式开关由就地切至远方位置"以实现断路器的远方操作。

　　为了防止误操作事故的发生，操作项目中的（17）～（19）项必须在监控机上相应设备的分画面上进行操作，不允许在监控机上主画面上操作。

　　按照变压器停电操作顺序：停电时，先停负荷侧，后停电源侧。送电时，先送电源侧，后送负荷侧。对于联络变压器，一般在低压侧停（送）电，在高压侧解（合）环。在多电源情况下，按上述顺序停送电，可以防止变压器反充电。

　　"合上10kV 1号接地变压器005断路器"先对10kV 1号接地变压器从电源侧进行充电，然后再执行操作步骤六——10kV 1、2号接地变0.4kV低压侧改变互投方式操作，恢复正常运行方式。

　　步骤五解析：《国家电网公司电力安全工作规程（变电部分）》2.3.6.5规定："电气设备操作后的位置检查应以设备实际位置为准，无法看到实际位置时，可通过设备机械位置指示、电气指示、带电显示装置、仪表及各种遥测、遥信等信号的变化来判断。判断时，应有两个及以上的指示，且所有指示均已同时发生对应变化，才能确认该设备已操作到位。以上检查项目应填写在操作票中作为检查项。"

　　"检查10kV 1号接地变压器005断路器合位监控信号指示正确"、"检查表计指示正确，电流A相＿＿＿A、B相＿＿＿A、C相＿＿＿A"是操作人员在监控机上进行检查的项目，同时检查10kV 1号接地变压器有功、无功指示值正确。检查此项目的目的在于确证10kV 1号接地变压器005断路器合闸良好，且与10kV 1号接地变压器005断路器操控屏上"10kV 1号接地变压器电流、有功、无功指示值"信息一致。

　　"检查10kV 1号接地变压器005断路器合位机械位置指示正确"、"检查10kV 1号接地变压器保护测控装置断路器位置指示正确"是操作人员在10kV 1号接地变压器005断路器操控屏上进行的检查项目，不但检查10kV 1号接地变压器005断路器位置指示牌在"合闸"位置，而且检查10kV 1号接地变压器005断路器机械位置指示正确和断路器保护测控装置开关位置指示正确。

　　步骤六解析：执行操作项目中的（22）～（28）项，对10kV 1、2号接地变压器0.4kV低压侧互投方式进行改变。将原10kV 2号接地变压器带出0.4kV低压侧全部负荷的运行方式，通过"将站用变压器 0.4kV 低压自投开关由'2 号交流'切至'互投'位置"的操作，改变为 10kV 1 号接地变压器带出 0.4kV 低压侧全部负荷，10kV 2 号接地变压器热备用运行的运行方式。

站用变压器 0.4kV 低压配电系统电源运行方式说明请见第三章第四节【模块三】目标驱动一中相关内容。

步骤七解析：请见第三章第四节【模块二】目标驱动一中相关内容。

危险预控 -

表 3 - 4　　　　　　　站用变压器、消弧线圈操作危险点及控制措施

序号	站用变压器、消弧线圈操作危险点	控 制 措 施
1	包括线路及高压开关类设备操作危险点	包括线路及高压开关类设备操作控制措施
2	站用变压器误操作	(1) 备用变压器空载运行，与另一台站用变压器高压侧已经并列，检查备用变压器声音正常，油色、油位正常，高压断路器或高压熔断器运行正常。 (2) 如果两台及以上变压器需要并列操作，首先应考虑变压器是否符合并列条件，否则不允许并列。 (3) 如果两台及以上变压器需要并列操作，变压器符合并列条件，还需要考虑变压器一次侧电源是否为一个供电系统，应在待并列的变压器低压侧进行电压差测量，电压差不允许大于 30V，否则不允许并列。测量时应选择合适的万用表和测量量程。 (4) 站用电进行运行方式变化时，应考虑其合理性，并应检查相应的信号、灯光、电流、电压、负荷分配及设备运行工况，避免造成设备过负荷或丢失负荷情况发生
3	消弧线圈误操作	(1) 按当值调度员下达的分接头位置切换消弧线圈分接头。 (2) 如果系统发生单相接地、谐振及中性点位移电压大于 15% 相电压等异常时，禁止拉消弧线圈与中性点之间的单相隔离开关并且禁止手动带电有载调节。 (3) 如果是两台主变压器中性点公用一组消弧线圈，消弧线圈装置运行中从一台主变压器的中性点切换到另一台时，必须先将消弧线圈断开后再切换。 (4) 按规定不允许并列运行的消弧线圈禁止并列。 (5) 无载调压开关的消弧线圈倒换分接头前，必须拉开消弧线圈的隔离开关，装设好接地线后，才可切换分接头，并测量直流电阻。 (6) 在 10kV 消弧线圈接地方式下，当投退消弧装置控制屏的交、直流控制电源时，应注意一台控制器控制两台消弧装置的情况（即一控二），防止误切断运行中的消弧装置电源
4	人身伤害或触电	(1) 操作一、二次设备时，操作人员应按规定穿戴合格的安全工器具。 (2) 低压验电时，应用低压验电笔或万用表进行验电。验电时注意站位和验电设备绝缘部分与带电部分的安全距离，以免造成绝缘部分被短接

思维拓展

××变电站一次设备接线方式如图 3-6 所示（运行方式：Ⅰ进线 101 断路器代 1 号主变压器、10kVⅠ段母线运行，Ⅱ进线 102 断路器代 2 号主变压器、10kVⅡ段母线运行，内桥 100 断路器、10kV 分段 000 断路器热备用），××变电站高压侧为内桥接线（GIS 设备），10kV 侧为单母分段接线（小车开关柜）。

在上述运行方式下请读者思考后写出以下操作步骤：

（1）10kV 1 号站用变压器异常运行，10kV 1 号接地变压器 005 断路器故障拉不开时的倒闸操作步骤。

（2）10kV 2 号消弧线圈异常运行，10kV 2 号接地变压器 008 断路器故障拉不开时的倒闸操作步骤。

相关知识

1. 站用变压器运行及操作的注意事项

（1）站用变压器的并列。

接地变压器并列必须满足并列运行条件。接在同一电源系统的站用变压器须经核相正确方可并列。接在不同电源系统上的站用变压器不能环并，因为其电压、相位可能不同，环并时会产生很大的环流，造成断路器跳闸失压甚至损坏站用变压器。

接在不同电源上的站用变压器，为了防止通过低压侧并环，在其低压断路器或分段断路器一般装有防止并环的操作闭锁接线，即两个进线断路器在合位时联络断路器不应合入，任一进线断路器和联络断路器在合位时另一进线断路器也不应合入。

站用变压器两台不宜长期并列运行问题的解析：

1）降低了站用电运行的可靠性。

a. 两台站用变压器同时并列运行，无备用站用变压器。

b. 故障时，两台站用变压器有可能都要跳闸，对提高供电安全水平无益。

c. 在某些情况下，可能引起反送电。

2）增加了站用电系统的短路电流。两台站用变压器并列运行，阻抗减少了一半，站用电系统内短路电流大约增加了一倍，将给设备的安全稳定运行带来隐患。

3）引起电气设备运行条件恶化。有些变电站的低压电气设备的选择是按一台站用变压器的短路电流为依据设计的，两台站用变压器并列运行短路电流增加一倍后，对电气设备的正常运行到来了极大的影响。

a. 将使断路器（或熔断器）开断短路电流增加一倍，可能切除不了故障点，扩大事故。

b. 故障回路的电缆将出现严重过热，甚至烧毁。

c. 电气设备的因承受不了短路电流增加一倍之后的动稳定、热稳定能量的作用，遭到损坏。

由上所述，两台站用变压器不宜长期并列运行。

在站用变压器倒闸操作过程中，如果站用电不允许停电，考虑到站用变压器并列运行时间短，产生故障的几率较小的情况下，两台站用变压器可以短时并列运行。

（2）低压系统的运行方式。两段母线分列运行时，不得通过负荷回路构成环网；两段母线并列运行时，也不宜通过负荷回路长时间构成环网。

（3）低压电源的切换操作。低压电源的切换操作方式分为不间断供电切换和短时停电切换两种。

1）不间断供电切换。

不间断供电切换，是先将低压母线并列，所有低压负荷由两台站用变压器共同供电，然后再退出欲停电的站用变压器。例如1号站用变压器需要停电，先合上低压分段断路器，然后再依次拉开1号站用变压器低压和高压断路器。

不间断供电切换方式的优点是所有负荷不间断供电，防止有些低压负荷失压后不能正常启动，特别适用于一些带有低电压保护（脱扣）的负荷，因为这种负荷间断供电后不能自动恢复供电。

采用这种方式要求站用变压器必须接在同一电源系统并满足并列运行条件，高压母线分段断路器必须在合位。

2）短时停电切换。

短时停电切换，是先将欲停电的站用变压器从低压母线断开，再合上低压分段断路器。例如1号站用变压器停电，先拉开1号站用变压器低压断路器，Ⅰ段低压母线短时停电，再合上低压分段断路器，恢复Ⅰ段低压母线供电。

短时停电切换的特点如下：

a. 这种切换方式比较灵活，不受运行方式和接线方式限制。

b. 站用变接线组别不同，接于不同电压母线或不同电源时必须采用这种方式。

c. 有些低压负荷失压后可能不能正常启动，特别是一些带有低电压保护（如低电压脱扣）的负荷，间断供电后不能自动恢复供电，需手动恢复供电。

d. 带有不允许停电的负荷时不能采用该方式。

2. 小电流接地系统补偿装置术语释义

（1）消弧线圈。消弧线圈是一个带铁芯的电感线圈，它接在中性点和地之间，目的是使当电网单相接地故障时流过接地点的电容电流被消弧线圈流入接地弧道的电感电流所补偿，从而使接地故障电流大为减小，接地电弧容易熄灭。

按改变电感方法的不同，消弧线圈可分为调匝式、调气隙式、直流偏磁式和调容式等。按调节方式不同，消弧线圈又分为随调式和预调式。

（2）阻尼电阻。

在预调式自动跟踪消弧线圈中，阻尼电阻调节精度高，残流较小，接近谐振（全补）点运行。

为防止系统未发生单相接地期间产生谐振过电压及适应各种运行方式，在消弧线圈接地回路中串接一定阻值的电阻。即使处于全补状态，因电阻的阻尼作用，抑制谐振电流，使中性点电压不会超过15%相电压，满足规程要求。阻尼电阻可选用片状电阻，根据容量选用不同的阻值。当系统发生单相接地时，为了提高补偿效率，这时必须将阻尼电阻采用电压、电流双重保护，用接触器短接。

（3）相控式消弧线圈装置。

消弧线圈由高漏抗电抗器组成，通过改变晶闸管导通相位来控制高漏抗电抗器短路电流，从而等效改变电感电流的消弧线圈装置，这种消弧线圈装置还需要增加滤波装置。相控式消弧线圈装置补偿速度慢（＞60ms），并且会产生谐波（最大达到几个安培的谐波电流）。

在运行过程中相控式消弧线圈装置可控硅易出现故障，主要原因是可控硅开断电感性负载时容易产生过电压，因此可控硅一般都必须并联一个电阻和电容来吸收产生的尖脉冲，在接地故障发生时，由于过零点的变化不定，产生尖脉冲的叠加，晶闸管容易击穿；另外由于二次电流达到上千安，晶闸管发热比较严重，必须由风扇进行散热，如果接地后风扇出现断电或者机械故障，晶闸管将出现热击穿。

此外，由于晶闸管会产生一定的谐波，接地故障发生后，由于大量谐波的存在，滤波器谐波可能出现谐振状态，随着时间的推移，滤波装置老化、参数发生变化，会发生以下两种情况：①大量的谐波不能滤除，在滤波电抗器和滤波电容器上出现谐振导致电容器、电抗器烧毁；②大量的谐波流向系统，对系统产生谐波污染。

相控式消弧线圈由于需要对晶闸管的触发脉冲进行调节，存在大量的电子器件，故障率比调匝式消弧线圈要高。

（4）调匝式消弧线圈装置。

调匝式消弧线圈装置是指通过控制有载开关调节消弧线圈的线圈匝数达到调节消弧线圈电感量的消弧线圈装置。

由于系统正常运行时消弧线圈电流基本为零，有载开关的调节实际上是空载调节，单相接地发生后不需要再调节有载开关。

调匝式消弧线圈装置的特点是补偿速度快（无延时），不产生谐波。

调匝式消弧线圈装置采取挡位分级调节，结构比较简单，运行可靠性较好，能有效限制高电压水平和抑制铁磁谐振，也是目前应用最多的一种方式。调匝式消弧线圈装置阻尼电阻保护早期采用接触器保护，容易出现接触器故障而造成不能及时对阻尼电阻进行保护，随着阻尼电阻可控硅保护的应用，做到一次、二次完全隔离，不需要将电源引入阻尼电阻箱，因此基本杜绝了阻尼电阻保护故障的出现。

（5）调容式消弧线圈装置。

调容式消弧线圈装置是指消弧线圈由固定电感量的电抗器组成，通过改变电抗器二次侧并联电容器以改变等效电感量的消弧线圈装置。调容式将消弧线圈设计成固定电感，通过并联的电容器的容量抵消部分电感电流，由于电容器可以巧妙组合成多种容量，因此等效挡位很多。但电容器同样会受到每次接地的冲击和老化，电容器在合闸涌流作用下将引起接触部位因过热而损坏，从而导致电容量逐步下降甚至电容器失效，相比调匝式消弧线圈，其等效挡位补偿电流不稳定，补偿效果较差。因此，必须采取防止高电压和涌流的措施，在选择电容器厂家时要向其提出明确要求。

（6）直流偏磁式消弧线圈装置。

直流偏磁式消弧线圈装置是指在交流工作绕组内设置一个铁芯磁化段，通过改变直流助磁磁通的大小，以调节交流的等值磁通，达到调节消弧线圈电感量的消弧线圈装置。它可以带高压以毫秒级的速度调节电感值。偏磁式消弧线圈不是采用限制串联谐振过电压的方法，而是采用避开谐振点的动态补偿方法，根本不让串联谐振出现，即在电网正常运行时，不施加励磁电流，将消弧线圈调谐到远离谐振点的状态，但实时检测电网电容电流的大小，当电网发生单相接地后，瞬时（约20ms）调节消弧线圈以达到最佳补偿。

（7）其他类型（磁阀式、调气隙式等）消弧线圈装置。

除了上述的四种消弧线圈装置外，还有调气隙式和磁阀式消弧线圈等其他类型装置。

3. 35kV、66kV 消弧线圈装置的运行及操作的注意事项

（1）如果系统发生单相接地、谐振及中性点位移电压大于 15％相电压等异常时（在调控中心和变电站当地监控系统上及当地消弧线圈测控屏上可监视到系统相关异常信息或可听到消弧线圈有嗡嗡声），禁止拉合消弧线圈与中性点之间的单相隔离开关。

（2）如果是两台变压器中性点共用一组消弧线圈，运行中消弧线圈装置从一台变压器的中性点切换到另一台时，必须先将消弧线圈断开后再切换。不得将两台变压器的中性点同时接到一台消弧线圈上。原因如下：

1）因为两台变压器的各项参数不完全相同，如果通过消弧线圈的隔离开关并列两台变压器中性点时，可能形成一定的环流。

2）绝对不能同时将两台以上的电力变压器中性点连接到有消弧线圈的中性母线上去，因为当变压器分列运行时，如果补偿网络内有接地短路，则中性点上的电压 U_0 使网络分开部分的相电压的变化完全相同，就不可能判断接地短路发生在哪一部分网络内，一台变压器发生单相接地时会影响另一台变压器的正常运行。

（3）主变压器和消弧线圈装置一起停电时，应先拉开消弧线圈的隔离开关，再停主变压器。送电时相反。

因为主变压器停送电时，由于一次侧三相断路器的不同期动作，可能会在主变压器的中性点上产生较大的不对称电压，如果此时消弧线圈仍接在主变压器的中性点上，那么消弧线圈就会出现误动作。

（4）采用过补偿方式运行时，线路送电前应先倒换分接头位置，以增加电感电流，然后再送电；停电时反之。

（5）当采用欠补偿方式运行时，先将线路送电，再提高分接头的位置；停电时反之。

（6）系统中发生单相接地时，禁止操作或手动调节该段母线上的消弧线圈。

因为对于自动跟踪型消弧线圈，当系统发生单相接地时，消弧线圈处于最佳补偿状态，操作或手动调节消弧线圈一是会影响补偿效果，二是回路中流过了工作电流，这个时候操作可能会造成事故。

有人值守变电站应监视并记录下列数据：

1）接地变压器和消弧线圈运行情况。

2）滤波箱、调容柜运行情况。

3）电压互感器和保险丝、MOA 运行情况

4）微机调谐器显示参数：电容电流、残流、脱谐度、中性点电压和电流、分接开关挡位和分接开关动作次数等。

5）单相接地开始时间和结束时间。

6）单相接地线路及单相接地原因。

7）天气状况。

（7）若巡视中发现下列情况，应向调度和上级主管部门汇报。

1）消弧线圈容量不够，预调式运行在最高挡位运行，过补偿情况下脱谐度大于 5％（说明消弧线圈总容量裕度很小或没有裕度）。

2）随调式容量不够没有报警。

3）中性点位移电压大于 15％相电压。

具体直观三相电压差别较大，各供电公司有具体规定，对于 10kV，15％相电压值为 900V，电压最高和最低允许 1800V，但在实际现场运行中不可能允许这么大，35kV 和 66kV 分别为（3.3kV/6.6kV，5.7kV/11kV）。

4）消弧线圈、滤波箱、调容柜、接地变压器、TV、MOA 有异常响声。

（8）手动调匝消弧线圈切换分接头的操作规定。

1）按当值调度员下达的分接头位置切换消弧线圈分接头。

2）切换分接头前，应确认系统中没有接地故障、谐振、中性点位移电压大于 15％相电压等异常后，再用隔离开关断开消弧线圈，装设好接地线后，才可切换分接头，并测量直流电阻。

倒换分接头前，必须拉开消弧线圈的隔离开关，将消弧线圈停电，保证人身安全。必须注意：尽管消弧线圈接于变压器的中性点上，但在正常运行中，由于电力系统三相不完全对称，而使变压器的中性点在正常运行时也会出现对地电压，因此中性点电压不一定是零，在切换消弧线圈分接头的瞬间有可能发生弧光接地短路。

3）切换分接头后，应检查消弧线圈导通合格，检验系统没有发生单相接地、谐振、中性点位移电压大于 15％相电压等异常后，合上隔离开关，投入消弧线圈运行。

4）如果手动调节方式是带电有载调节，调节前需要确认系统没有发生单相接地，谐振、中性点位移电压大于 15％相电压等异常。

（9）处理接地故障时，禁止停用消弧线圈。若消弧线圈温升超过规定时，可采用人工接地技术，在接地相上先装设人工接地点（注意：人工接地点的投入和退出系统均需要用断路器进行操作，应符合现场运行规程允许的操作范围和方法），消除接地点后，再停用消弧线圈。

4. 变电站 10kV 中性点接地装置的运行操作步骤和要求

（1）10kV 中性点接地装置投入和退出的操作顺序，应按照相关要求，投退相应 10kV 系统的线路零序保护和接地变中性点零序保护。中性点接地装置投入前，必须先投入相应的 10kV 系统零序保护。小电阻接地方式下，当用旁路断路器代替出线断路器运行时，旁路断路器零序保护必须投入。

（2）中性点接地装置经隔离开关连接在母线上的，投入时先合接地变压器隔离开关，后合中性点隔离开关；退出时顺序相反。

（3）中性点接地装置经断路器连接在 10kV 母线上的，投入时先合上接地变压器隔离开关和中性点隔离开关，后合断路器；退出时顺序相反。

（4）中性点接地装置连接在主变压器变低压出口母线桥上或主变压器变低压中性点上，应将中性点装置视为主变压器的一部分，投入接地装置时，按主变压器倒闸操作原则进行。投入时先合上接地装置隔离开关，再合主变压器变高压侧断路器，最后合主变压器变低压侧断路器；退出时顺序相反。

（5）在满足第（4）步要求时，允许拉、合接地变压器隔离开关或中性点隔离开关。

（6）在小电阻接地方式下，应注意防止由于接地变零序保护动作引发另一个接地系统开关跳闸故障。

（7）10kV 中性点经小电阻接地装置正式投入运行后，若要改为中性点不接地方式运行，须经供电公司总工程师批准。

（8）在消弧线圈接地方式下，当投退消弧装置控制屏的交、直流控制电源时，应注意一台控制器控制两台消弧装置的情况（即一控二），防止误切断运行中的消弧装置电源。

（9）小电阻接地方式下的不同母线接地系统并列：

1）为限制单相接地电流，原则上不允许两台及以上的接地装置并列运行，但在倒闸操作过程中或事故异常运行方式下（包括备自投自动并列），允许两台及以上的接地装置短时并列运行。

2）当两段或以上不同接地系统的 10kV 母线并列时，应仅保留其中一套接地装置运行，而将其余接地装置退出运行，采用两段或以上母线共用一套接地装置的形式。对中性点接地装置连接在配网母线上的，母线并列时应保留与供电变压器对应的接地装置，并应注意防止由于接地变零序保护动作造成某一段母线接地方式的改变。对接有三台变压器的 66(35)kV 变电站，如采用小电阻接地方式，为便于运行操作，低压侧带分支的那台变压器的中性点接地装置最好连接在主变压器变低压母线桥上。

3）如果一套接地装置因检修或试验需要退出运行时，在线路零序 TA、零序保护完好的情况下，允许两段母线共用一套接地装置。

（10）消弧线圈接地方式下的不同母线接地系统并列：

1）正常情况下，当两段不同接地系统的 10kV 母线并列时允许相邻两台消弧装置并列（此时相应消弧线圈的控制屏上应显示并列状态）。同时应注意当接地变压器兼站用变压器时，接地变压器补偿容量对站用电负荷的影响。

2）如果一套接地装置应检修或试验需要退出运行时，允许采用两段或以上母线共用一套接地装置的形式。此时，为保证消弧装置正常选线，应保留已退出运行的消弧装置的控制屏交、直流控制电源，同时注意消弧装置补偿容量是否满足多段母线所需的电容电流最大补偿量。

3）如果一套接地装置应检修或试验需要退出运行，受主变压器容量限制，10kV 母线不能够并列运行时，允许退出运行的 10kV 母线短时间退出运行。

4）当某台消弧装置出现欠补偿时，应首先核实装置是否正常运行，10kV 系统是否是正常运行方式。对因容量不足出现欠补偿的消弧装置，应尽快进行技术改造，以满足运行要求。

5）禁止三台及以上消弧装置并列运行。

（11）电抗器接地装置方式下的不同母线接地系统并列：

1）正常情况下，当两段不同接地系统的 10kV 母线并列时允许相邻两台电抗器接地装置并列，此时相应将一台装置操作面板上的主/后备开关处于"后备"的位置，另一台处于"主"的位置。

2）如果一套接地装置应检修或试验需要退出运行时，允许采用两段或以上母线共用一套接地装置的形式。此时，为保证电抗器接地装置正常选线，应保留已退出运行的装置的交、直流控制电源。

3）禁止三台及以上电抗器接地装置并列运行。

5. 具有自动补偿功能消弧线圈装置的组成

如图 3-21 所示（小电流接地系统中无中性点或中性点不可用）。成套装置由 Z 形接地变压器、有载调节式消弧线圈、限压阻尼电阻箱、微机测量控制器等组成。

（1）曲折形接线的接地变压器。

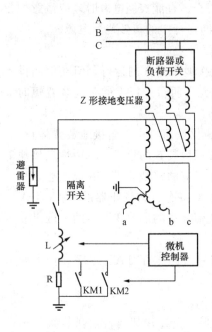

图 3-21 具有自动补偿
功能消弧线圈装置原理接线

接地变压器为三相变压器，常用来为不接地系统提供一个人工的、可带负载的中性点，以供连接中性点设备使用。接地变压器通常采用 Z 形接线（或称曲折形接线），与普通变压器的区别是每相绕组分别绕在两个磁柱上，这样连接的好处是零序磁通可沿磁柱流通，而普通变压器的零序磁通是沿着漏磁磁路流通，所以 Z 形接地变压器的零序阻抗很小（10Ω 左右），而普通变压器要大得多。因此规程规定，用普通变压器带消弧线圈时，其容量不得超过变压器容量的 20％，而 Z 形变压器则可带 90％～100％容量的消弧线圈。接地变压器除可带消弧线圈外，也可带二次负载，替代站用变压器，这样，可使接地变压器与站用变压器合二为一，既减少了损耗和建筑物面积，又节省了投资。由于三个同芯绕组构成的安匝相反的三个系统，且 A、B、C 三相提供的零序电流同向，故每相的零序磁势近乎为零（由于每柱两绕组间有漏磁通道，零序阻抗不可能为零），相对于变压器的短路阻抗来讲零序阻抗要小得多。对于 ZN 形接地变压器，通常可带一个二次绕组，组成 ZNynⅡ或 ZNynⅠ连接组别，供变电站站用电，起到了一台变压器两种功用的效果。

1）正常运行时长期处于空载运行状态，其零序阻抗、空载损耗很小。

2）引出理想的人工中性点连接消弧线圈。

3）正常运行时长期处于空载运行状态，其零序阻抗、空载损耗很小。

（2）有载调节式消弧线圈。

消弧线圈的调流方式一般分为三种，即调铁芯气隙方式、调铁芯励磁方式和调匝式消弧线圈。目前在系统中投运的消弧线圈多为调匝式，它是将绕组按不同的匝数，抽出若干个分接头，将原来的无励磁分接开关改为有载分接开关进行切换，改变接入的匝数，从而改变电感量，消弧线圈的调流范围为额定电流的 30％～100％，相邻分头间的电流数按等差级数排列，分头数按相邻分头间电流差小于 5A 来确定。为了减少残流，增加了分头数，根据容量不同，目前有 9 挡～14 挡，工作可靠，可保证安全运行。消弧线圈还外附一个电压互感器和一个电流互感器。

带有载分接开关的调匝式消弧线圈，正常不接地的情况下几乎处在空载状态下运行，使用寿命较长，利用每个分接头工作时确定的电感量可计算电网电容电流和脱谐度。

（3）限压阻尼电阻箱。

在自动跟踪消弧线圈中，因调节精度高，残流较小，接近谐振（全补）点运行。为防止产生谐振过电压及适应各种运行方式，在消弧线圈接地回路应串接阻尼电阻箱。这样在运行中，即使处于全补状态，因电阻的阻尼作用，也会避免产生谐振，而且中性点电压不会超过 15％相电压，满足规程要求，使消弧线圈可以运行于过补、全补或欠补任一种方式。阻尼电阻可选用片状电阻，根据容量选用不同的阻值。当系统发生单相接地时，中性点流过很大的电流，这时必须将阻尼电阻采用电压、电流双重保护短接。

1）正常运行时，限制中性点位移电压。

2）在发生单相接地时，为避免阻尼电阻降低消弧线圈的补偿能力，将电阻短接，同时也避免了电阻的过热。短接阻尼电阻采用中性点电压和电流两套独立启动短接回路。

一套是根据中性点电压值来控制交流接触器 KM1，若该值超过设定值，则电压继电器动作，控制交流接触器闭合接点短接阻尼电阻。

另一套是由直流接触器 KM2、中间继电器、过流继电器组成，当系统接地流过消弧线圈的电流超过设定值时，电流继电器动作，通过中间继电器使直流接触器闭合短接阻尼电阻。双套措施互补，保证了电阻可靠短接。若配有接地选线装置，阻尼电阻在接地 0.5s 后被短接。

（4）微机控制器。

采用在线实时测量法，可快速、准确、直观、完整地显示电网的有关参数，根据设定值自动或手动调整消弧线圈分头，使其随时运行在最佳工作状态。

微机控制器能实现所有的计算和控制，它可实时测量出系统对地的电容电流，由此计算出电网当前的脱谐度 V，当脱谐度偏差超出预定范围时，通过控制电路接口驱动有载开关调整消弧线圈分接头，直至脱谐度和残流在预定范围内为止。系统发生单相接地时，将系统 TV 二次开口三角处的零序电压及各回路零序电流采集下来进行分析处理，通过视在功率、零序阻抗变化、谐波变化、五次谐波等选线算法来进行选线。

第五节 有载（或无载）调压开关操作

【模块一】 主变压器、 消弧线圈有载调压开关操作

核心知识

（1）变压器、消弧线圈有载调压开关的操作规定。

（2）变压器、消弧线圈有载调压开关的操作原则。

关键技能

（1）根据调度或运维负责人倒闸操作指令正确执行变压器、消弧线圈有载调压开关的操作任务。

（2）在变压器、消弧线圈有载调压开关操作过程中运维人员能够对潜在的危险点正确认知并能提前预控危险。

目标驱动

目标驱动一：66(35)kV 变压器有载调压开关操作

××变电站一次设备接线方式如图 3-6 所示（运行方式：Ⅰ进线 101 断路器代 1 号主变压器、10kVⅠ段母线运行，Ⅱ进线 102 断路器代 2 号主变压器、10kVⅡ段母线运行，内桥 100 断路器、10kV 分段 000 断路器热备用），××变电站高压侧为内桥接线（GIS 设备），10kV 侧为单母分段接线（小车开关柜）。

保护配置请见第三章第二节【模块一】目标驱动一中所述。

1. 操作任务

××变电站 66(35)kV 1 号主变压器有载调压开关操作。

有载调压变压器的调压操作可以在变压器运行状态下进行。调整分接头后不必测量直流电阻，但调整分接头时应无异声，每调整一挡，运维人员应检查相应三相电压表指示情况，电流和电压应平衡。在分接头切换过程中有载调压的瓦斯继电器有规律地发出信号是正常的，可将继电器中聚积的气体放掉。如分接头切换次数很少即发出信号，应查明原因。调压装置操作 5000 次后，应进行检修。

（1）有载调压变压器进行有载调压时的有关规定：

新装或吊罩后的有载调压变压器，投入电网完成冲击合闸试验后，空载情况下，在控制室进行远方操作一个循环。

正常情况下，一般使用远方电气控制。当远方电气回路故障和必要时，可使用就地电气控制或手动操作。当分接开关处于极限位置又必须手动操作时，必须确认操作方向无误后方可进行。

分接变换操作必须在一个分接变换完成后方可进行第二次分接变换。操作时应同时观察电压表、电流表指示和电机运转情况，不允许出现回零、突跳、无变化等异常情况，分接位置指示器及计数器的指示等都应有相应变动。

两台有载调压变压器并联运行进行分接变换操作，不得在一台变压器上连续进行两个分接变换操作，必须在一台变压器的分接变换完成后再进行另一台变压器的分接变换操作。

多台并列运行的变压器，在升压操作时，应先操作负载电流相对较小的一台，再操作负载电流较大的一台，以防止环流过大；降压操作时，顺序相反。

禁止在变压器生产厂家规定的负荷和电压水平以上进行主变压器分接头调整操作。

有载分接开关三相挡位一致、操作机构、本体上的挡位、监控系统中的挡位一致。机械连接校验正确，电气、机械限位正常。经两个循环操作正常。

（2）有载调压开关电动调压时的操作及注意事项：

1）有载调压装置安装调试正确后，方可使用。

2）同一时间，只能在"远方"、"就地"的调整方式中选择一种。正常应采用电动远方操作，一般情况下不采用就地电动操作或手动操作，手动操作只有在检修调试时或电机有故障时进行。

3）当快速机构时间变长或切换到中途不动作，可能造成限流电阻烧毁。因此在进行有载调压断路器操作前，可根据变电站现场运行规程规定决定是否投入有载调压开关的瓦斯跳闸保护连接片。

4）调压过程中如遇紧急情况（系设备发生事故、异常等情况），应立即按紧急停止按钮终止操作。正常时，应及时恢复操作电源。

5）调压时防止滑挡，出现滑挡要迅速按下紧急停止按钮。

6）高压侧电流超过额定电流 85％时，应闭锁有载调压。

7）每次只能调一挡，两次调压之间要间隔至少 1min。

8）调压时注意几台主变压器的挡位一致，防止出现环流。

（3）有载调压开关手动调压时的操作及注意事项：

有载调压开关电机不能进行有载调压操作（机械传动机构正常，且系设备无事故、异常等情况），需要进行调压操作时，可采用手动调压方式进行调压。

1）手动调压方法：

①将有载调压开关装置的控制电源及电动机电源停电。

②到变压器有载调压开关装置，将手动摇把插入到插孔内（有的设备需要取下电动离合器）。

③观察清楚升、降电压时摇把应旋转方向（一般顺时针方向为升压）。

④按改变一个分接头需要摇的圈数进行操作，使变压器分接头指示位置处在中心位置。

2）注意事项：

①现场的主变压器分接头指示位置应与远方控制室或监控机上的主变压器分接头指示位置相同。

②取下操作摇把。

③检查变压器的电压、电流正常，与变压器分接头指示位置相对应。

④检查变压器运行声音正常，无异音。

目标驱动二：消弧线圈有载调压开关操作

××变电站一次设备接线方式如图 3-6 所示（运行方式：Ⅰ进线 101 断路器代 1 号主变压器、10kVⅠ段母线运行，Ⅱ进线 102 断路器代 2 号主变压器、10kVⅡ段母线运行，内桥 100 断路器、10kV 分段 000 断路器热备用），××变电站高压侧为内桥接线（GIS 设备），10kV 侧为单母分段接线（小车开关柜）。

保护配置请见第三章第二节【模块一】目标驱动一中所述。

1. 操作任务

××变电站 10kV 1 号消弧线圈有载调压开关操作。

2. 操作项目

（1）需满足第三章第五节【模块一】目标驱动一中相关内容要求。

（2）需满足第三章第四节【相关知识】"变电站 10kV 中性点接地装置的运行操作步骤和要求"中相关内容要求。

【模块二】　变压器无载调压开关操作

核心知识 --

（1）变压器、消弧线圈无载调压开关的操作规定。

（2）变压器、消弧线圈无载调压开关的操作原则。

关键技能 --

（1）根据调度或运维负责人倒闸操作指令正确执行变压器、消弧线圈无载调压开关的操作任务。

（2）在变压器、消弧线圈无载调压开关操作过程中运维人员能够对潜在的危险点正确认知并能提前预控危险。

目标驱动 ---

目标驱动一：10kV 变压器无载调压开关操作

××变电站一次设备接线方式如图 3-6 所示（运行方式：Ⅰ进线 101 断路器代 1 号主变压器、10kVⅠ段母线运行，Ⅱ进线 102 断路器代 2 号主变压器、10kVⅡ段母线运行，内桥 100 断路器、10kV 分段 000 断路器热备用），××变电站高压侧为内桥接线（GIS 设备），10kV 侧为单母分段接线（小车开关柜）。

保护配置请见第三章第二节【模块一】目标驱动一中所述。

站用电一次系统接线如图 3-18 所示，接地变压器及消弧线圈间隔一次接线示意如图 3-19 所示，接地变压器及消弧线圈断面如图 3-20 所示。

1. 操作任务

××变电站 10kV 1 号站用变压器无载调压开关操作。

2. 操作项目

操作项目一：将 10kV 1 号消弧线圈及 1 号接地变压器停电。

（1）检查 10kV 2 号接地变压器确不会过负荷。

（2）检查 10kV 1 号接地变压器 0.4kV 侧运行正常。

（3）检查 10kV 1、2 号接地变压器 0.4kV 侧分段 40 断路器确在合位。

（4）拉开 10kV 1 号接地变压器 0.4kV 侧 41 进线断路器。

（5）检查 10kV 1 号接地变压器 0.4kV 侧交流接触器确在分位。

（6）检查 10kV 2 号接地变压器 0.4kV 侧交流接触器确在合位。

（7）拉开 10kV 1 号接 10kV 1 号接地变压器 0.4kV 侧 41-1 总隔离开关。

（8）检查 10kV 1 号接地变压器 0.4kV 侧 41-1 总隔离开关确在分位。

（9）将站用变 0.4kV 自投开关由"互投"切至"2 号交流"位置。

（10）检查 10kV 系统无异常。

（11）拉开 10kV 1 号消弧线圈一次 0051 隔离开关。

（12）选择 10kV 1 号接地变压器 005 断路器分闸。

（13）检查 10kV 1 号接地变压器 005 断路器分闸选线正确。

（14）拉开 10kV 1 号接地变压器 005 断路器。

（15）检查 10kV 1 号接地变压器 005 断路器电流表计指示正确，电流 A 相____ A、B 相____A、C 相____A。

（16）检查 10kV 1 号接地变压器 005 断路器分位监控信号指示正确。

（17）检查 10kV 1 号接地变压器 005 断路器分位机械位置指示正确。

（18）检查 10kV 1 号接地变压器保护测控装置断路器位置指示正确。

（19）将 10kV 1 号接地变压器 005 断路器操作方式开关由远方切至就地位置。

（20）将 10kV 1 号接地变压器 005 小车开关拉至试验位置。

（21）检查 10kV 1 号接地变压器 005 小车开关确已拉至试验位置。

操作项目二：布置 10kV 1 号接地变压器各侧布置安全措施。

（1）检查 10kV 1 号接地变压器 005-3 隔离开关接地变压器侧带电显示器三相指示无电。

（2）合上 10kV 1 号接地变压器 005-QS3 接地隔离开关。

（3）检查 10kV 1 号接地变压器 005-QS3 接地隔离开关确在合位。

（4）在 10kV 1 号接地变压器二次 0.4kV 套管低压侧 41-1 隔离开关侧三相验电确无电压。

（5）在 10kV 1 号接地变压器二次 0.4kV 套管低压侧 41-1 隔离开关侧三相装设接地线一组。

（6）拉开 10kV 1 号接地变压器 005 断路器保护电源空气断路器。

（7）拉开 10kV 1 号接地变压器 005 断路器控制直流电源空气断路器。

操作项目三：调整 10kV 1 号接地变压器无载调压开关分接头。

（1）油浸变压器。

1）检查将要调整 10kV 1 号接地变压器分接头位置。

2）将 10kV 1 号接地变压器分接开关的定位螺栓松开。

3）将 10kV 1 号接地变压器分接开关调整到计划调整的位置上，然后调整分接开关分别向左右动作 2、3 次（除掉分接开关上的氧化膜），最后固定在计划调整的位置。

4）测量绕组的直流电阻三相应基本平衡（相间差不大于 4%，线间差不大于 2%），确证分接开关接触良好。

5）将 10kV 1 号接地变压器分接开关的定位螺栓固定拧紧。

（2）干式变压器。

1）操作方法与油浸变压器基本相同。

2）改变分接头的位置，应遵照铭牌规定的连接方法，用连扳（或连线）改变线圈匝数的连接方式。

3）由于螺栓连接的比较可靠，一般可不进行直流电阻的测量。但三相连接方式必须一致。

操作项目四：拆除 10kV 1 号接地变各侧布置安全措施。

（1）检查 10kV 1 号接地变压器 005 断路器保护投入正确。

（2）拉开 10kV 1 号接地变压器 005-QS3 接地开关。

（3）检查 10kV 1 号接地变压器 005-QS3 接地开关确在分位。

（4）拆除 10kV 1 号接地变压器二次 0.4kV 套管低压侧 41-1 隔离开关侧三相接地线一组。

（5）检查 10kV 1 号接地变压器二次 0.4kV 套管低压侧 41-1 隔离开关侧三相接地线一组确已拆除。

（6）检查 10kV 1 号接地变压器 005 断路器确在分位。

操作项目五：将 10kV 1 号接地变压器及 1 号消弧线圈送电。

（1）将 10kV 1 号接地变压器 005 小车开关推至试验位置。

（2）检查 10kV 1 号接地变压器 005 小车开关确已推至试验位置。

（3）装上 10kV 1 号接地变压器 005 小车开关二次插件。

（4）合上 10kV 1 号接地变压器 005 断路器控制直流电源空气断路器。

（5）合上 10kV 1 号接地变压器 005 断路器保护电源空气断路器。

（6）将 10kV 1 号接地变压器 005 小车开关推至运行位置。

（7）检查 10kV 1 号接地变压器 005 小车开关确已推至运行位置。

（8）将 10kV 1 号接地变压器 005 断路器操作方式开关由就地切至远方位置。

（9）选择 10kV 1 号接地变压器 005 断路器合闸。

（10）检查 10kV 1 号接地变压器 005 断路器合闸选线正确。

（11）合上 10kV 1 号接地变压器 005 断路器。

（12）检查 10kV 1 号接地变压器 005 断路器电流表计指示正确，电流 A 相＿＿＿ A、B 相＿＿＿A、C 相＿＿＿ A。

（13）检查 10kV 1 号接地变压器 005 断路器合位监控信号指示正确。

（14）检查 10kV 1 号接地变压器 005 断路器合位机械位置指示正确。

（15）检查 10kV 1 号接地变压器保护测控装置断路器位置指示正确。

（16）检查 10kV 2 号接地变压器 0.4kV 低压侧交流接触器确在合位。

（17）检查 10kV 1 号接地变压器 0.4kV 低压侧交流接触器确在分位。

（18）合上 10kV 1 号接地变压器 0.4kV 低压侧 41-1 总隔离开关。

（19）检查 10kV 1 号接地变压器 0.4kV 低压侧 41-1 总隔离开关确在合位。

（20）合上 10kV 1 号接地变压器 0.4kV 低压侧 41 进线断路器。

（21）检查 10kV 1 号接地变压器 0.4kV 低压侧交流接触器确在合位。

（22）将站用变 0.4kV 低压自投开关由"2 号交流"切至"互投"位置。

（23）检查 10kV 1 号接地变压器 0.4kV 低压侧交流接触器确在合位。

（24）检查 10kV 系统无异常。

（25）合上 10kV 1 号消弧线圈一次 0051 隔离开关。

（26）消弧线圈控制装置投入操作（具体步骤略）。

3．操作项目解析

（1）操作项目总体操作步骤划分。

见操作项目。

（2）操作项目总体操作步骤解析。

操作项目一分析：调整变压器无载调压开关分接头操作必须将变压器从各方面停电，并做好安全措施。如图 3 - 18 所示，从变压器无载调压开关的结构和功能上来分析，无载调压开关不具备有载调节的功能，一旦有载调节将会造成有载调压开关或变压器烧损事故，给系统带来严重的威胁。同时也将造成人身感电伤亡或电弧灼伤事故。

其他操作步骤解析请见请见第三章第四节【模块三】目标驱动一中相关内容。

操作项目二分析：请见请见第三章第四节【模块三】目标驱动一中相关内容。

操作项目三分析："测量绕组的直流电阻三相应基本平衡（相间差不大于 4％，线间差不大于 2％），确证分接开关接触良好"主要目的是测量分接开关三相接触部位有无接触电阻过大或解除不良的问题。如果绕组的直流电阻三相不平衡值超过允许值，证明分接开关某相接触部位有接触电阻过大或接触不良的问题，不但会使分接开关某相接触部位过热，而且将会在三相绕组之间产生电压差，从而产生环流，长时间运行使三相绕组过热，影响变压器安全经济运行。

操作项目四分析：请见请见第三章第四节【模块四】目标驱动一中相关内容。

操作项目五分析：请见请见第三章第四节【模块四】目标驱动一中相关内容。

目标驱动二：消弧线圈无载调压开关操作

××变电站一次设备接线方式如图 3-6 所示（运行方式：Ⅰ进线 101 断路器代 1 号主变压器、10kVⅠ段母线运行，Ⅱ进线 102 断路器代 2 号主变压器、10kVⅡ段母线运行，内桥 100 断路器、10kV 分段 000 断路器热备用），××变电站高压侧为内桥接线（GIS 设备），10kV 侧为单母分段接线（小车开关柜）。

保护配置请见第三章第二节【模块一】目标驱动一中所述。

1. 操作任务

××变电站 10kV 1 号消弧线圈有载调压开关操作。

2. 操作项目

（1）需满足第三章第五节【模块一】目标驱动一中相关内容要求。

（2）需满足第三章第四节【相关知识】"消弧线圈装置的运行及操作的注意事项"中相关内容要求。

危险预控 --

（1）主变压器有载、无载调压开关操作危险点及控制措施请见第三章第五节【模块一】目标驱动一中相关内容。

（2）消弧线圈有载、无载调压开关操作危险点及控制措施请见第三章第五节【模块一】目标驱动一中相关内及第三章第四节危险预控"站用变压器、消弧线圈操作危险点及控制措施"中相关内容。

思维拓展 --

××变电站一次设备接线方式如图 3-6 所示（运行方式：Ⅰ进线 101 断路器代 1 号主变压器、10kVⅠ段母线运行，Ⅱ进线 102 断路器代 2 号主变压器、10kVⅡ段母线运行，内桥 100 断路器、10kV 分段 000 断路器热备用），××变电站高压侧为内桥接线（GIS 设备），10kV 侧为单母分段接线（小车开关柜）。

在上述运行方式下请读者思考后写出以下操作步骤：

（1）操作 1 号主变压器无载调压开关时的倒闸操作步骤。

（2）操作 10kV 2 号接地变压器有载调压开关时的倒闸操作步骤。

相关知识 --

1. 变压器电压调整的目的和基本形式

为了稳定供电电压，提高供电质量、控制电力潮流或调节负荷电流，均需要对变压器进行电压调整。一般通过改变变压器的电压比来进行有级调整电压。

变压器调整电压的方法是在某一侧绕组上设置分接以减少或增加一部分线匝，变换分接以进行调压所采用的组件，称为分接开关。

变压器调压方式分为有载调压和无载调压两种。有载调压时，变压器是带有负载的情况下进行变换绕组分接头，无载调压时，变压器各侧与电网断开，在无励磁情况下变换绕组分接头。

2. 有载分接开关基本工作原理

（1）有载分接开关的结构。

有载分接开关主要分为选择开关、切换开关、操作机构和控制箱四个部分。

（2）组合型有载分接开关。

有载调压开关结构示意如图3-22所示，大容量的变压器有载分接开关本体由切换电流的切换断路器和选择分接头的分接选择器组成，故称为组合型。

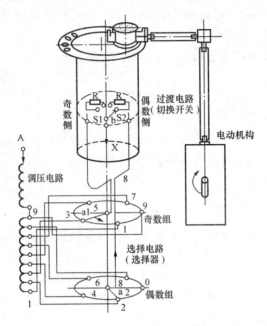

图3-22 有载分接开关结构示意图（A相）

A—绕组出线端，1～9为分接，选择电路中0～9为定触头；a1、a2—动触头；
过渡电路中：S1、S2—定触头；b—动触头；R—过渡电阻

分接选择器在不带电的情况下，使一个分接断开前，下一个分接头要先行接入，通常分为单数，双数为分接选择器。切换断路器在带电切换分接时，要短接两个分接头，所以要将单数、双数分接选择器连接在左右两组触头上以轮流接通，并在其间接入电阻以限制短路环流。左右两组触头中两边是主触头，中间是电阻触头。

组合型有载调压开关一般采用双电阻过渡电路，其切换过程如图3-23所示（由3分接切换到4分接），包括分位选择（离开2分接）、选择结束（接通4分接）、切换（离开左触头）、切换结束（接通右触头）四个过程。

选择断路器其工作程序如下：接通某一分接→切换开始→桥接两分接→切换结束→接通下一分接。

除开关本体外，为了快速切换，还需要弹簧储能的快速机构以及需要有驱动机构进行的驱动。三个基本部分一般是自上而下分为驱动机构、快速机构和断路器本体三层。

有载调压开关的驱动机构一般放在变压器油箱旁的油箱壁上，快速机构在切换开关中。

快速机构的主体是一个强力高储能拉力弹簧，当垂直轴转动时，首先由拔杆将弹簧拉长，然后继续转动，弹簧储存足够的位能，当摆杆超越"死点"时，弹簧突然释放，带动摆杆从高速向同一个方向回转。这一快速回转运动由摆杆传递给一个拨盘，拨盘又带动了固定在选择断路器上的槽轮，使它向规定方向旋转一挡，于是选择断路器轴就可以相同于槽轮的角速度快速旋转一个角度，切换一个分接。

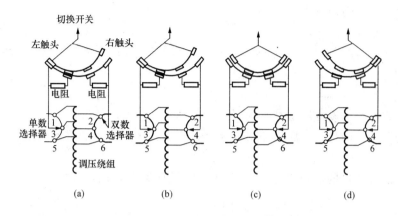

图 3 - 23 有载调压开关切换示意

3. 无载分接开关常用调压形式分类和性能

无载调压电路中，由于绕组抽出分接方式不同可分为以下四种：

（1）中性点调压电路，如图 3 - 24（a）所示，适用于电压等级为 35kV 及以下的多层圆筒式绕组。

（2）中性点"反接"调压电路，如图 3 - 24（b）所示，适用于电压等级为 20kV 及以下的连续式绕组。

（3）中部调压电路，如图 3 - 24（c）所示，适用于电压等级为 35～110kV 的连续式绕组。

（4）中部出线并联调压电路，如图 3 - 24（d）所示，适用于电压等级为 66～330kV 中部出线的大型和特大型变压器。

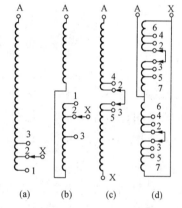

图 3 - 24 无载调压时的调压电路（A 相）
(a) 中性点调压；(b) 中性点"反接"调压；
(c) 中部调压；(d) 中部出线并联调压

（5）高压线圈采用三角形连接，其无载分接开关可以采用相应电压等级中部出线的断路器接线形式。

4. 无载调压变压器改变变压器分接头操作方法及注意事项

无载调压变压器改变变压器分接头位置时必须停电进行，操作方法如下。

（1）对于油浸变压器：

1）将变压器从各方面停电，并做好安全措施。

2）检查将要调整变压器分接头位置。

3）将分接开关的定位螺栓松开。

4）将分接开关调整到计划调整的位置上，然后调整分接开关分别向左右动作 2、3 次（除掉分接开关上的氧化膜），最后固定在计划调整的位置。

5）测量绕组的直流电阻三相应基本平衡（相间差不大于 4%，线间差不大于 2%），确证分接开关接触良好。

6）将分接开关的定位螺栓固定拧紧。

7）拆除变压器的安全措施。

8）变压器送电。

9）检查变压器的电压、电流正常，三相平衡，与变压器分接头指示位置相对应。

10）检查变压器运行声音正常，无异音。

（2）对于干式变压器：

1）操作方法与油浸变压器基本相同。

2）改变分接头的位置，应遵照铭牌规定的连接方法，用连板（或连线）改变线圈匝数的连接方式。

3）由于螺栓连接的比较可靠，一般可不进行直流电阻的测量。但三相连接方式必须一致。

（3）改变分接头的注意事项：

1）测量直流电阻前后，变压器对地要放电。

2）测量绕组的直流电阻，先粗测后精测。粗测用万用表进行测量，精测用电桥进行测量。

第六节　备用、运行设备切换操作

核心知识

（1）备用、运行设备切换操作规定。

（2）备用、运行设备切换操作原则。

关键技能

（1）根据调度或运维负责人倒闸操作指令正确执行备用、运行设备切换操作任务。

（2）在备用、运行设备切换操作过程中运维人员能够对潜在的危险点正确认知并能提前预控危险。

目标驱动

目标驱动一：66(35)kV 备用、运行设备切换操作 1

××变电站一次设备接线方式如图 3-6 所示（运行方式：Ⅰ进线 101 断路器代 1 号主变压器、10kVⅠ段母线运行，Ⅱ进线 102 断路器代 2 号主变压器、10kVⅡ段母线运行，内桥 100 断路器、10kV 分段 000 断路器热备用），××变电站高压侧为内桥接线（GIS 设备），10kV 侧为单母分段接线（小车开关柜）。

保护配置请见第三章第二节【模块一】目标驱动一中所述。

1．操作任务

66(35)kV 内桥 100 断路器由热备用转为运行，66(35)kVⅠ进线 101 断路器由运行转为热备用。

2．操作项目

（1）退出 66(35)kV 备投装置功能（具体操作步骤略）。

（2）检查 66(35)kVⅠ进线 101 断路器确在合位。

（3）检查 66(35)kV Ⅱ进线 102 断路器确在合位。

（4）检查 66(35)kV 内桥 100 断路器在热备用。

（5）选择 66(35)kV 内桥 100 断路器合闸。

（6）检查 66(35)kV 内桥 100 断路器合闸选线正确。

（7）合上 66(35)kV 内桥 100 断路器。

（8）检查 66(35)kV 内桥 100 断路器三相电流表计指示正确，电流 A 相＿＿＿A、B 相＿＿＿A、C 相＿＿＿A。

（9）检查 66(35)kV 内桥 100 断路器合位监控信号指示正确。

（10）检查 66(35)kV 内桥保护测控装置断路器位置指示正确。

（11）检查 66(35)kV 内桥 100 断路器汇控柜位置指示确在合位。

（12）检查 66(35)kV 内桥 100 断路器合位机械位置指示正确。

（13）选择 66(35)kV Ⅰ进线 101 断路器分闸。

（14）检查 66(35)kV Ⅰ进线 101 断路器分闸选线正确。

（15）拉开 66(35)kV Ⅰ进线 101 断路器。

（16）检查 66(35)kV Ⅰ进线 101 断路器三相电流表计指示正确，电流 A 相＿＿＿A、B 相＿＿＿A、C 相＿＿＿A。

（17）检查 66(35)kV Ⅰ进线 101 断路器分位监控信号指示正确。

（18）检查 66(35)kV Ⅰ进线保护测控装置断路器位置指示正确。

（19）检查 66(35)kV Ⅰ进线 101 断路器汇控柜位置指示确在分位。

（20）检查 66(35)kV Ⅰ进线 101 断路器分位机械位置指示正确。

（21）投入 66(35)kV 备投装置功能（具体操作步骤略）。

3．操作项目解析

（1）操作项目总体操作步骤划分。

步骤一：退出 66(35)kV 备投装置功能。

操作项目（1）项，具体操作步骤略，为操作人员在备自投保护屏上（或在监控机上操作相应的软连接片）进行的检查、操作项目。

步骤二：1、2 号主变压器在 66(35)kV 侧并列操作。

操作项目中的（2）～（4）项，为操作人员在 66(35)kV Ⅰ进线 101 断路器、66(35)kV Ⅱ进线 102 断路器、66(35)kV 内桥 100 断路器间隔监控机上进行的检查项目。

操作项目中的（5）～（12）项，为操作人员在 66(35)kV 内桥 100 断路器间隔汇控柜和监控机上进行的检查、操作项目。

步骤三：将 66(35)kV Ⅰ进线 101 断路器由运行转为热备用。

操作项目中的（13）～（20）项，为操作人员在 66(35)kV Ⅰ进线 101 断路器间隔汇控柜和监控机上进行的检查、操作项目。

步骤四：投入 66(35)kV 备投装置功能。

操作项目（21）项，具体操作步骤略，为操作人员在备自投保护屏上（或在监控机上操作相应的软连接片）进行的检查、操作项目。

（2）操作项目总体操作步骤解析。

步骤一解析：请见第三章第二节【模块一】目标驱动三中相关内容。

步骤二解析：请见第三章第二节【模块一】目标驱动三中相关内容。

步骤三解析：将66(35)kVⅠ进线101断路器由运行转为热备用后，使之符合作为备投设备的正常运行条件。

步骤四解析：66(35)kVⅠ进线101断路器由运行转为热备用后，具备备自投装置的正常运行条件，因此为了保证供电可靠性需要立即"投入66(35)kV备投装置功能"，也就是将66(35)kVⅠ进线101断路器作为线路备投的电源断路器。此时66(35)kV侧备自投装置运行方式完成了由"内桥备自投→退出66(35)kV备投装置功能→66(35)kVⅠ进线101断路器备自投"的改变。

目标驱动二：66(35)kV备用、运行设备切换操作2

××变电站一次设备接线方式如图3-6所示（运行方式：Ⅰ进线101断路器、内桥100断路器、1号主变压器、2号主变压器、10kVⅠ段母线、10kVⅡ段母线运行，Ⅱ进线102断路器、10kV分段000断路器热备用），××变电站高压侧为内桥接线（GIS设备），10kV侧为单母分段接线（小车开关柜）。

保护配置请见第三章第二节【模块一】目标驱动一中所述。

1. 操作任务

××变电站66(35)kVⅡ进线102断路器由热备用转为运行，66(35)kVⅠ进线101断路器由运行转为热备用操作。

2. 操作项目

(1) 退出66(35)kV备投装置功能（具体操作步骤略）。

(2) 选择66(35)kVⅡ进线102断路器合闸。

(3) 检查66(35)kVⅡ进线102断路器合闸选线正确。

(4) 合上66(35)kVⅡ进线102断路器。

(5) 检查66(35)kVⅡ进线102断路器合位监控信号指示正确。

(6) 检查66(35)kVⅡ进线保护测控装置断路器位置指示正确。

(7) 检查66(35)kVⅡ进线102断路器汇控柜位置指示确在合位。

(8) 检查66(35)kVⅡ进线102断路器合位机械位置指示正确。

(9) 检查66(35)kVⅡ进线102断路器三相电流表计指示正确，电流A相____A、B相____A、C相____A。

(10) 选择66(35)kVⅠ进线101断路器分闸。

(11) 检查66(35)kVⅠ进线101断路器分闸选线正确。

(12) 拉开66(35)kVⅠ进线101断路器。

(13) 检查66(35)kVⅠ进线101断路器分位监控信号指示正确。

(14) 检查66(35)kVⅠ进线保护测控装置断路器位置指示正确。

(15) 检查66(35)kVⅠ进线101断路器汇控柜位置指示确在分位。

(16) 检查66(35)kVⅠ进线101断路器分位机械位置指示正确。

(17) 检查66(35)kVⅠ进线101断路器三相电流表计指示正确，电流A相____A、B相____A、C相____A。

(18) 投入66(35)kV备投装置功能（具体操作步骤略）。

3. 操作项目解析

(1) 操作项目总体操作步骤划分。

步骤一：退出 66(35)kV 备投装置功能。

操作项目 (1) 项，具体操作步骤略，为操作人员在备自投保护屏上（或在监控机上操作相应的软连接片）进行的检查、操作项目。

步骤二：将 66(35)kVⅡ进线 102 断路器由热备用转为运行。

操作项目中的 (2)～(9) 项，为操作人员在 66(35)kVⅡ进线 102 断路器间隔汇控柜和监控机上进行的检查、操作项目。

步骤三：将 66(35)kVⅠ进线 101 断路器由运行转为热备用。

操作项目中的 (10)～(17) 项，为操作人员在 66(35)kVⅠ进线 101 断路器间隔汇控柜和监控机上进行的检查、操作项目。

步骤四：投入 66(35)kV 备投装置功能。

操作项目 (18) 项，具体操作步骤略，为操作人员在备自投保护屏上（或在监控机上操作相应的软连接片）进行的检查、操作项目。

(2) 操作项目总体操作步骤解析。

步骤一解析：请见第三章第二节【模块一】目标驱动四中相关内容。

步骤二解析：请见第三章第二节【模块一】目标驱动四中相关内容。

步骤三解析：将 66(35)kVⅠ进线 101 断路器由运行转为热备用后，使之符合作为备投设备的正常运行条件。

步骤四解析：66(35)kVⅠ进线 101 断路器由运行转为热备用后，具备备自投装置的正常运行条件，因此为了保证供电可靠性需要立即"投入 66(35)kV 备投装置功能"，也就是将 66(35)kVⅠ进线 101 断路器作为线路备投的电源断路器。此时 66(35)kV 侧备自投装置运行方式完成了由"66(35)kVⅡ进线 102 断路器备自投功能→退出 66(35)kV 备投装置功能→66(35)kVⅠ进线 101 断路器备自投功能"的改变。

目标驱动三：10kV 备用、运行设备切换操作 1

××变电站一次设备接线方式如图 3-6 所示（运行方式：Ⅰ进线 101 断路器代 1 号主变压器、10kVⅠ段母线运行，Ⅱ进线 102 断路器代 2 号主变压器、10kVⅡ段母线运行，内桥 100 断路器、10kV 分段 000 断路器热备用），××变电站高压侧为内桥接线（GIS 设备），10kV 侧为单母分段接线（小车开关柜）。

保护配置请见第三章第二节【模块一】目标驱动一中所述。

1. 操作任务

××变电站 10kV 分段 000 断路器由热备用转为运行，1 号主变压器 10kV 侧 001 断路器由运行转为热备用操作。

2. 操作项目

操作项目一：66(35)kV 内桥 100 断路器由热备用转为运行，66(35)kVⅠ进线 101 断路器由运行转为热备用。

(1) 退出 66(35)kV 备投装置功能（具体操作步骤略）。

(2) 检查 66(35)kVⅠ进线 101 断路器确在合位。

(3) 检查 66(35)kVⅡ进线 102 断路器确在合位。

（4）检查 66(35)kV 内桥 100 断路器在热备用。

（5）选择 66(35)kV 内桥 100 断路器合闸。

（6）检查 66(35)kV 内桥 100 断路器合闸选线正确。

（7）合上 66(35)kV 内桥 100 断路器。

（8）检查 66(35)kV 内桥 100 断路器三相电流表计指示正确，电流 A 相____ A、B 相____ A、C 相____ A。

（9）检查 66(35)kV 内桥 100 断路器合位监控信号指示正确。

（10）检查 66(35)kV 内桥保护测控装置断路器位置指示正确。

（11）检查 66(35)kV 内桥 100 断路器汇控柜位置指示确在合位。

（12）检查 66(35)kV 内桥 100 断路器合位机械位置指示正确。

（13）选择 66(35)kV Ⅰ进线 101 断路器分闸。

（14）检查 66(35)kV Ⅰ进线 101 断路器分闸选线正确。

（15）拉开 66(35)kV Ⅰ进线 101 断路器。

（16）检查 66(35)kV Ⅰ进线 101 断路器三相电流表计指示正确，电流 A 相____ A、B 相____ A、C 相____ A。

（17）检查 66(35)kV Ⅰ进线 101 断路器分位监控信号指示正确。

（18）检查 66(35)kV Ⅰ进线保护测控装置断路器位置指示正确。

（19）检查 66(35)kV Ⅰ进线 101 断路器汇控柜位置指示确在分位。

（20）检查 66(35)kV Ⅰ进线 101 断路器分位机械位置指示正确。

（21）投入 66(35)kV 备投装置功能（具体操作步骤略）。

操作项目二：1、2 号主变压器 10kV 侧并列操作。

（1）退出 10kV 备投装置功能（具体操作步骤略）。

（2）检查 1 号主变压器负荷____ MVA，2 号主变压器负荷____ MVA。

（3）检查 1 号主变压器分接头在____位置，检查 2 号主变压器分接头在____位置。

（4）检查 66(35)kV Ⅱ进线 102 断路器确在合位。

（5）检查 66(35)kV Ⅰ进线 101 断路器确在分位。

（6）检查 66(35)kV 内桥 100 断路器确在合位。

（7）检查在 10kV 分段 000 断路器热备用。

（8）选择 10kV 分段 000 断路器合闸

（9）检查 10kV 分段 000 断路器合闸选线正确。

（10）合上 10kV 分段 000 断路器。

（11）检查 10kV 分段 000 断路器三相电流表计指示正确，电流 A 相____ A、B 相____ A、C 相____ A。

（12）检查 10kV 分段 000 断路器合位监控信号指示正确。

（13）检查 10kV 分段保护测控装置断路器位置指示正确。

（14）检查 10kV 分段 000 断路器合位机械位置指示正确。

（15）调整、检查消弧线圈参数符合要求（具体操作步骤略）。

操作项目三：1 号主变压器 10kV 侧 001 断路器由运行转为热备用操作。

（1）选择 1 号主变压器 10kV 侧 001 断路器分闸。

(2) 检查 1 号主变压器 10kV 侧 001 断路器分闸选线正确。

(3) 拉开 1 号主变压器 10kV 侧 001 断路器。

(4) 检查 1 号主变压器 10kV 侧 001 断路器三相电流表计指示正确，电流 A 相＿＿＿ A、B 相＿＿＿ A、C 相＿＿＿ A。

(5) 检查 1 号主变压器 10kV 侧 001 断路器分位监控信号指示正确。

(6) 检查 1 号主变压器 10kV 侧保护测控装置断路器位置指示正确。

(7) 检查 1 号主变压器 10kV 侧 001 断路器分位机械位置指示正确。

(8) 投入 10kV 备投装置功能（具体操作步骤略）。

(9) 调整、检查消弧线圈参数符合要求（具体操作步骤略）。

3. 操作项目解析

(1) 操作项目总体操作步骤划分。

操作项目一：66(35)kV 内桥 100 断路器由热备用转为运行，66(35)kV Ⅰ进线 101 断路器由运行转为热备用。

步骤一：退出 66(35)kV 备投装置功能。

操作项目（1）项，具体操作步骤略，为操作人员在备自投保护屏上（或在监控机上操作相应的软连接片）进行的检查、操作项目。

步骤二：1、2 号主变压器在 66(35)kV 侧并列操作。

操作项目中的（2）～（4）项，为操作人员在 66(35)kV Ⅰ进线 101 断路器、66(35)kV Ⅱ进线 102 断路器、66(35)kV 内桥 100 断路器间隔监控机上进行的检查项目。

操作项目中的（5）～（12）项，为操作人员在 66(35)kV 内桥 100 断路器间隔汇控柜和监控机上进行的检查、操作项目。

步骤三：将 66(35)kV Ⅰ进线 101 断路器由运行转为热备用。

操作项目中的（13）～（20）项，为操作人员在 66(35)kV Ⅰ进线 101 断路器间隔汇控柜和监控机上进行的检查、操作项目。

步骤四：投入 66(35)kV 备投装置功能。

操作项目（21）项，具体操作步骤略，为操作人员在备自投保护屏上（或在监控机上操作相应的软连接片）进行的检查、操作项目。

操作项目二：1、2 号主变压器 10kV 侧并列操作。

步骤一：退出 10kV 备投装置功能。

操作项目（1）项，具体操作步骤略，为操作人员在备自投保护屏上（或在监控机上操作相应的软连接片）进行的检查、操作项目。

步骤二：1、2 号主变压器 10kV 侧并列前的必要负荷检查。

操作项目（2）、（3）项，为操作人员在监控机上和对相关一次设备进行的检查项目。

步骤三：1、2 号主变压器 10kV 侧并列操作。

操作项目（4）～（14）项共有 11 项，其中（4）～（6）项为操作人员分别在 66(35)kV Ⅱ进线 102、66(35)kV Ⅰ进线 101、66(35)kV 内桥 100 断路器汇控柜和监控机上进行的检查、操作项目。

操作项目（7）～（14）项，为操作人员在 10kV 分段 000 断路器操控屏上和监控机上进行的检查、操作项目。

步骤四：调整、检查消弧线圈参数符合要求。

操作项目（15）项，具体操作步骤略，为操作人员在10kV 1号消弧线圈和10kV 2号消弧线圈控制装置上进行的操作项目。

操作项目三：1号主变压器10kV侧001断路器由运行转为热备用操作。

步骤一：1、2号主变压器10kV侧解列操作。

操作项目（1）～（7）项共有7项，为操作人员在1号主变压器10kV侧001断路器操控屏和监控机上进行的检查、操作项目。

步骤二：投入10kV备投装置功能。

操作项目（8）项，具体操作步骤略，为操作人员在备自投保护屏上（或在监控机上操作相应的软连接片）进行的检查、操作项目。

步骤三：调整、检查消弧线圈参数符合要求。

操作项目（9）项，具体操作步骤略，为操作人员在10kV 1号消弧线圈和10kV 2号消弧线圈控制装置上进行的操作项目。

（2）操作项目总体操作步骤解析。

操作项目一：执行此项操作的目的是保证在执行"10kV分段000断路器由热备用转为运行，1号主变压器10kV侧001断路器由运行转为热备用操作"任务时，1、2号主变压器已经在66(35)kV并列运行，避免在电磁环网情况下进行1、2号主变压器10kV侧的并列或解列操作。

具体解析内容请见第三章第六节目标驱动一中相关内容。

操作项目二：

步骤一解析：由于变电站一次系统运行方式改变后，相应备自投逻辑关系发生了变化，为了避免备自投装置误动作，在变电站一次系统运行方式改变之前必须退出备自投装置运行。

步骤二解析：通过"操作项目一"的操作，使1、2号主变压器在66(35)kV并列，解决了可能电磁环网问题，之后进行"1、2号主变压器10kV侧并列操作"是合理的。此时合上10kV分段000断路器进行并列操作，流过10kV分段000断路器的电流只是1、2号主变压器10kV侧流过Ⅰ、Ⅱ段母线间的不平衡电流，不包含有上一级66(35)kV电网在本站电气回路中的环流，此不平衡电流数值由10kV侧Ⅰ段母线和Ⅱ段母线分别所带的负载性质和负荷大小决定。

变压器并列或解列前应检查负荷分配情况，确认解、并列后不会造成任一台变压器过负荷。"检查1号主变压器负荷＿＿＿MVA；2号主变压器负荷＿＿＿MVA"目的是在于防止在用一台主变压器代送本变电站10kV侧全部负荷后，确保不会过负荷。

操作项目"检查1号主变压器有载调压分接头在＿＿＿位置；2号主变压器有载调压分接头在＿＿＿位置"是检查1、2号主变压器有载调压分接头应在相同位置，避免两台变压器电压比不同时并列运行。

步骤三解析："检查66(35)kV内桥100断路器确在合位"是在执行"10kV分段000断路器由热备用转为运行，1号主变压器10kV侧001断路器由运行转为热备用"操作任务中非常重要的一项，确证1、2号主变压器已经在66(35)kV并列运行，避免1、2号主变压器通过10kV侧电磁环网运行。从中我们会看出，在执行"10kV分段000断路器由热备用转为运行，1号主变压器10kV侧001断路器由运行转为热备用"操作任务之前，一定先要执行"66(35)kV内桥100断路器由热备用转为运行，66(35)kVⅠ进线101断路器由运行转为热备用［或66(35)kVⅡ进线102断路器由运行转为热备用］"操作任务，并将在正常运行方式下的高压侧66(35)kV内桥100断路器备自投方式改为内桥接线进线备自投接线方式。

步骤四解析：正常情况下，当两段不同接地系统的10kV母线并列时允许相邻两台消弧装置并列（此时相应消弧线圈的控制屏上应显示并列状态）。同时应注意当接地变压器兼站用变压器时，接地变压器补偿容量对站用电负荷的影响。因此当消弧线圈运行方式因10kV系统运行方式变化而变化后，可根据系统对各项参数补偿的要求进行调整、检查消弧线圈参数符合其要求。

"变电站10kV中性点接地装置的运行操作步骤和要求"请见第三章第四节【相关知识】中相关内容。

操作项目三：

步骤一解析：完成上述1、2号主变压器10kV侧解列前的必要检查项目后，最后用1号主变压器10kV侧001断路器进行安全解列操作。变压器电磁环网运行，在用变压器低压侧断路器进行解环操作时可能会拉开上一级电网流过环网回路的很大环流，如果解环断路器的额定开断电流参数不能满足要求时将会产生断路器损坏及关联的事故。因此在没有足够的把握和充分的计算作为依据时，一般不对电磁环网运行的断路器进行操作。

对于有两台变压器并列运行的变电站，一台变压器停电时，操作前应检查两台变压器的负荷及分配情况。如1号主变压器停电操作操作前应检查1、2号主变压器的并列运行情况，是否确已并列，确保1号主变压器停电后负荷能够转移到2号主变压器，不会造成1号主变压器所带负荷停止供电。

停电后检查其所带负荷确已转移到2号变压器供电。1号主变压器停电前检查两台主变所带总负荷是否超过2号变压器容量，若大于2号主变压器容量，停电前应汇报调度调整负荷，以免2号主变压器长时间过负荷运行。

1号主变压器恢复送电后也要检查负荷情况，是否确已带上负荷及负荷分配情况。

步骤二解析：1号主变压器10kV侧001断路器由运行转为热备用后，具备备自投装置的正常运行条件，因此为了保证供电可靠性需要立即"投入10kV备投装置功能"，也就是将1号主变压器10kV侧001断路器作为变压器备投的电源断路器。此时10kV侧备自投装置运行方式完成了由"10kV分段000断路器备自投功能→退出10kV备投装置功能→1号主变压器10kV侧001断路器备自投功能"的改变。

步骤三解析：请见本目标驱动操作项目二中步骤四解析内容。

目标驱动四：10kV备用、运行设备切换操作2

××变电站一次设备接线方式如图3-6所示（运行方式：Ⅰ进线101断路器、内桥100断路器、1号主变压器、2号主变压器、10kVⅠ段母线、10kVⅡ段母线运行，Ⅱ进线102断路器、10kV分段000断路器热备用），××变电站高压侧为内桥接线（GIS设备），10kV侧为单母分段接线（小车开关柜）。

保护配置请见第三章第二节【模块一】目标驱动一中所述。

1. 操作任务

××变电站10kV分段000断路器由热备用转为运行，1号主变压器10kV侧001断路器由运行转为热备用操作。

　　2．操作项目

　　请见第三章第六节目标驱动三中相关内容。注意：执行此项操作任务之前不需要执行"66(35)kV 内桥 100 断路器由热备用转为运行，66(35)kV Ⅰ进线 101 断路器由运行转为热备用"操作任务，但需要执行"1、2 号消弧线圈运行方式重新调整"的操作任务。

　　3．操作项目解析

　　（1）操作项目总体操作步骤划分。

　　请见第三章第六节目标驱动三中相关内容。

　　（2）操作项目总体操作步骤解析。

　　请见第三章第六节目标驱动三中相关内容。

危险预控 --

表 3 - 5　　　　　　　　　备用、运行设备切换操作危险点及控制措施

序号	备用、运行设备切换操作危险点	控　制　措　施
1	包括线路及高压开关类设备操作危险点	包括线路及高压开关类设备操作控制措施
2	备自投装置误操作或拒动	（1）采用进线备自投方式时应满足的条件：母线上的两条电源进线正常时一条工作、一条备用，当工作线路因故障跳闸造成母线失去电压时，备自投动作将备用线路自动投入。 （2）采用母线备自投方式方式时应满足的条件：两段母线正常时均投入，分段断路器断开，两段母线互为备用，当一段母线因电源进线故障造成母线失去电压时，备自投动作将分段断路器自动投入。 （3）采用变压器备自投方式时应满足的条件：两台变压器一台工作、一台备用，当工作变压器故障，母线失去电压时，备自投动作将备用变压器自动投入。 （4）备用电源自投的基本原则是： 1）备用侧有电压（或有电流）； 2）本侧（工作电源）无电压； 3）备自投装置只允许备投一次； 4）逻辑回路应有 TV 断线闭锁； 5）备自投装置动作后先追跳工作电源开关，后自投备用电源开关； 6）既保证追跳和自投的时间差合理、可靠，又保证失压时间短； 7）防止备投后设备过负荷； 8）联切电源点及无功补偿装置； 9）站内如有两套及以上备自投装置，则各级备自投装置应相互配合，原则上高电压等级、高可靠性、影响面大的备自投先动作，低电压等级的、低可靠性、影响面小的备自投按躲过上级备自投整定； 10）备自投装置应能实现手动跳闸闭锁及保护闭锁； 11）备自投装置应有自动投入故障母线或故障设备的保护措施，加速断开断路器，以保障系统的稳定运行

思维拓展 --

××变电站一次设备接线方式如图3-6所示（运行方式：Ⅰ进线101断路器代1号主变压器、10kVⅠ段母线运行，Ⅱ进线102断路器代2号主变压器、10kVⅡ段母线运行，内桥100断路器、10kV分段000断路器热备用），××变电站高压侧为内桥接线（GIS设备），10kV侧为单母分段接线（小车开关柜）。

在上述运行方式下请读者思考后写出以下操作步骤：

（1）66(35)kV内桥100断路器由热备用转为运行，66(35)kVⅡ进线102断路器由运行转为热备用。

（2）10kV分段000断路器由热备用转为运行，2号主变压器10kV侧002断路器由运行转为热备用操作。

（3）10kV分段000断路器由热备用转为冷备用。

（4）66(35)kV内桥100断路器由热备用转为冷备用。

相关知识 --

1. 内桥接线变电站备投工作原理

一般情况下，内桥接线变电站一次系统接线备投示意如图3-25所示。其中，图（a）为内桥、分段断路器备投一次系统接线、低压侧分段断路器备自投方式，图（b）为内桥接线进线、分段断路器备投一次系统接线，图（c）为内桥接线变压器备投一次系统接线。

（1）单母线分段备自投装置逻辑分析。

备自投装置逻辑原理框图如图3-26所示。

在微机备自投装置中，一般采用逻辑判断和软件延时代替充电过程且实现一次合闸。备自投装置的动作逻辑的控制条件可分为充电条件，闭锁条件，启动条件三类。即在所有充电均满足，而闭锁条件不满足时，经过一个固定的延时完成充电，备自投准备就绪，一旦出现启动条件即可动作出口。

正常情况母线工作在分段状态，靠分段断路器获得相互备用。

Ⅲ、Ⅳ段母线分别通过各自的变压器供电，当某一段母线因电源侧断路器跳开时，此时，若另一段母线电源侧断路器在合位，则6QF自动合闸，从而实现两段母线电源互为备用。其动作逻辑如下：

1）充电条件（逻辑"与"）：2QF合位；4QF合位；6QF分位；Ⅲ母有压；Ⅳ母有压。

2）放电条件（逻辑"与"）：2QF分位；4QF分位；6QF合位；Ⅲ母、Ⅳ母同时有压。

3）Ⅲ母失压时，启动条件（逻辑"与"）：Ⅲ母无压；3TA无流；Ⅳ母有压；2QF合位。备自投启动后经延时跳2QF，合6QF，发出动作信号，同时动作于信号继电器。

4）Ⅳ母失压时，启动条件（逻辑"与"）：Ⅳ母无压；4TA无流；Ⅲ母有压；2QF合位。备自投启动后经延时跳4QF，合6QF，发出动作信号，同时动作于信号继电器。

从上述备自投装置逻辑原理和单母线分段备自投逻辑原理分析可知："合上分段6QF断路器"，单母线分段备自投装置逻辑关系将随之发生改变，如果在"合上分段6QF断路器"之前不退出单母线分段备自投装置功能，可能造成保护误动作。

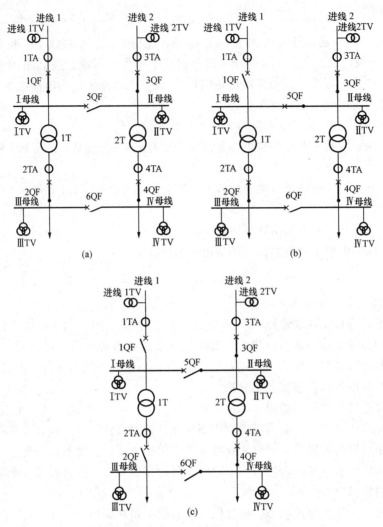

图 3-25　内桥接地变电站一次系统接地备投示意图

(a) 内桥、分段断路器备投一次系统接线；(b) 内桥接线进线、
分段断路器备投一次系统接线；(c) 内桥接线变压器备投一次系统接线

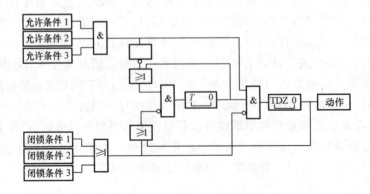

图 3-26　备自投装置逻辑原理框图

（2）内桥接线内桥断路器备投逻辑分析。

内桥接线内桥、分段断路器备投一次系统接线如图 3-25（a）所示，这是一种典型的暗备用。正常情况 I、II 母线工作在分段状态，靠内桥断路器取得相互备用。在暗备用方式中，每个工作电源的容量应根据两个分段 I、II 母线的总负荷来考虑，否则在备自投动作后，要减去相应负荷。为防止 TV 断线时备自投误动作，取线路电流作为 I、II 母线失压的闭锁判据。如果变压器或 I、II 母线发生故障，保护动作跳开进线断路器，进线断路器将处于跳闸位置。此时闭锁备投。手跳进线断路器情况类似。

正常运行时，内桥断路器在分位，I、II 母线分别通过各自的供电线路或供电设备供电，当某一段母线因供电设备或线路故障跳开或偷跳时，若另一条进线断路器在合位，则 5QF 自动合闸。实现供电设备或线路互为备用。

内桥接线内桥、分段断路器备投逻辑框图如图 3-27 所示，内桥接线内桥断路器备投逻辑如下：

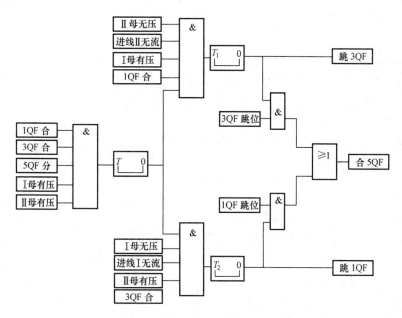

图 3-27　内桥接线内桥、分段断路器备投逻辑框图

1）充电条件（逻辑"与"）：1QF 合位；3QF 合位；5QF 分位；I 母有压；II 母有压。

2）放电条件（逻辑"或"）：1QF 分位；3QF 分位；5QF 合位；I 母和 II 母同时无压。

3）I 母失压时，启动条件（逻辑"与"）：I 母无压；进线 I 无流（"线路检无流"投入，检查此条件，反之不检查）；II 母有压；3QF 在合位。备自投启动后经延时跳 1QF，合 5QF，发出动作信号，同时动作于信号继电器。

4）II 母失压时，启动条件（逻辑"与"）：II 母无压；进线 II 无流（"线路检无流"投入，检查此条件，反之不检查）；I 母有压；1QF 在合位。备自投启动后经延时跳 3QF，合 5QF，发出动作信号，同时动作于信号继电器。

（3）内桥接线进线备投逻辑分析。

内桥接线进线、分段断路器备投一次系统接线如图3-25（b）所示，工作电源线路Ⅱ同时带两台主变压器运行，Ⅰ线路处于明备用状态。当工作电源线路Ⅱ失电，3QF断路器处于合位，在Ⅰ线路有电压、5QF桥断路器处于合位的情况下，跳开3QF断路器，经延时合上备用1QF断路器。若3QF断路器偷跳即合上备用1QF断路器。为防止TV断线时备自投误动，取线路电流作为线路失压的闭锁判据。

典设进线备自投逻辑框图如图3-28所示，其动作逻辑如下：

1）充电条件（"与"门）：3QF合位，5QF合位，1QF分位，Ⅰ母有电压，Ⅱ母有电压，线路Ⅱ有电压（"线路检有压"投入，检查此条件，否则不检查）。

2）放电条件（"或"门）：3QF分位，5QF分位，1QF合位，线路Ⅱ无电压（"线路检有压"投入，检查此条件，否则不检查）。

3）启动条件（"与"门）：Ⅰ母有电压，Ⅱ母有电压，线路Ⅱ无电流，线路Ⅰ有电压，备自投启动后，经延时跳3QF断路器，合1QF断路器。

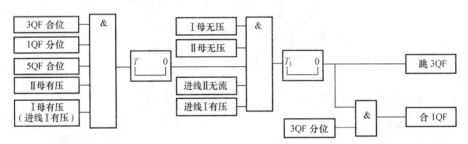

图3-28　线路断路器备自投一次接线示意图

（4）内桥接线变压器备自投逻辑分析。

内桥接线变压器备投一次系统接线图如图3-25（c）所示，桥接线变压器备自投逻辑框图如图3-29所示。

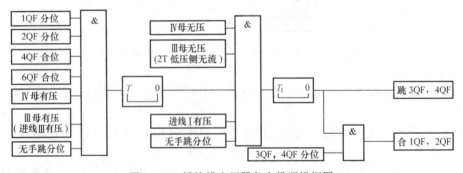

图3-29　桥接线变压器备自投逻辑框图

2号主变压器2TV带出全部负荷，1号主变压器1TV处于明备用状态。当2号主变压器2TV故障时，Ⅰ、Ⅱ母线全部失去电压。备自投启动，跳开2号主变压器2T高压3QF断路器、低压4QF断路器，合上备用1号主变压器1TV高压1QF断路器、低压2QF断路器，由备用1号主变压器1TV带出全部负荷。当两台主变压器任意一侧为手动跳开时，闭锁备自投装置。

桥接线变压器备自投逻辑：

1）充电条件（"与"门）：1QF分位，2QF分位，4QF合位，6QF合位，Ⅲ母有电压，Ⅳ母有电压，线路Ⅱ有电压（"线路检有压"投入，检查此条件，否则不检查），无手跳分位。

2）放电条件（"或"门）：1QF合位，2QF合位，6QF分位，Ⅰ线路无电压（"线路检有压"投入，检查此条件，否则不检查），有手跳分位。

3）启动条件（"与"门）：Ⅲ母无电压，Ⅳ母无电压，2TV低压侧无电流（"检无流"投入，检查此条件，否则不检查），线路Ⅱ有电压，无手跳分位。备自投启动后，经延时跳3QF、4QF断路器，合1QF、2QF断路器。

（5）内桥接线主变压器差动电流回路的切换方式分析。

在组合电器式内桥接线的主变压器差动电流回路可以不设切换回路，为不影响运行中的设备，在敞开式内桥接线的内桥或进线断路器中有一台停电检修时，方便安全措施的实施，常在主变压器差动电流回路增加大电流切换连接片，如图3-30所示，其中图3-30（a）为进线断路器与内桥断路器均为正常运行方式，图3-30（b）为内桥断路器转检修后其电流互感器二次连接片退出后短接的接线图。在内桥断路器转检修退出其电流回路时，如果差动保护还在运行中，则一定要先退出连接片，然后将电流互感器侧短接接地，否则连接片投入时将差动保护高压侧电流短接会造成差动保护误动作。

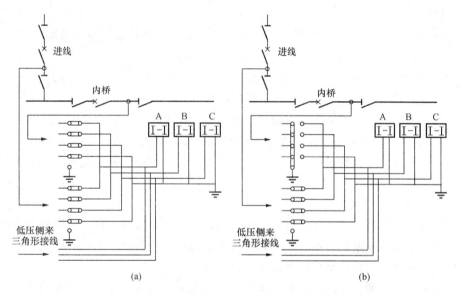

图3-30 内桥接线主变压器差动电流回路的切换示意图
（a）进线及内桥断路器均正常运行时的连接片位置；（b）内桥断路器检修时的连接片位置

2. 电磁环网对电网运行的影响

电磁环网是指不同电压等级运行的线路，通过变压器电磁回路的连接而构成的环路。

（1）易造成系统热稳定破坏。如果在主要的受端负荷中心，用高低压电磁环网供电而又带重负荷时，当高一级电压线路断开后，所有原来带的全部负荷将通过低一级电压线路（虽然可能不止一回）送出，容易出现超过导线热稳定电流的问题。

（2）易造成系统动稳定破坏。正常情况下，两侧系统间的联络阻抗将略小于高压线路的阻抗。而一旦高压线路因故障断开，系统间的联络阻抗将突然显著地增大（突变为两端变压器阻抗与低压线路阻抗之和，而线路阻抗的标幺值又与运行电压的平方成正比），因而极易超过该联络线的暂态稳定极限，可能发生系统振荡。

（3）不利于经济运行。500kV 与 220kV 线路的自然功率值相差极大，同时 500kV 线路的电阻值（多为 $4\times400mm^2$ 导线）也远小于 220kV 线路（多为 2×240 或 $1\times400mm^2$ 导线）的电阻值。在 500/220kV 环网运行情况下，许多系统潮流分配难以达到最经济。

（4）需要装设高压线路因故障停运后联锁切机、切负荷等安全自动装置。但实践证明，若安全自动装置本身拒动、误动将影响电网的安全运行。

一般情况下，往往在高一级电压线路投入运行初期，由于高一级电压网络尚未形成或网络尚不坚强，需要保证输电能力或为保重要负荷而又不得不电磁环网运行。

3. 电磁环网运行的可能性

（1）在电力系统的实际运行中，并非排斥一切电磁环网运行方式，相反，有些情况下，也许在一段时间内在充分利用资源、提高输电可靠性、降低输电损失等方面电磁环网运行比开环运行更有利。

（2）电磁环网运行，必须慎之又慎，并坚持以下原则：

1）在事故情况下，环网中任一元件（主要是高压元件）断开，即便发生功率转移，也不至造成稳定破坏。

2）电磁环网运行时，继电保护配置、整定配合好，安全稳定措施实施简单可靠。

3）电磁环网运行后，受端电压水平应基本不受影响。

4）电磁环网运行，任一母线短路容量的提高，不应造成开关遮断困难。

5）电磁环网运行，输电损失不应明显增加。

（3）如果满足以上五条原则，电磁环网运行是可以接受的。但是，必须指出，"智者千虑必有一失"，大量的事故并不完全在人们的预想之中，因此，电力系统在采用电磁环网运行方式时，应有防止事故联锁发生、造成大的功率转移、可能引起稳定破坏或引起保护错误动作的可靠措施。

4. 环网开环运行利弊

（1）稳定易于控制。在开环网络中发生干扰，往往切除故障元件，再辅以有效的事故处理手段，即可平息事态发展。在环网中如果发生故障，不少情况下切除故障元件后，将引起功率转移，使非故障元件功率越限而导致稳定破坏。

（2）潮流控制方便。开环运行时，调整送端电源的有功（或功角）和无功（或电压）即能达到调整潮流的目的。合环时，潮流在环网内自然分布，控制困难，往往发生环网元件通过功率有的满载甚至过载，有的闲置。

（3）限制短路容量。环网开环运行，是限制短路容量的重要手段。合环运行，因综合阻抗往往较小，短路容量比较大。短路容量大的母线，是那些出线较多，并且电源出线集中的母线。这些母线发生故障，往往是触发电力系统大事故的元凶。

（4）简化继电保护和安全自动装置。环网的继电保护和稳定措施配置比非环网要复杂得多，配合的难度较大。保护和安全自动装置的复杂化和不配合，一般是事故直接或扩大的原因。

（5）在某些环网中，因为开环运行不存在环流问题，可能输电损失比合环运行时要小，从而可提高输电效率。

5. 变压器并列运行应满足哪些条件

变压器并列运行时必须同时满足以下四个条件：

（1）接线组别相同；

（2）电压比相等，一般仅允许偏差±0.5%；

（3）短路电压（阻抗百分比）相等，一般仅允许偏差±10%；

（4）容量比尽量不超过 3∶1。

如果两台变压器电压等级相同而只有电压比不同，它们一次绕组接到同一母线上，二次绕组出线端子上的电压会不相等。这时如果将其二次出线并到同一低压母线上时，在两台变压器的一、二次侧分别构成的两个闭合回路内，都有不平衡电流产生。其大小与二次侧电压的差值 ΔU 以及变压器的短路阻抗 Z_{d1}、Z_{d2} 大小有关，不平衡电流 I_p 等于：

$$I_p = \Delta U / (Z_{d1} + Z_{d2})$$

式中：ΔU 为两台变压器的二次电压之差；Z_{d1}、Z_{d2} 分别为两台变压器的短路阻抗。

当变压器的二次电压不相等时，即使二次侧都不带负载，也要流过一个不平衡电流。当变压器有负载时，不平衡电流和负载电流叠加，很有可能使变压器过负荷。不平衡电流在变压器绕组内流动，不仅增加了绕组的电能损耗，而且大大降低了变压器的传输容量。因此变压器并列运行时，彼此之间的二次电压差应尽量减小，一般希望并列运行的各台变压器的电压比相差不要超过额定值的±0.5%。

因此规定两台变压器电压比不同时不准并列运行。

第七节　电压互感器、避雷器操作

【模块一】　电压互感器、避雷器停电操作

核心知识

（1）电压互感器、避雷器停电操作规定。

（2）电压互感器、避雷器停电操作原则。

关键技能

（1）根据调度或运维负责人倒闸操作指令正确执行电压互感器、避雷器停电操作任务。

（2）在电压互感器、避雷器停电操作过程中运维人员能够对潜在的危险点正确认知并能提前预控危险。

目标驱动

目标驱动一：10kV 电压互感器、避雷器停电操作

××变电站一次设备接线方式如图 3-6 所示（运行方式：Ⅰ进线 101 断路器代 1 号主变压器、10kV Ⅰ段母线运行，Ⅱ进线 102 断路器代 2 号主变压器、10kV Ⅱ段母线运行，内

桥 100 断路器、10kV 分段 000 断路器热备用），××变电站高压侧为内桥接线（GIS 设备），10kV 侧为单母分段接线（小车开关柜）。

保护配置请见第三章第二节【模块一】目标驱动一中所述。

1. 操作任务

10kVⅠ段母线 TV 及 LA 由运行转为检修。

2. 操作项目

操作项目一：66(35)kV 内桥 100 断路器由热备用转为运行，66(35)kVⅠ进线 101 断路器由运行转为热备用。

（1）退出 66(35)kV 备投装置功能（具体操作步骤略）。

（2）检查 66(35)kVⅠ进线 101 断路器确在合位。

（3）检查 66(35)kVⅡ进线 102 断路器确在合位。

（4）检查 66(35)kV 内桥 100 断路器在热备用。

（5）选择 66(35)kV 内桥 100 断路器合闸。

（6）检查 66(35)kV 内桥 100 断路器合闸选线正确。

（7）合上 66(35)kV 内桥 100 断路器。

（8）检查 66(35)kV 内桥 100 断路器三相电流表计指示正确，电流 A 相____ A、B 相____A、C 相____A。

（9）检查 66(35)kV 内桥 100 断路器合位监控信号指示正确。

（10）检查 66(35)kV 内桥保护测控装置断路器位置指示正确。

（11）检查 66(35)kV 内桥 100 断路器汇控柜位置指示确在合位。

（12）检查 66(35)kV 内桥 100 断路器合位机械位置指示正确。

（13）选择 66(35)kVⅠ进线 101 断路器分闸。

（14）检查 66(35)kVⅠ进线 101 断路器分闸选线正确。

（15）拉开 66(35)kVⅠ进线 101 断路器。

（16）检查 66(35)kVⅠ进线 101 断路器三相电流表计指示正确，电流 A 相____ A、B 相____A、C 相____A。

（17）检查 66(35)kVⅠ进线 101 断路器分位监控信号指示正确。

（18）检查 66(35)kVⅠ进线保护测控装置断路器位置指示正确。

（19）检查 66(35)kVⅠ进线 101 断路器汇控柜位置指示确在分位。

（20）检查 66(35)kVⅠ进线 101 断路器分位机械位置指示正确。

（21）投入 66(35)kV 备投装置功能（具体操作步骤略）。

操作项目二：1、2 号主变压器 10kV 侧并列操作。

（1）退出 10kV 备投装置功能（具体操作步骤略）。

（2）检查 1 号主变压器负荷____ MVA，2 号主变压器负荷____ MVA。

（3）检查 1 号主变压器分接头在____位置，检查 2 号主变压器分接头在____位置。

（4）检查 66(35)kVⅡ进线 102 断路器确在合位。

（5）检查 66(35)kVⅠ进线 101 断路器确在分位。

（6）检查 66(35)kV 内桥 100 断路器确在合位。

（7）检查在 10kV 分段 000 断路器热备用。

（8）选择 10kV 分段 000 断路器合闸

（9）检查 10kV 分段 000 断路器合闸选线正确。

（10）闭合 10kV 分段 000 断路器。

（11）检查 10kV 分段 000 断路器三相电流表计指示正确，电流 A 相＿＿ A、B 相＿＿ A、C 相＿＿ A。

（12）检查 10kV 分段 000 断路器合位监控信号指示正确。

（13）检查 10kV 分段保护测控装置断路器位置指示正确。

（14）检查 10kV 分段 000 断路器合位机械位置指示正确。

（15）调整、检查消弧线圈参数符合要求（具体操作步骤略）。

操作项目三：10kVⅠ段母线 TV 及 LA 由运行转为检修。

（1）将 10kV 母线 TV 二次并列开关由退出切至投入位置。

（2）检查 10kV 母线 TV 二次并列运行灯亮。

（3）拉开 10kVⅠ段母线 TV 二次空气断路器（二次仓）。

（4）检查 10kVⅠ段母线 TV 表计指示正确。

（5）将 10kVⅠ段母线 TV 手车拉至试验位置。

（6）检查 10kVⅠ段母线 TV 手车确已拉至试验位置。

（7）取下 10kVⅠ段母线 TV 手车二次插件。

（8）将 10kVⅠ段母线 TV 手车拉至检修位置。

（9）检查 10kVⅠ段母线 TV 手车确已拉至检修位置。

（10）将 10kVⅠ段母线避雷器手车拉至检修位置。

（11）检查 10kVⅠ段母线避雷器手车确已拉至检修位置。

（12）取下 10kVⅠ段母线 TV 一次熔断器三个。

3. 操作项目解析

（1）操作项目总体操作步骤划分。

操作项目一：66(35)kV 内桥 100 断路器由热备用转为运行，66(35)kVⅠ进线 101 断路器由运行转为热备用。

步骤一：退出 66(35)kV 备投装置功能。

操作项目（1）项，具体操作步骤略，为操作人员在备自投保护屏上（或在监控机上操作相应的软连接片）进行的检查、操作项目。

步骤二：1、2 号主变压器在 66(35)kV 侧并列操作。

操作项目中的（2）～（4）项，为操作人员在 66(35)kVⅠ进线 101 断路器、66(35)kVⅡ进线 102 断路器、66(35)kV 内桥 100 断路器间隔监控机上进行的检查项目。

操作项目中的（5）～（12）项，为操作人员在 66(35)kV 内桥 100 断路器间隔汇控柜和监控机上进行的检查、操作项目。

步骤三：将 66(35)kVⅠ进线 101 断路器由运行转为热备用。

操作项目中的（13）～（20）项，为操作人员在 66(35)kVⅠ进线 101 断路器间隔汇控柜和监控机上进行的检查、操作项目。

步骤四：投入 66(35)kV 备投装置功能。

操作项目（21）项，具体操作步骤略，为操作人员在备自投保护屏上（或在监控机上操作相应的软连接片）进行的检查、操作项目。

操作项目二：1、2 号主变压器 10kV 侧并列操作。

步骤一：退出 10kV 备投装置功能。

操作项目（1）项，具体操作步骤略，为操作人员在备自投保护屏上（或在监控机上操作相应的软连接片）进行的检查、操作项目。

步骤二：1、2 号主变压器 10kV 侧并列前的必要负荷检查。

操作项目（2）、（3）项，为操作人员在监控机上和对相关一次设备进行的检查项目。

步骤三：1、2 号主变压器 10kV 侧并列操作。

操作项目（4）～（14）项共有 11 项，其中（5）、（6）项为操作人员分别在 66(35)kV Ⅱ 进线____ 102、66(35)kV Ⅰ 进线 101、66(35)kV 内桥 100 断路器汇控柜和监控机上进行的检查、操作项目。

操作项目（7）～（14）项为操作人员在 10kV 分段 000 断路器操控屏上和监控机上进行的检查、操作项目。

步骤四：调整、检查消弧线圈参数符合要求。

操作项目（15）项，具体操作步骤略，为操作人员在 10kV 1 号消弧线圈和 10kV 2 号消弧线圈控制装置上进行的操作项目。

操作项目三：10kV Ⅰ 段母线 TV 及 LA 由运行转为检修。

步骤一：10kVTV 二次并列操作。

操作项目中的（1）～（4）项，为操作人员在 10kVTV 并列屏上进行的检查、操作项目。

步骤二：10kV Ⅰ 段母线 TV 及 LA 停电。

操作项目中的（5）～（12）项，为操作人员在 10kV Ⅰ 段母线 TV 手车、10kV Ⅰ 段母线避雷器手车操控屏上和监控机上进行的检查、操作项目。

（2）操作项目总体操作步骤解析。

××66(35)kV 变电站一次主接线如图 3-6 所示，内桥接线变电站一次系统接线备投示意如图 3-25 所示。

操作项目一：具体解析内容请见第三章第六节目标驱动一中相关内容。

操作项目二：具体解析内容请见第三章第六节目标驱动三中相关内容。

操作项目三：

步骤一解析：电压互感器二次侧并列操作应该在切换二次侧电压回路前，先将 TV 一次侧并列，否则 TV 二次侧并列后，由于 TV 一次侧电压不平衡，TV 二次侧将产生较大环流，容易引起熔断器熔断（或使二次空气断路器跳闸），使 TV 二次侧失去电源。即使先并 TV 二次侧，TV 二次侧产生的环流较小，没有引起熔断器熔断（或使二次空气断路器跳闸），因为两条母线电压差异，TV 二次侧电压反映的不是本身母线的电压，也会造成保护、测量和计量上的误差。所以先并列一次侧，再并列二次侧就可以避免造成电压误差。母线电压互感器作为提供保护、调节、测控用电压信号源的公用设备，一旦 TV 二次侧失去电源，将会造成保护装置误动和测量、计量错误等严重的问题。另外，在 TV 二次侧并列操作中还要考虑保护方式变更能否引起保护装置误动，以及二次负载增加时，电压互感器的容量能否满足要求。

为了避免误操作，在 TV 并列的操作回路中，串入了分段断路器和隔离开关的位置接点，如果分段断路器和隔离开关不在合位，TV 无法并列操作。

所以"检查 10kV 分段 000 断路器确在合位"操作项目是为了检查 10kVⅠ、Ⅱ母线上的电压互感器符合 TV 二次侧并列运行条件。

10kVⅠ段母线电压互感器接线如图 3-31 所示，电压互感器二次并列的直流控制回路如图 3-32 所示，母线电压互感器电压并列装置交流切换回路如图 3-33 所示。

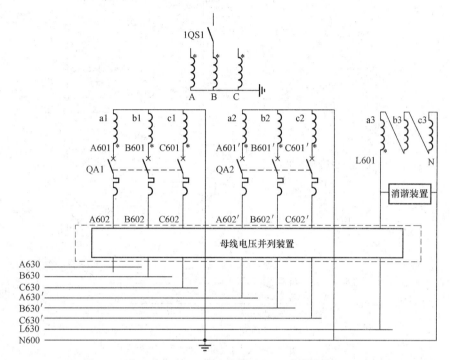

图 3-31 10kVⅠ段母线电压互感器接线

电压互感器二次回路并列装置具有电压互感器二次回路并列切换以及电压互感器二次回路投、退切换两种功能，对电压小母线的电压起到控制作用。

1) 电压互感器二次回路并列的直流控制回路如图 3-32 所示，遥控操作继电器 1KL、2KL、3KL 是带磁保持的双绕组继电器，一组为启动绕组，励磁后，继电器动作并自保持，使线圈失电后不返回，维持隔离开关闭合状态；另一组为返回绕组，只有当返回绕组励磁，继电器才返回，维持隔离开关断开状态。

母线电压并列开关 S 有"就地"、"禁止并列"和"遥控"三个并列位置。

2) 电压互感器二次回路并列装置采用直流控制，有就地操作和遥控操作两种方式。

Ⅰ母线 TV 二次回路投入控制逻辑：Ⅰ母线 TV 投入→合Ⅰ母线 1QS→1K（1QS 重动继电器）绕组励磁→1K 动合触点闭合（串在Ⅰ母线 TV 二次回路）→将Ⅰ母线电压引致Ⅰ母电压小母线。

Ⅰ母线 TV 二次回路退出控制逻辑：拉Ⅰ母线 1QS→1K（1QS 重动继电器）绕组失磁→1K 动合触点断开（串在Ⅰ母线 TV 二次回路）→Ⅰ母线电压二次回路。

Ⅱ母线 TV 二次回路投入控制逻辑：Ⅱ母线 TV 投入→合Ⅱ母线 2QS→2K（2QS 重动继电器）绕组励磁→2K 动合触点闭合（串在Ⅱ母线 TV 二次回路）→将Ⅱ母线电压引致Ⅰ

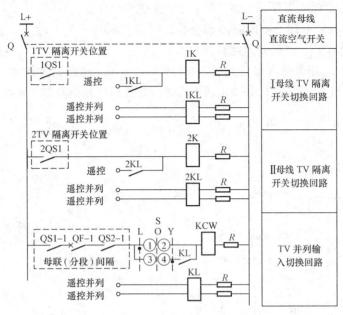

图 3-32　电压互感器二次并列的直流控制回路

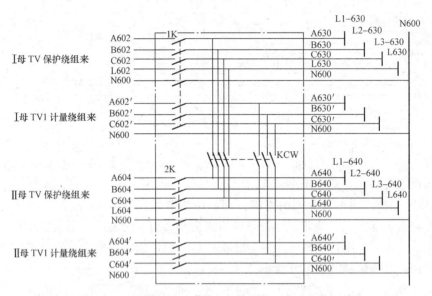

图 3-33　母线电压互感器电压并列装置交流切换回路

母电压小母线。

　　Ⅱ母线 TV 二次回路退出控制逻辑：拉Ⅱ母线 2QS→2K（2QS 重动继电器）绕组失磁→2K 动合触点断开（串在Ⅱ母线 TV 二次回路）→Ⅱ母线电压二次回路。

　　上述 TV 二次回路退出控制逻辑的实现，保证了当电压互感器停电检修时，当拉开隔离开关的同时，二次接线也自动断开，防止了 TV 二次回路向一次侧反充电。

　　Ⅰ母线 TV 和Ⅱ母线 TV 二次回路并列、分列控制逻辑：Ⅰ、Ⅱ母线并列运行→QF（分段断路器）、QS1 和 QS2（分段两侧隔离开关）在合位→QF（分段断路器动合辅助触点）、QS-1 和 QS-2 （分段两侧隔离开关动合辅助触点）动合辅助触点闭合→操作 S 实现 Ⅰ 母线 TV 和 Ⅱ 母线 TV 二次回路并列、分列操作。

S 置 "禁止并列" 位置→其触点 1-2 和 3-4 断开→Ⅰ 母线 TV 和 Ⅱ 母线 TV 二次回路分列。

S 置 "就地" 位置→其触点 1-2 接通、3-4 断开→KCW 绕组励磁 （并列操作继电器）→KCW 动合触点闭合 （并接在 Ⅰ 母线 TV 和 Ⅱ 母线 TV 二次回路之间的动合触点）→Ⅰ 母线 TV 和 Ⅱ 母线 TV 二次回路并列 （如图 3-32 所示）。

S 置 "遥控" 位置→其触点 1-2 断开、3-4 接通→实现远方操作。

当 Ⅰ、Ⅱ 母线分列运行时，禁止 Ⅰ 母线 TV 和 Ⅱ 母线 TV 二次回路并列。

Ⅰ 母线 TV 和 Ⅱ 母线 TV 二次回路禁止并列控制逻辑：Ⅰ、Ⅱ 母线分列运行→QF （分段断路器）、QS1 和 QS2 （分段两侧隔离开关）在分位→QF （分段断路器动合辅助触点）、QS-1 和 QS-2 （分段两侧隔离开关动合辅助触点）动合辅助触点断开→KCW 绕组失磁 （并列操作继电器）→KCW 动合触点断开 （并接在 Ⅰ 母线 TV 和 Ⅱ 母线 TV 二次回路之间的动合触点，如图 3-33 所示）→切断 Ⅰ 母线 TV 和 Ⅱ 母线 TV 二次回路并列回路 （此时 S 应置 "禁止并列" 位置）。

"10kVTV 二次并列操作" 后，使原来由 10kV Ⅰ 段母线 TV 提供保护、调节、测控用的电压信号源由 10kV Ⅰ 段母线 TV 和 Ⅱ 母线 TV 共同提供。

将总控屏上的 10kV 母线 TV 并列把手切至 "手动并列" 位置，检查 10kV 母线电压切换箱 （RCS－9662A Ⅱ 型）上并列灯亮和当地监控机信号指示正确。

步骤二解析："10kV Ⅰ 段母线 TV 停电操作" 后，原来由 10kV Ⅰ 段母线 TV 和 Ⅱ 母线 TV 共同提供保护、调节、测控用的电压信号源由 10kV Ⅱ 段母线 TV 提供，不因 10kV Ⅰ 段母线 TV 停电使 10kV Ⅰ 段母线 TV 提供的保护、调节、测控用电压信号源失去，防止产生保护装置误动和测量、计量错误等严重问题。

检修母线电压互感器时，首先要先拉开电压互感器二次空气断路器 （或取下电压互感器的二次熔断器），再拉开电压互感器一次隔离开关。这样不但可以防止电压互感器二次侧向一次侧反充电，而且相对于带着电压互感器的二次负载拉开电压互感器一次隔离开关断开的电流小，更为安全。

执行 10kVTV 二次并列操作且将 10kV Ⅰ 段母线 TV 停电后，"检查 10kV Ⅰ 段母线电压表计指示正确" 是非常重要的项目，如果此时 10kV Ⅰ 段母线电压表计指示异常，证明 10kVTV 二次并列回路存在问题，将影响原先由 10kV Ⅰ 段母线 TV 提供电压信号源的保护、调节、测控装置的正常工作。

10kV 母线 TV 与避雷器各使用一只小车，中仓为 TV 小车，下仓为避雷器小车 （避雷器小车无任何位置信号，操作时特别注意，除避雷器检修外，不需要将小车退出工作位置）。同间隔上仓内装设 TV 二次空气断路器，有三个单相保护二次空气断路器，一个三相保护二次空气断路器。

目标驱动二：66(35)kV 电压互感器、避雷器停电操作

××变电站一次设备接线方式如图 3-6 所示 （运行方式：Ⅰ 进线 101 断路器代 1 号主变压器、10kV Ⅰ 段母线运行，Ⅱ 进线 102 断路器代 2 号主变压器、10kV Ⅱ 段母线运行，内桥 100 断路器、10kV 分段 000 断路器热备用），××变电站高压侧为内桥接线 （GIS 设备），

10kV 侧为单母分段接线（小车开关柜）。

保护配置请见第三章第二节【模块一】目标驱动一中所述。

1. 操作任务

66(35)kV Ⅰ母线 TV 及 LA 由运行转为检修。

2. 操作项目

操作项目一：66(35)kV 内桥 100 断路器由热备用转为运行，66(35)kV Ⅰ进线 101 断路器由运行转为热备用。

（1）退出 66(35)kV 备投装置功能（具体操作步骤略）。

（2）检查 66(35)kV Ⅰ进线 101 断路器确在合位。

（3）检查 66(35)kV Ⅱ进线 102 断路器确在合位。

（4）检查 66(35)kV 内桥 100 断路器在热备用。

（5）选择 66(35)kV 内桥 100 断路器合闸。

（6）检查 66(35)kV 内桥 100 断路器合闸选线正确。

（7）合上 66(35)kV 内桥 100 断路器。

（8）检查 66(35)kV 内桥 100 断路器三相电流表计指示正确，电流 A 相____ A、B 相____A、C 相____A。

（9）检查 66(35)kV 内桥 100 断路器合位监控信号指示正确。

（10）检查 66(35)kV 内桥保护测控装置断路器位置指示正确。

（11）检查 66(35)kV 内桥 100 断路器汇控柜位置指示确在合位。

（12）检查 66(35)kV 内桥 100 断路器合位机械位置指示正确。

（13）选择 66(35)kV Ⅰ进线 101 断路器分闸。

（14）检查 66(35)kV Ⅰ进线 101 断路器分闸选线正确。

（15）拉开 66(35)kV Ⅰ进线 101 断路器。

（16）检查 66(35)kV Ⅰ进线 101 断路器三相电流表计指示正确，电流 A 相____ A、B 相____A、C 相____A。

（17）检查 66(35)kV Ⅰ进线 101 断路器分位监控信号指示正确。

（18）检查 66(35)kV Ⅰ进线保护测控装置断路器位置指示正确。

（19）检查 66(35)kV Ⅰ进线 101 断路器汇控柜位置指示确在分位。

（20）检查 66(35)kV Ⅰ进线 101 断路器分位机械位置指示正确。

操作项目二：66(35)kV Ⅰ母线 TV 及 LA 由运行转为检修。

（1）将 66(35)kV 母线 TV 二次并列开关由退出切至投入位置。

（2）检查 66(35)kV 母线 TV 二次并列运行灯亮。

（3）拉开 66(35)kV Ⅰ母线 TV 二次空气断路器。

（4）检查 66(35)kV Ⅰ母线 TV 表计指示正确。

（5）合上 66(35)kV Ⅰ母线ⅠTV1 一次隔离开关电机电源空气断路器。

（6）选择 66(35)kV Ⅰ母线ⅠTV1 一次隔离开关分闸。

（7）检查 66(35)kV Ⅰ母线ⅠTV1 一次隔离开关分闸选线正确。

（8）拉开 66(35)kV Ⅰ母线ⅠTV1 一次隔离开关。

（9）检查 66(35)kV Ⅰ母线ⅠTV1 一次隔离开关分位监控信号指示正确。

（10）检查 66(35)kV Ⅰ母线 Ⅰ TV1 一次隔离开关汇控柜位置指示确在分位。

（11）检查 66(35)kV Ⅰ母线 Ⅰ TV1 一次隔离开关位置指示器确在分位。

（12）将 66(35)kV Ⅰ母线 TV 汇控柜操作方式选择开关由远控切至近控位置。

（13）合上 66(35)kV Ⅰ母线 Ⅰ TV1-QS2 接地开关。

（14）检查 66(35)kV Ⅰ母线 Ⅰ TV1-QS2 接地开关汇控柜位置指示确在合位。

（15）检查 66(35)kV Ⅰ母线 Ⅰ TV1-QS2 接地开关合位机械位置指示正确。

（16）检查 66(35)kV Ⅰ母线 Ⅰ TV1-QS2 接地开关合位监控信号指示正确。

（17）将 66(35)kV Ⅰ母线 TV 汇控柜操作方式选择开关由近控切至远控位置。

（18）拉开 66(35)kV Ⅰ母线 Ⅰ TV1 一次隔离开关电机电源空气断路器。

3. 操作项目解析

（1）操作项目总体操作步骤划分。

操作项目一：66(35)kV 内桥 100 断路器由热备用转为运行，66(35)kV Ⅰ进线 101 断路器由运行转为热备用。

步骤一：退出 66(35)kV 备投装置功能。

操作项目（1）项，具体操作步骤略，为操作人员在备自投保护屏上（或在监控机上操作相应的软连接片）进行的检查、操作项目。

步骤二：1、2 号主变压器在 66(35)kV 侧并列操作。

操作项目中的（2）～（4）项，为操作人员在 66(35)kV Ⅰ进线 101 断路器、66(35)kV Ⅱ进线 102 断路器、66(35)kV 内桥 100 断路器间隔监控机上进行的检查项目。

操作项目中的（5）～（12）项，为操作人员在 66(35)kV 内桥 100 断路器间隔汇控柜和监控机上进行的检查、操作项目。

步骤三：将 66(35)kV Ⅰ进线 101 断路器由运行转为热备用。

操作项目中的（13）～（20）项，为操作人员在 66(35)kV Ⅰ进线 101 断路器间隔汇控柜和监控机上进行的检查、操作项目。

操作项目二：66(35)kV Ⅰ母线 TV 及 LA 由运行转为检修。

步骤一：66(35)kVTV 二次并列操作。

操作项目中的（1）～（4）项，为操作人员在 66(35)kVTV 并列屏上进行的检查、操作项目。

步骤二：将 66(35)kV Ⅰ母线 TV 转为冷备用。

操作项目中的（5）～（11）项，为操作人员在 66(35)kV Ⅰ母线 TV 汇控柜上和监控机上进行的检查、操作项目。

步骤三：布置安全措施。

操作项目中的（12）～（18）项，为操作人员在 66(35)kV Ⅰ母线 TV 汇控柜上和监控机上进行的检查、操作项目。

（2）操作项目总体操作步骤解析。

操作项目一：请见第三章第六节目标驱动一中相关内容。

操作项目二：66(35)kV 母线 TV 提供主变压器 66(35)kV 侧电能表所需电压量，监控机 66(35)kV 母线的有功、无功及电压遥测量，电压无功综控装置、主变压器高压侧后备保护、66(35)kV 备投、低周及低压减载装置所需电压量。

如果母线 TV 二次失压，在主变压器负荷不超过 50％的情况下，可不立即解除相应主变压器的复闭过流保护连接片，但必须尽快查找原因及时处理。

步骤一解析：电压互感器二次侧并列操作应该在切换二次侧电压回路前，先将 TV 一次侧并列，否则 TV 二次侧并列后，由于 TV 一次侧电压不平衡，TV 二次侧将产生较大环流，容易引起熔断器熔断（或使二次空气断路器跳闸），使 TV 二次侧失去电源。即使先并 TV 二次侧，TV 二次侧产生的环流较小，没有引起熔断器熔断（或使二次空气断路器跳闸），因为两条母线电压差异，TV 二次侧电压反映的不是本身母线的电压，也会造成保护、测量和计量上的误差。所以先并一次侧，再并二次侧就可以避免造成电压误差。母线电压互感器作为提供保护、调节、测控用电压信号源的公用设备，一旦 TV 二次侧失去电源将会造成保护装置误动和测量、计量错误等严重问题。另外，在 TV 二次侧并列操作中还要考虑保护方式变更能否引起保护装置误动，以及二次负载增加时，电压互感器的容量能否满足要求。

为了避免误操作，在 TV 并列的操作回路中，串入了 66(35)kV 内桥 100 断路器和隔离开关的位置接点，如果 66(35)kV 内桥 100 断路器和隔离开关不在合位，TV 无法并列操作。

"66(35)kVTV 二次并列操作"后，使原来由 66(35)kVⅠ母线 TV 提供保护、调节、测控用的电压信号源由 66(35)kVⅠ母线 TV 和Ⅱ母线 TV 共同提供。将总控屏上的 66(35)kV 母线 TV 并列把手切至"手动并列"位置，检查 66(35)kV 母线电压切换箱上并列灯亮和当地监控机信号指示正确。

步骤二解析："66(35)kVⅠ母线 TV 停电操作"后，原来由 66(35)kVⅠ母线 TV 和Ⅱ母线 TV 共同提供保护、调节、测控用的电压信号源由 66(35)kVⅡ母线 TV 提供，不因 66(35)kVⅠ母线 TV 停电使 66(35)kVⅠ母线 TV 提供的保护、调节、测控用电压信号源失去，防止产生保护装置误动和测量、计量错误等严重的问题。

检修母线电压互感器时，首先要拉开电压互感器二次空气断路器（或取下电压互感器的二次熔断器），再拉开电压互感器一次隔离开关。这样不但可以防止电压互感器二次侧向一次侧反充电，而且相对于带着电压互感器的二次负载拉开电压互感器一次隔离开关断开的电流小，更为安全。

执行 66(35)kVTV 二次并列操作且将 66(35)kVⅠ母线 TV 停电后，"检查 66(35)kVⅠ母线电压表计指示正确"是非常重要的项目，如果此时 66(35)kVⅠ母线电压表计指示异常，证明 66(35)kVTV 二次并列回路存在问题，将影响原先由 66(35)kVⅠ母线 TV 提供电压信号源的保护、调节、测控装置的正常工作。

步骤三解析：《国家电网公司电力安全工作规程（变电部分）》2.3.4.3 第 5）条规定："设备检修后合闸送电前，检查送电范围内接地隔离开关（装置）已拉开，接地线已拆除。"

对于 GIS 设备的接地隔离开关的操作，按照目前的普遍规定是需要就地操作的，没有极特殊情况不允许遥控操作，因此操作 GIS 设备的接地隔离开关需要将相应汇控柜操作方式选择开关由远控切至近控位置。

《国家电网公司电力安全工作规程（变电部分）》4.2.3 规定："检修设备和可能来电侧的断路器（开关）、隔离开关（刀闸）应断开控制电源和合闸电源，隔离开关（刀闸）操作把手应锁住，确保不会误送电。"

操作能源是对断路器和隔离开关控制电源以及它们的各种形式的合闸能源的统称。断路器和隔离开关断开后，如果不断开它们的控制电源和合闸电源，可能会因为多种原因，如试验保护、遥控装置调试适当、误操作等，断路器或隔离开关会被突然合上，造成检修设备带电，使工作安全遭到破坏。

"拉开 66(35)kVⅠ母线ⅠTV1 一次隔离开关电机电源空气断路器"目的在于防止隔离开关发生误合闸。

【模块二】　电压互感器、避雷器送电操作

核心知识 -

（1）电压互感器、避雷器送电操作规定。

（2）电压互感器、避雷器送电操作原则。

关键技能 -

（1）根据调度或运维负责人倒闸操作指令正确执行电压互感器、避雷器送电操作任务。

（2）在电压互感器、避雷器送电操作过程中运维人员能够对潜在的危险点正确认知并能提前预控危险。

目标驱动 -

目标驱动一：10kV 电压互感器、避雷器送电操作

××变电站一次设备接线方式如图 3-6 所示（运行方式：Ⅰ进线 101 断路器代 1 号主变压器、10kVⅠ段母线运行，Ⅱ进线 102 断路器代 2 号主变压器、10kVⅡ段母线运行，内桥 100 断路器、10kV 分段 000 断路器热备用），××变电站高压侧为内桥接线（GIS 设备），10kV 侧为单母分段接线（小车开关柜）。

保护配置请见第三章第二节【模块一】目标驱动一中所述。

1. 操作任务

10kVⅠ段母线 TV 及 LA 由检修转为运行。

2. 操作项目

操作项目一：10kVⅠ段母线 TV 及 LA 由检修转为运行。

（1）装上 10kVⅠ段母线 TV 一次熔断器 3 个。

（2）将 10kVⅠ段母线避雷器手车推至运行位置。

（3）检查 10kVⅠ段母线避雷器手车避雷器手车确已推至运行位置。

（4）将 10kVⅠ段母线 TV 手车推至运行位置。

（5）检查 10kVⅠ段母线 TV 手车确已推至运行位置。

（6）装上 10kVⅠ段母线 TV 手车二次插件。

（7）将 10kVⅠ段母线 TV 手车推至运行位置。

（8）检查 10kVⅠ段母线 TV 手车确已推至运行位置。

（9）合上 10kVⅠ段母线 TV 二次空气断路器。

（10）将 10kV 母线 TV 二次并列开关由投入切至退出位置。

（11）检查 10kV 母线 TV 二次并列运行灯灭。

（12）检查 10kVⅠ段母线 TV 表计指示正确。

操作项目二：1、2 号主变压器 10kV 侧解列操作。

（1）检查 66(35)kVⅡ进线 102 断路器确在合位。

（2）检查 66(35)kVⅠ进线 101 断路器确在分位。

（3）检查 66(35)kV 内桥 100 断路器确在合位。

（4）选择 10kV 分段 000 断路器分闸。

（5）检查 10kV 分段 000 断路器分闸选线正确。

（6）拉开 10kV 分段 000 断路器。

（7）检查 10kV 分段 000 断路器三相电流表计指示正确，电流 A 相＿＿ A、B 相＿＿A、C 相＿＿ A。

（8）检查 10kV 分段 000 断路器分位监控信号指示正确。

（9）检查 10kV 分段保护测控装置断路器位置指示正确。

（10）检查 10kV 分段 000 断路器分位机械位置指示正确。

（11）检查 1 号主变压器负荷＿＿ MVA，2 号主变压器负荷＿＿ MVA。

（12）投入 10kV 备投装置功能（具体操作步骤略）。

（13）调整、检查消弧线圈参数符合要求（具体操作步骤略）。

操作项目三：66(35)kVⅠ进线 101 断路器由热备用转为运行，66(35)kV 内桥 100 断路器由运行转为热备用。

（1）退出 66(35)kV 备投装置功能（具体操作步骤略）。

（2）检查 66(35)kVⅠ进线 101 断路器确在热备用。

（3）检查 66(35)kVⅡ进线 102 断路器确在合位。

（4）检查 66(35)kV 内桥 100 断路器在合位。

（5）选择 66(35)kVⅠ进线 101 断路器合闸。

（6）检查 66(35)kVⅠ进线 101 断路器合闸选线正确。

（7）合上 66(35)kVⅠ进线 101 断路器。

（8）检查 66(35)kVⅠ进线 101 断路器三相电流表计指示正确，电流 A 相＿＿ A、B 相＿＿A、C 相＿＿ A。

（9）检查 66(35)kVⅠ进线 101 断路器合位监控信号指示正确。

（10）检查 66(35)kVⅠ进线保护测控装置断路器位置指示正确。

（11）检查 66(35)kVⅠ进线 101 断路器汇控柜位置指示确在合位。

（12）检查 66(35)kVⅠ进线 101 断路器合位机械位置指示正确。

（13）选择 66(35)kV 内桥 100 断路器分闸。

（14）检查 66(35)kV 内桥 100 断路器分闸选线正确。

（15）拉开 66(35)kV 内桥 100 断路器。

（16）检查 66(35)kV 内桥 100 断路器三相电流表计指示正确，电流 A 相＿＿ A、B 相＿＿A、C 相＿＿ A。

（17）检查 66(35)kV 内桥 100 断路器分位监控信号指示正确。

（18）检查 66(35)kV 内桥保护测控装置断路器位置指示正确。

（19）检查 66(35)kV 内桥 100 断路器汇控柜位置指示确在分位。

（20）检查 66(35)kV 内桥 100 断路器分位机械位置指示正确。

（21）投入 66(35)kV 备投装置功能（具体操作步骤略）。

3. 操作项目解析

（1）操作项目总体操作步骤划分。

操作项目一：10kV Ⅰ 段母线 TV 及 LA 由检修转为运行。

步骤一：10kV Ⅰ 段母线 TV 及 LA 送电。

操作项目中的（1）～（9）项，为操作人员在 10kV Ⅰ 段母线 TV 手车、10kV Ⅰ 段母线避雷器手车操控屏上和监控机上进行的检查、操作项目。

步骤二：10kVTV 二次解列操作。

操作项目中的（10）～（12）项，为操作人员在 10kVTV 并列屏上进行的检查、操作项目。

操作项目二：1、2 号主变压器 10kV 侧解列操作。

步骤一：1、2 号主变压器 10kV 侧解列前的必要检查。

操作项目（1）～（3）项，为操作人员分别在 66(35)kV Ⅱ 进线____ 102、66(35)kV Ⅰ 进线 101、66(35)kV 内桥 100 断路器汇控柜和监控机上进行的检查项目。

步骤二：1、2 号主变压器 10kV 侧解列操作。

操作项目（4）～（11）项共有 8 项，为操作人员在 10kV 分段 000 断路器操控屏上和监控机上进行的检查、操作项目。

步骤三：投入 10kV 备投装置功能。

操作项目（12）项，具体操作步骤略，为操作人员在备自投保护屏上（或在监控机上操作相应的软连接片）进行的检查、操作项目。

步骤四：调整、检查消弧线圈参数符合要求。

操作项目（13）项，具体操作步骤略，为操作人员在 10kV 1 号消弧线圈和 10kV 2 号消弧线圈控制装置上进行的操作项目。

操作项目三：66(35)kV Ⅰ 进线 101 断路器由热备用转为运行，66(35)kV 内桥 100 断路器由运行转为热备用。

步骤一：退出 66(35)kV 备投装置功能。

操作项目（1）项，具体操作步骤略，为操作人员在备自投保护屏上（或在监控机上操作相应的软连接片）进行的检查、操作项目。

步骤二：改变 66(35)kV 运行方式操作前的必要检查。

操作项目中的（2）～（4）项，为操作人员在 66(35)kV Ⅰ 进线 101 断路器、66(35)kV Ⅱ 进线 102 断路器、66(35)kV 内桥 100 断路器间隔监控机上进行的检查项目。

步骤三：将 66(35)kV Ⅰ 进线 101 断路器由热备用转为运行。

操作项目中的（5）、（12）项，为操作人员在 66(35)kV Ⅰ 进线 101 断路器间隔汇控柜和监控机上进行的检查、操作项目。

步骤四：将 66(35)kV 内桥 100 断路器由运行转为热备用。

操作项目中的（13）～（20）项，为操作人员在 66(35)kV 内桥 100 断路器间隔汇控柜和监控机上进行的检查、操作项目。

步骤五：投入 66(35)kV 备投装置功能。

操作项目（21）项，具体操作步骤略，为操作人员在备自投保护屏上（或在监控机上操作相应的软连接片）进行的检查、操作项目。

（2）操作项目总体操作步骤解析。

××66(35)kV变电站一次主接线如图3-6所示，内桥接线变电站一次系统接线备投示意如图3-25所示。

操作项目一：

步骤一、步骤二解析：10kVⅠ段母线电压互感器接线如图3-31所示，电压互感器二次并列的直流控制回路如图3-32所示，母线电压互感器电压并列装置交流切换回路如图3-33所示。

母线TV送电原则是：先送一次，后送二次。如果先送二次，后送一次，在TV及以下设备发生故障时不宜判断故障点。再者，一旦TV二次有电压，先送二次，后送一次，将会由TV二次通过TV向10kV侧反充电。

执行10kVTV二次并列操作且将10kVⅠ段母线TV送电后，"检查10kVⅠ段母线电压表计指示正确"是非常重要的项目，如果此时10kVⅠ段母线电压表计指示异常，证明10kVTV二次并列回路存在问题，将影响原先由10kVⅠ段母线TV提供电压信号源的保护、调节、测控装置的正常工作。

执行10kVTV二次解列操作时，"将10kV母线TV二次并列开关由投入切至退出位置"、"检查10kV母线TV二次并列运行灯灭"，确证10kVTV并列屏10kVⅠ、Ⅱ段母线解列成功。"检查表计指示正确"是检查10kVⅠ、Ⅱ段母线电压表计指示正确，确证10kVⅠ、Ⅱ母线TV提供电压信号源的保护、调节、测控装置能够正常工作。

操作项目二：

步骤一、步骤二：1、2号主变压器10kV侧解列前必须检查1、2号主变压器66(35)kV侧并列运行，否则不允许进行10kV侧解列操作。具体解析内容请见第三章第六节目标驱动三中相关内容。

步骤三：10kV分段000断路器由运行转为热备用后，具备备自投装置的正常运行条件，因此为了保证供电可靠性需要立即"投入10kV备投装置功能"，也就是将10kV分段000断路器作为10kVⅠ、Ⅱ母线相互备投的电源断路器。此时10kV侧备自投装置运行方式完成了由"退出10kV备投装置功能→10kV分段000断路器备自投功能"的改变。

步骤四：具体解析内容请见第三章第六节目标驱动三中相关内容。

"变电站10kV中性点接地装置的运行操作步骤和要求"请见第三章第四节【相关知识】中相关内容。

操作项目三：

步骤一解析：改变变电站66(35)kV侧运行方式，则66(35)kV备自投装置的相关参数量之间的逻辑关系发生了改变，如果在改变变电站66(35)kV侧运行方式前不退出66(35)kV备自投装置运行，可能发生误动作。

步骤二解析：检查相关设备实际位置，防止发生误操作。

步骤三解析：执行"66(35)kVⅠ进线101断路器由热备用转为运行"操作，为"将66(35)kV内桥100断路器由运行转为热备用"提供必要的运行条件。

执行"66(35)kVⅠ进线和66(35)kVⅡ进线在本站66(35)kV侧环并操作"操作任务

后，实际上是将 1、2 号主变压器在 66(35)kV 并列运行，此时应注意 1、2 号主变压器并列操作应在符合变压器并列运行条件的前提下进行。

步骤四解析：在完成"66(35)kV 内桥 100 断路器由运行转为热备用"操作项目后，变电站一次系统接线由高压侧无备投、低压侧分段备投方式应转为投入高压侧内桥备投、低压侧分段备投方式，按照备自投逻辑原理和现场运行规程要求投入高压侧内桥备投。

投入高压侧内桥备投操作先将相关备投切换把手由退出切至投入位置，然后投入保护出口连接片，符合保护投退原则。

先投入其保护功能连接片，可以检查保护装置是否运行正常，如正常再投入保护出口连接片。否则，一旦投入保护功能连接片后发现保护装置异常，应停止投入保护出口连接片的操作，避免事故的发生。如果先投入其保护出口连接片，后投入其保护功能连接片，一旦因为人员误操作原因或保护装置误动等原因致使保护误动作，将通过保护出口连接片造成保护误动作跳闸事故。

66(35)kV 内桥 100 断路器由运行转为热备用后，具备备自投装置的正常运行条件，因此为了保证供电可靠性需要立即"投入 66(35)kV 备投装置功能"，也就是将 66(35)kV 内桥 100 断路器作为 I 线路和线路 II 相互备投的电源断路器。此时 66(35)kV 侧备自投装置运行方式完成了由"66(35)kV I 进线 101 断路器备自投→退出 66(35)kV 备投装置功能→内桥备自投"的改变。

目标驱动二：66(35)kV 电压互感器、避雷器送电操作

××变电站一次设备接线方式如图 3-6 所示（运行方式：I 进线 101 断路器代 1 号主变压器、10kV I 段母线运行，II 进线 102 断路器代 2 号主变压器、10kV II 段母线运行，内桥 100 断路器、10kV 分段 000 断路器热备用），××变电站高压侧为内桥接线（GIS 设备），10kV 侧为单母分段接线（小车开关柜）。

保护配置请见第三章第二节【模块一】目标驱动一中所述。

1. 操作任务

66(35)kV I 母线 TV 及 LA 由检修转为运行。

2. 操作项目

操作项目一：66(35)kV I 母线 TV 及 LA 由检修转为运行。

(1) 合上 66(35)kV I 母线 I TV1 一次隔离开关电机电源空气断路器。

(2) 将 66(35)kV I 母线 TV 汇控柜操作方式选择开关由远控切至近控位置。

(3) 拉开 66(35)kV I 母线 I TV1-QS2 接地开关。

(4) 检查 66(35)kV I 母线 I TV1-QS2 接地开关汇控柜位置指示确在分位。

(5) 检查 66(35)kV I 母线 I TV1-QS2 接地开关分位机械位置指示正确。

(6) 检查 66(35)kV I 母线 I TV1-QS2 接地开关分位监控信号指示正确。

(7) 将 66(35)kV I 母线 TV 汇控柜操作方式选择开关由近控切至远控位置。

(8) 选择 66(35)kV I 母线 I TV1 一次侧隔离开关合闸。

(9) 检查 66(35)kV I 母线 I TV1 一次侧隔离开关合闸选线正确。

(10) 合上 66(35)kV I 母线 I TV1 一次侧隔离开关。

(11) 检查 66(35)kV I 母线 I TV1 一次侧隔离开关合位监控信号指示正确。

(12) 检查 66(35)kV I 母线 I TV1 一次侧隔离开关汇控柜位置指示确在合位。

（13）检查 66(35)kV Ⅰ 母线 Ⅰ TV1 一次侧隔离开关位置指示器确在合位。

（14）合上 66(35)kV Ⅰ 母线 TV 二次空气断路器。

（15）将 66(35)kV 母线 TV 二次侧并列开关由投入切至退出位置。

（16）检查 66(35)kV 母线 TV 二次侧并列运行灯灭。

（17）检查 66(35)kV Ⅰ 母线 TV 表计指示正确。

（18）拉开 66(35)kV Ⅰ 母线 Ⅰ TV1 一次侧隔离开关电机电源空气断路器。

操作项目二：66(35)kV Ⅰ 进线 101 断路器由热备用转为运行，66(35)kV 内桥 100 断路器由运行转为热备用。

（1）退出 66(35)kV 备投装置功能（具体操作步骤略）。

（2）检查 66(35)kV Ⅰ 进线 101 断路器确在热备用。

（3）检查 66(35)kV Ⅱ 进线 102 断路器确在合位。

（4）检查 66(35)kV 内桥 100 断路器在合位。

（5）选择 66(35)kV Ⅰ 进线 101 断路器合闸。

（6）检查 66(35)kV Ⅰ 进线 101 断路器合闸选线正确。

（7）拉开 66(35)kV Ⅰ 进线 101 断路器。

（8）检查 66(35)kV Ⅰ 进线 101 断路器三相电流表计指示正确，电流 A 相＿＿＿ A、B 相＿＿＿A、C 相＿＿＿ A。

（9）检查 66(35)kV Ⅰ 进线 101 断路器合位监控信号指示正确。

（10）检查 66(35)kV Ⅰ 进线保护测控装置断路器位置指示正确。

（11）检查 66(35)kV Ⅰ 进线 101 断路器汇控柜位置指示确在合位。

（12）检查 66(35)kV Ⅰ 进线 101 断路器合位机械位置指示正确。

（13）选择 66(35)kV 内桥 100 断路器分闸。

（14）检查 66(35)kV 内桥 100 断路器分闸选线正确。

（15）拉开 66(35)kV 内桥 100 断路器。

（16）检查 66(35)kV 内桥 100 断路器三相电流表计指示正确，电流 A 相＿＿＿ A、B 相＿＿＿A、C 相＿＿＿ A。

（17）检查 66(35)kV 内桥 100 断路器分位监控信号指示正确。

（18）检查 66(35)kV 内桥保护测控装置断路器位置指示正确。

（19）检查 66(35)kV 内桥 100 断路器汇控柜位置指示确在分位。

（20）检查 66(35)kV 内桥 100 断路器分位机械位置指示正确。

（21）投入 66(35)kV 备投装置功能（具体操作步骤略）。

3. 操作项目解析

（1）操作项目总体操作步骤划分。

操作项目一：

步骤一：拆除安全措施。

操作项目中的（1）～（6）项，为操作人员在 66(35)kV Ⅰ 母线 TV 汇控柜上和监控机上进行的检查、操作项目。

步骤二：66(35)kV Ⅰ 母线 TV 送电。

操作项目中的（7）～（15）项，为操作人员在 66(35)kV Ⅰ 母线 TV 汇控柜上和监控机上进行的检查、操作项目。

步骤三：66(35)kVTV 二次解列操作。

操作项目中的（16）～（18）项，为操作人员在 66(35)kVTV 并列屏上进行的检查、操作项目。

操作项目二：请见第三章第七节【模块二】目标驱动一中相关内容。

（2）操作项目总体操作步骤解析。

操作项目一：

步骤一解析：《国家电网公司电力安全工作规程（变电部分）》2.3.4.3 第 5）条规定："设备检修后合闸送电前，检查送电范围内接地隔离开关（装置）已拉开，接地线已拆除。"

步骤二、步骤三解析：母线 TV 送电原则为：先送一次，后送二次。如果先送二次，后送一次，在 TV 及以下设备发生故障时不宜判断故障点。再者，一旦 TV 二次有电压，先送二次，后送一次，将会由 TV 二次通过 TV 向 66(35)kV 侧反充电。

执行 66(35)kV TV 二次并列操作且将 66(35)kV Ⅰ 母线 TV 送电后，"检查 66(35)kV Ⅰ 母线电压表计指示正确"是非常重要的项目，如果此时 66(35)kV Ⅰ 母线电压表计指示异常，证明 66(35)kV TV 二次并列回路存在问题，将影响原先由 66(35)kV Ⅰ 母线 TV 提供电压信号源的保护、调节、测控装置的正常工作。

执行 66(35)kV TV 二次解列操作时，"将 66(35)kV 母线 TV 二次并列开关由投入切至退出位置"、"检查 66(35)kV 母线 TV 二次并列运行灯灭"，确证 66(35)kV TV 并列屏 66(35)kV Ⅰ、Ⅱ母线解列成功。"检查 66(35)kV Ⅰ 母线 TV 表计指示正确"是检查 66(35)kV Ⅰ、Ⅱ母线电压表计指示是否正确，确证 66(35)kV Ⅰ、Ⅱ母线 TV 提供电压信号源的保护、调节、测控装置能够正常工作。

操作项目二：具体解析内容请见第三章第七节【模块二】目标驱动一中相关内容。

危险预控

表 3 - 6　　　　　　　　　　电压互感器、避雷器操作危险点及控制措施

序号	电压互感器、避雷器操作危险点	控 制 措 施
1	包括线路及高压开关类设备操作危险点	包括线路及高压开关类设备操作控制措施
2	电压互感器误操作	（1）电压互感器停电时，先切换保护及自动装置，一、二次并列后，断开二次回路熔断器或空气断路器，再拉开需要停电的电压互感器一次隔离开关和熔断器。 （2）如果两条母线上的电压互感器需要并列操作，一次系统先并列，二次回路再并列，减小电压差。 （3）如果电压互感器异常运行时，不能用隔离开关进行隔离操作，可通过改变运行方式，用上一级断路器断开
3	避雷器误操作	（1）如果避雷器异常运行时，不能用隔离开关进行隔离操作，可通过改变运行方式用上一级断路器断开。 （2）雷雨天气或系统过电压时，不能用隔离开关进行隔离操作
4	人身伤害或触电	操作一、二次设备时，操作人员应按规定穿戴合格的安全工器具

思维拓展 --

　　××变电站一次设备接线方式如图 3-6 所示（运行方式：Ⅰ进线 101 断路器代 1 号主变压器、10kV Ⅰ段母线运行，Ⅱ进线 102 断路器代 2 号主变压器、10kV Ⅱ段母线运行，内桥 100 断路器、10kV 分段 000 断路器热备用），××变电站高压侧为内桥接线（GIS 设备），10kV 侧为单母分段接线（小车开关柜）。

　　在上述运行方式下请读者思考后写出以下操作步骤：

　　（1）66(35)kV Ⅰ母线 TV 异常运行，不能用 66(35)kV Ⅰ母线ⅠTV1 一次隔离开关隔离时的倒闸操作步骤。

　　（2）10kV Ⅰ段母线 TV 异常运行，不能用 10kV Ⅰ段母线 TV 手车隔离时的倒闸操作步骤。

相关知识 --

　　1. TV 正常运行时应注意的事项

　　（1）TV 二次侧禁止短路和接地，禁止用隔离开关拉合异常 TV。

　　（2）电压互感器二次侧只能允许的一点接地，接地点一般设在保护屏。

　　（3）TV 允许在最高工作电压（比额定电压高 10％）下连续运行。电压互感器必须防止过电压运行，特别是防止发生在母线的电压谐振。

　　（4）绝缘电阻的测量。6kV 及以上 TV 一次侧用 1000～2500V 万用表测量，绝缘电阻不低于 50MΩ；二次侧用 1000V 万用表测量，绝缘电阻不低于 1MΩ。

　　（5）TV 停电时，应注意对继电保护、自动装置的影响，防止误动、拒动。

　　（6）两组 TV 二次侧并列操作，必须在一次侧并列情况下进行。

　　（7）新投入或大修后的可能变动的 TV 必须核相。

　　（8）TV 的操作应按以下顺序进行。停电操作时，先断开二次侧回路（断二次空气开关或取熔断器），再拉开一次侧隔离开关；送电操作时，先合一次侧隔离开关，再合二次侧回路（合二次侧空气开关或装熔断器）。

　　2. 变电站使用的 TV 一般带有的保护

　　TV 一般带有下列保护：

　　（1）电压保护（接地保护）；

　　（2）阻抗保护（距离保护）；

　　（3）高频保护；

　　（4）方向保护；

　　（5）低频减负荷和低电压减负荷；

　　（6）低电压闭锁；

　　（7）自动装置；

　　（8）同期重合闸等。

　　3. TV 在送电前的准备工作

　　（1）应测量其绝缘电阻，二次侧绝缘电阻不得低于 1MΩ，一次侧绝缘电阻每千伏不低于 1MΩ。

　　（2）完成定相工作（即要确定相位的正确性）。如果一次侧相位正确而二次侧接错，则会引起非同期并列。此外，在倒母线时，还会使两台 TV 短路并列，产生很大的环流，造成二次侧熔断器熔断（或空气开关跳开），引起保护装置电源中断，严重时会烧坏 TV 二次线圈。

（3）TV 送电前的检查：

1）检查绝缘子应清洁、完整，无损坏及裂纹；

2）检查油位应正常，油色透明不发黑，无渗、漏油现象；

3）检查二次电路的电缆及导线应完好，且无短路现象；

4）检查 TV 外壳应清洁，无渗、漏油现象，二次线圈接地牢固。

准备工作结束后，可进行送电操作：投入一、二次侧熔断器（或空气开关），合上其出口隔离开关，使 TV 投入运行，检查二次电压正常，然后投入 TV 所带的继电保护及自动装置。

4．TV 停用时的注意事项

双母线接线方式中，如一台 TV 出口隔离开关、TV 本体或二次侧电路需要检修时，则需要停用 TV；在其他接线方式中，TV 随母线一起停用。在双母线接线方式中，有两种方法，一是双母线改单母线，然后停用互感器；二是合上两母线隔离开关，使 TV 并列，再停其中一组。通常采用第一种。TV 停用操作顺序如下：

（1）先停用 TV 所带的保护及自动装置，如装有自动切换或手动切换装置时，其所带的保护及自动装置可不停用。

（2）取下二次侧熔断器或断开二次侧二次空气开关，以防止反充电。

（3）断开 TV 出口断路器，取下一次侧熔断器或拉开一次侧隔离开关。

（4）进行验电，用电压等级合适而且合格的验电器，在 TV 进行各相分别验电。验明无误后，装设好接地线，悬挂标示牌经过工作许可手续，方可进行检修工作。

5．更换运行中的 TV 及其二次线应注意的问题

对运行中的 TV 及其二次线需要更换时，除应执行有关《安全工作规程》的规定外，还应注意以下几点：

（1）个别 TV 在运行中损坏需要更换时，应选用电压等级与电网运行电压相符、变比与原来的相同、极性正确、励磁特性相近的 TV，并需经试验合格。

（2）更换成组的 TV 时，除注意上述内容外，对于二次与其他 TV 并列运行的还应检查其接线组别并核对相位。

（3）TV 二次线更换后，应进行必要的核对，防止造成错误接线。

（4）TV 及二次线更换后必须测定极性。

6．大修或新更换的 TV 核相（定相）要求

大修或新更换的互感器（含二次回路更动）在投入运行前应核相（定相）。

所谓核相，就是将 TV 一次侧在同一电源上，测定它们的二次侧电压相位是否相同。若相位不正确，会造成如下结果：

（1）破坏同期的正确性。

（2）倒母线时或改变运行方式时，两母线 TV，会短时并列运行，此时二次侧会产生很大的环流，造成二次侧熔断器熔断，使保护装置误动或拒动。

7. 变电站的防雷设备

为了防止直击雷对变电站设备的侵害，变电站装有避雷针或避雷线，但常用的是避雷针。为了防止进行波的侵害，按照相应的电压等级装设阀型避雷器、磁吹避雷器、氧化锌避雷器和与此相配合的进线保护段，即架空地线、管型避雷器或火花间隙，在中性点不直接接地系统装设消弧线圈，可减少线路雷击跳闸次数。为了防止感应过电压，旋转电机还装设保护电容器。为了可靠的防雷，以上设备都必须装设可靠的接地装程。

防雷设备的主要功能是引雷、泄流、限幅、均压。

8. 变电站接地网接地电阻标准和避雷针的接地电阻标准

大电流接地系统的接地电阻，应符合 $R \leqslant 1000/I$，当 $I > 4000A$ 时，可取 $R \leqslant 0.5\Omega$。

小电流接地系统，当用于 1000V 以下设备时，接地电阻应符合 $R \leqslant 125/I$。当用于 1000V 以上设备时，接地电阻 $R \leqslant 250/I$，但任何情况下不应大于 10Ω。

独立避雷针的接地电阻一般不大于 25Ω；安装在构架上的避雷针，其集中接地电阻一般不大于 10Ω。

第八节 母 线 操 作

【模块一】 母 线 停 电 操 作

核心知识

(1) 母线停电操作规定。

(2) 母线停电操作原则。

关键技能

(1) 根据调度或运维负责人倒闸操作指令正确执行母线停电操作任务。

(2) 在母线停电操作过程中运维人员能够对潜在的危险点正确认知并能提前预控危险。

目标驱动

目标驱动一：10kV 母线停电操作

××变电站一次设备接线方式如图 3-6 所示（运行方式：Ⅰ进线 101 断路器代 1 号主变压器、10kV Ⅰ段母线运行，Ⅱ进线 102 断路器代 2 号主变压器、10kV Ⅱ段母线运行，内桥 100 断路器、10kV 分段 000 断路器热备用），××变电站高压侧为内桥接线（GIS 设备），10kV 侧为单母分段接线（小车开关柜）。

保护配置请见第三章第二节【模块一】目标驱动一中所述。

1. 操作任务

10kV Ⅰ段母线由运行转为热备用。

2. 操作项目

(1) 调控中心对 10kV Ⅰ段母线上所带负荷进行转移或减负荷（必要时通知相关重要用户）。

（2）退出 10kV 备投装置功能（具体操作步骤略）。

（3）10kV 1 号消弧线圈停电操作（具体操作步骤略）。

（4）10kV 1 号站用变压器停电及 0.4kV 侧电源切换操作（具体操作步骤略）。

（5）选择 10kV 1 号电容器 006 断路器分闸。

（6）检查 10kV 1 号电容器 006 断路器分闸选线正确。

（7）拉开 10kV 1 号电容器 006 断路器。

（8）检查 10kV 1 号电容器 006 断路器分位监控信号指示正确。

（9）检查 10kV 1 号电容器 006 断路器分位机械位置指示正确。

（10）检查 10kV 1 号电容器 006 断路器三相电流表计指示正确，电流 A 相____ A、B 相____A、C 相____A。

（11）选择 10kV 1 号接地变压器 005 断路器分闸。

（12）检查 10kV 1 号接地变压器 005 断路器分闸选线正确。

（13）拉开 10kV 1 号接地变压器 005 断路器。

（14）检查 10kV 1 号接地变压器 005 断路器分位监控信号指示正确。

（15）检查 10kV 1 号接地变压器 005 断路器分位机械位置指示正确。

（16）检查 10kV 1 号接地变压器 005 断路器三相电流表计指示正确，电流 A 相____ A、B 相____A、C 相____A。

（17）选择 10kV Ⅰ 出线 003 断路器分闸。

（18）检查 10kV Ⅰ 出线 003 断路器分闸选线正确。

（19）拉开 10kV Ⅰ 出线 003 断路器。

（20）检查 10kV Ⅰ 出线 003 断路器分位监控信号指示正确。

（21）检查 10kV Ⅰ 出线 003 断路器分位机械位置指示正确。

（22）检查 10kV Ⅰ 出线 003 断路器三相电流表计指示正确，电流 A 相____ A、B 相____A、C 相____A。

（23）选择 10kV 线路 Ⅱ 004 断路器分闸。

（24）检查 10kV 线路 Ⅱ 004 断路器分闸选线正确。

（25）拉开 10kV 线路 Ⅱ 004 断路器。

（26）检查 10kV 线路 Ⅱ 004 断路器分位监控信号指示正确。

（27）检查 10kV 线路 Ⅱ 004 断路器分位机械位置指示正确。

（28）检查 10kV 线路 Ⅱ 004 断路器三相电流表计指示正确，电流 A 相____ A、B 相____A、C 相____A。

（29）选择 1 号主变压器 10kV 侧 001 断路器分闸。

（30）检查 1 号主变压器 10kV 侧 001 断路器分闸选线正确。

（31）拉开 1 号主变压器 10kV 侧 001 断路器。

（32）检查 1 号主变压器 10kV 侧 001 断路器分位监控信号指示正确。

（33）检查 1 号主变压器 10kV 侧 001 断路器分位机械位置指示正确。

（34）检查 1 号主变压器 10kV 侧 001 断路器三相电流表计指示正确，电流 A 相____ A、B 相____A、C 相____A。

（35）检查 10kV Ⅰ 段母线电压表计指示正确。

（36）检查 10kV 分段 000 断路器分位监控信号指示正确。

（37）检查 10kV 分段 000 断路器分位机械位置指示正确。

（38）检查 10kV 分段 000 断路器三相电流表计指示正确，电流 A 相＿＿ A、B 相＿＿ A、C 相＿＿ A。

3．操作项目解析

（1）操作项目总体操作步骤划分。

步骤一：转移 10kV Ⅰ段母线上所带负荷或按规定通知相关重要用户计划停电时间。

操作项目（1）项，是由调控中心及相关部门完成的任务。

步骤二：退出 10kV 备投装置功能。

操作项目（2）项，具体操作步骤略，为操作人员在备自投保护屏上（或在监控机上操作相应的软连接片）进行的检查、操作项目。

步骤三：10kV 1 号消弧线圈停电操作。

操作项目（3）项，具体操作步骤略，请见第三章第四节【模块一】目标驱动一中相关内容。

步骤四：10kV 1 号站用变压器停电及 0.4kV 侧电源切换操作（具体操作步骤略）。

操作项目（4）项，具体操作步骤略，请见第三章第四节【模块三】目标驱动一中相关内容。

步骤五：将与 10kV Ⅰ段母线上所有电气连接的设备单元由运行转为热备用。

操作项目（5）～（38）项共有 34 项，为操作人员分别在 10kV Ⅰ段母线上所有电气连接的设备单元和监控机上进行的检查、操作项目。

（2）操作项目总体操作步骤解析。

步骤一解析：转移 10kV Ⅰ段母线上所带负荷或按规定通知相关重要用户计划停电时间是供电企业优质服务的重要组成部分。

步骤二解析：具体解析内容请见第三章第六节目标驱动三中相关内容。

步骤三解析：其详细解析内容请见第三章第四节【模块一】目标驱动一中相关内容。

"变电站 10kV 中性点接地装置的运行操作步骤和要求"请见第三章第四节【相关知识】中相关内容。

步骤四解析：其详细解析内容请见第三章第四节【模块三】目标驱动一中相关内容。

步骤五解析：执行的操作任务是"10kV Ⅰ段母线由运行转为热备用"，因此只需将与 10kV Ⅰ段母线上所有电气连接的设备单元的断路器拉开即可。

在 10kV Ⅰ段母线停电之前退出连接在该母线上的电容器组，主要是为了防止在操作过程中产生过电压损坏设备。

电容器组是无功补偿装置，要依据当时的无功需求进行投切。如果无功需求较大，就会使系统供电电压降低，在投入无功补偿装置后，较大的无功需求得到补偿，可使系统供电电压升高。供电设备停电操作前，必须先断开电容器组。如果先将其他设备停电后，最后断开电容器组，则会造成电容器组在没有无功需求的情况下运行，使系统电压升高，损坏电气设备。因此，先停电容器组，后停线路。

在 10kV Ⅰ段母线停电操作中先拉线路断路器，后拉电源侧断路器（1 号主变压器 10kV 侧 001 断路器）停母线，主要是因为线路断路器断开的是本线路的负荷，与电源侧断路器断开的电流比较相对较小。如果先拉开电源侧断路器，断开的是 10kV I 段母线所有负荷，断开的负荷电流较大，虽然电源侧断路器遮断容量能够满足设计和实际操作要求，但是会影响电源侧断路器的使用寿命，因此应尽量避免用电源侧断路器直接切断 10kV I 段母线所有负荷。

目标驱动二：66(35)kV 母线停电操作

××变电站一次设备接线方式如图 3-6 所示（运行方式：I 进线 101 断路器代 1 号主变压器、10kV I 段母线运行，II 进线 102 断路器代 2 号主变压器、10kV II 段母线运行，内桥 100 断路器、10kV 分段 000 断路器热备用），××变电站高压侧为内桥接线（GIS 设备），10kV 侧为单母分段接线（小车开关柜）。

保护配置请见第三章第二节【模块一】目标驱动一中所述。

1. 操作任务

66(35)kV I 母线由运行转为热备用。

2. 操作项目

操作项目一：66(35)kV 内桥 100 断路器由热备用转为运行。

(1) 退出 66(35)kV 备投装置功能（具体操作步骤略）。

(2) 检查 66(35)kV I 进线 101 断路器确在合位。

(3) 检查 66(35)kV II 进线 102 断路器确在合位。

(4) 检查 66(35)kV 内桥 100 断路器在热备用。

(5) 选择 66(35)kV 内桥 100 断路器合闸。

(6) 检查 66(35)kV 内桥 100 断路器合闸选线正确。

(7) 合上 66(35)kV 内桥 100 断路器。

(8) 检查 66(35)kV 内桥 100 断路器三相电流表计指示正确，电流 A 相＿＿ A、B 相＿＿A、C 相＿＿A。

(9) 检查 66(35)kV 内桥 100 断路器合位监控信号指示正确。

(10) 检查 66(35)kV 内桥保护测控装置断路器位置指示正确。

(11) 检查 66(35)kV 内桥 100 断路器汇控柜位置指示确在合位。

(12) 检查 66(35)kV 内桥 100 断路器合位机械位置指示正确。

操作项目二：1、2 号主变压器 10kV 侧并列操作。

(1) 退出 10kV 备投装置功能（具体操作步骤略）。

(2) 检查 1 号主变压器负荷＿＿ MVA，2 号主变压器负荷＿＿ MVA。

(3) 检查 1 号主变压器分接头在＿＿位置，检查 2 号主变压器分接头在＿＿位置。

(4) 检查 66(35)kV II 进线 102 断路器确在合位。

(5) 检查 66(35)kV I 进线 101 断路器确在分位。

(6) 检查 66(35)kV 内桥 100 断路器确在合位。

(7) 检查在 10kV 分段 000 断路器热备用。

(8) 选择 10kV 分段 000 断路器合闸。

(9) 检查 10kV 分段 000 断路器合闸选线正确。

(10) 合上 10kV 分段 000 断路器。

(11) 检查 10kV 分段 000 断路器三相电流表计指示正确，电流 A 相＿＿ A、B 相＿＿A、C 相＿＿A。

（12）检查 10kV 分段 000 断路器合位监控信号指示正确。

（13）检查 10kV 分段保护测控装置断路器位置指示正确。

（14）检查 10kV 分段 000 断路器合位机械位置指示正确。

（15）调整、检查消弧线圈参数符合要求（具体操作步骤略）。

操作项目三：1、2 号主变压器 10kV 侧解列操作。

（1）选择 1 号主变压器 10kV 侧 001 断路器分闸。

（2）检查 1 号主变压器 10kV 侧 001 断路器分闸选线正确。

（3）拉开 1 号主变压器 10kV 侧 001 断路器。

（4）检查 1 号主变压器 10kV 侧 001 断路器三相电流表计指示正确，电流 A 相＿＿ A、B 相＿＿A、C 相＿＿ A。

（5）检查 1 号主变压器 10kV 侧 001 断路器分位监控信号指示正确。

（6）检查 1 号主变压器 10kV 侧保护测控装置断路器位置指示正确。

（7）检查 1 号主变压器 10kV 侧 001 断路器分位机械位置指示正确。

（8）调整、检查消弧线圈参数符合要求（具体操作步骤略）。

操作项目四：1 号主变压器及 66(35)kV Ⅰ 母线停电操作。

（1）选择 66(35)kV 内桥 100 断路器分闸。

（2）检查 66(35)kV 内桥 100 断路器分闸选线正确。

（3）拉开 66(35)kV 内桥 100 断路器。

（4）检查 66(35)kV 内桥 100 断路器三相电流表计指示正确，电流 A 相＿＿ A、B 相＿＿A、C 相＿＿ A。

（5）检查 66(35)kV 内桥 100 断路器分位监控信号指示正确。

（6）检查 66(35)kV 内桥保护测控装置断路器位置指示正确。

（7）检查 66(35)kV 内桥 100 断路器汇控柜位置指示确在分位。

（8）检查 66(35)kV 内桥 100 断路器分位机械位置指示正确。

（9）选择 66(35)kV Ⅰ 进线 101 断路器分闸。

（10）检查 66(35)kV Ⅰ 进线 101 断路器分闸选线正确。

（11）拉开 66(35)kV Ⅰ 进线 101 断路器。

（12）检查 66(35)kV Ⅰ 进线 101 断路器三相电流表计指示正确，电流 A 相＿＿ A、B 相＿＿A、C 相＿＿ A。

（13）检查 66(35)kV Ⅰ 进线 101 断路器分位监控信号指示正确。

（14）检查 66(35)kV Ⅰ 进线保护测控装置断路器位置指示正确。

（15）检查 66(35)kV Ⅰ 进线 101 断路器汇控柜位置指示确在分位。

（16）检查 66(35)kV Ⅰ 进线 101 断路器分位机械位置指示正确。

（17）检查 66(35)kV Ⅰ 母线 TV 表计指示正确。

3. 操作项目解析

（1）操作项目总体操作步骤划分。

操作项目一：66(35)kV 内桥 100 断路器由热备用转为运行。

步骤一：退出 66(35)kV 备投装置功能。

操作项目（1）项，具体操作步骤略，为操作人员在备自投保护屏上（或在监控机上操作相应的软连接片）进行的检查、操作项目。

步骤二：1、2 号主变压器在 66(35)kV 侧并列操作。

操作项目中的 (2)～(4) 项，为操作人员在 66(35)kV Ⅰ 进线 101 断路器、66(35)kV Ⅱ 进线 102 断路器、66(35)kV 内桥 100 断路器间隔监控机上进行的检查项目。

操作项目中的 (5)～(12) 项，为操作人员在 66(35)kV 内桥 100 断路器间隔汇控柜和监控机上进行的检查、操作项目。

但应注意的是：执行"66(35)kV Ⅰ 母线由运行转为热备用"的操作与"第三章第六节目标驱动一"中操作任务不同点是"退出 66(35)kV 备投装置功能"后不需再投入。

操作项目二：1、2 号主变压器 10kV 侧并列操作。

步骤一：退出 10kV 备投装置功能。

操作项目 (1) 项，具体操作步骤略，为操作人员在备自投保护屏上（或在监控机上操作相应的软连接片）进行的检查、操作项目。

步骤二：1、2 号主变压器 10kV 侧并列前的必要负荷检查。

操作项目 (2)～(3) 项，为操作人员在监控机上和对相关一次设备进行的检查项目。

步骤三：1、2 号主变压器 10kV 侧并列操作。

操作项目 (4)～(14) 项共有 11 项，其中 (5)～(7) 项为操作人员分别在 66(35)kV Ⅱ 进线____ 102、66(35)kV Ⅰ 进线 101、66(35)kV 内桥 100 断路器汇控柜和监控机上进行的检查、操作项目。

操作项目 (7)～(14) 项为操作人员在 10kV 分段 000 断路器操控屏上和监控机上进行的检查、操作项目。

步骤四：调整、检查消弧线圈参数符合要求。

操作项目 (15) 项，具体操作步骤略，为操作人员在 10kV 1 号消弧线圈和 10kV 2 号消弧线圈控制装置上进行的操作项目。

操作项目三：1、2 号主变压器 10kV 侧解列操作。

步骤一：1、2 号主变压器 10kV 侧解列操作。

操作项目 (1)～(7) 项共有 7 项，为操作人员在 1 号主变压器 10kV 侧 001 断路器操控屏和监控机上进行的检查、操作项目。

步骤二：调整、检查消弧线圈参数符合要求。

操作项目 (8) 项，具体操作步骤略，为操作人员在 10kV 1 号消弧线圈和 10kV 2 号消弧线圈控制装置上进行的操作项目。

操作项目四：1 号主变压器及 66(35)kV Ⅰ 母线停电操作。

步骤一：1 号主变压器及 66(35)kV Ⅰ 母线停电操作。

操作项目中的 (1)～(8) 项，为操作人员在 66(35)kV 内桥 100 断路器间隔汇控柜和监控机上进行的检查、操作项目。

步骤二：将 66(35)kV Ⅰ 进线 101 断路器由运行转为热备用。

操作项目中的 (9)～(16) 项，为操作人员在 66(35)kV Ⅰ 进线 101 断路器间隔汇控柜和监控机上进行的检查、操作项目。

操作项目中的 (17) 项，为操作人员在监控机上进行的检查项目。

（2）操作项目总体操作步骤解析。

操作项目一：

步骤一解析：执行"66(35)kV 内桥 100 断路器由热备用转为运行"操作任务后，执行下一步的操作任务是"66(35)kV Ⅰ 母线由运行转为热备用"，因此 66(35)kV 备自投装置不具备正常运行条件，为了保证 66(35)kV 备自投装置不发生误动作，需要"退出 66(35)kV 备投装置功能"，此时 66(35)kV 侧备自投装置运行方式完成了由"66(35)kV 内桥 100 断路器备自投→退出 66(35)kV 备投装置功能"的改变。

步骤二解析：具体解析内容请见第三章第六节目标驱动一中相关内容。

步骤三解析：具体解析内容请见第三章第六节目标驱动一中相关内容。

操作项目二：具体解析内容请见第三章第七节【模块一】目标驱动一中相关内容。

操作项目三：具体解析内容请见第三章第六节目标驱动三中相关内容。

应注意的是：执行此项操作时在操作项目二中已经执行的"退出 10kV 备投装置功能"项不需要恢复投入。

操作项目四：执行"1 号主变压器及 66(35)kV Ⅰ 母线停电操作"应遵守降压变压器停电操作原则进行的操作，即降压变压器停电操作是先停负荷侧，然后停电源侧。

原因分析如下：

（1）便于处理和诊断故障，缩小故障停电范围。

（2）变压器如果先停高压侧，低压侧负荷多数是电动机，这时电动机的反馈电压经升压加在高压线圈上，危及高压线圈，造成绝缘损坏。

（3）减小拉开高压侧断路器时产生的电弧。因为接负载时变压器的低压绕组通过较大的电流，如果这时用断路器切断变压器高压侧线圈与电网之间的电气联系，将会在变压器高压侧线圈中会产生很大的自感电动势，在拉开高压侧断路器时会产生的很大的电弧，这种情况对设备的安全运行不利，容易损坏设备。如果先切断变压器低压侧负载，此时变压器只有很小的空载电流，这时再停高压侧，在拉开高压侧断路器时产生的电弧就小多了。

（4）如果有两台主变压器并列运行（或其他方式的多路电源），当对其中一台主变停电时，若先停了高压侧断路器，此时低压侧断路器还未断开，会使另一台主变压器通过低压侧断路器反充过来对变压器供电，造成变压器反充电情况；这种情况不但没有将变压器停电，还加重了一次对变压器的冲击，当过电压或谐振等条件满足时，可能产生过电压危及设备安全。

（5）当负荷侧母线电压互感器带有低频减负荷装置而未装电流闭锁功能时，一旦先停电源侧断路器，由于大型同步电机的反馈，可能使低频减负荷装置误动。

在内桥接线方式的变压器及高压侧母线停、送电操作中，应采用进线断路器对其进行停、送电，一般不用内桥断路器，主要是考虑尽量减少对运行的其他设备造成影响的可能。

【模块二】 母线送电操作

核心知识 -

（1）母线送电操作规定。

（2）母线送电操作原则。

(1) 根据调度或运维负责人倒闸操作指令正确执行母线送电操作任务。

(2) 在母线送电操作过程中运维人员能够对潜在的危险点正确认知并能提前预控危险。

目标驱动一：10kV 母线送电操作

××变电站一次设备接线方式如图 3-6 所示（运行方式：Ⅰ进线 101 断路器代 1 号主变压器、10kVⅠ段母线运行，Ⅱ进线 102 断路器代 2 号主变压器、10kVⅡ段母线运行，内桥 100 断路器、10kV 分段 000 断路器热备用），××变电站高压侧为内桥接线（GIS 设备），10kV 侧为单母分段接线（小车开关柜）。

保护配置请见第三章第二节【模块一】目标驱动一中所述。

1. 操作任务

10kVⅠ段母线由热备用转为运行，10kVⅠ段母线所带负荷送出。

2. 操作项目

操作项目一：66(35)kV 内桥 100 断路器由热备用转为运行，66(35)kVⅠ进线 101 断路器由运行转为热备用。

(1) 退出 66(35)kV 备投装置功能（具体操作步骤略）。

(2) 检查 66(35)kVⅠ进线 101 断路器确在合位。

(3) 检查 66(35)kVⅡ进线 102 断路器确在合位。

(4) 检查 66(35)kV 内桥 100 断路器在热备用。

(5) 选择 66(35)kV 内桥 100 断路器合闸。

(6) 检查 66(35)kV 内桥 100 断路器合闸选线正确。

(7) 合上 66(35)kV 内桥 100 断路器。

(8) 检查 66(35)kV 内桥 100 断路器三相电流表计指示正确，电流 A 相____ A、B 相____ A、C 相____ A。

(9) 检查 66(35)kV 内桥 100 断路器合位监控信号指示正确。

(10) 检查 66(35)kV 内桥保护测控装置断路器位置指示正确。

(11) 检查 66(35)kV 内桥 100 断路器汇控柜位置指示确在合位。

(12) 检查 66(35)kV 内桥 100 断路器合位机械位置指示正确。

(13) 选择 66(35)kVⅠ进线 101 断路器分闸。

(14) 检查 66(35)kVⅠ进线 101 断路器分闸选线正确。

(15) 拉开 66(35)kVⅠ进线 101 断路器。

(16) 检查 66(35)kVⅠ进线 101 断路器三相电流表计指示正确，电流 A 相____ A、B 相____ A、C 相____ A。

(17) 检查 66(35)kVⅠ进线 101 断路器分位监控信号指示正确。

(18) 检查 66(35)kVⅠ进线保护测控装置断路器位置指示正确。

(19) 检查 66(35)kVⅠ进线 101 断路器汇控柜位置指示确在分位。

(20) 检查 66(35)kVⅠ进线 101 断路器分位机械位置指示正确。

(21) 投入 66(35)kV 备投装置功能（具体操作步骤略）。

操作项目二：对 10kV Ⅰ 段母线进行充电操作。

（1）投入 10kV 分段 000 断路器操控屏充电保护。

（2）选择 10kV 分段 000 断路器合闸。

（3）检查 10kV 分段 000 断路器合闸选线正确。

（4）合上 10kV 分段 000 断路器。

（5）检查 10kV 分段 000 断路器电流表计指示正确，电流 A 相＿＿＿ A、B 相＿＿＿A、C 相＿＿＿ A。

（6）检查 10kV 分段 000 断路器合位监控信号指示正确。

（7）检查 10kV 分段保护测控装置断路器位置指示正确。

（8）检查 10kV 分段 000 断路器合位机械位置指示正确。

（9）退出 10kV 分段 000 断路器操控屏充电保护。

（10）检查 10kV Ⅰ 段母线电压表计指示正确。

操作项目三：1、2 号主变压器 10kV 侧并列操作。

（1）选择 1 号主变压器 10kV 侧 001 断路器合闸。

（2）检查 1 号主变压器 10kV 侧 001 断路器合闸选线正确。

（3）合上 1 号主变压器 10kV 侧 001 断路器。

（4）检查 1 号主变压器 10kV 侧 001 断路器合位监控信号指示正确。

（5）检查 1 号主变压器 10kV 侧 001 断路器合位机械位置指示正确。

（6）检查 1 号主变压器 10kV 侧 001 断路器三相电流表计指示正确，电流 A 相＿＿＿ A、B 相＿＿＿A、C 相＿＿＿ A。

操作项目四：1、2 号主变压器 10kV 侧解列操作。

（1）选择 10kV 分段 000 断路器分闸。

（2）检查 10kV 分段 000 断路器分闸选线正确。

（3）拉开 10kV 分段 000 断路器。

（4）检查 10kV 分段 000 断路器电流表计指示正确，电流 A 相＿＿＿ A、B 相＿＿＿A、C 相＿＿＿ A。

（5）检查 10kV 分段 000 断路器分位监控信号指示正确。

（6）检查 10kV 分段保护测控装置断路器位置指示正确。

（7）检查 10kV 分段 000 断路器分位机械位置指示正确。

操作项目五：10kV Ⅰ 段母线所带负荷送出操作。

（1）选择 10kV Ⅰ 出线 003 断路器合闸。

（2）检查 10kV Ⅰ 出线 003 断路器合闸选线正确。

（3）合上 10kV Ⅰ 出线 003 断路器。

（4）检查 10kV Ⅰ 出线 003 断路器合位监控信号指示正确。

（5）检查 10kV Ⅰ 出线 003 断路器合位机械位置指示正确。

（6）检查 10kV Ⅰ 出线 003 断路器三相电流表计指示正确，电流 A 相＿＿＿ A、B 相＿＿＿A、C 相＿＿＿ A。

（7）选择 10kV 线路Ⅱ 004 断路器合闸。

（8）检查 10kV 线路Ⅱ 004 断路器合闸选线正确。

（9）合上 10kV 线路Ⅱ004 断路器。

（10）检查 10kV 线路Ⅱ004 断路器合位监控信号指示正确。

（11）检查 10kV 线路Ⅱ004 断路器合位机械位置指示正确。

（12）检查 10kV 线路Ⅱ004 断路器三相电流表计指示正确，电流 A 相＿＿＿ A、B 相＿＿＿ A、C 相＿＿＿ A。

（13）选择 10kV 1 号接地变压器 005 断路器合闸。

（14）检查 10kV 1 号接地变压器 005 断路器合闸选线正确。

（15）合上 10kV 1 号接地变压器 005 断路器。

（16）检查 10kV 1 号接地变压器 005 断路器合位监控信号指示正确。

（17）检查 10kV 1 号接地变压器 005 断路器合位机械位置指示正确。

（18）检查 10kV 1 号接地变压器 005 断路器三相电流表计指示正确，电流 A 相＿＿＿ A、B 相＿＿＿ A、C 相＿＿＿ A。

（19）选择 10kV 1 号电容器 006 断路器合闸。

（20）检查 10kV 1 号电容器 006 断路器合闸选线正确。

（21）合上 10kV 1 号电容器 006 断路器。

（22）检查 10kV 1 号电容器 006 断路器合位监控信号指示正确。

（23）检查 10kV 1 号电容器 006 断路器合位机械位置指示正确。

（24）检查 10kV 1 号电容器 006 断路器三相电流表计指示正确，电流 A 相＿＿＿ A、B 相＿＿＿ A、C 相＿＿＿ A。

操作项目六：恢复本站 10kV 备投装置功能及切换消弧线圈运行方式。

（1）投入 10kV 备投装置功能（具体操作步骤略）。

（2）10kV 1 号站用变压器送电及 0.4kV 侧电源切换操作（具体操作步骤略）。

（3）10kV 1 号消弧线圈送电操作（具体操作步骤略）。

操作项目七：恢复本站 66(35)kV 侧原运行方式。

（1）退出 66(35)kV 备投装置功能（具体操作步骤略）。

（2）检查 66(35)kV 内桥 100 断路器确在合位。

（3）检查 66(35)kVⅡ进线 102 断路器确在合位。

（4）检查 66(35)kVⅠ进线 101 断路器在热备用。

（5）选择 66(35)kVⅠ进线 101 断路器合闸。

（6）检查 66(35)kVⅠ进线 101 断路器合闸选线正确。

（7）合上 66(35)kVⅠ进线 101 断路器。

（8）检查 66(35)kVⅠ进线 101 断路器三相电流表计指示正确，电流 A 相＿＿＿ A、B 相＿＿＿ A、C 相＿＿＿ A。

（9）检查 66(35)kVⅠ进线 101 断路器合位监控信号指示正确。

（10）检查 66(35)kVⅠ进线保护测控装置断路器位置指示正确。

（11）检查 66(35)kVⅠ进线 101 断路器汇控柜位置指示确在合位。

（12）检查 66(35)kVⅠ进线 101 断路器合位机械位置指示正确。

（13）选择 66(35)kV 内桥 100 断路器分闸。

（14）检查 66(35)kV 内桥 100 断路器分闸选线正确。

（15）拉开 66(35)kV 内桥 100 断路器。

（16）检查 66(35)kV 内桥 100 断路器三相电流表计指示正确，电流 A 相＿＿＿ A、B 相＿＿＿ A、C 相＿＿＿ A。

（17）检查 66(35)kV 内桥 100 断路器分位监控信号指示正确。

（18）检查 66(35)kV 内桥保护测控装置断路器位置指示正确。

（19）检查 66(35)kV 内桥 100 断路器汇控柜位置指示确在分位。

（20）检查 66(35)kV 内桥 100 断路器分位机械位置指示正确。

（21）投入 66(35)kV 备投装置功能（具体操作步骤略）。

3. 操作项目解析

（1）操作项目总体操作步骤划分。

操作项目一：66(35)kV 内桥 100 断路器由热备用转为运行，66(35)kV Ⅰ进线 101 断路器由运行转为热备用。

请见第三章第六节目标驱动一中相关内容。

操作项目二：对 10kV Ⅰ段母线进行充电操作。

对 10kV Ⅰ段母线充电操作。

操作项目（1）～（10）项共有 10 项，为操作人员在 10kV 分段 000 断路器操控屏上和监控机上进行的检查、操作项目。

操作项目三：1、2 号主变压器 10kV 侧并列操作。

1、2 号主变压器 10kV 侧并列操作。

操作项目（1）～（6）项共有 6 项，为操作人员在 1 号主变压器 10kV 侧 001 断路器操控屏上和监控机上进行的检查、操作项目。

操作项目四：1、2 号主变压器 10kV 侧解列操作。

1、2 号主变压器 10kV 侧解列操作。

操作项目（1）～（7）项共 7 项，为操作人员在 10kV 分段 000 断路器操控屏上和监控机上进行的检查、操作项目。

操作项目五：10kV Ⅰ段母线所带负荷送出操作。

步骤一：将与 10kV Ⅰ段母线上所有电气连接的设备单元由热备用转为运行。

操作项目（1）～（24）项共有 24 项，为操作人员分别在 10kV Ⅰ段母线上所有电气连接的设备单元和监控机上进行的检查、操作项目。

操作项目六：恢复本站备投装置功能及切换消弧线圈运行方式。

步骤一：投入 10kV 备投装置功能。

操作项目（1）项，具体操作步骤略，为操作人员在备自投保护屏上（或在监控机上操作相应的软连接片）进行的检查、操作项目。

步骤二：10kV 1 号站用变压器送电及 0.4kV 侧电源切换操作。

操作项目（2）项，具体操作步骤略，请见第三章第四节【模块四】目标驱动一中相关内容。

步骤三：10kV 1 号消弧线圈送电操作。

操作项目（3）项，具体操作步骤略，请见第三章第四节【模块二】目标驱动一中相关内容。

操作项目七：恢复本站 66(35)kV 侧原运行方式。

步骤一：退出 66(35)kV 备投装置功能。

操作项目（1）项，具体操作步骤略，为操作人员在备自投保护屏上（或在监控机上操作相应的软连接片）进行的检查、操作项目。

步骤二：66(35)kVⅠ进线和 66(35)kVⅡ进线在本站进行环并操作。

操作项目中的（2）～（4）项，为操作人员在 66(35)kVⅠ进线 101 断路器、66(35)kVⅡ进线 102 断路器、66(35)kV 内桥 100 断路器间隔监控机上进行的检查项目。

操作项目中的（5）～（12）项，为操作人员在 66(35)kVⅠ进线 101 断路器间隔汇控柜和监控机上进行的检查、操作项目。

步骤三：将 66(35)kV 内桥 100 断路器由运行转为热备用。

操作项目中的（13）～（20）项，为操作人员在 66(35)kV 内桥 100 断路器间隔汇控柜和监控机上进行的检查、操作项目。

步骤四：投入 66(35)kV 备投装置功能。

操作项目（21）项，具体操作步骤略，为操作人员在备自投保护屏上（或在监控机上操作相应的软连接片）进行的检查、操作项目。

（2）操作项目总体操作步骤解析。

操作项目一

此项操作任务的执行考虑的是用 1 号主变压器 10kV 侧 001 断路器对 10kVⅠ段母线充电操作时，1 号主变压器没有充电保护作用于 1 号主变压器 10kV 侧 001 断路器，需要用 10kV 分段 000 断路器对 10kVⅠ段母线充电。但充电后需要执行"1、2 号主变压器 10kV 侧并列操作"操作任务，此时又涉及了 1、2 号主变压器电磁环网，因此，执行此操作项目是解决 1、2 号主变压器电磁环网问题。

如果 1 号主变压器有充电保护作用于 1 号主变压器 10kV 侧 001 断路器，则"操作项目一"可取消。

其他解析内容请见第三章第六节目标驱动一中相关内容。

操作项目二：

步骤一解析：如果 1 号主变压器 10kV 侧 001 断路器没有配快速跳闸功能的充电保护，对于停电检修恢复运行的 10kVⅠ段母线进行充电操作必须用 10kV 分段 000 断路器（在有充电保护条件下）进行充电。原因在于一般情况下充电保护是电流速断保护，在充电过程中被充电的母线一旦有遗漏的短路线或工器具、其他遗留物造成相间短路故障时，充电保护能够快速动作跳开充电断路器切除故障，保证其他正常运行的设备继续运行。

电流速断保护的单相原理接线图如图 3-34 所示，10kVⅠ段母线相间短路故障→TA 二次电流大于电流速断保护动作电流整定值→比较环节 KA 输出并不被闭锁时→与门有输出→发出跳闸命令且发出跳闸信号→瞬时跳开 10kV 分段 000 断路器。

如果用没有配备充电保护的 1 号主变压器 10kV 侧 001 断路器对 10kVⅠ段母线进行充电操作，10kVⅠ段母线相间短路，则会造成 1 号主变压器低压侧过电流保护动作经延时动作跳开 1 号主变压器 10kV 侧 001 断路器。如果 1 号主变压器低压侧过电流保护拒动，则 1 号主变压器 10kV 侧复合电压闭锁过流保护延时动作跳开 1 号主变压器 10kV 侧 001 断路器，由于 10kVⅠ段母线相间短路相当于在 1 号主变压器 10kV 侧线圈出口处短路，由 1 号主变

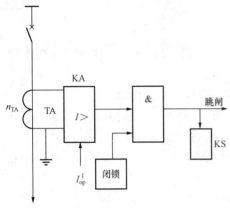

图 3-34   电流速断保护的单相原理接线图

压器输送的短路功率很大、延时跳开 10kV 侧 001 断路器时间较长，将严重影响 1 号主变压器的安全运行和使用寿命，甚至会造成变压器的损坏。

变压器低压侧过电流保护的单相原理接线如图 3-35 所示，当变压器低压侧 TA 母线侧设备发生短路故障时，达到电流继电器 KA 整定值，变压器低压侧过电流保护均会启动。当达到时间继电器 KT 的延时 t_2^{II} 才能动作于变压器低压侧主断路器跳闸。而如果在 t_2^{II} 以前故障已经切除，则电流继电器 KA 立即返回，整个保护随即恢复原状，不会形成误动作。

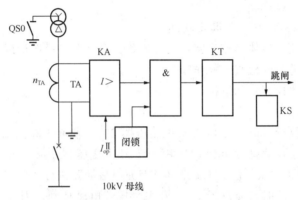

图 3-35   变压器低压侧过电流保护的单相原理接线图

变压器高压侧复合电压闭锁过流保护逻辑框图如图 3-36 所示。图中 $U_{\varphi\varphi}>$ 为相间低电压元件；$U_2>$ 为负序过电压元件；$I_a>$、$I_b>$、$I_c>$ 分别为 a、b、c 相过电流元件。复合过电流闭锁保护由复合电压元件、过电流及时间元件构成，作为被保护设备及相邻设备相间短路故障的后备保护。保护的接入电流为变压器本侧 TA 二次三相电流，接入电压为变压器本侧或其他侧 TV 二次三相电压。对于微机保护，可以通过软件方法将本侧电压提供给其他侧使用，当变压器任意一侧 TV 有检修时，可以不退出复合电压闭锁过流保护。

如图 3-36 所示，当变压器发生故障及相邻设备发生相间短路故障时，故障侧电压低于整定值或负序电压大于整定值且 a 相或 b 相或 c 相电流大于整定值时，保护动作，经时间延时 t 作用于跳开变压器故障侧或各侧断路器。

对于复合电压闭锁方向过流保护，在复合电压闭锁过流保护装置上增加了方向元件，方向可根据需要指向变压器或母线。对于微机主变压器保护，当变压器某侧 TV 有检修时，复合电压闭锁方向过流保护的方向元件将退出，保护装置根据保护整定自动转换为复合电压闭锁过流保护或者过流保护。

操作项目三：

请见第三章第八节【模块一】目标驱动二中相关内容。应注意的是，此项操作的并列断路器是 1 号主变压器 10kV 侧 001 断路器。

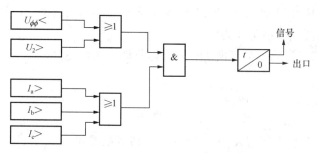

图 3-36　复合电压闭锁过流保护逻辑框图

操作项目四：

请见第三章第八节【模块一】目标驱动二中相关内容。应注意的是，此项操作的解列断路器是 10kV 分段 000 断路器。

操作项目五：

从电源侧逐级送电，如遇故障，便于按送电范围检查、判断及处理。如先送负荷侧断路器，后送电源侧断路器，如遇故障，就可能无法分辨故障范围，甚至会造成事故范围的扩大。

另一方面，从电源侧逐级送电，线路断路器送出的是本线路的负荷，与电源侧断路器送出的电流比较相对较小。如果后送出电源侧断路器，送出的是 10kVⅠ段母线所有负荷，送出的负荷电流较大，会影响电源侧断路器的使用寿命。

因此，应尽量避免用电源侧断路器直接送出 10kVⅠ段母线所有负荷。

电容器组是无功补偿装置，要依据当时的无功需求进行投切。如果无功需求较大，就会使系统供电电压降低，在投入无功补偿装置后，较大的无功需求得到补偿，则会造成电容器组在没有无功需求的情况下运行，可使系统供电电压升高，损坏电气设备。特别是当变电站母线无负荷时，由于母线电压可能较高，如果在线路送电前先送电容器组，可能使母线电压叠加升高，威胁电气设备绝缘。另外母线上如果只接电容器，还可能和电压互感器发生谐振（因容量很难匹配，可能性不大）。因此，供电设备送电操作，必须最后送电容器组。

操作项目六：

步骤一：10kV 分段 000 断路器由运行转为热备用后，具备备自投装置的正常运行条件，因此为了保证供电可靠性需要立即"投入 10kV 备投装置功能"，也就是将 10kV 分段 000 断路器作为 10kVⅠ、Ⅱ母线相互备投的电源断路器。此时 10kV 侧备自投装置运行方式完成了由"退出 10kV 备投装置功能→10kV 分段 000 断路器备自投功能"的改变。

步骤二：其详细解析内容请见第三章第四节【模块四】目标驱动一中相关内容。

步骤三：其详细解析内容请见第三章第四节【模块二】目标驱动一中相关内容。

"变电站 10kV 中性点接地装置的运行操作步骤和要求"请见第三章第四节【相关知识】中相关内容。

操作项目七：具体解析内容请见第三章第七节【模块二】目标驱动一中相关内容。

目标驱动二：66(35)kV 母线送电操作

××变电站一次设备接线方式如图 3-6 所示（运行方式：Ⅰ进线 101 断路器代 1 号主变压器、10kVⅠ段母线运行，Ⅱ进线 102 断路器代 2 号主变压器、10kVⅡ段母线运行，内桥 100 断路器、10kV 分段 000 断路器热备用），××变电站高压侧为内桥接线（GIS 设备），10kV 侧为单母分段接线（小车开关柜）。

保护配置请见第三章第二节【模块一】目标驱动一中所述。

1．操作任务

66(35)kVⅠ母线由热备用转为运行。

2．操作项目

操作项目一：1 号主变压器及 66(35)kVⅠ母线送电操作。

（1）检查 1 号主变压器保护投入正确（操作步骤略）。

（2）检查 1 号主变压器分接头在____位置，检查 2 号主变压器分接头在____位置。

（3）检查 66(35)kVⅠ进线 101 断路器确在分位。

（4）检查 66(35)kVⅡ进线 102 断路器确在合位。

（5）检查 66(35)kV 内桥 100 断路器在分位。

（6）检查 1 号主变压器 10kV 侧 001 断路器在分位。

（7）选择 66(35)kVⅠ进线 101 断路器合闸。

（8）检查 66(35)kVⅠ进线 101 断路器合闸选线正确。

（9）合上 66(35)kVⅠ进线 101 断路器。

（10）检查 66(35)kVⅠ进线 101 断路器三相电流表计指示正确，电流 A 相____A、B 相____A、C 相____A。

（11）检查 66(35)kVⅠ进线 101 断路器合位监控信号指示正确。

（12）检查 66(35)kVⅠ进线保护测控装置断路器位置指示正确。

（13）检查 66(35)kVⅠ进线 101 断路器汇控柜位置指示确在合位。

（14）检查 66(35)kVⅠ进线 101 断路器合位机械位置指示正确。

（15）检查 66(35)kVⅠ母线 TV 表计指示正确。

操作项目二：1、2 号主变压器高压侧并列操作。

（1）选择 66(35)kV 内桥 100 断路器合闸。

（2）检查 66(35)kV 内桥 100 断路器合闸选线正确。

（3）合上 66(35)kV 内桥 100 断路器。

（4）检查 66(35)kV 内桥 100 断路器三相电流表计指示正确，电流 A 相____A、B 相____A、C 相____A。

（5）检查 66(35)kV 内桥 100 断路器合位监控信号指示正确。

（6）检查 66(35)kV 内桥保护测控装置断路器位置指示正确。

（7）检查 66(35)kV 内桥 100 断路器汇控柜位置指示确在合位。

（8）检查 66(35)kV 内桥 100 断路器合位机械位置指示正确。

操作项目三：1、2 号主变压器 10kV 侧并列操作。

（1）选择 1 号主变压器 10kV 侧 001 断路器合闸。

（2）检查 1 号主变压器 10kV 侧 001 断路器合闸选线正确。

（3）合上 1 号主变压器 10kV 侧 001 断路器。

（4）检查 1 号主变压器 10kV 侧 001 断路器三相电流表计指示正确，电流 A 相____A、

B 相____A、C 相____A。

（5）检查 1 号主变压器 10kV 侧 001 断路器合位监控信号指示正确。

（6）检查 1 号主变压器 10kV 侧保护测控装置断路器位置指示正确。

（7）检查 1 号主变压器 10kV 侧 001 断路器合位机械位置指示正确。

操作项目四：1、2 号主变压器 10kV 侧解列操作。

（1）选择 10kV 分段 000 断路器分闸。

（2）检查 10kV 分段 000 断路器分闸选线正确。

（3）拉开 10kV 分段 000 断路器。

（4）检查 10kV 分段 000 断路器三相电流表计指示正确，电流 A 相____A、B 相____A、C 相____A。

（5）检查 10kV 分段 000 断路器分位监控信号指示正确。

（6）检查 10kV 分段保护测控装置断路器位置指示正确。

（7）检查 10kV 分段 000 断路器分位机械位置指示正确。

操作项目五：1、2 号主变压器高压侧解列操作。

（1）选择 66(35)kV 内桥 100 断路器分闸。

（2）检查 66(35)kV 内桥 100 断路器分闸选线正确。

（3）拉开 66(35)kV 内桥 100 断路器。

（4）检查 66(35)kV 内桥 100 断路器三相电流表计指示正确，电流 A 相____A、B 相____A、C 相____A。

（5）检查 66(35)kV 内桥 100 断路器分位监控信号指示正确。

（6）检查 66(35)kV 内桥保护测控装置断路器位置指示正确。

（7）检查 66(35)kV 内桥 100 断路器汇控柜位置指示确在分位。

（8）检查 66(35)kV 内桥 100 断路器分位机械位置指示正确。

操作项目六：恢复本站备投装置功能及调整、检查消弧线圈参数符合要求。

（1）投入 66(35)kV 备投装置功能（具体操作步骤略）。

（2）投入 10kV 备投装置功能（具体操作步骤略）。

（3）调整、检查消弧线圈参数符合要求（具体操作步骤略）。

3. 操作项目解析

（1）操作项目总体操作步骤划分。

操作项目一：1 号主变压器及 66(35)kV Ⅰ母线送电操作。

步骤一：检查符合 1 号主变压器及 66(35)kV Ⅰ母线送电操作条件。

操作项目（1）项，操作步骤略，为操作人员在 1 号主变压器保护屏上和监控机上进行的检查、操作项目。

操作项目（2）项，为操作人员在监控机上和对相关一次设备进行的检查项目。

步骤二：对 1 号主变压器及 66(35)kV Ⅰ母线充电操作。

操作项目（3）～（15）项共有 13 项，为操作人员分别在 66(35)kV Ⅰ进线 101 断路器汇控柜和监控机上进行的检查、操作项目。

操作项目二：1、2 号主变压器高压侧并列操作。

步骤一：操作项目中的（1）～（8）项，为操作人员在 66(35)kV 内桥 100 断路器间隔汇控柜和监控机上进行的检查、操作项目。

操作项目三：1、2 号主变压器 10kV 侧并列操作。

步骤一：操作项目（1）～（7）项共有 7 项，为操作人员在 1 号主变压器 10kV 侧 001 断路器操控屏上和监控机上进行的检查、操作项目。

操作项目四：1、2 号主变压器 10kV 侧解列操作。

步骤一：操作项目（1）～（7）项共有 7 项，为操作人员在 10kV 分段 000 断路器操控屏上和监控机上进行的检查、操作项目。

操作项目五：1、2 号主变压器高压侧解列操作。

步骤一：操作项目中的（1）～（8）项，为操作人员在 66(35)kV 内桥 100 断路器间隔汇控柜和监控机上进行的检查、操作项目。

操作项目六：恢复本站备投装置功能及调整、检查消弧线圈参数符合要求。

步骤一：投入 66(35)kV 备投装置功能（具体操作步骤略）。

操作项目（1）项，具体操作步骤略，为操作人员在备自投保护屏上（或在监控机上操作相应的软连接片）进行的检查、操作项目。

步骤二：投入 10kV 备投装置功能（具体操作步骤略）。

操作项目（2）项，具体操作步骤略，为操作人员在备自投保护屏上（或在监控机上操作相应的软连接片）进行的检查、操作项目。

步骤三：调整、检查消弧线圈参数符合要求（具体操作步骤略）。

操作项目（3）项，具体操作步骤略，为操作人员在 10kV 1 号消弧线圈和 10kV 2 号消弧线圈控制装置上进行的操作项目。

（2）操作项目总体操作步骤解析。

操作项目一：执行"1 号主变压器及 66(35)kVⅠ母线送电操作"任务，应遵守降压变压器送电操作原则进行操作，即降压变压器送电操作是先送电源侧，然后送负荷侧。

用"66(35)kVⅠ进线 101 断路器"对 1 号主变压器及 66(35)kVⅠ母线进行充电，而不用"66(35)kV 内桥 100 断路器"进行充电操作主要考虑的是避免在充电过程中一旦被充电设备存在故障，继电保护装置动作跳开的是"66(35)kVⅠ进线 101 断路器"或上一级断路器，与 2 号主变压器正常运行不发生联系，保证了本站供电可靠性。

具体解析内容请见第三章第八节【模块一】目标驱动二中相关内容。

操作项目二：执行"1、2 号主变压器高压侧并列操作"任务，考虑的是在执行下一步"1、2 号主变压器 10kV 侧并列操作"和"1、2 号主变压器 10kV 侧解列操作"任务时，避免操作电磁环网条件下的 10kV 侧断路器。

具体解析内容请见第三章第六节目标驱动三中相关内容。

操作项目三：执行"1、2 号主变压器 10kV 侧并列操作"操作任务是为执行"1、2 号主变压器 10kV 侧解列操作"任务做好准备。

具体解析内容请见第三章第六节目标驱动三中相关内容。

操作项目四：具体解析内容请见第三章第六节目标驱动三中相关内容。

操作项目五：执行"1、2 号主变压器高压侧解列操作"任务，实际是将"将 66(35)kV

内桥 100 断路器由运行转为热备用"，恢复了原来的 66(35)kV 侧运行方式。

操作项目六：

步骤一：66(35)kV 内桥 100 断路器由运行转为热备用后，具备备自投装置的正常运行条件，因此为了保证供电可靠性需要立即"投入 66(35)kV 备投装置功能"，也就是将 66(35)kV 内桥 100 断路器作为Ⅰ线路和线路Ⅱ相互备投的电源断路器。此时 66(35)kV 侧备自投装置运行方式完成了由"66(35)kVⅠ进线 101 断路器备自投→退出 66(35)kV 备投装置功能→内桥备自投"的改变。

步骤二：10kV 分段 000 断路器由运行转为热备用后，具备备自投装置的正常运行条件，因此为了保证供电可靠性需要立即"投入 10kV 备投装置功能"，也就是将 10kV 分段 000 断路器作为 10kVⅠ、Ⅱ母线相互备投的电源断路器。此时 10kV 侧备自投装置运行方式完成了由"退出 10kV 备投装置功能→投入 10kV 分段 000 断路器备自投功能"的改变。

步骤三：具体解析内容请见第三章第六节目标驱动三中相关内容。

"变电站 10kV 中性点接地装置的运行操作步骤和要求"请见第三章第四节【相关知识】中相关内容。

危险预控

表 3 - 7　　　　　　　　　　　　　　母线操作危险点及控制措施

序号	母线操作危险点	控 制 措 施
1	包括线路及高压开关类设备操作危险点	包括线路及高压开关类设备操作控制措施
2	母线操作潜在的危险点： （1）可能发生的带负荷拉隔离开关事故。 （2）继电保护及自动装置切换错误引起的误动。 （3）向空载母线充电时电磁式电压互感器与断路器断口电容形成的串联谐振。 （4）可能致使母线过电压，会造成设备绝缘损坏。 （5）可能发生变电站全停事故	（1）单母分段接线倒闸操作危险点控制措施： 1）单母线分段接线方式，如果分段断路器设有充电保护（过电流），一般应使用分段断路器充电，充电后立即退出充电保护。 2）10kV 备用母线的充电，如果主变压器配备了快速充电保护，也可以用主变压器低压侧主断路器充电，充电后立即退出充电保护。 3）10kV 单母线分段接线的母线停电操作，一般情况下要先将母线分段（拉开分段断路器），将所带负荷线路停电，然后再停母线。送电顺序与此相反。 4）10kV 母线接有并联电容器的，负荷侧的停电顺序，应按照先停电容器，再停线路的顺序执行。送电顺序与此相反。 5）内桥接线高压侧母线充电，应用进线断路器进行充电，一般不采用桥断路器。 6）母线停电，应同时将该母线上的电压互感器停电。电压互感器停电，必须将高低压两侧断开，防止向停电母线反充电 （2）双母线倒闸操作危险点控制措施： 1）备用母线的充电，有母联断路器时应使用母联断路器向母线充电。母联断路器的充电保护应在投入状态，必要时要将保护整定时间调整到 0，充电后立即退出充电保护。如果无母联断路器，确认备用母线处于完好状态，也可用隔离开关充电，但在选择隔离开关和编制操作顺序时，应注意不要出现过负荷。 2）除用母联断路器充电之外，在母线倒闸过程中，母联断路器的操作电源应拉开，防止母联断路器误跳闸，造成带负荷拉隔离开关事故。

续表

序号	母线操作危险点	控 制 措 施
2	母线操作潜在的危险点： （1）可能发生的带负荷拉隔离开关事故。 （2）继电保护及自动装置切换错误引起的误动。 （3）向空载母线充电时电磁式电压互感器与断路器断口电容形成的串联谐振。 （4）可能致使母线过电压，会造成设备绝缘损坏。 （5）可能发生变电站全停事故	3）一条母线上所有元件须全部倒换至另一母线时，有两种倒换次序，一种是将某一元件的隔离开关合于一母线之后，随即拉开另一母线隔离开关；另一种是全部元件都合于一母线之后，再将另一母线的所有隔离开关拉开。倒换次序的选择要根据操作机构位置（两母线隔离开关在一个走廊上或两个走廊上）和现场习惯决定。 4）由于设备倒换至另一母线或母线上的电压互感器停电，继电保护及自动装置的电压回路需要转换由另一电压互感器送电时，应注意勿使继电保护及自动装置因失去电压而误动作。避免电压回路接触不良以及通过电压互感器二次向不带电母线反充电，而引起的电压回路熔断器熔断，造成继电保护误动等情况的出现。 5）进行母线操作时应注意对母差保护的影响，要根据母差保护运行规程做相应的变更。在倒母线操作过程中无特殊情况下，母差保护应在投入使用中。母线装有自动重合闸，倒母线后如有必要，重合闸方式也应相应改变。 6）对于断口间有并联电容器断路器停送仅带有电磁式电压互感器的空母线时，为避免断路器触头间的并联电容与电磁式电压互感器感抗形成串联谐振，母线停送电前应将电压互感器隔离开关拉开或在电压互感器的二次回路内并（串）接适当电阻。 7）对于双母线接线方式的变电站，在一条母线停电检修及恢复送电操作过程中，应制订详尽的事故处理预案，防止变电站全停，对检修或事故跳闸停电的母线试送电时，应按调度令首先选择站外电源送电
3	人身伤害或触电	操作一、二次设备时，操作人员应按规定穿戴合格的安全工器具

思维拓展 --

××变电站一次设备接线方式如图 3 - 6 所示（运行方式：Ⅰ进线 101 断路器代 1 号主变压器、10kVⅠ段母线运行，Ⅱ进线 102 断路器代 2 号主变压器、10kVⅡ段母线运行，内桥 100 断路器、10kV 分段 000 断路器热备用），××变电站高压侧为内桥接线（GIS 设备），10kV 侧为单母分段接线（小车开关柜）。

在上述运行方式下请读者思考后写出以下操作步骤：

（1）10kVⅡ段母线由运行转为热备用。

（2）66(35)kVⅡ段母线由运行转为热备用。

（3）10kVⅡ段母线由热备用转为运行。

（4）66(35)kVⅡ段母线由热备用转为运行。

相关知识 --

1. 变电站母线运行注意事项

（1）母线的投运和停运操作，一般应遵守下列各项：

1）10kV 母线停电时，应先退出电容器组，然后再依次停馈线。

2）10kV 母线停电时，应注意先进行站用电倒换，防止站用电失电。

3）10kV 母线停电后，应把接于该段母线上的馈线电缆头视作带电设备。

（2）运行注意事项：

1）运行中注意检查母线接头是否发热，应无异常声响。

2）母线电压消失时，运行人员应根据仪表指示、继电保护和自动装置的动作情况，以及失压的外部征象，来判断母线失压的故障性质。

3）当站内某一母线的失压是由于该母线或连接在母线上的设备事故引起时，可不用等待调度命令，迅速将连接在该母线上的所有断路器切开，然后将操作和检查结果汇报调度和上级，听候命令处理。

4）当电源母线失压时，应注意保证直流电源正常供电。

2. 母线操作注意事项

（1）向母线充电，应使用具有反映各种故障类型的速动保护的断路器进行。在母线充电前，为防止充电至故障母线可能造成系统失稳，必要时先降低有关线路的潮流。

单母线分段接线方式，如果分段断路器设有充电保护（过电流），一般应使用分段断路器充电，充电后立即退出充电保护。

（2）向母线充电时，由于电容及电压互感器的电感匹配后可能造成谐振，应注意防止出现铁磁谐振或因母线三相对地电容不平衡而产生的过电压。

产生谐振时出现下列现象：

1）相电压表一相或多相不规律的升高，甚至超过线电压值，而指针不断抖动。

2）线电压表变化不大，表计指针抖动；表计指针快速抖动时是高频谐振，抖动较慢时是分频谐振（分频谐振时，可能引起低周保护误动作）。

3）电流表指针抖动。

4）谐振严重时瓷质绝缘有放电声响，电压互感器有异音。

（3）不接地系统发生谐振的处理。

1）检查电压表的变化情况，确是系统谐振时，做好记录速报调度。

2）系统发生谐振检查设备时应穿绝缘鞋，人体不能触及开关柜及金属架构。

3）可以向调度申请用以下方法消振：

a. 变压器空带母线谐振时，可送出一配电线路。

b. 合、拉电容器回路。

c. 两条母线运行谐振时，可拉合母联断路器，改变系统运行方式。

停用母线前应充分考虑站用电系统，提前切换站用电。

母线接有并联电容器的，负荷侧的停电顺序应按照先停电容器，再停线路的顺序执行。这是因为变电站并联电容器主要用以提高电压和补偿无功损耗。如果先停线路，由于母线上没有无功负荷，会使母线电压升高，致使母线过电压，会造成设备绝缘降低，将有可能导致设备损坏。

主变压器低压侧母线能否并列，要视开关的遮断容量和安装地点的短路容量而定，经调度部门计算后列入现场运行规程。

（4）单母线分段接线的母线停电操作，一般情况下要先将母线分段（拉开分段断路器），将所带负荷线路停电，然后再停母线。

因为分段断路器是两段母线的联络断路器，两段母线任一母线发生故障，都要首先跳开分段断路器，然后故障母线电源侧断路器跳闸，故障母线停电，所接 10kV 负荷线路停电，无故障母线及所带 10kV 负荷线路正常运行。如果分段断路器拒动，两段母线的电源侧断路器均跳闸，造成两段母线失压，10kV 负荷全停。

母线停电操作先拉开分段断路器，当操作中发生故障，只跳开故障母线侧的电源断路器，避免因分段断路器拒动而扩大事故停电范围，同时也减少分段断路器的跳闸次数，延长分段断路器的检修周期。

"先拉线路断路器，然后再停母线"，这是因为线路断路器断开的是本线路的负荷，相比较断开的电流较小。如果先拉开电源侧断路器，断开的是几条线路的负荷，负荷电流较大，虽然电源侧断路器的遮断容量足够，但是考虑到设备的寿命，应避免直接用电源侧断路器切线路的总负荷电流。

(5) 母线停电，应同时将该母线上的电压互感器停电。无特殊规定，一般电压互感器最后停电，以便监视母线电压。电压互感器停电，必须将高低压两侧断开，防止向停电母线反充电。

(6) 10kV 母线由冷备用转为运行的操作票不包括电容器的转运行，因为电容器的投入要根据母线电压情况，由调度决定是否投入。

3. 隔离开关操作原则

(1) 禁止使用隔离开关进行下列操作：

1) 禁止用隔离开关拉合带负荷设备或带负荷线路。

2) 禁止用隔离开关拉开、合上空载主变压器。

3) 雷电或小电流接地系统发生单相接地、谐振等异常情况时，禁止用隔离开关拉开、合上消弧线圈。

4) 电压互感器内部故障时，禁止用隔离开关拉开、合上电压互感器。

5) 禁止用隔离开关拉开、合上故障电流。

6) 禁止用隔离开关将带负荷的电抗器短接或解除短接。

(2) 允许使用隔离开关进行下列操作：

1) 拉开、合上无故障的电压互感器及避雷器。

2) 在系统无故障时，拉开、合上电压互感器。

3) 在无雷电活动时，拉开、合上避雷器。

4) 在系统无故障时，拉开、合上变压器中性点接地开关。

5) 拉开、合上励磁电流不超过 2A 的空载变压器、电抗器和电容器电流不超过 5A 的空载线路。

6) 拉开、合上无阻抗的环路电流（例如：与断路器并联的旁路隔离开关，当断路器合好时，可以拉合断路器的旁路电流）。

7) 进行倒换母线操作。

8) 拉开、合上 220kV 及以下母线和直接连接在母线上的设备的电容电流，经试验允许拉合 500kV 空载母线和拉合 3/2 接线母线环流。

9) 对双母线单分段接线方式，当两个母联断路器和分段断路器中某断路器出现分、合闸闭锁时，可用隔离开关断开回路。操作前必须确认三个断路器在合位，并取下其操作电源熔断器。

10）对于 3/2 断路器接线，某一串断路器出现分、合闸闭锁时，可用隔离开关来解环，但要注意其他串着的所有断路器必须在合位。

（3）单相隔离开关和跌落保险的操作顺序：

1）三相水平排列者，停电时应先拉开中相，后拉开边相；送电操作顺序相反。

2）三相垂直排列者，停电时应从上到下拉开各相；送电操作顺序相反。

（4）电压互感器停电操作时，先断开二次空气断路器（或取下二次熔断器），后拉开一次隔离开关；送电操作顺序相反。一次侧未并列运行的两组电压互感器，禁止二次侧并列。

（5）隔离开关操作前，必须投入相应断路器控制电源。

（6）隔离开关操作前，必须检查断路器在断开位置，操作后必须检查其开、合位置，合时检查三相接触良好，拉开时检查三相断开角度符合要求。

（7）用隔离开关进行等电位拉合环路时，应先检查环路中的断路器确在运行状态，并断开断路器的操作电源，然后再操作隔离开关。

4. 隔离开关操作时的注意事项

（1）应先检查相应回路的断路器在断开位置，以防止带负荷拉、合隔离开关。

（2）线路停、送电时，必须按顺序拉合隔离开关。停电操作时，先断开断路器，后拉线路侧隔离开关，再拉母线侧隔离开关；送电时相反。这是因为发生误操作时，按上述顺序可缩小事故范围。

（3）隔离开关操作时，应有运维人员在现场逐相检查其分、合位置，同期情况，触头接触深度等项目，确保隔离开关动作正常，位置正确。

（4）隔离开关一般应进行远控操作，当远控电气操作失灵时，可在现场就地进行电动或手动操作，但必须征得站长和站技术负责人许可，并有现场监督才能进行。

（5）隔离开关、接地开关和断路器之间安装有防误操作的电气、电磁和机械闭锁装置，倒闸操作时，一定要按顺序进行。如果闭锁装置失灵或隔离开关和接地开关不能正常操作时，必须严格按闭锁要求的条件，检查相应的断路器、隔离开关的位置状态，核对无误后才能解除闭锁进行操作。

第九节　主变压器操作

【模块一】　主变压器停电操作

核心知识

（1）主变压器停电操作规定。

（2）主变压器停电操作原则。

关键技能

（1）根据调度或运维负责人倒闸操作指令正确执行主变压器停电操作任务。

（2）在主变压器停电操作过程中运维人员能够对潜在的危险点正确认知并能提前预控危险。

目标驱动 -

目标驱动一：内桥接线的主变压器停电操作

××变电站一次设备接线方式如图 3-6 所示（运行方式：Ⅰ进线 101 断路器代 1 号主变压器、10kVⅠ段母线运行，Ⅱ进线 102 断路器代 2 号主变压器、10kVⅡ段母线运行，内桥 100 断路器、10kV 分段 000 断路器热备用），××变电站高压侧为内桥接线（GIS 设备），10kV 侧为单母分段接线（小车开关柜）。

保护配置请见第三章第二节【模块一】目标驱动一中所述。

1. 操作任务

1 号主变压器由运行转为检修。

2. 操作项目

操作项目一：66(35)kV 内桥 100 断路器由热备用转为运行，66(35)kVⅠ进线 101 断路器由运行转为热备用。

（1）退出 66(35)kV 备投装置功能（具体操作步骤略）。

（2）检查 66(35)kVⅠ进线 101 断路器确在合位。

（3）检查 66(35)kVⅡ进线 102 断路器确在合位。

（4）检查 66(35)kV 内桥 100 断路器在热备用。

（5）选择 66(35)kV 内桥 100 断路器合闸。

（6）检查 66(35)kV 内桥 100 断路器合闸选线正确。

（7）合上 66(35)kV 内桥 100 断路器。

（8）检查 66(35)kV 内桥 100 断路器三相电流表计指示正确，电流 A 相＿＿＿ A、B 相＿＿＿A、C 相＿＿＿A。

（9）检查 66(35)kV 内桥 100 断路器合位监控信号指示正确。

（10）检查 66(35)kV 内桥保护测控装置断路器位置指示正确。

（11）检查 66(35)kV 内桥 100 断路器汇控柜位置指示确在合位。

（12）检查 66(35)kV 内桥 100 断路器合位机械位置指示正确。

（13）选择 66(35)kVⅠ进线 101 断路器分闸。

（14）检查 66(35)kVⅠ进线 101 断路器分闸选线正确。

（15）拉开 66(35)kVⅠ进线 101 断路器。

（16）检查 66(35)kVⅠ进线 101 断路器三相电流表计指示正确，电流 A 相＿＿＿ A、B 相＿＿＿A、C 相＿＿＿A。

（17）检查 66(35)kVⅠ进线 101 断路器分位监控信号指示正确。

（18）检查 66(35)kVⅠ进线保护测控装置断路器位置指示正确。

（19）检查 66(35)kVⅠ进线 101 断路器汇控柜位置指示确在分位。

（20）检查 66(35)kVⅠ进线 101 断路器分位机械位置指示正确。

（21）投入 66(35)kV 备投装置功能（具体操作步骤略）。

操作项目二：1、2 号主变压器 10kV 侧并列操作。

（1）退出 10kV 备投装置功能（具体操作步骤略）。

（2）检查 1 号主变压器负荷＿＿＿ MVA，2 号主变压器负荷＿＿＿ MVA。

（3）检查 1 号主变压器分接头在____位置，检查 2 号主变压器分接头在____位置。

（4）检查 66(35)kV Ⅱ进线 102 断路器确在合位。

（5）检查 66(35)kV Ⅰ进线 101 断路器确在分位。

（6）检查 66(35)kV 内桥 100 断路器确在合位。

（7）检查在 10kV 分段 000 断路器热备用。

（8）选择 10kV 分段 000 断路器合闸。

（9）检查 10kV 分段 000 断路器合闸选线正确。

（10）合上 10kV 分段 000 断路器。

（11）检查 10kV 分段 000 断路器三相电流表计指示正确，电流 A 相____ A、B 相____ A、C 相____ A。

（12）检查 10kV 分段 000 断路器合位监控信号指示正确。

（13）检查 10kV 分段保护测控装置断路器位置指示正确。

（14）检查 10kV 分段 000 断路器合位机械位置指示正确。

（15）调整、检查消弧线圈参数符合要求（具体操作步骤略）。

操作项目三：1、2 号主变压器 10kV 侧解列操作。

（1）选择 1 号主变压器 10kV 侧 001 断路器分闸。

（2）检查 1 号主变压器 10kV 侧 001 断路器分闸选线正确。

（3）拉开 1 号主变压器 10kV 侧 001 断路器。

（4）检查 1 号主变压器 10kV 侧 001 断路器三相电流表计指示正确，电流 A 相____ A、B 相____ A、C 相____ A。

（5）检查 1 号主变压器 10kV 侧 001 断路器分位监控信号指示正确。

（6）检查 1 号主变压器 10kV 侧保护测控装置断路器位置指示正确。

（7）检查 1 号主变压器 10kV 侧 001 断路器分位机械位置指示正确。

（8）退出 1 号主变压器低后备出口跳 10kV 分段 000 断路器出口连接片。

（9）退出 1 号主变压器高后备出口跳 10kV 分段 000 断路器出口连接片。

操作项目四：1 号主变压器高压侧停电。

（1）退出 66(35)kV 备投装置功能（具体操作步骤略）。

（2）选择 66(35)kV 内桥 100 断路器分闸。

（3）检查 66(35)kV 内桥 100 断路器分闸选线正确。

（4）拉开 66(35)kV 内桥 100 断路器。

（5）检查 66(35)kV 内桥 100 断路器分位监控信号指示正确。

（6）检查 66(35)kV 内桥保护测控装置断路器位置指示正确。

（7）检查 66(35)kV 内桥 100 断路器汇控柜位置指示确在分位。

（8）检查 66(35)kV 内桥 100 断路器分位机械位置指示正确。

（9）检查 66(35)kV 内桥 100 断路器三相电流表计指示正确，电流 A 相____ A、B 相____ A、C 相____ A。

操作项目五：将 1 号主变压器 10kV 侧与 10kV Ⅰ段母线进行隔离操作。

（1）将 1 号主变压器 10kV 侧 001 断路器操作方式开关由远方切至就地位置。

（2）将 1 号主变压器 10kV 侧 001 小车开关拉至试验位置。

（3）检查 1 号主变压器 10kV 侧 001 小车开关确已拉至试验位置。

（4）拉开 1 号主变压器 10kV 侧 001 断路器控制直流电源空气断路器。

（5）取下 1 号主变压器 10kV 侧 001 小车开关二次插件。

（6）将 1 号主变压器 10kV 侧 001 小车开关拉至检修位置。

（7）检查 1 号主变压器 10kV 侧 001 小车开关确已拉至检修位置。

操作项目六：将 1 号主变压器高压侧与 66(35)kVⅠ母线进行隔离操作。

（1）检查 66(35)kVⅠ母线 TV 表计指示正确。

（2）将 66(35)kVⅠ进线 101 断路器操作方式开关由远方切至就地位置。

（3）将 66(35)kV 内桥 100 断路器操作方式开关由远方切至就地位置。

（4）合上 1 号主变压器 66(35)kV 侧汇控柜隔离开关电机电源空气断路器。

（5）选择 1 号主变压器 66(35)kV 侧 1031 隔离开关分闸。

（6）检查 1 号主变压器 66(35)kV 侧 1031 隔离开关分闸选线正确。

（7）拉开 1 号主变压器 66(35)kV 侧 1031 隔离开关。

（8）检查 1 号主变压器 66(35)kV 侧 1031 隔离开关分位监控信号指示正确。

（9）检查 1 号主变压器 66(35)kV 侧 1031 隔离开关汇控柜位置指示确在分位。

（10）检查 1 号主变压器 66(35)kV 侧 1031 隔离开关位置指示器确在分位。

操作项目七：布置安全措施。

（1）将 1 号主变压器 66kV（35kV）侧汇控柜操作方式选择开关由远控切至近控位置。

（2）合上 1 号主变压器 66kV（35kV）侧 1031-QS2 接地开关。

（3）检查 1 号主变压器 66kV（35kV）侧 1031-QS2 接地开关汇控柜位置指示确在合位。

（4）检查 1 号主变压器 66kV（35kV）侧 1031-QS2 接地开关合位机械位置指示正确。

（5）检查 1 号主变压器 66kV（35kV）侧 1031-QS2 接地开关合位监控信号指示正确。

（6）拉开 1 号主变压器 66kV（35kV）侧汇控柜隔离开关电机电源空气断路器。

（7）将 1 号主变压器 66kV（35kV）侧汇控柜操作方式选择开关由近控切至远控位置。

（8）在 1 号主变压器 10kV 侧出线套管引线至母线桥侧三相验电确无电压。

（9）在 1 号主变压器 10kV 侧出线套管引线至母线桥侧装设＿＿＿号接地线。

（10）将 66(35)kV 内桥 100 断路器操作方式开关由就地切至远方位置。

（11）将 66(35)kVⅠ进线 101 断路器操作方式开关由就地切至远方位置。

（12）拉开 1 号主变压器保护电源空气断路器。

操作项目八：退出 1 号主变压器全部保护。

（1）检查 1 号主变压器保护电源空气断路器确在分位。

（2）检查 1 号主变压器低后备出口跳 10kV 分段 000 断路器出口连接片确在退出位置。

（3）检查 1 号主变压器高后备出口跳 10kV 分段 000 断路器出口连接片确在退出位置。

（4）退出 1 号主变压器差动保护跳 66(35)kVⅠ进线 101 断路器出口连接片。

（5）退出 1 号主变压器差动保护跳 1 号主变压器 10kV 侧 001 断路器出口连接片。

（6）退出 1 号主变压器差动保护跳 66(35)kV 内桥 100 断路器出口连接片。

（7）退出 1 号主变压器高后备出口跳 66(35)kVⅠ进线 101 断路器连接片。

（8）退出 1 号主变压器高后备出口跳 1 号主变压器 10kV 侧 001 断路器连接片。

（9）退出 1 号主变压器高后备出口跳 66(35)kV 内桥 100 断路器连接片。

（10）退出 1 号主变压器非电量跳 66(35)kV Ⅰ进线 101 断路器出口连接片。

（11）退出 1 号主变压器非电量跳 1 号主变压器 10kV 侧 001 断路器出口连接片。

（12）退出 1 号主变压器非电量跳 66(35)kV 内桥 100 断路器出口连接片。

（13）退出 1 号主变压器高后备闭锁有载调压出口连接片。

（14）退出 1 号主变压器差动闭锁 66(35)kV 桥备投连接片。

（15）退出 1 号主变压器高后备出口闭锁 66(35)kV 桥备投连接片。

（16）退出 1 号主变压器高后备出口闭锁 10kV 分段备投连接片。

（17）退出 1 号主变压器低后备出口闭锁 10kV 分段备投连接片。

（18）退出 1 号主变压器非电量闭锁 66(35)kV 桥备投连接片。

（19）退出 1 号主变压器投 10kV 低后备启动高后备连接片。

（20）退出 1 号主变压器本体重瓦斯保护投入连接片。

（21）退出 1 号主变压器有载重瓦斯保护投入连接片。

（22）退出 1 号主变压器差动保护连接片。

（23）退出 1 号主变压器高后备投复压过电流保护连接片。

操作项目九：66(35)kV 侧恢复原运行方式操作。

（1）选择 66(35)kV Ⅰ进线 101 断路器合闸。

（2）检查 66(35)kV Ⅰ进线 101 断路器合闸选线正确。

（3）合上 66(35)kV Ⅰ进线 101 断路器。

（4）检查 66(35)kV Ⅰ进线 101 断路器合位监控信号指示正确。

（5）检查 66(35)kV Ⅰ进线保护测控装置断路器位置指示正确。

（6）检查 66(35)kV Ⅰ进线 101 断路器汇控柜位置指示确在合位。

（7）检查 66(35)kV Ⅰ进线 101 断路器合位机械位置指示正确。

（8）检查 66(35)kV Ⅰ进线 101 断路器三相电流表计指示正确，电流 A 相____ A、B 相____A、C 相____ A。

（9）检查 66(35)kV Ⅰ母线电压表计指示正确。

（10）投入 66(35)kV 备投装置功能（具体操作步骤略）。

3．操作项目解析

（1）操作项目总体操作步骤划分。

操作项目一：66(35)kV 内桥 100 断路器由热备用转为运行，66(35)kV Ⅰ进线 101 断路器由运行转为热备用。

请见第三章第六节目标驱动一相关内容。

操作项目二：1、2 号主变压器 10kV 侧并列操作。

请见第三章第八节【模块一】目标驱动二相关内容。

操作项目三：1、2 号主变压器 10kV 侧解列操作。

步骤一：请见第三章第八节【模块一】目标驱动二相关内容。

步骤二：退出 1 号主变压器后备出口跳 10kV 分段 000 断路器出口连接片。

操作项目（8）、（9）项共有 2 项，为操作人员在 1 号主变压器保护屏和监控机上进行的检查、操作项目。

操作项目四：1 号主变压器高压侧停电。

请见第三章第八节【模块一】目标驱动二相关内容。

操作项目五：将1号主变压器10kV侧与10kVⅠ段母线进行隔离操作。

操作项目（1）～（7）项共有7项，为操作人员在1号主变压器10kV侧001断路器操控屏和监控机上进行的检查、操作项目。

操作项目六：将1号主变压器高压侧与66(35)kVⅠ母线进行隔离操作。

操作项目中的（1）～（10）项。其中操作项目中的（1）项，为操作人员在监控机上进行的检查项目。

操作项目中的（2）、（3）项，为操作人员在66(35)kVⅠ进线101、66(35)kV内桥100断路器上进行的操作项目。

操作项目中的（4）～（10）项，为操作人员在1号主变压器66(35)kV侧汇控柜和监控机上进行的检查、操作项目。

操作项目七：布置安全措施。

操作项目中的（1）～（11）项，其中操作项目中的（1）～（7）项，为操作人员在1号主变压器66(35)kV侧汇控柜上和监控机上进行的检查、操作项目。

操作项目中的（8）～（9）项，为操作人员在1号主变压器10kV套管001小车开关侧进行的检查、操作项目。

操作项目中的（10）～（11）项，为操作人员在66(35)kVⅠ进线101、66(35)kV内桥测控屏上进行的操作项目。

操作项目中的（12）项，为操作人员在1号主变压器保护屏上进行的操作项目。

操作项目八：退出1号主变压器全部保护。

步骤一：检查"退出1号主变压器全部保护"操作之前，已经操作的项目。

操作项目中的（1）～（3）项，为操作人员在1号主变压器保护屏上进行的检查项目。

步骤二：退出保护出口连接片。

操作项目中的（4）～（12）项，为操作人员在1号主变压器保护屏上进行的操作项目。

步骤三：退出保护启动连接片。

操作项目中的（13）～（19）项，为操作人员在1号主变压器保护屏上进行的操作项目。

步骤四：退出保护功能连接片。

操作项目中的（20）～（23）项，为操作人员在1号主变压器保护屏上进行的操作项目。

操作项目九：66(35)kV侧恢复原运行方式操作。

步骤一：将66(35)kVⅠ进线101断路器由热备用转为运行。

操作项目中的（1）～（8）项，为操作人员在66(35)kVⅠ进线101断路器间隔汇控柜和监控机上进行的检查、操作项目。

操作项目中的（9）项，为操作人员在监控机上进行的检查项目。

步骤二：投入66(35)kV备投装置功能。

操作项目（10）项，具体操作步骤略，为操作人员在备自投保护屏上（或在监控机上操作相应的软连接片）进行的检查、操作项目。

（2）操作项目总体操作步骤解析。

操作项目一：请见第三章第六节目标驱动一相关内容。

操作项目二：请见第三章第八节【模块一】目标驱动二相关内容。

　　操作项目三：1号主变压器由运行转为检修后，1号主变压器后备保护已失去了作用，但 10kV 分段 000 断路器还在运行中，因此应必须退出 1 号主变压器后备保护跳低压侧 10kV 分段 000 断路器保护连接片。如果此时不退出 1 号主变压器后备保护跳低压侧 10kV 分段 000 断路器保护连接片，一旦由于人员误动或保护装置等原因可能造成保护误动作而跳开有关断路器的严重后果。

　　其他解析内容请见第三章第八节【模块一】目标驱动二相关内容。

　　操作项目四：请见第三章第八节【模块一】目标驱动二相关内容。

　　操作项目五、六："将 66(35)kV Ⅰ 进线 101 断路器操作方式开关由远方切至就地位置"、"将 66(35)kV 内桥 100 断路器操作方式开关由远方切至就地位置"的目的在于防止在"拉开 1 号主变压器 66(35)kV 侧 1031 隔离开关"操作中，人员在远方误将 1 号主变压器高压侧的电源断路器合上，造成用隔离开关拉开空载变压器的误操作。

　　根据第三章第二节【模块一】目标驱动一相关解析，"1 号主变压器由运行转为检修"，需要进行拉开 1 号主变压器与 66(35)kV Ⅰ 段母线、10kV Ⅰ 段母线相连接的所有隔离开关的操作，是使 1 号主变压器与 66(35)kV Ⅰ 母线和 10kV Ⅰ 段母线的运行或备用设备都有一个明显的断开点。

　　操作项目七：根据第三章第二节【模块一】目标驱动三相关解析，在 1 号主变压器 66(35)kV 侧汇控柜上无法进行直接验电，因此需要进行"操作项目五：将 1 号主变压器 10kV 侧与 10kV Ⅰ 段母线进行隔离操作"和"操作项目六：将 1 号主变压器高压侧与 66(35)kV Ⅰ 母线进行隔离操作"，是进行间接验电方法之一。

　　根据第三章第二节【模块一】目标驱动三相关解析，"闭合 1 号主变压器 66kV（35kV）侧 1031-QS2 接地开关"和"检查 1 号主变压器 66kV（35kV）侧 1031-QS2 接地开关汇控柜位置指示确在合位。"目的在于立即将检修设备接地并三相短路且确证良好。

　　根据第三章第二节【模块一】目标驱动三相关解析，"在 1 号主变压器 10kV 侧出线套管母线桥至母线桥侧三相验电确无电压"和"在 1 号主变压器 10kV 侧出线套管至母线桥侧装设＿＿＿号接地线"是通过直接验电确证设备无电压后，立即将检修设备接地并三相短路的装设接地线的方法。

　　"将 66(35)kV 内桥 100 断路器操作方式开关由就地切至远方位置"、"将 66(35)kV Ⅰ 进线 101 断路器操作方式开关由就地切至远方位置"操作的目的是将 66(35)kV 内桥 100 断路器和 66(35)kV Ⅰ 进线 101 断路器的操作方式恢复到调控中心或变电站当地监控系统对断路器的操作功能，为以下的"操作项目九：66(35)kV 侧恢复原运行方式操作"做好准备。

　　将"拉开 1 号主变压器保护电源空气断路器"项放在操作项目最后的目的是一旦在操作过程中发生了因为误操作或其他原因造成的短路事故时，如果相关的断路器在合位，断路器与继电保护装置相互配合及时切除故障。

　　操作项目八：1号主变压器由运行转为检修后，1号主变压器保护已失去了作用，为了防止保护误动作造成相关断路器误动作，致使工作人员受到机械伤害或高、低压感电伤害事故的发生，1 号主变压器由运行转为检修后，需要退出 1 号主变压器保护。

　　按照连接片接入保护装置二次回路位置的不同，可分为保护功能连接片和出口连接片两大类。保护功能连接片实现了保护装置某些功能。出口连接片决定了保护动作的结果，根据保护动作出口作用的对象不同，可分为跳闸出口连接片和启动连接片。跳闸出口连接片直接作用于本断路器或联跳其他断路器，一般为强电连接片。启动连接片作为其他保护开入之用，如失灵启动连接片、闭锁备自投连接片等，根据接入回路不同，有强电和弱电之分。

如上所述，在"退出 1 号主变压器全部保护"运行操作中，先退出其保护出口连接片，后退出其保护功能连接片符合保护连接片的投退原则。另一方面先退出其保护出口连接片，一旦在操作过程中发生人员误操作或因保护装置原因造成的保护误动作，由于保护出口连接片已经退出，保护就不会出口，避免了事故的发生或扩大。

"1 号主变压器由运行转为检修"的操作有着其特殊性，在执行"退出 1 号主变压器全部保护"运行操作前，已经将 1 号主保护电源空气断路器拉开，此时 1 号主变压器保护已失去了作用，因此至于先退出保护功能连接片或先退出保护出口连接片均不会造成保护误动作。但为了规范运行人员倒闸操作的习惯和行为，还应按照连接片的投、退原则进行操作。

操作项目九：具体解析内容请见第三章第七节【模块二】目标驱动一中相关内容。但应注意本"66(35)kV 侧恢复原运行方式操作"方式与第三章第七节【模块二】目标驱动一中相关内容的区别，即没有涉及内桥操作。

【模块二】 主变压器送电操作

核心知识

(1) 主变压器送电操作规定。

(2) 主变压器送电操作原则。

关键技能

(1) 根据调度或运维负责人倒闸操作指令正确执行主变压器送电操作任务。

(2) 在主变压器送电操作过程中运维人员能够对潜在的危险点正确认知并能提前预控危险。

目标驱动

目标驱动一：内桥接线的主变压器停电操作

××变电站一次设备接线方式如图 3-6 所示（运行方式：Ⅰ进线 101 断路器代 1 号主变压器、10kVⅠ段母线运行，Ⅱ进线 102 断路器代 2 号主变压器、10kVⅡ段母线运行，内桥 100 断路器、10kV 分段 000 断路器热备用），××变电站高压侧为内桥接线（GIS 设备），10kV 侧为单母分段接线（小车开关柜）。

保护配置请见第三章第二节【模块一】目标驱动一中所述。

1. 操作任务

1 号主变压器由检修转为运行。

2. 操作项目

操作项目一：拆除安全措施。

(1) 检查 1 号主变压器 66kV（35kV）侧汇控柜操作方式选择开关由远控切至近控位置。

(2) 合上 1 号主变压器 66(35)kV 侧汇控柜隔离开关电机电源空气断路器。

（3）拉开 1 号主变压器 66kV（35kV）侧 1031-QS2 接地开关。

（4）检查 1 号主变压器 66kV（35kV）侧 1031-QS2 接地开关汇控柜位置指示确在分位。

（5）检查 1 号主变压器 66kV（35kV）侧 1031-QS2 接地开关分位机械位置指示正确。

（6）检查 1 号主变压器 66kV（35kV）侧 1031-QS2 接地开关分位监控信号指示正确。

（7）拆除 1 号主变压器 10kV 侧出线套管引线至母线桥侧____号接地线。

（8）检查 1 号主变压器 10kV 侧出线套管引线至母线桥侧三相验电确已拆除。

操作项目二：66(35)kV 侧改变运行方式操作。

（1）退出 66(35)kV 备投装置功能（具体操作步骤略）。

（2）检查 66(35)kVⅠ进线 101 断路器确在合位。

（3）检查 66(35)kVⅡ进线 102 断路器确在合位。

（4）检查 66(35)kV 内桥 100 断路器在分位。

（5）选择 66(35)kVⅠ进线 101 断路器分闸。

（6）检查 66(35)kVⅠ进线 101 断路器分闸选线正确。

（7）拉开 66(35)kVⅠ进线 101 断路器。

（8）检查 66(35)kVⅠ进线 101 断路器三相电流表计指示正确，电流 A 相____A、B 相____A、C 相____A。

（9）检查 66(35)kVⅠ进线 101 断路器分位监控信号指示正确。

（10）检查 66(35)kVⅠ进线保护测控装置断路器位置指示正确。

（11）检查 66(35)kVⅠ进线 101 断路器汇控柜位置指示确在分位。

（12）检查 66(35)kVⅠ进线 101 断路器分位机械位置指示正确。

（13）检查 66(35)kVⅠ母线 TV 表计指示正确。

操作项目三：投入 1 号主变压器全部保护。

（1）合上 1 号主变压器保护电源空气断路器。

（2）检查 1 号主变压器保护无异常信号。

（3）检查 1 号主变压器低后备出口跳 10kV 分段 000 断路器出口连接片确在退出位置。

（4）检查 1 号主变压器高后备出口跳 10kV 分段 000 断路器出口连接片确在退出位置。

（5）投入 1 号主变压器本体重瓦斯保护投入连接片。

（6）投入 1 号主变压器有载重瓦斯保护投入连接片。

（7）投入 1 号主变压器差动保护连接片。

（8）投入 1 号主变压器高后备投复压过流保护连接片。

（9）投入 1 号主变压器投 10kV 低后备启动高后备连接片。

（10）投入 1 号主变压器高后备闭锁有载调压出口连接片。

（11）投入 1 号主变压器差动闭锁 66(35)kV 桥备投连接片。

（12）投入 1 号主变压器高后备出口闭锁 66(35)kV 桥备投连接片。

（13）投入 1 号主变压器高后备出口闭锁 10kV 分段备投连接片。

（14）投入 1 号主变压器低后备出口闭锁 10kV 分段备投连接片。

（15）投入 1 号主变压器非电量闭锁 66(35)kV 桥备投连接片。

（16）投入 1 号主变压器差动保护跳 66(35)kVⅠ进线 101 断路器出口连接片。

（17）投入 1 号主变压器差动保护跳 1 号主变压器 10kV 侧 001 断路器出口连接片。

（18）投入 1 号主变压器差动保护跳 66(35)kV 内桥 100 断路器出口连接片。

（19）投入 1 号主变压器高后备出口跳 66(35)kVⅠ进线 101 断路器连接片。

（20）投入 1 号主变压器高后备出口跳 1 号主变压器 10kV 侧 001 断路器连接片。

（21）投入 1 号主变压器高后备出口跳 66(35)kV 内桥 100 断路器连接片。

（22）投入 1 号主变压器非电量跳 66(35)kVⅠ进线 101 断路器出口连接片。

（23）投入 1 号主变压器非电量跳 1 号主变压器 10kV 侧 001 断路器出口连接片。

（24）投入 1 号主变压器非电量跳 66(35)kV 内桥 100 断路器出口连接片。

操作项目四：1 号主变压器高压侧送电。

（1）检查 66(35)kVⅠ进线 101 断路器确在分位。

（2）检查 66(35)kV 内桥 100 断路器在分位。

（3）检查 1 号主变压器 10kV 侧 001 断路器在分位。

（4）将 1 号主变压器 66kV（35kV）侧汇控柜操作方式选择开关由近控切至远控位置。

（5）选择 1 号主变压器 66(35)kV 侧 1031 隔离开关合闸。

（6）检查 1 号主变压器 66(35)kV 侧 1031 隔离开关合闸选线正确。

（7）合上 1 号主变压器 66(35)kV 侧 1031 隔离开关。

（8）检查 1 号主变压器 66(35)kV 侧 1031 隔离开关合位监控信号指示正确。

（9）检查 1 号主变压器 66(35)kV 侧 1031 隔离开关汇控柜位置指示确在合位。

（10）检查 1 号主变压器 66(35)kV 侧 1031 隔离开关位置指示器确在合位。

（11）拉开 1 号主变压器 66(35)kV 侧汇控柜隔离开关电机电源空气断路器。

（12）选择 66(35)kVⅠ进线 101 断路器合闸。

（13）检查 66(35)kVⅠ进线 101 断路器合闸选线正确。

（14）合上 66(35)kVⅠ进线 101 断路器。

（15）检查 66(35)kVⅠ进线 101 断路器三相电流表计指示正确，电流 A 相____ A、B 相____A、C 相____ A。

（16）检查 66(35)kVⅠ进线 101 断路器合位监控信号指示正确。

（17）检查 66(35)kVⅠ进线保护测控装置断路器位置指示正确。

（18）检查 66(35)kVⅠ进线 101 断路器汇控柜位置指示确在合位。

（19）检查 66(35)kVⅠ进线 101 断路器合位机械位置指示正确。

（20）检查 66(35)kVⅠ母线 TV 表计指示正确。

操作项目五：1、2 号主变压器高压侧并列操作。

（1）检查 1 号主变压器分接头在____位置，检查 2 号主变压器分接头在____位置。

（2）选择 66(35)kV 内桥 100 断路器合闸。

（3）检查 66(35)kV 内桥 100 断路器合闸选线正确。

（4）合上 66(35)kV 内桥 100 断路器。

（5）检查 66(35)kV 内桥 100 断路器合位监控信号指示正确。

（6）检查 66(35)kV 内桥保护测控装置断路器位置指示正确。

（7）检查 66(35)kV 内桥 100 断路器汇控柜位置指示确在合位。

（8）检查 66(35)kV 内桥 100 断路器合位机械位置指示正确。

（9）检查 66(35)kV 内桥 100 断路器三相电流表计指示正确，电流 A 相____ A、B

相____A、C相____A。

（10）投入1号主变压器低后备出口跳10kV分段000断路器出口连接片。

（11）投入1号主变压器高后备出口跳10kV分段000断路器出口连接片。

操作项目六：1、2号主变压器10kV侧并列操作。

（1）检查1号主变压器10kV侧001断路器操作方式开关在就地位置。

（2）将1号主变压器10kV侧001小车开关推至试验位置。

（3）检查1号主变压器10kV侧001小车开关确已推至试验位置。

（4）装上1号主变压器10kV侧001小车开关二次插件。

（5）闭合1号主变压器10kV侧001断路器控制直流电源空气断路器。

（6）将1号主变压器10kV侧001小车开关推至运行位置。

（7）检查1号主变压器10kV侧001小车开关确已推至运行位置。

（8）将1号主变压器10kV侧001断路器操作方式开关由就地切至远方位置。

（9）选择1号主变压器10kV侧001断路器合闸。

（10）检查1号主变压器10kV侧001断路器合闸选线正确。

（11）合上1号主变压器10kV侧001断路器。

（12）检查1号主变压器10kV侧001断路器三相电流表计指示正确，电流A相____A、B相____A、C相____A。

（13）检查1号主变压器10kV侧001断路器合位监控信号指示正确。

（14）检查1号主变压器10kV侧保护测控装置断路器位置指示正确。

（15）检查1号主变压器10kV侧001断路器合位机械位置指示正确。

操作项目七：1、2号主变压器10kV侧解列操作。

（1）选择10kV分段000断路器分闸。

（2）检查10kV分段000断路器分闸选线正确。

（3）拉开10kV分段000断路器。

（4）检查10kV分段000断路器三相电流表计指示正确，电流A相____A、B相____A、C相____A。

（5）检查10kV分段000断路器分位监控信号指示正确。

（6）检查10kV分段保护测控装置断路器位置指示正确。

（7）检查10kV分段000断路器分位机械位置指示正确。

（8）检查1号主变压器负荷____MVA，2号主变压器负荷____MVA。

（9）退出1号主变压器低后备出口跳10kV分段000断路器出口连接片。

（10）退出1号主变压器高后备出口跳10kV分段000断路器出口连接片。

（11）投入10kV备投装置功能（具体操作步骤略）。

（12）调整、检查消弧线圈参数符合要求（具体操作步骤略）。

操作项目八：1、2号主变压器高压侧解列操作。

（1）选择66(35)kV内桥100断路器分闸。

（2）检查66(35)kV内桥100断路器分闸选线正确。

（3）拉开66(35)kV内桥100断路器。

（4）检查66(35)kV内桥100断路器三相电流表计指示正确，电流A相____A、B

相____A、C相____A。

(5) 检查66(35)kV内桥100断路器分位监控信号指示正确。

(6) 检查66(35)kV内桥保护测控装置断路器位置指示正确。

(7) 检查66(35)kV内桥100断路器汇控柜位置指示确在分位。

(8) 检查66(35)kV内桥100断路器分位机械位置指示正确。

(9) 投入66(35)kV备投装置功能（具体操作步骤略）。

3. 操作项目解析

(1) 操作项目总体操作步骤划分。

操作项目一：拆除安全措施。

步骤一：操作项目中的 (1)～(8) 项，其中操作项目中的 (1)～(6) 项，为操作人员在1号主变压器66(35)kV侧汇控柜上和监控机上进行的检查、操作项目。

操作项目中的 (7)、(8) 项，为操作人员在1号主变压器10kV套管001小车开关侧进行的检查、操作项目。

操作项目二：66(35)kV侧改变运行方式操作。

步骤一：投入66(35)kV备投装置功能。

操作项目 (1) 项，具体操作步骤略，为操作人员在备自投保护屏上（或在监控机上操作相应的软连接片）进行的检查、操作项目。

步骤二：将66(35)kVⅠ进线101断路器由运行转为热备用。

操作项目中的 (2)～(4) 项，为操作人员在66(35)kVⅠ进线101、66(35)kVⅡ进线102、66(35)kV内桥100断路器间隔汇控柜和监控机上进行的检查项目。

操作项目中的 (5)～(12) 项，为操作人员在66(35)kVⅠ进线101断路器间隔汇控柜、保护测控装置和监控机上进行的检查、操作项目。

操作项目中的 (13) 项，为操作人员在监控机上进行的检查项目。

操作项目三：投入1号主变压器全部保护

步骤一：合上1号主变压器保护电源空气断路器。

操作项目中的 (1) 项，为操作人员在1号主变压器保护屏上进行的操作项目。

步骤二：检查"退出1号主变压器全部保护"操作之前，已经操作的项目。

操作项目中的 (2)～(4) 项，为操作人员在1号主变压器保护屏上进行的检查项目。

步骤三：投入保护功能连接片。

操作项目中的 (5)～(8) 项，为操作人员在1号主变压器保护屏上进行的检查项目。

步骤四：退出保护启动连接片。

操作项目中的 (9)～(15) 项，为操作人员在1号主变压器保护屏上进行的操作项目。

步骤五：投入保护出口连接片。

操作项目中的 (16)～(24) 项，为操作人员在1号主变压器保护屏上进行的操作项目。

操作项目四：1号主变压器高压侧送电。

步骤一：检查一、二次系统运行方式符合进行"1号主变压器由冷备用转为充电备用"操作。

操作项目中的 (1)～(3) 项，为操作人员分别在1号主变压器10kV侧001断路器操控柜、监控机上进行的检查项目，66(35)kVⅠ进线101、66(35)kV内桥100断路器汇控柜和监控机上进行的检查项目。

步骤二：1号主变压器由冷备用转为热备用。

操作项目中的（4）～（11）项，为操作人员在1号主变压器66(35)kV侧汇控柜上和监控机上进行的检查、操作项目。

步骤三：1号主变压器由热备用转为充电备用。

操作项目中的（12）～（19）项，为操作人员在66(35)kVⅠ进线101断路器汇控柜上和监控机上进行的检查、操作项目。

操作项目中的（20）项，为操作人员在监控机上进行的检查项目。

操作项目五：1、2号主变压器高压侧并列操作。

步骤一：操作项目（1）项，为操作人员在监控机上和对相关一次设备进行的检查项目。

步骤二：操作项目中的（2）～（9）项，为操作人员在66(35)kV内桥100断路器间隔汇控柜和监控机上进行的检查、操作项目。

步骤三：操作项目中的（10）、（11）项，为操作人员在1号主变压器保护屏上进行的检查项目。

操作项目六：1、2号主变压器10kV侧并列操作。

步骤一：操作项目（1）～（15）项共有15项，为操作人员在1号主变压器10kV侧001断路器操控屏上和监控机上进行的检查、操作项目。

操作项目七：1、2号主变压器10kV侧解列操作。

步骤一：操作项目（1）～（7）项，为操作人员在10kV分段000断路器操控屏上和监控机上进行的检查、操作项目。

步骤二：操作项目（8）项，为操作人员在监控机上进行的检查项目。

步骤三：操作项目（9）、（10）项，为操作人员在1号主变压器保护屏上进行的操作项目。

步骤四：投入10kV备投装置功能。

操作项目（11）项，具体操作步骤略，为操作人员在备自投保护屏上（或在监控机上操作相应的软连接片）进行的检查、操作项目。

步骤五：调整、检查消弧线圈参数符合要求（具体操作步骤略）。

操作项目（12）项，具体操作步骤略，为操作人员在10kV 1号消弧线圈和10kV 2号消弧线圈控制装置上进行的操作项目。

操作项目八：1、2号主变压器高压侧解列操作。

步骤一：操作项目中的（1）～（8）项，为操作人员在66(35)kV内桥100断路器间隔汇控柜和监控机上进行的检查、操作项目。

步骤二：投入66(35)kV备投装置功能（具体操作步骤略）。

操作项目（9）项，具体操作步骤略，为操作人员在备自投保护屏上（或在监控机上操作相应的软连接片）进行的检查、操作项目。

（2）操作项目总体操作步骤解析。

操作项目一：《国家电网公司电力安全工作规程（变电部分）》2.3.4.3第5）条规定："设备检修后合闸送电前，检查送电范围内接地隔离开关（装置）已拉开，接地线已拆除。"

　　对于 GIS 设备的接地开关的操作，按照目前的普遍规定是需要就地操作的，没有极特殊情况不允许遥控操作，因此，操作 GIS 设备的接地开关需要将相应汇控柜操作方式选择开关由远控切至近控位置。

　　操作项目二：具体解析内容请见第三章第八节【模块二】目标驱动二中相关内容。

　　操作项目三：

　　步骤一、二解析："投入 1 号主变压器部分保护"之前，"合上 1 号主变压器保护电源空气断路器"使 1 号主变压器保护装置处于带电运行状态后，"检查 1 号主变压器保护无异常信号"后再进行"投入 1 号主变压器部分保护"操作，确保保护不误动作。

　　在"投入 1 号主变压器部分保护"运行操作中，本变电站一、二次系统运行方式还不满足投入备自投装置运行的条件，因此不能投入"1 号主变压器低后备出口 1 跳 10kV 分段 000 断路器连接片"、"1 号主变压器高后备出口跳 10kV 分段 000 断路器连接片"。如果 1 号主变压器后备保护误动作，将造成 10kV 分段 000 断路器跳闸，使 10kV Ⅰ 段母线失去电压。

　　步骤三、步骤四、步骤五解析：在"投入 1 号主变压器部分保护"运行操作中，先投入其保护功能连接片，后投入其保护出口连接片符合保护连接片的投退原则。另一方面先投入其保护功能连接片，可以检查保护装置是否运行正常，如正常再投入保护出口连接片。否则，一旦投入保护功能连接片后发现保护装置异常，应停止投入保护出口连接片的操作，避免事故的发生。如果先投入其保护出口连接片，后投入其保护功能连接片，一旦因为人员误操作原因或保护装置误动等原因致使保护误动作，将通过保护出口连接片造成保护误动作跳闸事故。

　　操作项目四：执行"1 号主变压器送电操作"任务，应遵守降压变压器送电操作原则进行的操作，即降压变压器送电操作是先送电源侧，然后送负荷侧。

　　其他具体解析内容请见第三章第八节【模块二】目标驱动二中相关内容。

　　操作项目五：1 号主变压器高压侧充电完成后，需要合上 1 号主变压器 10kV 侧 001 断路器进行"1、2 号主变压器 10kV 侧并列操作"。考虑到在执行此项操作至"1、2 号主变压器 10kV 侧解列操作"期间 1 号主变压器后备保护使用的合理性，需要投入"1 号主变压器低后备出口 1 跳 10kV 分段 000 断路器连接片"、"1 号主变压器高后备出口跳 10kV 分段 000 断路器连接片"。尽管该连接片从投入至退出运行之间的时间比较短。

　　其他具体解析内容请见第三章第八节【模块二】目标驱动二中相关内容。

　　操作项目六：具体解析内容请见第三章第八节【模块二】目标驱动二中相关内容。

　　操作项目七：执行"1、2 号主变压器 10kV 侧解列操作"任务完毕后，10kV 分段 000 断路器已经拉开，因此"1 号主变压器低后备出口 1 跳 10kV 分段 000 断路器连接片"、"1 号主变压器高后备出口跳 10kV 分段 000 断路器连接片"在投入位置便没有了作用，因此需要退出。

　　其他具体解析内容请见第三章第八节【模块二】目标驱动二中相关内容。

　　操作项目八：具体解析内容请见第三章第八节【模块二】目标驱动二中相关内容。

危险预控 -

表 3 - 8　　　　　　　　　　　变压器操作危险点及控制措施

序号	变压器操作危险点	控 制 措 施
1	包括线路及高压开关类设备操作危险点	包括线路及高压开关类设备操作控制措施
2	变压器操作的危险点主要有： （1）切合空载变压器过程中可能出现的操作过电压，危及变压器绝缘； （2）变压器空载电压升高，使变压器绝缘遭受损坏； （3）带电投入空载变压器时，会产生励磁电流，其值可达 6～8 倍额定电流。可能使过电流、差动保护误动作	（1）限制操作过电压方法：选用灭弧能力强的高压断路器；提高断路器动作的同期性；断路器断口加装并联电阻；采用性能较好的避雷器；电网中性点接地运行。 （2）按变压器停送电操作顺序进行操作：送电时，应先送电源侧，后送负荷侧。停电时，操作顺序与此相反。停送电的变压器应有完备的继电保护装置。 （3）为避免空载变压器合闸时由于励磁涌流产生较大的电压波动，在其两端都有电压的情况下，一般采用离负载较远的高压侧充电，然后在低压侧并列的操作方法
3	人身伤害或触电	操作一、二次设备时，操作人员应按规定穿戴合格的安全工器具

思维拓展 -

　　××变电站一次设备接线方式如图 3-6 所示（运行方式：Ⅰ进线 101 断路器代 1 号主变压器、10kVⅠ段母线运行，Ⅱ进线 102 断路器代 2 号主变压器、10kVⅡ段母线运行，内桥 100 断路器、10kV 分段 000 断路器热备用），××变电站高压侧为内桥接线（GIS 设备），10kV 侧为单母分段接线（小车开关柜）。

　　在上述运行方式下请读者思考后写出以下操作步骤：

　　（1）2 号主变压器由运行转为热备用。

　　（2）2 号主变压器由热备用转为检修。

　　（3）2 号主变压器由检修转为热备用。

　　（4）2 号主变压器由热备用转为运行。

相关知识 -

　　1. 变压器操作原则及注意事项

　　（1）变压器停送电操作顺序：送电时，应先送电源侧，后送负荷侧。停电时，操作顺序与此相反。停送电的变压器应有完备的继电保护装置。

　　按上述顺序操作的原因是：

　　1）在多电源的情况下，先停负荷侧可有效地防止变压器反充电。如果先停电源侧，遇有故障时可能造成保护装置误动或拒动，延长故障切除时间，并可能扩大故障范围。

　　2）当负荷侧母线电压互感器还有低周减载装置而未装电流闭锁装置时，一旦先停电源侧，由于负荷中大型同步电动机的反馈，低周减载装置可能误动作。

　　3）从电源侧逐级向负荷侧送电，如有故障，便于确定故障范围，及时作出判断和处理，可避免故障扩大。

（2）在变压器停送电过程中，要注意变压器的容量能否满足目前全部负荷。

（3）变压器充电前，应检查充电侧母线电压及变压器分接头位置，保证充电后各侧电压不超过其相应分接头电压的 5%。

（4）主变压器在正常合闸、分闸操作中应注意：

1）变压器在空载合闸时的励磁电流问题。变压器铁芯中磁通变化落后于电压 90°相位角，交流电的电压在不断变化，其对应铁芯中的磁通也在变化，因而铁芯中磁通的过渡过程与合闸瞬间电压的相角有关。对大型变压器来说，励磁电流中的直流分量衰减得比较慢，有时长达几十秒，尽管此电流对变压器本身不会造成危害，但在某些情况下能造成电压波动，如不采取措施，可能使过电流、差动保护误动作。

为避免空载变压器合闸时由于励磁电流产生较大的电压波动，在其两端都有电压的情况下，一般采用离负载较远的高压侧充电，然后在低压侧并列的操作方法。

2）操作过电压——充电或切除空载变压器时引起的过电压。空载变压器在运行时，表现为电感负载，切除电感负载，会引起操作过电压。

预防和保护措施有装设避雷器以及装设有并联电阻的断路器。这些措施都可限制此种过电压。

（5）大修中更换过线圈的变压器以及设置了新差动保护的变压器，在第一次投入运行时，应以工作电压冲击合闸，合闸时全部保护应投入跳闸位置。充电次数和试运时间按有关规定或启动措施执行。

按照规程规定，新产品投入，全电压空载冲击试验次数应为连续冲击五次；大修后投入，应连续冲击三次。每次冲击间隔时间不少于 5min，操作前应派人到现场对变压器进行监视，检查变压器有无异音异状，如有异常应立即停止操作。

变压器进行冲击合闸试验的目的有两个：

1）拉开空载变压器时，有可能产生操作过电压。在电力系统中性点不接地或经消弧线圈接地时，过电压幅值可达 4～4.5 倍相电压；在中性点直接接地时，可达 3 倍相电压。为了检查变压器绝缘强度能否承受全电压或操作过电压，需做冲击试验。

2）带电投入空载变压器时，会产生励磁电流，其值可达 6～8 倍额定电流。励磁电流开始衰减较快，一般经 0.5～1s 即减到 0.25～0.5 倍额定电流值，但全部衰减时间较长，中小型变压器约几秒，大容量的变压器可达 10～20s。由于励电涌流产生很大的电动力，为了考核变压器的机械强度，同时考核励磁涌流衰减初期能否造成继电保护装置误动作，需做冲击试验。

（6）线路变压器单元接线在线路停送电时一般应连同变压器一起操作。

（7）两台变压器并列运行的变电站，当一台主变压器停电作业恢复送电时应停用共用保护跳运行中变压器断路器连接片，使其只能跳送电主变压器断路器。检修中的主变压器应将其瓦斯保护跳运行中主变压器断路器连接片退出。

（8）两台变压器并列运行时，应保证两台变压器分接头位置一致。

（9）当变压器停电时，应事先考虑不能造成其他运行变压器不过负荷。

（10）主变压器换油、注油或在注油设备上作业，主变压器送电后，应将重瓦斯保护改作用信号 1h（时间带负荷算起），但充电时应投入跳闸。

（11）拉合空载变压器前，应先合上 110kV 及以上变压器中性点隔离开关。

2. 110kV 及以上变压器中性点接地开关操作应遵循的原则

（1）若数台变压器并列于不同的母线上运行时，则每一条母线至少需有 1 台变压器中性点直接接地，以防止母联开关跳开后使某一母线成为不接地系统。

（2）若变压器低压侧有电源，则变压器中性点必须直接接地，以防止高压侧开关跳闸，变压器成为中性点绝缘系统。

（3）若数台变压器并列运行，正常时只允许一台变压器中性点直接接地。在变压器操作时，应始终至少保持原有的中性点直接接地个数。例如，两台变压器并列运行，1 号变中性点直接接地，2 号变中性点间隙接地。1 号变压器停运之前，必须首先合上 2 号变压器的中性点隔离开关，同样地必须在 1 号变压器（中性点直接接地）充电以后，才允许拉开 2 号变压器中性点隔离开关。

（4）变压器停电或充电前，为防止开关三相不同期或非全相投入而产生过电压影响变压器绝缘，必须在停电或充电前将变压器中性点直接接地。变压器充电后的中性点接地方式应按正常运行方式考虑，变压器的中性点保护要根据其接地方式做相应的改变。

（5）切合空载变压器产生操作过电压的防范措施。

变压器中性点接地，主要是避免产生操作过电压。在 110kV 及以上大电流接地系统中，为了限制单相接地短路电流，部分变压器中性点是不接地的，也就是说：变压器中性点接地数量和在网络中的位置是综合变压器的绝缘安全、降低短路电流、继电保护可靠动作等要求决定的。切合空载变压器或解、并列电源系统，若将变压器中性点接地，操作时断路器发生三相不同期动作或出现非对称开断，可以避免发生电容传递过电压或失步工频过电压所造成的事故。所以，防范切合空载变压器产生操作过电压造成的危害，应集中在变压器中性点接地刀闸操作的正确性上。

（6）变压器空载电压升高的防范措施。

调度员在指挥操作时应当设法避免变压器空载电压升高，如投入电抗器、调相机带感性负荷以及改变有载调压变压器的分接头等以降低受端电压。此外，也可以适当地降低送端电压。送端如果是单独向变电站供电的发电厂，可以按照设备要求较大幅度地降低发电厂的电压；如果发电厂还有其他负荷，在有可能的条件下，可将发电厂的母线解列，将一部分电源单独按设备要求调整电压。

第 四 章

变电站异常及事故处理

第一节 变电站异常分析及处理

 培训目标

(1) 掌握变电站发生各类异常的主要现象和原因。

(2) 掌握变电站发生各类异常的正确处理原则和步骤。

(3) 提升运维人员正确分析、判断和处理变电站各类异常的能力。

(4) 提升变电站异常处理过程中运维人员对危险点的认知和预控能力。

(5) 增强运维人员的安全意识与责任意识。

(6) 增强运维人员的团队协作意识。

【模块一】 隔离开关异常分析及处理

核心知识

(1) 隔离开关的作用。

(2) 隔离开关发生异常的原因。

关键技能

(1) 掌握隔离开关发生异常时的正确处理原则和步骤。

(2) 在处理隔离开关异常故障过程中,运维人员能够对潜在的危险点正确认知并能提前预控危险。

目标驱动

目标驱动一:处理 10kV 线路侧(或母线侧)隔离开关接触部分过热故障

××变电站一次设备接线方式如图 4-1 所示,××变电站高压侧为内桥接线(设备为常规敞开式布置),10kV 侧为单母分段接线(设备为常规 GG-1A 型高压开关柜)。

66(35)kV 内桥备投投入,10kV 分段备投投入。

1、2 号主变压器保护配置:瓦斯保护、调载瓦斯保护、差动保护、一次过电流(高后备)保护、二次过电流(低后备)保护、过负荷保护。

配电线保护配置:电流速断保护、限时电流速断保护、定时限过电流保护、重合闸。

66kV 桥联保护配置:电流速断保护(短充)、定时限过电流保护(长充)。

10kV 分段保护配置:电流速断保护(短充)、定时限过电流保护(长充)。

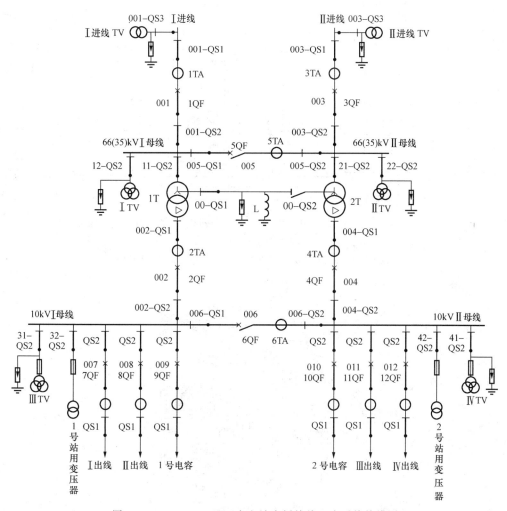

图 4-1　××66(35)kV 变电站内桥接线一次系统接线图

电容器保护配置：电流速断保护、定时限过电流保护、低电压保护、过电压保护、电压不平衡保护。

站用变压器保护配置：站用变压器一次侧采用熔断器保护。

××66(35)kV 变电站主变压器及 10kV 母线桥、配电装置室间隔断面示意图如图 4-2 所示，GG-1A 型高压开关柜（已抽出右面的防护板）结构示意图如图 4-3 所示。

1. 现象

调控中心调控人员通过监控系统遥视或运维人员在例行巡视过程中发现"××变电站 10kVⅠ出线线路侧 007-QS1 隔离开关过热"。

2. 处理步骤

（1）无论是调控中心调控人员通过监控系统遥视，还是运维人员在例行巡视过程中发现"××变电站 10kVⅠ出线线路侧 007-QS1 隔离开关过热"异常情况，都应在第一时间相互通知，并记录时间及具体现象。

（2）运维操作队负责人组织运维操作队人员合格穿戴安全用具，对隔离开关触头发热的

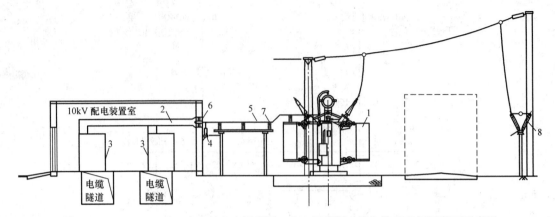

图 4 - 2　××66(35)kV 变电站主变压器及 10kV 母线桥、配电装置室间隔断面示意图

1—主变压器；2—10kV 母线桥；3—开关柜；4—避雷器；

5—铜排；6—穿墙套管；7—支柱绝缘子；8—隔离开关（单接地）

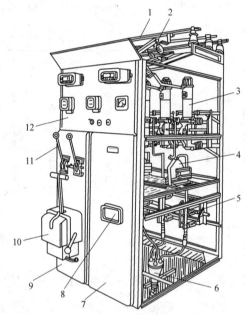

图 4 - 3　GG-1A 型高压开关柜（已抽出右面的防护板）结构示意图

1—母排；2—高压隔离开关；3—高压断路器；4—电流互感器；5—高压隔离开关；

6—电缆头；7—检修门；8—观察窗；9—操作面板；10—高压断路器操作机构；

11—高压隔离开关操作机构；12—仪表、继电器板（兼检修门）

情况进行全面检查（必要时还要对高压室采取通风降温措施），并确定严重程度，但不允许运维操作队人员强行解锁打开隔离开关过热设备单元配电装置柜门。

其具体处理方法如下：

1）用红外线测温仪测量触头实际温度若超过规定值（70℃）应查明原因及时处理。

2）如果目前没有红外线测温仪，可根据接触部分的色漆颜色的变化程度来判别，也可以根据刀片的颜色变化，甚至有发红、火花等现象来确定。

a. 如果隔离开关触头外表导电部分接触不良，刀口和触头变色，则应汇报调控中心要求减负荷。

　　b. 如果隔离开关已全部烧红，则应汇报调控中心要求减负荷或停电处理。

　　c. 如果此时××变电站 10kVⅠ出线过负荷，则应汇报调控中心要求减负荷。

　　d. 在未处理前应加强监视，通知运维工区。

　　3）运维人员应按照调控中心指令，根据本站异常、事故应急处理预案和本站现场运行规程规定进行处理。

　　(3) 如果 10kVⅠ出线 007-QS1 隔离开关过热故障必须进行停电检修，可在调控中心指挥下进行 10kVⅠ出线停电操作。操作步骤如下：

　　1）调控中心对 10kVⅠ出线进行转移或减负荷（必要时通知相关重要用户）。

　　2）拉开 10kVⅠ出线 007 断路器。

　　3）检查 10kVⅠ出线 007 断路器分位监控信号指示正确。

　　4）检查 10kVⅠ出线 007 断路器分位机械位置指示正确。

　　5）检查 10kVⅠ出线 007 断路器三相电流表计指示正确，电流 A 相____ A、B 相____ A、C 相____ A。

　　6）将 10kVⅠ出线 007 断路器操作方式开关由远方切至就地位置。

　　7）拉开 10kVⅠ出线 007-QS2 隔离开关（由于 007-QS1 隔离开关故障损坏不允许拉开，先操作 007-QS2 隔离开关不符合"五防"逻辑，因此需要按程序请示、使用解锁工具）。

　　8）在 10kVⅠ出线 007-QS1 隔离开关至线路侧三相验电确无电压。

　　9）在 10kVⅠ出线 007-QS1 隔离开关至线路侧装设____号接地线。

　　10）在 10kVⅠ出线 007-QS1 隔离开关至电流互感器侧三相验电确无电压。

　　11）在 10kVⅠ出线 007-QS1 隔离开关至电流互感器侧装设____号接地线。

　　12）拉开 10kVⅠ出线 007 断路器控制直流电源空气断路器。

　　13）拉开 10kVⅠ出线 007 断路器保护电源空气断路器。

　　14）拉开 10kVⅠ出线 007 断路器储能电源空气断路器。

　　10kVⅠ出线 007-QS1 隔离开关过热检修结束恢复运行的具体操作步骤请读者考虑填写。

　　(4) 如果 10kVⅠ出线 007-QS2 隔离开关过热故障必须进行停电检修，可在调控中心指挥下进行 10kVⅠ段母线停电操作。具体操作步骤如下：

　　1）调控中心对 10kVⅠ段母线上所带负荷进行转移或减负荷（必要时通知相关重要用户）。

　　2）拉开 10kVⅠ出线 007 断路器。

　　3）检查 10kVⅠ出线 007 断路器分位监控信号指示正确。

　　4）检查 10kVⅠ出线 007 断路器分位机械位置指示正确。

　　5）检查 10kVⅠ出线 007 断路器三相电流表计指示正确，电流 A 相____ A、B 相____ A、C 相____ A。

　　6）将 10kVⅠ出线 007 断路器操作方式开关由远方切至就地位置。

　　7）拉开 10kVⅠ出线 007-QS1 隔离开关。

　　8）拉开 10kVⅠ出线 007 断路器控制直流电源空气断路器。

　　9）拉开 10kVⅠ出线 007 断路器保护电源空气断路器。

　　10）拉开 10kVⅠ出线 007 断路器储能电源空气断路器。

11）进行 10kV 站用电系统切换操作（具体操作步骤略）。

12）拉开 10kV 1 号站用变压器一次 32-QS2 隔离开关。

13）退出 10kV 备投装置功能（具体操作步骤略）。

14）退出母线负荷侧所有出线间隔（具体操作步骤略）。

15）断开母线电源侧断路器。

a. 拉开 1 号主变压器 10kV 侧 002 断路器。

b. 检查 2 号主变压器 10kV 侧 002 断路器分位监控信号指示正确。

c. 检查 2 号主变压器 10kV 侧 002 断路器分位机械位置指示正确。

d. 检查 2 号主变压器 10kV 侧 024 断路器三相电流表计指示正确，电流 A 相＿＿＿ A、B 相＿＿＿A、C 相＿＿＿ A。

e. 检查 10kV Ⅰ 段母线电压表计指示正确。

f. 将 2 号主变压器 10kV 侧 002 断路器操作方式开关由远方切至就地位置。

g. 拉开 1 号主变压器 10kV 侧 002-QS2 隔离开关。

h. 拉开 1 号主变压器 10kV 侧 002-QS1 隔离开关。

i. 拉开 2 号主变压器 10kV 侧 024 断路器控制直流电源空气断路器。

j. 拉开 2 号主变压器 10kV 侧 024 断路器储能电源空气断路器。

k. 检查 10kV 分段 006 断路器分位监控信号指示正确。

l. 检查 10kV 分段 006 断路器分位机械位置指示正确。

m. 检查 10kV 分段 006 断路器三相电流表计指示正确，电流 A 相＿＿＿ A、B 相＿＿＿A、C 相＿＿＿ A。

n. 拉开 10kV 分段 006-QS1 隔离开关。

o. 拉开 10kV 分段 006-QS2 隔离开关。

p. 拉开 10kV 分段 006 断路器控制直流电源空气断路器。

q. 拉开 10kV 分段 006 断路器保护电源空气断路器。

r. 拉开 10kV 分段 006 断路器储能电源空气断路器。

16）断开所停母线 TV 间隔。

a. 拉开 10kV Ⅰ 段母线 TV 二次空气断路器。

b. 拉开 10kV Ⅰ 段母线 TV 一次 31-QS2 隔离开关。

17）做好母线停电安措。

a. 在 10kV Ⅰ 段母线上三相验电确无电压。

b. 在 10kV Ⅰ 段母线上装设接地线（若干组）。

××66(35)kV 变电站 10kV Ⅰ 出线 007-QS2 隔离开关过热检修时的一次系统接线图如图 4-1 所示。

10kV Ⅰ 出线 007-QS2 隔离开关过热检修结束恢复运行的具体操作步骤请读者考虑填写。

注：上述操作步骤是考虑××66(35)kV 变电站 10kV Ⅰ 出线 007-QS2 隔离开关能够在短时间修复的情况下编制的，因此没有考虑对本站 66(35)kV 侧运行方式的改变。

如果短时间不能修复，应考虑改变本站 66(35)kV 侧的运行方式。

目标驱动二：处理 66kV（或 35kV）进线侧（或母线侧）隔离开关接触部分过热故障

××变电站一次设备接线方式如图 4-1 所示，××变电站高压侧为内桥接线（设备为常规敞开式布置），10kV 侧为单母分段接线（设备为常规开关柜布置）。

保护配置请见第四章第一节【模块一】目标驱动一中所述。

1. 现象

调控中心调控人员通过监控系统遥视或运维人员在例行巡视过程中发现"××变电站 66(35)kV Ⅰ 进线线路侧 001-QS1 隔离开关 A、B、C 相导电接触部分过热"。

2. 处理步骤

（1）无论是调控中心调控人员通过监控系统遥视，还是运维人员在例行巡视过程中发现"××变电站××10kV 线路侧隔离开关过热"异常情况，都应在第一时间相互通知，并记录时间及现象。

（2）运维操作队负责人组织运维操作队人员穿戴合格安全用具，对隔离开关触头发热的情况进行全面检查，并确定严重程度。其具体处理方法如下：

1）用红外线测温仪测量触头实际温度，若超过规定值（70℃）应查明原因及时处理。

2）如果没有红外线测温仪，可根据接触部分的色漆或示温片颜色的变化和熔化程度来判别，也可以根据刀片颜色的变化情况，甚至有发红、火花等现象来确定。

a. 如果外表检查导电部分若接触不良，刀口和触头变色，则可用相应电压等级的绝缘棒进行推足，改善接触情况。但用力不得过猛，以防滑脱反而使事故扩大。但事后应观察其过热情况，加强监视。如果隔离开关已全部烧红，禁止使用该办法。

b. 如果隔离开关已全部烧红，则应汇报调控中心要求减负荷或停电处理（应考虑采用上一级断路器断开电源）。

c. 如果此时××变电站 66(35)kV Ⅰ 进线本变电站设备过负荷，则应汇报调控中心要求减负荷。

d. 如果供电负荷非常重要不能及时采取减负荷或停电方式进行处理时，可根据现场具备的作业条件，采取带电在 66(35)kV 过热隔离开关打并联倍线的方式进行处理（由带电作业人员完成此项作业任务）。待条件允许时，再将过热隔离开关停电处理。

e. 在未处理前应加强监视，通知运维工区。

3）运维人员应按照调控中心指令，根据本站异常、事故应急处理预案和本站现场运行规程规定进行处理。

（3）如果 66(35)kV Ⅰ 进线线路侧 001-QS1 隔离开关过热故障必须进行停电检修，可在调控中心指挥下进行上一级 66(35)kV Ⅰ 进线线路、本站 66(35)kV Ⅰ 进线设备间隔停电和本站改变运行方式操作。操作步骤如下：

1）调控中心对 66(35)kV Ⅰ 进线进行转移或减负荷（必要时通知相关重要用户，因为 Ⅰ 进线可能连接着若干个用户和变电站）。

2）退出 66(35)kV 备投装置功能（具体操作步骤略）。

3）检查 1 号主变压器分接头在＿＿＿位置，检查 2 号主变压器分接头在＿＿＿位置。

4）合上 66(35)kV 内桥 005 断路器。

5）检查 66(35)kV 内桥 005 断路器合位监控信号指示正确。

6）检查 66(35)kV 内桥 005 断路器合位机械位置指示正确。

7）检查 66(35)kV 内桥 005 断路器三相电流表计指示正确，电流 A 相＿＿＿ A、B 相＿＿＿A、C 相＿＿＿A。

8）拉开 66(35)kV Ⅰ 进线 001 断路器。

9）检查 66(35)kV Ⅰ 进线 001 断路器分位监控信号指示正确。

10）检查 66(35)kV Ⅰ 进线 001 断路器分位机械位置指示正确。

11）检查 66(35)kV Ⅰ 进线 001 断路器三相电流表计指示正确，电流 A 相＿＿＿ A、B 相＿＿＿A、C 相＿＿＿A。

12）将 66(35)kV Ⅰ 进线 001 断路器操作方式开关由远方切至就地位置。

13）合上 66(35)kV Ⅰ 进线 001-QS2 隔离开关电动操作机构电源空气断路器。

14）拉开 66(35)kV Ⅰ 进线 001-QS2 隔离开关。

15）拉开 66(35)kV Ⅰ 进线 001-QS2 隔离开关电动操作机构电源空气断路器。

16）拉开 66(35)kV Ⅰ 进线 TV 二次空气断路器。

17）合上 66(35)kV Ⅰ 进线 TV 一次 001-QS3 隔离开关电动操作机构电源空气断路器。

18）拉开 66(35)kV Ⅰ 进线 TV 一次 001-QS3 隔离开关。

19）拉开 66(35)kV Ⅰ 进线 TV 一次 001-QS3 隔离开关电动操作机构电源空气断路器。

20）在 66(35)kV Ⅰ 进线 001-QS1 隔离开关至线路侧三相验电确无电压。

21）在 66(35)kV Ⅰ 进线 001-QS1 隔离开关至线路侧装设＿＿＿＿号接地线。（由于 001-QS1 隔离开关故障损坏不允许拉开，先进行接地线操作不符合"五防"逻辑，因此需要按程序请示、使用解锁工具）

22）在 66(35)kV Ⅰ 进线 001-QS1 隔离开关至电流互感器侧三相验电确无电压。

23）在 66(35)kV Ⅰ 进线 001-QS1 隔离开关至电流互感器侧装设＿＿＿＿号接地线。

24）拉开 66(35)kV Ⅰ 进线 001 断路器控制直流电源空气断路器。

25）拉开 66(35)kV Ⅰ 进线 001 断路器储能电源空气断路器。

××66(35)kV 变电站 66(35)kV 进线间隔断面示意图如图 4 - 4 所示。

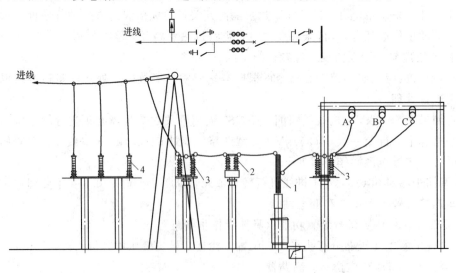

图 4 - 4　××66(35)kV 变电站 66(35)kV 进线间隔断面示意图
1—断路器；2—电流互感器；3—隔离开关；4—避雷器

66(35)kV Ⅰ 进线 001-QS1 隔离开关过热检修结束恢复运行的具体操作步骤请读者考虑填写。

（4）如果 66(35)kV Ⅰ进线母线侧 001-QS2 隔离开关过热故障必须进行停电检修，可在调控中心指挥下进行本站 66(35)kV Ⅰ进线设备间隔、1 号主变压器、66(35)kV Ⅰ母线停电和本站改变运行方式操作。操作步骤如下：

1）退出 66(35)kV 备投装置功能（具体操作步骤略）。

2）合上 1 号主变压器侧消弧线圈 00-QS1 隔离开关电动操作机构电源空气断路器。

3）拉开 1 号主变压器侧消弧线圈 00-QS1 隔离开关。

4）拉开 1 号主变压器侧消弧线圈 00-QS1 隔离开关电动操作机构电源空气断路器。

5）合上 2 号主变压器侧消弧线圈 00-QS2 隔离开关电动操作机构电源空气断路器。

6）合上 2 号主变压器侧消弧线圈 00-QS2 隔离开关。

7）拉开 2 号主变压器侧消弧线圈 00-QS2 隔离开关电动操作机构电源空气断路器。

8）退出 10kV 备投装置功能（具体操作步骤略）。

9）检查 1 号主变压器负荷＿＿＿ MVA，2 号主变压器负荷＿＿＿ MVA。

10）检查 1 号主变压器分接头在＿＿＿位置，检查 2 号主变压器分接头在＿＿＿位置。

11）检查 66(35)kV Ⅱ进线 003 断路器确在合位。

12）检查 66(35)kV Ⅰ进线 001 断路器确在合位。

13）合上 66(35)kV 内桥 005 断路器。

14）检查 66(35)kV 内桥 005 断路器合位监控信号指示正确。

15）检查 66(35)kV 内桥 005 断路器合位机械位置指示正确。

16）检查 66(35)kV 内桥 005 断路器三相电流表计指示正确，电流 A 相＿＿＿ A、B 相＿＿＿ A、C 相＿＿＿ A。

17）检查在 10kV 分段 006 断路器热备用。

18）合上 10kV 分段 006 断路器。

19）检查 10kV 分段 006 断路器三相电流表计指示正确，电流 A 相＿＿＿ A、B 相＿＿＿ A、C 相＿＿＿ A。

20）检查 10kV 分段 006 断路器合位监控信号指示正确。

21）检查 10kV 分段保护测控装置断路器位置指示正确。

22）检查 10kV 分段 006 断路器合位机械位置指示正确。

23）拉开 1 号主变压器 10kV 侧 002 断路器。

24）检查 1 号主变压器 10kV 侧 002 断路器三相电流表计指示正确，电流 A 相＿＿＿ A、B 相＿＿＿ A、C 相＿＿＿ A。

25）检查 1 号主变压器 10kV 侧 002 断路器分位监控信号指示正确。

26）检查 1 号主变压器 10kV 侧保护测控装置断路器位置指示正确。

27）检查 1 号主变压器 10kV 侧 002 断路器分位机械位置指示正确。

28）将 1 号主变压器 10kV 侧 002 断路器操作方式开关由远方切至就地位置。

29）拉开 66(35)kV 内桥 005 断路器。

30）检查 66(35)kV 内桥 005 断路器三相电流表计指示正确，电流 A 相＿＿＿ A、B 相＿＿＿ A、C 相＿＿＿ A。

31）检查 66(35)kV 内桥 005 断路器分位监控信号指示正确。

32）检查 66(35)kV 内桥保护测控装置断路器位置指示正确。

33）检查 66(35)kV 内桥 005 断路器分位机械位置指示正确。

34）将 66(35)kV 内桥 005 断路器操作方式开关由远方切至就地位置。

35）拉开 66(35)kV Ⅰ进线 001 断路器。

36）检查 66(35)kV Ⅰ进线 001 断路器分位监控信号指示正确。

37）检查 66(35)kV Ⅰ进线 001 断路器分位机械位置指示正确。

38）检查 66(35)kV Ⅰ进线 001 断路器三相电流表计指示正确，电流 A 相＿＿ A、B 相＿＿A、C 相＿＿A。

39）检查 66(35)kV Ⅰ母线 TV 表计指示正确。

40）将 66(35)kV Ⅰ进线 001 断路器操作方式开关由远方切至就地位置。

41）合上 66(35)kV Ⅰ进线 001-QS1 隔离开关电动操作机构电源空气断路器。

42）拉开 66(35)kV Ⅰ进线 001-QS1 隔离开关。

43）拉开 66(35)kV Ⅰ进线 001-QS1 隔离开关电动操作机构电源空气断路器。

44）拉开 66(35)kV Ⅰ进线 TV 二次空气断路器。

45）合上 66(35)kV Ⅰ进线 TV 一次 001-QS3 隔离开关电动操作机构电源空气断路器。

46）拉开 66(35)kV Ⅰ进线 TV 一次 001-QS3 隔离开关。

47）拉开 66(35)kV Ⅰ进线 TV 一次 001-QS3 隔离开关电动操作机构电源空气断路器。

48）合上 66(35)kV 内桥 005-QS1 隔离开关电动操作机构电源空气断路器。

49）拉开 66(35)kV 内桥 005-QS1 隔离开关。

50）拉开 66(35)kV 内桥 005-QS1 隔离开关电动操作机构电源空气断路器。

51）合上 66(35)kV 内桥 005-QS2 隔离开关电动操作机构电源空气断路器。

52）拉开 66(35)kV 内桥 005-QS2 隔离开关。

53）拉开 66(35)kV 内桥 005-QS2 隔离开关电动操作机构电源空气断路器。

54）合上 1 号主变压器 66(35)kV 侧 11-QS2 隔离开关电动操作机构电源空气断路器。

55）拉开 1 号主变压器 66(35)kV 侧 11-QS2 隔离开关。

56）拉开 1 号主变压器 66(35)kV 侧 11-QS2 隔离开关电动操作机构电源空气断路器。

57）拉开 1 号主变压器 10kV 侧 002-QS2 隔离开关。

58）拉开 1 号主变压器 10kV 侧 002-QS1 隔离开关。

59）退出 1 号主变压器低后备出口跳 10kV 分段 006 断路器出口连接片。

60）退出 1 号主变压器高后备出口跳 10kV 分段 006 断路器出口连接片。

61）拉开 1 号主变压器保护电源空气断路器。

62）拉开 1 号主变压器 10kV 侧 002 断路器控制直流电源空气断路器。

63）拉开 1 号主变压器 10kV 侧 002 断路器储能电源空气断路器。

64）拉开 66(35)kV Ⅰ母线 TV 二次空气断路器。

65）合上 66(35)kV Ⅰ母线 TV12-QS2 隔离开关电机电源空气断路器。

66）拉开 66(35)kV Ⅰ母线 TV12-QS2 隔离开关。

67）拉开 66(35)kV Ⅰ母线 TV12-QS2 隔离开关电机电源空气断路器。

68）在 66(35)kV Ⅰ进线 001-QS2 隔离开关至断路器侧三相验电确无电压。

69）在 66(35)kV Ⅰ进线 001-QS2 隔离开关至断路器侧装设＿＿号接地线。

70）在 66(35)kV Ⅰ进线 001-QS2 隔离开关至母线侧三相验电确无电压。

71) 在 66(35)kV Ⅰ进线 001-QS2 隔离开关至母线侧装设＿＿＿号接地线。

72) 拉开 66(35)kV Ⅰ进线 001 断路器控制直流电源空气断路器。

73) 拉开 66(35)kV 内桥 005 断路器控制直流电源空气断路器。

74) 拉开 66(35)kV 内桥 005 断路器保护电源空气断路器。

××66(35)kV 变电站 66(35)kV 进线间隔断面示意图如图 4 - 4 所示，××66(35)kV 变电站消弧线圈间隔断面示意图如图 4 - 5 所示，××66(35)kV 变电站 66(35)kV 内桥间隔断面示意图如图 4 - 6 所示，××66(35)kV 变电站 66(35)kV 主变压器进线-母线设备间隔断面示意图如图 4 - 7 所示。

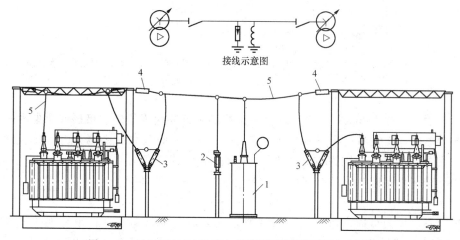

图 4 - 5 ××66(35)kV 变电站消弧线圈间隔断面示意图

1—消弧线圈；2—避雷器；3—隔离开关；4—绝缘子；5—导线

66(35)kV Ⅰ进线 001-QS2 隔离开关过热检修结束恢复运行的具体操作步骤请读者考虑填写。

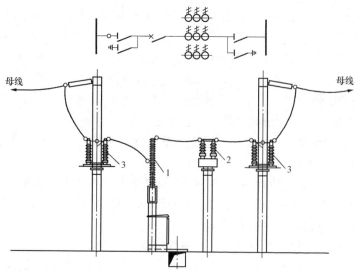

图 4 - 6 ××66(35)kV 变电站 66(35)kV 内桥间隔断面示意图

1—断路器；2—电流互感器；3—隔离开关

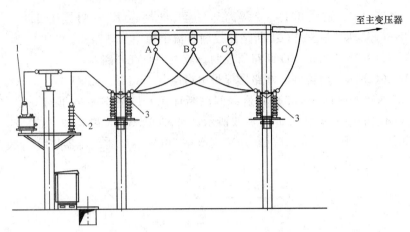

图 4-7　××66(35)kV 变电站 66(35)kV 主变压器进线-母线设备间隔断面示意图
1—电压互感器；2—避雷器；3—隔离开关

目标驱动三：处理 66kV（或 35kV）侧进线隔离开关绝缘子外表破损或严重污闪故障

××变电站一次设备接线方式如图 4-1 所示，××变电站高压侧为内桥接线（设备为常规敞开式布置），10kV 侧为单母分段接线（设备为常规开关柜布置）。

保护配置请见第四章第一节【模块一】目标驱动一中所述。

1. 现象

调控中心调控人员通过监控系统遥视或运维人员在例行巡视过程中发现"××变电站 66(35)kVⅠ进线线路侧 001-QS1 隔离开关 A 相绝缘子外表严重污闪"。

2. 处理步骤

（1）无论是调控中心调控人员通过监控系统遥视，还是运维人员在例行巡视过程中发现"××变电站 66(35)kVⅠ进线线路侧 001-QS1 隔离开关 A 相绝缘子外表严重污闪"异常情况，都应在第一时间相互通知，并记录时间及现象。

（2）运维操作队负责人组织运维操作队人员穿戴合格安全用具，对隔离开关绝缘子外表严重污闪情况进行全面检查，并确定严重程度。具体处理方法如下：

1）立即报告调控中心，尽快安排停电处理，在停电处理前应加强监视。

2）如果瓷件有更大的破损或放电，应采用上一级断路器断开电源。

3）如果运行中隔离开关支柱绝缘子断裂，严禁操作此隔离开关，应迅速将隔离开关隔离出系统，按危急缺陷上报，做好安全措施，等待处理。

4）运维人员应按照调控中心指令，根据本站异常、事故应急处理预案和本站现场运行规程规定进行处理。

（3）如果 66(35)kVⅠ进线线路侧 001-QS1 隔离开关绝缘子外表破损或严重污闪故障必须进行停电检修，可在调控中心指挥下进行上一级 66(35)kVⅠ进线线路、本站 66(35)kVⅠ进线设备间隔停电和本站改变运行方式操作。

操作步骤请见第四章第一节【模块一】中目标驱动二相关内容。

（4）如果 66(35)kVⅠ进线线路侧 001-QS2 隔离开关绝缘子外表破损或严重污闪故障必须进行停电检修，可在调控中心指挥下进行本站 66(35)kVⅠ进线设备间隔、1 号主变压器、66(35)kVⅠ母线停电和本站改变运行方式操作。

操作步骤请见第四章第一节【模块一】中目标驱动二相关内容。

目标驱动四：处理 10kV 线路侧（或母线侧）隔离开关拒绝分闸故障

××变电站一次设备接线方式如图 4-1 所示，××变电站高压侧为内桥接线（设备为常规敞开式布置），10kV 侧为单母分段接线（设备为常规开关柜）。

保护配置请见第四章第一节【模块一】目标驱动一中所述。

1. 现象

运维人员在执行"××变电站 10kVⅠ出线线路停电"操作任务时，××变电站 10kVⅠ出线线路侧 007-QS1 隔离开关拒绝分闸。

2. 处理步骤

（1）当隔离开关无法拉开时，不得强行操作（尤其是母线侧隔离开关），应立即停止操作。再次进行执行倒闸操作"四对照"程序，即核对设备的名称、位置、编号、拉合方向。

（2）操作人和监护人通过"四对照"程序共同确认无误后检查隔离开关无法拉开的原因，但不允许运维操作队人员强行解锁打开隔离开关设备单元配电装置柜门。在未查清原因前不应强行拉开，否则可能造成人身伤害或设备损坏等事故。

　1）隔离开关拉闸时如果发现卡涩，应检查传动机构，找出原因并消除后方可进行操作。

　2）如果是闭锁装置失灵造成隔离开关拉不开且不能及时修复，则应执行防误装置解锁程序后解锁操作，并加强监护。

　3）如果是以下原因造成隔离开关拉不开，则应向调控中心申请停电检修，改变运行方式。

　a. 操作机构冰冻，机构锈蚀，卡死。

　b. 隔离开关动、静触头熔焊变形及瓷件破裂、断裂。

　c. 运维人员应按照调控中心指令，根据本站异常、事故应急处理预案和本站现场运行规程规定进行处理。

（3）如 10kVⅠ出线 007-QS1 隔离开关过热故障必须进行停电检修，可在调控中心指挥下进行 10kVⅠ出线停电操作。

操作步骤请见第四章第一节【模块一】中目标驱动一相关内容。

（4）如 10kVⅠ出线 007-QS2 隔离开关过热故障必须进行停电检修，可在调控中心指挥下进行 10kVⅠ段母线停电操作。

操作步骤请见第四章第一节【模块一】中目标驱动一相关内容。

目标驱动五：处理 10kV 线路侧（或母线侧）隔离开关拒绝合闸故障

××变电站一次设备接线方式如图 4-1 所示，××变电站高压侧为内桥接线（设备为常规敞开式布置），10kV 侧为单母分段接线（设备为常规开关柜）。

保护配置请见第四章第一节【模块一】目标驱动一中所述。

1. 现象

运维人员在执行"××变电站 10kVⅠ出线线路送电"操作任务时，××变电站 10kVⅠ出线线路侧 007-QS2 隔离开关拒绝合闸。

2. 处理步骤

（1）当隔离开关无法合闸时，不得强行操作（尤其是母线侧隔离开关），应立即停止操作。再次进行执行倒闸操作"四对照"程序，即核对设备的名称、位置、编号、拉合方向。

（2）操作人和监护人通过"四对照"程序共同确认无误后检查隔离开关无法合闸的原因，如检查轴销是否脱落，是否有楔栓退出、铸铁断裂等机械故障存在。未查清原因前不应强行闭合，否则可能造成人身伤害或设备损坏等事故。

1）隔离开关闭合后，触头接触不到位，应采取下列方法处理：

a. 属单相或差距不大时，母线侧隔离开关可采用相应电压等级的绝缘杆调整处理，并应注意绝缘杆与带电设备的角度，防止造成相间或单相接地短路故障。

b. 如果线路侧隔离开关存在上述问题，不允许运维操作队人员强行解锁打开隔离开关设备单元配电装置柜门进行处理（避免人身感电）。是否需要停电处理视具体情况确定。

c. 如果属三相或单相差距较大，应停电处理。

2）隔离开关合闸时如发现卡涩，应检查传动机构，找出原因并消除后方可进行操作。

3）如果闭锁装置失灵造成隔离开关合不上且不能及时修复，则应执行防误装置解锁程序后解锁操作。

4）操作装设接地开关的隔离开关，当发现接地开关或断路器的机械联锁卡涩不能操作时，应立即停止操作并查明原因。

5）如果是以下原因造成隔离开关无法合闸，则应向调控中心申请停电检修，改变运行方式。

a. 操作机构冰冻，机构锈蚀，卡死。

b. 隔离开关动、静触头熔焊变形或瓷件破裂、断裂。

（3）运维人员应按照调控中心指令，根据本站异常、事故应急处理预案和本站现场运行规程规定进行处理。

（4）如果 10kVⅠ出线 007-QS2 隔离开关故障必须进行停电检修，可在调控中心指挥下进行 10kVⅠ段母线停电操作。

此时操作步骤请见第四章第一节【模块一】中目标驱动一相关内容。

（5）如 10kVⅠ出线 007-QS1 隔离开关故障必须进行停电检修，可在调控中心指挥下布置安全措施进行处理。操作步骤如下：

1）检查 10kVⅠ出线 007 断路器分位监控信号指示正确。

2）检查 10kVⅠ出线 007 断路器分位机械位置指示正确。

3）检查 10kVⅠ出线 007 断路器三相电流表计指示正确，电流 A 相＿＿ A、B 相＿＿ A、C 相＿＿ A。

4）将 10kVⅠ出线 007 断路器操作方式开关由远方切至就地位置。

5）拉开 10kVⅠ出线 007-QS2 隔离开关（由于 007-QS2 隔离开关在执行送电操作任务时已经合上，在处理 007-QS1 隔离开关拒合故障时必须拉开，违反"五防"逻辑，此项及以下的操作需要解锁操作，因此需要按程序请示、使用解锁工具，并应加强监护）。

6）在 10kVⅠ出线 007-QS1 隔离开关至线路侧三相验电确无电压。

7）在 10kVⅠ出线 007-QS1 隔离开关至线路侧装设＿＿号接地线。

8）在 10kVⅠ出线 007-QS1 隔离开关至电流互感器侧三相验电确无电压。

9）在 10kVⅠ出线 007-QS1 隔离开关至电流互感器侧装设＿＿号接地线。

10）拉开 10kVⅠ出线 007 断路器控制直流电源空气断路器。

11）拉开 10kVⅠ出线 007 断路器保护电源空气断路器。

12）拉开 10kVⅠ出线 007 断路器储能电源空气断路器。

10kVⅠ出线 007-QS1 隔离开关故障检修结束恢复运行的具体操作步骤请读者考虑填写。

目标驱动六：处理 66(35)kV 线路侧（或母线侧）隔离开关拒绝分闸故障

××变电站一次设备接线方式如图 4-1 所示，××变电站高压侧为内桥接线（设备为常规敞开式布置），10kV 侧为单母分段接线（设备为常规开关柜）。

1. 现象

运维人员在执行"××变电站 66(35)kVⅠ进线停电"操作任务时，66(35)kVⅠ进线 001-QS1 隔离开关拒绝分闸。

2. 处理步骤

（1）当隔离开关无法拉开时，不得强行操作（特别是母线侧隔离开关），应立即停止操作。再次进行执行倒闸操作"四对照"程序，即核对设备的名称、位置、编号、拉合方向。

（2）操作人和监护人通过"四对照"程序共同确认无误后检查隔离开关无法拉开的原因，在未查清原因前不应强行拉开，否则可能造成人身伤害或设备损坏事故。

1）隔离开关拉闸时如发现卡涩，应先检查传动机构，找出原因并消除后方可进行操作。

2）如果是操作电源，电动操作机构、电动机失电等原因造成隔离开关无法拉开且不能及时修复时，则应改为手动操作。

3）如果是闭锁装置失灵造成隔离开关无法拉开且不能及时修复时，则应执行防误装置解锁程序后解锁操作。

4）如果是以下原因造成隔离开关无法拉开时，则应向调控中心申请停电检修，改变运行方式。

a）操作机构冰冻，机构锈蚀，卡死。

b）隔离开关动、静触头熔焊变形及瓷件破裂、断裂。

（3）运维人员应按照调控中心指令，根据本站异常、事故应急处理预案和本站现场运行规程规定进行处理。

（4）如 66(35)kVⅠ进线线路侧 001-QS1 隔离开关拒绝分闸故障必须进行停电检修，可在调控中心指挥下进行上一级 66(35)kVⅠ进线线路、本站 66(35)kVⅠ进线设备间隔停电和本站改变运行方式操作。

操作步骤如下（之前操作步骤略，请读者分析）：

1）调控中心对 66(35)kVⅠ进线进行转移或减负荷（必要时通知相关重要用户，因为Ⅰ进线可能连接着若干个用户和变电站）。

2）检查 66(35)kVⅠ进线 001 断路器分位监控信号指示正确。

3）检查 66(35)kVⅠ进线 001 断路器分位机械位置指示正确。

4）检查 66(35)kVⅠ进线 001 断路器三相电流表计指示正确，电流 A 相＿＿＿ A、B 相＿＿＿A、C 相＿＿＿ A。

5）将 66(35)kVⅠ进线 001 断路器操作方式开关由远方切至就地位置。

6）拉开 66(35)kVⅠ进线 001-QS1 隔离开关电动操作机构电源空气断路器。

7）合上 66(35)kVⅠ进线 001-QS2 隔离开关电动操作机构电源空气断路器。

8）拉开 66(35)kVⅠ进线 001-QS2 隔离开关。

9）拉开 66(35)kVⅠ进线 001-QS2 隔离开关电动操作机构电源空气断路器。

10) 拉开 66(35)kV I 进线 TV 二次空气断路器。

11) 合上 66(35)kV I 进线 TV 一次 001-QS3 隔离开关电动操作机构电源空气断路器。

12) 拉开 66(35)kV I 进线 TV 一次 001-QS3 隔离开关。

13) 拉开 66(35)kV I 进线 TV 一次 001-QS3 隔离开关电动操作机构电源空气断路器。

14) 在 66(35)kV I 进线 001-QS1 隔离开关至线路侧三相验电确无电压。

15) 在 66(35)kV I 进线 001-QS1 隔离开关至线路侧装设____号接地线。

16) 在 66(35)kV I 进线 001-QS1 隔离开关至电流互感器侧三相验电确无电压。

17) 在 66(35)kV I 进线 001-QS1 隔离开关至电流互感器侧装设____号接地线。

18) 拉开 66(35)kV I 进线 001 断路器控制直流电源空气断路器。

19) 拉开 66(35)kV I 进线 001 断路器储能电源空气断路器。

"66(35)kV I 进线 001-QS1 隔离开关拒绝分闸故障检修结束恢复运行"的具体操作步骤请读者考虑填写。

(5) 如果 66(35)kV I 进线母线侧 001-QS2 隔离开关拒绝分闸故障必须进行停电检修，可在调控中心指挥下进行本站 66(35)kV I 进线设备间隔、1 号主变压器、66(35)kV I 母线停电和本站改变运行方式操作。

操作步骤如下（之前操作步骤略，请读者分析）：

(1) 检查 66(35)kV I 进线 001 断路器分位监控信号指示正确。

(2) 检查 66(35)kV I 进线 001 断路器分位机械位置指示正确。

(3) 检查 66(35)kV I 进线 001 断路器三相电流表计指示正确，电流 A 相____ A、B 相____A、C 相____ A。

(4) 将 66(35)kV I 进线 001 断路器操作方式开关由远方切至就地位置。

(5) 拉开 66(35)kV I 进线 001-QS2 隔离开关电动操作机构电源空气断路器。

(6) 拉开 66(35)kV I 进线 TV 二次空气断路器。

(7) 合上 66(35)kV I 进线 TV 一次 001-QS3 隔离开关电动操作机构电源空气断路器。

(8) 拉开 66(35)kV I 进线 TV 一次 001-QS3 隔离开关。

(9) 拉开 66(35)kV I 进线 TV 一次 001-QS3 隔离开关电动操作机构电源空气断路器。

(10) 合上 1 号主变压器侧消弧线圈 00-QS1 隔离开关电动操作机构电源空气断路器。

(11) 拉开 1 号主变压器侧消弧线圈 00-QS1 隔离开关。

(12) 拉开 1 号主变压器侧消弧线圈 00-QS1 隔离开关电动操作机构电源空气断路器。

(13) 合上 2 号主变压器侧消弧线圈 00-QS2 隔离开关电动操作机构电源空气断路器。

(14) 合上 2 号主变压器侧消弧线圈 00-QS2 隔离开关。

(15) 拉开 2 号主变压器侧消弧线圈 00-QS2 隔离开关电动操作机构电源空气断路器。

(16) 退出 10kV 备投装置功能（具体操作步骤略）。

(17) 检查 1 号主变压器负荷____ MVA，2 号主变压器负荷____ MVA。

(18) 检查 1 号主变压器分接头在____位置，检查 2 号主变压器分接头在____位置。

(19) 检查 66(35)kV II 进线 003 断路器确在合位。

(20) 检查 66(35)kV I 进线 001 断路器确在分位。

(21) 检查 66(35)kV 内桥 005 断路器确在合位。

(22) 检查在 10kV 分段 006 断路器热备用。

（23）合上 10kV 分段 006 断路器。

（24）检查 10kV 分段 006 断路器三相电流表计指示正确，电流 A 相＿＿＿ A、B 相＿＿＿ A、C 相＿＿＿ A。

（25）检查 10kV 分段 006 断路器合位监控信号指示正确。

（26）检查 10kV 分段保护测控装置断路器位置指示正确。

（27）检查 10kV 分段 006 断路器合位机械位置指示正确。

（28）拉开 1 号主变压器 10kV 侧 002 断路器。

（29）检查 1 号主变压器 10kV 侧 002 断路器三相电流表计指示正确，电流 A 相＿＿＿ A、B 相＿＿＿ A、C 相＿＿＿ A。

（30）检查 1 号主变压器 10kV 侧 002 断路器分位监控信号指示正确。

（31）检查 1 号主变压器 10kV 侧保护测控装置断路器位置指示正确。

（32）检查 1 号主变压器 10kV 侧 002 断路器分位机械位置指示正确。

（33）将 1 号主变压器 10kV 侧 002 断路器操作方式开关由远方切至就地位置。

（34）拉开 66(35)kV 内桥 005 断路器。

（35）检查 66(35)kV 内桥 005 断路器三相电流表计指示正确，电流 A 相＿＿＿ A、B 相＿＿＿ A、C 相＿＿＿ A。

（36）检查 66(35)kV 内桥 005 断路器分位监控信号指示正确。

（37）检查 66(35)kV 内桥保护测控装置断路器位置指示正确。

（38）检查 66(35)kV 内桥 005 断路器分位机械位置指示正确。

（39）将 66(35)kV 内桥 005 断路器操作方式开关由远方切至就地位置。

（40）检查 66(35)kV Ⅰ母线 TV 表计指示正确。

（41）合上 66(35)kV 内桥 005-QS1 隔离开关电动操作机构电源空气断路器。

（42）拉开 66(35)kV 内桥 005-QS1 隔离开关。

（43）拉开 66(35)kV 内桥 005-QS1 隔离开关电动操作机构电源空气断路器。

（44）合上 66(35)kV 内桥 005-QS2 隔离开关电动操作机构电源空气断路器。

（45）拉开 66(35)kV 内桥 005-QS2 隔离开关。

（46）拉开 66(35)kV 内桥 005-QS2 隔离开关电动操作机构电源空气断路器。

（47）合上 1 号主变压器 66(35)kV 侧 11-QS2 隔离开关电动操作机构电源空气断路器。

（48）拉开 1 号主变压器 66(35)kV 侧 11-QS2 隔离开关。

（49）拉开 1 号主变压器 66(35)kV 侧 11-QS2 隔离开关电动操作机构电源空气断路器。

（50）拉开 1 号主变压器 10kV 侧 002-QS2 隔离开关。

（51）拉开 1 号主变压器 10kV 侧 002-QS1 隔离开关。

（52）退出 1 号主变压器低后备出口跳 10kV 分段 006 断路器出口连接片。

（53）退出 1 号主变压器高后备出口跳 10kV 分段 006 断路器出口连接片。

（54）拉开 1 号主变压器保护电源空气断路器。

（55）拉开 1 号主变压器 10kV 侧 002 断路器控制直流电源空气断路器。

（56）拉开 1 号主变压器 10kV 侧 002 断路器储能电源空气断路器。

（57）拉开 66(35)kV Ⅰ母线 TV 二次空气断路器。

（58）合上 66(35)kV Ⅰ母线 TV12-QS2 隔离开关电机电源空气断路器。

（59）拉开 110kVⅠ段母线 TV12-QS2 隔离开关。

（60）拉开 66(35)kVⅠ母线 TV12-QS2 隔离开关电机电源空气断路器。

（61）在 66(35)kVⅠ进线 001-QS2 隔离开关至断路器侧三相验电确无电压。

（62）在 66(35)kVⅠ进线 001-QS2 隔离开关至断路器侧装设____号接地线。

（63）在 66(35)kVⅠ进线 001-QS2 隔离开关至母线侧三相验电确无电压。

（64）在 66(35)kVⅠ进线 001-QS2 隔离开关至母线侧装设____号接地线。

（65）拉开 66(35)kVⅠ进线 001 断路器控制直流电源空气断路器。

（66）拉开 66(35)kV 内桥 005 断路器控制直流电源空气断路器。

66(35)kVⅠ进线母线侧 001-QS2 隔离开关拒绝分闸故障检修结束恢复运行的具体操作步骤请读者考虑填写。

目标驱动七：处理 66(35)kV 线路侧（或母线侧）隔离开关拒绝合闸故障

××变电站一次设备接线方式如图 4-1 所示，××变电站高压侧为内桥接线（设备为常规敞开式布置），10kV 侧为单母分段接线（设备为常规开关柜）。

保护配置请见第四章第一节【模块一】目标驱动一中所述。

1. 现象

运维人员在执行"××变电站 66(35)kVⅠ进线送电"操作任务时，66(35)kVⅠ进线 001-QS1 隔离开关拒绝合闸。

2. 处理步骤

（1）当隔离开关无法闭合时，不得强行操作（特别是母线侧隔离开关），应立即停止操作。再次进行执行倒闸操作"四对照"程序，即核对设备的名称、位置、编号、拉合方向。

（2）操作人和监护人通过"四对照"程序共同确认无误后检查隔离开关合不开的原因，如检查轴销是否脱落，是否有楔栓退出、铸铁断裂等机械故障存在。在未查清原因前不应强行合上，否则可能造成人身伤害或设备损坏事故。

1）隔离开关合上后，触头接触不到位，应采取下列方法处理：

a. 属单相或差距不大时，隔离开关可采用相应电压等级的绝缘杆调整处理，并应注意绝缘杆与带电设备的角度，防止造成间或单相接地短路故障。

b. 如果属三相或单相差距较大时，应停电处理。

2）隔离开关合闸时如果发现卡涩，应检查传动机构，找出原因并消除后方可进行操作。

3）如果是操作电源、电动操作机构、电动机失电等原因造成隔离开关合不上且不能及时修复，则应改为手动操作。

4）如果是闭锁装置失灵造成隔离开关合不上且不能及时修复，则应执行防误装置解锁程序后解锁操作。

5）操作装设接地开关，当发现接地开关或断路器的机械联锁卡涩不能操作时，应立即停止操作并查明原因。

6）如果是以下原因造成隔离开关合不上，则应向调控中心申请停电检修，改变运行方式。

a. 操作机构冰冻，机构锈蚀，卡死。

b. 隔离开关动、静触头熔焊变形及瓷件破裂、断裂。

（3）运维人员应按照调控中心指令，根据本站异常、事故应急处理预案和本站现场运行规程规定进行处理。

（4）如果 66(35)kVⅠ进线线路侧 001-QS1 隔离开关拒绝合闸故障必须进行停电检修，可在调控中心指挥下进行上一级 66(35)kVⅠ进线线路、本站 66(35)kVⅠ进线设备间隔停电和本站改变运行方式操作。

操作步骤请见第四章第一节【模块一】中目标驱动六相关内容。

（5）如果 66(35)kVⅠ进线母线侧 001-QS2 隔离开关拒绝合闸故障必须进行停电检修，可在调控中心指挥下进行本站 66(35)kVⅠ进线设备间隔、1 号主变压器、66(35)kVⅠ母线停电和本站改变运行方式操作。

操作步骤请见第四章第一节【模块一】中目标驱动六相关内容。

危险预控 --

表 4 - 1　　　　　　　　　　　　　隔离开关异常处理

序号	隔离开关异常处理危险点	控　制　措　施
1	检查处理隔离开关异常现象时人身伤害	（1）严禁强行操作隔离开关绝缘子动、静触头熔焊变形及瓷件破裂、断裂或者隔离开关本体、机构严重卡滞的隔离开关。 （2）人员应避开绝缘子折断后的运动方向。 （3）避免对瓷件破裂、断裂的隔离开关造成振动。 （4）避免采用对瓷件破裂、断裂的隔离开关使其受力的操作方式
2	误操作引起事故扩大	（1）防误闭锁装置异常应立即处理，积极采取补救措施。 （2）操作中需要使用解锁钥匙或解除电气闭锁、逻辑闭锁，应执行防误操作规定，履行相关手续。 （3）当需要拉隔离开关隔离异常设备操作，应先检查断路器位置确证在开位后，再拉开隔离开关。 （4）异常处理时应保证保护使用的正确性，防止异常演变为事故。 （5）当需要用隔离开关解环操作时，应先将环路内的断路器控制电源断开。防止带负荷拉隔离开关

思维拓展 --

以下其他情景下的异常处理步骤请读者思考后写出：

（1）图 4 - 1 的运行方式下，"××变电站 1 号主变压器 10kV 侧 002-QS1 隔离开关过热"的处理步骤。

（2）图 4 - 1 的运行方式下，"××变电站 2 号主变压器 10kV 侧 004-QS2 隔离开关过热"的处理步骤。

（3）图 4 - 1 的运行方式下，"××变电站 10kVⅠ段母线 1 号站用变压器一次 32-QS2 隔离开关过热"的处理步骤。

（4）图 4 - 1 的运行方式下，"××变电站 1 号主变压器 66(35)kV 侧 11-QS2 隔离开关过热"的处理步骤。

（5）图 4 - 1 的运行方式下，"××变电站 66(35)kV 侧内桥 005-QS1 隔离开关过热"的处理步骤。

（6）图 4 - 1 的运行方式下，"××变电站 66(35)kV 侧内桥 005-QS2 隔离开关过热"的处理步骤。

(7) 图 4 - 1 的运行方式下，"××变电站消弧线圈间隔 00-QS1 隔离开关过热"的处理步骤。

(8) 图 4 - 1 的运行方式下，"××变电站 1 号主变压器 66(35)kV 侧 11-QS2 隔离开关外表破损或严重污闪"的处理步骤。

(9) 图 4 - 1 的运行方式下，"××变电站 66(35)kV 侧内桥 005-QS1 隔离开关外表破损或严重污闪"的处理步骤。

(10) 图 4 - 1 的运行方式下，"××变电站 66(35)kV 侧内桥 005-QS2 隔离开关外表破损或严重污闪"的处理步骤。

(11) 图 4 - 1 的运行方式下，"××变电站 66(35)kVⅡ母线 TV 一次 22-QS2 隔离开关外表破损或严重污闪"的处理步骤。

(12) 图 4 - 1 的运行方式下，"××变电站 66(35)kVⅡ进线 003-QS1 隔离开关外表破损或严重污闪"的处理步骤。

(13) 图 4 - 1 的运行方式下，"××变电站 66(35)kVⅡ进线 003-QS2 隔离开关外表破损或严重污闪"的处理步骤。

(14) 图 4 - 1 的运行方式下，"××变电站 1 号主变压器 10kV 侧 002-QS1 隔离开关拒绝拉闸"的处理步骤。

(15) 图 4 - 1 的运行方式下，"××变电站 2 号主变压器 10kV 侧 004-QS2 隔离开关拒绝拉闸"的处理步骤。

(16) 图 4 - 1 的运行方式下，"××变电站 10kVⅠ段母线 1 号站用变压器一次 32-QS2 隔离开关拒绝拉闸"的处理步骤。

(17) 图 4 - 1 的运行方式下，"××变电站 10kVⅠ段母线 TV 一次 31-QS2 隔离开关拒绝拉闸"的处理步骤。

(18) 图 4 - 1 的运行方式下，"××变电站 1 号主变压器 10kV 侧 002-QS1 隔离开关拒绝合闸"的处理步骤。

(19) 图 4 - 1 的运行方式下，"××变电站 2 号主变压器 10kV 侧 004-QS2 隔离开关拒绝合闸"的处理步骤。

(20) 图 4 - 1 的运行方式下，"××变电站 10kVⅠ段母线 1 号站用变压器一次 32-QS2 隔离开关拒绝合闸"的处理步骤。

(21) 图 4 - 1 的运行方式下，"××变电站 10kVⅠ段母线 TV 一次 31-QS2 隔离开关拒绝合闸"的处理步骤。

(22) 图 4 - 1 的运行方式下，"××变电站 1 号主变压器 66(35)kV 侧 11-QS2 隔离开关拒绝拉闸"的处理步骤。

(23) 图 4 - 1 的运行方式下，"××变电站 66(35)kV 侧内桥 005-QS1 隔离开关拒绝拉闸"的处理步骤。

(24) 图 4 - 1 的运行方式下，"××变电站 66(35)kV 侧内桥 005-QS2 隔离开关拒绝拉闸"的处理步骤。

(25) 图 4 - 1 的运行方式下，"××变电站 66(35)kVⅡ母线 TV 一次 22-QS2 隔离开关拒绝拉闸"的处理步骤。

（26）图 4-1 的运行方式下，"××变电站 66(35)kV Ⅱ进线 003-QS1 隔离开关拒绝拉闸"的处理步骤。

（27）图 4-1 的运行方式下，"××变电站 66(35)kV Ⅱ进线 003-QS2 隔离开关拒绝拉闸"的处理步骤。

（28）图 4-1 的运行方式下，"××变电站 1 号主变压器 66(35)kV 侧 11-QS2 隔离开关拒绝合闸"的处理步骤。

（29）图 4-1 的运行方式下，"××变电站 66(35)kV 侧内桥 005-QS1 隔离开关拒绝合闸"的处理步骤。

（30）图 4-1 的运行方式下，"××变电站 66(35)kV 侧内桥 005-QS2 隔离开关拒绝合闸"的处理步骤。

（31）图 4-1 的运行方式下，"××变电站 66(35)kV Ⅱ母线 TV 一次 22-QS2 隔离开关拒绝合闸"的处理步骤。

（32）图 4-1 的运行方式下，"××变电站 66(35)kV Ⅱ进线 003-QS1 隔离开关拒绝合闸"的处理步骤。

（33）图 4-1 的运行方式下，"××变电站 66(35)kV Ⅱ进线 003-QS2 隔离开关拒绝合闸"的处理步骤。

相关知识

1. 隔离开关接触部分过热的原因

隔离开关触头弹簧长期处于压紧或拉伸的工作状态会产生疲劳，慢慢失去弹性，甚至会产生永久变形，造成接触不良，使电阻增大，接触部分发热。隔离开关接触部分过热的原因主要有以下几个方面的原因：

（1）隔离开关接触面氧化，使接触电阻增大。这时候要及时检查，用 0 号砂纸清除触头表面氧化层，打磨接触面，增大接触面，并涂上中性凡士林。其次隔离开关拉、合过程中会引起电弧，烧伤触头，使接触电阻增大。或静刀片压紧弹簧压力不足，接触电阻增大。

（2）隔离开关触头系统设计不合理，防污秽能力差、锈蚀，以及使用凡士林、导电膏等都会影响隔离开关的导电性能。

（3）隔离开关导电杆或触指的镀银层的厚度、硬度及附着力不足，造成镀银层过早剥落、露铜从而造成发热，镀银层的附着力差和厚度不均，容易造成镀银层过早脱落露铜而导致过热，镀银层的硬度低也会造成耐磨性能差而过早出现露铜。对于高压隔离开关来说，其触头系统的镀银质量是关键技术指标，镀银层并非越厚越好，镀硬银提高镀银层的耐磨性能是关键。

（4）隔离开关静触头与刀片接触面积太小，或过负荷运行使隔离开关容量不足。如果因为在运行过程中电动力或合刀闸过程中用力不当，造成刀片与静触头接触面积太小，要调整刀片与静触头的中心线，使其在一条中心线上，如果过负荷运行则要更换容量更大的隔离开关。

（5）隔离开关合闸不到位或偏位所导致的接触不良，可造成隔离开关动静触头放电或烧熔粘连。主要是传动系统调试不当的问题，如折叠式隔离开关传动系统调整不好，就会造成合闸后动静触头偏向一边接触而导致接触不良。所以，高压隔离开关的安装和调试质量不但会影响动作可靠性，也会影响其导电性能。如果隔离开关操作不到位，使导电接触面变小，接触电阻超过规定值。因此，在合隔离开关时，操作后应仔细检查触头接触情况，如果合不到位要重新合，直到合到位。

2. 隔离开关其他导电部分过热的原因

（1）导线在风力的吹动下容易使连接螺栓松动，导致有效接触面积减小，连接处的接触电阻增大。

（2）隔离开关与导线连接处长期裸露在大气中运行，容易受到化学活性气体的影响和水分的侵蚀，在连接件的接触表面形成氧化膜，使氧化出的电阻增大。

（3）维护不到位或其他机械疲劳原因，也可能导致隔离开关分流软线断股严重甚至烧断，使导电回路电阻增大。

【模块二】 断路器及 GIS 设备异常分析及处理

核心知识

（1）断路器的作用。

（2）断路器的类型和结构。

（3）断路器操作机构类型。

（4）GIS 设备结构。

关键技能

（1）断路器及 GIS 设备发生异常时的正确处理原则和步骤。

（2）断路器操作机构发生异常时的正确处理原则和步骤。

（3）在处理断路器及操作机构、GIS 设备异常故障过程中，运维人员能够对潜在的危险点正确认知并能提前预控危险。

目标驱动

目标驱动一：处理运行中的 10kV 开关柜异常故障

××变电站一次设备接线方式如图 4-1 所示，××变电站高压侧为内桥接线（设备为常规敞开式布置），10kV 侧为单母分段接线（设备为常规开关柜）。

保护配置请见第四章第一节【模块一】目标驱动一中所述。

1. 现象

调控中心调控人员通过监控系统遥视或运维人员在例行巡视过程中发现"××变电站 10kV Ⅰ出线开关柜异常运行"。

2. 处理步骤

（1）无论是调控中心调控人员通过监控系统遥视，还是运维人员在例行巡视过程中发现"××变电站 10kV Ⅰ出线开关柜异常运行"情况，都应在第一时间相互通知，并记录时间及现象。

（2）运维操作队负责人组织运维操作队人员穿戴合格安全用具，对开关柜异常情况进行全面检查，并确定严重程度（必要时还需对高压室采取通风降温措施），但不允许运维操作队人员强行解锁，打开设备单元配电装置柜门。具体处理方法如下：

1）发生下列情况应立即报告调控中心，申请将断路器停运：

a. 电流互感器故障；

b. 电缆头故障；

c. 支持绝缘子爆裂；

d. 接头严重过热；

e. 断路器缺相运行；

f. 油断路器严重缺油、SF$_6$ 断路器严重漏气、真空断路器灭弧室故障（此时不允许操作断路器，考虑用上一级电源断路器停电）。

2）开关柜发生故障时，应及时对高压室进行事故排风。

3）开关柜内负载增长引起内部温升过高时，应加强监视、做好开关柜的通风降温，必要时应减负载。

（3）运维人员应按照调控中心指令，根据本站异常、事故应急处理预案和本站现场运行规程规定进行处理。

（4）如果××变电站 10kVⅠ出线发生"电流互感器故障、电缆头故障、支持绝缘子爆裂、接头严重过热、断路器缺相运行"等故障必须进行停电检修，可在调控中心指挥下进行操作。操作步骤如下：

1）调控中心对 10kVⅠ出线进行转移或减负荷（必要时通知相关重要用户）。

2）拉开 10kVⅠ出线 007 断路器。

3）检查 10kVⅠ出线 007 断路器分位监控信号指示正确。

4）检查 10kVⅠ出线 007 断路器分位机械位置指示正确。

5）检查 10kVⅠ出线 007 断路器三相电流表计指示正确，电流 A 相＿＿ A、B 相＿＿ A、C 相＿＿ A。

6）将 10kVⅠ出线 007 断路器操作方式开关由远方切至就地位置。

7）拉开 10kVⅠ出线 007-QS1 隔离开关。

8）拉开 10kVⅠ出线 007-QS2 隔离开关。

9）在 10kVⅠ出线 007-QS2 隔离开关至断路器侧三相验电确无电压。

10）在 10kVⅠ出线 007-QS2 隔离开关至断路器侧装设＿＿号接地线。

11）在 10kVⅠ出线 007-QS1 隔离开关至电流互感器侧三相验电确无电压。

12）在 10kVⅠ出线 007-QS1 隔离开关至电流互感器侧装设＿＿号接地线。

13）在 10kVⅠ出线 007-QS1 隔离开关至线路侧三相验电确无电压。

14）在 10kVⅠ出线 007-QS1 隔离开关至线路侧装设＿＿号接地线。

15）拉开 10kVⅠ出线 007 断路器控制直流电源空气断路器。

16）拉开 10kVⅠ出线 007 断路器保护直流电源空气断路器。

17）拉开 10kVⅠ出线 007 断路器储能电源空气断路器。

××66(35)kV 变电站 10kVⅠ出线开关柜异常检修结束恢复运行的具体操作步骤请读者考虑填写。

（5）如果××变电站 10kVⅠ出线发生"油断路器严重缺油、SF$_6$ 断路器严重漏气、真空断路器灭弧室故障"等故障必须进行停电检修，可在调控中心指挥下进行 10kVⅠ段母线停电操作（此时不允许操作断路器，考虑用上一级电源断路器停电）。具体操作步骤如下：

1）调控中心对 10kVⅠ段母线上所带负荷进行转移或减负荷（必要时通知相关重要用户）。

2）进行 10kV 站用电系统切换操作（具体操作步骤略）。

3）拉开 10kV 1 号站用变压器一次 32-QS2 隔离开关。

4）退出 10kV 备投装置功能（具体操作步骤略）。

5）退出母线负荷侧所有出线间隔（具体操作步骤略）。

6）断开母线电源侧断路器。

a. 拉开 1 号主变压器 10kV 侧 002 断路器。

b. 检查 2 号主变压器 10kV 侧 002 断路器分位监控信号指示正确。

c. 检查 2 号主变压器 10kV 侧 002 断路器分位机械位置指示正确。

d. 检查 2 号主变压器 10kV 侧 024 断路器三相电流表计指示正确，电流 A 相____ A、B 相____ A、C 相____ A。

e. 检查 10kVⅠ段母线电压表计指示正确。

f. 检查 10kV 分段 006 断路器分位监控信号指示正确。

g. 检查 10kV 分段 006 断路器分位机械位置指示正确。

h. 检查 10kV 分段 006 断路器三相电流表计指示正确，电流 A 相____ A、B 相____ A、C 相____ A。

7）将 10kVⅠ出线 007 断路器与系统进行隔离。

a. 检查 10kVⅠ出线 007 断路器三相电流表计指示正确，电流 A 相____ A、B 相____ A、C 相____ A。

b. 在 10kVⅠ出线 007-QS1 隔离开关至线路侧三相验电确无电压。

c. 将 10kVⅠ出线 007 断路器操作方式开关由远方切至就地位置。

d. 拉开 10kVⅠ出线 007-QS1 隔离开关。

e. 拉开 10kVⅠ出线 007-QS2 隔离开关。

8）断开所停母线 TV 间隔。

a. 拉开 10kVⅠ段母线 TV 二次空气断路器。

b. 拉开 10kVⅠ段母线 TV 一次 31-QS2 隔离开关。

9）做好 10kVⅠ出线 007 断路器及线路停电安措。

a. 在 10kVⅠ出线 007-QS2 隔离开关至断路器侧三相验电确无电压。

b. 在 10kVⅠ出线 007-QS2 隔离开关至断路器侧装设____号接地线。

c. 在 10kVⅠ出线 007-QS1 隔离开关至电流互感器侧三相验电确无电压。

d. 在 10kVⅠ出线 007-QS1 隔离开关至电流互感器侧装设____号接地线。

e. 在 10kVⅠ出线 007-QS1 隔离开关至线路侧三相验电确无电压。

f. 在 10kVⅠ出线 007-QS1 隔离开关至线路侧装设____号接地线。

g. 拉开 10kVⅠ出线 007 断路器控制直流电源空气断路器。

h. 拉开 10kVⅠ出线 007 断路器保护直流电源空气断路器。

i. 拉开 10kVⅠ出线 007 断路器储能电源空气断路器。

　　10kVⅠ出线开关柜具备检修条件后，既可以进行检修。但运维人员必须及时按调控中心及时将1号主变压器二次002断路器设备单元和10kVⅠ段母线及所带线路恢复送电。其具体操作步骤请读者考虑填写。

目标驱动二：处理运行中的断路器异常故障

　　××变电站一次设备接线方式如图4-1所示，××变电站高压侧为内桥接线（设备为常规敞开式布置），10kV侧为单母分段接线（设备为常规开关柜）。

　　保护配置请见第四章第一节【模块一】目标驱动一中所述。

　　1. 现象

　　调控中心调控人员通过监控系统遥视或运维人员在例行巡视过程中发现"××变电站35kVⅠ进线001断路器异常运行"。

　　2. 处理步骤

　　（1）无论是调控中心调控人员通过监控系统遥视，还是运维人员在例行巡视过程中发现"××变电站35kVⅠ进线001断路器异常运行"情况，都应在第一时间相互通知，并记录时间及现象。

　　（2）运维操作队负责人组织运维操作队人员穿戴合格安全用具，对断路器异常情况进行全面检查，并确定严重程度。其具体处理方法如下：

　　1）发生下列情况应立即报告调控中心，采取措施将申请将断路器停运：

　　a. 引线接头过热。

　　b. 断路器冒烟或内部有异常声响或有放电声。

　　c. 套管有严重破损和放电现象。

　　d. SF_6 断路器本体严重漏气，发出操作闭锁信号。

　　e. 少油断路器严重漏油，看不见油位。

　　f. 空气断路器内部有异常声响或严重漏气，压力下降。

　　g. 真空断路器（一般在35kV及以下电压等级的设备装置上应用）出现真空损坏"咝咝"声音。

　　h. 空气、液压机构失压，弹簧机构储能弹簧损坏。

　　注：除a项可用本断路器进行停电操作外，其他b~h项根据现场设备状况判断故障的严重程度，均不允许用本断路器进行停电操作。

　　2）SF_6 断路器的 SF_6 气体压力突然降低，并发出告警信息时，运维人员应根据具体情况进行正确处理。

　　SF_6 密度继电器结构示意图如图4-8（a）所示，SF_6 密度继电器内部结构简图如图4-8（b）所示。

　　a. 进入室外 SF_6 设备区，人员位置应在上风处。进入 SF_6 设备室内应提前开启排风设备，必要时应佩戴防毒面具。

　　b. 发出"分、合闸闭锁"信号时（在 SF_6 断路器设备上装有密度继电器监视，当断路器的气体压力下降到一定值时，监视断路器控制回路运行状况的红、绿灯熄灭，并发出告警信息，自动闭锁分、合闸回路，确保断路器可靠的运行和动作），严禁对该断路器进行操作。

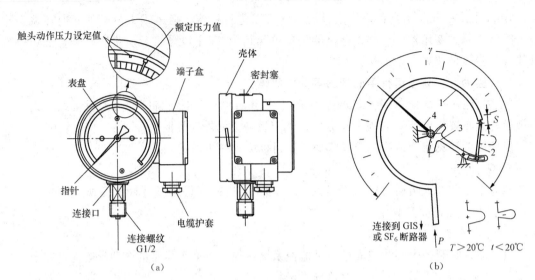

图 4 - 8　SF₆ 密度继电器内部结构简图

1—布尔登压力元件管；2—双金属片；3—运动部件；4—指针；S—末端位移

c. 若发现 SF$_6$ 气压突然降至零，应立即将该断路器闭锁（拉开其控制电源等），并报告调控中心和工区，及时采取措施，进行倒闸操作，断开上一级断路器，将该故障断路器停用、检修。

d. 若运行中 SF$_6$ 断路器发出"补气信号"，红、绿灯未熄灭，运维人员应立即到现场检查，如果压力表已降至"补气值"，同时漏气严重，应立即报告调控中心和工区，安排停用处理。此时注意，人不应蹲下，须开启排气风扇。若 SF$_6$ 检漏仪报警时，15min 内不准进入断路器室。如工作人员进入时，须戴防毒面具、防护手套和穿防护服。

e. 若运行中 SF$_6$ 断路器发出"补气信号"，红、绿灯未熄灭。如果压力表已降至"补气值"，但漏气不严重，应立即报告调控中心和工区。如果系统的原因不能停电时，可在保证安全的情况下（如开启排风扇等），将合格的 SF$_6$ 气体以补气处理，但必须加强监视，在适当时间，安排检查处理。

f. SF$_6$ 断路器漏气的主要原因有以下几点：瓷套与法兰胶合处，胶合不良；瓷套与胶垫连接处的胶垫老化或位置未放正；滑动密封处的密封圈损伤，或滑动杆光洁度不够；管接头处及自封阀处，固定不紧或有脏物；压力表，特别是接头处密封垫被损伤；焊缝渗漏；瓷套管破损。

3）当断路器所配弹簧机构分闸弹簧未储能时，严禁对该断路器进行分闸操作；合闸弹簧未储能时，严禁对该断路器进行合闸操作。如果可以在断路器正常运行状况下能够进行电动或手动储能，则可不需停电处理，否则需要停电处理。

4）当断路器所配液压机构打压频繁或突然失压时应申请停电处理，必须带电处理时，在未采取可靠防慢分措施前，严禁人为启动油泵。

5）真空断路器合闸送电时，发生弹跳现象应停止操作，不得强行试送。

（3）运维人员应按照调控中心指令，根据本站异常、事故应急处理预案和本站现场运行规程规定进行处理。

（4）如果"××变电站 35kV Ⅰ 进线 001 断路器异常运行"必须进行停电检修，且断路器可以操作时，可在调控中心指挥下进行本站66(35)kVⅠ进线设备间隔停电和本站改变运行方式操作（Ⅰ进线线路不需要停电）。具体操作步骤如下：

1）退出66(35)kV备投装置功能（具体操作步骤略）。

2）检查1号主变压器分接头在____位置，检查2号主变压器分接头在____位置。

3）合上66(35)kV内桥005断路器。

4）检查66(35)kV内桥005断路器合位监控信号指示正确。

5）检查66(35)kV内桥005断路器合位机械位置指示正确。

6）检查66(35)kV内桥005断路器三相电流表计指示正确，电流A相____A、B相____A、C相____A。

7）拉开66(35)kVⅠ进线001断路器。

8）检查66(35)kVⅠ进线001断路器分位监控信号指示正确。

9）检查66(35)kVⅠ进线001断路器分位机械位置指示正确。

10）检查66(35)kVⅠ进线001断路器三相电流表计指示正确，电流A相____A、B相____A、C相____A。

11）将66(35)kVⅠ进线001断路器操作方式开关由远方切至就地位置。

12）合上66(35)kVⅠ进线001-QS1隔离开关电动操作机构电源空气断路器。

13）拉开66(35)kVⅠ进线001-QS1隔离开关。

14）拉开66(35)kVⅠ进线001-QS1隔离开关电动操作机构电源空气断路器。

15）合上66(35)kVⅠ进线001-QS2隔离开关电动操作机构电源空气断路器。

16）拉开66(35)kVⅠ进线001-QS2隔离开关。

17）拉开66(35)kVⅠ进线001-QS2隔离开关电动操作机构电源空气断路器。

18）拉开66(35)kVⅠ进线TV二次空气断路器。

19）合上66(35)kVⅠ进线TV一次001-QS3隔离开关电动操作机构电源空气断路器。

20）拉开66(35)kVⅠ进线TV一次001-QS3隔离开关。

21）拉开66(35)kVⅠ进线TV一次001-QS3隔离开关电动操作机构电源空气断路器。

22）在66(35)kVⅠ进线001-QS2隔离开关至断路器侧三相验电确无电压。

23）在66(35)kVⅠ进线001-QS2隔离开关至断路器侧装设____号接地线。

24）在66(35)kVⅠ进线001-QS1断路器至电流互感器侧三相验电确无电压。

25）在66(35)kVⅠ进线001-QS1断路器至电流互感器侧装设____号接地线。

26）拉开66(35)kVⅠ进线001断路器控制直流电源空气断路器。

27）拉开66(35)kVⅠ进线001断路器储能电源空气断路器。

××66(35)kV变电站66(35)kVⅠ进线001断路器异常运行检修结束恢复运行的具体操作步骤请读者考虑填写。

（5）如果发生"××变电站35kVⅠ进线001断路器异常运行"，必须进行停电检修，且断路器不可以操作时，可在调控中心指挥下进行本站66(35)kVⅠ进线设备间隔、1号主变压器、66(35)kVⅠ母线停电和本站改变运行方式操作（必要时Ⅰ进线线路需要停电）。操作步骤如下：

1）拉开66(35)kVⅠ进线001断路器控制直流电源空气断路器。

2）拉开66(35)kVⅠ进线001断路器储能电源空气断路器。

　　3）退出 66(35)kV 备投装置功能（具体操作步骤略）。

　　4）合上 1 号主变压器侧消弧线圈 00-QS1 隔离开关电动操作机构电源空气断路器。

　　5）拉开 1 号主变压器侧消弧线圈 00-QS1 隔离开关。

　　6）拉开 1 号主变压器侧消弧线圈 00-QS1 隔离开关电动操作机构电源空气断路器。

　　7）合上 2 号主变压器侧消弧线圈 00-QS2 隔离开关电动操作机构电源空气断路器。

　　8）合上 2 号主变压器侧消弧线圈 00-QS2 隔离开关。

　　9）拉开 2 号主变压器侧消弧线圈 00-QS2 隔离开关电动操作机构电源空气断路器。

　　10）退出 10kV 备投装置功能（具体操作步骤略）。

　　11）检查 1 号主变压器负荷＿＿MVA，2 号主变压器负荷＿＿MVA。

　　12）检查 1 号主变分接头在＿＿位置，检查 2 号主变分接头在＿＿位置。

　　13）检查 66(35)kVⅡ进线 003 断路器确在合位。

　　14）检查 66(35)kVⅠ进线 001 断路器确在合位。

　　15）合上 66(35)kV 内桥 005 断路器。

　　16）检查 66(35)kV 内桥 005 断路器合位监控信号指示正确。

　　17）检查 66(35)kV 内桥 005 断路器合位机械位置指示正确。

　　18）检查 66(35)kV 内桥 005 断路器三相电流表计指示正确，电流 A 相＿＿A、B相＿＿A、C 相＿＿A。

　　19）检查在 10kV 分段 006 断路器热备用。

　　20）合上 10kV 分段 006 断路器。

　　21）检查 10kV 分段 006 断路器三相电流表计指示正确，电流 A 相＿＿A、B 相＿＿A、C 相＿＿A。

　　22）检查 10kV 分段 006 断路器合位监控信号指示正确。

　　23）检查 10kV 分段保护测控装置断路器位置指示正确。

　　24）检查 10kV 分段 006 断路器合位机械位置指示正确。

　　25）拉开 1 号主变压器 10kV 侧 002 断路器。

　　26）检查 1 号主变压器 10kV 侧 002 断路器三相电流表计指示正确，电流 A 相＿＿A、B 相＿＿A、C 相＿＿A。

　　27）检查 1 号主变压器 10kV 侧 002 断路器分位监控信号指示正确。

　　28）检查 1 号主变压器 10kV 侧保护测控装置断路器位置指示正确。

　　29）检查 1 号主变压器 10kV 侧 002 断路器分位机械位置指示正确。

　　30）将 1 号主变压器 10kV 侧 002 断路器操作方式开关由远方切至就地位置。

　　31）拉开 66(35)kV 内桥 005 断路器。

　　32）检查 66(35)kV 内桥 005 断路器三相电流表计指示正确，电流 A 相＿＿A、B相＿＿A、C 相＿＿A。

　　33）检查 66(35)kV 内桥 005 断路器分位监控信号指示正确。

　　34）检查 66(35)kV 内桥保护测控装置断路器位置指示正确。

　　35）检查 66(35)kV 内桥 005 断路器分位机械位置指示正确。

　　36）检查 66(35)kVⅠ母线 TV 表计指示正确。此时，66(35)kVⅠ进线上级线路已经停电。如果用Ⅰ进线 001-QS1 隔离开关拉开空载 1 号主变压器的操作满足隔离开关的操作原则和条件，可以用Ⅰ进线 001-QS1 隔离开关拉开空载 1 号主变压器，Ⅰ进线线路不需停电。否则，在拉开Ⅰ进线 001-QS1 隔离开关之前应确认Ⅰ进线线路已经停电。

37）将 66(35)kV 内桥 005 断路器操作方式开关由远方切至就地位置。

38）退出 1 号主变压器低后备出口跳 10kV 分段 006 断路器出口连接片。

39）退出 1 号主变压器高后备出口跳 10kV 分段 006 断路器出口连接片。

40）拉开 66(35)kVⅠ母线 TV 二次空气断路器。

41）在 66(35)kVⅠ进线 001-QS1 隔离开关至线路侧三相验电确无电压。

42）检查 66(35)kVⅠ进线 001 断路器三相电流表计指示正确，电流 A 相＿＿ A、B 相＿＿A、C 相＿＿ A。

43）将 66(35)kVⅠ进线 001 断路器操作方式开关由远方切至就地位置。

44）合上 66(35)kVⅠ进线 001-QS1 隔离开关电动操作机构电源空气断路器。

45）拉开 66(35)kVⅠ进线 001-QS1 隔离开关。在拉开 001-QS1 隔离开关之前，应先拉开 001 断路器。先拉开 001-QS1 隔离开关，违反"五防"逻辑。此项及以下的操作需要解锁操作，因此需要按程序请示、使用解锁工具，并应加强监护。

46）拉开 66(35)kVⅠ进线 001-QS1 隔离开关电动操作机构电源空气断路器。

47）拉开 66(35)kVⅠ进线 TV 二次空气断路器。

48）合上 66(35)kVⅠ进线 TV 一次 001-QS3 隔离开关电动操作机构电源空气断路器。

49）拉开 66(35)kVⅠ进线 TV 一次 001-QS3 隔离开关。

50）拉开 66(35)kVⅠ进线 TV 一次 001-QS3 隔离开关电动操作机构电源空气断路器。

51）合上 66(35)kVⅠ进线 001-QS2 隔离开关电动操作机构电源空气断路器。

52）拉开 66(35)kVⅠ进线 001-QS2 隔离开关。

53）拉开 66(35)kVⅠ进线 001-QS2 隔离开关电动操作机构电源空气断路器。

54）在 66(35)kVⅠ进线 001-QS2 隔离开关至断路器侧三相验电确无电压。

55）在 66(35)kVⅠ进线 001-QS2 隔离开关至断路器侧装设＿＿号接地线。

56）在 66(35)kVⅠ进线 001-QS1 断路器至电流互感器侧三相验电确无电压。

57）在 66(35)kVⅠ进线 001-QS1 断路器至电流互感器侧装设＿＿号接地线。

（6）在调控中心指挥下进行本站 1 号主变压器、66(35)kVⅠ母线恢复送电和本站改变运行方式操作。

操作步骤如下：

1）将 66(35)kV 内桥 005 断路器操作方式开关由就地切至远方位置。

2）投入 66(35)kV 内桥 005 断路器充电保护。

3）合上 66(35)kV 内桥 005 断路器。

4）检查 66(35)kV 内桥 005 断路器三相电流表计指示正确，电流 A 相＿＿ A、B 相＿＿A、C 相＿＿ A。

5）检查 66(35)kV 内桥 005 断路器合位监控信号指示正确。

6）检查 66(35)kV 内桥保护测控装置断路器位置指示正确。

7）检查 66(35)kV 内桥 005 断路器合位机械位置指示正确。

8）合上 66(35)kVⅠ母线 TV 二次空气断路器。

9）检查 66(35)kVⅠ母线 TV 表计指示正确。

10) 退出 66(35)kV 内桥 005 断路器充电保护。

11) 合上 1 号主变压器 10kV 侧 002 断路器。

12) 检查 1 号主变压器 10kV 侧 002 断路器三相电流表计指示正确，电流 A 相＿＿＿A、B 相＿＿＿A、C 相＿＿＿A。

13) 检查 1 号主变压器 10kV 侧 002 断路器合位监控信号指示正确。

14) 检查 1 号主变压器 10kV 侧保护测控装置断路器位置指示正确。

15) 检查 1 号主变压器 10kV 侧 002 断路器合位机械位置指示正确。

16) 拉开 10kV 分段 006 断路器。

17) 检查 10kV 分段 006 断路器三相电流表计指示正确，电流 A 相＿＿＿A、B 相＿＿＿A、C 相＿＿＿A。

18) 检查 10kV 分段 006 断路器分位监控信号指示正确。

19) 检查 10kV 分段保护测控装置断路器位置指示正确。

20) 检查 10kV 分段 006 断路器分位机械位置指示正确。

21) 投入 1 号主变压器低后备出口跳 10kV 分段 006 断路器出口连接片。

22) 投入 10kV 备投装置功能（具体操作步骤略）。

23) 闭合 2 号主变压器侧消弧线圈 00-QS2 隔离开关电动操作机构电源空气断路器。

24) 拉开 2 号主变压器侧消弧线圈 00-QS2 隔离开关。

25) 拉开 2 号主变压器侧消弧线圈 00-QS2 隔离开关电动操作机构电源空气断路器。

26) 合上 1 号主变压器侧消弧线圈 00-QS1 隔离开关电动操作机构电源空气断路器。

27) 合上 1 号主变压器侧消弧线圈 00-QS1 隔离开关。

28) 拉开 1 号主变压器侧消弧线圈 00-QS1 隔离开关电动操作机构电源空气断路器。

××66(35)kV 变电站 66(35)kV 进线间隔断面示意图如图 4-4 所示，××66(35)kV 变电站消弧线圈间隔断面示意图如图 4-5 所示，××66(35)kV 变电站 66(35)kV 内桥间隔断面示意图如图 4-6 所示，××66(35)kV 变电站 66(35)kV 主变进线-母线设备间隔断面示意图如图 4-7 所示。

目标驱动三：处理运行中的断路器操作机构异常故障

××变电站一次设备接线方式如图 4-1 所示，××变电站高压侧为内桥接线（设备为常规敞开式布置），10kV 侧为单母分段接线（设备为常规开关柜）。

保护配置请见第四章第一节【模块一】目标驱动一中所述。

1. 现象

调控中心调控人员通过监控系统遥视或运维人员在例行巡视过程中发现"××变电站Ⅰ进线 001 断路器操作机构异常运行"。

2. 处理步骤

(1) 无论是调控中心调控人员通过监控系统遥视，还是运维人员在例行巡视过程中发现"××变电站 35kVⅠ进线 001 断路器操作机构异常运行"情况，都应在第一时间相互通知，并记录时间及现象。

(2) 运维操作队负责人组织运维操作队人员穿戴合格安全用具，对断路器操作机构异常情况进行全面检查，并确定严重程度。其具体处理方法如下：

1) 如果断路器配置的是弹簧操作机构，在运行中发出"弹簧未储能"音响和告警信息时的处理。

弹簧操作机构（配直流电动机）断路器的控制电路如图 4-9 所示。

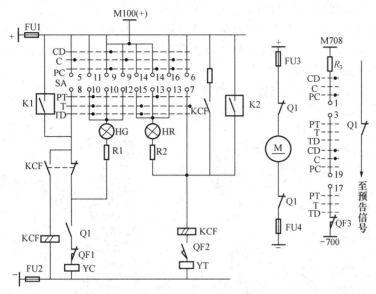

图 4-9　弹簧操作机构（配直流电动机）断路器的控制电路

a. 调控中心调控人员和运维操作队人员应共同配合检查确认"弹簧未储能"音响和告警信息是否正确。如果属于信息误发，应记录并上报。

断路器在合位，其弹簧操作机构的合、分闸弹簧均应在储能状态，如图 4-10（a）所示。

b. "弹簧未储能"音响和告警信息是由于弹簧损坏等机械原因造成，且不能操作本断路器时（特别是发生机构的分闸弹簧损坏未储能情况时，将闭锁断路器分闸。在一些设计中有"分闸闭锁"信息发出），应采用上一级电源的断路器停电或改变运行方式的方法进行处理。

如图 4-10（b）所示，如果分闸弹簧处于储能状态，而合闸弹簧处于未储能状态时，此机构能够保证进行断路器分闸动作，但不能进行断路器分闸后的合闸动作。此时，对于系统不需要断路器具备重合闸或备自投功能的弹簧操作机构，能够确保断路器具备跳闸功能时，可根据现场运行规程规定按计划处理，没有必要立即停电处理。

c. "弹簧未储能"音响和告警信息是由于储能回路电源失去或电源回路故障等电气原因造成时，运维人员应拉开储能电源空气断路器（或熔断器），进行一次手动储能。储能完毕，应将储能手柄取下，报告运维工区，检查处理。

弹簧操作机构（配直流电动机）断路器的控制电路如图 4-9 所示，弹簧操作机构合闸位置（合、分闸弹簧储能状态）如图 4-10（a）所示，弹簧操作机构合闸位置（合闸弹簧未储能状态）如图 4-10（b）所示，弹簧操作机构分闸位置（合闸弹簧储能状态）如图 4-10（c）所示。

2）如果断路器配置的是液压操作机构，在运行中发出"打压超时"音响和告警信息时的处理。液压操作机构（配交流电动机）断路器的控制电路如图 4-11（a）所示，常高压保持式液压操作机构系统的工作原理图如图 4-11（b）所示。

a. 调控中心调控人员和运维操作队人员应共同配合检查确认"打压超时"音响和告警信息是否正确。如果属于信息误发，应记录并上报。

b. 运维人员应立即到现场检查，注意电机是否仍然在运行，断路器液压油泵电机热继电器是否动作。如果电机仍然在运行（原因可能是油泵电动机动作继电器主触点粘住，或液压机构的启动油泵电动机运行的微动开关接通后不返回），应立即断开油泵电源空气断路器或熔断器，并核对监视压力表指示。

c. 运维人员应检查高压释放阀是否关严，如果高压释放阀没有关严，运维人员应立即将高压释放阀关严，待"打压超时"信号消失后，关严断路器液压机构箱门。

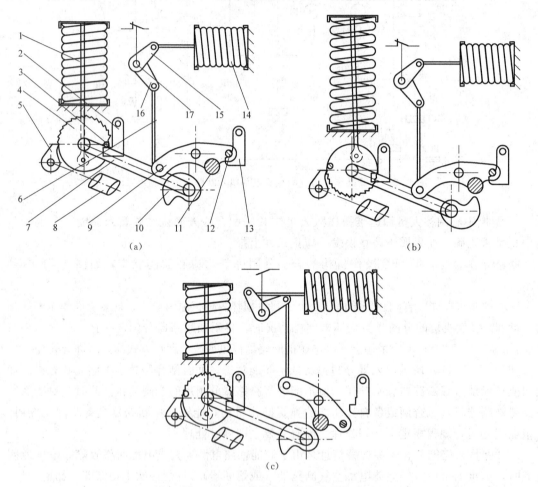

图 4-10　弹簧操作机构合分闸位置

（a）合、分闸弹簧储能状态；（b）分闸弹簧未储能状态；（c）合闸弹簧储能状态

1—合闸弹簧；2—合闸脱扣器；3—合闸止位销；4—棘轮；5—棘爪；6—拉杆；

7—传动轴；8—储能电机；9—主拐臂；10—凸轮；11—滚子；12—分闸止位销；

13—分闸脱扣器；14—分闸弹簧；15—分闸弹簧拐臂；16—传动拐臂；17—主传动轴

d. 检查油泵电源是否正常，如果存在熔断器熔断、熔断器接触不良、端子松动等原因造成的电机电源缺相故障，应立即进行更换或检修处理。

e. 检查电机有无发热现象，如果发热情况严重，则不允许立即合上油泵电源空气断路器或熔断器使电机继续运行。

f. 如果电机外表和温度正常，电源正常，热继电器已复归，当合上电源开关且机构压力低需要进行补充压力时，油泵应恢复正常启动打压功能。如果出现电机不启动或有发热、冒烟、焦臭等故障现象，则说明电机已故障损坏。如果电机启动打压不停止，电机无明显异常，液压机构压力表无明显下降，可判明油泵故障或机构油管内有严重漏油现象，<u>应立即断开电机电源</u>。

g. 当确定是电机或油泵故障时，可用手动泵进行打压至额定值。

h. 当发生电机和油泵故障或管道严重泄漏时，应报危急缺陷申请检修，并采取相应的措施。

3) 如果断路器配置的是液压操作机构，在运行中发出"合闸闭锁"音响和告警信息时的处理。液压操作机构（配交流电动机）断路器的控制电路如图 4 - 11 所示。

a. 调控中心调控人员和运维操作队人员应共同配合检查确认"合闸闭锁"音响和告警信息是否正确。如果属于信息误发，应记录并上报。

b. 检查高压释放阀是否关严。如果没关严将使高压油流回到油箱，无法建立油压。应关严高压释放阀并启动油泵电动机运转，建立油压至正常值，"合闸闭锁"信号会自动消失。

如果高压释放阀已经关严，储压筒活塞杆处在油泵停止位置，经检查液压机构无其他异常现象发生，即可判断"合闸闭锁"为氮气泄漏造成，应汇报调控中心，用肥皂水检查出漏点进行补焊处理。

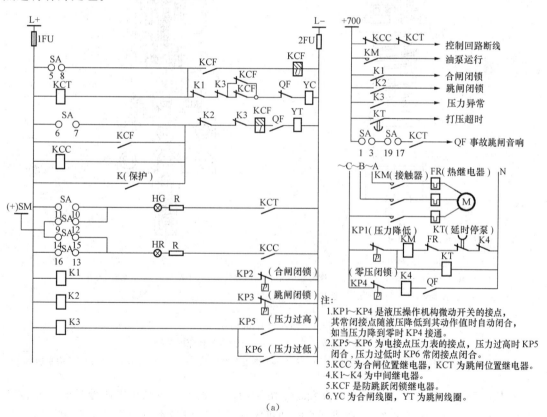

(a)

图 4 - 11　液压操作机构（一）

（a）液压操作机构（配交流电动机）断路器的控制电路

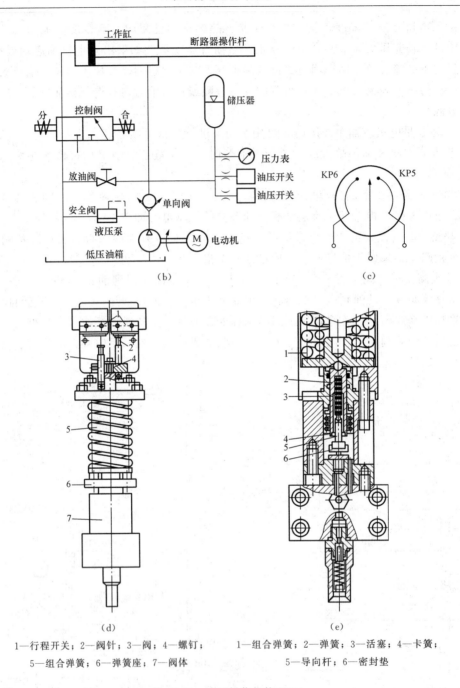

1—行程开关；2—阀针；3—阀；4—螺钉；　　　1—组合弹簧；2—弹簧；3—活塞；4—卡簧；

5—组合弹簧；6—弹簧座；7—阀体　　　　　　5—导向杆；6—密封垫

图 4-11　液压操作机构（二）

（b）常高压保持式液压操作机构系统的工作原理图；

（c）液压操作机构电接点压力表接线示意图；（d）液体压力继电器结构原理图；（e）液体压力安全阀结构原理图

　　c. 检查油泵电源是否正常。经检查发现是由于液压机构油泵电动机电源熔断器熔断或空气开关跳闸（或漏投电源开关），造成油泵电动机无法运转，应检查电动机及油泵无异常后恢复其电源。此时，如果油泵电动机运转正常，液压机构油压恢复正常后油泵电动机停转。

　　d. 经检查发现断路器液压机构油压力降低到油泵电动机启动打压，待油压正常后，合闸闭锁微动开关出现故障不能断开，造成信号发出。应汇报调控中心，更换或维修合闸闭锁微动开关。

e. 经检查发现合闸闭锁继电器触点误动作，造成信号发出。应汇报调控中心，更换或维修合闸闭锁继电器。液体压力继电器结构原理图如图 4-11 (d) 所示。

f. 检查油泵电动机及电气回路。经检查发现油泵电动机电源正常，油泵电动机启动触点接通，但油泵电动机不启动打压，则说明油泵电动机有故障。

g. 经检查没有发现液压机构外部异常且能听到液压机构内部有放油的声音时，可能是安全阀在额定油压下动作，将高压油释放回油箱，造成频繁打压。应立即拉开油泵电动机电源空气开关，汇报调控中心，应对液压机构解体检修处理。液体压力安全阀结构原理图如图 4-11 (e) 所示。

h. 经检查发现液压机构箱中底部有油迹，说明液压机构高压油路中有外泄现象，此时运维人员应详细检查液压机构高压油路泄漏程度。如果严重泄漏，则禁止打压，应立即拉开油泵电动机的电源空气开关，应汇报调控中心，针对具体泄漏故障点进行检修。

4）如果断路器配置的是液压操作机构，在运行中发出"分闸闭锁"音响和告警信息时的处理。

a. 除参照液压操作机构"合闸闭锁"异常处理方法外，液压机构的断路器发出"分闸闭锁"信号时，运维人员应采用应迅速检查液压的压力值，如果压力值确实已降到低于分闸闭锁值（包括压力值降到 0 时），实际此时液压操作机构应该同时出现"合闸闭锁"、"分闸闭锁"信号，应立即做好防止断路器慢分措施。即采取断开油泵电源熔断器和断路器操作电源；利用断路器上的机械闭锁装置，将断路器锁紧在合闸位置上；退出有关保护的连接片等措施，并及时向调控中心调控人员报告，并做好转移负荷或改变运行方式的准备。

b. 当断路器所配液压机构打压频繁或突然失压时应申请停电处理。必须带电处理时，在未采取可靠防慢分措施前，严禁人为启动油泵。

5）如果断路器配置的是液压操作机构，在运行中发出"压力异常"音响和告警信息时的处理。

液压操作机构（配交流电动机）断路器的控制电路如图 4-11 (a) 所示，液压操作机构电接点压力表接线示意图如图 4-11 (c) 所示。

液压操作机构发出"压力异常"信息是由压力表所反映的液压操作机构压力值低于或高于规定限值（分别通过一对电接点接通实现信息传输）的一种表现形式。调控中心调控人员和运维操作队人员应共同配合检查确认"压力异常"音响和告警信息是否正确。如果属于信息误发，应记录并上报。

a. 压力值低于规定限值时，则证明油泵启动压力建立不起来，通过检查确认确系液压机构"压力异常"，并有"合闸闭锁"和"分闸闭锁"音响和告警信息同时出现。其常见异常的处理方法如下：

（a）液压机构储能桶漏氮。应立即拉开油泵电动机电源空气开关，汇报调控中心，应对液压机构解体检修处理。

（b）冬季气温过低电热不热或机构箱门不严或机构箱保温措施不到位。应立即投入液压机构电热，关严箱门。

（c）高压释放阀不严密。应关严高压释放阀并启动油泵电动机运转，建立油压至正常值，"合闸闭锁"信号会自动消失。

除上述异常情况处理方法外，其他异常情况处理方法运维人员应参照液压操作机构"分闸闭锁"和"合闸闭锁"异常处理方法。

b. 压力值高于规定限值，通过检查确认确系液压机构"压力异常"。其常见异常的处理方法如下：

（a）油泵电源回路故障（如油泵运行停止微动开关粘住不返回）使油泵打压不止，此时运维人员应立即断开油泵电源熔断器或空气开关，否则将会造成液压机构油箱内的高压阀动作或机构损坏漏油。如果检查液压机构可以继续运行，可将压力释放至额定值，按计划对液压操作机构"压力异常"缺陷进行处理。加强监视。

（b）断路器液压机构油压力异常升高时，如果检查发现储压筒行程杆位置停留在油泵停止位置，即可判断"压力异常"为高压油进入氮气腔造成，应汇报调控中心，需要对液压机构解体检修更换储压筒密封圈。

（c）夏季温度升高使液压机构油压力异常升高时，应检查液压机构电热是否按规定退出。

c. 若检查发现只有"压力异常"音响和告警信息，并没有伴随出线"合闸闭锁"和"分闸闭锁"音响和告警信息，且液压机构无其他异常现象，很有可能是电接点压力表表针松动电接点误接或压力异常继电器触点误动作造成。应汇报调控中心，需要对相应电接点进行维护调整。

6）如果断路器配置的是电磁操作机构（如果 10kV 开关柜配有电磁操作机构，其异常处理方法可参照此例），在运行中异常时的处理。

电磁操作机构断路器的控制电路如图 4-12 所示。

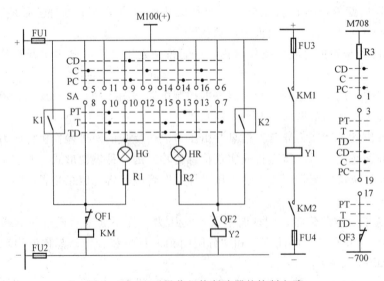

图 4-12　电磁操作机构断路器的控制电路

a. 电磁操作机构拒分和拒合时应检查是否存在以下问题：

（a）分闸回路、合闸回路不通。

（b）"远方/近控"操作把手位置与操作方式不对应。

（c）分、合闸绕组断线或匝间短路。

（d）转换开关没有切换或接触不良。

（e）机构转换节点太快。

（f）机构机械部分故障。如合闸铁芯行程和冲程不当，合闸铁芯卡涩，卡板未复归或扣入深度过小等，调节止钉松动、变位等。

b. 当继电保护自动装置动作后，断路器配用电磁式操作机构出现分、合闸线圈严重过热、有焦味、冒烟时应检查是否存在以下问题：

（a）合闸接触器本身卡涩或粘连。

（b）操作把手的合闸触点断不开。

（c）重合闸辅助触点粘连。

（d）防跳跃闪锁继电器失灵，或动断触点粘连。

（e）断路器的常闭辅助触点打不开，或合闸中机械原因铁芯卡住。

c. 为了防止合闸线圈通电时间过长，在倒闸操作中发现合闸接触器"保持"，应迅速拉开断路器操作电源空气开关（或熔断器），或拉开合闸电源开关。但不得用手直接拉开合闸熔断器，以防合闸电弧伤人。

是停电处理还是可以带电处理需要视现场的具体情况而定，但在上述问题中除了"远方/近控"操作把手位置与操作方式不对应的问题可以立即得到处理外，其他的问题基本都需要停电处理。

目标驱动四：处理运行中的 GIS 设备异常故障

××变电站一次设备接线方式如图 4-13 所示（运行方式：Ⅰ进线 101 断路器代 1 号主变压器、10kV Ⅰ段母线运行，Ⅱ进线 102 断路器代 2 号主变压器、10kV Ⅱ段母线运行，内桥 100 断路器、10kV 分段 000 断路器热备用），××变电站高压侧为内桥接线（GIS 设备），10kV 侧为单母分段接线（小车开关柜）。

保护配置请见第四章第一节【模块一】目标驱动一中所述。

1. 现象

调控中心调控人员通过监控系统遥视或运维人员在例行巡视过程中发现"××变电站高压侧 GIS 设备异常运行"。

2. 处理步骤

（1）无论是调控中心调控人员通过监控系统遥视，还是运维人员在例行巡视过程中发现"××变电站高压侧 GIS 设备异常运行"情况，都应在第一时间相互通知，并记录时间及现象。

（2）运维操作队负责人组织运维操作队人员穿戴合格安全用具，对 GIS 设备异常情况进行全面检查，并确定严重程度。其具体处理方法如下：

1）SF_6 气体大量外泄，进行紧急处理时应注意以下事项：

a. 工作人员进入漏气 GIS 设备室或户外 GIS 设备 10m 内，必须穿防护服、戴防护手套及防毒面具。

b. 进入室外 GIS 设备区工作，应站在室外 GIS 设备上风处。

c. 进入 GIS 设备室内工作，应开启排风装置 15min 后方可进入。

2）如果有下列情况，应立即报告调控中心和工区，申请将 GIS 设备停运。

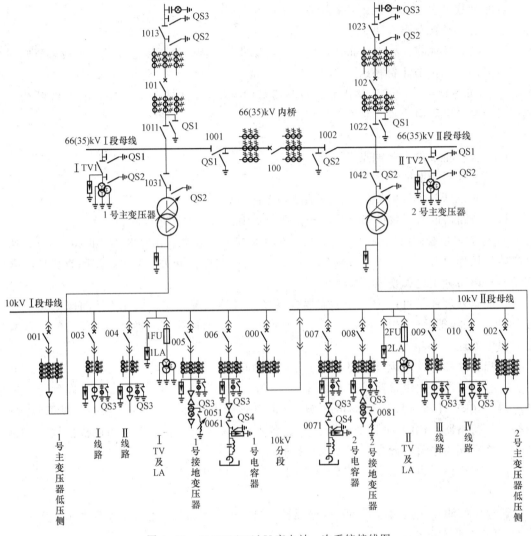

图 4-13　××66(35)kV 变电站一次系统接线图

　　a. 设备外壳破裂或严重变形、过热、冒烟。

　　b. 防爆隔膜或压力释放器动作。

　　3）GIS 设备运行中发生 SF_6 气体泄漏时，应采用下列方法查找处理：

　　a. 以发泡液法或气体检漏仪对管道接口、阀门、法兰罩、盆式绝缘子等进行漏气部位查找。

　　b. 确认有 SF_6 气体泄漏，将情况报告调度并加强监视。

　　c. 发出"压力异常"、"压力闭锁"信号时，应检查表计读数，判断继电器或二次回路有无误动。

　　d. 如果确认气体压力下降发出"压力异常"信号，应对漏气室及其相关连接的管道进行检查；在确认泄漏气室后，关闭与该气室相连接的所有气室管道阀门，并监视该气室的压力变化，尽快采取措施处理。如果确认气体压力下降发出"压力闭锁"信号且已闭锁操作回路，应将操作电源拉开，闭锁操作机构，并立即报告控中心，采用拉开上一级断路器停电或改变运行方式的方法进行处理。

4）GIS 设备运行中操作机构发生异常时的处理方法请参照第四章第一节【模块二】目标驱动三的处理方法。

危险预控 -

表 4 - 2　　　　　　　　　　　　**断路器及 GIS 设备异常**

序号	断路器及 GIS 设备异常处理危险点	控　制　措　施
1	检查处理断路器及 GIS 设备异常现象时人身伤害	（1）严禁操作或采取技术措施强行操作进入异常闭锁状态的断路器。 （2）断路器设备异常闭锁时，应立即拉开该断路器的操作电源。 （3）用小车断路器隔离异常设备操作，应先检查小车位置确证在开位后（可通过设备机械位置指示、电气指示、带电显示装置、仪表及各种遥测、遥信等信号的变化来判断，判断时，应有两个及以上的指示，且所有指示均已同时发生对应变化，才能确认该设备已操作到位）。小车方可拉出。 （4）小车断路器如出现异常，已禁止操作，小车应在停电后方可拉出。 （5）当真空断路器灭弧室有"吱吱"声或断开时发出橘红色光时，一切人员应立即撤离现场。 （6）检查 GIS 设备时，应远离防爆膜。 （7）接近 SF$_6$ 气体泄漏的设备，必要时应戴防毒面具、穿 SF$_6$ 防护服。 （8）室内 SF$_6$ 设备发生泄漏时，除应按事故处理预案相关处理原则和方法进行处理，还应开启通风 15min 后方可进入。 （9）室外 SF$_6$ 设备发生泄漏时，接近设备时应谨慎，应选择从"上风"方位接近设备。 （10）一切人员禁止徒手触碰 SF$_6$ 气体泄漏破损处
2	误操作引起事故扩大	（1）防误闭锁装置异常应立即处理，积极采取补救措施。 （2）操作中需要使用解锁钥匙或解除电气闭锁、逻辑闭锁，应执行防误操作规定，履行相关手续。 （3）当需要拉开断路器、隔离开关隔离异常设备操作，应先检查断路器位置确证在开位后，再拉开隔离开关。 （4）异常处理时应保证保护使用的正确性，防止异常演变为事故。 （5）当断路器闭锁后需要用隔离开关解环操作时，应先将环路内的断路器控制电源断开。防止带负荷拉隔离开关

思维拓展 -

以下其他情景下的异常处理步骤请读者思考后写出：

（1）图 4 - 1 的运行方式下，"××变电站 1 号主变压器 10kV 侧 002 开关柜异常运行"的处理步骤。

（2）图 4 - 1 的运行方式下，"××变电站 10kV 2 号站用变开关柜异常运行"的处理步骤。

（3）图 4 - 1 的运行方式下，"××变电站 10kVⅡ段母线 TV 开关柜异常运行"的处理步骤。

（4）图 4 - 1 的运行方式下，"××变电站 10kV 分段 006 开关柜异常运行"的处理步骤。

（5）图 4 - 1 的运行方式下，"××变电站 66(35)kVⅠ进线 001 断路器异常运行"的处理步骤。

（6）图4-1的运行方式下，"××变电站66(35)kV内桥005断路器异常运行"的处理步骤。

（7）图4-1的运行方式下，"××变电站66(35)kVⅡ进线003断路器异常运行"的处理步骤。

相关知识 ---

1. 断路器电磁机构控制回路分析

电磁操作机构断路器的控制电路如图4-12所示，LW2型控制开关位置示意图如图4-14所示。

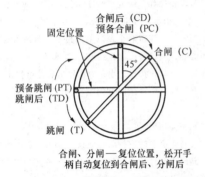

图4-14　LW2型控制开关位置示意图

（1）手动合闸操作。合闸前，断路器处于分闸位置，QF1、QF3闭合，QF2断开，SA处于"跳闸后"位置，正电源（＋）经FU1→SA（11−10）→HG→R1→QF1→KM→FU2→负电源（−）形成通路，绿灯HG发平光。此时合闸接触器KM线圈两端虽有一定电压，但由于HG和R1的分压作用，不足以使合闸接触器动作；绿灯亮不仅反映断路器位置，同时监视合闸回路完整性。

将SA操作手柄顺时针方向旋转90°到预备合闸位置，此时HG经SA（9-10）接至闪光小母线M100（＋）上，绿灯HG闪光。

核对无误后，将SA手柄顺时针旋转45°到"合闸"位置，SA（5-8）接通，合闸接触器KM加上全电压励磁动作，其主触头KM1、KM2闭合，使Y1励磁动作，操作机构使断路器合闸，同时辅助动断接点QF1断开，HG熄灭、辅助动合接点QF2闭合，电流经（＋）→FU1→SA（16-13）→HR→R2→Y2→FU2到（−），红灯HR发平光。

运行人员见红灯HR发平光后，松开SA手柄，SA回到"合闸后"位置，此时电流经（＋）→FU1→SA（16-13）→HR→R2→QF2→Y2→FU2到（−），红灯HR发平光。

（2）手动跳闸闸操作。跳闸前，断路器处于合位，QF2闭合，QF1、QF3断开，SA处于"合闸后"位置，正电源（＋）经FU2→SA（16-13）→HR→R2→QF2→Y2→FU2→负电源（−）形成通路，红灯HR发平光。此时跳闸线圈Y2线圈两端虽有一定电压，但由于HR和R2的分压作用，不足以使跳闸线圈励磁动作；红灯亮不仅反映断路器位置，同时监视跳闸回路完整性。

将SA操作手柄逆时针方向旋转90°到预备跳闸位置，此时HR经SA（14-8）接至闪光小母线M100（＋）上，红灯HR闪光。

核对无误后，将SA手柄逆时针旋转45°到"跳闸"位置，SA（6-7）接通，使Y2励磁动作，操作机构使断路器跳闸，同时辅助动合接点QF2延时断开，红灯HR熄灭、辅助动断接点QF1、QF3闭合，电流经（＋）→FU1→SA（11-10）→HG→R1→QF1→KM→FU2到（−），绿灯HG发平光。

运行人员见绿灯HG发平光后，松开SA手柄，SA回到"跳闸后"位置，此时电流经

（＋）→FU1→SA（11-10）→HG→R1→QF1→KM→FU2 到（－），绿灯 HG 发平光。

（3）事故跳闸。自动跳闸前，断路器处于合位，控制开关处于"合闸后"状态，HR 平光。

当一次回路发生故障相应继电保护动作后，K2 闭合，短接了 HR 和 R2 回路，使 Y2 加上电压励磁动作，断路器跳闸；QF2 断开，HR 熄灭；QF1 闭合，HG 闪光。QF3 闭合，中央事故信号装置蜂鸣器 HAU 发出了事故音响信号，表明断路器已事故跳闸。

（4）自动合闸。自动合闸前，断路器处在跳闸位置，控制开关处于"合闸后"位置，HG 闪光。

当自动装置动作使 K1 闭合时，短接了 HG 和 R1，KM 加上全电压励磁动作，使断路器合闸。合闸后 QF1 断开，绿灯 HG 熄灭，QF2 闭合，红灯 HR 发平光，同时自动装置将启动中央信号装置发出警铃声和相应的光字牌信号，表明该断路器自动投入。

2. 断路器弹簧机构控制电路分析

弹簧操作机构（配直流电动机）断路器的控制电路如图 4-9 所示。

（1）当断路器无自动重合闸装置时，在其合闸回路中串有操作机构的辅助动合触点 Q1。只有在弹簧储能、Q1 闭合后，才允许合闸。

（2）当弹簧未储能时，储能电机启动回路两对辅助动断触点 Q1 闭合，启动电动机 M，使合闸弹簧储能。弹簧储能后，两对动断触点 Q1 断开，合闸回路中的辅助动合触点 Q1 闭合，电动机 M 停止转动。此时，方可进行合闸操作，断路器利用弹簧储存的能量进行合闸，合闸弹簧释放能量后，又自动储能，为下次动作做准备。

（3）当断路器装有自动重合闸装置时，由于合闸弹簧正常运行处于储能状态，所以能可靠地完成一次重合闸的动作。如果重合不成功又跳闸，将不能进行二次重合。为了保证可靠"防跳"，电路中装有防跳设施。

（4）防跳继电器 KCF 的动合触头经电阻 R4 与保护出口继电器触头 K2 并联的作用：断路器由继电保护动作跳闸时，其触头 K2 可能较辅助动合触头 QF 先断开，从而烧毁触点 K2。动合触点 KCF 与之并联，在保护跳闸的同时防跳继电器 KCF 动作并通过另一对动合触点自保持。

3. 断路器液压机构控制电路分析

断路器液压机构如图 4-11 所示。

（1）为保证断路器可靠工作，油的正常压力应在允许范围之内。运行中，由于漏油或其他原因造成油压小于一定值时，微动开关触头 KP1 闭合，使接触器 KM 线圈带电，其主触头闭合，启动油泵电动机 M；同时时间继电器（KT）线圈励磁，其动断接点延时断开，接触器 KM 线圈失电，其主触头断开，油泵电动机 M 停止运转，维持了液压在要求的范围内。

（2）当油压继续降低时，微动开关触点 KP2 接通，中间继电器 K1 线圈励磁，其动合接点闭合发合闸闭锁信号；动断接点断开，切断合闸回路。

（3）当油压继续降低时，微动开关触点 KP3 接通，中间继电器 K2 线圈励磁，其动合接点闭合发分闸闭锁信号；动断接点断开，切断分闸回路。

（4）当油压继续降低为 0 时，微动开关触点 KP4 接通，中间继电器 K4 线圈励磁，其动断接点断开，切断油泵打压电源回路。

（5）当压力异常到降低或异常升高时，压力表触点 KP6 或 KP5 闭合，启动中间继电器

K3，其动合接点闭合发压力异常信号。

　　4. 断路器弹簧操作机构各部件的作用

　　弹簧操作机构合、分闸位置分别如图 4-10 所示。

　　(1) 合闸弹簧：它比分闸弹簧要大一些，弹簧的弹力也相对大一些，这主要是因为弹簧在合闸的同时要给分闸弹簧储能，对其操作功率要求要高一点。

　　(2) 合闸脱扣器：合闸时，将合闸弹簧预储存的能量释放出来，实现弹簧合闸，而脱扣器的能量主要来自合闸线圈，当合闸线圈受到合闸的信号之后，立即动作于合闸脱扣器动作。

　　(3) 合闸止位销：合闸弹簧在预合储能的时，当储能电机带动棘轮既定位置，合闸止位销动作，将弹簧能量储存在既定的状态。

　　(4) 棘轮：带动合闸弹簧的拉杆弹簧压缩储能，并且棘轮上面还安装有能够控制行程开关的部件，当棘轮转动到既定地方时，它会自动将行程开关断开，使电机停止工作。

　　(5) 棘爪：棘爪是与棘轮相配合作用的，棘轮转动的过程当中，棘爪总是一格一格进行定位，并发出滴答滴答的声响。

　　(6) 拉杆：作用很简单，就是实现能量的传递。

　　(7) 传动轴：由钢铸造而成，同拉杆一样，实现一些动作部件的连接。

　　(8) 储能电机：它是动力的源泉，为合闸线圈的储能提供动力。

　　(9) 减速器：由于电动机的转速很快，而齿轮等转动的速度却比较慢，为了实现两者之间的协调。因此，要让电动机的速度降下来。

　　(10) 主拐臂：是为了实现三相联动凸轮，分闸装置里面的一部分，与滚子等部件组成一个整体。

　　(11) 其他：另外的分闸止位销，分闸脱扣器，均与合闸时作用相同，只是方向相反而已。

　　1) 合闸弹簧储能操作。当断路器合闸操作完毕时，限位开关将储能电机接通，电动机带动棘爪推动棘轮顺时针旋转，通过拉杆将合闸弹簧储能，棘轮过死点后，在合闸弹簧力的作用下棘轮受到顺时针的力矩，但合闸脱扣器又将棘轮上的合闸止位销锁住，从而将机构保持在合闸预备状态。

　　2) 合闸操作。弹簧机构处于分位且合闸弹簧已储能。当合闸电磁铁受电动作后，合闸脱扣器释放棘轮上的合闸止位销，在合闸弹簧的作用下，棘轮通过传动轴带动凸轮顺时针旋转，凸轮推动主拐臂上滚子，从而带动主拐臂旋转，并通过拉杆带动传拐臂顺时针旋转，传动拐臂旋转时不仅带动拐臂盒中的主传动轴顺时针旋转将断路器本体合闸，并带动分闸弹簧拐臂对分闸弹簧储能。当断路器合闸到位后，分闸脱扣器又将主拐臂上的分闸止位销锁住，从而保持断路器本体在合闸位置和分闸弹簧在压缩储能状态。

　　5. 断路器弹簧操作机构的特点

　　(1) 优点。

　　1) 合、分闸电流都不大，一般为 1.5～2.5A，要求电源的容量也不大。

　　2) 既可远方电动储能，电动合、分闸，也可就地手动储能，手动合、分闸，因此，在直流电源消失的情况下也可手动合、分操作。

　　3) 动作快，且能快速自动重合闸。

4）无论合闸弹簧的状态如何（只要分闸弹簧储能），断路器都可以完成分闸操作。

5）可进行大量的机械开断操作。

（2）缺点。

1）结构较复杂，冲力大，构件强度要求高。弹簧机构经常发生拒绝电动合闸的情况，主要原因在于，电动储能不到位，挂簧拐臂还没有过死点位置，行程开关便将储能电机电源切除，这时将无法实现电动合闸。由于操作合闸按键后，断路器拒绝合闸，辅助开关不能及时切除合闸回路，经常引起合闸线圈长期带电而烧毁合闸线圈或行程开关。

2）跳闸后分闸不到位，合、分闸指针指在合、分位置中间，因此，无法确认断路器是否确已分开，动静触头开距是否符合要求，不得已只好用上一级断路器将其切除，造成暂时的大面积停电，延误了送电时间，将事故扩大。

【模块三】 电流互感器异常分析及处理

核心知识

（1）电流互感器的异常类型。

（2）电流互感器的作用。

关键技能

（1）电流互感器发生异常时的正确处理原则和步骤。

（2）在处理电流互感器异常故障过程中，运维人员能够对潜在的危险点正确认知并能提前预控危险。

目标驱动

目标驱动一：处理运行中的 66(35)kV 电流互感器异常故障

××变电站一次设备接线方式如图 4-1 所示，××变电站高压侧为内桥接线（设备为常规敞开式布置），10kV 侧为单母分段接线（设备为常规 GG-1A 型高压开关柜）。

保护配置请见第四章第一节【模块一】目标驱动一中所述。

××66(35)kV 变电站主变压器及 10kV 母线桥、配电装置室间隔断面示意图如图 4-2 所示，GG-1A 型高压开关柜（已抽出右面的防护板）结构示意图如图 4-3 所示。

1. 现象

调控中心调控人员通过监控系统遥视或运维人员在例行巡视过程中发现"××变电站66(35)kV I 进线 A 相电流互感器异常运行"。

2. 处理步骤

（1）无论是调控中心调控人员通过监控系统遥视，还是运维人员在例行巡视过程中发现"××变电站 66(35)kV I 进线 A 相电流互感器异常运行"情况，都应在第一时间相互通知，并记录时间及现象。

（2）运维操作队负责人组织运维操作队人员穿戴合格安全用具，对电流互感器异常情况进行全面检查，并确定严重程度。其原则处理步骤如下：

1）如果发现电流互感器有下列异常情况，应加强监视，并汇报调控中心及运检工区，尽快采取措施处理。

a. 油位异常。

（a）油位降低。

·处理方法：

a）电流互感器漏油情况不严重，尚能坚持运行，应及时汇报，尽快安排计划停电处理。

b）如电流互感器漏油严重且已造成看不见油位，应及时汇报，申请停电处理。

·异常原因：可能是由于渗、漏油或长期取油样未及时补油所致。

·造成危害：油位过低时，会使线圈或绝缘部件暴露在空气中引发受潮、绝缘降低，造成接地事故。

（b）油位升高。

·处理方法：油位异常升高时应采用红外线测温方法判断电流互感器温升情况，如果具备取油样条件，应尽快取油样进行色谱分析，判断故障性质。如果确定内部发生故障，应及时汇报，申请停电处理。如果发现电流互感器金属膨胀器变形，应及时汇报，申请停电处理。

·异常原因：可能是内部存在放电故障，造成油过热或使油分解为气体而膨胀，严重时会造成金属膨胀器异常膨胀变形。

·造成危害：可能造成接地短路或爆炸起火故障。

b. 声音异常。

（a）电流互感器内部发出异常放电声或振动声。

·处理方法：

a）在运行中，若发现电流互感器有异常声音，可从声响、表计指示、监控装置及保护异常信号等情况判断是否是二次回路开路。若是，则可按二次回路开路的处理方法进行处理。

b）若不属于二次回路开路故障，而是本体故障，应转移负荷并申请停电处理。

c）若声音异常较轻，可不立即停电，但必须加强监视，应及时汇报，尽快安排计划停电处理。

·异常原因：

a）是铁芯或零件松动、过负荷、电场屏蔽不当、二次开路、接触不良或绝缘损坏放电。

b）是末屏接地开路，造成末屏产生悬浮电位而放电。

c）铁芯穿心螺杆松动，硅钢片松弛，随着铁芯中交变磁通的变化，硅钢片振动幅度增大而引起铁芯异音。

d）可能严重过负载或二次开路磁通急剧增加引起非正弦波，使硅钢片振动极不均匀，而发出较大噪声。

·造成危害：造成接地短路或爆炸起火故障。

（b）树脂浇注式电流互感器出现表面严重裂纹发出放电声。

·处理方法：应转移负荷并申请停电处理。

·异常原因：可能是制造质量原因造成外绝缘损坏，绝缘降低放电，发出"吱吱"声。

·造成危害：可能造成接地短路或爆炸起火故障。

（c）电流互感器外绝缘污秽严重发出电晕或放电声音。

·处理方法：应及时汇报，尽快安排计划停电处理（清扫、涂防污涂料或更换）。

·异常原因：可能是电流互感器外绝缘污秽未及时清扫或所处的地区的污秽等级升高、瓷套爬距不满足要求，在天气潮湿或气候恶劣时发出橘红色的电晕放电或强烈的"吱吱"放电声音和蓝色的火花现象。

·造成危害：可能造成外绝缘损坏进而发展为更为严重的故障。

c. 外绝缘异常。

·处理方法：

（a）电流互感器出现破损，应根据破损的大小和对瓷套强度影响情况。应及时汇报，尽快安排计划停电或立即停电处理。

（b）电流互感器出现严重裂纹，应转移负荷并申请停电处理。

·异常原因：可能是瓷套受到外力作用作用造成，也可能是瓷套历史遗留缺陷造成。

·造成危害：由于裂纹处绝缘降低，会引起放电，同时也有渗、漏油危险。

d. 过热异常。

·处理方法：

（a）发现电流互感器接线端子过热（目测、测温蜡片、红外线测温仪等方法）不严重，应及时汇报，尽快安排计划停电处理。

（b）发现电流互感器接线端子过热严重，应转移负荷并申请停电处理。

（c）发现电流互感器本体过热严重，应转移负荷并申请停电处理。

·异常原因：电流互感器接线端子和电流互感器本体过热严重可能是内、外接头松动、一次过负荷，二次开路，绝缘介损升高或绝缘放电造成。

·造成危害：长时间过热将会造成接线端子烧损、熔断或互感器内部绝缘损坏而引发事故。

e. 压力异常。

·处理方法：

（a）电流互感器 SF_6 气体达到补气的压力，且无明显漏气现象，采取合格的安全措施后，进行补气处理。

（b）电流互感器 SF_6 气体压力表指示达到橙色区域，且压力持续下降，应转移负荷并申请停电处理。

·异常原因：密封不良，焊缝渗漏，瓷套裂纹或破损。

·造成危害：电流互感器 SF_6 气体压力表指示达到橙色区域或持续下降，电流互感器内部绝缘强度将严重下降，可能造成放电故障。

f. 二次开路。

·处理方法：

（a）当电流互感器二次回路开路时，首先要防止二次绕组开路而危及设备与人身安全。并立即汇报调控中心及有关人员，必要时停用有关保护。

（b）对检查出的故障，能自行处理的，如接线端子等外部元件松动、接触不良等，可立即处理，然后投入所退出的保护。

（c）不能自行处理的故障（如继电器装置、或电流互感器内部故障等）或不能自行查明的故障，应可尽量减小一次负荷电流，并通知相关专业人员或申请停电处理。

（d）在进行检查、短接处理过程中，必须注意安全，应注意开路的二次回路有异常的高电压，应戴绝缘手套，穿绝缘靴（或站在绝缘垫上），使用合格的绝缘工具，在严格监护下进行。

（e）电流互感器二次回路开路后应查明开路位置并设法在开路点前或开路点处进行短路。若短接时发现火花，说明短接有效。故障点就在短接点以下的回路中，可以进一步查找。若短接时无火花，可能是短接无效，故障点可能在短接点以下的回路中，可以逐点向前变换短接点，缩小范围。

（f）若短接后电流互感器本体声音仍然不正常，说明内部开路，申请停电处理。

（g）若电流互感器严重损伤，应转移负荷，停电检查处理。

（h）若发生电流互感器二次回路开路着火，应先切断电源，然后灭火。

· 异常原因：

（a）互感器本身、分线箱、综合自动化屏内回路的接线端子接触不良。

（b）综合自动化装置内部异常。

（c）误接线、误拆线、误切回路连接片。

· 电流互感器二次开路的现象：电流互感器内部故障时，其运行声音可能会严重不正常，二次侧所接表计及监控系统潮流显示与正常情况相比会不正常，导致继电保护及自动装置可能会伴随有异常的告警信号，严重时会造成保护及自动装置动作。电流互感器二次回路开路时，对于不同的回路分别产生下列现象：

（a）由负序、零序电流启动的继电保护和自动装置频繁动作，但不一定出口跳闸（还有其他条件闭锁），有些继电保护则可能自动闭锁（具有二次回路断线闭锁功能）。

（b）有功、无功功率表指示不正常，电流表三相指示不一致，电能表计量不正常。

（c）监控系统相关数据显示不正常。

（d）电流互感器存在嗡嗡的异常响声。

（e）开路故障点有火花放电声、冒烟、烧焦等现象，故障点出现异常的高电压。

（f）电流互感器本体有严重发热、并伴有异味、变色、冒烟现象。

（g）继电保护及自动装置发生误动或拒动。

（h）仪表、继电保护装置等冒烟烧坏。

· 造成危害：电流互感器一次电流的大小与二次负载的电流无关。互感器正常工作时，由于阻抗很小，接近于短路状态，一次电流所产生的磁化力大部分被二次电流所补偿，总磁通密度不大，二次绕组电动势也不大。当电流互感器二次侧开路时，阻抗 Z_2 无限增大，二次绕组电流等于零，二次绕组磁化力等于零，总磁化力等于原绕组的磁化力（$I_0 N_1 = I_1 N_1$）。即一次电流完全变成了励磁电流，在二次绕组产生很高的电动势，其峰值可达几千伏，如此高的电压作用在二次回路和二次绕组上，对人身和设备都存在严重的威胁。另外，一次绕组磁化力使铁芯磁通密度增大，可能造成铁芯强烈过热而损坏。

2）如果发现电流互感器有下列异常情况，应及时汇报调控中心及运检工区。电流互感器立即退出运行。

a. 内部发出异声、过热，并伴有冒烟及焦臭味。

b. 严重漏油、瓷质损坏或有放电现象。

c. 喷油燃烧或流胶现象。

d. 金属膨胀的伸长明显超过环境温度时的规定值。

e. SF$_6$ 气体绝缘互感器严重漏气。

f. 干式电流互感器出现严重裂纹、放电。

g. 经红外测温检查发现内部有过热现象。

h. 充油电流互感器色谱分析证明内部有严重的放电故障。

应防止电流互感器内部故障可能引起的爆炸，或继电保护误动、拒动，而导致的事故扩大。

（3）运维人员应按照调控中心指令，根据本站异常、事故应急处理预案和本站现场运行规程规定进行处理。

（4）如图 4-1 所示，如果"××变电站 66(35)kV Ⅰ进线 A 相电流互感器异常运行"必须进行停电检修，可在调控中心指挥下进行本站 66(35)kV Ⅰ进线设备间隔停电操作。其具体操作步骤请见第四章第一节【模块二】目标驱动二处理运行中的断路器异常故障中"××变电站 35kV Ⅰ进线 001 断路器异常运行"必须进行停电检修，且断路器可以操作时的操作步骤。

目标驱动二：处理运行中的 10kV 电流互感器异常故障

××变电站一次设备接线方式如图 4-1 所示，××变电站高压侧为内桥接线（设备为常规敞开式布置），10kV 侧为单母分段接线（设备为常规 GG-1A 型高压开关柜）。

保护配置请见第四章第一节【模块一】目标驱动一中所述。

××66(35)kV 变电站主变压器及 10kV 母线桥、配电装置室间隔断面示意图如图 4-2 所示，GG-1A 型高压开关柜（已抽出右面的防护板）结构示意图如图 4-3 所示。

1. 现象

调控中心调控人员通过监控系统遥视或运维人员在例行巡视过程中发现"××变电站 10kV Ⅰ出线 C 相电流互感器异常运行"。

2. 处理步骤

（1）无论是调控中心调控人员通过监控系统遥视，还是运维人员在例行巡视过程中发现"××变电站 10kV Ⅰ出线 C 相电流互感器异常运行"情况，都应在第一时间相互通知，并记录时间及现象。

（2）运维操作队负责人组织运维操作队人员穿戴合格安全用具，对电流互感器异常情况进行全面检查，并确定严重程度。其原则处理步骤请见第四章第一节【模块三】目标驱动一中的原则处理步骤。

（3）运维人员应按照调控中心指令，根据本站异常、事故应急处理预案和本站现场运行规程规定进行处理。

（4）如图 4-1 所示，如"××变电站 10kV Ⅰ出线 C 相电流互感器异常运行"必须进行停电检修，可在调控中心指挥下进行本站 10kV Ⅰ出线设备间隔停电操作。其具体操作步骤请见第四章第一节【模块二】目标驱动一处理运行中的 10kV 开关柜异常故障时的操作步骤。

危险预控 --

表 4 - 3   电流互感器异常处理

序号	电流互感器异常处理危险点	控 制 措 施
1	检查处理电流互感器二次回路开路异常时人身感电	(1) 查找和处理二次回路开路异常时，应戴绝缘手套，穿绝缘靴（或站在绝缘垫上），使用合格的绝缘工具，在严格监护下进行。 (2) 二次回路开路短接线应用专用的短接线，不允许用熔丝替代
2	检查处理电流互感器异常现象时电流互感器爆炸伤人	(1) 对于发生必须立即停电处理的电流互感器故障，应按事故处理预案相关处理原则和方法进行停电处理。 (2) 一切人员应远离发生故障的电流互感器
3	处理电流互感器着火时人身感电	(1) 先停电，后灭火。 (2) 应使用干粉、二氧化碳等绝缘介质的灭火器灭火
4	检查处理 SF$_6$ 电流互感器异常现象时人身伤害	(1) 接近 SF$_6$ 气体泄漏的电流互感器，必要时应戴防毒面具、穿 SF$_6$ 防护服。 (2) 室内 SF$_6$ 电流互感器发生泄漏时，除应按事故处理预案相关处理原则和方法进行处理，还应开启通风 15min 后方可进入。 (3) 室外 SF$_6$ 电流互感器发生泄漏时，接近设备时应谨慎，应选择从上风方位接近设备。 (4) 一切人员禁止徒手触碰 SF$_6$ 气体泄漏破损处

思维拓展 --

以下其他情景下的异常处理步骤请读者思考后写出：

（1）图 4 - 1 的运行方式下，"××变电站 66(35)kVⅡ进线电流互感器异常运行"的处理步骤。

（2）图 4 - 1 的运行方式下，"××变电站 66(35)kV 内桥电流互感器异常运行"的处理步骤。

（3）图 4 - 1 的运行方式下，"××变电站 1 号主变压器 10kV 侧电流互感器异常运行"的处理步骤。

相关知识 --

1. 电流互感器的作用

将大电流按规定比例转换为小电流的电气设备，称为电流互感器，用 TA 表示。TA 有两个或者多个相互绝缘的线圈，套在一个闭合的铁芯上。原线圈匝数较少，副线圈匝数较多。TA 的作用是把大电流按一定比例变为小电流，提供给各种仪表、继电保护及自动装置用，并将二次系统与高电压隔离。电流互感器不仅保证了人身和设备的安全，也使仪表和继电器的制造简单化、标准化，提高了经济效益。

2. 电流互感器的特点

（1）电流互感器二次回路所串的负载是电流表、继电器等器件的电流线圈，阻抗很小，因此，电流互感器的正常运行情况相当于二次侧短路的变压器的状态。

（2）变压器的一次电流随二次电流的增减而增减，可以说是二次侧起主导作用，而电流互感器的一次电流由主电路负载决定而不由二次电流决定，故是一次侧起主导作用。

（3）变压器的一次电压既决定了铁芯中的主磁通，又决定了二次电动势，因此，一次电压不变，二次电动势也基本不变。而电流互感器则不然，当二次回路的阻抗变化时，也会影响二次电动势，这是因为电流互感器的二次回路是闭合的，在某一定值的一次电流作用下，感应二次电流的大小决定于二次回路中的阻抗（可想象为一个磁场中短路匝的情况）。当二次阻抗大时，二次电流小，用于平衡二次电流的一次电流就小，用于励磁的电流就多，则二次电动势就高；反之，当二次阻抗小时，感应的二次电流大，一次电流中用于平衡二次电流就大，用于励磁的电流就小，则二次电动势就低。所以，这几个量是互成因果关系的。

（4）电流互感器之所以能用来测量电流（即二次侧即使串上几个电流表，其电流值也不减少），是因为它是一个恒流源，且电流表的电流线圈阻抗小，串进回路对回路电流影响不大。它不像变压器，二次侧一加负载，对各个电侧的影响都很大。但这一点只适应用于电流互感器在额定负载范围内运行，一旦负载增大超过允许值，也会影响二次电流，且会使误差增加到超过允许的程度。

3. 在运行中的电流互感器二次回路上进行工作或清扫的注意事项

在运行中的电流互感器二次回路上进行工作或清扫时，除应按照《电业安全工作规程》的要求填写工作票外，还应注意以下各项：

（1）工作中绝对不准将电流互感器二次开路。

（2）根据需要可在适当地点将电流互感器二次侧短路。短路应采取短路片或专用短路线，禁止采用熔丝或用导线缠绕。

（3）禁止在电流互感器与短路点之间的回路上进行任何工作。

（4）工作中必须要有人监护，使用绝缘工具，并站在绝缘垫上。

（5）运维人员在清扫二次线时，应穿长袖工作服，带线手套，使用干燥的清洁工具，并将手表等金属物品摘下。工作中必须小心谨慎，以免损坏元件或造成二次回路断线。

4. 电流互感器二次侧有一点接地的原因

电流互感器二次侧接地属于保护接地。防止一次绝缘击穿，二次串入高压威胁人身安全，损坏设备。但电流互感器不许多点接地。

5. 电流互感器二次接线的方式

电流互感器的使用一般有以下五种接线方式：使用两个电流互感器时有 V 形接线和差形接线；使用三个电流互感器时有星形接线，三角形接线，零序接线。

6. 电流互感器的极性

所谓级性。即铁芯在同一磁通作用下，一次线圈和二次线圈将感应出电动势，其中图 4 - 15 电流互感器的极性两个同时达到高电位或同时为电位低的那一端称为同极性端。对电流互感器而言，一般采用减极性标示法来定同极性端，即先任意选定一次线圈端头作始端，当一次线圈电流 i_1 瞬时由始端流进时，二次线圈电流 i_2 流出的那一端就标为二次线圈的始端，这种符合瞬时电流关系的两端称为同极性端。在连接继电保护（尤其是差动保护）装置

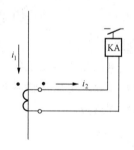

图 4 - 15　TA 的极性标志

时，必须注意电流互感器的极性。通常，用同一种符号"＊"来表示线圈的同极性端。

7. 电流互感器的准确等级

所谓电流互感器的准确等级就是指互感器变比误差的百分值。互感器一次侧额定电流作用下，二次负载越大则变比误差和角误差就越大。当一次电流低于电流互感器额定电流时，互感器的变比误差和角误差也会增大。在某一准确级工作时的标称负载，就是互感器二次在这样负载欧姆值之下，互感器变比误差不超过这一准确等级所规定的数值。

根据使用要求，常用电流互感器分为 0.2、0.5、1、3、10 五个准确等级。

8. 电流互感器的 10% 误差曲线的作用

10% 误差曲线的作用主要是用于选择继电保护用的电流互感器，或者根据已给的电流互感器选择二次电缆的截面。电力系统正常运行时，电流互感器的励磁电流成分很小，比差也很小。但当系统发生短路故障时，一次电流很大，铁芯饱和，TA 的误差会超过其所标的准确等级所允许的数值，而继电保护装置正是在这个时候需要正确动作。因此，对供保护用的电流互感器提出了一个最大允许误差值的要求，即比差不超过 10%（角差不超过 7°）。在 10% 误差曲线以下时，才能保证角差小于 7°。

9. 更换电流互感器及其二次线时的注意事项

对电流互感器及其二次线需要更换时，除应执行有关安全工作规定外，还应注意以下几点：

（1）个别电流互感器在运行中损坏需要更换时，应选用电压等级不低于电网额定电压、变比与原来的相同、极性正确、伏安特性相近的电流互感器，并需经试验合格。

（2）因容量变化而需要成组地更换电流互感器的，除应注意上述内容外，应重新审核继电保护定值及计量仪表倍率。

（3）更换二次电缆时，应考虑截面、芯数等必须满足最大负载电流和回路总负载阻抗不超过互感器准确等级允许值的要求，并对新电缆进行绝缘电阻测定，更换后，应进行必要的核对，防止错误接线。

（4）新换上的电流互感器或更动后的二次接线，在运行前必须测定大、小极性。

【模块四】 电压互感器异常分析及处理

核心知识 --

（1）电压互感器的异常类型。

（2）电压互感器的作用。

关键技能 --

（1）电压互感器发生异常时的正确处理原则和步骤。

（2）在处理电压互感器异常故障过程中，运维人员能够对可能潜在的危险点正确认知并能提前预控危险。

目标驱动 -

目标驱动一：处理运行中的 66(35)kV 电压互感器异常故障

××变电站一次设备接线方式如图 4-1 所示，××变电站高压侧为内桥接线（设备为常规敞开式布置），10kV 侧为单母分段接线（设备为常规 GG-1A 型高压开关柜）。

保护配置请见第四章第一节【模块一】目标驱动一中所述。

××66(35)kV 变电站主变压器及 10kV 母线桥、配电装置室间隔断面示意图如图 4-2 所示，GG-1A 型高压开关柜（已抽出右面的防护板）结构示意图如图 4-3 所示。

1. 现象

调控中心调控人员通过监控系统遥视或运维人员在例行巡视过程中发现"××变电站 66(35)kV Ⅰ 母线 B 相电压互感器异常运行"。

2. 处理步骤

(1) 无论是调控中心调控人员通过监控系统遥视，还是运维人员在例行巡视过程中发现"××变电站 66(35)kV Ⅰ 母线 B 相电压互感器异常运行"情况，都应在第一时间相互通知，并记录时间及现象。

(2) 运维操作队负责人组织运维操作队人员穿戴合格安全用具，对电流互感器异常情况进行全面检查，并确定严重程度。其原则处理步骤如下：

1) 如果发现电压互感器有下列异常情况，应加强监视，并汇报调控中心及运检工区。尽快采取措施处理。

a. 油位异常。

(a) 油位降低。

· 处理方法：

a) 电压互感器漏油情况不严重，尚能坚持运行，应及时汇报，尽快安排计划停电处理。

b) 如电压互感器漏油严重且已造成看不见油位，应及时汇报，申请停电处理。

· 异常原因：可能是由于渗、漏油或长期取油样未及时补油所致。

· 造成危害：油位过低时，会使线圈或绝缘部件暴露在空气中引发受潮、绝缘降低，造成接地事故。

(b) 油位升高。

· 处理方法：油位异常升高时应采用红外线测温方法判断电流互感器温升情况，如果具备取油样条件，应尽快取油样进行色谱分析，判断故障性质。如果确定内部发生故障，应及时汇报，申请停电处理。如果发现电压互感器金属膨胀器变形，应及时汇报，申请停电处理。

· 异常原因：可能是内部存在放电故障，造成油过热或使油分解为气体而膨胀，严重时会造成金属膨胀器异常膨胀变形。

· 造成危害：可能造成接地短路或爆炸起火故障。

b. 声音异常。

(a) 电压互感器内部发出异常放电声或振动声。

· 处理方法：

a) 在运行中，若发现电压互感器有异常声音，可从声响、表计指示、监控装置及保护异常信号等情况判断是否是二次回路短路。若是，则可按二次回路短路的处理方法进行处理。

b）若声音异常较轻，可不立即停电，但必须加强监视，应及时汇报，尽快安排计划停电处理。

·异常原因：

a）铁芯或零件松动、过负荷、电场屏蔽不当、二次短路、接触不良或绝缘损坏放电。

b）末屏接地开路，造成末屏产生悬浮电位而放电。

c）铁芯穿心螺杆松动，硅钢片松弛，随着铁芯里交变磁通的变化，硅钢片振动幅度增大而引起铁芯异音。

d）严重过负载或二次短路磁通急剧增加引起非正弦波，使硅钢片振动极不均匀，而发出较大噪声。

·造成危害：可能造成接地短路或爆炸起火故障。

（b）树脂浇注式电压互感器出现表面严重裂纹发出放电声。

·处理方法：应申请停电处理。

·异常原因：可能是制造质量原因造成外绝缘损坏，绝缘降低放电，发出"吱吱"声。

·造成危害：可能造成接地短路或爆炸起火故障。

（c）电压互感器外绝缘污秽严重发出电晕或放电声音。

·处理方法：应及时汇报，尽快安排计划停电处理（清扫、涂防污涂料或更换）。

·异常原因：可能是电压互感器外绝缘污秽未及时清扫或所处的地区的污秽等级升高、瓷套爬距不满足要求，在天气潮湿或气候恶劣时发出橘红色的电晕放电或强烈的"吱吱"放电声音和蓝色的火花现象。

·造成危害：可能造成外绝缘损坏进而发展为更为严重的故障。

c. 外绝缘异常。

·处理方法：

（a）电压互感器出现破损，应及时判断破损的大小和对瓷套强度的影响情况，及时汇报，尽快安排计划停电或立即停电处理。

（b）电压互感器出现严重裂纹，应转移负荷并申请停电处理。

·异常原因：可能是瓷套受到外力作用造成，也可能是瓷套历史遗留缺陷造成。

·造成危害：由于裂纹处绝缘降低，会引起放电，同时也有渗、漏油危险。

d. 过热异常。

·处理方法：

（a）发现电压互感器接线端子过热（目测、测温蜡片、红外线测温仪等方法）不严重，应及时汇报，尽快安排计划停电处理。

（b）发现电压互感器接线端子过热严重，应申请停电处理。

（c）发现电压互感器本体过热严重，应申请停电处理。

·异常原因：电压互感器接线端子和电压互感器本体过热严重可能是内、外接头松动，一次过负荷，二次短路，绝缘介损升高或绝缘放电造成。

·造成危害：长时间过热将会造成接线端子烧损、熔断或互感器内部绝缘损坏而引发事故。

e. 压力异常。

·处理方法：

（a）电压互感器 SF_6 气体达到补气的压力，且无明显漏气现象，采取合格的安全措施后，进行补气处理。

（b）电压互感器 SF_6 气体压力表指示达到橙色区域，且压力持续下降，应申请停电处理。

·异常原因：密封不良，焊缝渗漏，瓷套裂纹或破损。

·造成危害：电压互感器 SF_6 气体压力表指示达到橙色区域或持续下降，电压互感器内部绝缘强度将严重下降，可能造成放电故障。

f. 一次侧断线。

·处理方法：电压互感器一次侧熔断器熔断应立即向调控中心汇报，停用可能会误动的保护及自动装置（如退出该电压互感器影响的可能会误动的低电压保护、距离保护、方向保护、备自投、低频），取下低压熔断器（或拉开二次空气开关），拉开电压互感器一次隔离开关，将二次负载切换至另一台电压互感器。布置好安全措施，检查电压互感器外部有无故障，更换一次侧熔断器，恢复运行。如果多次熔断则可判断为电压互感器内部故障，这时应申请将该互感器停电处理。

·异常原因：

（a）电压互感器本身发生故障。

（b）电压互感器二次侧熔断器容量选择不合理，也有可能造成一次侧熔断器熔断。

（c）当中性点不接地系统中发生单相接地时，其他两相对地电压最高可升至 $\sqrt{3}$ 倍相电压。或由于间歇性电弧接地，可能产生数倍相电压的过电压。过电压会使互感器严重饱和，使回路电流瞬间增大而造成熔断器熔断。

（d）系统发生谐振使电压互感器电流增大。

（e）由于电压互感器过负荷运行或长时期运行后，熔断器接触部位锈蚀造成接触不良。

（f）雷电窜入熔断器回路。

·电压互感器一次侧断线的现象：监控系统发出"电压互感器回路断线"音响和告警信息，有功功率表指示失常，电压表指示为零或三相电压不一致，电能表停走或走慢，低电压继电器动作，周波检定继电器发出响声等现象。如果是电压互感器一次侧一相熔断器熔断，可能发出"接地"音响和告警信息，熔断相电压降低很多，其他相绝缘监视电压指示值比正常值偏低。

·造成危害：

（a）与该电压互感器相关的保护及自动装置可能会误动作。

（b）与该电压互感器相关的计量和测量装置失去电压参数量。

g. 电压互感器二次空气开关跳开。

·处理方法：

（a）将该电压互感器所带的保护与自动装置停用，如退出该电压互感器影响的可能会误动的低电压保护、距离保护、方向保护、备自投、低频等。异常处理完毕恢复正常后，投入相关饱和和自动装置。

（b）如果是二次侧熔断器熔断（或拉开二次空气开关跳开），应立即选择同型号的熔断器更换（或试合二次空气开关一次），若再次熔断（或再次跳闸），不允许再行更换（或试合）。应检查二次电压小母线及各负载回路有无故障，试送时宜采用逐级分段试送的方式，以便发现故障点，缩小故障范围。在未查明原因和隔离故障点之前，不准将二次负载切换至另一台电压互感器。

•异常原因：可能是异物、污秽、潮湿、小动物、误接线、误触误碰等原因，造成电压二次回路中有瞬时或永久的短路故障使电压互感器低压侧的熔断器熔断或二次空气开关跳闸。

•电压互感器二次断线的现象：监控系统发出"电压互感器回路断线"音响和告警信息，有功功率表指示失常，电压表指示为零或三相电压不一致，电能表停走或走慢，低电压继电器动作，同期检定继电器发出响声等现象。接有故障录波器可能会引起录波器低电压启动动作。

•造成危害：

（a）与该电压互感器相关的保护及自动装置可能会误动作。

（b）与该电压互感器相关的计量和测量装置失去电压参数量。

h. 交流电压二次回路断线。

•处理方法：

（a）电压互感器高、低压侧的熔断器熔断或二次空气开关跳闸的处理请参照上述处理方法。

（b）电压切换回路辅助接点和电压切换开关接触不良，所造成的电压回路断线现象主要发生在操作后，母线电压互感器隔离开关辅助接点切换不良，牵涉该母线上所有回路的二次电压回路，线路的母线隔离开关辅助接点切换不良只涉及影响本线路取用电压量的保护。这些问题在操作后即可发现。

（c）检查隔离开关辅助接点切换是否到位，若属隔离开关辅助接点切换不到位，可在现场处理隔离开关的限位接点；若属隔离开关本身辅助接点行程问题，应请专业人员对辅助接点进行调整或更换。在倒母线的过程中，若发现"交流电压断线"信号，在未查明原因之前，不应继续操作，应停止操作，查明原因。

（d）若交流"电压回路断线"、保护"直流回路断线"、"控制回路断线"同时报警，说明直流操作电源有问题、操作熔断器熔断或接触不良。此时，线路的有功、无功表计误指示（或监控系统显示不正确）。处理方法是：退出失压后会误动的保护，更换直流回路熔断器（或试合二次空气开关），若无问题再投入相关保护。

（e）对于其他原因引起的交流电压回路断线，运维人员未查出明显的故障点，其处理应参照上述 f、g 处理方法。

（f）处理时应注意防止交流电压回路短路。若发现端子线头、辅助接点接触有问题，可自行处理，不可打开保护继电器，防止保护误动作；若属隔离开关辅助接点接触不良，不可采用晃动隔离开关操作机构的方法使其接触良好，以防带负荷拉隔离开关，造成母线短路或人身事故。

•异常原因：

（a）电压互感器高、低压侧的熔断器熔断或二次空气开关跳闸。

（b）电压互感器二次回路中电气连接部位锈蚀、松动、接触不良。

（c）电压切换回路松动或断线、接触不良。

（d）电压切换开关接触不良。

（e）双母线接线方式，出线靠母线侧隔离开关辅助接点接触不良（常发生在倒闸过程中）。

（f）电压切换继电器断线或接点接触不良、继电器损坏、端子排线头松动、保护装置本身问题等。

·造成危害：

（a）与该电压互感器相关的保护及自动装置可能会误动作。

（b）与该电压互感器相关的计量和测量装置失去电压参数量。

i. 二次短路。

·处理方法：

（a）双母线系统中的任一故障电压互感器，可利用母联断路器切断故障电压互感器，将其停用。

（b）对其他电路中的电压互感器，发生二次回路短路时，如果一次侧熔断器未熔断，则可拉开其一次侧隔离开关，将故障电压互感器停用，但要考虑在拉开隔离开关时所产生弧光的危害性。

·异常原因：

（a）电压互感器由于二次回路导线受潮、腐蚀及损伤而发生一相接地时，可能发展成二相接地短路。

（b）电压互感器内部存在的金属短路，也会造成电压互感器二次回路短路。当电压互感器二次回路短路时，一次侧熔断器不会熔断（高压熔断器不是保护互感器过载的，而是保护内部短路故障的。所以，内部发生匝间、层间短路等，高压熔断器不一定熔断。而高压熔断器未熔断时，一次线圈上流过大于额定电流很多的故障电流，时间稍长，就会过热、冒烟甚至起火，应尽快将其停用），但此时电压互感器内部有异声，将二次侧熔断器取下后异声不停止，其他现象与断线现象相同。

·造成危害：在二次回路短路后，其阻抗减小，通过二次回路的电流增大，导致二次侧熔断器熔断影响表计指示，引起保护误动作，还会烧坏电压互感器二次绕组。

j. 电磁式电压互感器发生铁磁谐振。

·处理方法：

（a）当只带电压互感器的空载母线上产生电压互感器基波谐振时，应立即投入一个备用设备，改变电网参数，消除谐振。

（b）当单相接地产生电压互感器分频谐振时，应立即投入一个单相负荷。由于分频谐振具有零序分量性质，故此时投三相对称负荷不起作用。

（c）谐振造成电压互感器一次熔断器熔断，谐振可自行消除，但可能带来继电保护和自动装置的误动作。此时应迅速处理误动作的后果，如检查备用电源开关的联投情况。若没有联投应立即手动投入，然后迅速更换一次熔断器，恢复电压互感器的正常运行。

（d）发生谐振尚未造成一次熔断器熔断时，应立即停用有关失压容易误动的继电保护和自动装置。母线有备用电源时，应切换到备用电源，以改变系统参数消除谐振；如果用备用电源后谐振仍不消除，应拉开备用电源开关，将母线停电或等电压互感器一次熔断器熔断后谐振自行消除。

（e）由于谐振时电压互感器一次绕组电流很大，应禁止用拉开电压互感器隔离开关或直接取下一次侧熔断器的方法来消除谐振。

·异常原因：

（a）由线路接地、断线、断路器非同期合闸等引起的系统冲击及元件参数改变。

（b）切、合空载线路、母线或系统扰动时满足谐振的条件。

（c）系统在特殊运行方式下，参数匹配满足谐振的条件。

（d）断路器非三相同期合闸。

（e）电压互感器高压熔断器熔断。

在中性点不接地系统中，由于变电站倒闸操作引起的操作过电压或系统参数匹配或系统故障的作用，电压互感器励磁特性饱和，"激发"电压互感器发生铁磁谐振，电压互感器会出现很大的励磁涌流，使电压互感器一次电流增大十几倍，诱发电压互感器过电压，使母线电压异常升高。

·造成危害：

（a）直接危害。由于谐振时电压互感器一次绕组通过相当大的电流，在一次熔断器尚未熔断时可能烧坏电压互感器绕组。情况严重时，使避雷器爆炸，电压互感器爆炸，发展成系统三相对地短路，甚至损坏母线等，造成大面积停电，致使变压器停用而造成极大的损失。

（b）间接危害。铁磁谐振使系统内电流异常增加，电压越限，造成母线电压指示不正常或出现线路接地信号，给运行人员正确判断造成一定困难。当电压互感器一次熔断器熔断后，将造成部分继电保护和自动装置的误动作，从而扩大了事故。

2）如果发现电压互感器有下列异常情况，应及时汇报调控中心及运检工区，电压互感器立即退出运行。

a. 高压熔断器连续熔断两次（内部的故障可能很大）。

b. 内部发出异声、过热，并伴有冒烟及焦臭味。

c. 严重漏油、瓷质损坏或有放电现象。

d. 喷油燃烧或流胶现象。

e. 金属膨胀的伸长明显超过环境温度时的规定值。

f. SF_6 气体绝缘互感器严重漏气。

g. 干式电压互感器出现严重裂纹、放电。

h. 经红外测温检查发现内部有过热现象。

i. 充油电压互感器色谱分析证明内部有严重的放电故障。

·处理方法：

（a）退出可能误动的保护及自动装置，断开故障电压互感器二次空气开关（或取下二次熔断器）。

（b）电压互感器三相或故障相的高压熔断器已熔断时，可以拉开隔离开关隔离故障。

（c）高压熔断器未熔断，高压侧绝缘未损坏的故障（如漏油至看不到油面、内部发热等故障），可以拉开隔离开关，隔离故障。

（d）高压熔断器未熔断，所装高压熔断器上有合格的限流电阻时，可以根据现场规程规定，拉开隔离开关，隔离严重故障的电压互感器。

（e）高压熔断器未熔断，电压互感器故障严重，高压侧绝缘已损坏。高压熔断器无限流电阻的，只能用断路器切除故障。应尽量利用倒运行方式隔离故障，否则，只能在不带电情况下拉开隔离开关，然后恢复供电。

（f）高压熔断器熔断时，应断开二次空气开关防止反充电，观察异音、异味、瓷套管破裂、漏油或喷油、SF_6 气体漏气，无异常后，拉开隔离开关（或手车）。再次确认互感器有无明显故障，布置安全措施，进行试验，根据试验结果决定是否继续送电。

（g）SF_6 电压互感器气体泄漏时，必须做好防止人身伤害的特殊安全措施后，再进行处理。

（h）故障隔离后，可经倒闸操作，一次母线并列后，合上电压互感器二次联络，重新投入所退出的保护及自动装置。

•必须注意：

（a）应防止电压互感器内部故障可能引起的爆炸，或继电保护误动、拒动，而导致的事故扩大。

（b）与电压互感器二次回路联络时，必须先断开故障电压互感器二次回路，防止向故障点反充电。

（c）电压互感器高压熔断器熔断，若同时系统中有接地故障，不能拉开电压互感器一次隔离开关。接地故障消失以后，再停用故障电压互感器。

（d）对于不能用隔离开关隔离的故障电压互感器，应根据本站实际接线和运行方式，若时间允许，尽量不中断供电，用倒运行方式的方法，用开关切除故障电压互感器。例如，双母线接线可经倒运行方式，用母联开关切除故障。

（3）运维人员应按照调控中心指令，根据本站异常、事故应急处理预案和本站现场运行规程规定进行处理。

（4）如图 4-1 所示，如果"××变电站 66(35)kV Ⅰ 母线 B 相电压互感器异常运行"必须进行停电检修，且允许拉开 Ⅰ 母线 TV 一次 12-QS2 隔离开关，可在调控中心指挥下进行本站 66(35)kV Ⅰ、Ⅱ 母线二次并列操作，将 Ⅰ 母线 TV 停电操作。

具体处理步骤如下：

1）退出 66(35)kV 备投装置装置（具体操作步骤略）。

2）检查 66(35)kV 内桥 005 断路器在合位（之前操作步骤略，请读者思考）。

3）退出失去 66（35）Ⅰ 母线 TV 二次电压可能误动的保护和自动装置（具体操作步骤略）。

4）拉开 66(35)kV Ⅰ 母线 TV 二次空气断路器。

5）检查 66(35)kV Ⅰ 母线 TV 表计指示正确。

6）将 66(35)kV 母线 TV 二次并列开关由退出切至投入位置。

7）检查 66(35)kV 母线 TV 二次并列运行灯亮。

8）检查 66(35)kV Ⅰ 母线 TV 表计指示正确。

9）投入失去 66（35）Ⅰ 母线 TV 二次电压可能误动的保护和自动装置（具体操作步骤略）。

10）合上 66(35)kV Ⅰ 母线 TV 一次 12-QS2 隔离开关电动操作机构电源空气断路器。

11）拉开 66(35)kV Ⅰ 母线 TV 一次 12-QS2 隔离开关。

12）拉开 66(35)kV Ⅰ 母线 TV 一次 12-QS2 隔离开关电动操作机构电源空气断路器。

13）取下 66(35)kVⅠ母线 TV 一次熔断器。

14）在 66(35)kVⅠ段母线 TV 一次 12-QS2 隔离开关至 TV 间三相引线上三相验电确无电压。

15）在 66(35)kVⅠ段母线 TV 一次 12-QS2 隔离开关至 TV 间三相引线上装设_____号接地线。

（5）如图 4-1 所示，如果"××变电站 66(35)kVⅠ母线 B 相电压互感器异常运行"必须进行停电检修，且不允许拉开Ⅰ母线 TV 一次 12-QS2 隔离开关，可在调控中心指挥下进行本站 66(35)kVⅠ进线设备间隔、1 号主变压器、66(35)kVⅠ母线停电和本站改变运行方式操作。具体处理步骤请见第四章第一节【模块一】目标驱动二中"66(35)kVⅠ进线母线侧 001-QS2 隔离开关过热故障必须进行停电检修"的操作步骤。

目标驱动二：处理运行中的 10kV 电压互感器异常故障

××变电站一次设备接线方式如图 4-1 所示，××变电站高压侧为内桥接线（设备为常规敞开式布置），10kV 侧为单母分段接线（设备为常规 GG-1A 型高压开关柜）。

保护配置请见第四章第一节【模块一】目标驱动一中所述。

××66(35)kV 变电站主变压器及 10kV 母线桥、配电装置室间隔断面示意图如图 4-2 所示，GG-1A 型高压开关柜（已抽出右面的防护板）结构示意图如图 4-3 所示。

1. 现象

调控中心调控人员通过监控系统遥视或运维人员在例行巡视过程中发现"××变电站 10kVⅠ段母线 B 相电压互感器异常运行"。

2. 处理步骤

（1）无论是调控中心调控人员通过监控系统遥视，还是运维人员在例行巡视过程中发现"××变电站 10kVⅠ段母线 B 相电压互感器异常运行"情况，都应在第一时间相互通知，并记录时间及现象。

（2）运维操作队负责人组织运维操作队人员穿戴合格安全用具，对电流互感器异常情况进行全面检查，并确定严重程度。其原则处理步骤请见第四章第一节【模块四】目标驱动一中的原则处理步骤。

（3）运维人员应按照调控中心指令，根据本站异常、事故应急处理预案和本站现场运行规程规定进行处理。

（4）如图 4-1 所示，如果"××变电站 10kVⅠ段母线 B 相电压互感器异常运行"必须进行停电检修，且允许拉开Ⅰ段母线 TV 一次 31-QS2 隔离开关，可在调控中心指挥下进行本站 10kVⅠ、Ⅱ段母线二次并列操作，将Ⅰ段母线 TV 停电。

具体处理步骤如下：

1）检查 66(35)kV 内桥 005 断路器在合位（之前操作步骤略，请读者思考）。

2）退出 10kV 备投装置装置（具体操作步骤略）。

3）退出失去 10kVⅠ段母线 TV 二次电压可能误动的保护和自动装置（具体操作步骤略）。

4）合上 10kV 分段 006 断路器。

5）检查 10kV 分段 006 断路器三相电流表计指示正确，电流 A 相____ A、B 相____A、C 相____ A。

6）检查 10kV 分段 006 断路器合位监控信号指示正确。

7）检查 10kV 分段保护测控装置断路器位置指示正确。

8）检查 10kV 分段 006 断路器分位机械位置指示正确。

9）拉开 10kVⅠ段母线 TV 二次空气断路器。

10）检查 10kVⅠ段母线 TV 表计指示正确。

11）将 10kV 母线 TV 二次并列开关由退出切至投入位置。

12）检查 10kV 母线 TV 二次并列运行灯亮。

13）检查 10kVⅠ段母线 TV 表计指示正确。

14）投入失去 10kVⅠ段母线 TV 二次电压可能误动的保护和自动装置（具体操作步骤略）。

15）拉开 10kVⅠ段母线 TV 一次 31-QS2 隔离开关。

16）取下 10kVⅠ段母线 TV 一次熔断器。

17）在 10kVⅠ段母线 TV 一次 31-QS2 隔离开关至 TV 间三相引线上三相验电确无电压。

18）在 10kVⅠ段母线 TV 一次 31-QS2 隔离开关至 TV 间三相引线上装设____号接地线。

（5）如图 4-1 所示，如果"××变电站 10kVⅠ段母线 B 相电压互感器异常运行"必须进行停电检修，且不允许拉开Ⅰ段母线 TV 一次 31-QS2 隔离开关或因故 10kV 分段断路器不能由热备用转为运行，可在调控中心指挥下采用将 10kVⅠ段母线由运行转为备用的方法进行处理。具体处理步骤如下：

1）退出 10kV 备投装置装置（具体操作步骤略）。

2）退出失去 10kVⅠ段母线 TV 二次电压可能误动的保护和自动装置（具体操作步骤略）。

3）进行 10kV 站用电系统切换操作（具体操作步骤略）。

4）拉开 10kV 1 号站用变压器一次 32-QS2 隔离开关。

5）拉开母线负荷侧所有出线间隔断路器（具体操作步骤略）。

6）断开母线电源侧断路器。

a. 拉开 1 号主变压器 10kV 侧 002 断路器。

b. 检查 2 号主变压器 10kV 侧 002 断路器分位监控信号指示正确。

c. 检查 2 号主变压器 10kV 侧 002 断路器分位机械位置指示正确。

d. 检查 2 号主变压器 10kV 侧 024 断路器三相电流表计指示正确，电流 A 相____A、B 相____A、C 相____A。

e. 检查 10kVⅠ段母线电压表计指示正确。

7）拉开 10kVⅠ段母线 TV 二次空气断路器。

8）检查 10kVⅠ段母线 TV 表计指示正确。

9）拉开 10kVⅠ段母线 TV 一次 31-QS2 隔离开关。

10）取下 10kVⅠ段母线 TV 一次熔断器。

11）在 10kVⅠ段母线 TV 一次 31-QS2 隔离开关至 TV 间三相引线上三相验电确无电压。

12）在 10kV Ⅰ 段母线 TV 一次 31-QS2 隔离开关至 TV 间三相引线上装设____号接地线。

危险预控 ---

表 4 - 4 　　　　　　　　　　　　　　　电压互感器异常处理

序号	电压互感器异常处理危险点	控 制 措 施
1	检查处理电压互感器异常现象时人身感电	（1）与电压互感器二次回路联络时，必须先断开故障电压互感器二次回路，防止向故障点反充电。 （2）电压互感器高压熔断器熔断，若同时系统中有接地故障，不能拉开电压互感器一次隔离开关。接地故障消失以后，再停用故障电压互感器。 （3）更换敞开式开关柜熔断器时应戴绝缘手套、穿绝缘靴，使用绝缘夹钳
2	检查处理电压互感器异常现象时电压互感器爆炸伤人	（1）对于发生必须立即停电处理的电压互感器故障，应按事故处理预案相关处理原则和方法进行停电处理。 （2）一切人员应远离发生故障的电压互感器
3	处理电压互感器着火时人身感电	（1）先停电，后灭火。 （2）应使用干粉、二氧化碳等绝缘介质的灭火器灭火
4	检查处理 SF_6 电压互感器异常现象时人身伤害	（1）接近 SF_6 气体泄漏的电压互感器，必要时应戴防毒面具、穿 SF_6 防护服。 （2）室内 SF_6 电压互感器发生泄漏时，除应按事故处理预案相关处理原则和方法进行处理，还应开启通风 15min 后方可进入。 （3）室外 SF_6 电压互感器发生泄漏时，接近设备时应谨慎，应选择从"上风"方位接近设备。 （4）一切人员禁止徒手触碰 SF_6 气体泄漏破损处
5	电压回路断线时相关保护可能误动作	及时退出失去 TV 二次电压可能误动的保护和自动装置，如退出距离保护、方向保护、低电压保护、低频、备自投等
6	检查处理电压互感器异常时使故障进一步扩大	（1）高压熔断器熔断时，应断开二次空气开关防止反充电。 （2）电压互感器发生谐振时，不允许拉开电压互感器一次隔离开关

思维拓展 ---

以下其他情景下的异常处理步骤请读者思考后写出：

（1）图 4 - 1 的运行方式下，"××变电站 10kV Ⅱ 段母线电压互感器异常运行"的处理步骤。

（2）图 4 - 1 的运行方式下，"××变电站 66kV（35kV） Ⅱ 母线电压互感器异常运行"的处理步骤。

（3）图 4 - 1 的运行方式下，"××变电站 66kV（35kV） Ⅰ 进线电压互感器异常运行"的处理步骤。

（4）图 4 - 1 的运行方式下，"××变电站 66kV（35kV） Ⅱ 进线电压互感器异常运行"的处理步骤。

相关知识 ···

1. 电压互感器作用及特点

一次设备的高电压，不容易直接测量，将高电压按比例转换成较低的电压后，再连接到仪表或继电器中去，这种转换的设备，称为电压互感器，用 TV 表示。

电压互感器实际上就是一种降压变压器，它的两个线圈是绕在一个闭合的铁芯上，一次绕组匝数很多，二次绕组匝数很少。一次侧并联地接在电力系统中，一次绕组的额定电压与所接系统的母线额定电压相同。二次侧并联接仪表、保护及自动装置的电压绕组等负载，由于这些负荷的阻抗很大，通过的电流很小，因此，电压互感器的工作状态相当于变压器的空载情况。

电压互感器一次绕组的额定电压与所接系统的母线额定电压相同，二次有两个或三个绕组，供保护、测量及自动装置用。基本二次绕组的额定电压采用 100V。为了和一相电压设计的一次绕组配合，也有采用 1000V 的。如果互感器用在中性点直接接地系统，则辅助二次绕组的额定电压为 100V；如果用在中性点不接地系统中，则为 100/3V。因此选择绕组匝数的目的就是在系统发生单相接地时，开口三角端出现 100V 电压。

电压互感器和普通变压器在原理上的主要区别是：电压互感器一次侧作用于着一个恒压源，它不受互感器二次负荷的影响，不像变压器通过大负荷时会影响电压，这和电压互感器吸取功率很微小有关。

此外，由于电压互感器二次侧的负载阻抗很大，使互感器总是处于类似于变压器的空载状态，二次侧电压基本上等于二次侧电动势值，且决定于恒定的一次侧电压值，因此，电压互感器用来辅助测量电压，而不会因二次侧接上几个电压表就使电压降低。但这个结论只适用于一定范围，即在准确度所允许的负载范围内。如果电压互感器的二次侧负载增大超过该范围，实际上也会影响二次侧电压，其结果是误差增大，测量失去意义。

2. 电压互感器的类型

电压互感器有普通油浸式、浇注绝缘式、串级式和电容式四种类型。

3. 电压互感器接法的种类

电压互感器的选择与配置，除应满足所接系统的额定电压外，其容量和准确等级尚应满足测量表计、保护装置及自动装置的要求。

电压互感器的接线方法是根据其用途、所接系统的特点而定的。一般接线方式 Vv，YN，yn，d，Y，yn 和 D，yn 等。

4. TV 的极性

按照规定，TV 的一次绕组的首端标为 A，尾端标为 X，二次绕组的首端标为 a，尾端标为 x。在接线中，A 与 a 以及 X 与 x 均称为同极性。

假定一次电流 $\dot{I}_1$ 从首端 A 流入。从尾端 X 流出时，二次电流 $\dot{I}_2$ 从首端 a 流出，从尾端 x 流入，这样的极性标志称为减极性，如图 4-16 所示；反之，为加极性。通常使用的 TV，一般均为减极性标志。与 TA 一样，TV 的极性错误同样会引起继电保护装置的错误动作或者影响

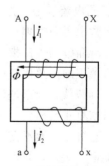

图 4-16　TV 的极性标志（减极性）

电能计量的正确性。因此，TV 的极性必须正确。TV 极性的判断方法与 TA 相同。

【模块五】 避雷器异常分析及处理

核心知识

(1) 避雷器的作用。

(2) 避雷器的故障类型。

(3) 内部过电压、大气过电压对电气设备的危害。

关键技能

(1) 避雷器发生异常时的正确处理原则和步骤。

(2) 在处理避雷器异常故障过程中，运维人员能够对潜在的危险点正确认知并能提前预控危险。

目标驱动

目标驱动一：处理运行中的 66(35)kV 避雷器异常故障

××变电站一次设备接线方式如图 4 - 1 所示，××变电站高压侧为内桥接线（设备为常规敞开式布置），10kV 侧为单母分段接线（设备为常规开关柜）。

保护配置请见第四章第一节【模块一】目标驱动一中所述。

1. 现象

调控中心调控人员通过监控系统遥视或运维人员在例行巡视过程中发现"××变电站 66(35)kVⅠ母线避雷器异常运行"。

2. 处理步骤

(1) 无论是调控中心调控人员通过监控系统遥视，还是运维人员在例行巡视过程中发现"××变电站 66(35)kVⅠ母线避雷器异常运行"情况，都应在第一时间相互通知，并记录时间及现象。

(2) 运维操作队负责人组织运维操作队人员穿戴合格安全用具，对避雷器异常情况进行全面检查，并确定严重程度。其原则处理步骤如下：

1) 如果发现电压互感器有下列异常情况，应加强监视，并汇报调控中心及运检工区，尽快采取措施处理。

a. 泄漏电流表指示为零。

·异常原因及处理方法：

(a) 泄漏电流表计指示失灵。在确保安全的情况下，用手轻拍表计看是否卡死，无法恢复时，应填报缺陷单修理或更换。

(b) 屏蔽线将泄漏电流电流表短接。用绝缘棒将屏蔽线与避雷器导电部分相碰之处挑开，即可恢复正常。

(c) 避雷器接地不良或接地引下线松脱、开焊，接地阻值过大。此时，人员不应触碰避雷器泄漏电流表，若带电处理，需要安全措施可靠。

·造成危害：无法监视避雷器运行工况。

b. 泄漏电流表指示偏大。

·处理方法：

（a）立即向调控中心及上级主管部门汇报。

（b）应综合天气、环境及历史数据进行对比分析。如果天气潮湿、绝缘子污秽等情况下，泄漏电流表指示增大，天气晴好时数据恢复到正常状态，则说明无问题；如果户内泄漏电流表指示增大，应加强监视、分析其原因，当其数值增大至投运初始值 1.2 倍时，应跟踪检查，申请停电尽快处理。当其数值增大至投运初始值 1.4 倍时，应立即停电处理。

（c）用红外线检测仪对避雷器的温度进行测量。

（d）若确认不属于测量误差，经分析确认为避雷器内部故障，应申请停电处理。

·异常原因：天气潮湿、绝缘子污秽等；避雷器内部受潮或阀片老化。

·造成危害：若避雷器内部故障，有击穿接地甚至爆炸危险。

c. 避雷器在正常情况下（系统无内部过电压和大气过电压），动作记录器连续动作。

·处理方法：立即向调控中心及上级主管部门汇报；安排计划检修尽快停电处理。

·异常原因：可能是污秽严重和雨天共同作用，造成泄漏电流大，动作记录器动作或损坏。

·造成危害：运维人员无法正常监视避雷器运行工况。

d. 瓷套表面污秽严重。

·处理方法：立即向调控中心及上级主管部门汇报；安排计划检修尽快停电处理。

·异常原因：清扫不及时；运行地区污秽等级增高，没有采取防污措施。

·造成危害：可能造成瓷套表面闪络放电。

e. 避雷器均压环歪斜。

·处理方法：立即向调控中心及上级主管部门汇报；安排计划检修尽快停电处理。

·异常原因：可能安装、验收质量存在问题。

·造成危害：均压环影响避雷器电容的分布，如果均压环歪斜，电容分布会发生变化，造成电容分布不均匀，使阀片流过的电流增大一倍甚至更多，易造成阀片老化、过热影响避雷器正常运行，均压环歪斜越严重，阀片老化随之加剧。

f. 避雷器温度分布不均匀。

·处理方法：

（a）立即向调控中心及上级主管部门汇报。

（b）若经红外线测温仪测试避雷器温度分布不均匀，应安排计划检修尽快停电处理。如果温度严重分布不均匀，应立即停电处理。

·异常原因：若跟踪测温显示避雷器温度分布明显异常，可能是阀片老化、避雷器受潮、内部绝缘组件受损及表面污秽严重，容性电流变化不大，但阻性电流却大大增大。

·造成危害：避雷器事故的主要原因是阻性电流增大后，损耗增加，严重时引起热击穿。

g. 避雷器与引流线连接处放电或螺丝松动、引流线松脱。

·处理方法：

（a）立即向调控中心及上级主管部门汇报。

（b）如果放电现象轻微，应安排计划检修尽快停电处理。如果放电现象严重，应立即停电处理。

（c）如果螺丝松动，应安排计划检修尽快停电处理。

（d）如果引流线有随时松脱的危险，应立即停电处理。

·异常原因：连接处锈蚀、松动或运行环境恶劣；释放大电流产生的电动应力；安装、验收质量存在问题。

·造成危害：造成引流线与引流线连接处过热甚至熔断；不及时处理将严重影响避雷器的正常运行，进而影响系统的安全运行。

h. 避雷器接地引下线严重腐蚀或与接地网完全断开。

·处理方法：立即向调控中心及上级主管部门汇报；选择良好天气，安排尽快处理。

·异常原因：接地线连接处焊接不牢、开焊或连接螺栓松动接触不良；防腐措施不到位。

·造成危害：如果不及时处理，其保护范围内的设备将无可靠的或失去过电压保护，无法通过避雷器释放过电压而受到过电压受损或因此造成的反击过电压受损。

i. 避雷器内部有异常声音。

·处理方法：立即向调控中心及上级主管部门汇报；立即停电处理。

·异常原因：

工频情况下，避雷器内部是没有电流通过的，呈现高阻性，只有在过电压的情况下，才会瞬间释放。因此，运行中避雷器不应有任何声音。

造成这种现象的原因可能是制造质量、避雷器带缺陷运行造成电压分布不均匀、较大能量的雷电流释放、受潮、系统谐振、运行电压高、谐波等影响，阀片严重老化，失去防止过电压作用，泄漏电流会异常增大等造成的。

·造成危害：若运行中避雷器内有异常声音，则认为避雷器损坏失去作用，可能会引发单相接地或爆炸。

j. 硅橡胶复合绝缘外套在潮湿条件下出现明显爬电现象。

·处理方法：立即向调控中心及上级主管部门汇报；立即停电处理。

·异常原因：说明绝缘憎水性逐渐丧失，绝缘能力严重下降。

·造成危害：可能造成单相接地短路故障。

k. 运行中发现避雷器瓷套、法兰有裂纹或绝缘基座出现贯穿性裂纹、密封结构金属件破裂（无放电现象发生）。

·处理方法：

（a）如果天气正常，应申请停下避雷器瓷套裂纹损伤相的避雷器，更换合格的避雷器。无备件时，在不致威胁安全运行的条件下，可在裂纹深处涂漆和环氧树脂防止受潮，并安排短期更换。

（b）如果天气不正常（雷雨），应尽可能不使避雷器瓷套裂纹损伤相退出运行，待雷雨过后再处理。如果因瓷质裂纹已造成闪络，但未接地者，在可能条件下应将故障相避雷器停用。

（c）绝缘基座出现贯穿性裂纹、密封结构金属件破裂时，应立即停电处理。

（d）如果避雷器瓷套管破裂放电，应立即停电处理。

- 异常原因：制造质量不良或外力造成。
- 造成危害：造成氧化锌避雷器密封破坏而受潮引发故障。

2）避雷器发生下列异常时，应立即汇报调控中心，采用立即停电或改变运行方式的方法将避雷器退出运行。

a. 避雷器内部有放电声。

b. 避雷器瓷套管破裂放电。

c. 避雷器发生爆炸或接地（如果接地故障没有消除，不允许用隔离开关操作隔离发生故障的避雷器）。

d. 雷电放电后，连接引线严重烧伤或断裂，或放电动作记录器损坏。

e. 避雷器的上、下引线接头松脱或折断。

f. 避雷器在正常的情况下（系统无内过电压和大气过电压）计数器动作。

g. 避雷器严重过热。

h. 泄漏电流表指示异常增大。

（3）如果"××变电站66(35)kVⅠ母线避雷器异常运行"必须进行停电检修，可在调控中心指挥下进行本站66(35)kVⅠ进线设备间隔（Ⅰ进线线路不需停电）、1号主变压器、66(35)kVⅠ母线停电和本站改变运行方式操作。其具体操作步骤可参考第四章第一节【模块一】目标驱动二中"66(35)kVⅠ进线母线侧001-QS2隔离开关过热故障必须进行停电检修"处理步骤。

目标驱动二：处理运行中的10kV避雷器异常故障

××变电站一次设备接线方式如图4-1所示，××变电站高压侧为内桥接线（设备为常规敞开式布置），10kV侧为单母分段接线（设备为常规开关柜）。

保护配置请见第四章第一节【模块一】目标驱动一中所述。

1. 现象

调控中心调控人员通过监控系统遥视或运维人员在例行巡视过程中发现"××变电站10kVⅠ母线避雷器异常运行"。

2. 处理步骤

（1）不论是调控中心调控人员通过监控系统遥视，还是运维人员在例行巡视过程中发现"××变电站10kVⅠ母线避雷器异常运行"情况，都应在第一时间相互通知，并记录时间及现象。

（2）运维操作队负责人组织运维操作队人员穿戴合格安全用具，对避雷器异常情况进行全面检查，并确定严重程度。

原则处理方法请参考第四章第一节【模块二】目标驱动一，但对于10kV避雷器与35kV避雷器有不同之处，例如目前10kV避雷器的外绝缘大部分采用硅橡胶材料而不是瓷绝缘，一旦严重过热后会变形甚至会燃烧。10kV避雷器不装设放电动作记录器和泄漏电流表。

（3）如果变电站具备10kVⅠ段母线TV，且10kVⅡ段母线TV二次有并列功能，处理10kVⅠ母线避雷器故障就不需要将10kVⅠ段母线由运行转为备用。

具体处理步骤如下：

1）检查66(35)kV内桥005断路器在合位（之前操作步骤略，请读者思考）。

2) 退出 10kV 备投装置装置（具体操作步骤略）。

3) 退出失去 10kVⅠ段母线 TV 二次电压可能误动的保护和自动装置（具体操作步骤略）。

4) 合上 10kV 分段 006 断路器。

5) 检查 10kV 分段 006 断路器三相电流表计指示正确，电流 A 相＿＿ A、B 相＿＿A、C 相＿＿ A。

6) 检查 10kV 分段 006 断路器合位监控信号指示正确。

7) 检查 10kV 分段保护测控装置断路器位置指示正确。

8) 检查 10kV 分段 006 断路器合位机械位置指示正确。

9) 将 10kV 母线 TV 二次并列开关由退出切至投入位置。

10) 检查 10kV 母线 TV 二次并列运行灯亮。

11) 拉开 10kVⅠ段母线 TV 二次空气断路器。

12) 检查 10kVⅠ段母线 TV 表计指示正确。

13) 投入失去 10kVⅠ段母线 TV 二次电压可能误动的保护和自动装置（具体操作步骤略）。

14) 拉开 10kVⅠ段母线 TV 一次 31-QS2 隔离开关。

15) 取下 10kVⅠ段母线 TV 一次熔断器。

16) 在 10kVⅠ段母线 TV 一次 31-QS2 隔离开关至 TV 间三相引线上三相验电确无电压。

17) 在 10kVⅠ段母线 TV 一次 31-QS2 隔离开关至 TV 间三相引线上装设＿＿号接地线。

(4) 如果变电站不具备 10kVⅠ段母线 TV 与 10kVⅡ段母线 TV 二次有并列功能，处理 10kVⅠ母线避雷器故障需要时间较短，可在调控中心指挥下进行如下处理，但需要尽快恢复 10kVⅠ段母线 TV 运行。否则，需要将 10kVⅠ段母线停电处理。

1) 退出 10kV 备投装置装置（具体操作步骤略）。

2) 退出失去 10kVⅠ段母线 TV 二次电压可能误动的保护和自动装置（具体操作步骤略）。

3) 拉开 10kVⅠ段母线 TV 二次空气断路器。

4) 检查 10kVⅠ段母线 TV 表计指示正确。

5) 拉开 10kVⅠ段母线 TV 一次 31-QS2 隔离开关。

6) 取下 10kVⅠ段母线 TV 一次熔断器。

7) 在 10kVⅠ段母线 TV 一次 31-QS2 隔离开关至 TV 间三相引线上三相验电确无电压。

8) 在 10kVⅠ段母线 TV 一次 31-QS2 隔离开关至 TV 间三相引线上装设＿＿号接地线。

(5) 如果变电站 10kVⅠ母线避雷器故障造成接地或放电故障，不应采用拉开隔离开关的方法隔离发生异常故障的避雷。可在调控中心指挥下采用将 10kVⅠ段母线由运行转为备用的方法进行处理。

具体处理步骤如下：

1) 进行 10kV 站用电系统切换操作（具体操作步骤略）。

2) 拉开 10kV 1 号站用变压器一次 32-QS2 隔离开关。

3）退出 10kV 备投装置装置（具体操作步骤略）。

4）退出失去 10kV Ⅰ 段母线 TV 二次电压可能误动的保护和自动装置（具体操作步骤略）。

5）拉开母线负荷侧所有出线间隔断路器（具体操作步骤略）。

6）断开母线电源侧断路器，方法如下：

a. 拉开 1 号主变压器 10kV 侧 002 断路器。

b. 检查 2 号主变压器 10kV 侧 002 断路器分位监控信号指示正确。

c. 检查 2 号主变压器 10kV 侧 002 断路器分位机械位置指示正确。

d. 检查 2 号主变压器 10kV 侧 024 断路器三相电流表计指示正确，电流 A 相____ A、B 相____A、C 相____ A。

e. 检查 10kV Ⅰ 段母线电压表计指示正确。

7）拉开 10kV Ⅰ 段母线 TV 二次空气断路器。

8）检查 10kV Ⅰ 段母线 TV 表计指示正确。

9）拉开 10kV Ⅰ 段母线 TV 一次 31-QS2 隔离开关。

10）取下 10kV Ⅰ 段母线 TV 一次熔断器。

11）在 10kV Ⅰ 段母线 TV 一次 31-QS2 隔离开关至 TV 间三相引线上三相验电确无电压。

12）在 10kV Ⅰ 段母线 TV 一次 31-QS2 隔离开关至 TV 间三相引线上装设____号接地线。

危险预控

表 4-5　　　　　　　　　　　　防 雷 设 备 异 常 处 理

序号	防雷设备异常处理危险点	控 制 措 施
1	检查处理防雷设备异常时人身感电	（1）雷雨天气运维人员严禁接近防雷装置。 （2）处理防雷装置接地线异常时应选择良好的天气进行。 （3）避雷针上禁止搭挂其他物品。 （4）对独立避雷针倾斜处理需要使用吊车，应做好防止误碰带电设备的外力破坏措施
2	检查处理避雷器异常现象时避雷器爆炸伤人	（1）发现避雷器内部有异常声响并不断加大，避雷器有爆炸危险，应按事故处理预案相关处理原则和方法进行处理。 （2）采用断路器远方断开避雷器的方式退出运行，不准用隔离开关断开有爆炸危险的避雷器
3	检查处理避雷针异常现象时人身伤害	对独立避雷针倾斜处理需要使用吊车，应做好防止造成人身机械伤害的措施

思维拓展

以下其他情景下的避雷器异常处理步骤请读者思考后写出：

（1）图 4-1 的运行方式下，"××变电站 10kV 线路侧出口避雷器异常运行"的处理步骤。

（2）图 4-1 的运行方式下，"××变电站 10kV Ⅱ 段母线避雷器异常运行"的处理步骤。

(3) 图 4-1 的运行方式下，"××变电站 1 号主变压器 10kV 侧出口避雷器异常运行"的处理步骤。

(4) 图 4-1 的运行方式下，"××变电站 66(35)kV Ⅱ 母线避雷器异常运行"的处理步骤。

(5) 图 4-1 的运行方式下，"××变电站 66(35)kV Ⅱ 进线出口避雷器异常运行"的处理步骤。

(6) 图 4-1 的运行方式下，"××变电站主变压器中性点避雷器异常运行"的处理步骤。

相关知识 -

1. 避雷器的作用

避雷器的作用是它与被保护的设备并联在一起，当雷电波入侵时，先经避雷器放电至被保护设备绝缘水平以下，保护被保护设备不被雷击坏。

阀型避雷器主要有普通阀型避雷器、磁吹避雷器。一般由火花间隙、阀片电阻、瓷套、均压环和计数器等组成。火花间隙、阀片电阻是避雷器放电的核心元件，电压等级高时采用均压环，计数器用来记录避雷器放电次数。

2. 避雷针的作用

避雷针一般用于保护变电站设备免受直接雷击。避雷针用镀锌圆钢管焊接成，根据不同情况装设在配电架构上或独立架设。避雷针应高于被保护物，其作用是将雷电吸引到避雷针本身上来，将雷电流安全地引入大地，从而达到保护的目的。

3. 过电压、大气过电压、内部过电压及过电压对电气设备的危害

(1) 过电压。电力系统正常运行时，电气设备的绝缘处于电网的额定电压下，但是，由于雷击、操作、故障、参数配合不当等原因，电力系统中某些部分的电压可能升高，有时会大大超过正常状态下的数值，此种电压升高称为过电压。

(2) 大气过电压。雷电引起的过电压称为大气过电压。其特点是持续时间短，冲击性强，与雷击活动强度有直接关系，与设备电压等级无关。因此，220kV 以下系统的绝缘水平往往由防止大气过电压决定。设备遭受大气过电压可产生的机械效应、热效应和电磁效应使设备闪络、跳闸，击毁电气设备。大气过电压分为直击雷过电压、感应雷过电压和侵入雷电过电压三种。

1) 直击雷过电压。雷电放电时，不是击中地面，而是击中输配电线路、杆塔或其建筑物。大量雷电流通过被击物体，经被击物体的阻抗接地，在阻抗上产生电压降，使被击点出现很高的电位，被击点对地的电压称为直接雷过电压。

2) 感应雷过电压。雷雨季节空中出现雷云时，雷云带有电荷，对大地及地面上的一些导电物体都会有静电感应，地面和附近输电线路都会感应出异种电荷，当雷云对地面或其他物体放电时，雷云的电荷迅速流入地中，输电线上的感应电荷不再受束缚而迅速流动，电荷的迅速流动产生感应雷电波，其电压也很高，这种情况下产生的就是感应过电压。

3) 侵入雷电过电压。沿架空线路侵入变电站内的雷电波，这种高电位的雷电波是由于线路上遭受直击雷或发生感应雷而产生的。

(3) 内部过电压。内部过电压是由于操作（合闸、分闸），事故（接地、断线等）或其

他原因，引起电力系统的状态发生突然变化。将出现从一种稳态转变为另一种稳态的过渡过程，在这个过程中可能产生对系统有危险的过电压。这些过电压是系统内部电磁能的振荡和积聚所引起的，因此称为内部过电压。内部过电压可分为工频过电压和暂态过电压，暂态过电压分为操作过电压和谐振过电压。

1）工频过电压。由长线路的电容效应及电网运行方式的突然改变引起，特点是持续时间长，过电压倍数不高，一般对设备绝缘危险性不大，但在超高电压、远距离输电确定绝缘水平时起重要作用。

2）操作过电压。由电网内开关设备操作引起，特点是具有随机性，但最不利情况下过电压倍数较高、因此，330kV 及以上超高压系统的绝缘水平往往由防止操作过电压决定。操作过电压具有幅值高、高频振荡、衰减快，持续时间短（250～2500μs）等特点。

3）谐振过电压。谐振过电压是由于电力网中的电容元件和电感元件（特别是带铁芯的铁磁电感元件）参数的不利组合谐振而产生的。特点是过电压倍数高，持续时间长。

（4）过电压造成的危害。内部过电压和大气过电压是较高的，它可能引起绝缘弱点的闪络，可能引起电气设备绝缘损坏，甚至烧毁。

4. 接地装置出现异常现象的处理

（1）接地体的接地电阻增大，一般是因为接地体严重锈蚀或接地体与接地干线接触不良引起的，应更换接地体或紧固连接处的螺栓或重新焊接。

（2）接地线局部电阻增大，因为连接点或跨接过渡线轻度松散，连接点的接触面存在氧化层或污垢，引起电阻增大，应重新紧固螺栓或清理氧化层和污垢后再拧紧。

（3）接地体露出地面，把接地体深埋，并填土覆盖、夯实。

（4）遗漏接地或接错位置，在检修后重新安装时，应补接好或改正接线错误。

（5）接地线有机械损伤、断股或化学腐蚀现象，应更换截面积较大的镀锌或镀铜接地线，或在土壤中加入中和剂。

（6）连接点松散或脱落，发现后应及时紧固或重新连接。

【模块六】 消弧线圈异常分析及处理

核心知识 -

（1）消弧线圈的作用。

（2）消弧线圈的故障类型。

关键技能 -

（1）消弧线圈发生异常时的正确处理原则和步骤。

（2）在处理消弧线圈异常故障过程中运维人员能够对潜在的危险点正确认知并能提前预控危险。

目标驱动 -

目标驱动一：处理运行中的 66(35)kV 消弧线圈异常故障

××变电站一次设备接线方式如图 4-1 所示，××变电站高压侧为内桥接线（设备为常规敞开式布置），10kV 侧为单母分段接线（设备为常规开关柜）。

保护配置请见第四章第一节【模块一】目标驱动一中所述。

1. 现象

调控中心调控人员通过监控系统遥视或运维人员在例行巡视过程中发现"××变电站 66(35)kV 消弧线圈异常运行"。

2. 处理步骤

(1) 无论是调控中心调控人员通过监控系统遥视，还是运维人员在例行巡视过程中发现"××变电站 66(35)kV 消弧线圈异常运行"情况，都应在第一时间相互通知，并记录时间及现象。

(2) 运维操作队负责人组织运维操作队人员穿戴合格安全用具，对消弧线圈异常情况进行全面检查，并确定严重程度。其原则处理步骤如下（充油接地变压器异常原则处理步骤可参考）：

1) 如果发现消弧线圈动作或发生下列异常情况，应加强监视、记录动作时间、中性点位移电压、电流及三相对地电压，并汇报调控中心及运检工区。尽快采取措施处理。

a. 油位异常。

·处理方法：

(a) 油位偏高或偏低时，应报缺陷处理，及时查找原因。

(b) 如果油位偏低是由于渗漏油造成的，应申请停电处理。

·异常原因：

(a) 油位过低主要原因可能是严重渗漏、气温过低、油枕储量不足、气囊漏气等。

(b) 油位过高主要原因可能是气温过高、油枕储量过多或内部存在故障、带接地故障运行时间过长等。

·造成危害：

(a) 油位过低可能使潮气进入油箱，降低消弧线圈内部绝缘水平。

(b) 油位过高可能使消弧线圈内部压力增高，造成跑油或压力释放阀动作。

b. 油温异常。

·处理方法：

(a) 如果通过红外线测温判断是内部发生故障造成的油温过高，应申请停电处理。

(b) 如果判断是带接地故障运行时间过长造成的油温过高，应加强监视上层油温不应超过 95℃，带负载运行时间不超过铭牌规定的允许时间（不超过 2h）。否则，应申请停电处理。

·异常原因：

(a) 内部发生故障如匝间短路、铁芯多点接地，分接开关接触不良等。

(b) 带接地故障运行时间过长。

·造成危害：使绕组绝缘加速老化，绝缘性能降低，甚至能够使绕组绝缘材料烧毁，冒烟着火。

c. 内部有放电声音。

·处理方法：应立即汇报调控中心，采用停电或改变运行方式的方法将消弧线圈退出运行。

·异常原因：绕组绝缘损坏，对外壳或铁芯放电；铁芯接地不良，在感应电压作用下对外壳放电。

• 造成危害：内部放电会造成绝缘过热烧损，甚至击穿造成事故。

d. 套管掉瓷。

• 处理方法：套管掉瓷，不影响运行，应报缺陷处理。

• 异常原因：套管受到外力、冰雹等作用使套管损伤。

• 造成危害：使套管外绝缘水平降低。

e. 套管污秽严重、破裂、放电或接地。

• 处理方法：应申请停电处理。

• 异常原因：

（a）消弧线圈安装地点空气污染严重，未及时清扫造成套管污秽严重。在雨、雪、大雾等潮湿天气，套管上的污秽与水相结合形成导电带，造成套管放电或接地。

（b）套管安装质量不良，使套管与其他相接触部分受力不均匀或受到外力、冰雹等作用使套管损伤裂纹，潮气通过裂纹处进入套管内部使绝缘性能降低，严重时会造成套管放电或接地。

• 造成危害：会造成套管放电或接地，危及消弧线圈安全运行。

f. 分接开关接触不良。

• 处理方法：应申请停电处理。

• 异常原因：消弧线圈分接位置调整不到位、分接开关分接头接触部分生锈或有油膜。

• 造成危害：造成分接开关通过接地补偿电流时发生过热现象，严重时烧毁设备。

g. 一次导线导体接触部分接触不良，过热。

• 处理方法：应立即汇报调控中心，采用停电或改变运行方式的方法将消弧线圈退出运行。

• 异常原因：连接处锈蚀、松动或运行环境恶劣造成；带接地故障运行时间过长；安装、验收质量存在问题。

• 造成危害：造成引流线与引流线连接处过热甚至熔断；不及时处理将严重影响消弧线圈的正常运行，进而影响系统的安全运行。

h. 消弧线圈工作接地或保护接地失效。

• 处理方法：应立即汇报调控中心，采用停电或改变运行方式的方法将消弧线圈退出运行。

• 异常原因：接地线连接处焊接不牢、开焊或连接螺栓松动接触不良；防腐措施不到位。

• 造成危害：

（a）如果工作接地失效，消弧线圈将不能对小电流接地系统的电容电流起到补偿作用，危及系统的安全运行。

（b）如果保护接地失效，将危及人身安全。

i. 消弧线圈外壳鼓包或开裂。

• 处理方法：应立即汇报调控中心，采用停电或改变运行方式的方法将消弧线圈退出运行。

• 异常原因：内部过热使绝缘油膨胀气化，外壳承受过高压力造成膨胀或开裂；外壳焊接质量不良；由于地震等外力破坏造成。

・造成危害：使消弧线圈漏油，潮气进入本体内部，造成绝缘油及其他绝缘物质绝缘水平下降。

j. 中性点位移电压大于15％相电压。

・处理方法：应立即汇报调控中心，尽快查找原因，采用停电或改变运行方式的方法将消弧线圈退出运行。

・异常原因：系统中有接地故障，系统负荷严重不平衡，系统电源非全相运行，谐振过电压。

・造成危害：影响系统安全运行，严重时烧损电压互感器。

k. 呼吸器硅胶变色过快。

・处理方法：应报缺陷处理，及时查找原因。

・异常原因：硅胶罐裂纹破损；呼吸管道密封不严；油封罩内无油或油位较低；密封胶垫龟裂漏气；呼吸器及连接管道螺丝松动。从而造成湿空气未经过滤进入到硅胶罐内。

・造成危害：消弧线圈油劣化，影响消弧线圈绝缘。

l. 设备的试验、油化验等主要指标超过规程规定。

・处理方法：应立即汇报调控中心，采用停电或改变运行方式的方法将消弧线圈退出运行。

・异常原因：消弧线圈内部或套管存在严重缺陷；消弧线圈内部或套管油质劣化。

・造成危害：不及时处理，将会造成缺陷的进一步发展，直至造成消弧线圈损坏。

2）消弧线圈发生下列异常时，说明消弧线圈内部已出现严重故障。应立即汇报调控中心，采用立即停电或改变运行方式的方法将消弧线圈退出运行。

a. 设备漏油，已看不见油位。

b. 设备内部有放电声音。

c. 温度异常升高。

d. 气体及电器或压力释放阀动作，发出故障信号。

e. 一次导线导体接触部分接触不良，过热变色。

f. 套管污秽严重，有放电的可能。

g. 套管严重放电或瓷质部分有明显裂纹。

h. 外壳鼓包或开裂。

i. 冒烟着火。

j. 设备的试验、油化验等主要指标超过规程规定。

k. 附近的设备着火、爆炸或发生其他情况，对成套装置构成严重威胁时。

l. 当发生危及成套装置安全的故障，而有关的保护装置拒动时。

3）隔离故障消弧线圈的方法。

a. 如果系统存在单相接地故障，此时不得停用消弧线圈，应监视其上层油温不得超过95℃，并应迅速查找和处理单相接地故障，消弧线圈带单相接地故障时间不允许超过2h。否则应先停故障线路，后停用消弧线圈。

b. 当单相接地故障已经查明，且已与系统隔离，同时系统内无接地信号，中性点位移电压很小时，可以用隔离开关拉开消弧线圈。

c. 当单相接地故障未查明，或中性点位移电压超过相电压15％时（如果中性点位移电压在相电压额定值为 15%～30%，允许运行时间不超过 1h；如果中性点位移电压在相电压额定值为 30%～100%，允许在事故时限内运行），系统内接地信号未消失，不准用隔离开关拉开消弧线圈。可采取以下两种方案处理。

方案一：投入备用变压器或备用电源；将主变压器与消弧线圈同一侧的断路器先拉开；拉开消弧线圈隔离开关，将消弧线圈退出运行；然后恢复该主变压器的运行。

方案二：在用备用设备断路器负荷侧装设与故障相相同的临时人工接地点；拉开消弧线圈隔离开关，将消弧线圈退出运行；拉开装设临时人工接地点的设备单元的断路器；拆除临时人工接地点（需要安全措施可靠）。

d. 当确证不会发生带负荷或带故障点分闸故障时，可以用拉开隔离开关方法隔离故障消弧线圈。

（3）如果"××变电站 66(35)kV 消弧线圈异常运行"必须进行停电检修，可在调控中心指挥下进行本站 66(35)kV 消弧线圈设备间隔停电（在允许用隔离开关隔离故障消弧线圈情况下）。

操作步骤如下：

1）确认系统内没有单相接地或谐振等异常发生。

2）合上 1 号主变压器侧消弧线圈 00-QS1 隔离开关电动操作机构电源空气断路器。

3）拉开 1 号主变压器侧消弧线圈 00-QS1 隔离开关。

4）拉开 1 号主变压器侧消弧线圈 00-QS1 隔离开关电动操作机构电源空气断路器。

5）在 1 号主变压器侧消弧线圈 00-QS1 隔离开关至消弧线圈侧三相验电确无电压。

6）在 1 号主变压器侧消弧线圈 00-QS1 隔离开关至消弧线圈侧装设____号接地线。

7）在 2 号主变压器侧消弧线圈 00-QS2 隔离开关至消弧线圈侧三相验电确无电压。

8）在 2 号主变压器侧消弧线圈 00-QS2 隔离开关至消弧线圈侧装设____号接地线。

（4）如果"××变电站 66(35)kV 消弧线圈异常运行"必须进行停电检修，可在调控中心指挥下进行本站 66(35)kV 消弧线圈设备间隔停电（在不允许用隔离开关隔离故障消弧线圈情况下）、1 号主变压器、66(35)kV I 母线停电和本站改变运行方式操作。

操作步骤如下：

1）退出 66(35)kV 备投装置功能（具体操作步骤略）。

2）检查 1 号主变压器分接头在____位置，检查 2 号主变压器分接头在____位置。

3）合上 66(35)kV 内桥 005 断路器。

4）检查 66(35)kV 内桥 005 断路器合位监控信号指示正确。

5）检查 66(35)kV 内桥 005 断路器合位机械位置指示正确。

6）检查 66(35)kV 内桥 005 断路器三相电流表计指示正确，电流 A 相____A、B 相____A、C 相____A。

7）退出 10kV 备投装置功能（具体操作步骤略）。

8）检查在 10kV 分段 006 断路器热备用。

9）合上 10kV 分段 006 断路器。

10）检查 10kV 分段 006 断路器三相电流表计指示正确，电流 A 相____A、B 相____A、C 相____A。

11）检查 10kV 分段 006 断路器合位监控信号指示正确。

12）检查 10kV 分段保护测控装置断路器位置指示正确。

13）检查 10kV 分段 006 断路器合位机械位置指示正确。

14）拉开 1 号主变压器 10kV 侧 002 断路器。

15）检查 1 号主变压器 10kV 侧 002 断路器三相电流表计指示正确，电流 A 相＿＿＿A、B 相＿＿＿A、C 相＿＿＿A。

16）检查 1 号主变压器 10kV 侧 002 断路器分位监控信号指示正确。

17）检查 1 号主变压器 10kV 侧保护测控装置断路器位置指示正确。

18）检查 1 号主变压器 10kV 侧 002 断路器分位机械位置指示正确。

19）将 1 号主变压器 10kV 侧 002 断路器操作方式开关由远方切至就地位置。

20）拉开 66(35)kV 内桥 005 断路器。

21）检查 66(35)kV 内桥 005 断路器三相电流表计指示正确，电流 A 相＿＿＿A、B 相＿＿＿A、C 相＿＿＿A。

22）检查 66(35)kV 内桥 005 断路器分位监控信号指示正确。

23）检查 66(35)kV 内桥保护测控装置断路器位置指示正确。

24）检查 66(35)kV 内桥 005 断路器分位机械位置指示正确。

25）拉开 66(35)kVⅠ进线 001 断路器。

26）检查 66(35)kVⅠ进线 001 断路器分位监控信号指示正确。

27）检查 66(35)kVⅠ进线 001 断路器分位机械位置指示正确。

28）检查 66(35)kVⅠ进线 001 断路器三相电流表计指示正确，电流 A 相＿＿＿A、B 相＿＿＿A、C 相＿＿＿A。

29）合上 1 号主变压器侧消弧线圈 00-QS1 隔离开关电动操作机构电源空气断路器。

30）拉开 1 号主变压器侧消弧线圈 00-QS1 隔离开关。

31）拉开 1 号主变压器侧消弧线圈 00-QS1 隔离开关电动操作机构电源空气断路器。

32）在 1 号主变压器侧消弧线圈 00-QS1 隔离开关至消弧线圈侧三相验电确无电压。

33）在 1 号主变压器侧消弧线圈 00-QS1 隔离开关至消弧线圈侧装设＿＿＿号接地线。

34）在 2 号主变压器侧消弧线圈 00-QS2 隔离开关至消弧线圈侧三相验电确无电压。

35）在 2 号主变压器侧消弧线圈 00-QS2 隔离开关至消弧线圈侧装设＿＿＿号接地线。

××66(35)kV 变电站 66(35)kV 进线间隔断面示意图如图 4-4 所示，××66(35)kV 变电站消弧线圈间隔断面示意图如图 4-5 所示，××66(35)kV 变电站 66(35)kV 内桥间隔断面示意图如图 4-6 所示，××66(35)kV 变电站 66(35)kV 主变进线-母线设备间隔断面示意图如图 4-7 所示。

除了消弧线圈在检修状态外，恢复原运行方式的具体操作步骤请读者考虑填写。

目标驱动二：处理运行中的 10kV 接地变压器（干式）或消弧线圈（干式）异常故障

××变电站一次设备接线方式如图 4-13 所示（运行方式：Ⅰ进线 101 断路器、内桥 100 断路器、1 号主变压器、2 号主变压器、10kVⅠ段母线、10kVⅡ段母线运行，Ⅱ进线 102 断路器、10kV 分段 000 断路器热备用），站用电一次系统接线如图 3-18 所示，接地变压器及消弧线圈间隔一次接线示意图如图 3-19 所示，接地变压器及消弧线圈断面图如图 3-20 所示。××变电站高压侧为内桥接线（GIS 设备），10kV 侧为单母分段接线（小车开关柜）。

66(35)kV 内桥备投投入，10kV 分段备投投入。

1、2 号主变压器保护配置：瓦斯保护、调载瓦斯保护、差动保护、一次过电流（高后备）保护、二次过电流（低后备）保护、过负荷保护。

配电线保护配置：电流速断保护、限时电流速断保护、定时限过电流保护、重合闸。

66kV 桥联保护配置：电流速断保护（短充）、定时限过电流保护（长充）。

10kV 分段保护配置：电流速断保护（短充）、定时限过电流保护（长充）。

电容器保护配置：电流速断保护、定时限过电流保护、低电压保护、过电压保护、电压不平衡保护。

站用变压器保护配置：限时电流速断保护、定时限过电流保护。

1. 现象

调控中心调控人员通过监控系统遥视或运维人员在例行巡视过程中发现"10kV 接地变压器或消弧线圈异常运行"。

2. 处理步骤

（1）无论是调控中心调控人员通过监控系统遥视，还是运维人员在例行巡视过程中发现"10kV 接地变压器或消弧线圈异常运行"情况，都应在第一时间相互通知，并记录时间及现象。

（2）运维操作队负责人组织运维操作队人员穿戴合格安全用具，对 10kV 接地变压器或消弧线圈异常情况进行全面检查，并确定严重程度。其原则处理步骤如下：

1）如果发现 10kV 消弧线圈动作或发生下列异常情况，应加强监视、记录动作时间、中性点位移电压、电流及三相对地电压，并汇报调控中心及运检工区。尽快采取措施处理。

a. 干式接地变压器或消弧线圈及附属设备（有载开关、阻尼箱、TV、MOA）声音异常。

·处理方法：设备运行声音较正常的轻微均匀响声有所变化或明显增大，应监视并分析查找原因；如果发生放电时，采用立即停电或改变运行方式的方法将故障设备退出运行。

·异常原因：由于热胀冷缩的原因，干式接地变压器、消弧线圈在运行和拉合后可能会发出"咔咔"声，如果发出其他的声音，可能是固件、螺钉等部件松动或是放电造成的。

·造成危害：可能造成设备机械损伤或因放电原因造成设备损坏。

b. 干式接地变压器、消弧线圈温度异常。

·处理方法：

（a）如果发现干式接地变压器、消弧线圈有局部发热现象，应采取减少其负荷，加强通风冷却措施。

（b）应立即汇报调控中心，采用停电或改变运行方式的方法将消弧线圈退出运行。

·异常原因：过电压运行；温升的设计裕度取得过小；制造质量存在问题；接线端子与绕组处的焊接质量和设计原因产生附加电阻，使该处温升过高。

c. 分接开关接触不良。

·处理方法：应申请停电处理。

·异常原因：消弧线圈分接位置调整不到位、分接开关分接头接触部分生锈。

·造成危害：造成分接开关通过接地补偿电流时发生过热现象，严重时烧毁设备。

d. 一次导线导体接触部分接触不良，过热。

・处理方法：应立即汇报调控中心，采用停电或改变运行方式的方法将消弧线圈退出运行。

・异常原因：连接处锈蚀、松动或运行环境恶劣；带接地故障运行时间过长；安装、验收质量存在问题。

・造成危害：造成引流线与引流线连接处过热甚至熔断；不及时处理将严重影响消弧线圈的正常运行，进而影响系统的安全运行。

e. 消弧线圈工作接地或保护接地失效。

・处理方法：应立即汇报调控中心，采用停电或改变运行方式的方法将消弧线圈退出运行。

・异常原因：阻尼电阻过热烧毁；接地线连接处焊接不牢、开焊或连接螺栓松动接触不良；防腐措施不到位。

・造成危害：如果工作接地失效，消弧线圈将不能对小电流接地系统的电容电流起到补偿作用，危及系统的安全运行；如果保护接地失效，将危及人身安全。

f. 金属体包封表面异常。

・处理方法：金属体包封表面存在不明显变色，且对安全运行暂时没有影响，应申请计划检修停电尽快处理；金属体包封表面存在爬电痕迹、裂纹或沿面放电，应立即申请停电处理。

・异常原因：金属体包封表面污秽严重，空气潮湿表面受潮，导致表面泄漏电流增大，产生热量。

・造成危害：可能发展为匝间短路，使短路线匝中的电流剧增，温度升高至使线圈匝间绝缘损坏，高温下导线熔化。

g. 中性点位移电压大于 15% 相电压。

・处理方法：应立即汇报调控中心，尽快查找原因，采用停电或改变运行方式的方法将消弧线圈退出运行。

・异常原因：系统中有接地故障；系统负荷严重不平衡；系统电源非全相运行；谐振过电压。

・造成危害：影响系统安全运行，严重时烧损电压互感器。

h. 设备的试验等主要指标超过规程规定。

・处理方法：应立即汇报调控中心，采用停电或改变运行方式的方法将接地变压器、消弧线圈退出运行。

・异常原因：接地变压器或消弧线圈内部存在严重缺陷。

・造成危害：不及时处理，将会造成缺陷的进一步发展，直至造成接地变压器、消弧线圈损坏。

2）接地变压器、消弧线圈、有载开关、阻尼电阻箱发生下列异常时，说明设备内部已出现严重故障。应立即汇报调控中心，采用立即停电或改变运行方式的方法将设备退出运行。

a. 设备内部有放电声音。

b. 温度异常升高。

c. 一次导线导体接触部分接触不良，过热变色。

d. 冒烟着火。

e. 附近的设备着火、爆炸或发生其他情况，对成套装置构成严重威胁。

f. 当发生危及成套装置安全的故障，而有关的保护装置拒动。

g. 设备的试验等主要指标超过规程规定。

3）隔离故障消弧线圈的方法。

请见第四章第一节【模块六】目标驱动—隔离故障消弧线圈的方法。

（3）如果"××变电站10kV 1号消弧线圈异常运行"必须进行停电检修，可在调控中心指挥下进行本站10kV消弧线圈设备间隔停电（在允许用隔离开关隔离故障消弧线圈情况下）。操作步骤如下：

1）消弧线圈控制装置退出操作（具体步骤略）。

2）检查10kV系统无异常。

3）拉开10kV 1号消弧线圈一次0051隔离开关。

4）在10kV 1号消弧线圈一次0051隔离开关至消弧线圈侧三相验电确无电压。

5）在10kV 1号消弧线圈一次0051隔离开关至消弧线圈侧装设____号接地线。

（4）如果"××变电站10kV 1号接地变压器或消弧线圈异常运行"必须进行停电检修，可在调控中心指挥下进行本站10kV消弧线圈设备间隔停电（在不允许用隔离开关隔离故障消弧线圈情况下）。操作步骤如下：

1）进行站用电源的切换操作（操作步骤略）。

2）选择10kV 1号接地变压器005断路器分闸。

3）检查10kV 1号接地变压器005断路器分闸选线正确。

4）拉开10kV 1号接地变压器005断路器。

5）检查10kV 1号接地变压器005断路器分位监控信号指示正确。

6）检查10kV 1号接地变压器005断路器分位机械位置指示正确。

7）检查10kV 1号接地变压器005断路器三相电流表计指示正确，电流A相____A、B相____A、C相____A。

8）将10kV 1号接地变压器005断路器操作方式开关由远方切至就地位置。

9）将10kV 1号接地变压器005小车断路器由工作位置拉至试验位置。

10）检查10kV 1号接地变压器005小车断路器确已拉至试验位置。

11）拉开10kV 1号消弧线圈一次0051隔离开关。

12）在10kV 1号消弧线圈一次0051隔离开关至消弧线圈侧三相验电确无电压。

13）在10kV 1号消弧线圈一次0051隔离开关至消弧线圈侧装设____号接地线。

14）检查10kV 1号接地变压器电流互感器线路侧带电显示器三相指示无电。

15）合上10kV 1号接地变压器005-QS3接地开关。

16）检查10kV 1号接地变压器005-QS3接地开关确在合位。

17）拉开10kV 1号接地变压器005断路器控制直流电源空气断路器。

18）拉开10kV 1号接地变压器005断路器保护直流电源空气断路器。

危险预控 -

表 4 - 6　　　　　　　消弧线圈、接地变压器异常处理危险点及控制措施

序号	消弧线圈、接地变压器 异常处理危险点	控　制　措　施
1	检查处理消弧线圈、接地变压器异常时带负荷拉、合隔离开关	(1) 用隔离开关投入或退出接地变压器或消弧线圈前，应确保系统内无有单相接地或谐振等异常现象，且消弧线圈电流应小于 10A。 (2) 当单相接地故障未查明，或中性点位移电压超过相电压 15%时，系统内接地信号未消失，不准用隔离开关拉开消弧线圈。 (3) 严禁用隔离开关拉、合发生异常的接地变压器或消弧线圈
2	检查处理消弧线圈、接地变压器异常时人身伤害	系统中发生单相接地时，禁止手动调节该段母线上的消弧线圈
3	停用带有消弧线圈的主变压器使其他主变压器过负荷	(1) 先检查相关主变压器的负荷情况，联系调控中心，必要时提前限制或转移负荷，然后再停用带有消弧线圈的主变压器。 (2) 拉开主变压器低压和中压断路器后，均应检查其他运行主变压器的负荷情况，如有过负荷发生，应按变电站事故处理预案及时处理
4	处理消弧线圈、接地变压器着火时人身感电	(1) 先停电，后灭火。 (2) 应使用干粉、二氧化碳等绝缘介质的灭火器灭火，不得触及设备外壳和引线
5	处理过程中发生谐振	投入或退出接地变压器或消弧线圈时应密切观察电网的变化情况，如有谐振发生，应按变电站事故处理预案及时处理

思维拓展 -

以下其他情景下的避雷器异常处理步骤请读者思考后写出：

图 4 - 16 的运行方式下，"××变电站 10kV 1 号接地变压器或消弧线圈异常运行"的处理步骤。

相关知识 -

1. 消弧线圈的作用

(1) 自动消弧，避免弧光过电压的产生，抑制铁磁谐振的发生。

(2) 降低瞬时性单相接地故障发展成永久性单相接地故障的概率。

(3) 降低永久性单相接地故障演变成相间短路的概率。

(4) 大大降低了对通信设备的干扰和对人身安全的威胁。

(5) 允许系统带故障运行两小时，保障了供电可靠性。

2. 补偿系统的残流、补偿度、脱谐度及消弧线圈的补偿方式

为了表明单相接地故障时消弧线圈电感电流 I_L 对接地电流 I_C 的补偿情况，消弧线圈的电感电流与电容电流之差和电网的电容电流之比称为补偿度，也称调谐度。

补偿度可表示为

$$K = \frac{I_L}{I_C}$$

消弧线圈的电感电流补偿电容电流之后，流经接地点的剩余电流，称为残流，一般不应大于 5A。

残流可表示为 $\qquad\qquad I_g = I_C - I_L$

消弧线圈的脱谐度 V 表征偏离谐振状态的程度，可以用来描述消弧线圈的补偿程度。

消弧线圈抑制过电压的效果与脱谐度大小相关，实践表明：只有脱谐度不超过 $\pm5\%$ 时，才能把过电压的水平限制在 2.6 倍的相电压以下。

脱谐度可表示为 $\qquad\qquad V = 1 - K = \dfrac{I_C - I_L}{I_C}$

根据电感电流对接地电流的补偿程度，消弧线圈的补偿方式有三种：完全补偿、欠补偿和过补偿。

（1）全补偿方式：使 $I_L = I_C$，$V = 0$，接地点无电流为全补偿。

（2）欠补偿方式：使 $I_L < I_C$，$V > 0$，接地点尚有未补偿的电容性电流称为欠补偿。

（3）过补偿方式：使 $I_L > I_C$，$V < 0$，接地点没有未补偿的电容性电流称为过补偿。

3. 中性点经消弧线圈接地系统广泛采用的补偿方式

广泛采用过补偿方式，一般不采用欠补偿方式和全补偿全补偿。

（1）若中性点经消弧线圈接地系统采用全补偿，则无论不对称电压的大小如何，都将因发生串联共振而使消弧线圈感受到很高的电压，因此要避免全补偿方式。

（2）欠补偿电网发生故障时，容易出现数值很大的过电压。例如，当电网中因故障或其他原因而切除部分线路后，在欠补偿电网中就可能形成全补偿的运行方式而造成串联谐振，从而引起很高的中性点位移电压与过电压，在欠补偿电网中也会出现很大的中性点位移而危及绝缘。只要采用欠补偿的运行方式，这一缺点是无法避免的。

（3）欠补偿电网在正常运行时，如果三相不对称度较大，还有可能出现数值很大的铁磁谐振过电压。这种过电压是因欠补偿的消弧线圈（它的 $\omega L > 1/\omega C_0$）和线路电容 $3\omega C_0$ 发生铁磁谐振而引起。如果采用过补偿的运行方式，就不会出现这种铁磁谐振现象。

（4）电力系统往往是不断发展和扩大的，电网的对地电容也将随之增大。如果采用过补偿，原装的消弧线圈仍可以使用一段时期，至多由过补偿转变为欠补偿运行；但如果原来就采用欠补偿的运行方式，则系统一有发展就必须立即增加补偿容量。

（5）由于过补偿时流过接地点的是电感电流，熄弧后故障相电压恢复速度较慢，因而接地电弧不易重燃。

（6）如果采用过补偿时，系统频率的降低只是使过补偿度暂时增大，这在正常运行时是毫无问题的；如果采用欠补偿，系统频率的降低将使之接近于全补偿，从而引起中性点位移电压的增大。

4. 消弧线圈补偿原理

消弧线圈利用流经故障点的电感电流和电容电流相位差为 180°，补偿电容电流减小流经故障点电流，降低故障相接地电弧两端的恢复电压速度，来达到消弧的目的。

如图 4 - 17 所示，在正常情况下，三相电压是基本平衡的。由于各种原因，系统发生单相（如 A 相）接地故障，破坏了原有的对称平衡，系统将产生接地电容电流 $\dot{I}_C$，消弧圈在当时系统中性点相电压的作用下，将产生电感电流 $\dot{I}_L$ 它们各自的流动方向如图 4 - 17 所示。从向量图中，可以看出，$\dot{I}_L$ 与 $\dot{I}_C$ 相差 180°，所以是起到相互抵消的作用。

当系统未发生单相接地时，在对称情况下，各相对地电压相等，在这些电压作用下，各

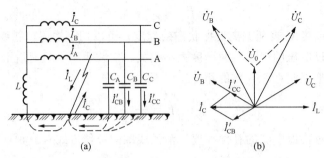

图 4-17 中性点经消弧线圈接地补偿系统和向量图
(a) 补偿系统；(b) 电流电压向量图

相对地电容产生的电容电流 $I_{CA}=I_{CB}=I_{CC}=I_{C0}$，分别超前于 $\dot{U}_A$、$\dot{U}_B$、$\dot{U}_C$ 电压相位 90°。当发生单相接地故障时（例如 A 相金属性接地）相当于在故障相上，加一个与 $\dot{U}_A$ 大小相同，但方向相反的中性点位移电压 $\dot{U}_0=-\dot{U}_\varphi$，则故障相对地电压 $\dot{U}_A=0$，而中性点对地电压升高到相电压，其他两相对地电压升高 $\sqrt{3}$ 倍，即 $U_B'=U_C'=\sqrt{3}U_\varphi$，在 $\dot{U}_B'$、$\dot{U}_C'$ 电压的作用下，所产生的电容电流 $\dot{I}_{CB}'$、$\dot{I}_{CC}'$ 分别超前于 $\dot{U}_B'$、$\dot{U}_C'$ 电压相位 90°，其相量和 $\dot{I}_C'=\dot{I}_{CB}'+\dot{I}_{CC}'$ 即为流过 A 相故障点的电容电流。它的大小是正常时一相对地电容电流的 3 倍，方向滞后于 A 相正常时电压 $\dot{U}_A$90°。

单相金属性接地后，故障相对地电压为零，中性点电压升高为相电压，健全相相电压升高 $\sqrt{3}$ 倍，而电源电动势及线电压对称，且 10～66kV 负荷为对称性负荷，仍为对称系统，所以中性点不接地及经消弧线圈接地系统发生单相接地故障时，可带故障运行，保证用户的持续供电。

5. 不同接地系统单相接地线路电流情况（见表 4-7）

表 4-7　　　　　　　　不同接地系统单相接地线路电流情况

接地系统		非故障线路		故障线路	
		大小	方向	大小	方向
不接地		本线路电容电流	流入母线	非故障线路电容电流和	流出母线
小电阻					
消弧线圈	集中补偿	本线路电容电流	流入母线	残流	流出母线（欠补） 流入母线（过补）
	分散补偿	本线路电容及所带消弧线圈补偿电流和	流入或流出母线		

（1）经小电阻接地系统，发生单相接地故障时，故障线路的零序电流比非故障线路零序电流大得多，而且两者零序电流相差 180°，根据这一原理（零序电流原理、零序功率原理），可以采用电流元件快速区分出接地故障线路。

（2）中性点经小电阻接地系统是利用零序电流及零序功率原理进行快速选线的，当该系统中运行消弧线圈时，因消弧线圈改变了系统电容电流的分布，造成了选线正确率的下降，因此当这两个不同接地系统间进行负荷调整前，必须先停用调整线路的消弧线圈。

6. 中性点接地方式及优缺点（见表 4 - 8）

表 4 - 8　　　　　　　　　　　　中性点接地方式及优缺点

接地方式	适用范围 （电容电流）	优　　点	缺　　点
不接地	66kV（35kV） 小于 10A 10kV 小于 30A	（1）接地电流小，瞬时故障时可自行熄弧。 （2）可带接地故障运行（一般不超过 2h），可靠性较高	（1）对绝缘要求较高，易引发绝缘击穿，引发相间短路等继发故障。 （2）故障定位难，操作多。 （3）人员触电时，因线路不跳闸，安全性较差。 （4）易发生谐振。 （5）中性点电位偏移较大。 （6）运行方式改变时，操作多。 （7）补偿易受限制，消弧线圈容量增加可能滞后电网发展
经消弧线圈	小于 100A		
经小电阻	100～1000A	（1）可抑制谐振过电压。 （2）中性点电位偏移较小。 （3）可迅速隔离故障点。 （4）设备的绝缘水平较低。 （5）不受运行方式影响。 （6）人员触电时，能快速切除故障，安全性好	接地故障线路迅速切除，间断对用户的供电

【模块七】 电容器、 电抗器异常分析及处理

核心知识

（1）并联电容器的作用。

（2）串联电抗器的作用。

（3）并联电容器的异常类型。

（4）串联电抗器的异常类型。

关键技能

（1）并联电容器或串联电抗器发生异常时的正确处理原则和步骤。

（2）处理并联电容器或串联电抗器异常故障过程中，运维人员能够对潜在的危险点正确认知并能提前预控危险。

目标驱动

目标驱动一：处理运行中的 10kV 并联电容器或串联电抗器异常故障

××变电站一次设备接线方式如图 4 - 13 所示（运行方式：Ⅰ进线 101 断路器、内桥 100 断路器、1 号主变压器、2 号主变压器、10kV Ⅰ段母线、10kV Ⅱ段母线运行，Ⅱ进线 102 断路器、10kV 分段 000 断路器热备用），10kV 电容器间隔一次接线示意图如图 3 - 16 所

示，10kV 电容器设备断面示意图如图 3 - 17 所示。××变电站高压侧为内桥接线（GIS 设备），10kV 侧为单母分段接线（小车开关柜）。

保护配置请见第四章第一节【模块六】目标驱动二中所述。

1. 现象

调控中心调控人员通过监控系统遥视或运维人员在例行巡视过程中发现"××变电站 10kVⅠ母线电容器、电抗器异常运行"。

2. 处理步骤

（1）无论是调控中心调控人员通过监控系统遥视，还是运维人员在例行巡视过程中发现"××变电站10kVⅠ母线电容器、电抗器异常运行"情况，都应在第一时间相互通知，并记录时间及现象。

（2）运维操作队负责人组织运维操作队人员穿戴合格安全用具，对电容器、异常情况进行全面检查，并确定严重程度。其原则处理步骤如下：

1）如果发现电容器有下列异常情况，应加强监视，并汇报调控中心及运检工区，尽快采取措施处理。

a. 声音异常。

·异常原因及处理方法：

（a）立即向调控中心及上级主管部门汇报。

（b）电容器非内、外部放电原因，而是由于外部固定部件或支架松动等外部原因造成异常声响，应申请计划检修停电尽快处理。

（c）由于电容器内、外部放电原因造成异常声响。应立即申请停电处理。

·造成危害：不及时处理将造成击穿接地或电容器爆炸故障。

b. 电容器渗漏油。

·处理方法：

（a）当渗漏情况较轻时，需要加强监视，可不需要停电处理，但不宜长期运行。需要根据渗漏情况上报缺陷，申请计划检修停电处理。

（b）当渗漏情况较严重时，必须申请停电处理。

·异常原因：搬运、安装、检修时造成的法兰或焊接处损伤；接线时拧螺丝过紧，瓷套焊接处损伤；产品制造缺陷；在长期运行中外壳锈蚀都可能引起渗漏油；温度急剧变化，热胀冷缩作用使外壳开裂；设计不合理，例如使用硬排连接，由于膨胀冷缩，极易拉断电容器套管。

·造成危害：渗漏油会使浸渍剂减少，外界空气和潮气将渗入电容器内部使绝缘降低，从而导致局部绝缘击穿。

c. 电容器的温升过高。

·处理方法：

（a）电容器的温升过高时必须严密监视和控制环境温度，或采取冷却措施将温度控制在允许范围内，如果控制不住则应停电处理。

（b）在高温、长时间运行的情况下，应定时对电容器进行温度检测。

（c）发现电容器本身或电器接触部分温度过高，应停电处理。

·异常原因：系统中高次谐波电流影响；频繁投切电容器，反复承受过电压作用；电容器内部元件损坏，介质老化，介质损耗增加；电容器组过电压或过电流运行；电容器冷却条件变差，如环境温度过高、电容器布置过密、室内电容器室通风不良等。

·造成危害：运行中的电容器组由于过电压、过负荷、介质老化（介质损耗增加）、电容器冷却条件变差等原因皆可能使其温升过高，从而影响使用寿命甚至导致击穿事故。

d. 电容器单台熔断器熔断。

·处理方法：

（a）严格控制运行电压。

（b）检查电容器套管有无闪络痕迹，外壳是否变形、漏油，外接汇流排有无短路现象等。

（c）运维人员将电容器停电并充分放电后用兆欧表检查电容器极间和极对地的绝缘电阻值是否合格（或交流耐压试验是否合格），若未发现故障征象，可换上符合规格的熔断器后将电容器投入运行。

（d）如果用欧姆表检查电容器极间和极对地的绝缘电阻值不合格（或交流耐压试验不合格），或送电后熔断器仍熔断，则应退出故障电容器，为保证三相电容值平衡，还应退出非故障相的部分电容器（因熔断器熔断引起相间电流不平衡接近 2.5% 时，应更换故障电容器或拆除其他相电容器进行调整）。

·异常原因：过电流，电容器内部短路，外壳绝缘故障。

·造成危害：电容器三相电流不平衡，影响电容器正常运行。

e. 电容器单台熔断器熔断造成三相电流不平衡。

异常原因及处理方法：发现电容器三相电流不平衡度不超过 5% 时，应立即检查系统电压是否平衡、单台电容器熔断器是否熔断。若单台电容器熔断器按单台电容器熔断器处理方法。若无上述异常现象，可能是电容器组的电容量发生变化，应尽快将该组电容器退出运行。

·造成危害：电容器三相电流不平衡，影响电容器正常运行。

f. 电容器外壳膨胀变形。

·处理方法：发现外壳膨胀应采取强力通风以降低电容器温度，膨胀严重的电容器应立即申请停电处理。

·异常原因：周围环境温度过高，内部介质膨胀变大；运行电压过或高断路器重燃引起的操作过电压；电容器内部元件击穿或极对外壳击穿，使介质析出气体；介质内产生局部放电，使介质析出气体。

·造成危害：不及时停电处理可能发生爆炸故障。

g. 电容器过电压。

·处理方法：电容器在正常运行中，由于电网负载的变化会受到电压过低或过高的作用，当负载大时，则电网电压会降低，此时应投入电容器，以补偿无功的不足，当电网负载小时，则电网的电压升高，如电压超过电容器额定电压 1.1 倍时应将电容器退出运行。规程规定超过额定电压倍数 1.1 倍时，持续运行时间不超过每 24h 中的 8h；1.15 倍时，持续运行时间不超过每 24h 中的 30min；1.20 倍时，持续运行时间不超过每 24h 中的 5min；1.30 倍时，持续运行时间不超过每 24h 中的 1min。另外电容器操作也可能会引起操作过电压，此时如果发现过电压信号报警。应将电容器拉开，查明原因。

• 异常原因：电网负荷的变化；电容器未根据无功负荷的变化及时退出，造成补偿容量过大；系统发生谐振过电压；电容器在操作过程中产生过电压。

• 造成危害：过电压严重影响电容器正常运行，严重时会引起熔断器熔断或电容器损坏。

h. 电容器过电流。

• 处理方法：当电流增大到额定电流的 1.30 倍时，应将电容器退出运行。

• 异常原因：过电压，高次谐波，运行中电容器容量发生变化，容量增大。

• 造成危害：电流过大，将造成电容器的烧损故障。

i. 电容器套管发生破裂并有闪络放电。

• 处理方法：应立即申请停电处理；对电容器组应定期清扫，对污秽地区采取防护措施。

• 异常原因：瓷绝缘表面脏污、环境污染、恶劣天气（如雨、雪）和过电压都将产生表面闪络放电，引起电容器损坏或跳闸。在雨雪天气，裂缝处进水造成闪络接地，冬天融雪水进入套管裂缝处结冰会造成套管破裂。

• 造成危害：电容器套管发生破裂会使套管绝缘性能降低；电容器套管闪络放电，引起电容器损坏或跳闸。

j. 自动投切的电容器组，发现自动装置失灵时，应将其停用，改为手动。

2）如果发现电容器组有下列异常情况，应及时汇报调控中心及运检工区。电容器立即退出运行。

a. 三相电流不平衡超过 5% 以上。

b. 电容器内部或外部放电造成声音异常。

c. 电容器套管发生破裂并有闪络放电。

d. 接头严重过热或电容器外壳示温片熔化。

e. 电容器外壳温度超过 55℃ 或室温超过 40℃，采取降温措施无效时。

f. 电容器外壳膨胀变形明显或严重漏油。

g. 电容器严重喷油或起火。电容器着火，应断开电容器电源，并在距离着火的电容器较远一端（如电力电缆配电装置端）放电，经接地后，用 1211、干粉灭火剂等灭火。

h. 电容器发生爆炸。电容器爆炸、起火而未跳闸时，应立即将电容器组退出运行。

i. 集合式电容器已看不见油位，压力异常。

j. 集合式电容器压力释放阀动作。

k. 母线失压时，在母线上运行的电容器未跳闸，应立即手动将电容器组退出运行。

l. 电容器断路器跳闸（熔断器未熔断）。电容器断路器跳闸后应检查断路器、电流互感器、电力电缆及电容器外部情况，若无异常情况，可以试送一次；否则，应对保护做全面通电试验，如果仍查不出原因，就需拆开电容器逐个试验。未查明原因之前不得试送。

3）如果发现干式电抗器有下列异常情况，应加强监视，并汇报调控中心及运检工区。尽快采取措施处理。

a. 如果发现干式电抗器有下列异常情况，应加强监视，报缺陷按检修计划处理。导线散股或有不严重的断股；金属体包封表面存在不明显变色或轻微振动现象；支持绝缘子或金属体包封表面不清洁，金属部分有锈蚀现象；电抗器内有异物或有鸟巢，影响通风散热。

b. 支持绝缘子有倾斜变形或位移、绝缘子裂纹。

· 处理方法：对安全运行暂时没有影响，应申请计划检修停电尽快处理；情况较严重时，应立即申请停电处理。

· 异常原因：电抗器安装时支持绝缘子受力不均匀、基础沉陷或地震等原因造成支持绝缘子倾斜变形或绝缘子裂纹；绝缘子受到冰雹或大风刮起的杂物碰撞造成破损裂纹。

· 造成危害：可能造成电抗器倾倒或支持绝缘子绝缘强度降低。

c. 金属体包封表面存在爬电痕迹、裂纹或沿面放电。

· 处理方法：对安全运行暂时没有影响，应申请计划检修停电尽快处理；情况较严重时，应立即申请停电处理。

· 异常原因：在大雾或雨天电抗器表面污层受潮（电抗器在户外的大气条件下运行一段时间后，其表面沉积污物，表面的绝缘材料出现粉化现象，形成污层），导致表面泄漏电流增大，产生热量。使得表面电场集中区域的水分蒸发较快，造成表面部分区域出现干区，引起局部表面电阻改变。电流在该中断处形成很小的局部电弧。随着时间的推移，电弧将发展合并，在表面形成树枝状放电痕迹，引起沿面树枝放电，绝大多数树枝放电产生于电抗器端部表面与星状板相接处的区域。树枝放电可进一步发展为匝间短路。

· 造成危害：可能发展为匝间短路，使短路线匝中的电流剧增，温度升高至使线圈匝间绝缘损坏，高温下导线熔化。

d. 金属体匝间撑条松动或脱落情况。

· 处理方法：应申请计划检修停电尽快处理。

· 异常原因：安装质量不良或长期运行振动造成紧固螺丝松动。

· 造成危害：不及时处理影响电抗器正常运行。

e. 干式电抗器声音异常。

· 处理方法：电抗器运行声音较正常的均匀响声有所变化或明显增大，应监视并分析查找原因；如果发生放电，应立即申请停电处理。

· 异常原因：由于热胀冷缩的原因，电抗器在运行和拉合后会经常发出"咔咔"声音，如果发出其他的声音，可能是固件、螺钉等部件松动或是电抗器放电造成的。

· 造成危害：可能造成电抗器机械损伤或因放电原因造成电抗器损坏。

f. 干式电抗器温度异常（干式电抗器接头及包封表面过热、冒烟），接地体发热，围网、围栏等异常发热。

· 处理方法：如果发现电抗器有局部发热现象，应采取减少电抗器负荷，加强通风冷却措施；应申请计划检修停电尽快处理。

· 异常原因：过电压运行；温升的设计裕度设计得过小；制造质量存在问题；接线端子与绕组处的焊接质量和设计原因产生附加电阻，使该处温升过高；附近有铁磁性材料形成铁磁环路，造成电抗器漏磁损耗过大。

在电抗器轴向位置有接地网，径向位置有设备遮栏、构架等，都可能因金属体构成闭环造成较严重的漏磁问题，对周围环境造成严重影响。如果存在闭环回路，如地网、构架、金属遮栏等，其漏磁感应环流可达数百安培。漏磁增大了损耗，更因为其建立的反向磁场同电抗器的部分绕组耦合产生严重问题。如果存在径向闭环回路，将使电抗器绕组过热或局部过热，相当于电抗器二次短路。如果存在轴向闭环回路，将使电抗器电流增大和电位分布改变。

·造成危害：长期过热烧损电抗器及接地体、围网、围栏等设备设施。

4）如果发现干式电抗器有下列异常情况，应加强监视，并汇报调控中心及运检工区，电抗器立即退出运行。

a. 支持绝缘子有明显倾斜变形、移位或裂纹。

b. 金属体包封表面严重开裂。

c. 金属体包封表面出线沿面放电现象。

d. 导体接触部分及金属体包封表面过热、冒烟。

5）如果发现油浸高压电抗器有下列异常情况，应加强监视，并汇报调控中心及运检工区，并采取相应的措施处理。

a. 呼吸器硅胶变色过快。

·处理方法：应报缺陷处理，及时查找原因。

·异常原因：硅胶罐裂纹破损；呼吸管道密封不严；油封罩内无油或油位较低；密封胶垫龟裂漏气；呼吸器及连接管道螺丝松动，从而导致湿空气未经过滤进入到硅胶罐内。

·造成危害：油浸高压电抗器油劣化，影响高压电抗器绝缘。

b. 渗漏油。

·处理方法：渗漏油轻微应报一般缺陷，安排计划处理；漏油严重应申请停电处理，执行应急处理预案程序。

·异常原因：阀门系统因胶垫质量、安装问题或放油阀精度不高，在螺纹处渗漏；其他部位因胶垫质量、安装问题或 TA 二次出线小绝缘子破裂渗漏；其他金属部位因焊接质量（如砂眼）或板材固有缺陷问题渗漏。

·造成危害：长期渗漏使潮气进入油箱，降低电抗器内部绝缘水平。

c. 油位异常。

·处理方法：油位偏高或偏低时，应报缺陷处理，及时查找原因。如果油位偏低是由于渗漏油造成的，应申请停电处理。

·异常原因：油位过低主要原因包括严重渗漏、气温过低、油枕储量不足、气囊漏气等；油位过高主要原因包括气温过高、油枕储量过多。

·造成危害：油位过低可能使潮气进入油箱，降低电抗器内部绝缘水平；油位过高可能使电抗器内部压力增高，造成跑油或压力释放阀动作。

d. 声音异常。

·处理方法：

（a）电抗器运行声音较正常的均匀响声有所变化或明显增大，应监视并分析查找原因。

（b）电抗器有杂音，应检查有无零部件松动，查看电流、电压指示是否正常，如果无上述异常现象，有可能是内部原因造成的，应监视并分析查找原因、及时上报处理。

（c）电抗器有放电声音，如果是由于污秽严重或导体接触部分接触不良造成的外部放电，应申请停电处理；如果是由于不接地部件静电放电、线圈匝间放电等原因造成的内部放电，应监视并及时上报处理。

·异常原因：

（a）响声均匀，但比平时明显增大，可能因为电网电压升高或产生谐振过电压等，可观察分析系统电压变化情况。

(b) 电抗器有杂音,可能是零部件松动或内部原因造成。

(c) 电抗器有放电声音,外部放电可能是套管污秽严重或电气连接部位接触不良造成的。内部放电可能是不接地部件静电放电、线圈匝间放电等原因造成的。

· 造成危害:造成电抗器机械损伤或因放电原因造成电抗器损坏。

e. 温度异常。

· 处理方法:检查油位、油色有无异常,并综合无功负荷、电压高低、环境温度等因素进行分析,可初步判明电抗器内部有无问题,应监视并及时上报处理。

· 异常原因:见干式电抗器温度异常,接地体发热,围网、围栏等异常发热处理异常原因部分。

· 造成危害:见干式电抗器温度异常,接地体发热,围网、围栏等异常发热处理造成危害部分。

f. 套管闪络放电。

· 处理方法:

a) 应立即申请停电处理。

b) 对电容器组应定期清扫,对污秽地区采取防护措施。

· 异常原因:

a) 套管表面粉尘污秽较多,潮湿天气因电场分布不均匀发生放电。

b) 套管存在固有缺陷,在过电压的作用下放电闪络击穿。

c) 高压套管制造质量问题,末屏出线焊接问题或小绝缘子芯轴与接地螺栓套不同心,接触不良或末屏未接地,导致电位提高逐渐损坏形成放电闪络。

· 造成危害:套管闪络放电会导致发热老化,绝缘下降引发爆炸。

(3) 运维人员应按照调控中心指令,根据本站异常、事故应急处理预案和本站现场运行规程规定进行处理。

(4) 如图 4-13 所示,如"××变电站 10kVⅠ母线电容器、电抗器异常运行"必须进行停电检修,可在调控中心指挥下进行本站 10kV 1 号电容器设备间隔停电操作。操作步骤如下:

1) 选择 10kV 1 号电容器 006 断路器分闸。

2) 检查 10kV 1 号电容器 006 断路器分闸选线正确。

3) 拉开 10kV 1 号电容器 006 断路器。

4) 检查 10kV 1 号电容器 006 断路器三相电流表计指示正确,电流 A 相____ A,B 相____A,C 相____ A。

5) 检查 10kV 1 号电容器 006 断路器分位监控信号指示正确。

6) 检查 10kV 线路 1 保护测控装置断路器位置指示正确。

7) 检查 10kV 1 号电容器 006 断路器分位机械位置指示正确。

8) 将 10kV 1 号电容器 006 断路器操作方式开关由远方切至就地位置。

9) 将 10kV 1 号电容器 006 小车断路器由工作位置拉至试验位置。

10) 检查 10kV 1 号电容器 006 小车断路器确已拉至试验位置。

11) 检查 10kV 1 号电容器电流互感器线路侧带电显示器三相指示无电。

12）合上 10kV 1 号电容器 006-QS3 接地开关。

13）检查 10kV 1 号电容器 006-QS3 接地开关合位监控信号指示正确。

14）检查 10kV 1 号电容器 006-QS3 接地开关操控屏位置指示确在合位。

15）检查 10kV 1 号电容器 006-QS3 接地开关合位机械位置指示正确。

16）拉开 10kV 1 号电容器 006 断路器控制直流电源空气断路器。

17）拉开 10kV 1 号电容器 006 断路器保护电源空气断路器。

18）拉开 10kV 1 号电容器 0061 隔离开关。

19）检查 10kV 1 号电容器 0061 隔离开关分位监控信号指示正确。

20）检查 10kV 1 号电容器 0061 隔离开关分位机械位置指示正确。

21）合上 10kV 1 号电容器 0061-QS4 接地隔离开关。

22）检查 10kV 1 号电容器 0061-QS4 接地隔离开关合位监控信号指示正确。

23）检查 10kV 1 号电容器 0061-QS4 接地隔离开关合位机械位置指示正确。

危险预控 -

表 4 - 9   **电容器组异常处理危险点及控制措施**

序号	电容器组异常处理危险点	控 制 措 施
1	检查处理电容器组异常时人身感电	（1）检查处理电容器组异常现象时，不得触及电容器外壳或引线，以防止电容器内部绝缘损坏造成外壳带电。 （2）如果有必要接触电容器，应先拉开断路器及隔离开关，然后然后验电装设接地线，并对电容器充分放电。
2	更换单只电容器熔断器时人身感电	（1）接触电容器前，工作人员应戴绝缘手套，用带绝缘柄的短路线将电容器两极短接之后，才可以工作。 （2）对双星型电容器的中性线及多个电容器的串联线，需要单独放电
3	摇测电容器两极对外壳和两极间绝缘电阻时人身感电	（1）应由两人一起工作。 （2）测量前用带绝缘柄的短路线将电容器两极短接放电。 （3）测量后将电容器上的电荷放尽
4	处理电容器着火时人身感电	（1）先停电，后灭火。 （2）应使用干粉、二氧化碳等绝缘介质的灭火器灭火，不得触及电容器外壳和引线
5	检查处理电容器组异常现象时电容器爆炸伤人	（1）发现电容器内部有异常声响或外壳严重膨胀变形的异常现象，应立即将电容器停电。 （2）停电前人员不准接近发生异常的电容器组
6	电容器组投切操作时电容器爆炸伤人	电容器组投切操作时，人员不准接近电容器组
7	处理不当造成电容器爆炸	（1）电容器跳闸后，在未查明原因前不得试送电容器。 （2）电容器组切除后再次投入运行，应间隔 5min 后进行。 （3）一旦电容器发生必须退出运行的异常现象时，应立即将电容器停电
8	系统异常运行或天气异常时电容器爆炸伤人	（1）雷雨天气时人员不准接近电容器组。 （2）系统异常运行时人员不准接近电容器组

表 4 - 10	电抗器异常处理危险点及控制措施	
序号	电抗器异常处理危险点	控 制 措 施
1	检查处理电抗器异常时人身感电	（1）在电抗器停电和布置合格的安全措施之前，人员不准进入电抗器围栏或接触干式电抗器外壳。 （2）处理安装在电容器组内的串联电抗器异常时，人员不准触碰电容器。 （3）电抗器冒烟、着火，应在断开电源后用干粉、二氧化碳等绝缘介质的灭火器灭火，不得触及电抗器外壳
2	处理不当造成设备损坏	一旦电抗器发生必须退出运行的异常现象时，应立即将电抗器停电
3	处理电抗器异常时人身被烫伤、烧伤	（1）发现电抗器或周围围栏等设备过热时，不得触及设备过热部分。 （2）电抗器冒烟着火，灭火时应做好个人防护措施，必要时报火警
4	检查处理电抗器异常时人身受到伤害	发现干式电抗器有异常声响、放电或支持绝缘子严重破损或移位时，应远离故障电抗器，并迅速将电抗器退出运行

思维拓展

以下其他情景下的避雷器异常处理步骤请读者思考后写出：

图 4 - 13 的运行方式下，"××变电站 10kV Ⅱ 母线电容器、电抗器异常运行"的处理步骤？

相关知识

1. 并联电容器组的接线形式和类型

设置在变电站和配电所中的并联电容器补偿装置一般都分组安装。在配电所主要用以改善功率因数，在变电站主要用以提高电压和补偿变压器无功损耗。前者电容器组可随负荷变化自动投切，后者可随电压波动自行投切。各分组容量一般为数千乏，各分组容量不一定相等，主要以恰当的调节为原则。

并联电容器的接线一般可分为△形和 Y 形（包括双 Y 或双△）。△形接线的优点是不受三相电容器容抗不平衡的影响，可补偿不平衡负荷，可形成 $3n$ 次谐波通道，对消除 $3n$ 次谐波有利；缺点是当电容器等发生短路故障时，短路电流大，可选用的继电保护方式少。故一般只选用可补偿不平衡负荷时的 $3n$ 次交流滤波器和用于 6kV 及以下的小容量并联电容器组。

星形接线优点是设备故障时短路电流较小，继电保护构成也方便，而且设备布置清晰；缺点是对 $3n$ 次谐波没有通路。故广泛用于 6kV 及以上并联电容器组。特别应注意的是：Y 接线的中性点不能接地，以免单相接地时对通信线路构成干扰。

2. 并联电容器中串联小电抗的作用

（1）降低电容器组的涌流倍数和频率。

（2）可与电容结合起来对某些高次谐波进行调谐，滤掉这些谐波，提高供电质量。

（3）与电容器结合起来调谐也可抑制高次谐波，保护电容器。

（4）电容器本身短路时，可限制短路电流，外部短路时也可减少电容对短路电流的助增作用。

（5）减少非故障电容向故障电容的放电电流。

（6）降低操作过电压。

3. 电容器内（外）熔断器的作用

电容器内（外）装有熔断器，其作用是在电容器内部出现故障时熔断。

4. 电容器放电装置的作用

并联电容器组在脱离电网时，应在短时内将电容器上的电荷放掉，防止再次合闸时产生大电流冲击和过电压。对单只电容器采用并联电阻（或放电线圈）进行自放电，对密集型电容器采用并在电容器两端的放电线圈，放电线圈一般设有二次绕组，供测量和保护用。

【模块八】 母线异常分析及处理

核心知识 --------------------------------------

母线的异常类型。

关键技能 --------------------------------------

（1）母线发生异常时的正确处理原则和步骤。

（2）在处理母线异常故障过程中，运维人员能够对潜在的危险点正确认知并能提前预控危险。

目标驱动 --------------------------------------

目标驱动一：处理运行中的 66kV（35kV）常规室外敞开式母线异常故障

××变电站一次设备接线方式如图 4 - 1 所示，××变电站高压侧为内桥接线（设备为常规敞开式布置），10kV 侧为单母分段接线（设备为常规开关柜）。

保护配置请见第四章第一节【模块一】目标驱动一中所述。

1. 现象

调控中心调控人员通过监控系统遥视或运维人员在例行巡视过程中发现"××变电站 66kV（35kV）Ⅰ母线异常运行"。

2. 处理步骤

（1）无论是调控中心调控人员通过监控系统遥视，还是运维人员在例行巡视过程中发现"××变电站 66kV（35kV）Ⅰ母线异常运行"情况，都应在第一时间相互通知，并记录时间及现象。

（2）运维操作队负责人组织运维操作队人员穿戴合格安全用具，对母线异常情况进行全面检查，并确定严重程度。如果发现母线有下列异常情况，应加强监视，并汇报调控中心及运检工区，尽快采取措施处理。

1）管母线振动。

• 处理方法：立即向调控中心及上级主管部门汇报，应申请计划检修停电尽快处理。

• 异常原因：可能是管母线内部阻尼线脱落，在风的频率和管母线固有频率共同作用下（频率相同），引起共振。

• 造成危害：不及时处理将造成管母线与固定部件连接处磨损、螺丝松动，严重时可能造成支持绝缘子损坏。

2）母线设备过热。

·处理方法：

a. 通过红外线测温仪或试温蜡片检测金属导体连接部位过热，其温升在现场运行规程的允许范围内。应加强跟踪检查，立即向调控中心及上级主管部门汇报，申请计划检修停电尽快处理。

b. 金属连接部位已明显发红。应立即向调控中心及上级主管部门汇报，并停电处理。

·异常原因：

a. 金属导体连接部位过热可能是连接部位松动接触面积不足、锈蚀接触电阻增大或安装质量、过负荷等原因造成的。

b. 定时测温工作不及时或工作不到位等原因，没有及时发现过热隐患，以致发展恶化。

·造成危害：不及时处理将造成母线金属导体连接部位过热加剧，甚至熔断，造成母线及变电站停电事故。

3）支持绝缘子异常。

·处理方法：

a. 绝缘子污秽严重，立即向调控中心及上级主管部门汇报，申请计划检修停电，视情况采用清扫、涂防污闪材料或更换方法处理。

b. 管母线变形或塌陷。立即向调控中心及上级主管部门汇报，申请计划检修停电尽快处理。

c. 绝缘子表面破损。立即向调控中心及上级主管部门汇报，申请计划检修停电处理。如果破损严重应尽快停电处理。天气异常时可能发生闪络放电时应立即停电处理。

d. 绝缘子严重裂纹、断裂。立即向调控中心及上级主管部门汇报，申请计划检修停电更换处理。如果破损严重应尽快停电处理。天气异常时可能发生闪络放电时应立即停电处理。

·异常原因：

a. 绝缘子污秽严重。所在地域存在严重的污染源或清扫不及时。

b. 管母线变形或塌陷。安装工艺或管母线质量问题造成。

c. 绝缘子表面破损。冰雹或外力破坏。

d. 绝缘子严重裂纹、断裂。制造质量问题，铁瓷连接部位没有涂防水胶或防水胶涂抹不到位，冬季进水、安装不当，造成应力破坏。

·造成危害：不及时处理将造成绝缘子损坏、放电，严重时造成母线及变电站停电事故。

4）母线搭挂杂物。

·处理方法：

a. 立即向调控中心及上级主管部门汇报。如果安全措施可靠，天气良好，且没有造成人身和设备事故危险情况下，可用绝缘杆拆除。

b. 如果达不到上述要求，应申请停电处理。

·异常原因：大风挂入杂物；人员乱抛物。

·造成危害：不及时处理可能造成母线接地或短路事故。

5）母线电压三相不平衡。

·处理方法：应根据具体情况，查明原因，分别处理。

·异常原因：输电线路发生单相接地故障；电压互感器一、二次侧熔断器熔断；空母线或线路的三相对地电容电流不平衡，出现假接地现象；输电线路长度与消弧线圈分接头调配存在问题，可能出现假接地现象。

·造成危害：影响运维和监控人员对系统运行状况的正常判断。

（3）运维人员应按照调控中心指令，根据本站异常、事故应急处理预案和本站现场运行规程规定进行处理。

（4）如图 4-1 所示，如果"××变电站 66kV（35kV）Ⅰ母线异常运行"必须进行停电检修，可在调控中心指挥下进行本站 66(35)kVⅠ进线设备间隔、1 号主变压器、66(35)kVⅠ母线停电和本站改变运行方式操作。具体处理步骤请见第四章第一节【模块一】目标驱动二中"66(35)kVⅠ进线母线侧 001-QS2 隔离开关过热故障必须进行停电检修"的操作步骤。

××变电站 66kV（35kV）Ⅰ母线检修结束恢复运行的具体操作步骤请读者考虑填写。

目标驱动二：处理运行中的 10kV 室内敞开式母线异常故障

××变电站一次设备接线方式如图 4-1 所示，××变电站高压侧为内桥接线（设备为常规敞开式布置），10kV 侧为单母分段接线（设备为常规开关柜）。

保护配置请见第四章第一节【模块一】目标驱动一中所述。

1. 现象

调控中心调控人员通过监控系统遥视或运维人员在例行巡视过程中发现"××变电站 10kVⅠ段母线异常运行"。

2. 处理步骤

（1）不论是调控中心调控人员通过监控系统遥视还是运维人员在例行巡视过程中发现"××变电站 10kVⅠ段母线异常运行"情况，都应在第一时间相互通知，并记录时间及现象。

（2）运维操作队负责人组织运维操作队人员穿戴合格安全用具，对母线异常情况进行全面检查，并确定严重程度。其原则处理步骤请见第四章第一节【模块七】目标驱动一中"处理运行中的 66kV（35kV）常规敞开式母线异常故障"的原则处理步骤。

（3）运维人员应按照调控中心指令，根据本站异常、事故应急处理预案和本站现场运行规程规定进行处理。

（4）如图 4-1 所示，如果"××变电站 10kVⅠ段母线异常运行"必须进行停电检修，可在调控中心指挥下进行本站 10kVⅠ段母线停电和本站改变运行方式操作。具体处理步骤请见第四章第一节【模块一】目标驱动一中"10kVⅠ出线 007-QS2 隔离开关过热故障必须进行停电检修"的操作步骤。

××变电站 10kVⅠ母线检修结束恢复运行的具体操作步骤请读者考虑填写。

注：上述操作步骤是考虑××变电站 10kVⅠ段母线异常故障能够在短时间修复的情况下编制的，因此没有考虑对本站 66(35)kV 侧运行方式的改变。

如果短时间不能修复，应考虑改变本站 66(35)kV 侧的运行方式。

目标驱动三：处理运行中的 66kV（35kV）GIS 母线异常故障

××变电站一次设备接线方式如图 4-13 所示（运行方式：Ⅰ进线 101 断路器代 1 号主

变压器、10kVⅠ段母线运行，Ⅱ进线 102 断路器代 2 号主变压器、10kVⅡ段母线运行，内桥 100 断路器、10kV 分段 000 断路器热备用），××变电站高压侧为内桥接线（GIS 设备），10kV 侧为单母分段接线（小车开关柜）。

保护配置请见第四章第一节【模块六】目标驱动二中所述。

1. 现象

调控中心调控人员通过监控系统遥视或运维人员在例行巡视过程中发现"××变电站66kV（35kV）Ⅰ母线异常运行"。

2. 处理步骤

（1）无论是调控中心调控人员通过监控系统遥视，还是运维人员在例行巡视过程中发现"××变电站 66kV（35kV）母线异常运行"情况，都应在第一时间相互通知，并记录时间及现象。

（2）运维操作队负责人组织运维操作队人员穿戴合格安全用具，对母线异常情况进行全面检查，并确定严重程度。如果发现母线有下列异常情况，应加强监视，并汇报调控中心及运检工区，尽快采取措施处理。

1）声音异常。

· 异常原因及处理方法：

a. SF_6 封闭母线室有"呲呲"漏气声音。应检查压力表压力值的变化情况，用检漏仪查明漏气部位，根据漏气的具体情况决定处理方案，如果不能进行带电处理时，应及时汇报调控中心，立即停电处理。

b. SF_6 封闭母线室有放电声音（如发出小雨点落到金属外壳的声音）。如果可判断为内部放电，应及时汇报调控中心，立即停电处理。由于局部放电声音频率比较低，其音质与噪声有区别，据此可以判断是否为内部放电。如果放电声音微弱，无法判断是否是放电声音，或分不清是外部还是内部发出的放电声音，此时可通过局部放电测量、噪声分析方法，对设备进行检查，得出正确的结论。

c. SF_6 封闭母线室内有励磁声音，与变压器正常励磁声音有区别。应查明是否存在某处部件螺丝松动缺陷，应及时汇报调控中心，申请停电尽快处理。

d. SF_6 封闭母线室振动过大。应查明是否存在某处部件松动缺陷（振动处可能过热），此时需要对振动处的外壳进行温度检查，并与出厂说明书中的温升数值进行比较。及时汇报调控中心，申请停电尽快处理。

· 造成危害：不及时处理将造成 SF_6 封闭母线漏气、放电最终发生接地或短路事故。

2）SF_6 气体压力异常。

· 异常原因及处理方法：

a. SF_6 气体压力低，发出补气信号。此时用检漏仪没有检查出漏气点，同时也没有明显的"呲呲"漏气声音。在保证人身和设备的安全情况下，进行带电补气。SF_6 气体压力低，发出补气信号可能是由于制造质量的原因，如焊缝渗漏，密封阀和压力表的结合处渗漏；因为安装或制造质量原因使法兰静态密封产生裂纹、凹陷、突起等或表面的粗糙度不符合要求，在运行中发生位移或受到连续运行电压的作用使缺陷发展恶化等。

b. SF_6 气体压力低闭锁。可能是漏气点比较大（有"呲呲"漏气声音），应及时汇报调控中心，立即停电处理。

　c. SF₆ 气体压力升高，可能伴随防爆膜变形和轻微放电声音现象。应及时汇报调控中心，立即停电处理。SF₆ 气体压力升高的原因可能是内部低能放电所致。气室内放电声音，可能是 GIS 内部金属微粒、粉尘、水分引发的放电引起的，当能量低时放电声音微弱（可能听不到）。当气体中微粒增加，放电能量加大时放电声音随之增大（可听到），并伴随防爆膜变形和 SF₆ 气体压力升高。此时异常可能发展为故障。

　（3）运维人员应按照调控中心指令，根据本站异常、事故应急处理预案和本站现场运行规程规定进行处理。

　（4）如图 4-13 所示，如果"××变电站 66kV（35kV）Ⅰ母线异常运行"必须进行停电检修，可在调控中心指挥下进行本站 66（35）kV Ⅰ进线设备间隔、1 号主变压器、66（35）kV Ⅰ母线停电和本站改变运行方式操作。

　操作步骤如下：

　操作项目一：66（35）kV 内桥 100 断路器由热备用转为运行。

　1）退出 66（35）kV 备投装置功能（具体操作步骤略）。

　2）检查 66（35）kV Ⅰ进线 101 断路器确在合位。

　3）检查 66（35）kV Ⅱ进线 102 断路器确在合位。

　4）检查 66（35）kV 内桥 100 断路器在热备用。

　5）选择 66（35）kV 内桥 100 断路器合闸。

　6）检查 66（35）kV 内桥 100 断路器合闸选线正确。

　7）合上 66（35）kV 内桥 100 断路器。

　8）检查 66（35）kV 内桥 100 断路器三相电流表计指示正确，电流 A 相＿＿＿ A、B 相＿＿＿A、C 相＿＿＿A。

　9）检查 66（35）kV 内桥 100 断路器合位监控信号指示正确。

　10）检查 66（35）kV 内桥保护测控装置断路器位置指示正确。

　11）检查 66（35）kV 内桥 100 断路器汇控柜位置指示确在合位。

　12）检查 66（35）kV 内桥 100 断路器合位机械位置指示正确。

　操作项目二：1、2 号主变压器 10kV 侧并列操作。

　1）退出 10kV 备投装置功能（具体操作步骤略）。

　2）检查 1 号主变压器负荷＿＿＿MVA，2 号主变压器负荷＿＿＿MVA。

　3）检查 1 号主变压器分接头在＿＿＿位置，检查 2 号主变压器分接头在＿＿＿位置。

　4）检查 66（35）kV Ⅱ进线 102 断路器确在合位。

　5）检查 66（35）kV Ⅰ进线 101 断路器确在合位。

　6）检查 66（35）kV 内桥 100 断路器确在合位。

　7）检查在 10kV 分段 000 断路器热备用。

　8）选择 10kV 分段 000 断路器合闸

　9）检查 10kV 分段 000 断路器合闸选线正确。

　10）合上 10kV 分段 000 断路器。

　11）检查 10kV 分段 000 断路器三相电流表计指示正确，电流 A 相＿＿＿A、B 相＿＿＿A、C 相＿＿＿A。

　12）检查 10kV 分段 000 断路器合位监控信号指示正确。

13）检查 10kV 分段保护测控装置断路器位置指示正确。

14）检查 10kV 分段 000 断路器合位机械位置指示正确。

15）调整、检查消弧线圈参数符合要求（具体操作步骤略）。

操作项目三：1、2 号主变压器 10kV 侧解列操作。

1）选择 1 号主变压器 10kV 侧 001 断路器分闸。

2）检查 1 号主变压器 10kV 侧 001 断路器分闸选线正确。

3）拉开 1 号主变压器 10kV 侧 001 断路器。

4）检查 1 号主变压器 10kV 侧 001 断路器三相电流表计指示正确，电流 A 相＿＿＿A、B 相＿＿＿A、C 相＿＿＿A。

5）检查 1 号主变压器 10kV 侧 001 断路器分位监控信号指示正确。

6）检查 1 号主变压器 10kV 侧保护测控装置断路器位置指示正确。

7）检查 1 号主变压器 10kV 侧 001 断路器分位机械位置指示正确。

8）调整、检查消弧线圈参数符合要求（具体操作步骤略）。

操作项目四：1 号主变压器及 66(35)kV I 母线停电操作。

1）选择 66(35)kV 内桥 100 断路器分闸。

2）检查 66(35)kV 内桥 100 断路器分闸选线正确。

3）拉开 66(35)kV 内桥 100 断路器。

4）检查 66(35)kV 内桥 100 断路器三相电流表计指示正确，电流 A 相＿＿＿A、B 相＿＿＿A、C 相＿＿＿A。

5）检查 66(35)kV 内桥 100 断路器分位监控信号指示正确。

6）检查 66(35)kV 内桥保护测控装置断路器位置指示正确。

7）检查 66(35)kV 内桥 100 断路器汇控柜位置指示确在分位。

8）检查 66(35)kV 内桥 100 断路器分位机械位置指示正确。

9）选择 66(35)kV I 进线 101 断路器分闸。

10）检查 66(35)kV I 进线 101 断路器分闸选线正确。

11）拉开 66(35)kV I 进线 101 断路器。

12）检查 66(35)kV I 进线 101 断路器三相电流表计指示正确，电流 A 相＿＿＿A、B 相＿＿＿A、C 相＿＿＿A。

13）检查 66(35)kV I 进线 101 断路器分位监控信号指示正确。

14）检查 66(35)kV I 进线保护测控装置断路器位置指示正确。

15）检查 66(35)kV I 进线 101 断路器汇控柜位置指示确在分位。

16）检查 66(35)kV I 进线 101 断路器分位机械位置指示正确。

17）检查 66(35)kV I 母线 TV 表计指示正确。

操作项目五：将 66kV(35kV) I 母线由热备用转为冷备用。

1）将 1 号主变压器 10kV 侧 001 断路器操作方式开关由远方切至就地位置。

2）检查 1 号主变压器 10kV 侧 001 断路器确在分位。

3）将 1 号主变压器 10kV 侧 001 小车开关拉至试验位置。

4）检查 1 号主变压器 10kV 侧 001 小车开关确已拉至试验位置。

5）拉开 1 号主变压器保护电源空气断路器。

6）拉开 1 号主变压器 10kV 侧 001 断路器控制直流电源空气断路器。

7）取下 1 号主变压器 10kV 侧 001 小车开关二次插件。

8）将 1 号主变压器 10kV 侧 001 小车开关拉至检修位置。

9）检查 1 号主变压器 10kV 侧 001 小车开关确已拉至检修位置。

10）退出 1 号主变压器低后备出口跳 10kV 分段 000 断路器出口连接片。

11）退出 1 号主变压器高后备出口跳 10kV 分段 000 断路器出口连接片。

12）检查 66(35)kV Ⅰ 进线 101 断路器确在分位。

13）将 66(35)kV Ⅰ 进线 101 断路器汇控柜操作方式选择开关由远控切至近控位置。

14）合上 66(35)kV Ⅰ 进线 101 断路器汇控柜隔离开关电机电源空气断路器。

15）选择 66(35)kV Ⅰ 进线 1013 隔离开关分闸。

16）检查 66(35)kV Ⅰ 进线 1013 隔离开关分闸选线正确。

17）拉开 66(35)kV Ⅰ 进线 1013 隔离开关。

18）检查 66(35)kV Ⅰ 进线 1013 隔离开关分位监控信号指示正确。

19）检查 66(35)kV Ⅰ 进线 1013 隔离开关汇控柜位置指示确在分位。

20）检查 66(35)kV Ⅰ 进线 1013 隔离开关位置指示器确在分位。

21）选择 66(35)kV Ⅰ 进线 1011 隔离开关分闸。

22）检查 66(35)kV Ⅰ 进线 1011 隔离开关分闸选线正确。

23）拉开 66(35)kV Ⅰ 进线 1011 隔离开关。

24）检查 66(35)kV Ⅰ 进线 1011 隔离开关分位监控信号指示正确。

25）检查 66(35)kV Ⅰ 进线 1011 隔离开关汇控柜位置指示确在分位。

26）检查 66(35)kV Ⅰ 进线 1011 隔离开关位置指示器确在分位。

27）检查 66(35)kV 内桥 100 断路器确在分位。

28）合上 66(35)kV 内桥 100 断路器汇控柜隔离开关电机电源空气断路器。

29）选择 66(35)kV 内桥 1001 隔离开关分闸。

30）检查 66(35)kV 内桥 1001 隔离开关分闸选线正确。

31）拉开 66(35)kV 内桥 1001 隔离开关。

32）检查 66(35)kV 内桥 1001 隔离开关分位监控信号指示正确。

33）检查 66(35)kV 内桥 1001 隔离开关汇控柜位置指示确在分位。

34）检查 66(35)kV 内桥 1001 隔离开关位置指示器确在分位。

35）选择 66(35)kV 内桥 1002 隔离开关分闸。

36）检查 66(35)kV 内桥 1002 隔离开关分闸选线正确。

37）拉开 66(35)kV 内桥 1002 隔离开关。

38）检查 66(35)kV 内桥 1002 隔离开关分位监控信号指示正确。

39）检查 66(35)kV 内桥 1002 隔离开关汇控柜位置指示确在分位。

40）检查 66(35)kV 内桥 1002 隔离开关位置指示器确在分位。

41）合上 1 号主变压器 66(35)kV 侧汇控柜隔离开关电机电源空气断路器。

42）选择 1 号主变压器 66(35)kV 侧 1031 隔离开关分闸。

43）检查 1 号主变压器 66(35)kV 侧 1031 隔离开关分闸选线正确。

44）拉开 1 号主变压器 66(35)kV 侧 1031 隔离开关。

45）检查 1 号主变压器 66(35)kV 侧 1031 隔离开关分位监控信号指示正确。

46）检查 1 号主变压器 66(35)kV 侧 1031 隔离开关汇控柜位置指示确在分位。

47）检查 1 号主变压器 66(35)kV 侧 1031 隔离开关位置指示器确在分位。

48）拉开 66(35)kVⅠ母线 TV 二次空气断路器。

49）合上 66(35)kVⅠ母线 TV 一次 1051 隔离开关电机电源空气断路器。

50）选择 66(35)kVⅠ母线 TV 一次 1051 隔离开关分闸。

51）检查 66(35)kVⅠ母线 TV 一次 1051 隔离开关分闸选线正确。

52）拉开 66(35)kVⅠ母线 TV 一次 1051 隔离开关。

53）检查 66(35)kVⅠ母线 TV 一次 1051 隔离开关分位监控信号指示正确。

54）检查 66(35)kVⅠ母线 TV 一次 1051 隔离开关汇控柜位置指示确在分位。

55）检查 66(35)kVⅠ母线 TV 一次 1051 隔离开关位置指示器确在分位。

操作项目六：将 66kV（35kV）Ⅰ母线由冷备用转为检修。

1）将 66(35)kVⅠ母线 TV 汇控柜操作方式选择开关由远控切至近控位置。

2）合上 66(35)kVⅠ母线 TV1151-QS1 接地开关。

3）检查 66(35)kVⅠ母线 TV1151-QS1 接地开关汇控柜位置指示确在合位。

4）检查 66(35)kVⅠ母线 TV1151-QS1 接地开关合位机械位置指示正确。

5）检查 66(35)kVⅠ母线 TV1151-QS1 接地开关合位监控信号指示正确。

6）拉开 66(35)kVⅠ母线 TV 一次 1051 隔离开关电机电源空气断路器。

7）将 66kV(35kV) 内桥 100 断路器汇控柜操作方式选择开关由远控切至近控位置。

8）合上 66kV(35kV) 内桥 1001-QS1 接地开关。

9）检查 66kV(35kV) 内桥 1001-QS1 接地开关汇控柜位置指示确在合位。

10）检查 66kV(35kV) 内桥 1001-QS1 接地开关合位机械位置指示正确。

11）检查 66kV(35kV) 内桥 1001-QS1 接地开关合位监控信号指示正确。

12）将 66kV(35kV) 内桥 100 断路器汇控柜操作方式选择开关由近控切至远控位置。

13）拉开 66(35)kV 内桥 100 断路器汇控柜隔离开关电机电源空气断路器。

14）将 1 号主变压器 66kV(35kV) 侧汇控柜操作方式选择开关由远控切至近控位置。

15）合上 1 号主变压器 66kV(35kV) 侧 1031-QS2 接地开关。

16）检查 1 号主变压器 66kV(35kV) 侧 1031-QS2 接地开关汇控柜位置指示确在合位。

17）检查 1 号主变压器 66kV(35kV) 侧 1031-QS2 接地开关合位机械位置指示正确。

18）检查 1 号主变压器 66kV(35kV) 侧 1031-QS2 接地开关合位监控信号指示正确。

19）拉开 1 号主变压器 66kV(35kV) 侧汇控柜隔离开关电机电源空气断路器。

20）合上 66(35)kVⅠ进线 1011-QS1 接地开关。

21）检查 66(35)kVⅠ进线 1011-QS1 接地开关汇控柜位置指示确在合位。

22）检查 66(35)kVⅠ进线 1011-QS1 接地开关合位机械位置指示正确。

23）检查 66(35)kVⅠ进线 1011-QS1 接地开关合位监控信号指示正确。

24）将 66(35)kVⅠ进线 101 断路器汇控柜操作方式选择开关由近控切至远控位置。

25）拉开 66(35)kVⅠ进线 101 断路器汇控柜隔离开关电机电源空气断路器。

26）拉开 66(35)kVⅠ进线 101 断路器控制直流电源空气断路器。

27）拉开 66(35)kV 内桥 100 断路器控制直流电源空气断路器。

28）拉开 66(35)kV 内桥 100 断路器保护直流电源空气断路器。

××变电站 66(35)kV Ⅰ母线检修结束恢复运行的具体操作步骤请读者考虑填写。

目标驱动四：处理运行中的 10kV 封闭式母线异常故障

××变电站一次设备接线方式如图 4-13 所示（运行方式：Ⅰ进线 101 断路器代 1 号主变压器、10kV Ⅰ段母线运行，Ⅱ进线 102 断路器代 2 号主变压器、10kV Ⅱ段母线运行，内桥 100 断路器、10kV 分段 000 断路器热备用），××变电站高压侧为内桥接线（GIS 设备），10kV 侧为单母分段接线（小车开关柜）。小车开关柜结构示意图如图 4-16 所示。

保护配置请见第四章第一节【模块六】目标驱动二中所述。

1. 现象

调控中心调控人员通过监控系统遥视或运维人员在例行巡视过程中发现"××变电站 10kV Ⅰ母线异常运行"。

2. 处理步骤

（1）无论是调控中心调控人员通过监控系统遥视，还是运维人员在例行巡视过程中发现"××变电站 10kV Ⅰ段母线异常运行"情况，都应在第一时间相互通知，并记录时间及现象。

（2）运维操作队负责人组织运维操作队人员穿戴合格安全用具，对母线异常情况进行全面检查，并确定严重程度。如果发现母线有下列异常情况，应加强监视，并汇报调控中心及运检工区，尽快采取措施处理。

1）温度异常。

·处理方法：

a. 如果用红外线测温仪检测出开关柜封闭母线室局部温度异常升高，其温升在现场运行规程的允许范围内。应加强跟踪检查，立即向调控中心及上级主管部门汇报，申请计划检修停电尽快处理。

b. 如果用红外线测温仪检测出开关柜封闭母线室局部温度异常升高，其温升超过现场运行规程的允许范围，或开关柜金属外壳有明显过热变色。立即向调控中心及上级主管部门汇报，立即停电处理。

·异常原因：

a. 金属导体连接部位过热可能是连接部位松动接触面积不足、锈蚀接触电阻增大或安装质量、过负荷等原因造成的。

b. 定时测温工作不及时或工作不到位等原因，没有及时发现过热隐患，以致发展恶化。

c. 母线穿过的金属板等过热，可能是母线电流大在穿过的金属板上产生涡流过热。

·造成危害：不及时处理将造成母线金属导体连接部位过热加剧，甚至熔断，造成母线及变电站停电事故。

2）声音异常。

·异常原因及处理方法：

a. 开关柜封闭母线室有放电声音。如果判断为内部放电，应及时汇报调控中心，立即停电处理。异常原因可能是母线绝缘子因污秽或破损闪络；金属导体连接部位松动放电等。

b. 开关柜封闭母线室内有振动声音。应查明是否存在某处部件螺丝松动缺陷，应及时汇报调控中心，申请停电尽快处理。

·造成危害：不及时处理将造成开关柜封闭母线过热、放电最终发生接地或短路事故。

（3）运维人员应按照调控中心指令，根据本站异常、事故应急处理预案和本站现场运行规程规定进行处理。

（4）如10kVⅠ段母线异常故障必须进行停电检修，可在调控中心指挥下进行10kVⅠ段母线停电操作。操作步骤如下：

1）调控中心对10kVⅠ段母线上所带负荷进行转移或减负荷（必要时通知相关重要用户）。

2）退出10kV备投装置功能（具体操作步骤略）。

3）切换消弧线圈运行方式（具体操作步骤略）。

4）站用电源切换操作（具体操作步骤略）。

5）选择10kV 1号电容器006断路器分闸。

6）检查10kV 1号电容器006断路器分闸选线正确。

7）拉开10kV 1号电容器006断路器。

8）检查10kV 1号电容器006断路器分位监控信号指示正确。

9）检查10kV 1号电容器006断路器分位机械位置指示正确。

10）检查10kV 1号电容器006断路器三相电流表计指示正确，电流A相____A、B相____A、C相____A。

11）将10kV 1号电容器006断路器操作方式开关由远方切至就地位置。

12）将10kV 1号电容器006小车断路器由工作位置拉至试验位置。

13）选择10kV 1号接地变压器005断路器分闸。

14）检查10kV 1号接地变压器005断路器分闸选线正确。

15）拉开10kV 1号接地变压器005断路器。

16）检查10kV 1号接地变压器005断路器分位监控信号指示正确。

17）检查10kV 1号接地变压器005断路器分位机械位置指示正确。

18）检查10kV 1号接地变压器005断路器三相电流表计指示正确，电流A相____A、B相____A、C相____A。

19）将10kV 1号接地变压器005断路器操作方式开关由远方切至就地位置。

20）将10kV 1号接地变压器005小车断路器由工作位置拉至试验位置。

21）选择10kVⅠ出线003断路器分闸。

22）检查10kVⅠ出线003断路器分闸选线正确。

23）拉开10kVⅠ出线003断路器。

24）检查10kVⅠ出线003断路器分位监控信号指示正确。

25）检查10kVⅠ出线003断路器分位机械位置指示正确。

26）检查10kVⅠ出线003断路器三相电流表计指示正确，电流A相____A、B相____A、C相____A。

27）将10kVⅠ出线003断路器操作方式开关由远方切至就地位置。

28）将10kVⅠ出线003小车断路器由工作位置拉至试验位置。

29）选择10kVⅡ出线004断路器分闸。

30）检查10kVⅡ出线004断路器分闸选线正确。

31）拉开 10kVⅡ出线 004 断路器。

32）检查 10kVⅡ出线 004 断路器分位监控信号指示正确。

33）检查 10kVⅡ出线 004 断路器分位机械位置指示正确。

34）检查 10kVⅡ出线 004 断路器三相电流表计指示正确，电流 A 相＿＿＿ A、B 相＿＿＿ A、C 相＿＿＿ A。

35）将 10kVⅡ出线 004 断路器操作方式开关由远方切至就地位置。

36）将 10kVⅡ出线 004 小车断路器由工作位置拉至试验位置。

37）选择 1 号主变压器 10kV 侧 001 断路器分闸。

38）检查 1 号主变压器 10kV 侧 001 断路器分闸选线正确。

39）拉开 1 号主变压器 10kV 侧 001 断路器。

40）检查 1 号主变压器 10kV 侧 001 断路器分位监控信号指示正确。

41）检查 1 号主变压器 10kV 侧 001 断路器分位机械位置指示正确。

42）检查 1 号主变压器 10kV 侧 001 断路器三相电流表计指示正确，电流 A 相＿＿＿ A、B 相＿＿＿ A、C 相＿＿＿ A。

43）将 1 号主变压器 10kV 侧 001 断路器操作方式开关由远方切至就地位置。

44）将 1 号主变压器 10kV 侧 001 小车断路器由工作位置拉至试验位置。

45）检查 10kVⅠ段母线电压表计指示正确。

46）拉开 10kVⅠ段母线 TV 二次空气断路器。

47）取下 10kVⅠ段母线 TV 一次熔断器 3 个。

48）检查 10kV 分段 000 断路器分位监控信号指示正确。

49）检查 10kV 分段 000 断路器分位机械位置指示正确。

50）检查 10kV 分段 000 断路器三相电流表计指示正确，电流 A 相＿＿＿ A、B 相＿＿＿ A、C 相＿＿＿ A。

51）将 10kV 分段 000 断路器操作方式开关由远方切至就地位置。

52）将 10kV 分段 000 小车断路器由工作位置拉至试验位置。

53）打开封闭式 10kVⅠ段母线柜封板。

54）在 10kVⅠ段母线上三相验电确无电压。

55）在 10kVⅠ段母线上装设接地线（若干组）。

10kVⅠ段母线检修结束恢复运行的具体操作步骤请读者考虑填写。

注：上述操作步骤是考虑 10kVⅠ段母线能够在短时间修复的情况下编制的，因此没有考虑对本站 66(35)kV 侧运行方式的改变。

如果短时间不能修复，应考虑改变本站 66(35)kV 侧的运行方式。

危险预控 -

表 4 - 11　　　　　　　　　　　母线异常处理危险点

序号	母线异常处理危险点	控 制 措 施
1	检查处理 GIS 母线气室泄漏时人身伤害	（1）接近 SF₆ 气体泄漏的设备，必要时应戴防毒面具、穿 SF₆ 防护服。 （2）室内 SF₆ 发生泄漏时，除应按事故处理预案相关处理原则和方法进行处理，还应开启通风 15min 后方可进入。

序号	母线异常处理危险点	控 制 措 施
1	检查处理 GIS 母线气室泄漏时人身伤害	（3）室外 SF_6 设备发生泄漏时，接近设备时应谨慎，应选择从上风方位接近设备。 （4）一切人员禁止徒手触碰 SF_6 气体泄漏破损处。 （5）检查设备时应远离 GIS 设备防爆膜
2	检查处理敞开式母线异常时绝缘子断裂、折断伤人	（1）人员应避开绝缘子折断后的运动方向。 （2）避免对损坏的绝缘子造成振动。 （3）避免采用对绝缘子使其受力的操作方式
3	误开启封闭式母线柜封板人身感电	（1）应由两人一起工作，且确认位置正确。 （2）使用专用工具打开。 （3）专用工具应定置专门管理，防止误开启

思维拓展 -

以下其他情景下的异常处理步骤请读者思考后写出：

（1）图 4 - 1 的运行方式下，"××变电站 10kV Ⅱ 段母线异常运行"的处理步骤。

（2）图 4 - 1 的运行方式下，"××变电站 66kV（35kV） Ⅱ 母线异常运行"的处理步骤。

（3）图 4 - 13 的运行方式下，"××变电站 10kV Ⅱ 段母线异常运行"的处理步骤。

（4）图 4 - 13 的运行方式下，"××变电站 66kV（35kV） Ⅱ 母线异常运行"的处理步骤。

相关知识 -

1. 母线的作用

在进出线很多的情况下，为便于电能的汇集和分配，应设置母线，这是由于施工安装时，不可能将很多回进出线安装在一点上，而是将每回进出线分别在母线的不同地点连接引出。一般具有四个分支以上时，就应设置母线。

2. 常用母线接线的方式

母线接线主要有以下几种方式：

（1）单母线。单母线、单母线分段、单母线加旁路和单母线分段加旁路。

（2）双母线。双母线、双母线分段、双母线加旁路和双母线分段加旁路。

（3）三母线。三母线、三母线分段、三母线分段加旁路。

（4）3/2 接线、3/2 接线母线分段。

（5）4/3 接线。

（6）母线-变压器-发电机组单元接线。

（7）桥形接线又分为内桥形接线、外桥形接线、复式桥形接线。

（8）角形接线又分为三角形接线、四角形接线、多角形接线。

（9）环形接线，又分为单环、多环。

3. 常用母线接线方式的特点

（1）单母线接线。单母线接线具有简单清晰、设备少、投资小、运行操作方便且有利于扩建等优点，但可靠性和灵活性较差。当母线或母线隔离开关发生故障或检修时，必须断开母线的全部电源。

（2）双母线接线。双母线接线具有供电可靠、检修方便、调度灵活、便于扩建等优点。但这种接线所用设备多（特别是隔离开关），配电装置复杂，经济性差。在运行中隔离开关作为操作电器，容易发生误操作，且对实现自动化不便。尤其当母线系统故障时，须短时切除较多电源和线路，这对重要的大型电厂和变电站是不允许的。

（3）单、双母线或母线分段加旁路。供电可靠性高，运行灵活方便，但投资有所增加，经济性稍差。特别是用旁路断路器时，操作复杂，增加了误操作的几率。同时，由于加装旁路断路器，使相应的保护及自动化系统复杂化。

（4）3/2 及 4/3 接线。这种接线具有较高的供电可靠性和运行灵活性。任一母线、断路器故障或检修均不致停电。甚至两组母线同时故障（或一组检修时另一组故障）的极端情况下，功率仍能继续输送。但此接线使用设备较多，特别是断路器和电流互感器，投资较大，二次控制接线和继电保护都比较复杂。

（5）母线-变压器-发电机单元接线。它具有接线简单，开关设备少，操作简便，易于扩建，以及因为不设发电机出口电压母线，发电机和主变压器低压侧短路电流有所减小等特点。

4. 硬母线装伸缩头的作用

物体都有热胀冷缩特性，母线在运行中会因发热而使长度发生变化。为了避免因热胀冷缩的变化使母线和支持绝缘子受到过大的应力并损坏，所以应在硬母线上装设伸缩接头。

【模块九】 电力电缆异常分析及处理

核心知识

电力电缆的异常类型。

关键技能

（1）电力电缆发生异常时的正确处理原则和步骤。

（2）在处理电力电缆异常故障过程中，运维人员能够对潜在的危险点正确认知并能提前预控危险。

目标驱动

目标驱动一：处理运行中的 10kV 电力电缆异常故障

××变电站一次设备接线方式如图 4-13 所示（运行方式：Ⅰ进线 101 断路器代 1 号主变压器、10kVⅠ段母线运行，Ⅱ进线 102 断路器代 2 号主变压器、10kVⅡ段母线运行，内桥 100 断路器、10kV 分段 000 断路器热备用），××变电站高压侧为内桥接线（GIS 设备），10kV 侧为单母分段接线（小车开关柜）。小车开关柜结构示意图如图 4-18 所示。

保护配置请见第四章第一节【模块六】目标驱动二中所述。

1. 现象

调控中心调控人员通过监控系统遥视或运维人员在例行巡视过程中发现"××变电站

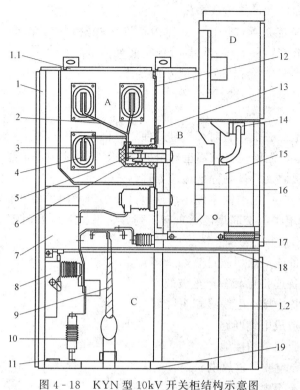

图 4-18 KYN 型 10kV 开关柜结构示意图

A—母线室；B—断路器手车室；C—电缆室；D—继电器仪表室；

1.1—泄压装置；1.2—控制小线槽；

1—外壳；2—分支小母线；3—母线套管；4—主母线；5—静触头装置；6—静触头盒；7—电流互感器；

8—接地开关；9—电缆；10—避雷器；11—接地主母线；12—装卸式隔板；13—隔板（活门）；14—二次插头；

15—断路器手车；16—加热装置；17—可抽出式水平隔板；18—接地开关操作机构；19—底板

10kV 出线电力电缆异常运行"。

2. 处理步骤

（1）无论是调控中心调控人员通过监控系统遥视，还是运维人员在例行巡视过程中发现"××变电站 10kV 出线电力电缆异常运行"情况，都应在第一时间相互通知，并记录时间及现象。

（2）运维操作队负责人组织运维操作队人员穿戴合格安全用具，对电力电缆异常情况进行全面检查，并确定严重程度。

1）如果发现电力电缆（交联聚乙烯）有下列异常情况，应加强监视，并汇报调控中心及运检工区。尽快采取措施处理。

a. 电压异常。运行中电力电缆的电压不得超过额定电压的 15%，超过规定值应视为异常，因其容易造成电缆绝缘击穿事故。

小电流接地系统单相永久性地故障时，该系统上的电缆连续运行的时间最长不超过 2h。

b. 电缆过负载。电力电缆运行中的温度高低，主要取决于所带负荷的大小，因此监控人员可以通过监视和控制其负荷，使电力电缆不至于温度过高。

运行中电力电缆运行中的长期允许工作温度，不应超过制造厂规定。电缆过热会加速绝缘老化，缩短使用寿命，并可能造成事故。

c. 电缆终端与设备连接点过热。主要原因是连接处松动或长时间运行形成氧化膜使接触电阻过大。此时降低或转移负荷，计划停电检修处理。

d. 电缆终端接地线、护套损坏或其他外观异常。

（a）电缆终端接地线损坏或断开，暂时可以继续使用，但应加强监视，计划停电检修处理。

（b）电缆终端外绝缘破损，暂时可以继续使用，但应加强监视，计划停电检修处理。

（c）铠装断裂脱落，而铅包（或铝包）内护层完好，说明内部绝缘未受到伤害，暂时可以继续使用，但应加强监视，计划停电检修处理。

（d）如果是外力伤害使电缆铠装破坏，铅包（或铝包）内护层开裂等应申请停电处理。

2）如果发现电力电缆（交联聚乙烯）有下列异常情况，应及时汇报调控中心及运检工区，电力电缆立即退出运行。

a. 电缆出线与设备连接点严重过热。

b. 电缆出线与设备连接点套管严重破裂。

c. 电缆出线与设备连接点电缆终端头冒烟。

d. 外力机械破坏造成电缆断路。

e. 电缆绝缘损坏造成单相接地。

f. 电缆头内部有异响或严重放电。

g. 电缆着火或水淹至电缆终端头绝缘部分危及安全。

h. 电缆头发生电晕，套管闪络损坏。产生电晕放电的原因可能是电缆头三芯分叉处距离较小，芯与芯之间形成一个电容，在电场作用下空气发生游离所致。另外，通风不良、空气潮湿、绝缘降低（如污秽严重等原因）也会导致电晕产生。

电缆头套管闪络破损的原因可能是电缆头引线接触不良造成过热、电缆头制作工艺不良，使潮气进入易造成绝缘击穿。或是电缆头套管因污秽严重等原因使绝缘降低，造成绝缘击穿。

（3）运维人员应按照调控中心指令，根据本站异常、事故应急处理预案和本站现场运行规程规定进行处理。

（4）如图 4-13 所示，如果"××变电站 10kV 出线电力电缆异常运行"必须进行停电检修，可在调控中心指挥下进行本站 10kV 出线设备间隔停电操作，以处理 10kV Ⅰ 出线电力电缆异常为例，操作步骤如下：

1）选择 10kV Ⅰ 出线 001 断路器分闸。

2）检查 10kV Ⅰ 出线 001 断路器分闸选线正确。

3）拉开 10kV Ⅰ 出线 001 断路器。

4）检查 10kV Ⅰ 出线 001 断路器分位监控信号指示正确。

5）检查 10kV Ⅰ 出线 0015 断路器分位机械位置指示正确。

6）检查 10kV Ⅰ 出线 001 断路器三相电流表计指示正确，电流 A 相＿＿ A、B 相＿＿ A、C 相＿＿ A。

7）将 10kV Ⅰ 出线 001 断路器操作方式开关由远方切至就地位置。

8）将 10kV Ⅰ 出线 001 小车断路器由工作位置拉至试验位置。

9）检查 10kVⅠ出线 001 小车断路器确已拉至试验位置。

10）检查 10kVⅠ出线电流互感器线路侧带电显示器三相指示无电。

11）合上 10kVⅠ出线 001-QS3 接地隔离开关。

12）检查 10kVⅠ出线 001-QS3 接地隔离开关确在合位。

13）拉开 10kVⅠ出线 001 断器控制直流电源空气断路器。

危险预控

表 4 - 12　　　　　　　　　　　　电力电缆异常处理危险点

序号	电力电缆异常处理危险点	控 制 措 施
1	检查处理电力电缆异常时人身感电	接触电缆前应先停电，并对电缆进行充分放电
2	检查处理电力电缆异常时跨步过电压或接触过电压伤害	电缆绝缘损坏造成单相接地时，室内不得接近故障点 4m 以内，室外不得接近故障点 8m 以内，进入上述范围人员应穿绝缘靴，接触设备的外壳和构架时，应戴绝缘手套
3	处理电力电缆异常时人身被烫伤、烧伤	（1）发现电力电缆过热时，不得触及设备过热部分。 （2）电力电缆冒烟着火，灭火时应做好个人防护措施，必要时报火警

思维拓展

以下其他情景下的避雷器异常处理步骤请读者思考后写出：

图 4 - 13 的运行方式下，"××变电站 10kV 1 号电容器电力电缆"异常的处理步骤。

相关知识

1. 电力电缆的作用

电力电缆是在电力系统的主干线路中用以传输和分配大功率电能的电气设备，其中包括 1～500kV 及以上各种电压等级，各种绝缘的电力电缆。常用于城市地下电网、发电站的引出线路、工矿企业的内部供电及过江、过海的水下输电线。在电力线路中，电缆所占的比重正逐渐增加。

2. 电力电缆的基本结构

电力电缆的基本结构是线芯（导体）、绝缘层、屏蔽层和保护层四部分。

（1）线芯：线芯是电力电缆的导电部分，用来输送电能，是电力电缆的主要部分。

（2）绝缘层：绝缘层是将线芯与大地以及不同相的线芯间在电气上彼此隔离，保证电能输送，是电力电缆结构中不可缺少的组成部分。

（3）屏蔽层：15kV 及以上的电力电缆一般都有导体屏蔽层和绝缘屏蔽层。

电力电缆的屏蔽层有两个作用：一是因为电力电缆通过的电流比较大，电流周围会产生磁场，为了不影响别的元件，所以加屏蔽层可以把这种电磁场屏蔽在电缆内；二是可以起到一定的接地保护作用，如果电缆芯线内发生破损，泄露出来的电流可以顺屏蔽层流如接地网，起到安全保护的作用。

（4）保护层：保护层分为内护层和外护层，其作用是保护电力电缆免受外界杂质和水分的侵入、防腐蚀，以及增加机械强度防止外力直接损坏电力电缆。

填充的目的是使成缆后所得的缆芯结实、圆整、稳定。

电力电缆的基本结构如图 4-19 所示。

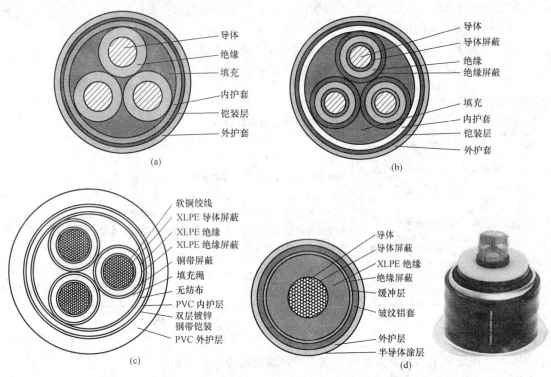

图 4-19 电力电缆的基本结构

(a) 额定电压 0.6/1kV、1.8/3kV 电缆结构示意图；(b) 额定电压 3.6/6kV、6/6kV、6/10kV 电缆结构示意图；

(c) 26/35kV YJV22 3×240mm² 电缆结构示意图；(d) 48/66kV ZC-YJLW02-Z 1×240mm² 电缆结构示意图

3. 电力电缆的分类

通常按电压等级把电力电缆分为四大类：低压电力电缆，$U \leqslant 1kV$；中压/中高压电力电缆，$6kV \leqslant U \leqslant 35kV$；高压电力电缆，$63kV \leqslant U \leqslant 220kV$；超高压电力电缆，$U \geqslant 330kV$。

此外，还可按电流制分为交流电缆和直流电缆。

按绝缘材料分油浸纸绝缘电力电缆、塑料绝缘电力电缆和橡皮绝缘电力电缆。

（1）油浸纸绝缘电力电缆以油浸纸作绝缘的电力电缆。其应用历史最长。主要优点是安全可靠，使用寿命长，价格低廉；主要缺点是敷设受落差限制。自从开发出不滴流浸纸绝缘后，解决了落差限制问题，油浸纸绝缘电缆继续得以广泛应用。

（2）塑料绝缘电力电缆的绝缘层为挤压塑料的电力电缆。常用的塑料有聚氯乙烯、聚乙烯、交联聚乙烯。塑料电缆结构简单，制造加工方便，质量轻，敷设安装方便，不受敷设落差限制。因此广泛用作中低压电缆，并有取代黏性浸渍油纸电缆的趋势。其最大缺点是存在树枝化击穿现象，这限制了它在更高电压等级电力系统的使用。

（3）橡皮绝缘电力电缆的绝缘层为橡胶加上各种配合剂，经过充分混炼后挤包在导电线芯上，经过加温硫化而成。它柔软，富有弹性，适合移动频繁、敷设弯曲半径小的场合。

常用作绝缘的胶料有天然胶-丁苯胶混合物，乙丙胶、丁基胶等。

【模块十】　变压器异常分析及处理

核心知识 ---

(1) 变压器结构和作用。

(2) 变压器的异常类型。

关键技能 ---

(1) 变压器发生异常时的正确处理原则和步骤。

(2) 在处理变压器异常故障过程中，运维人员能够对潜在的危险点正确认知并能提前预控危险。

目标驱动 ---

目标驱动一：处理运行中的 66kV（35kV）变压器异常故障

××变电站一次设备接线方式如图 4-13 所示（运行方式：Ⅰ进线 101 断路器代 1 号主变压器、10kVⅠ段母线运行，Ⅱ进线 102 断路器代 2 号主变压器、10kVⅡ段母线运行，内桥 100 断路器、10kV 分段 000 断路器热备用），××变电站高压侧为内桥接线（GIS 设备），10kV 侧为单母分段接线（小车开关柜）。

保护配置请见第四章第一节【模块六】目标驱动二中所述。

1. 现象

调控中心调控人员通过监控系统遥视或运维人员在例行巡视过程中发现"××变电站 1 号主变压器异常运行"。

2. 处理步骤

(1) 无论是调控中心调控人员通过监控系统遥视，还是运维人员在例行巡视过程中发现"××变电站 1 号主变压器异常运行"情况，都应在第一时间相互通知，并记录时间及现象。

(2) 运维操作队负责人组织运维操作队人员穿戴合格安全用具，对母线异常情况进行全面检查，并确定严重程度。如果发现变压器有下列异常情况，应加强监视，并汇报调控中心及运检工区。尽快采取措施处理。

1）声音异常。

· 处理方法：

a. 负荷变化造成的声音变化，变压器可继续运行。

b. 变压器过负荷引起的声音异常按变压器过负荷处理原则处理。

c. 大容量动力设备启动引起的声音异常，变压器可继续运行。

d. 单相金属性过电压或谐振过电压引起的声音异常，立即向调控中心及上级主管部门汇报，查找处理接地故障。出现这种情况时，可结合电压表计的指示进行综合判断。

e. 变压器内部有爆裂声音或有变压器油沸腾声音。立即向调控中心及上级主管部门汇报，立即停电处理。

f. 变压器内部或外部有放电的"吱吱"、"劈啪"声音。立即向调控中心及上级主管部门汇报，立即停电处理。

g. 变压器有杂音较大。立即向调控中心及上级主管部门汇报，应申请计划检修停电尽快处理。

·异常原因：

a. 正常运行变压器发生的"嗡嗡"声是连续的、均匀的。若"嗡嗡"声有变化，声音时大时小，但无杂音，规律正常。应该是有较大的负荷变化造成的声音变化，变压器无异常。

b. 变压器过负载，铁芯磁通密度过大，将会使变压器发出沉重的"嗡嗡"声，但振荡频率不变。

c. 中性点不接地系统发生单相金属性接地或产生谐振过电压时，变压器铁芯中磁通发生畸变，造成振荡和声音异常，表现为变压器声音比平时增大，声音均匀，在规律的"嗡嗡"声中夹杂着"尖声"和"粗声"。

d. 大容量动力设备启动或变压器负荷侧电弧炉引弧和可控硅整流过程中使变压器发出运行的"嗡嗡"声外，同时还发出"哇哇"声。电弧炉引弧和可控硅整流过程中在电网产生高次谐波过电压，变压器绕组产生谐波过电流，如果高次谐波分量很大，变压器内部将会发出"哇哇"声。

e. 变压器绕组发生短路故障，或分接开关因接触不良引起严重过热建造成变压器温度急剧变化，油位升高，且声音夹杂有水沸腾声。

f. 变压器内部或表面绝缘击穿造成变压器声音中夹杂不均匀的爆裂声。

g. 若变压器内部或表面发现局部放电，声音中就会夹杂有"劈啪"放电声，发生这种情况时，及在夜间或阴雨天气下，看到变压器套管附近有蓝色的电晕或火花，则说明瓷件污秽严重或设备线卡接触不良；若变压器内部放电，则是不接地的部件静电放电，或分接开关接触不良放电。

h. 声音比正常时增大且有明显的杂音，但电流、电压无明显异常时，则可能是内部夹件或压紧铁芯的螺钉松动，使硅钢片振动增大造成变压器有杂音。若变压器的声音中夹杂有连续的、规律的撞击声或摩擦声，则可能是变压器外部某些零件的摩擦声，或外来高次谐波源造成变压器有撞击声或摩擦声。

·造成危害：电力变压器在运行中一旦发生异常情况，便将影响系统的运行方式及对用户的正常供电，甚至大面积停电。

2）油温异常。

·异常现象：

a. 调控中心及变电站当地监控系统发出并显示"××变电站×号变压器温度升高"音响和文字报警信息。遥测变压器负荷正常。××变电站×号变压器设备或仪表显示"本体油位指示计升高"、"变压器温度表指示值升高"，但变压器冷却系统运行正常。

b. 调控中心及变电站当地监控系统发出并显示"××变电站×号变压器温度升高"、"××变电站×号变压器过负荷"、"××变电站×号变压器冷却器故障"音响和文字报警信息。××变电站×号变压器设备或仪表显示"本体油位指示计升高"、"变压器温度表指示值升高"，变压器冷却系统投入数量不足。

·处理方法：

a. 油温异常应检查。检查校验温度测量装置；检查变压器冷却装置或变压器室的通风情况及环境温度；检查变压器的负载和绝缘油的温度，并与相同情况下的数据进行比较。

b. 因过负荷引起上层油温超过允许值（例如，A级绝缘的变压器顶层油温超过105℃时），应按过负荷处理，降低变压器的出力。

c. 如果温度比平时同样的负荷和冷却温度下高出10℃以上，或变压器负荷、冷却条件不变，而温度不正常并不断上升，温度表计又无问题则认为变压器已发生内部故障（铁芯烧损、线圈层间短路等），应立即将变压器停运。进行色谱分析和进行红外线测温方法，确定异常源。

d. 冷却器运行不正常引起温度异常。应对冷却系统进行维护或冲洗，提高冷却效果，或相应降低变压器负荷，直到温度降到允许值为止。如果冷却器全停，应按本站事故处理预案处理，例如倒换备用变压器，将故障变压器退出运行。

·异常原因：

a. 内部故障引起温度异常。如分接开关接触不良、绕组匝间或层间短路、线圈对围屏放电、内部引线接头发热、铁芯多点接地使涡流增大过热、铁芯硅钢片间短路、零序不平衡电流等漏磁通与铁件油箱形成回路而发热等因素引起变压器温度异常。表现为在正常负载和冷却条件下，变压器温度不正常并不断上升，瓦斯继电器可能积聚气体。

b. 冷却器运行不正常或发生故障。如冷却系统停运，风扇损坏，散热顺管道积垢，冷却效果不良，散热器阀门没有打开，自动启动风冷定值错误或投入数量不足、变压器室通风不良等因素，引起温度升高或温度计指示失灵误报。

·造成危害：不及时处理将造成变压器内部故障加剧、损坏变压器，变压器失去运行功能。

3）油位异常。

·异常现象：

a. 调控中心及变电站当地监控系统发出并显示"××变电站×号变压器油位升高"音响和文字报警信息。遥测"××变电站×号变压器温度升高"或有"××变电站×号变压器油位升高"。××变电站×号变压器设备或仪表显示"本体油位指示计升高"、"变压器温度表指示值升高"。

b. 调控中心及变电站当地监控系统发出并显示"××变电站×号变压器油位降低"或可能有"××变电站×号变压器轻瓦斯动作"音响和文字报警信息。××变电站×号变压器设备或仪表显示"本体油位指示计降低"、"本体看不见油位"、"变压器漏油"或可能有"瓦斯继电器内积聚气体"等现象。

c. 如果有载调压变压器的有载调压开关油枕油位随着本体油位升高或降低的变化长时间保持一致，应根据对变压器本体、有载调压开关变压器油色谱分析等试验数据，综合分析变压器是否存在主油箱与有载调压油箱之间的密封损坏，主油箱与有载调压油箱油路互通的异常。

·处理方法：

a. 假油位。需要进行油、气路畅通或放气工作时，应先汇报调控中心取得同意将重瓦斯改信号。

b. 油位异常升高。如果是冷却器运行不正常或发生故障引起的，应对冷却系统进行维护或冲洗，提高冷却效果，根据具体情况决定是否采用放油措施。如果需要放油，应使油位降至与当时油温相对应的位置，避免发生油位计损坏或喷油。如果经过综合判断分析确认变压器异常有继续发展恶化的可能，应立即联系调控中心将变压器停运。进行色谱分析和进行红外线测温方法，确定异常源。

　　c. 油位降低。应先汇报调控中心取得同意将重瓦斯改信号，对变压器补油。如果运行变压器因漏油造成轻瓦斯动作，应立即联系调控中心将变压器停运。

　　d. 主油箱与有载调压油箱油路互通。通过色谱分析、油位变化等方法综合分析，如果判断存在主油箱与有载调压油箱油路互通异常问题，应汇报调控中心安排停电检修处理。

　　·异常原因：

　　a. 如变压器温度变化正常，而变压器油标管内（或油位指示计）的油位变化不正常或不变，则说明是假油位。这是由于油标管堵塞或油枕呼吸器堵塞，使油位下降时空气不能进入，油位指示将偏高。或指针式油位计出现卡针等故障使油位变化不正常或不变。

　　b. 变压器内部故障、过负荷、冷却器运行不正常或发生故障，隔膜或胶囊下面储积有气体，使隔膜或胶囊高于实际油位引起油位异常升高。

　　c. 变压器漏油使油量减少；修试人员因工作需要多次放油后未做补充；大修后注油过满或不足；气温过低且油量不足，或油枕容积偏小不能满足运行要求可能造成油位降低；胶囊或隔膜破裂，使油进入胶囊或隔膜以上的空间，油位计指示可能偏低。

　　d. 主油箱与有载调压油箱油路互通可能是制造质量原因，有载调压油箱焊接部位有砂眼造成渗、漏油。

　　·造成危害：

　　a. 假油位。使监控和运维人员不能对变压器运行工况正常监视。

　　b. 油位异常升高。使油位计损坏或喷油，不及时处理将造成变压器内部故障加剧、损坏变压器。

　　c. 油面过低。油位低到一定限度时，会造成轻瓦斯保护动作。若为浮子式继电器，还会造成重瓦斯跳闸。严重缺油时，变压器内部线圈暴露在空气中，会使其绝缘降低，甚至造成因绝缘散热不良而引起损坏事故。处于备用的变压器，如果严重缺油，也会吸潮而使其绝缘降低。

　　d. 主油箱与有载调压油箱油路互通将造成变压器油质劣化，影响变压器内部绝缘。

　　4）变压器过负荷。

　　·异常现象：调控中心及变电站当地监控系统发出并显示"××变电站×号变压器过负荷"音响和文字报警信息。遥测"××变电站×号变压器油位升高"、"××变电站×号变压器温度升高"、"××变电站×号变压器负荷电流超过额定限值"。××变电站×号变压器设备或仪表显示"沉重'嗡嗡'声音"、"本体油位指示计升高"、"变压器温度表指示值升高"。

　　·处理方法：

　　a. 风冷变压器过负荷时，应投入全部冷却器运行。

　　b. 汇报调控中心，及时调整运行方式，调整负荷分配，若有备用变压器，应立即投入。

　　c. 变压器过负荷时，应对变压器进行特殊巡视，特别要对变压器负载电流、油温、绕组温度和油位的变化，变压器声音是否正常，绝缘油色谱是否变化，接头是否发热，冷却装置投入量是否足够，运行是否正常，防爆膜、压力释放器是否动作等，进行监视、检查。一旦发现异常应立即汇报调控中心，及时处理。

d. 有严重缺陷的变压器和薄绝缘变压器不准超过额定电流运行。

e. 超额定电流方式下运行时，若顶层油温超过 105℃时，应按本站事故处理预案立即降低变压器负荷。

f. 为了确保设备安全，变压器不允许长时间过负荷运行，一般变压器过负荷不允许超过 1.3 倍 I_N。各类负载状态下的电流和温度限制，应遵守制造厂有关规定，若无制造厂规定时，可按 DL/T 572—2010 相关规定和现场运行规程执行。

·异常原因：

a. 由于负荷突然增加、运行方式不合理或变压器容量选择不合理造成。

b. 变电站中其中一台变压器跳闸后，由于没有过负荷联切装置或备自投动作未联切负荷造成运行的变压器过负荷。

·造成危害：不及时处理将造成变压器温度、油位迅速上升，严重威胁变压器安全运行。

5）压力释放阀动作。

·异常现象：

a. 调控中心及变电站当地监控系统发出并显示"××变电站×号变压器压力释放阀动作"音响和文字报警信息。遥测变压器温度、负荷指示正常。××变电站×号变压器设备或仪表显示"变压器压力释放阀喷油"，变压器温度表、油位表指示正常，瓦斯继电器内无气体、瓦斯继电器连接管路阀门已开启，变压器声音正常，变压器铁芯电流正常。

b. 调控中心及变电站当地监控系统发出并显示"××变电站×号变压器压力释放阀动作"、"××变电站×号变压器轻瓦斯动作"音响和文字报警信息。遥测变压器温度、负荷指示正常。××变电站×号变压器设备或仪表显示"变压器压力释放阀喷油"，变压器温度表、油位表指示升高，瓦斯继电器内有气体或瓦斯继电器连接管路阀门未开启，变压器声音正常，变压器铁芯电流正常。

·处理方法：变压器压力释放阀误动作喷油，应及时汇报，安排变压器计划检修；变压器内部故障，应及时汇报，变压器停电检修。

·异常原因：

a. "变压器压力释放阀喷油"时，变压器温度表、油位表指示正常，瓦斯继电器内无气体、瓦斯继电器连接管路阀门已开启，变压器声音正常，变压器铁芯电流正常。可以初步判断是压力释放阀误动，可能是压力释放阀升高座气体未放尽，积聚气体因气温变化误动或压力释放阀密封压力元件出现异常。但应及时取变压器本体油样进行色谱分析，如果色谱分析正常，可基本定性为压力释放阀误动。

b. "变压器压力释放阀喷油"，变压器温度表、油位表指示升高，瓦斯继电器内有气体或瓦斯继电器连接管路阀门未开启，变压器声音正常，变压器铁芯电流正常。可以初步判断是变压器内部故障，及时取变压器本体油样进行色谱分析，如果色谱分析正常，可基本定性为空气进入（或瓦斯继电器连接管路阀门未开启），应布置合格的安全措施和技术措施后，在变压器本体规定位置放出空气。如果色谱分析证明变压器内部故障，应按变压器内部故障处理方案处理。

c. 变压器原始油位偏高，"变压器压力释放阀喷油"，变压器温度表、油位表指示升高，其他一切正常（包括色谱分析正常）。属变压器的油量过多、气温高而非内部故障发生溢油现象，当变压器油在超过一定标准时，压力释放阀便开始动作进行溢油或喷油，压力释放阀动作后自动复位，从而减小油压保护了油箱。

·造成危害：不及时处理将严重威胁变压器安全运行，严重时将导致变压器故障损坏。

6）变压器套管异常。

·异常现象：

a. 油位降低或看不见油位。

b. 变压器套管污秽严重。天气异常时发出"吱吱"放电声，发出蓝色、橘红色电晕。

c. 绝缘子表面破损。

d. 变压器套管异音。套管发出"吱吱"、"劈啪"放电声。

e. 变压器套管接线端子过热。

如果是过负荷引起的接线端子过热，调控中心及变电站当地监控系统发出并显示"××变电站×号变压器过负荷"音响和文字报警信息。遥测"××变电站×号变压器套管接线端子温度异常升高"、"××变电站×号变压器温度升高"、"××变电站×号变压器过负荷"。××变电站×号变压器设备或仪表显示"××变电站×号变压器套管接线端子温度异常升高"，变压器温度表指示升高，变压器冷却系统运行正常。如果是接触电阻增大引起的接线端子过热：遥测"××变电站×号变压器套管接线端子温度异常升高"。××变电站×号变压器设备或仪表显示"××变电站×号变压器套管接线端子温度异常升高"，变压器冷却系统运行正常。

·处理方法：

a. 油位降低或看不见油位。如果变压器套管是电容式套管，套管破裂渗油或因油标渗油已看不见油位，应立即停电处理；因油标渗油已至油标以下已经不再渗油，应申请停电处理。如果变压器套管是纯瓷式套管，套管破裂渗油，应立即停电处理。

b. 变压器套管污秽严重。污秽严重应向调控中心及上级主管部门汇报，申请计划检修停电，视情况采用清扫、涂防污闪材料或更换方法处理。如果套管电晕现象比较严重，立即向调控中心及上级主管部门汇报，申请尽快停电处理。应检测变压器套管的爬距是否满足所在地区的污秽等级要求，避免污闪事故发生。

c. 绝缘子表面破损。立即向调控中心及上级主管部门汇报，申请计划检修停电处理。如果破损严重应尽快停电处理。天气异常时可能发生闪络放电时应立即停电处理。

d. 变压器套管异音。电晕放电造成的异音，应向调控中心及上级主管部门汇报，申请尽快停电处理。末屏未接地或接地不良造成的异音，应向调控中心及上级主管部门汇报，立即将变压器停电处理。

e. 变压器套管接线端子过热。如果经测试接线端子过热，但在规程规定的允许范围之内，应向调控中心及上级主管部门汇报，减负荷，根据分析测试过热的性质，申请计划检修停电处理。如果接线端子已经过热发红，应向调控中心及上级主管部门汇报，减负荷，立即将变压器停电处理。

·异常原因：

a. 油位降低或看不见油位。可能是长时间取油样试验没有及时补油，或接线端子、油标、末屏等密封损坏或套管裂纹渗油所致。

b. 变压器套管污秽严重。套管表面脏污，例如粉尘污秽等在阴雨天就会发生套管表面绝缘强度降低，容易发生闪络事故；套管表面不光洁在运行中电场不均匀会发生电晕放电，如果电晕放电不断延长，证明变压器套管污秽程度不断严重。

c. 绝缘子表面破损。可能是外力破坏或制造质量原因所致。

d. 变压器套管异音。套管表面电晕放电造成的异音。套管制造不良，末屏接地焊接不良，形成绝缘损坏，或接地末屏出线的绝缘子心轴与接地螺套不同心，接触不良，或末屏不接地，也有可能导致电位提高而逐步损坏。系统出现内部或外部过电压，套管内存在隐患而导致击穿。

e. 变压器套管接线端子过热。套管接线端部紧固部分松动、接触面不够、材料质量不合格、接触面发生氧化严重等，会使接触处过热。过负荷时可能使接线端子过热或发红。

• 造成危害：套管油位降低或看不见油位会使套管内部绝缘受潮，降低套管绝缘强度。套管闪络放电会造成发热导致老化，绝缘受损甚至引起爆炸。变压器套管接线端子过热严重影响变压器安全运行，严重时可能导致接线端子烧红熔断。

7) 渗漏油。

• 异常现象：渗漏油是变压器常见的缺陷，渗与漏仅是程度的区别，漏油定性要求渗油两滴间隔时间应大于 5min。

• 处理方法：如果是渗油应列入消缺计划，计划检修处理；如果是漏油应列入消缺计划，向调控中心及上级主管部门汇报，应尽快处理。

• 异常原因：

a. 阀门系统、蝶阀胶垫材质和安装不良，放油阀精度不高，螺纹处渗漏。

b. 胶垫接线桩头、高压套管基座电流互感器出线胶垫桩头不密封、无弹性，小绝缘子破裂渗漏油。

c. 胶垫不密封渗漏，一般胶垫压缩应保持在 2/3，有一定的弹性，随运行时间、温度、振动易老化龟裂失去弹性，或本身材质不符要求，位置偏心。

d. 设计制造不良，高压套管升高座法兰、油箱外表、油箱底盘大法兰等焊接处材质太薄、加工粗糙，形成渗漏油。

• 造成危害：渗漏油会使空气进入变压器内部，使变压器内部绝缘受潮，降低绝缘强度。空气进入过多时将造成变压器瓦斯继电器发信号或动作跳闸。

8) 呼吸器硅胶变色。

• 异常现象：硅胶中蓝色变为粉红色。

• 处理方法：当硅胶中蓝色变为粉红色表明受潮而且硅胶已失效，一般当硅变色部分超过 2/3 时，应予以更换。更换硅胶时应做好防止变压器瓦斯继电器动作的措施。

• 异常原因：

a. 长期天气阴雨空气，湿度较大，吸潮变色过快。

b. 呼吸器容量过小，如有载开关采用 0.5kg 的呼吸器变色过快是常见现象，应更换较大容量的呼吸器。

c. 硅胶玻璃罩罐有裂纹及破损。

d. 呼吸器下部油封罩内无油或油位太低，起不到良好油封作用，使湿空气未经油封过滤而直接进入硅胶罐内。

e. 呼吸器安装不良，如胶垫龟裂不合格、螺丝松动安装不密封受潮。

•造成危害：如果呼吸器硅胶变色过多且不及时处理，将降低吸收空气进入油枕胶袋或隔膜中的潮气的效果，使变压器绕组受潮。

9）变压器油流故障。

•异常现象：调控中心及变电站当地监控系统发出并显示"××变电站×号变压器温度升高"、"油流故障"音响和文字报警信息。遥测"本体油位指示计不断升高"、"变压器温度表指示值不断升高"、"××变电站×号变压器负荷正常"。××变电站×号变压器设备或仪表显示"本体油位指示计不断升高"、"变压器温度表指示值不断升高"、"风扇运行正常，变压器油流指示器指在停止的位置"、"油泵热继电器动作"。

•处理方法：油流故障告警后，运维人员应检查油路阀门位置是否正常，油路有无异常，油泵和油流指示器是否完好，冷却器回路是否运行正常，交流电源是否正常，并进行相应的处理。同时，严格监视变压器的运行状况，发现问题及时汇报，按调控中心的命令进行处理。

•异常原因：油流回路堵塞；油路阀门未打开，造成油路不通；油泵故障；变压器检修后油泵交流电源相序接错，造成油泵电机反转；油流指示器故障（变压器温度正常）；交流电源失压。

•造成危害：不及时处理将造成变压器温度、油位迅速上升，严重威胁变压器安全运行。

10）变压器冷却系统故障。

•异常现象：

a. 调控中心及变电站当地监控系统发出并显示"××变电站×号变压器工作电源1故障"、"××变电站×号变压器工作电源2投入"音响和文字报警信息。遥测变压器温度、负荷指示正常，"站内交流0.4kV母线电压指示正常"。××变电站×号变压器设备或仪表显示变压器温度表、油位表指示正常，"变压器风冷箱内工作电源1故障光字牌亮"、其电源灯灭，"站内交流0.4kV母线电压表指示正常"、"变压器风冷控制箱工作电源1电源0.4kV断路器跳开"。

b. 调控中心及变电站当地监控系统发出并显示"××变电站×号变压器辅助冷却器投入"音响和文字报警信息。遥测变压器温度（达到或超过辅助冷却器启动的温度定值）或负荷指示有所升高。××变电站×号变压器设备或仪表显示变压器温度表（达到或超过辅助冷却器启动的温度定值）、油位表指示升高，"变压器风冷箱内辅助冷却器运行灯亮"，变压器辅助冷却器运行。

c. 调控中心及变电站当地监控系统发出并显示"××变电站×号变压器备用冷却器投入"音响和文字报警信息。遥测变压器温度、负荷指示正常。××变电站×号变压器设备或仪表显示变压器温度表、油位表指示正常，原运行的冷却器停运、备用冷却器运行。

d. 调控中心及变电站当地监控系统发出并显示"××变电站×号变压器冷却器全停"、"××变电站×号变压器工作电源1故障"音响和文字报警信息。遥测"本体油位指示计不断升高"、"变压器温度表指示值不断升高"、"站内交流0.4kV母线电压正常"、"××变电站×号变压器负荷正常"。××变电站×号变压器设备或仪表显示"××变电站×号变压器冷却器全停"、"本体油位指示计不断升高"、"变压器温度表指示值不断升高"、"变压器风冷控制箱工作电源1电源灯熄灭"、"变压器风冷控制箱工作电源1电源0.4kV断路器跳开"、

"变压器风冷控制箱工作电源 1、2 切换接触器冒烟"、"站内交流 0.4kV 母线电压表指示正常"、"风冷全停跳变压器各侧的连接片在退出位置"。

e. 调控中心及变电站当地监控系统发出并显示"××变电站×号变压器冷却器全停"、"××变电站×号变压器工作电源 1 故障"、"××变电站×号变压器工作电源 2 故障"音响和文字报警信息。遥测"本体油位指示计不断升高"、"变压器温度表指示值不断升高"、"站内交流 0.4kV 母线电压为 0"、"××变电站×号变压器负荷正常"。××变电站×号变压器设备或仪表显示"××变电站×号变压器冷却器全停"、"本体油位指示计不断升高"、"变压器温度表指示值不断升高"、"变压器风冷控制箱工作电源 1 电源灯熄灭"、"变压器风冷控制箱工作电源 2 电源灯熄灭"、"站内交流 0.4kV 母线电压表指示为 0"、"风冷全停跳变压器各侧的连接片在退出位置"。

· 处理方法：

a. 变压器冷却系统两路工作电源之一故障，应立即汇报，及时维修。

b. 辅助冷却器启动。运维人员需将变压器风冷控制箱内启动辅助冷却器方式把手切至运行位置，如果是变压器过负荷或变压器异常致使温度升高应按相关处理方案处理，例如，因冷却器或变压器外表脏污造成冷却效果达不到要求时，应对变压器采用带电水冲洗措施。

c. 备用冷却器启动。运维人员需将变压器风冷控制箱内故障冷却器方式把手切至停用位置，将备用冷却器方式把手切至运行位置，如果还有备用冷却器可用，可将其他备用冷却器方式把手切至备用位置。

d. 备用冷却器启动后故障。如果还有备用冷却器可用，可将其他备用冷却器投入运行。如果没有应监视变压器温度、油位、负荷的变化，立即汇报，及时维修。

e. 变压器冷却器全停。油浸风冷变压器，风扇停止工作时，允许的负载和运行时间，应按制造厂的规定和现场运行规程规定执行。强迫油循环变压器允许带额定负载运行 20min（变压器有缺陷者除外），例如 20min 后，变压器上层油温未达到 75℃（最高不允许超过 75℃），可以运行 1h。运维人员和调控人员应根据变压器温度、负荷情况和运行时间及时按本站事故处理预案采取转移或减负荷措施，如在规程规定的时间内变压器冷却系统仍不能工作，应按调控中心指令退出该变压器运行。变压器冷却器全停时运维人员应根据异常现象及时查找故障设备和故障因素，在保证人身和设备安全的前提下，尽一切可能恢复变压器冷却器运行。

· 异常原因：

a. 变压器冷却系统两路工作电源之一故障。可能是站用变之一故障，站内交流 0.4kV 交流屏变压器工作电源之一断路器跳闸或故障，变压器风冷控制箱工作电源之一断路器跳闸或故障，站内交流 0.4kV 交流屏至变压器风冷控制箱之间的交流电缆故障，变压器风冷控制箱工作电源之一熔断器、切换把手损坏或导线接线端子接触不良等故障。

b. 辅助冷却器启动。可能是变压器外温升高、变压器异常使温度升高、过负荷或冷却效果不良等原因使温度达到辅助冷却器启动定值，温度表电接点接通，辅助冷却器启动。

c. 备用冷却器启动。可能是运行的某组冷却器因电气回路、油回路、转动机械部分故障退出运行，通过预先设定好的电气启动逻辑关系，自动启动备用冷却器运行。

d. 备用冷却器启动后故障。可能是运行的某组冷却器因电气回路、油回路、转动机械部分故障退出运行，通过预先设定好的电气启动逻辑关系，自动启动备用冷却器运行。但备用冷却器启动后也出现了电气回路、油回路、转动机械部分故障，退出运行。

e. 变压器冷却器全停。可能是风冷箱或站内交流 0.4kV 交流屏烧损，站用变压器全停。可能是运行的站用变压器失电，站内交流 0.4kV 交流屏电源切换装置故障或是电源切换装置运行方式把手位置问题。可能是站内交流 0.4kV 交流屏变压器工作电源断路器跳闸或故障，变压器风冷控制箱工作电源断路器跳闸或故障，站内交流 0.4kV 交流屏至变压器风冷控制箱之间的交流电缆故障，变压器风冷控制箱工作电源熔断器、切换把手、切换装置损坏或导线接线端子接触不良、烧损等故障。

· 造成危害：不及时处理将造成变压器温度、油位迅速上升，严重威胁变压器安全运行，冷却器全停将导致变压器减负荷或退出运行。

（1）油质劣化。

· 异常现象：分析油样发现油已劣化。

· 处理方法：

a. 分析油样发现油劣化情况较轻，低于相关规程标准值，在调控中心和专家组共同分析确认批准的情况下，可采用带电滤油的方法处理。如果不具备带电滤油条件，应尽快安排停电处理。

b. 分析油样发现油劣化超过相关规程标准值，在这种情况下，应立即停用该台变压器，以免事故发生，烧毁变压器。

· 异常原因：水分、空气或杂质进入变压器内部；变压器油质量问题；补油时没有进行混油试验；变压器内部有放电异常问题。

· 造成危害：油质劣化，含有杂质或颗粒，会导致油的绝缘性能降低，部分颗粒由于电压作用会在绕组之间搭成"小桥"，可能造成变压器相间短路或绕组与外壳发生击穿现象。

（2）分接开关异常。

· 异常现象：

a. 分接开关发生联动。开关调压时，发出一个指令只进行一级分接升或降的变换。而开关联动（调）就是发出一个调压指令后，连续转动几个分接，甚至达到极限位置。

b. 调压操作时电压表和电流表无变化。

现象一：远方电气控制操作时，计数器及分接位置指示正常，而电压表和电流表又无相应变化。

现象二：操作时，变压器输出电压、电流不变化，调压指示灯亮，分接开关挡位指示也不变化。

现象三：操作时，变压器输出电压、电流不变化，调压指示灯不亮，分接开关的挡位指示也不变化，属无操作电源或控制回路不通。

现象四：操作时，变压器输出电压、电流不变化，调压指示灯亮，分接开关的挡位指示已变化。

c. 分接开关发生拒动。

现象一：手摇操作正常，而就地电动操作动作正常。

现象二：电动机构两个方向分接变换均拒动。

现象三：远方控制拒动而就地电动操作正常。

d. 电动机构或传动机械故障。

现象一：电动操作机构操作过程中，空气开关跳闸。

现象二：电动操作机构仅能一个方向分接变位。

现象三：分接开关无法控制分接方向。

e. 分接位置指示不一致。

f. 内部切换异声。

g. 过压力的保护装置动作，有载调压开关内绝缘油喷出。

h. 油位、油色谱异常。分接开关储油柜油位异常升高或降低到变压器储油拒油位。变压器本体油色谱分析结果异常（瓦斯继电器未动作）。

i. 变压器箱盖上分接开关密封渗漏油。

j. 运行中分接开关频繁发轻瓦斯动作信号。

·处理方法：分接变换操作中发生下列异常情况时应做如下处理并及时汇报安排检修。

a. 操作中发生联动时，应在指示盘上出现第二个分接位置时立即切断操作电源，如有手摇机构，则手摇操作到适当分接位置。停电检修时，检查交流接触器失电是否延时返回或卡滋，顺序开关触头动作顺序是否正确。清除交流接触器铁芯油污，必要时予以更换。调整顺序开关的动作顺序或改进电气控制回路，确保逐级控制分接变换。

b. 调压操作时电压表和电流表无变化。

现象一处理：远方电气控制操作时，计数器及分接位置指示正常，而电压表和电流表又无相应变化，应立即切断操作电源，终止操作。停电检修时，检查分接开关位置与电动机构分接指示位置一致后，重新连接并进行连接校验。

现象二处理：操作时，变压器输出电压、电流不变化，调压指示灯亮，分接开关挡位指示也不变化。应立即切断操作电源，终止操作。停电检修时，检查分接开关位置与电动机构分接指示位置一致后，重新连接并进行连接校验。

现象三处理：操作时，变压器输出电压不变化，调压指示灯不亮，分接开关的挡位指示也不变化，应立即切断操作电源，终止操作。先检查调压操作保险是否熔断或接触不良。若有问题，更换处理后可继续调压操作。无上述问题，应再次操作，观察接触器是否动作，区分故障。若接触器动作，电动机不转，可能是接触器接触不良、卡滞，也可能是电动机问题。测量电动机接线端子上的电压若不正常，属接触器的问题；反之，属电动机有问题。此情况下，若不能自行处理，应汇报上级，由专业人员处理。若接触器不动作，变压器输出电压不通，应汇报上级，由专业人员检查处理。

现象四处理：操作时，变压器输出电压、电流不变化，调压指示灯亮，分接开关的挡位指示已变化，应立即切断操作电源，终止操作（此时应切记，千万不可再次按下调压按钮。否则，选择开关因拉弧会烧坏）。应迅速手动用手柄操作，将机构先恢复到原来的挡位上。汇报调度和上级，按调控中心和上级的命令执行。同时应仔细倾听，调压装置内部有无异音。若有异常，应投入备用变压器或备用电源，将故障变压器停电检修。若无异常，应由专业人员取油样，做色谱分析。

c. 分接开关发生拒动。应禁止或终止操作。

现象一处理：手摇操作正常，而就地电动操作动作正常。检查操作电源和电动机构回路的正确性，消除故障后进行整组联动试验（停电检修时）。

现象二处理：电动机构两个方向分接变换均拒动。检查三相电源应正常，处于手摇闭锁开关触点接触应良好。

现象三处理：远方控制拒动而就地电动操作正常。检查远方控制间路的正确性，消除故障后进行整组联动试验（停电检修时）。

d. 电动机构或传动机械故障。应禁止或终止操作。

现象一处理：停电检修时，用灯光法分别检查 $1-N$ 及 $N-1$ 的分合程序，调整安装位置。

现象二处理：用手拨动限位机构，滑动接触处加少量润滑脂。

现象三处理：检查电动机电容器回路，处理接触不良、断线或更换电容器。

e. 分接位置指示不一致。应禁止或终止操作。查明原因，更正后进行连接校验。

f. 内部切换异声。应禁止或终止操作。及时汇报调控中心及上级，变压器立即停电检修。判断分接开关接点接触不良的方法可根据变压器的三相电压、电流、异常声音来初步确定。变压器停电时，再用电桥测量变压器一次绕组的直流电阻、与上次测量值进行比较，对变压器油进行化验等方法来进一步的确认分接开关故障。停电检修时，对检查出的故障部位应采用对应的方法进行处理：用细砂布打磨平分接开关触头被烧毁部分。修换损坏的导线、触头，调整弹簧压力。维修机械部分损坏或卡阻的滚轮，使其动作灵活、准确到位。有载调压的分接开关更换烧毁的过渡电阻、触头，修好烧毁的引线，化验不合格的变压器油，应更换油号相符，经试验合格的变压器油加到合适位置。紧固严密封接开关的密封部位，查找出假油面的原因，将分接开关与变压器油箱连接部分紧固牢靠，杜绝连通防止造成分接开关假油位。

g. 过压力的保护装置动作。应禁止或终止操作。应及时汇报，变压器停电检修。

h. 油位、油色谱异常。应禁止或终止操作。正常对变压器的运行监视中，应将变压器本体的油位和调压装置的油位相比较。两者经常保持不同，说明两个油箱、油枕之间的密封良好。当然，如果经常保持变压器本体的油位比调压装置的油位高则更好，如果发现两部分油位呈相互接近相等的趋势，或两者已保持相平，应当汇报上级。取油样做色谱分析，以防止内部密封不良，造成两个油箱中的油相混合。停电检修时，打开分接开关大盖寻找渗漏处，如果未发现则应吊出芯体，抽尽油室中绝缘油，在变压器本体油压器下观察绝缘护筒内壁、分接引线螺栓及转轴密封等处有无渗漏现象，根据情况更换密封件或进行密封处理。对放气孔或放油螺栓应拧紧或更换密封圈。

i. 变压器箱盖上分接开关密封渗漏油。变压器箱盖上分接开关密封渗漏油。如果渗油应报缺陷，计划检修处理；如果漏油应报缺陷，尽快安排处理；如果是箱盖与开关法兰盘间漏油，应拧紧固定螺母；如果是转轴与法兰盘或座套间漏油，应拆下定位螺栓等（根据操作机构的结构而定），拧紧压缩密封环的塞子，或用新的密封件予以更换。

j. 运行中分接开关频繁发轻瓦斯动作信号，应禁止或终止操作。取油样进行色谱分析，确定异常原因，确系内部故障应立即汇报调控中心及有关上级部门，停用该变压器。如果是空气进入造成，应在规定地点放气，并做好防止瓦斯继电器误动作措施。停电检修时，吊芯检查有否悬浮电位放电，连线或限流电阻有否断裂、接触不良而造成经常性的局部放电。应及时消除悬浮电位放电及其不正常局部放电源。

・异常原因：

a. 分接开关发生联动。交流接触器剩磁或油污造成失电延时，顺序开关故障或交流接触器动作配合不当。

　　b. 调压操作时电压表和电流表无变化。

　　现象一、二异常原因：分接开关与电动机构的连接脱开，如垂直或水平传动连接销脱落。属电动机空转，而操作机构未动作。

　　现象三异常原因：操作时，变压器输出电压不变化，调压指示灯不亮，分接开关的挡位指示也不变化，可能是无操作电源或控制回路不通。

　　现象四异常原因：操作时，变压器输出电压、电流不变化，调压指示灯亮，分接开关的挡位指示已变化，证明操作机械已动作，可能属过死点机构（快速机构）问题，选择开关已经动作，但是切换开关未动作。

　　c. 分接开关发生拒动。

　　现象一异常原因：手摇操作正常，而就地电动操作。无操作电源或电动控制回路故障，如手摇机构中弹簧片未复位，造成闭锁开关触点未接通。

　　现象二异常原因：电动机构两个方向分接变换均拒动。无操作电源或缺相，手摇闭锁开关触点未复位。

　　现象三异常原因：远方控制拒动而就地电动操作正常。远方操作回路故障。

　　d. 电动机构或传动机械故障。

　　现象一异常原因：凸轮开关组安装移位。

　　现象二异常原因：限位机构未复位。

　　现象三异常原因：电动机电容器回路断线、接触不良或电容器故障。

　　e. 分接位置指示不一致。分接开关与电动机构连接错误。

　　f. 内部切换异声。

　　异常原因一：有载调压分接开关辅助触头的过渡电阻在切换过程中被击穿烧断，在电阻的断口处产生闪络放电，造成触头间的电弧拉长，电弧的高温度将油剧烈分散发生"吱吱"的异常声音。

　　异常原因二：有载调压分接开关由于箱体密封不严进水或湿潮积集的凝结水以及油老化绝缘强度下降等原因，造成相间闪络放电，烧毁引线及接点。

　　异常原因三：分接开关的机械传动部分损坏，滚轮卡阻、切换挡位时不到位，切换在过渡的位置上，造成相间短路烧毁分接开关的触头。

　　异常原因四：有载调压分接开关的油箱与变压器油箱结合部不严密，使分接开关的油箱与变压器的油箱相互连通，使两个油位计指示的油位相同，造成分接开关的油位计指示出现假油面，使分接开关油箱内缺油，威胁分接开关运行安全而造成相间闪络放电及相间短路事故烧毁引线及触点。

　　g. 过压力的保护装置动作。有载调压分接开关的油箱内局部放电或短路故障。

　　h. 油位、油色谱异常。有载调压变压器，变压器本体油箱里面的油和调压装置箱里的油，两者是相互隔绝的。所以，它们的油枕也分成相互隔绝的两部分：一部分和变压器本体油箱相通；另一部分和调压装置的油箱相通。正常运行中，变压器本体油箱中的油和调压装置油箱中的油，是绝对不能相混合的。因为有载调压分接开关经常带负荷调压。分接开关在动作过程中，会产生电弧，使油质劣化。两个油箱中的油如果相混，会使变压器本体中的油质变坏，绝缘降低，影响变压器的安全运行。若调整分接开关储油柜油位后，仍继续出现类似的故障，应判断为油室密封缺陷，造成油室中油与变压器本体油互相渗漏。油室的放油螺栓未拧紧，也会引起渗漏油。

i. 变压器箱盖上分接开关密封渗漏油。变压器箱盖上分接开关密封渗漏油可能因为安装不当或密封材料质量不好或年久变质。

j. 运行中分接开关频繁发轻瓦斯动作信号。有载调压分接开关的油箱内局部放电或短路故障。空气进入。

·造成危害：有载调压分接开关为自动调压装置，它不需要停电操作，使用方便，简单安全，调整电压幅值小，保持电压稳定性好，调整二次电压值接近额定电压值。若操作或维护不当将发生故障，影响变压器的安全运行。

（3）运维人员应按照调控中心指令，根据本站异常、事故应急处理预案和本站现场运行规程规定进行处理。

（4）如图 4-13 所示，如果"××变电站 1 号主变压器异常运行"必须进行停电检修，可在调控中心指挥下进行本站 1 号主变压器设备间隔停电操作和本站改变运行方式操作。操作步骤如下：

操作项目一：66(35)kV 内桥 100 断路器由热备用转为运行。

1）退出 66(35)kV 备投装置功能（具体操作步骤略）。

2）检查 66(35)kV Ⅰ 进线 101 断路器确在合位。

3）检查 66(35)kV Ⅱ 进线 102 断路器确在合位。

4）检查 66(35)kV 内桥 100 断路器在热备用。

5）选择 66(35)kV 内桥 100 断路器合闸。

6）检查 66(35)kV 内桥 100 断路器合闸选线正确。

7）合上 66(35)kV 内桥 100 断路器。

8）检查 66(35)kV 内桥 100 断路器三相电流表计指示正确，电流 A 相＿＿ A、B 相＿＿A、C 相＿＿A。

9）检查 66(35)kV 内桥 100 断路器合位监控信号指示正确。

10）检查 66(35)kV 内桥保护测控装置断路器位置指示正确。

11）检查 66(35)kV 内桥 100 断路器汇控柜位置指示确在合位。

12）检查 66(35)kV 内桥 100 断路器合位机械位置指示正确。

操作项目二：1、2 号主变压器 10kV 侧并列操作。

1）退出 10kV 备投装置功能（具体操作步骤略）。

2）检查 1 号主变压器负荷＿＿MVA，2 号主变压器负荷＿＿MVA。

3）检查 1 号主变压器分接头在＿＿位置，检查 2 号主变压器分接头在＿＿位置。

4）检查 66(35)kV Ⅱ 进线 102 断路器确在合位。

5）检查 66(35)kV Ⅰ 进线 101 断路器确在合位。

6）检查 66(35)kV 内桥 100 断路器确在合位。

7）检查在 10kV 分段 000 断路器热备用。

8）选择 10kV 分段 000 断路器合闸。

9）检查 10kV 分段 000 断路器合闸选线正确。

10）合上 10kV 分段 000 断路器。

11）检查10kV分段000断路器三相电流表计指示正确，电流A相＿＿＿A、B相＿＿＿A、C相＿＿＿A。

12）检查10kV分段000断路器合位监控信号指示正确。

13）检查10kV分段保护测控装置断路器位置指示正确。

14）检查10kV分段000断路器合位机械位置指示正确。

15）调整、检查消弧线圈参数符合要求（具体操作步骤略）。

操作项目三：1、2号主变压器10kV侧解列操作。

1）选择1号主变压器10kV侧001断路器分闸。

2）检查1号主变压器10kV侧001断路器分闸选线正确。

3）拉开1号主变压器10kV侧001断路器。

4）检查1号主变压器10kV侧001断路器三相电流表计指示正确，电流A相＿＿＿A、B相＿＿＿A、C相＿＿＿A。

5）检查1号主变压器10kV侧001断路器分位监控信号指示正确。

6）检查1号主变压器10kV侧保护测控装置断路器位置指示正确。

7）检查1号主变压器10kV侧001断路器分位机械位置指示正确。

8）调整、检查消弧线圈参数符合要求（具体操作步骤略）。

操作项目四：1号主变压器及66(35)kVⅠ母线停电操作。

1）选择66(35)kV内桥100断路器分闸。

2）检查66(35)kV内桥100断路器分闸选线正确。

3）拉开66(35)kV内桥100断路器。

4）检查66(35)kV内桥100断路器三相电流表计指示正确，电流A相＿＿＿A、B相＿＿＿A、C相＿＿＿A。

5）检查66(35)kV内桥100断路器分位监控信号指示正确。

6）检查66(35)kV内桥保护测控装置断路器位置指示正确。

7）检查66(35)kV内桥100断路器汇控柜位置指示确在分位。

8）检查66(35)kV内桥100断路器分位机械位置指示正确。

9）选择66(35)kVⅠ进线101断路器分闸。

10）检查66(35)kVⅠ进线101断路器分闸选线正确。

11）拉开66(35)kVⅠ进线101断路器。

12）检查66(35)kVⅠ进线101断路器三相电流表计指示正确，电流A相＿＿＿A、B相＿＿＿A、C相＿＿＿A。

13）检查66(35)kVⅠ进线101断路器分位监控信号指示正确。

14）检查66(35)kVⅠ进线保护测控装置断路器位置指示正确。

15）检查66(35)kVⅠ进线101断路器汇控柜位置指示确在分位。

16）检查66(35)kVⅠ进线101断路器分位机械位置指示正确。

17）检查66(35)kVⅠ母线TV表计指示正确。

操作项目五：将1号主变压器由冷备用转为检修。

1）将66(35)kV内桥100断路器操作方式开关由远方切至就地位置。

2）将66(35)kVⅠ进线101断路器操作方式开关由远方切至就地位置。

3）合上 1 号主变压器 66(35)kV 侧汇控柜隔离开关电机电源空气断路器。

4）选择 1 号主变压器 66(35)kV 侧 1031 隔离开关分闸。

5）检查 1 号主变压器 66(35)kV 侧 1031 隔离开关分闸选线正确。

6）拉开 1 号主变压器 66(35)kV 侧 1031 隔离开关。

7）检查 1 号主变压器 66(35)kV 侧 1031 隔离开关分位监控信号指示正确。

8）检查 1 号主变压器 66(35)kV 侧 1031 隔离开关汇控柜位置指示确在分位。

9）检查 1 号主变压器 66(35)kV 侧 1031 隔离开关位置指示器确在分位。

10）将 1 号主变压器 66kV(35kV)侧汇控柜操作方式选择开关由远控切至近控位置。

11）合上 1 号主变压器 66kV(35kV)侧 1031-QS2 接地开关。

12）检查 1 号主变压器 66kV(35kV)侧 1031-QS2 接地开关汇控柜位置指示确在合位。

13）检查 1 号主变压器 66kV(35kV)侧 1031-QS2 接地开关合位机械位置指示正确。

14）检查 1 号主变压器 66kV(35kV)侧 1031-QS2 接地开关合位监控信号指示正确。

15）拉开 1 号主变压器 66kV(35kV)侧汇控柜隔离开关电机电源空气断路器。

16）在 1 号主变压器 10kV 侧出线套管母线桥至母线桥侧三相验电确无电压。

17）在 1 号主变压器 10kV 侧出线套管至母线桥侧装设____号接地线。

18）拉开 1 号主变压器保护电源空气断路器。

操作项目六：退出 1 号主变压器全部保护。

1）检查 1 号主变压器保护电源空气断路器确在分位。

2）检查 1 号主变压器低后备出口跳 10kV 分段 000 断路器出口连接片确在退出位置。

3）检查 1 号主变压器高后备出口跳 10kV 分段 000 断路器出口连接片确在退出位置。

4）退出 1 号主变压器差动保护跳 66(35)kV Ⅰ 进线 101 断路器出口连接片。

5）退出 1 号主变压器差动保护跳 1 号主变压器 10kV 侧 001 断路器出口连接片。

6）退出 1 号主变压器差动保护跳 66(35)kV 内桥 100 断路器出口连接片。

7）退出 1 号主变压器高后备出口跳 66(35)kV Ⅰ 进线 101 断路器连接片。

8）退出 1 号主变压器高后备出口跳 1 号主变压器 10kV 侧 001 断路器连接片。

9）退出 1 号主变压器高后备出口跳 66(35)kV 内桥 100 断路器连接片。

10）退出 1 号主变压器非电量跳 66(35)kV Ⅰ 进线 101 断路器出口连接片。

11）退出 1 号主变压器非电量跳 1 号主变压器 10kV 侧 001 断路器出口连接片。

12）退出 1 号主变压器非电量跳 66(35)kV 内桥 100 断路器出口连接片。

13）退出 1 号主变压器高后备闭锁有载调压出口连接片。

14）退出 1 号主变压器差动闭锁 66(35)kV 桥备投连接片。

15）退出 1 号主变压器高后备出口闭锁 66(35)kV 桥备投连接片。

16）退出 1 号主变压器高后备出口闭锁 10kV 分段备投连接片。

17）退出 1 号主变压器低后备出口闭锁 10kV 分段备投连接片。

18）退出 1 号主变压器非电量闭锁 66(35)kV 桥备投连接片。

19）退出 1 号主变压器投 10kV 低后备启动高后备连接片。

20）退出 1 号主变压器本体重瓦斯保护投入连接片。

21）退出 1 号主变压器有载重瓦斯保护投入连接片。

22）退出 1 号主变压器差动保护连接片。

23）退出 1 号主变压器高后备投复压过电流保护连接片。

操作项目七：66(35)kV 侧恢复原运行方式操作。

1）将 66(35)kV 内桥 100 断路器操作方式开关由就地切至远方位置。

2）将 66(35)kVⅠ进线 101 断路器操作方式开关由就地切至远方位置。

3）选择 66(35)kVⅠ进线 101 断路器合闸。

4）检查 66(35)kVⅠ进线 101 断路器合闸选线正确。

5）合上 66(35)kVⅠ进线 101 断路器。

6）检查 66(35)kVⅠ进线 101 断路器合位监控信号指示正确。

7）检查 66(35)kVⅠ进线保护测控装置断路器位置指示正确。

8）检查 66(35)kVⅠ进线 101 断路器汇控柜位置指示确在合位。

9）检查 66(35)kVⅠ进线 101 断路器合位机械位置指示正确。

10）检查 66(35)kVⅠ进线 101 断路器三相电流表计指示正确，电流 A 相＿＿＿ A、B 相＿＿＿A、C 相＿＿＿ A。

11）检查 66(35)kVⅠ母线 TV 表计指示正确。

12）投入 66(35)kV 备投装置功能（具体操作步骤略）。

××变电站 1 号主变压器检修结束恢复运行的具体操作步骤请读者考虑填写。

危险预控 ---

表 4 - 13　　　　　　　　　　　　变压器异常处理危险点

序号	变压器异常处理危险点	控　制　措　施
1	检查处理变压器异常时人身感电	运维人员应与带点部位保持足够的安全距离
2	登高检查瓦斯继电器或取气时人员高空摔跌	（1）登高作业应由两人进行，一人作业，一人监护。 （2）登高作业人员应穿防滑绝缘鞋、戴安全帽，穿长袖工作服。 （3）到达合适且安全位置后，用安全带将身体固定在牢固的部件上。 （4）所有工器具不准上下抛扔或自身携带，应用传递绳上下传递
3	检查瓦斯继电器或取气时误触误碰致使继电器误动作	（1）检查瓦斯继电器时应加强监护提醒，防止误触重瓦斯探针。 （2）防止对瓦斯继电器造成过大振动
4	检查处理变压器异常时瓦斯继电器误动作	进行变压器带电补油、滤油、放油、排气、更换硅胶等各项工作时，应请示调控中心将重瓦斯改信号
5	检查处理变压器异常时人身伤害	当变压器内部有爆裂声、沸腾声等内部明显故障征象时，人员应远离变压器本体，需要立即停电的，立即转入事故处理程序

思维拓展 ---

以下其他情景下的变压器异常处理步骤请读者思考后写出：

图 4 - 13 的运行方式下，处理"××变电站 2 号主变压器异常运行"，需要停电检修的操作步骤。

相关知识 --

1. 变压器在电力系统中的主要作用及基本原理

变压器在电力系统中的主要作用是变换电压，以利于功率的传输。电压经升压变压器升压后，可以减少线路损耗，提高送电的经济性，达到远距离送电的目的。降压变压器能把高电压变为用户所需要的各级使用电压，满足用户需要。变压器是一种按电磁感应原理工作的电气设备，当一次绕组加上电压、流过交流电流时，在铁芯中就产生交变磁通。磁通中的大部分交链着二次绕组，称它为主磁通。在主磁通的作用下，两侧的线圈分别产生感应电动势，电动势的大小与绕组匝数成正比。变压器的一、二次绕组匝数不同，这样就起到了变压作用。变压器一次侧为额定电压时，其二次电压随着负载电流的大小和功率因素的高低而变化。

2. 变压器铁芯的接地的原因

电力变压器正常运行时，铁芯必须有一点可靠接地。若没有接地，则铁芯对地的悬浮电位会造成铁芯对地断续性击穿放电，铁芯一点接地后消除了形成铁芯悬浮电位的可能性。但当铁芯出现两点以上接地时，铁芯间的不均匀电位就会与接地点之间形成环流，从而造成铁芯多点接地发热故障。变压器的铁芯接地故障会造成铁芯局部过热，严重时铁芯局部温升增加，轻瓦斯动作，甚至将会造成重瓦斯动作而跳闸的事故。烧熔的局部铁芯形成铁芯片间的短路故障，使铁损变大，严重影响变压器的性能和正常工作，必须更换铁芯硅钢片加以修复。因此，变压器不允许多点接地只能有且只有一点接地。

3. 变压器强迫油循环风冷却交流操作回路电源切换部分工作原理

如图 4-20 和图 4-21 所示，变压器强迫油循环风冷却交流操作回路电源切换部分工作原理简述如下：

（1）变压器投入电网运行前，电源转换开关 SA 置"停止"位置。分别闭合 0.4kV Ⅰ 段母线 1 号主变压器 Ⅰ 段风冷电源空气断路器和 0.4kV Ⅱ 段母线 1 号主变压器 Ⅱ 段风冷电源空气断路器→送电至变压器强迫油循环风冷却交流操作回路电源切换部分电源 Ⅰ 和电源 Ⅱ 处→电压继电器 KV1、KV2 线圈励磁→启动图 4-20 中的直流中间继电器 KC1、KC2 线圈励磁→直流中间继电器 KC1、KC2 动合触点闭合→将图 4-20 的操作电源 Ⅰ 和操作电源 Ⅱ 置于准工作状态。

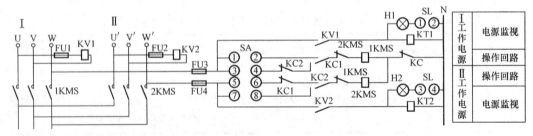

图 4-20　变压器强迫油循环风冷却交流操作回路电源切换部分

KV1、KV2—交流电压继电器；KT1、KT2—交流时间继电器；1KMS、2KMS—交流接触器；

KC、KC1、KC2—直流中间继电器；SA、SL—转换开关；FU1、FU2、FU3、FU4—熔断器；H1、H2—信号灯

如图 4-21 所示，此时电源转换开关 SA2 置"正常工作"位置（触点 1-2 接通），变压器三侧断路器辅助触点 QF1、QF2、QF3 处于闭合状态，因此直流中间继电器 KC 线圈励

磁→直流中间继电器 KC 动断触点断开→图 4 - 20 变压器强迫油循环风冷却交流操作回路就不能投入工作。

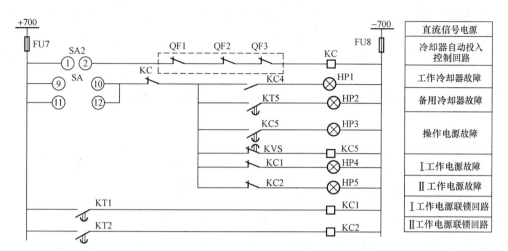

图 4 - 21　变压器强迫油循环风冷却直流及就地信号部分

QF1、QF2、QF3—变压器三侧断路器辅助触点；KT1、KT2、KT5、KVS—交流时间继电器；KC4—交流中间继电器；
KC、KC1、KC2、KC5—直流中间继电器；SA、SA2—转换开关；FU7、FU8—熔断器；HP1～HP5—信号灯

（2）如果选操作电源 I 工作，需要将电源转换开关 SA 置"I 工作、II 备用"位置（图 4 - 20 中触点 1-2、5-6 接通，触点 3-4、7-8 断开；图 4 - 21 中触点 9-10 接通，触点 11-12 断开）。当用变压器高压侧断路器充电操作合上高压侧断路器时其动断辅助触点 QF1 断开（见图 4 - 21）→直流中间继电器 KC 线圈失磁→直流中间继电器 KC 动断触点闭合→交流接触器 1KMS 线圈励磁→交流接触器 1KMS 主触头闭合→电源 I 送入变压器强迫油循环风冷却交流操作回路母线。此时，交流接触器 2KMS 线圈不励磁，电源 II 处于备用状态。

如图 4 - 20 和图 4 - 21 所示，如果电源 I 的 U 或 V 相失电或 FU1 熔断，交流电压继电器 KV1 和交流时间继电器 KT1 线圈相继失磁→直流中间继电器 KC1 线圈失磁→交流接触器 1KMS 线圈失磁→交流接触器 1KMS 动断触点闭合（与 2KMS 线圈串联）→交流接触器 2KMS 线圈励磁→交流接触器 2KMS 主触头闭合→电源 II 送入变压器强迫油循环风冷却交流操作回路母线。

同理，当图 4 - 20 中的电源 I 的 W 相失电或 FU3 熔断时，交流时间继电器 KT1 和交流接触器 1KMS 线圈同时失磁→交流接触器 1KMS 动断触点闭合（图 4 - 20 中与 2KMS 线圈串联）→交流接触器 2KMS 线圈励磁→交流接触器 2KMS 主触头闭合→电源 II 送入变压器强迫油循环风冷却交流操作回路母线。

当电源 I 恢复正常，交流时间继电器 KT1 线圈励磁→交流时间继电器 KT1 动合触点闭合（见图 4 - 21）→直流中间继电器 KC1 线圈励磁（见图 4 - 21）→直流中间继电器 KC1 动断触点断开（图 4 - 20 中与 2KMS 线圈串联）→交流接触器 2KMS 线圈失磁→交流接触器 2KMS 主触头断开（同时其与 1KMS 线圈串联的 2KMS 动断触点闭合）→电源 II 与变压器强迫油循环风冷却交流操作回路母线断开。

直流中间继电器 KC1 动合触点闭合（图 4 - 20 中与 1KMS 线圈串联）→交流接触器 1KMS 线圈励磁→交流接触器 1KMS 主触头闭合→电源 I 送入变压器强迫油循环风冷却交

流操作回路母线。

（3）如果选操作电源Ⅱ工作，需要将电源转换开关 SA 置"Ⅱ工作、Ⅰ备用"位置（图 4 -20 中触点 1-2、5-6 断开，触点 3-4、7-8 接通；图 4 - 19 中触点 9-10 断开，11-12 接通）。其工作原理与选操作电源Ⅰ工作原理相似。

如果备用电源故障时，工作电源因故退出，备用电源不会自投。

【模块十一】 二次设备异常分析及处理

核心知识 --

（1）二次设备的作用。

（2）二次设备的异常类型。

关键技能 --

（1）二次设备发生异常时的正确处理原则和步骤。

（2）在处理二次设备异常过程中，运维人员能够对潜在的危险点正确认知并能提前预控危险。

目标驱动 --

目标驱动一：处理运行中的 66kV（35kV）变电站二次设备异常故障

××变电站一次设备接线方式如图 4 - 13 所示（运行方式：Ⅰ进线 101 断路器代 1 号主变压器、10kVⅠ段母线运行，Ⅱ进线 102 断路器代 2 号主变压器、10kVⅡ段母线运行，内桥 100 断路器、10kV 分段 000 断路器热备用），××变电站高压侧为内桥接线（GIS 设备），10kV 侧为单母分段接线（小车开关柜）。

保护配置请见第四章第一节【模块六】目标驱动二中所述。

1. 现象

调控中心调控人员通过监控系统或遥视、运维人员在例行巡视过程中发现"××变电站二次设备异常运行"。

2. 处理步骤

（1）无论是调控中心调控人员通过监控系统还是通过遥视、运维人员在例行巡视过程中发现"××变电站二次设备异常运行"情况，都应在第一时间相互通知，并记录时间及现象。

（2）运维操作队负责人组织运维操作队人员穿戴合格安全用具，对二次设备异常情况进行全面检查，并确定严重程度。如果发现二次设备有下列异常情况，应加强监视，并汇报调控中心及运检工区，尽快采取措施处理。

1）二次回路异常。

·异常现象及产生原因：

现象一：断路器控制回路断线。调控中心及变电站当地监控系统发出并显示"××变电站××断路器控制回路断线"音响和文字报警信息，变电站当地断路器位置指示灯熄灭，保护装置"告警"灯亮。可能是断路器控制回路中有接点松动、设备过热烧损。也可能是转换开关位置发生变化致使控制回路开路或因为短路造成控制回路电源开关跳闸。运维人员对于断路器控制回路断线的原则处理步骤如图 4-22 所示。

现象二：设备位置显示与实际位置不对应。调控中心及变电站当地监控系统显示设备位置信息、图形与所监控的设备实际位置不对应。可能是自动化模块电源断开或电源模块损坏，也可能是二次接线错误，在交接验收传动中未发现或发现后自动化以取反的方式进行转换，但没有转换正确。

现象三：电气闭锁失灵。电气闭锁装置电源开关跳开，或失去按正常逻辑关系的闭锁功能。可能是电气闭锁回路电源开关断开或其回路中存在短路或断路，也可能是电气闭锁回路有关转换接点未转换。

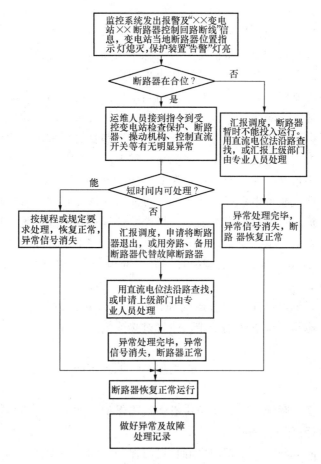

图 4-22 运维人员对断路器控制回路断线的原则处理步骤

· 处理方法：

现象一：断路器控制回路断线。汇报调控中心，将控制回路异常的断路器停电处理。

现象二：设备位置显示与实际位置不对应。如果是误触误碰等原因造成自动化模块电源开关跳开，而不是设备单元内部短路原因造成，应立即合上，并应观察相关设备运行状况。如果发现自动化模块电源模块损坏，应汇报调控中心，退出异常设备单元装置，通知相关专业处理。未处理前应安排专人监视、巡视。微机防误装置、自动化系统位置运行指示与实际设备位置不对应，做好防误操作措施。如果发现二次接线接反，应汇报调控中心，通知相关专业处理，必要时需要安排计划停电处理。

现象三：电气闭锁失灵。如果是电源开关跳开，检查无问题，可以试送，如果失败应对电气闭锁回路进行检查处理，应做好防误操作措施。电磁锁应闭锁而未闭锁，应对回路的转换节点进行检查处理，应做好防误操作措施。

2）保护、自动装置异常。

•异常现象及产生原因：

现象一：装置异常。调控中心及变电站当地监控系统发出并显示"××变电站保护装置异常、呼唤"音响和文字报警信息，异常保护装置显示"保护装置异常或装置告警、呼唤"文字报警信息。可能是装置插件或软件出现问题。

现象二：装置告警、呼唤。调控中心及变电站当地监控系统发出并显示"××变电站保护装置告警、呼唤"音响和文字报警信息，异常保护装置显示"保护装置异常或装置告警、呼唤"文字报警信息。可能是装置插件或软件出现问题。

现象三：告警不能复归。调控中心及变电站当地监控系统发出并显示"××变电站保护装置告警、异常、呼唤"音响和文字报警信息，异常保护装置显示"保护装置异常或装置告警、异常、呼唤"文字报警信息。信号不能复归。可能是装置插件内部出现问题。

现象四：电源消失。调控中心及变电站当地监控系统发出并显示"××变电站保护装置电源消失"音响和文字报警信息，异常保护装置"电源运行灯熄灭"。可能是装置电源插件损坏或装置内部短路造成装置电源开关跳闸。也可能误触误碰造成装置电源开关跳闸。

现象五：异常保护装置液晶面板无显示。可能是装置接触不良或液晶板损坏。

现象六：自动装置未充电。异常自动装置如重合闸、备自投等装置"充电指示灯熄灭"或液晶面板"无充电显示"。可能是装置插件问题或充电回路未接通、方式改变后不满足备自投等自动装置充电要求。

现象七：过热、冒烟、异味。通过巡检和红外线测温仪发现二次端子端子排或装置过热、冒烟、异味。可能是二次端子端子排、装置过热或短路。

•处理方法：

现象一：装置异常。汇报调控中心，退出保护。如果不能立即恢复正常，应退出被保护的一次设备运行。

现象二：装置告警、呼唤。汇报调控中心，退出保护。如果不能立即恢复正常，应退出被保护的一次设备运行。

现象三：告警不能复归。汇报调控中心，退出保护。如果不能立即恢复正常，应退出被保护的一次设备运行。

现象四：电源消失。汇报调控中心，退出保护。如果不能立即恢复正常，应退出被保护的一次设备运行。

现象五：异常保护装置液晶面板无显示。汇报调控中心，退出保护。如果不能立即恢复正常，应退出被保护的一次设备运行。

现象六：自动装置未充电。汇报调控中心，退出自动装置运行。

现象七：过热、冒烟、异味。汇报调控中心，可根据具体情况采取断开装置电源或进行灭火准备。应考虑退出被保护的一次设备运行。

·造成危害：保护、自动装置异常将造成保护、自动装置误动或拒动，可能造成或扩大事故，给电力系统安全稳定运行带来极大的威胁。

3）自动化装置异常。

·异常现象及产生原因：

现象一：防火防盗装置报警。调控中心及变电站当地监控系统发出并显示"××变电站防火、防盗装置告警"音响和文字报警信息。通过遥视系统和现场检查有无火情、盗情。如果一切正常，则可能是报警装置误报或装置本身存在异常，也可能是现场环境或杂物引起报警。

现象二：电源消失。调控中心及变电站当地监控系统发出并显示"××变电站自动化装置电源消失"音响和文字报警信息。变电站当地"自动化装置电源灯熄灭"。可能是自动化装置电源插件异常或装置内部短路造成电源开关断开。

现象三：冒烟、异味。变电站当地自动化设备模块冒烟、异味。可能是装置内部过热或短路。

现象四：自动化与"微机五防"系统通信中断。调控中心及变电站当地监控系统发出并显示"××变电站'微机五防'与自动化系统通信中断"音响和文字报警信息。可能是通信线路中断，规约配合问题，或自动化与"微机五防"系统运行不稳定。

现象五：逻辑闭锁失灵、错误。在变电站改、扩建及非典型（或特殊运行方式下）操作过程中自动化系统运行设备五防逻辑闭锁失灵或错误，退出运行。可能是逻辑闭锁关系设置的不合理或不完善，或运行过程中程序混乱。

现象六：遥控失灵。按现场运行规程规定次数遥控设备未成功，再次更换工作站遥控设备也未成功。可能是信息传输通道中断，主站配置文件和自动化设备异常，或受控设备电气回路、机械传动设备异常。

现象七：投退软保护连接片失败。可能是信息传输通道中断，主站配置文件和自动化设备异常，或受控保护装置故障。也可能是网络传输数据出错使监控系统从实时数据库中读取的连接片位置不对应，或受有些保护运行要求的影响，投退不成功。

现象八：GPS对钟异常。调控中心及变电站当地监控系统发出并显示"××变电站GPS异常"音响和文字报警信息。调控中心及变电站当地监控系统、自动化设备、变电站当地保护装置时钟紊乱，GPS对钟装置运行灯熄灭。可能是装置本身插件或软件异常，或通信异常。

现象九：电量采集系统异常。调控中心及变电站当地监控系统的电量采集系统不刷新，数据不全或无数据。可能是通信规约不满足采集系统要求，或通信中断或采集系统软件异常。

现象十：工作站信息不全，分级不合理。调控中心及变电站当地监控系统接收到的信息比实际发出的信息少或部分信息收不到，或不同种类的信息混杂不清晰。可能是相关专业提供的信息表内容不全或自动化专业工作存在缺陷，漏掉一些信息。信息分级不合理是没有严格按照分级原则进行合理分配，或信息接入错误。

现象十一：部分信息收不到。调控中心及变电站当地监控系统部分信息收不到。可能是信息传输通道的某一个模块损坏或失去工作电源，也可能是自动化总控与保护管理机通信异常或接线错误，或是自动化文件配置错误、回路转换节点等接触或转换不良。

现象十二：信息误发。调控中心及变电站当地监控系统接收到的信息不存在。可能是自动化系统运行不稳定、软件异常或受到电力系统发生较大波动影响，也有可能是自动化总控与保护管理机通信接线错误。

现象十三：信息中断。调控中心及变电站当地监控系统发出并显示"××变电站信息中断"音响和文字报警信息。监控画面显示信息中断，画面不刷新，工作站自动退出运行。可能是信息通道中断，也可能是变电站自动化设备软件存在异常使信息通道中断或不定期中断，主站或工作站电源消失也会使信息中断。

·处理方法：

现象一：防火防盗装置报警。进行现场检查，如果是误发警报，应及时汇报有关人员进行处理。如果有确实的火灾或盗情发生，应及时汇报调控中心，处理火灾时应先断开有关电源，再行灭火。如果通过遥视系统发现火灾严重应及时报火警，在异常未得到处理前必须安排专人值班并加强巡视。

现象二：电源消失。应及时汇报调控中心，退出自动化装置运行，配合相关专业处理。如果因为电源消失或其他原因使微机五防装置、自动化系统位置运行指示与实际位置不对应，应做好防误措施。上述异常未处理之前必须安排专人值班并加强巡视。

现象三：冒烟、异味。及时汇报调控中心，应先断开有关装置电源做灭火准备，通知相关专业处理。在异常未得到处理前必须安排专人值班并加强巡视。

现象四：自动化与"微机五防"系统通信中断。及时汇报调控中心及有关人员，尽快联系相关厂商处理，如果有使用"微机五防"系统操作任务应手动将"微机五防"系统与设备的实际位置对位并确认正确。

现象五：逻辑闭锁失灵、错误。及时汇报调控中心及有关人员，安排计划停电处理。如果需解除逻辑闭锁功能进行操作之前应按防误装置使用规定严格执行，不准擅自解除闭锁装置或使用万能解锁钥匙。

现象六：遥控失灵。如果遥控失灵，可改为就地操作，及时汇报调控中心，通知相关专业检查限期处理。处理原则是：

检查发出的操作命令是否符合"微机五防"逻辑关系，若"微机五防"系统有禁止操作的提示，说明此项操作命令有问题，必须检查确认是否存在误操作行为。

检查"微机五防"应用程序及"微机五防"服务程序运行是否正常，必要时可重新启动"微机五防"计算机并重新执行五防程序。

检查被操作设备的远方控制是否已闭锁，若远方控制已闭锁，应将"远方/就地"选择开关切换至"远方"位置。

检查被操作设备的操作电源是否正常，电源开关是否在合位。

检查被操作设备的监控装置运行是否正常，必要时可重启该设备的监控装置。

现象七：投退软保护连接片失败。如果投退软保护连接片失败，可改为就地操作，及时汇报调控中心，通知相关专业检查限期处理。

现象八：GPS对钟异常。及时汇报调控中心，手动核对时钟，通知相关专业尽快处理。

现象九：电量采集系统异常。及时汇报调控中心，通知相关专业检查限期处理。

现象十：工作站信息不全，分级不合理。通知相关专业尽快按信息分级标准进行分级处理并完善信息内容，且应进行信息传动试验。

现象十一：部分信息收不到。及时汇报调控中心，通知相关专业检查限期处理。

现象十二：信息误发。及时汇报调控中心，通知相关专业检查限期处理。

现象十三：信息中断。及时汇报调控中心，通知相关专业检查限期处理。在异常未处理之前必须安排专人值班并加强巡视。处理原则是：

首先判断信息中断是由于信息通道、中断变电站自动化设备软件存在异常还是被监控设备电源异常引起的。

一般情况下，若信息中断是由被监控设备异常原因引起的，还可能同时发出"直流消失"信息。

信息中断大多是由于信息通道、中断变电站自动化设备软件存在异常引起的，可通过监控网络总复归命令，重新确认计算机通信网络的通信状态。

对于由于信息通道、中断变电站自动化设备软件存在异常引起的信息中断，处理时不允许对所监控的继电保护、自动装置进行断电复位。

·造成危害：自动化装置异常运行将给电力系统的一、二次设备安全运行带来严重的威胁。

（3）运维人员应按照调控中心指令，根据本站异常、事故应急处理预案和本站现场运行规程规定进行处理。

（4）如图 4-13 所示，如果"××变电站 66(35)kV Ⅰ进线 101 断路器控制回路断线"必须进行停电检修，可在调控中心指挥下进行本站 1 号主变压器设备间隔停电操作和本站改变运行方式操作。

操作步骤如下：

操作项目一：66(35)kV 内桥 100 断路器由热备用转为运行。

1）退出 66(35)kV 备投装置功能（具体操作步骤略）。

2）检查 66(35)kV Ⅰ进线 101 断路器确在合位。

3）检查 66(35)kV Ⅱ进线 102 断路器确在合位。

4）检查 66(35)kV 内桥 100 断路器在热备用。

5）选择 66(35)kV 内桥 100 断路器合闸。

6）检查 66(35)kV 内桥 100 断路器合闸选线正确。

7）合上 66(35)kV 内桥 100 断路器。

8）检查 66(35)kV 内桥 100 断路器三相电流表计指示正确，电流 A 相＿＿ A、B相＿＿A、C 相＿＿A。

9）检查 66(35)kV 内桥 100 断路器合位监控信号指示正确。

10）检查 66(35)kV 内桥保护测控装置断路器位置指示正确。

11）检查 66(35)kV 内桥 100 断路器汇控柜位置指示确在合位。

12）检查 66(35)kV 内桥 100 断路器合位机械位置指示正确。

操作项目二：1、2 号主变压器 10kV 侧并列操作。

1）退出 10kV 备投装置功能（具体操作步骤略）。

2）检查 1 号主变压器负荷＿＿ MVA，2 号主变压器负荷＿＿ MVA。

3）检查 1 号主变压器分接头在＿＿位置，检查 2 号主变压器分接头在＿＿位置。

4）检查 66(35)kV Ⅱ进线 102 断路器确在合位。

5）检查 66(35)kV Ⅰ进线 101 断路器确在合位。

6）检查 66(35)kV 内桥 100 断路器确在合位。

7）检查在 10kV 分段 000 断路器热备用。

8）选择 10kV 分段 000 断路器合闸。

9）检查 10kV 分段 000 断路器合闸选线正确。

10）合上 10kV 分段 000 断路器。

11）检查 10kV 分段 000 断路器三相电流表计指示正确，电流 A 相____ A、B 相____ A、C 相____ A。

12）检查 10kV 分段 000 断路器合位监控信号指示正确。

13）检查 10kV 分段保护测控装置断路器位置指示正确。

14）检查 10kV 分段 000 断路器合位机械位置指示正确。

15）调整、检查消弧线圈参数符合要求（具体操作步骤略）。

操作项目三：1、2 号主变压器 10kV 侧解列操作。

1）选择 1 号主变压器 10kV 侧 001 断路器分闸。

2）检查 1 号主变压器 10kV 侧 001 断路器分闸选线正确。

3）拉开 1 号主变压器 10kV 侧 001 断路器。

4）检查 1 号主变压器 10kV 侧 001 断路器三相电流表计指示正确，电流 A 相____ A、B 相____ A、C 相____ A。

5）检查 1 号主变压器 10kV 侧 001 断路器分位监控信号指示正确。

6）检查 1 号主变压器 10kV 侧保护测控装置断路器位置指示正确。

7）检查 1 号主变压器 10kV 侧 001 断路器分位机械位置指示正确。

8）调整、检查消弧线圈参数符合要求（具体操作步骤略）。

操作项目四：1 号主变压器及 66(35)kV Ⅰ母线停电操作。

1）选择 66(35)kV 内桥 100 断路器分闸。

2）检查 66(35)kV 内桥 100 断路器分闸选线正确。

3）拉开 66(35)kV 内桥 100 断路器。

4）检查 66(35)kV 内桥 100 断路器三相电流表计指示正确，电流 A 相____ A、B 相____ A、C 相____ A。

5）检查 66(35)kV 内桥 100 断路器分位监控信号指示正确。

6）检查 66(35)kV 内桥保护测控装置断路器位置指示正确。

7）检查 66(35)kV 内桥 100 断路器汇控柜位置指示确在分位。

8）检查 66(35)kV 内桥 100 断路器分位机械位置指示正确。

9）调度令拉开 66(35)kV Ⅰ进线上级电源断路器。（此项操作应在拉开 66(35)kV 内桥 100 断路器之后执行）

10）检查 66(35)kV Ⅰ进线 101 断路器三相电流表计指示正确，电流 A 相____ A、B 相____ A、C 相____ A。

11）检查 66(35)kV Ⅰ母线 TV 表计指示正确。

12）退出 1 号主变压器低后备出口跳 10kV 分段 000 断路器出口连接片。

13）退出 1 号主变压器高后备出口跳 10kV 分段 000 断路器出口连接片。

14）拉开 66(35)kVⅠ母线 TV 二次空气断路器。

15）检查 66(35)kVⅠ进线 1013 隔离开关至线路侧带电显示器三相无电。（注：如果用Ⅰ进线 001-QS1 隔离开关拉开空载 1 号主变压器的操作满足隔离开关的操作原则和条件，可以用Ⅰ进线 1013 隔离开关拉开空载 1 号主变压器，Ⅰ进线线路不需停电。否则，在拉开Ⅰ进线 1013 隔离开关之前应确认Ⅰ进线线路已经停电）

16）将 66(35)kVⅠ进线 101 断路器汇控柜操作方式选择开关由远控切至近控位置。

17）合上 66(35)kVⅠ进线 101 断路器汇控柜隔离开关电机电源空气断路器。

18）选择 66(35)kVⅠ进线 1013 隔离开关分闸（在拉开Ⅰ进线 1013 隔离开关之前，应先拉开 001 断路器。此时拉开Ⅰ进线 1013 隔离开关，违反"五防"逻辑。此项及以下的操作需要解锁操作，因此需要按程序请示、使用解锁工具，并应加强监护）。

19）检查 66(35)kVⅠ进线 1013 隔离开关分闸选线正确。

20）拉开 66(35)kVⅠ进线 1013 隔离开关。

21）检查 66(35)kVⅠ进线 1013 隔离开关分位监控信号指示正确。

22）检查 66(35)kVⅠ进线 1013 隔离开关汇控柜位置指示确在分位。

23）检查 66(35)kVⅠ进线 1013 隔离开关位置指示器确在分位。

24）选择 66(35)kVⅠ进线 1011 隔离开关分闸。

25）检查 66(35)kVⅠ进线 1011 隔离开关分闸选线正确。

26）拉开 66(35)kVⅠ进线 1011 隔离开关。

27）检查 66(35)kVⅠ进线 1011 隔离开关分位监控信号指示正确。

28）检查 66(35)kVⅠ进线 1011 隔离开关汇控柜位置指示确在分位。

29）检查 66(35)kVⅠ进线 1011 隔离开关位置指示器确在分位。

30）合上 66(35)kVⅠ进线 1011-QS1 接地开关。

31）检查 66(35)kVⅠ进线 1011-QS1 接地开关汇控柜位置指示确在合位。

32）检查 66(35)kVⅠ进线 1011-QS1 接地开关合位机械位置指示正确。

33）检查 66(35)kVⅠ进线 1011-QS1 接地开关合位监控信号指示正确。

34）合上 66(35)kVⅠ进线 1013-QS2 接地开关。

35）检查 66(35)kVⅠ进线 1013-QS2 接地开关汇控柜位置指示确在合位。

36）检查 66(35)kVⅠ进线 1013-QS2 接地开关合位机械位置指示正确。

37）检查 66(35)kVⅠ进线 1013-QS2 接地开关合位监控信号指示正确。

38）拉开 66(35)kVⅠ进线 101 断路器汇控柜开关电机电源空气断路器。

39）拉开 66(35)kVⅠ进线 101 断路器控制直流电源空气断路器。

40）拉开 66(35)kVⅠ进线 101 断路器保护储能电源空气断路器。

（5）在调控中心指挥下进行本站 1 号主变压器、66(35)kVⅠ母线恢复送电和本站改变运行方式操作。

操作步骤如下：

1）选择 66(35)kV 内桥 100 断路器合闸。

2）检查 66(35)kV 内桥 100 断路器合闸选线正确。

3）合上 66(35)kV 内桥 100 断路器。

4）检查 66(35)kV 内桥 100 断路器合位监控信号指示正确。

5）检查 66(35)kV 内桥保护测控装置断路器位置指示正确。

6）检查 66(35)kV 内桥 100 断路器汇控柜位置指示确在合位。

7）检查 66(35)kV 内桥 100 断路器合位机械位置指示正确。

8）检查 66(35)kV 内桥 100 断路器三相电流表计指示正确，电流 A 相____ A、B 相____A、C 相____A。

9）合上 66(35)kV Ⅰ母线 TV 二次空气断路器。

10）检查 66(35)kV Ⅰ母线 TV 表计指示正确。

11）选择 1 号主变压器 10kV 侧 001 断路器合闸。

12）检查 1 号主变压器 10kV 侧 001 断路器合闸选线正确。

13）合上 1 号主变压器 10kV 侧 001 断路器。

14）检查 1 号主变压器 10kV 侧 001 断路器三相电流表计指示正确，电流 A 相____ A、B 相____A、C 相____A。

15）检查 1 号主变压器 10kV 侧 001 断路器合位监控信号指示正确。

16）检查 1 号主变压器 10kV 侧保护测控装置断路器位置指示正确。

17）检查 1 号主变压器 10kV 侧 001 断路器合位机械位置指示正确。

18）选择 10kV 分段 000 断路器分闸。

19）检查 10kV 分段 000 断路器分闸选线正确。

20）拉开 10kV 分段 000 断路器。

21）检查 10kV 分段 000 断路器三相电流表计指示正确，电流 A 相____ A、B 相____A、C 相____A。

22）检查 10kV 分段 000 断路器分位监控信号指示正确。

23）检查 10kV 分段保护测控装置断路器位置指示正确。

24）检查 10kV 分段 000 断路器分位机械位置指示正确。

25）投入 1 号主变压器低后备出口跳 10kV 分段 000 断路器出口连接片。

26）投入 1 号主变压器高后备出口跳 10kV 分段 000 断路器出口连接片。

27）投入 10kV 备投装置功能（具体操作步骤略）。

××变电站 66(35)kV Ⅰ进线 101 断路器控制回路断线异常检修结束恢复运行的具体操作步骤请读者考虑填写。

（6）如图 4-13 所示，如果"××变电站 10kV Ⅰ出线 003 断路器控制回路断线"必须进行停电检修，可在调控中心指挥下进行本站 10kV Ⅰ段母线设备间隔停电操作和本站改变运行方式操作。具体操作步骤请参考【模块七】目标驱动四中相关操作步骤，但应按调控中心指令考虑将 10kV Ⅰ出线 003 断路器与母线隔离后 10kV Ⅰ段母线恢复运行的操作。其具体操作步骤请读者考虑填写。

危险预控 ---

表 4-14　　　　　　　　　　　二 次 设 备 异 常 处 理

序号	二次设备异常处理危险点	控 制 措 施
1	检查处理二次设备异常时人身低压感电	作业人员应穿绝缘鞋，戴线手套，戴安全帽，穿长袖工作服

续表

序号	二次设备异常处理危险点	控　制　措　施
2	检查处理二次设备异常时误触误碰致使保护或自动装置误动作	(1) 检查处理二次设备异常时应由两人及以上人员进行，加强监护。 (2) 所使用的工器具应有防止造成电气回路短路的绝缘措施
3	检查处理二次设备冒烟、着火时人身伤害	(1) 应先断开有关装置电源做灭火准备。 (2) 如果需灭火应使用 1211 或二氧化碳灭火器灭火。 (3) 如果通过遥视系统发现现场有火情，应通知消防部门处理
4	自动化设备异常影响监控	(1) 应及时汇报，限期处理。 (2) 在异常未处理之前，应安排专人值班并应加强巡视
5	自动化位置显示与实际位置不一致影响监控、易发生误操作	(1) 应及时汇报，立即处理。 (2) 做好防止误操作措施
6	防误闭锁装置失灵易发生误操作	(1) 应及时汇报，限期处理。 (2) 积极采取补救措施。 (3) 如需解除逻辑闭锁功能进行操作之前应按防误装置使用规定严格执行，不准擅自解除闭锁装置或使用万能解锁钥匙

思维拓展 -

以下其他情景下的异常处理步骤请读者思考后写出：

(1) 图 4-13 的运行方式下，"××变电站 1 号主变压器 10kV 侧 001 断路器控制回路断线"的处理步骤。

(2) 图 4-13 的运行方式下，"××变电站 2 号主变压器 10kV 侧 002 断路器控制回路断线"的处理步骤。

(3) 图 4-13 的运行方式下，"××变电站 10kV 分段 000 断路器控制回路断线"的处理步骤。

(4) 图 4-13 的运行方式下，"××变电站 66(35)kV Ⅰ 进线 101 断路器控制回路断线"的处理步骤。

(5) 图 4-13 的运行方式下，"××变电站 66(35)kV 内桥 100 断路器控制回路断线"的处理步骤。

(6) 图 4-13 的运行方式下，"××变电站 66(35)kV Ⅱ 进线 102 断路器控制回路断线"的处理步骤。

相关知识 -

1. 二次设备常见的故障和事故

(1) 直流系统异常、故障，如直流接地、直流电压低或高等。

(2) 二次接线异常、故障，如接线错误、回路断线等。

(3) 电流互感器、电压互感器等异常、故障，如电流互感器二次回路开路、电压互感器二次短路等。

(4) 继电保护及安全自动装置异常、故障，如自动化装置异常、保护装置故障等。

2. 二次回路一般故障处理的原则

（1）必须按符合实际的图纸进行工作。

（2）停用保护和自动装置，必须经调度同意。

（3）在电压互感器二次回路上查找故障时，必须考虑对保护及自动装置的影响，防止因失去交流电压而误动或拒动。

（4）进行传动试验时，应事先查明是否与其他设备有关。应先断开联跳其他设备的连接片，然后才允许进行试验。

（5）取直流电源熔断器时，应将正、负熔断器都取下，以利于分析查找故障。操作顺序如下：先取正极，后取负极；装熔断器时，顺序与此相反。这样是为了防止因寄生回路而误动跳闸，也为了在直流接地故障时，不至于因只取一个熔断器造成接地点发生"转移"而不易查找。

（6）装、取直流熔断器时，应注意考虑对保护的影响，防止保护误动作。

（7）带电用表计测量时，必须使用高内阻电压表，防止误动跳闸。

（8）防止电流互感器二次开路，电压互感器二次短路、接地。

（9）使用的工具应合格并绝缘良好，尽量使必须外露的金属部分减少，防止发生接地短路或人身触电。

（10）拆动二次接线端子，应先核对图纸及端子标号，做好记录和明显的标记。及时恢复所拆接线，并应核对无误．检查接触是否良好。

（11）继电保护和自动装置在运行中，如果发生下列情况，应退出有关装置，汇报调度和有关上级，通知专业人员处理：

1）继电器有明显故障。

2）接点振动很大或位置不正确，潜伏有误动作的可能。

3）装置出现异常可能误动，或已经发生误动。

4）电压回路断线，失去交流电压。

5）其他专用规程规定的情况。

（12）凡因查找故障，需要做模拟试验、保护和断路器传动试验时，试验之前必须汇报调度，根据调度命令，先断开该设备的失灵保护、远方跳闸的启动回路。防止万一出现所传动的断路器不能跳闸，失灵保护、远方跳闸误动作，造成母线停电的恶性事故。

3. 二次回路查找故障的一般步骤

（1）熟悉回路的接线和原理，确定检查顺序。

（2）根据故障现象和图纸分析原因。

（3）保持原状，进行外部检查和观察。

（4）检查出故障可能性大、容易出问题、常出问题的薄弱点。

（5）用"缩小范围"的方法逐步查找。

（6）使用正确的方法，查明故障点并排除故障。

（7）请专业人员查找。

4. 变电站内低压交流、直流电源故障危害及处理

低压交流、直流电源是变电站一次设备断路器、隔离开关的控制电源，变压器冷却装置电源、有载调压装置电源、继电保护及自动装置电源，综合自动化电源，仪表测量电源，中央信号系统电源，生产照明电源，联锁装置电源等。

可见，低压交流、直流电源有故障，失电，都会影响上述装置设备正常工作功能，直接或间接危害电力系统安全供电。所以，要求在任何情况下保证低压交流、直流电源，正常供电，特别是电系统发生事故情况下，不得有停电情况发生。变电站相连接系统全停电很难保证低压交流电源可靠性。最好在一定范围备用发电车，在 10min 内保证所内低压交流电源供电。

处理方法如下：

(1) 判断事故范围。低压交流、直流突然无电，都会发生异常警报，检查所内交流屏，直流屏，进口处，母线处，出口处，有无电压，检查总路，支路，熔断器，空开，接触器，是否断路，异常，各种指示灯是否正常。

(2) 判断事故原因。

1) 进口无电压，总线失电。

2) 母线有电压，装置本身局部故障，或支路控制开关保险器有故障。影响输出电压。

(3) 判断事故设备。

1) 进口无电压，检查装置本体有无焦味、冒烟、发热，影响上级跳闸，造成失电，无异常，检查所内变、所外变有无故障，或系统无电影响。

2) 进口有电压，母线失电，检查电源装置内部是否有故障，外观检查，无异常。

3) 母线有电压，支路无电压，对支路装置外观检查。

(4) 汇报调度，汇报上级主管。本站低压交流、直流屏失电，支路故障情况，请专业组速来查找处理。

(5) 事故设备脱离系统。

1) 低压交流电源全停电，影响主变压器冷却器全停电，影响主变压器正常负荷运行，加强主变压器巡视检查。重点上层油温，线圈温度，上报调度减负荷，必要时，联系停电。

2) 站内变故障，拉开所内变压器一、二次开关及相应隔离开关。

3) 一套直流屏故障拉开故障直流屏有关刀闸。

4) 支路有故障，最好测量支路是否短路，支路短路不能送电。

(6) 无事故设备恢复送电。

1) 站内变故障，隔离后尽快倒所外电供电。

2) 站外电源供电后，尽快恢复主变冷却装置工作。

3) 恢复直流充电屏供电，检查直流系统运行正常。

4) 站外无电源，尽快联系发电车供电。

(7) 事故抢修。

1) 交流屏故障，尽快联系检修组对交流屏抢修。如果抢修时间超过需要 2h，尽快接临时交流供电回路，恢复供电。

2) 直流充电屏恢复需要 2h 以上，尽快恢复备用直流充电屏对电池浮充电。

(8) 无事故设备加强巡视检查。

1) 电力系统有电，应加强对设备巡视检查，特别是加强监屏、监盘和监视电流、电压变化情况，及时了解系统运行情况。

2) 电力系统无电，及时了解系统突然来电可能，发现受口突然来电，立即恢复供电，首先考虑所内电源受电，满足站内低压交流、直流电压供电。

(9) 汇报调度、上级主管。事故异常处理情况，做好记录。涉及一次设备核对主接线、图板，布置安全措施。

5．直流电位法查找直流二次回路断线

直流二次回路断线，可能影响保护电源消失，控制回路断线，操作电源失压，或信号及监视装置失灵，导致设备失去保护，断路器不能跳闸，操作不能进行或运行失去监视，严重威胁安全运行。

发生直流断线时，除按有关要求处理外，应抓紧查明断线点，及时修复正常。

查直流回路断线点，可用测量电压（电位）法进行。使用较高内阻的直流电压表沿有关回路检查有没有电压；如果有电压应检查该点对地的电位是正还是负，来判断断线点。如图 4-23 所示，正常运行时，MP 一段应为正电位，P′N 一段应为负电位。K 点断线，则图 4-23（a）中 P′K 一段将无电压，图 4-23（b）中 PK 一段将变成正电位。检查电压（电位）要用较高内阻的电流直压表（万用电表直流电压挡），其内阻宜在 2000V/Ω 或以上，这是为了防止检测中造成直流回路短路或接地，可能使某些继电器误动。检查中要根据正确图纸，认真分析各点正常应具有的电位，注意监护，防止误碰或短路造成事故。

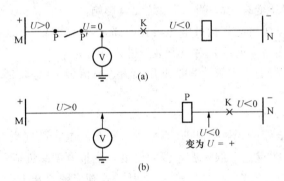

图 4-23　直流电位法查找直流二次回路断线示意图

6．二次回路故障的查找方法

二次回路故障多为隐蔽的，需要借助仪表进行查找。检查方法主要有三种：测导通法，测电压降法，测对地电位法。对运行人员来说，主要使用万用表检查。测导通法必须先断开回路的电源。

（1）回路开路的检查。

1）导通法。回路开路查找时，应使用万用表，不能用兆欧表，因兆欧表不能查出接触电阻和电阻变值。先断开操作电源，如图 4-24 所示的液压机构合闸监视回路中，检查红灯不亮的原因，将万用表（选欧姆挡）的一支试笔固定在 02，另一支试笔触到 04 导线上，依次向 39、37、35……移动。当发现万用表指示为无穷大或数值与正常值。相差过大时，则开路就在此段范围内。然后，检查该段范围内的元件、连接点和连接线情况，就可以检查到开路的地方。

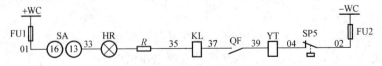

图 4-24　液压机构合闸监视回路

　　如果检查过程中，被测点与固定点的距离很远，无法将试笔固定在 02 时，可以采用分段检测的办法，防止漏测。

　　使用导通法时，必须注意被测元件有否旁路。若有旁路，且对被测元件有影响时，必须将旁路拆开，否则将造成误判断。

　　导通法因退出了电源熔断器，故无法检查熔断器及其与底座的接触情况，应使用其他方法来检查。

　　2）电压法。采用此法检查时，应接入操作电源。仍以图 4 - 24 为例，将电压表的"－"试笔固定在负极 02 上，将其"＋"试笔先触及 01，此时表计指示为全电压时，表明电源良好。然后将"＋"试笔依次向 33、35、37……移动。当发现表计指示值过小或无指示时，则表明故障即在此回路。为了克服被测点与固定点的距离很远时，可以将电压表的"－"试笔固定在同屏的另一负电上。被测元件有旁路时，其要求同导通法。

　　3）验电法。采用此方法时，应使用低压验电笔，只接入一极电源，以图 4 - 24 为例，若接入"＋"极电源。先将验电笔触及 01 上，氖管发光，表明正极电源完好，然后将验电笔依次向 33、35、37……移动。当发现氖管不发光或发的光不够亮时，则表明故障即在此回路。

　　当被测元件有旁路时，其要求同导通法。

　　验电法具有简单、方便等优点。但是回路有感应电和回路接触不良时，根据氖管的亮度不易辨别，这是它的缺点。不过可以用此方法做初步判断。

　　4）对地电位法。图 4 - 24 中，当只投入负极电源，在断路器合闸的情况下，01 至 02 之间的导线，应带负电。在测量各点电位时，将电压表的"＋"试笔接地（接金属外壳），将电压表的"－"试笔依次向 02、04、39、37 移动，若电压表的指示值为操作电压的一半左右，则表明这点至 02 间是良好的。若发现电压表在某测点的指示数为零或者较小时，则表明故障在该回路的这一测点处。也可以只投入正极电源，但应将电压表的"－"试笔接地，"＋"试笔触及各点。

　　如果直流系统没有绝缘监察装置或其退出运行，对地电位法就不能应用，因为此时没有经接地继电器的线圈将地电位固定在直流电源经电阻分压的中点上。

　　被测元件如有旁路时，其要求同导通法。

　　（2）回路短路的检查。当回路发生短路时，一般现象是熔断器投入时，熔断器立即熔断、触点烧坏、短路点冒烟等。检查的方法，先是目观检查，看是否有冒烟和接点烧坏的现象，如果发现接地点烧坏，可以进一步检查该回路内的设备，可用导通法测该回路的电阻值是否变小，如果未发现故障点，下一步就应该对每一回路进行检查。将每一回路的正极和负极拆开，用导通法测量该回路的电阻值，直到发现故障点为止。如果未发现故障点，则可能是不同回路间发生了短路或正、负极间直接短路了，可将万用表试笔直接接于正、负极上，然后把回路一个一个地恢复，如果发现某一回路接入后电阻突然变小，则很可能是该回路中有故障，应再对该回路做进一步检查。

　　通过以上的检查，若仍未发现故障点，则可能是由于万用表内干电池电压低，而短路点电阻大的原因所致，此时，应换合格干电池，考虑将各个回路一个一个地投入，直到熔断器又熔断时，则故障就在刚投入的回路。若在操作过程中发生了短路现象，则故障与操作回路（分、合闸回路）有关，可以对此进行详细检查。

　　（3）回路参数变值的检查。当回路参数变值时，其故障现象表现为被控元件的动作不正常，或者有过热现象。其原因可能是回路中的元件本身参数变值、连接处接触不良、操作电源的参数变值等。检查的方法可以用"电压法"和"导通法"配合进行。"电压法"是通过测量回路中压降元件两端的电压是否正常来判断回路中元件参数是否变值，"导通法"则是通过直接测量压降元件的阻值，并与原始资料比较来看回路中的压降元件是否变值。

　　7. 监控系统异常运行的注意事项

　　（1）监控系统因异常造成瘫痪后，全站的设备状态（潮流、保护失号位置）失去监视，立即汇报调度、上级，紧急处理。

　　（2）与调度通信中断，用外线，或手机与调度联系。

　　（3）监控系统站控层主机瘫痪后，应检查测控单元是否处于正常运行状态。如测控器正常，汇报调度将所有测控单元屏的操作把手切至就地位置，便于紧急操作。

　　（4）系统出现异常及紧急情况时，运行人员先事故处理，然后通知远动自动化人员处理。

　　（5）当监控系统因交直流电源消失而导致计算机设备失去电源时，应将所有失电计算机插座电源关掉，采取防误动措施，立即通知远动自动化人员处理，由专业人员重启计算机。

　　（6）若计算机设备出现异味、冒烟等现象时，应立即断开设备的电源开关，通知专业人员处理。

　　（7）若计算机有电，而显示器无显示时，先检查是否处于屏幕保护状态，检查显示器电源开关是否打开，检查显示器与主机连接线的信号线是否松动，是否连接好，若不能自行处理，则通知专业人员处理。

　　（8）进行遥控操作而遥控对象无反应时，在无保护动作情况下，可重遥控一次，如果无反应，经值班长及运专工确认，可在测控装置上进行就地操作，通知专业人员处理。

　　（9）当监控系统的操作，后台报出监控系统自身设备异常或故障，通知专业人员处理。

　　（10）操作站主机和从机互为备用，因故短暂退出备用一台，但不得超过 1h，必须专业人员在现场。

　　（11）变电站内发生一次设备事故时，由于操作后台信息报警较多，运行人员应重点注意开关位置信号和保护动作出口信号，防止影响事故处理。

　　8. 站控层失去交流电源的处理

　　站控层主机失去交流电源后，应立即汇报调度，以便采取紧急措施。同时应检查 UPS 电源屏运行是否正常；监控系统交流开关是否正常，运行是否良好；主控制台内交流开关运行是否正常；如果发现空开跳闸，应立即试送一次，试送不良可以用临时电源过渡方式。过渡前应拆除 UPS 电源至站层间电缆，防止电缆绝缘破坏影响，送出站控层设备。若不能处理，通知专业人员处理。

　　9. 测控单元失去直流电源的处理

　　（1）作用：微机监控测控屏是反映设备状态及与站控层主机通信设备，一旦停电将造成本单元遥控、遥测等信息量的失灵，因此必须保证可靠的直流电源供应。

　　（2）失去直流电源应采用措施（处理）。

　　1）屏上的开关强制操作把手仍可控制开关的分合闸，但隔离开关需要到现场进行操作。

　　2）立即汇报调度测控屏失去直流电源。可利用该测控单元对间隔内的继电保护采样值监视系统运行工况，加强该继电保护装置的运行情况的监视，判断运行是否正常。

3）检查直流屏分馈屏空开运行是否正常，检查测控屏内电源开关运行是否正常。

4）通知远动自动化人员处理，短时间内测控装置直流无法恢复，应联系调度将一次设备停电。

10．监控系统站控层失灵时的处理

（1）作用：监控系统正常运行时，间隔层站控层、实时采集各种运行工况和告警信息，向上级调度实时传输数据。

（2）监控系统失灵处理。

1）监控系统失灵，无法正常显示遥信、遥测量，应立即汇报调度，通知远动自动化专业人员处理。

2）需要倒闸操作时应在相关的测控装置上进行，若测控装置失灵，可在设备现场操作隔离开关，断路器分合，可在测控屏紧急控制把手上进行。

3）需要监测负荷情况时，可在测控装置上查看本单元的潮流、电压、电流等运行参数及隔离开关位置。

4）保护装置动作和异常信号只能到保护屏上进行监视。

11．保护装置电源故障的后果与处理

（1）保护装置的电源由变电站的直流系统或交流保安电源供给，再由保护装置内部的稳压装置转变为适合装置电子电路工作的专用电源。在运行中，保护屏内所有保护装置和保护专用的电源部件面板上的电源指示灯（发光二极管）均应发光。

保护电源中断或其电源装置发生故障时，装置的电源正常指示灯熄灭，中央信号发出"保护装置电源故障"告警信号，某些保护监视电源的信号继电器将掉牌。在失去电源情况下保护不能正常工作，有些保护将自动闭锁，并自动向线路对方发出闭锁信号。

（2）运行中保护发"电源故障"信号时处理如下：

1）立即检查保护装置所有电源指示灯是否正常发光，装置电源故障指示信号是否掉牌，直流配电屏上保护电源熔断器是否熔断（小开关是否跳开），保护屏直流电源端子上电压是否正常。

2）如果直流配电屏上电源熔断器熔断（小开关已跳开），可换规定的相同容量的熔断器试投。在装新熔断器（或合小开关）之前最好将保护出口（包括跳闸和启动失灵保护回路）暂时断开，待电源恢复后再接通，避免在电源恢复过程中保护误动跳闸。

3）如果直流配电屏上熔断器没有熔断（或小开关没跳开），直流供电正常，而保护屏直流电源端子没有电压，则可能直流回路断线，这时运行人员应当通知专业人员进行处理。

4）如果保护屏上直流电源端子电压正常，而"保护电源故障"信号不能复归，可能是保护内部电源装置故障。可观察电源装置的正常运行指示灯是否发光，若电源指示灯熄灭，应通知专业人员进行处理。

【模块十二】 站用直流异常分析及处理

核心知识

（1）站用直流设备的作用。

（2）站用直流设备的异常类型。

关键技能　- -

（1）站用直流设备发生异常时的正确处理原则和步骤。

（2）在处理站用直流设备异常过程中运维人员能够对潜在的危险点正确认知并能提前预控危险。

目标驱动　- -

目标驱动一：处理运行中的 66kV（35kV）变电站站用直流设备异常故障

××变电站直流系统一般采用如图 4-25 所示的一组蓄电池和两组设备接线方式。

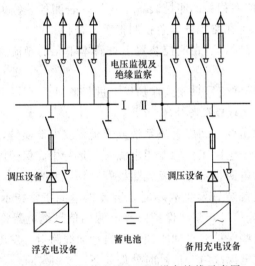

图 4-25　一组蓄电池和两组设备接线示意图

1．现象

调控中心调控人员通过监控系统或遥视、运维人员在例行巡视过程中发现"××变电站站用直流设备异常运行"。

2．处理步骤

（1）无论是调控中心调控人员通过监控系统还是通过遥视、运维人员在例行巡视过程中发现"××变电站站用直流设备异常运行"情况，都应在第一时间相互通知，并记录时间及现象。

（2）运维操作队负责人组织运维操作队人员穿戴合格安全用具，对二次设备异常情况进行全面检查，并确定严重程度。如果发现站用直流有下列异常情况，应加强监视，并汇报调控中心及运检工区，尽快采取措施处理。

1）电压异常。

·异常现象及原因：

现象一：母线电压高。调控中心及变电站当地监控系统发出并显示"××变电站直流母线电压高"音响和文字报警信息。遥测直流母线电压大于 242V，正常运行时母线电压范围应在 $220 \times (1 \pm 10\% V)$ 之间。××变电站直流屏显示"直流母线电压高"信息，母线电压显示大于 242V。

当蓄电池充电电压设置不当、模块异常时，可能引起"直流母线电压高"。

现象二：母线电压低。调控中心及变电站当地监控系统发出并显示"××变电站直流母线电压低"音响和文字报警信息。遥测直流母线电压小于198V，正常运行时母线电压范围应在220×（1±10％V）之间。××变电站直流屏显示"直流母线电压低"信息，母线电压显示小于198V。

当蓄电池充电电压设置不当、模块异常时输出电压低或直流充电机空气开关偷跳等造成蓄电池放电，可能引起"直流母线电压低"。

・处理方法：

现象一：母线电压高。如果控制系统异常，需重新设定控制系统定值；如果无法设定，应退出自动控制改手动。如果电压输出模块异常，应将异常模块退出，重新调整正常模块的输出。对于所发现的异常设备，如果能处理应尽快处理，如果不能处理应汇报，联系相关专业或制造供货厂商限期处理。

现象二：母线电压低。如果控制系统异常，需重新设定控制系统定值，如无法设定应退出自动控制改手动。如果电压输出模块异常，应将异常模块退出，重新调整正常模块的输出。如果直流充电机空气开关偷跳，应查明原因，现将蓄电池补充充电。对于所发现的异常设备如果能处理应尽快处理，如果不能处理应汇报，联系相关专业或制造供货厂商限期处理。

・造成危害：直流母线电压高会造成保护、自动装置等设备发热、异常。直流母线电压低会造成保护、自动装置等设备异常运行，不能正常动作。

2）直流接地。

・异常现象及产生原因：调控中心及变电站当地监控系统发出并显示"××变电站直流母线电压绝缘降低"音响和文字报警信息（额定电压为220V的直流系统，单极对地绝缘电阻≤25kΩ，额定电压为110V的直流系统，单极对地绝缘电阻≤7kΩ，即发报警信息）。××变电站直流屏显示"直流母线电压绝缘降低"信息，直流选线系统显示"××支路接地"。

直流系统接地可能的原因是充电机、蓄电池、直流回路及所连接的直流装置绝缘不良。

・处理方法：如果通过直流选线系统能够准确选择出"××支路接地"，可在选择出的支路逐渐缩小范围进行查找。如果不能准确判定故障范围可按下面步骤进行查找。

步骤一：停止在直流回路上的作业。

步骤二：通过直流绝缘监察系统检测直流系统接地是正极接地还是负极接地。

步骤三：对有作业的直流回路进行检查。

步骤四：根据天气等实际情况对变电站有关直流回路进行巡检、查找。

步骤五：对变电站直流回路可按如下顺序进行检查和接地选择（暂停电源法）。事故照明回路→试验电源回路→备用设备直流回路→断路器直流储能回路→信号回路→故障录波器等装置的电源回路→自动化设备电源回路→户外合闸回路→户内合闸回路→变电站各控制回路→变电站各保护回路→蓄电池→直流母线和充电机。

・造成危害：直流接地可能造成保护或自动装置误动或拒动，将会造成严重后果。

3）蓄电池异常。

・异常现象及原因：

现象一：阀控密封铅酸蓄电池压力释放阀动作。蓄电池压力释放阀附近有溅出的液体痕迹，且有室温高或蓄电池柜内温度高或直流屏蓄电池柜充电电压高现象。

蓄电池室温度过高（正常运行时蓄电池室温度应为 5～30℃）或浮充电电压过高都有可能造成阀控密封铅酸蓄电池压力释放阀动作。

现象二：阀控密封铅酸蓄电池个别壳体变形。同时有室温高或蓄电池柜内温度高或直流屏蓄电池柜充电电压高的现象。

对蓄电池充电电流过大、充电电压过高、蓄电池内部短路或局部放电、温升超标、压力释放阀动作失灵都会使蓄电池内部压力升高造成壳体变形。

现象三：阀控密封铅酸蓄电池运行电压不均衡。浮充电压正常。在对每只蓄电池进行检测时发现个别蓄电池与绝大多数蓄电池电压值有差异，严重时差异较大，甚至有的蓄电池电压值接近零值。

个别蓄电池与绝大多数蓄电池电压值有差异，严重时差异较大。可能是蓄电池质量原因或蓄电池内阻差异造成的。

有的蓄电池电压值接近零值。可能是蓄电池内部短路或局部放电造成的。

·处理方法：

现象一：阀控密封铅酸蓄电池压力释放阀动作。如果是蓄电池室温度过高，则应安装空调装置，调整蓄电池室温度至合适值。如果是浮充电压过高，则应调整浮充电压，对直流屏设备进行全面检查。联系相关专业检查直流过高原因并对蓄电池进行核对性充放电，确定改组蓄电池性能，决定继续运行还是需要个别或整体更换。在异常或蓄电池未更换前应加强维护检查。

现象二：阀控密封铅酸蓄电池壳体变形。应调整浮充电压至规程规定值，对直流屏设备进行全面检查。联系相关专业检查蓄电池安全阀是否堵塞，并对蓄电池进行核对性充放电。为了保持每只蓄电池电压均衡和整组蓄电池内阻均衡，可根据阀控密封铅酸蓄电池壳体变形数量和对蓄电池进行核对性充放电所确定的整组蓄电池所具有的性能，决定更换部分蓄电池还是整组蓄电池。在异常或蓄电池未更换前应加强维护检查。

现象三：阀控密封铅酸蓄电池运行电压不均衡。

对直流屏设备进行全面检查。联系相关专业检查直流过高原因并对蓄电池进行核对性充放电和内阻测量，确定改组蓄电池性能，决定继续运行还是需要个别或整体更换。在异常或蓄电池未更换前应加强维护检查。

造成危害：蓄电池异常运行不能提供稳定合格的直流电源，会造成保护、自动装置等设备异常或不能正常工作。

4）蓄电池组熔断器熔断。

·异常现象及原因：调控中心及变电站当地监控系统发出并显示"××变电站蓄电池熔断器熔断"音响和文字报警信息。通过现场测量验证"蓄电池熔断器熔断"，蓄电池外表无异常或蓄电池外引线有短路痕迹。

可能是蓄电池组短路或熔断器安装或配合不当造成越级熔断。

·处理方法：

应立即检查处理，为了防止直流母线失电，应立即将蓄电池总熔断器或空气开关断开。

如果该套直流系统配备有两组蓄电池，应将另一组蓄电池投入直流系统中使用。

如果该套直流系统只配备有一组蓄电池，一方面应立即通知相关专业人员将备用蓄电池运到现场，另一方面运维人员应采取措施防止直流母线失电。处理期间，若充电装置不能满足断路器合闸要求时，应临时断开合闸回路电源，待异常处理完毕及时恢复其运行。

如果检查发现蓄电池组熔断器熔断是由于熔断器安装或配合不当所致越级熔断造成的，应隔离故障点，按照现场运行规程规定调整浮充电压，使用专用把手更换熔断器。如果是蓄电池组短路造成的蓄电池组熔断器熔断，则应尽快更换蓄电池。

　　·造成危害：会造成保护、自动装置等设备失去直流电源，不能给利用直流电源储能或动作的装置或机构提供能源（例如采用直流电源储能的断路器弹簧机构、液压机构和利用直流电源作为操作能源的断路器电磁机构等）。

　　5）充电装置异常。

　　·异常现象及原因：

　　现象一：交流电源中断。可能是系统停电、站用交流系统停电或充电机内部故障使充电机交流电源开关跳开。

　　现象二：充电装置控制板工作不正常。可能是充电装置故障或软件异常。

　　现象三：自动调压装置失灵时。可能是自动调压装置故障或软件异常。

　　·处理方法：

　　现象一：交流电源中断。

　　若充电装置内部故障跳闸，应首先隔离故障设备，及时启动备用充电装置，并调整好运行参数。

　　若系统停电、站用交流系统停电，直流系统无自动调压装置，应进行手动调压，确保直流母线电压的稳定。交流电源恢复，应立即手动启动或自动启动充电装置，对蓄电池进行恒流限压充电—恒压充电—浮充电。

　　现象二：充电装置控制板工作不正常。

　　若有备用充电装置，应首先隔离异常设备，及时启动备用充电装置，并调整好运行参数。

　　若无备用充电装置，应首先隔离异常设备，应在停机更换备用板后，启动充电装置，调整运行参数，投入运行。

　　现象三：自动调压装置失灵时。应启动手动调压装置，退出自动调压装置，通知专业人员处理。

　　·造成危害：充电装置异常将影响对蓄电池进行正常浮充电，严重时会使蓄电池过度放电，影响使用寿命。

　　（3）运维人员应按照调控中心指令，根据本站异常、事故应急处理预案和本站现场运行规程规定进行处理。

危险预控 -

表 4 - 15　　　　　　　　　　　　站用直流设备异常处理

序号	站用直流设备异常处理危险点	控 制 措 施
1	检查处理站用直流设备异常时人身低压感电	作业人员应穿绝缘鞋，戴线手套，戴安全帽，穿长袖工作服

序号	站用直流设备异常处理危险点	控 制 措 施
2	检查处理站用直流设备异常时误触误碰致使保护或自动装置误动作	(1) 检查处理站用直流设备异常时应由两人及以上人员进行，作业人员不能失去监护。 (2) 所使用的工器具应有防止造成电气回路短路的绝缘措施。 (3) 应使用内阻大于 2000Ω/V 高内阻电压表。 (4) 防止在查找和处理过程中造成新的接地
3	检查处理站用直流设备异常时可能造成其他异常或人身伤害	(1) 用拉路法检查站用直流接地点时，至少两人进行，断开直流时间不超过 3s。 (2) 查找直流接地时应防止短路造成上级直流开关跳闸（或熔断器熔断）。 (3) 进入蓄电池室前，必须开启通风。 (4) 在整流设备发生异常时，应严格按现场运行规程要求操作，防止损坏设备。 (5) 阀控密封铅酸蓄电池充电电压不允许超过规程规定值。 (6) 如果直流系统只配备有一组蓄电池且需要更换，应采取措施防止直流母线失电。处理期间，如果充电装置不能满足断路器合闸要求，应临时断开合闸回路电源，待异常处理完毕后及时恢复其运行。 (7) 直流电源设备发生异常，应迅速查明原因及时消除，投入备用设备或采取其他措施恢复直流系统正常运行
4	检查和更换蓄电池时，可能造成直流失压、短路、接地和人身伤害	(1) 必须注意蓄电池的极性。 (2) 工作时工作人员应戴耐酸、耐碱防护手套，穿着必要的防护服

思维拓展 --

以下其他情景下的异常处理步骤请读者思考后写出：

(1) 图 4 - 24 的运行方式下，"主充电机异常运行"的处理步骤。

(2) 图 4 - 24 的运行方式下，"蓄电池异常运行，需要更换"的处理步骤。

(3) 图 4 - 24 的运行方式下，"某一支路一点直流接地异常运行"的处理步骤。

相关知识 --

1. 变电站直流系统接线形式及微机型直流绝缘监察装置原理

变电站直流系统一般采用如图 4 - 25 所示的一组蓄电池和两组设备接线方式（也有采用两组蓄电池和两组设备接线方式），分别接在两段母线上。蓄电池可随意切换到任一母线上，也可两端母线同时运行，当站用电有双电源，充电和浮充设备应接不同的交流电源。

微机型直流绝缘监察装置原理基于低频探测法的工作原理，它可以对直流系统各分支路的绝缘进行监察。

例如当直流系统发生正极接地故障情况时，微机型直流绝缘监察装置就会发出"×号直流屏直流接地"、"直流正极对地绝缘下降"、"接地选线装置动作"信息。

当直流系统发生负极接地故障情况时，微机型直流绝缘监察装置就会发出"×号直流屏直流接地"、"直流负极对地绝缘下降"、"接地选线装置动作"信息。

2. 直流两点接地可能产生的危害

直流系统一点接地，容易使断路器偷跳。当直流系统中发生两点接地，可能造成直流系统短路，使直流电源中断供电或造成断路器误跳或拒跳的事故。

当控制回路中发生两点接地时，可能造成断路器误跳或拒跳。

如图 4-26 所示，当 A、B 两点接地或 A、C 两点接地、或 A、D 两点接地时，跳闸线圈 TQ 将有电流流过，致使断路器跳闸。而当 C、E 两点接地、或 B、E 两点接地、或 D、E 两点接地时，可导致断路器拒跳，或由于跳闸中间继电器不能启动而在继电器保护动作后，断路器不能跳闸现象发生。

当 A、E 两点同时接地时，将造成直流电源的正极与负极之间的短路故障，致使熔断器（或空气断路器跳闸）1FU、2FU 熔断，导致控制回路断线，控制回路直流电源消失。

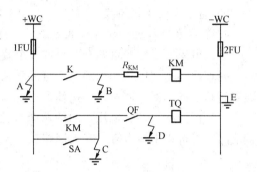

图 4-26　直流接地分析简图

由于断路器线圈的动作电压较低，当站内直流系统的对地电容较大时，跳合闸线圈前的回路一点接地，也会造成断路器误跳或误合。

3. 查找直流接地点的暂断电源方法

（1）应先暂断电源负荷性质比较次要的、接地可能性比较大的回路，如果未查出故障回路，再去暂断负荷性质比较重要的回路。

（2）短时断开某一为电保护装置的电源，会使设备短时部分或全部失去保护。在断开及接通某些保护电源的瞬间，有时还会使保护装置误动作。在断开位置继电器在直流电源时，有些情况下会影响某些保护的正常工作，或使母线差动保护闭锁。因此，短时断开继电保护装置电源，应当事先得到上级调度部门的同意，并应按照现场规程或有关规定采取防止误跳闸的措施（如短时断开保护出口回路）。

（3）取下直流配电屏上带有较大负载的直流回路熔断器前，应先断开负载本身的电源开关，恢复时顺序相反。同时，不应使用螺丝刀在端子排上拆开或接上带有负载的直流回路。因为在断接操作过程中产生的电弧会对保护装置产生干扰，有时会使保护误动作。

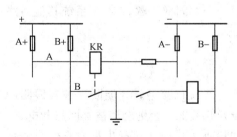

图 4-27　用暂断电源法查找接地回路

（4）在断开某一回路电源时，有时会引起另一回路的切换，使接地现象消失，实际上接地点并不在所断开电源的回路，而是在被切换的回路上。如图 4-27 所示，回路 B 有接地故障，但当断开回路 A 的熔断器继电器 KR 失磁，回路 B 的接地故障点被断开，直流接地信号消失，造成接地点在回路 A 的假象。对这种可能性要注意分析判断。

（5）在多回路同时接地时，用分回路暂断电源查找的方法往往无效。因为在断开其中一个接地回路时，其他接地回路仍然存在，接地现象并不消失，难以准确判断。

（6）用暂断电源的方法有时找不到直流接地点的原因：

1）接地点处在充电设备，蓄电池组或直流母线上。

2）采取环路供电的直流系统未停运环路刀闸。

3）寄生回路影响。

4）同时两点接地。

5）直流系统绝缘不良。

4. 查找直流接地点的暂代电源法

暂代电源法是在变电站有两个或多个直流电源的条件下，将发生接地的系统各个回路逐回短时切换到另一电压相同的正常直流系统去（用另一电源逐回暂代），观察接地现象是否随着转移，来判断该回路是否接地。

（1）例如变电站有电压相同的两个直流电源（如两组蓄电池）A 和 B，若 A 系统发生接地时，可按以下步骤查找接地回路。

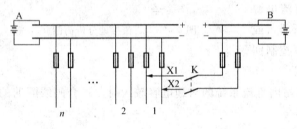

图 4-28　用暂代电源法查找接地回路

1）如图 4-28 所示，由 B 系统接连接线 X1、X2（开关 K 暂不合上）。

2）开关 K 仍断开，按极性相同原则将 X1 和 X2 别接至 A 系统被检查的回路 1 电源熔断器负荷侧的适当端子上。

3）检套开关 K 每极的 A、B 两侧电源极性相同，电压基本平衡。

4）合上开关 K，使 A、B 两系统并列，这时 B 系统将出现接地信号。

5）取下 A 系统回路 1 的电源熔断器，回路 1 的负载由 B 系统电源暂代供电。

6）这时如果 B 系统接地信号不消失，而 A 系统接地信号消失，说明接地点就在回路 1 中。如果 B 系统接地信号消失，A 系统接地信号不消失，一说明接地点不在回路 1 中。

7）如果这时 A 系统和 B 系统接地信号都不消失，说明接地点不止一处（多回路接地），其中回路 1 中有接地，除此之外 A 系统还有其他接地点。

8）重新装上 A 系统回路 1 电源熔断器，然后断开开关 K。

9）拆下回路 1 的临时连接线 X1 和 X2，对回路 1 的选线检查至此结束。

如果在 6）、7）步骤中判断回路 1 接地，可进一步对回路 1 各分支进行检查，查找接地点。如判断 A 系统其余部分还有接地，应重复以上 1）～9）同样步骤，对 A 系统其他回路逐回进行检查。

（2）用暂代电源法检查接地回路应注意：

1）两个电源相互连接极性必须正确。

2）严格遵守正确操作步骤，特别要注意查明暂代电源确已接通，才能断开被查回路的熔断器（电源），检查后要先装好熔断器，然后才能断开开关 K，否则会使被查回路断电。

3）检查工作必须认真细致，避免差错，整个暂代检查工作应在运行班长或有经验的技术人员的领导和监护下进行。

【模块十三】 站用交流异常分析及处理

核心知识 --

（1）站用交流设备的作用。

（2）站用交流设备的异常类型。

关键技能 --

（1）站用交流设备发生异常时的正确处理原则和步骤。

（2）在处理站用交流设备异常过程中，运维人员能够对潜在的危险点正确认知并能提前预控危险。

目标驱动 --

目标驱动一：处理运行中的 66kV（35kV）变电站站用交流设备异常故障

××变电站一次设备接线方式如图 4-13 所示（运行方式：Ⅰ进线 101 断路器代 1 号主变压器、10kVⅠ段母线运行，Ⅱ进线 102 断路器代 2 号主变压器、10kVⅡ段母线运行，内桥 100 断路器、10kV 分段 000 断路器热备用），××变电站高压侧为内桥接线（GIS 设备），10kV 侧为单母分段接线（小车开关柜）。其站用电一次系统接线图如图 4-29 所示，运行方式：1 号站用变压器带 0.4kVⅠ母线及Ⅱ母线运行，2 号站用变压器及 10kV 008 小车开关运行，0.4kV42 开关热备用（自动投入装置投入）。

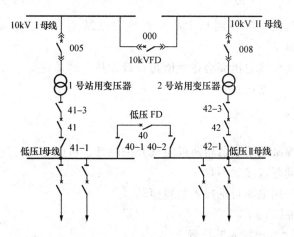

图 4-29　站用电一次系统接线图

保护配置请见第四章第一节【模块六】目标驱动二中所述。

1. **现象**

调控中心调控人员通过监控系统或遥视、运维人员在例行巡视过程中发现"××变电站站用交流设备异常运行"。

2. **处理步骤**

（1）无论是调控中心调控人员通过监控系统还是通过遥视、运维人员在例行巡视过程中发现"××变电站站用交流设备异常运行"情况，都应在第一时间相互通知，并记录时间及现象。

（2）运维操作队负责人组织运维操作队人员穿戴合格安全用具，对站用交流设备异常情况进行全面检查，并确定严重程度。如果发现站用交流有下列异常情况，应加强监视，并汇报调控中心及运检工区。尽快采取措施处理。

1）电压异常。

• 异常现象及原因：

现象一：母线电压高。调控中心及变电站当地监控系统发出并显示"××变电站交流母线电压高"音响和文字报警信息。遥测交流母线电压大于418V，正常运行时母线电压范围应在$380×(1±10\%)V$之间。××变电站交流屏显示"交流母线电压高"信息，母线电压显示大于418V。系统电压高或站用变压器分接开关挡位选择低。

当系统电压高或站用变压器分接开关挡位选择低时，可能引起"交流母线电压高"。

现象二：母线电压低。调控中心及变电站当地监控系统发出并显示"××变电站交流母线电压低"音响和文字报警信息。遥测交流母线电压小于342V，正常运行时母线电压范围应在$380×(1±10\%)V$之间。××变电站直流屏显示"直流母线电压低"信息，母线电压显示小于342V。

系统电压低或站用变压器分接开关挡位选择高。

当系统电压低或站用变压器分接开关挡位选择高时，可能引起"交流母线电压低"。

• 处理方法：

现象一：母线电压高。汇报调控中心。调整变电站主变压器或站用变压器分接开关位置。

现象二：母线电压低。汇报调控中心。调整变电站主变压器或站用变压器分接开关位置。

• 造成危害：交流母线电压高会造成所带负载发热、异常；交流母线电压低会造成所带负载异常，严重时不能正常运行。

2）站用电源异常。

• 异常现象及原因：

现象一：站用电源某路熔断器熔断或空气开关跳开。可能是负荷侧有短路故障或熔断器熔断或空气开关质量问题或接触不良。

现象二：站用电备用电源自动投入装置拒动。

可能有以下可能原因：

a. 装置没有置于"自动投入"位置。

b. 备用电源没有电压（断路器或隔离开关未合，熔断器未装上，或备用电源停电）。

c. 备用电源保护整定值（或熔断器容量）太小，在投入过程中因电源冲击太大又断开。

d. 备用电源自动投入装置内部故障。

现象三：站用低压交流电源全部消失。可能系统故障失压、站用低压交流自动投入装置未投入或故障及站用低压交流系统故障。

• 处理方法：

现象一：站用电源某路熔断器熔断或空气开关跳开。

若站用电源某路熔断器熔断，引起局部停电，在更换熔断器之前，应先将该回路的断路器或隔离开关断开，换上相同容量的熔断器，然后合断路器或隔离开关。不要带负荷更换熔断器，以免产生电弧烧伤人。如果操作的回路有短路故障，情况将更为严重。如果回路上有三相电动机，当带电装上第二只熔断器时，电动机两相通电，产生很大电流使熔断器再次熔断。

站用变压器高压侧断路器跳闸或高压熔断器熔断，应查明故障原因，再恢复送电。

现象二：站用电备用电源自动投入装置拒动。

若查明属于上述第 a、b 种情况，应立即处理，恢复备用电源的正常备用状态。

若为自动投入装置本身故障或备用电源保护定值过小，应通知相关专业进一步检查处理。

现象三：站用低压交流电源全部消失。

当站用低压交流电源全部消失时，运维人员应立即巡检受控变电站及站用低压交流系统的运行和异常情况，按照现场规程规定的步骤，迅速恢复站用电主要回路的供电。

a. 如果是在夜间，首先投入必要的事故照明。

b. 手动投入备用电源，为了避免备用电源带全部负荷投入造成过大的电流冲击，可根据具体情况，事先断开一些次要的负荷回路，或断开部分分支断路器，待备用电源投入成功后再逐一合上。恢复供电时，应首先恢复包括保护、监视、操作等在内的保安电源，主变压器和无功补偿设备（静止补偿器或调相机）的冷却电源，然后恢复其他回路，恢复的顺序，按现场规程的规定执行。

c. 全部电源恢复后，应对全部设备进行一次检查，查明所有设备（首先是保护及监视装置、自动化设备和主设备冷却装置）是否确已全部恢复正常运行状态，记录和复归有关信号。

站用电源中断过程中，某些设备运行状态可能会发生变化。例如冷却水泵或其他动力设备交流接触器会因电源中断而自动断开，电源恢复后不能自动合上，致使水泵或其他设备停动。又如某些装置因电源中断可能自动切换，电源恢复后不能自动返回等。因此电源恢复后运行人员当进行检查，发现类似问题应立即断开的设备重新投入运行，将已自动切换的设备切换回正常运行位置，恢复正常运行状态。

注意：即使备用电源自动投入成功，也有一个瞬时的断电过程，同样会发生上述变化情况，因此，电源恢复后同样必须进行检查。

d. 检查备用电源自动投入装置没有动作的原因，及时处理，恢复备用电源的良好备用状态。

·造成危害：站用电源中断，可能使继电保护和自动化装置失去电源，监视运行的监控设备、仪表、信号、录波及其他自动装置不能正常工作，主变压器冷却设备停转，无功补偿设备冷水中断，倒闸操作不能正常进行。

危险预控

表 4 - 16　　　　　　　　　　站用交流设备异常处理

序号	站用交流设备异常处理危险点	控 制 措 施
1	检查处理站用交流设备异常时人身低压感电	作业人员应穿绝缘鞋，戴线手套，戴安全帽，穿长袖工作服

续表

序号	站用交流设备异常处理危险点	控 制 措 施
2	检查处理站用交流设备异常时可能造成其他异常或人身伤害	(1) 异常检查处理时应至少由两人进行，作业人员不能失去监护。 (2) 所使用的工器具应有防止造成电气回路短路的绝缘措施。 (3) 查找站用交流设备时应防止短路造成上级或其他回路交流开关跳闸（或熔断器熔断）。 (4) 拉合熔断器时应戴护目眼镜，防止弧光灼伤。 (5) 不允许带负荷拉合熔断器，防止产生电弧伤人

思维拓展 --

以下其他情景下的异常处理步骤请读者思考后写出：

(1) 图 4-29 的运行方式下，"1 号站用变压器 10kV 侧 005 小车开关跳开，0.4kV 开关没有自动投入"的异常处理步骤。

(2) 图 4-29 的运行方式下，"0.4kV I 母线异常运行需要停电"的异常处理步骤。

(3) 图 4-29 的运行方式下，"10kV 母线电压正常，0.4kV I 母线和 0.4kV II 母线失去电压"的异常处理步骤。

【模块十四】 小电流接地系统异常分析及处理

核心知识 --

(1) 小电流接地系统绝缘监察装置接线原理。

(2) 小电流接地系统概念。

(3) 小电流接地系统发生铁磁谐振现象的原因。

关键技能 --

(1) 小电流接地系统发生单相接地时的现象。

(2) 小电流接地系统发生单相接地时的正确处理原则和步骤。

(3) 小电流接地系统发生铁磁谐振的现象。

(4) 小电流接地系统发生铁磁谐振后正确处理原则和步骤。

(5) 在处理小电流接地系统单相接地故障过程中，运维人员如何能够对潜在的危险点正确认知并能提前预控危险。

目标驱动 --

目标驱动一：处理 10kV 系统单相瞬时接地故障

1. 现象

调控中心和××变电站当地监控系统发出"××变电站 10kV I （II）母线接地"音响和告警信息，××变电站 10kV I （II）母线电压瞬间波动后指示正常。

2. 处理步骤

(1) 调控中心调控人员检查监控系统上的告警信息及有关系统的运行工况，遥视××变电站一、二次设备，并记录时间及现象。

（2）调控中心调控人员及时通知相关运维操作队负责人"××变电站 10kV Ⅰ（Ⅱ）母线接地"（瞬时）异常信息，并要求运维操作队人员立即到××变电站检查故障信息和相关的 10kV 一、二次设备。

1）如果操作时用变压器对空载母线充电，断路器三相合闸不同期，三相对地电容不平衡，使中性点位移，三相电压不平衡，发出接地信号。此时，只要检查母线及所连接设备无异常，即可以判定，投入一条线路或投入一台站用变压器，接地现象即可消失。

2）在进行倒运行方式操作时，如果系统三相参数不对称，消弧线圈补偿度调整不当，会发出接地信号。此时应汇报调控中心，按调控中心指令先恢复原运行方式，将消弧线圈调整分接头，然后倒运行方式。

（3）如果本站装配了"小电流单相接地故障选线装置"，运维操作队人员应立即检查该装置的历史事件记录，据此判断接地故障点的具体位置。即故障点是在站内，还是在站外；如果是在站内，应查找出故障点；如果是在站外，应查找出具体故障线路；并将相关记录内容汇报调控中心。

（4）如果本站没有装配"小电流单相接地故障选线装置"，或根据调控中心具体指令，运维操作队负责人应组织运维人员穿绝缘靴，戴绝缘手套、安全帽检查变电站内主变压器 10kV 套管至变电站内 10kV 线路出口的所有 10kV 一次设备，至少由两人进行。

（5）如果检查本站内无接地故障点，运维人员继续监视检查本站内一、二次设备的运行情况。将检查结果汇报调控中心。

（6）如果检查本站内有接地故障点，运维人员应按照调控中心指令，根据本站异常、事故应急处理预案和本站现场运行规程规定进行处理。

目标驱动二：处理 10kV 系统单相永久接地故障

1. 现象

（1）调控中心和××变电站当地监控系统发出"××变电站 10kV Ⅰ（Ⅱ）母线接地"音响和告警信息。

（2）××变电站 10kV Ⅰ（Ⅱ）母线电压接地相电压降低为零，另两相升高至线电压（故障点金属性接地）。××变电站 10kV Ⅰ（Ⅱ）母线电压接地相电压降低，另两相升高不超过线电压（故障点经高阻接地）。若三相电压表指针不停摆动，为间歇性接地。

（3）中性点经消弧线圈接地系统，接地时消弧线圈动作光字牌亮，电流表有读数。装有中性点位移电压表时，可观察到一定指示值（故障点经高阻接地）或指示值为相电压值（故障点金属性接地）。消弧线圈的接地告警灯亮。

（4）发生弧光接地时，非接地相对地电压可能升高到相电压的 2.5～3.0 倍。此时电压互感器高压熔断器可能熔断，甚至造成电压互感器烧损。

2. 处理步骤

（1）调控中心调控人员检查监控系统上的告警信息及有关系统的运行工况，遥视××变电站一、二次设备，并记录时间及现象。

（2）调控中心调控人员及时通知相关运维操作队负责人"××变电站 10kV Ⅰ（Ⅱ）母线接地"（永久）异常信息，并要求运维操作队人员立即到××变电站检查故障信息和相关的 10kV 一、二次设备。

（3）如果本站装配了"小电流单相接地故障选线装置"，运维操作队人员应立即检查该装置的历史事件记录，据此判断接地故障点的具体位置。即故障点是在站内，还是在站外；如果是在站内，应查找出故障点；如果是在站外，应查找出具体故障线路；并将相关记录内容汇报调控中心。

（4）如果本站没有装配"小电流单相接地故障选线装置"，或根据调控中心具体指令，运维操作队负责人应组织运维人员穿绝缘靴，戴绝缘手套、安全帽检查变电站内主变压器10kV 套管至变电站内 10kV 线路出口的所有 10kV 一次设备，至少由两人进行。

（5）如果检查本站内无接地故障点，运维人员继续监视检查本站内一、二次设备的运行情况，将检查结果汇报调控中心。

（6）检查本站内无接地故障点时，如果本站没有装配"小电流单相接地故障选线装置"，或根据调控中心具体指令，按照调控中心指令进行接地选择，按接地拉闸选择顺位表规定的顺序逐条拉开线路断路器，拉开后应立即合上，当拉到某一断路器时，接地消除。确定此条线路接地，汇报调控中心。

（7）如果检查本站内有接地故障点，运维人员应按照调控中心指令，根据本站异常、事故应急处理预案和本站现场运行规程规定进行处理。

（8）处理单相永久性接地故障的原则。

1）正确区分单相永久性接地故障的类型。

a. 若绝缘监察电压表三相指示值不同，接地电压降低或等于零，其他两相电压升高或为线电压，此时为稳定接地。

b. 若绝缘监察电压表指针不停地摆动，则视为弧光间歇性接地故障，此时非故障相的相电压有可能升高到额定电压的 2.5～3 倍。

2）掌握正确寻找单相接地的故障点的关键技能。

a. 尽快停用可疑的用电设备，例如新投入运行就出现系统接地信号的设备及有焦味的设备等。

b. 对已加装"小电流单相接地故障选线装置"的变电站，若该装置已启动，则应首先观察其寻找情况，若自动装置寻找出发生故障的馈电线，则应联系用户停电。

c. 利用并联电源，转移检查负荷及电源。

d. 对未加装"小电流单相接地故障选线装置"的变电站或未找出故障之前，可采用分割系统法，缩小接地范围。

e. 当查找出某一部分系统接地时，则可利用自动重合闸装置对送电线路瞬停寻找。

f. 利用倒换备用母线运行的方法，顺序鉴定电源设备（主变压器、母线、电压互感器等）是否接地。

g. 查找出故障设备后，将其停电，并通知检修人员处理。

3）掌握正确寻找单相接地故障点的安全技能。

a. 根据故障现象能够正确分析故障的性质，并能够正确分析掌握在故障处理过程中存在的危险源，制订出合理、严谨的故障处理步骤和危险点控制措施。

b. 到现场检查、处理故障或进行寻找接地点的倒闸操作的工作应由两人同时进行，工作人员应穿戴合格的安全用具，不得触及接地金属物。

高压设备发生接地时，室内不得接近故障点 4m 以内，室外不得接近故障点 8m 以内。进入上述范围人员应穿绝缘靴，接触设备的外壳和构架时，应戴绝缘手套。

c. 寻找接地点的倒闸操作应严格遵守倒闸操作原则，严防非同期并列事故的发生。

d. 寻找接地点的每一项操作之后，必须注意观察绝缘监察信号及表计的变化及转移情况。

e. 在采用分割系统寻找接地点时，应考虑到保持功率的平衡、继电保护及自动装置的相互配合以及消弧线圈补偿适当的问题。

f. 在系统接地时，不得拉合消弧线圈隔离开关，也不得用隔离开关断开接地电气设备。

（9）单相接地原因。

1）恶劣天气影响，如雷雨、大风、地震、泥石流等造成。

2）线路断线后导线与金属支架或地面、树木接触。

3）设备绝缘不良，如老化、受潮、绝缘子破裂、表面污秽等原因造成击穿接地。

4）小动物、鸟类等原因造成。

5）其他外力破坏，如吊车、超高车辆触碰带电导体或地下施工电力电缆遭到破坏等。

（10）单相接地可能造成的危害。

1）跨步电压危害生物的生命。

2）可能发生间歇性弧光接地，造成谐振过电压，使故障系统内绝缘子绝缘击穿，造成严重的短路事故。

3）可能破坏区域电网系统稳定，造成更大事故。

4）长时间运行，电压互感器过热烧毁。

5）影响供电可靠性。

目标驱动三：处理 10kV 线路缺相运行故障

1. 现象

（1）调控中心和××变电站当地监控系统发出"××变电站 10kVⅠ（Ⅱ）母线接地"音响和告警信息。

（2）××变电站 10kVⅠ（Ⅱ）母线电压一相电压升高，另两相电压降低。××线路三相电流不平衡，一相电流为零，另外两相电流指示正常。

（3）中性点带消弧线圈时，消弧线圈电压升高，电流增大。

（4）变压器本侧发出零序过电压动作信号。

2. 处理步骤

（1）调控中心调控人员检查监控系统上的告警信息及有关系统的运行工况，遥视××变电站一、二次设备，并记录时间及现象。

（2）调控中心调控人员及时通知相关运维操作队负责人"××变电站 10kVⅠ（Ⅱ）母线接地"（永久）异常信息及相关异常信息内容，并要求运维操作队人员立即到××变电站检查故障信息和相关的 10kV 一、二次设备。

（3）根据异常现象进行综合判断小电流接地系统发生了缺相运行还是单相接地故障。具体做法是：

1）站内有缺相运行的信号或现象时，应收集全部异常现象进行综合分析。

单相断线和单相接地的重要特征区别是：

发生单相断线时，变电站母线一相电压升高，另两相电压降低。××线路三相电流不平衡，一相电流为零，另外两相电流指示正常。中性点带消弧线圈时，消弧线圈电压升高，电流增大。变压器本侧发出零序过电压动作信号。

发生单相接地时，变电站母线一相电压降低，另两相电压升高。

共同具有的特征是：

发生单相断线时，调控中心和××变电站当地监控系统可能发出"××变电站 10kV Ⅰ（Ⅱ）母线接地"音响和告警信息。

发生单相接地时，调控中心和××变电站当地监控系统发出"××变电站 10kV Ⅰ（Ⅱ）母线接地"音响和告警信息。

2）通过综合判断确认系统发生了缺相运行故障，应汇报调控中心后将异常线路或母线停电处理。

3）断路器非全相运行，应检查断路器运行工况，如果条件允许且能够通过远方操作断路器，应立即再次合一次断路器，良好继续运行。汇报调控中心，尽快安排检修处理。

4）断路器机械故障造成非全相运行且一相或两相合不上时，合上相又不能拉开时，严禁用隔离开关隔离故障断路器及运行的线路或设备，应汇报调控中心，改变运行方式，停电处理。

（4）缺相运行的原因。

1）导线受外力伤害断线。

2）恶劣天气影响，例如大风、冰雹、地震、泥石流等造成线路断线。

3）设备连接部件质量问题，例如线夹、悬垂、支持绝缘子损坏等。

4）导线接头接触电阻过大发热烧断。

5）断路器内部绝缘拉杆折断或外拐臂折断，造成缺相运行。

（5）缺相运行可能造成的危害。

缺相运行时只要电源侧或负荷侧有一侧中性点不接地，断线可能组成复杂多样的非线性串联谐振回路，出现谐振过电压。

断线谐振会导致系统中性点位移及绕组、导线对地产生过电压，严重时使绝缘闪络、避雷器爆炸，小电机产生反转等现象。还可能将过电压传递到低压侧，造成危害。影响用户的正常供电，影响供电可靠性。

如果没有发生断线谐振则可能有如下特征：

1）由于三相负荷不平衡造成变电站变压器中性点位移，引起相电压变化，变电站断线相电压升高，正常相电压降低，接地保护可能发出接地信号。中性点带有消弧线圈运行时，消弧线圈电压升高，电流增大。

2）线路缺相运行会造成三相负荷不平衡，引起三相电流不平衡。当设备单元未装设三相电流互感器时，如果缺相相没有电流互感器或未接电流表，缺相相的电流变化信息就不能采集或观察到。

3）缺相运行会造成系统对地电容不平衡，在系统中产生零序电压，引起主变压器本侧零序过电压发出信号。

目标驱动四：处理 10kV 系统铁磁（基波）谐振故障

1. 现象

（1）调控中心和××变电站当地监控系统发出"××变电站 10kV Ⅰ（Ⅱ）母线接地"音响和告警信息。

（2）"××变电站 10kVⅠ（Ⅱ）母线电压两相对地电压升高（不超过 3 倍相电压）一相降低（不为零），或两相电压降低（不为零），一相升高（超过线电压）"。

（3）当电源对只带有电压互感器的空母线突然合闸时易产生基波谐振。

2. 处理步骤

（1）调控中心调控人员检查监控系统上的告警信息及有关系统的运行工况，遥视××变电站一、二次设备，并记录时间及现象。

（2）如果调控中心调控人员能够根据监控系统所发出的异常信息能够正确分析判断系统发生"10kV 系统铁磁（基波）谐振故障"时，且监控系统具有远方操作功能。此时调控中心调控人员应及时按××电网异常、事故应急处理预案和相关规程规定及时处理。

（3）如果调控中心调控人员能够根据监控系统不能执行具有远方操作处理异常时，调控中心调控人员及时通知相关运维操作队负责人"××变电站 10kVⅠ（Ⅱ）母线接地"及"10kV 系统铁磁（基波）谐振故障"异常信息，并要求运维操作队人员立即到××变电站检查故障信息和相关的 10kV 一、二次设备，并根据本站异常、事故应急处理预案和本站现场运行规程规定进行处理。

（4）消除铁磁（基波）谐振方法是改变系统参数，具体处理方法如下：

1）断开充电断路器，改变运行方式。

2）或投入母线上的线路，改变运行方式。

3）或投入母线，改变运行方式。

4）或投入母线上的备用变压器或站用变压器。

5）或将电压互感器开口三角侧短接。

6）或投切电容器或电抗器。

7）若变电站内装有消弧线圈，应尽可能保证其运行。

目标驱动五：处理 10kV 系统分频谐振故障

1. 现象

（1）调控中心和××变电站当地监控系统发出"××变电站 10kVⅠ（Ⅱ）母线接地"音响和告警信息。

（2）出现"××变电站 10kVⅠ（Ⅱ）母线三相电电压同时或依次轮流升高，并超过线电压（不超过 2.5 倍相电压）。或三相电压表指针在同范围内低频摆动（如果变电站当地安装了母线电压表）"的现象。

（3）××变电站 10kVⅠ（Ⅱ）母线电压互感器内发出异音。

（4）当发生单相接地时易发生分频谐振。

2. 处理步骤

（1）调控中心调控人员检查监控系统上的告警信息及有关系统的运行工况，遥视××变电站一、二次设备，并记录时间及现象。

（2）如果调控中心调控人员能够根据监控系统所发出的异常信息能够正确分析判断系统发生"10kV 系统分频谐振故障"时，且监控系统具有远方操作功能。此时调控中心调控人员应及时按××电网异常、事故应急处理预案和相关规程规定及时处理。

（3）如果调控中心调控人员能够根据监控系统不能执行具有远方操作处理异常时，调控中心调控人员及时通知相关运维操作队负责人"10kV 系统分频谐振故障"异常信息，并要求运维操作队人员立即到××变电站检查故障信息和相关的 $10kV$ 一、二次设备，并根据本站异常、事故应急处理预案和本站现场运行规程规定进行处理。

（4）消除分频谐振方法是改变系统参数。具体处理方法如下：

1）立即恢复原系统或投入备用消弧线圈。

2）或投入或断开空线路，事先应进行验算。

3）或电压互感器开口三角绕组经电阻短接或直接短路 $3\sim5s$。

4）或投入消振装置。

危险预控 -

表 4-17　　　　　　　　　　　　小电流接地系统异常处理危险点

序号	小电流接地系统异常处理危险点	控 制 措 施
1	检查处理站内单相接地时人身感电	（1）高压设备发生接地时，室内不得接近故障点 4m 以内，室外不得接近故障点 8m 以内。进入上述范围人员应穿绝缘靴，接触设备的外壳和构架时，应戴绝缘手套。 （2）巡检站内设备时，若听到有异常放电声音，巡视人员应采取措施后，保证（1）规定条件情况下靠近检查
2	巡检站内设备时设备爆炸伤人	站内发生接地异常，检查处理过程中人员不要在避雷器、电压互感器、消弧线圈和电容器设备处停留，防止接地过电压使其爆炸、喷油
3	查找接地线路时误拉合断路器	（1）接收到接地线信号时，应根据异常现象综合判断是发生单相接地，还是谐振或电压互感器高压侧熔断器熔断。 （2）进行拉路查找操作时，应严格执行监护复诵制，核对设备名称、编号、位置和拉合方向，防止走错间隔
4	接地查找时线路停电时间过长	（1）采用接地选择按钮查找接地线路前，应首先检查所停线路重合闸充电良好。人员进行按钮操作时间不能过长，防止断路器断开后不能自动重合，如果断路器断开后不能自动重合，应立即进行手动合闸操作。 （2）采用拉路法查找接地线路时，如果拉开的线路后接地现象未消失，应立即合上该线路的断路器
5	设备带接地运行时间过长，过电压损坏设备	（1）接收到接地线信号时，应立即汇报。尽快查找、断开接地点，并注意系统带接地点的运行时间不允许超过规程规定的时间。 （2）如发现站内设备因过电压影响发生异常现象，应将异常设备退出运行
6	隔离接地点时带接地点拉隔离开关	（1）严禁用隔离开关拉开接地设备和负荷。 （2）用转带方法隔离接地点时，在拉开接地点电源侧隔离开关前，应断开旁路断路器控制电源
7	进行人工转移接地点操作时带负荷拉隔离开关	（1）拉开隔离开关前，应确认人工接地点与接地点处于并联状态，且人工接地点回路的断路器控制电源已断开。 （2）拉开隔离开关前，应确认系统无故障情况发生
8	进行人工转移接地点操作时发生短路故障	（1）装设人工接地点之前，应确认人工接地点与接地相同相。 （2）只能装设一相人工接地线，且应接触牢固，确保与其他相的安全距离符合规程规定

续表

序号	小电流接地系统异常处理危险点	控　制　措　施
9	接地查找时操作失误造成保护动作断路器跳闸	（1）如果双母线接线分列运行或单母线接线分段运行，当两条母线上均有接地且异相时，严禁将母联或分段断路器合上。 （2）此时应汇报调控中心，退出母联或分段断路器自动合闸装置运行
10	接地处理过程中造成并架双回线路或主变压器过负载	（1）当处理并架回线路其中一条线路接地故障时，应汇报调控中心，检查负荷情况，做好另一条线路可能过负载的预防措施，例如提前限制或转移负荷。 （2）当处理两台及以上主变压器并列运行运行方式或内桥、外桥接线方式下的低压侧出口或母线接地故障时，应汇报调控中心，检查负荷情况，做好站内其他变压器可能过负载的预防措施，例如提前限制或转移负荷，一旦发生过负荷异常现象时，应按现场运行规程立即处理
11	处理断路器不能断开的缺相运行故障时，带负荷拉隔离开关	（1）根据异常现象进行综合判断小电流接地系统发生了缺相运行还是单相接地故障。 （2）如果判断断路器非全相运行时，严禁用隔离开关隔离故障断路器及运行的线路或设备，应汇报调控中心，改变运行方式，停电处理

思维拓展

以下其他情景下的隔离开关过热异常处理步骤请读者思考后写出：

（1）图 4-1 的运行方式下，"××变电站 10kVⅠ出线线路 A 相接地"异常的处理步骤。

（2）图 4-1 的运行方式下，"××变电站 10kVⅠ段母线 C 相接地"异常的处理步骤。

（3）图 4-1 的运行方式下，"××变电站 66(35)kVⅠ母线 C 相接地"异常的处理步骤。

（4）图 4-1 的运行方式下，"××变电站 66(35)kVⅡ母线 C 相接地"异常的处理步骤。

相关知识

1. 小电流接地系统绝缘监察装置接线原理

电磁型 10kV 绝缘监察装置接线如图 4-30 和图 4-31 所示，微机母线绝缘监察装置母线接地判断依据逻辑框图如图 4-32 所示。正常运行时，电网三相电压对称，没有零序电压，故过电压继电器不动作。当任一母线发生接地故障时（金属性接地），接地相对地电压为零，而其他两相对地电压升高 $\sqrt{3}$ 倍，如图 4-33 所示。这种现象可以从调控中心和××变电站当地监控系统中得到显示，并发出"××变电站 10kVⅠ（Ⅱ）母线 A 相单相接地"告警信息。如果变电站为传统设计的变电站，中央信号控制屏上的三块 10kV 相电压表上指示出来，同时在开口三角处出现零序电压，过电压继电器动作，发出接地信号。

2. 小电流接地系统及小电流接地系统发生电相接地时的特点

小电流接地系统即为变压器绕组中性点非直接接地（包括不接地和经消弧线圈或经接地电阻接地等系统）的系统。

对于变压器绕组中性点非直接接地的系统，中性点不接地的简单网络如图 4-33 所示。正常运行情况下，三相有相同的对地电容，三相的对地电压是对称的，中性点对地电压为零，在相电压的作用下，各相的电容电流也是对称的，且超前各自的相电压 90°。此时，三相对地电压之和与三相电容电流之和均为零，电网无零序电压和零序电流。

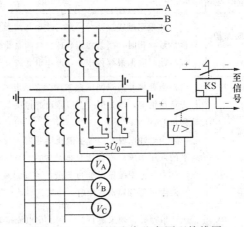

图 4 - 30 电磁型绝缘监察原理接线图

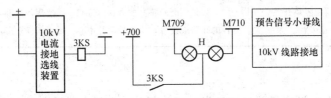

图 4 - 31 电磁型"10kV 线路接地信号"回路接线图

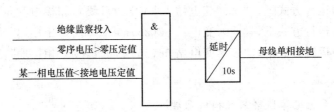

图 4 - 32 微机母线绝缘监察装置母线接地判断依据逻辑框图

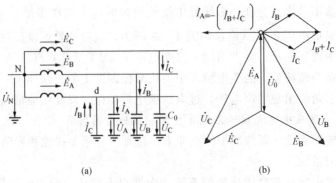

(a) (b)

图 4 - 33 中性点不接地系统单相接地简单网络分析图

(a) 网络图；(b) A 相接地故障时相量图

当发生单相接地故障时，由于没有其他接地点形成接地回路，不会出现较大的接地电流（仅为电容电流），故中性点非直接接地系统又称小接地电流系统。图 4-33 所示为单相接地故障时（如 A 相金属性接地），电容电流的分布情况。A 相对地电压为零，对地电容被短接，电容电流为零，而其他两相的对地电压升高 $\sqrt{3}$ 倍，对地电容电流也相应增大 $\sqrt{3}$ 倍，其相量关系如图 4-33 所示。

中性点电压 $\dot{U}_N$ 上升为相电压 $\dot{E}_A$，A、B、C 三相对地电压为

$$\left.\begin{array}{l} \dot{U}_A = 0 \\ \dot{U}_B = \dot{E}_B - \dot{E}_A = \sqrt{3}\,\dot{E}_A \times e^{j-150°} \\ \dot{U}_C = \dot{E}_C - \dot{E}_A = \sqrt{3}\,\dot{E}_A \times e^{j150°} \end{array}\right\}$$

接地相（A 相）电压为 0，非接地相（B、C 相）电压升高为线电压。

零序电压为
$$\dot{U}_0 = 1/3\ (\dot{U}_A + \dot{U}_B + \dot{U}_C) = -\dot{E}_A = \dot{U}_N$$

由以上相量分析，可得出如下几个结论：

(1) 中性点不接地系统，单相接地故障时，中性点位移电压为 $-\dot{E}_A$。

(2) 非故障线路电容电流就是该线路的零序电流。

(3) 故障线路首端的零序电流数值上等于系统非故障线路全部电容电流的总和，其方向为线路指向母线，与非故障线路中零序电流的方向相反。该电流由线路首端的 TA 反映到二次侧。

此外，由于单相接地故障时（如 A 相金属性接地），虽然两个非故障相对地电压升高到额定相电压的 $\sqrt{3}$ 倍，但三个线电压仍然对称（见图 4-33），这时供电仍能保证线电压的对称性，对供电用户没有线电压变化的影响，且故障电流较小，不影响对负荷连续供电，故可允许运行 1~2h，以保证供电的可靠性。当然，由于中性点电压发生偏移，且电气设备和电力线路的绝缘要承受线电压的考验等，长时间运行就易使故障扩大成两点或多点接地短路，弧光接地还会引起全系统过电压，进而损坏设备，破坏系统安全运行，故接地运行时间不宜过长。

小电流接地系统单相接地时电流分布图如图 4-34 所示。我国大多数 3~66kV 配电网均采用中性点不直接接地系统（NUGS），即小接地电流系统，它包括中性点不接地系统（NUS），中性点经消弧线圈接地系统（NES，也称谐振接地系统），中性点经电阻接地系统（NRS）。近年来，随着自动跟踪消弧电抗器的广泛使用，为解决系统于故障瞬间出现的谐振问题，开始采用消弧线圈与非线性电阻串联或并联以及与避雷器并联的运行方式。

3. 小电流接地系统接地性质判断

由于绝缘监测装置是根据开口三角电压反应 3 倍中性点电压（零序电压）的原理工作的，而实际电网中除单相接地外，还有多种原因，如铁磁谐振、TV 断线、线路断线等都会使开口三角绕组两端出现零序电压，并可能导致绝缘监测装置动作。由于此时系统并没有真正接地，而装置却发出了接地信号，这种接地称为"假接地"，只有准确、快速地判断故障，才可能及时、准确地处理故障。小电流接地系统接地性质判断分析见表 4-18。

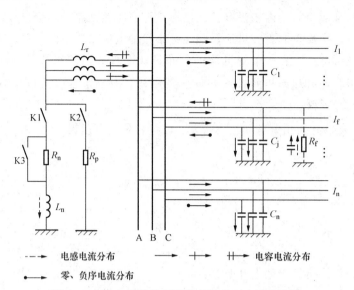

图 4-34　小电流接地系统单相接地时电流分布图

NUS—K1、K2 开位、K3 合位；NES—K1、K3 合位、K2 开位；NRS—K1、K3 开位、K2 合位

表 4-18　　　　　　　　　　　小电流接地系统接地性质判断分析表

故障类型		故障后电压变化情况	
		三相相电压	开口三角
单相接地	金属性	一相为零，另两相上升为线电压	100V
	非金属性接地	一相低，不为零；另两相上升，接近线电压	30~100V
铁磁谐振	分频谐振	三相电压依次轮换升高，且电压表指针在同范围内出现低频摆动，一般不超过 2 倍相电压	<100V
	基波谐振	一相（两相）降低，不为零；另两相（一相）升高，大于线电压，一般不超过 3 倍相电压	<100V
	高频谐振	三相同时升高，升高数值大于线电压，一般不超过 3~3.5 倍相电压	>100V
TV 断线	开口三角绕组一相或两相接反	三相正常	66.7V
	二次中性线断线，同时一次系统单相接地	三相正常	100V
	一次一相（两相）断线	一相（两相）降低，其他相正常	33.3V

续表

故障类型			故障后电压变化情况		
			三相相电压		开口三角
单回线路断线及相继故障	单相断线	电源侧	一相上升，小于 1.5 倍相电压；两相下降，大于 0.866 倍相电压		两侧和为 50V
		负荷侧	一相降低，小于 0.5 倍相电压；另两相降低，大于 0.866 倍相电压		
	单相断线且电源侧相继接地	电源侧	一相为 0，另两相上升为线电压		100V
		负荷侧	一相上升为 1.5 倍相电压，另两相上升为线电压		150V
	单相断线且负荷侧相继接地	电源侧	一相上升为 1.5 倍相电压，另两相电压下降为 0.866 倍相电压		50V
		负荷侧	一相下降为 0，另两相下降为 0.866 倍相电压		0
	两相断线	电源侧	一相降低，另两相上升		两侧和为 100V
		负荷侧	三相降低		
	两相断线且电源侧相继接地	电源侧	一相为 0，另两相上升为线电压		100V
		负荷侧	三相上升为线电压		173V
	两相断线且负荷侧相继接地	电源侧	一相为 0，另两相上升为线电压		100V
		负荷侧	三相下降为 0		0

（1）从小电流接地系统接地性质判断分析表中可以得出以下几个特征：

1）TV 断线在某一时刻一般只发生在一个变电站的一段母线。

2）单相接地时，整个小电流接地系统都将发生相同的电压变化。

3）线路断线时，其两侧电压有较大区别，线路电流也有明显变化。

4）铁磁谐振时，其电压变化特征特别突出。

（2）如果变电站未装设接地保护选线装置，需要进行人工判断，并需要人工排除故障。为此，在发接地信号时，正确地判断故障的类型和性质是关键，因此要做好以下几点工作：

1）要根据变电站内并列运行的各段母线三相相电压及开口三角电压进行初步判断。

2）要询问其他变电站的异常情况，并进一步观察消弧线圈的仪表指示、线电压、三相电流是否正常。

3）必要时要进行适当的检查，如 TV 熔断器、TV 隔离开关辅助接点是否完好，用验电器验电等。

4. 小电流接地系统发生铁磁谐振的原因、危害及防范措施

（1）电力系统中具有许多铁芯电感元件，如发电机、变压器、电压互感器、消弧线圈和并联补偿电抗器等，这些元件大多为非线性元件，与电力系统中的电容元件组成许多复杂的振荡回路，如果满足谐振的条件，就可能产生持续时间较长的铁磁谐振过电压。

（2）铁磁谐振分为基波（工频）、分频谐波和高次谐波三种谐振形式，铁磁谐振可能会持续时间较长。经常可能发生的是基波（工频）和分频谐振。

中性点不接地系统中，引起铁磁谐振过电压的情况有：切、合接有电磁式电压互感器的空载母线或空载短线；配电变压器高压绕组对地短路；用电磁式电压互感器在高压侧进行双

电源的定相；输电线路一相断线后，并一端接地，以及开关不同步动作。

产生铁磁谐振的主要原因可总结为以下几点：

1）由线路接地、断线、断路器非同期合闸等引起的系统冲击及元件参数改变。

2）切、合空载线路、母线或系统扰动时满足谐振的条件。

3）系统在特殊运行方式下，参数匹配满足谐振的条件。

4）断路器非三相同期合闸。

5）电压互感器高压熔断器熔断。

（3）铁磁谐振过电压的表现形式及其危害。

1）铁磁谐振过电压的表现形式可能是单相、两相或三相对地电压升高，或以低频摆动，从而引起绝缘闪络或避雷器爆炸；或产生高值零序电压分量，出现虚幻接地现象和不正确的接地指示。或者在电压互感器中出现过电流，引起熔断器熔断或电压互感器烧毁。或者是小容量的异步电动机发生反转现象。而电压幅值较高，若未采取有效的限制措施，将破坏电力设备的绝缘，从而造成事故。

2）如果电力系统中使用电磁式电压互感器和带断口电容器的断路器。一般来说，母线电压互感器与三个以上断路器断口电容器并联运行就有可能发生铁磁谐振。由于电压互感器的电感是非线性的，这种铁磁谐振的特点是产生的过电压不算很高，约 $1.5U_N$，但产生的过电流却很大，足以烧毁电压互感器内部线圈的绝缘而引发事故。

3）铁磁谐振过电压造成危害可总结为以下几点：

a. 铁磁谐振使系统内电流异常增加，电压越限，造成母线电压指示不正常或出现线路接地信号，给运行人员正确判断造成一定困难。

b. 严重时将造成电压互感器高压熔断器熔断或烧毁电压互感器内部线圈的绝缘，母线绝缘子、避雷器击穿爆炸等事故，甚至造成不必要的设备损坏或大面积停电事故。

（4）防范措施。为了防止运行中电磁感应式电压互感器发生谐振，关键要是防止运行母线上 LC 并联回路的生成。采取下列措施之一就可以防止电压互感器谐振的发生。

1）选用电容式电压互感器替代电磁感应式电压互感器。

2）选用不带断口电容器的断路器。

3）母差保护动作切除母线上开关元件后，迅速拉开电压互感器隔离开关。

4）中性点非直接接地的电网的电压互感器经消谐器接地。

第二节　变电站事故分析及处理

 培训目标

（1）掌握变电站各类事故发生时的主要现象和原因。

（2）掌握变电站各类事故发生时的正确处理原则和步骤。

（3）提升运维人员正确分析、判断和处理变电站各类事故的能力。

（4）提升变电站事故处理过程中运维人员对危险点的认知和预控能力。

（5）增强运维人员的安全意识与责任意识。

（6）增强运维人员的团队协作意识。

【模块一】 事故处理原则及步骤

1. 事故处理原则

(1) 根据表计指示，断路器分、合闸位置，保护动作信号指示，监控中心监控信息或本站监控信息显示，设备的外部特征，分析判断事故全面情况（范围、原因、类型、性质、距离等）。

(2) 如果对人身和设备有威胁时，应立即设法解除这种威胁，必要时停止设备运行。

(3) 在变电站内要尽快进行检查和试验，判明故障的性质、地点和范围。

(4) 尽一切努力保证未直接受到损害的设备继续运行，保护事故现场，以便调查。

(5) 运维人员必须记录各项工作时间，特别是先后的次序和事故有关的现象，必须迅速正确，不要慌乱。

2. 事故处理任务

(1) 有人值班变电站运维人员在发生事故后，应立即与调控中心值班人员联系，报告事故情况。

无人值班变电站运维人员在接到调控中心事故处理指令后，应立即赶赴指定的事故现场进行事故处理，并向调控中心值班人员报告事故情况。

(2) 尽快限制事故的发展，脱离故障设备，解除对人身和设备的威胁。

(3) 尽一切可能保证良好设备继续运行，确保对用户的连续供电。

(4) 对停电的设备和中断的用户，要采取措施尽快恢复供电。

3. 处理事故过程中应注意的事项

(1) 除领导及有关人员外，其他外来人员均应退出事故现场。

(2) 运维人员应将事故情况简单而准确地报告调控中心当值值班人员及有关领导，在处理事故的过程中，应与调控中心当值值班人员保持密切联系，迅速执行命令，并做好记录。

(3) 遇有触电、火灾和危及设备安全的事故，运维人员有权先处理，然后再将处理结果报告调控中心当值值班人员。

(4) 在事故处理过程中，运维人员除积极处理事故外，还应有明确分工，并将发生事故及处理过程做详细记录。

(5) 事故处理时应熟悉本所主接线供电方式，继电保护及自动装置配置情况。熟悉有关调控中心、继电保护，现场运行，有关安全规程的规定。

4. 事故处理程序（步骤）

(1) 获知事故发生地点或接到调控中心指令后应立即赶赴现场。

(2) 检查一、二次设备的动作情况及表计、信号指示情况，将检查结果由运维负责人向调控中心当值值班人员汇报清楚。

(3) 根据检查结果和分析原因进行处理。

具体处理步骤如下：

1) 隔离故障点。

2) 根据事故处理原则和任务要求在调控中心当值值班人员指挥下进行事故处理。

3) 布置安全措施。

4）配合事故抢修或事故检修工作。

5）运维工作流程完善工作。

（4）事故处理过程中，运维负责人应及时、准确地向调控中心当值值班人员汇报情况，并做好录音；所有一次设备和保护、自动装置的停运或投入，必须按调控中心当值值班人员命令执行；运维负责人应对命令执行的正确性和及时性负全责；但对严重威胁人身和设备安全的事故，可按照规程先行停电；但事后必须立即向调控中心汇报清楚。

（5）在事故处理过程中，未经运维负责人许可，不准复归信号。

（6）在事故处理过程中，应随时做好记录，并尽快汇报主管上级。

5．在事故处理中允许运维人员不经联系自行处理的项目

（1）将直接威胁人身安全的设备停电。

（2）将损坏的设备脱离系统。

（3）根据运行规程采取保护运行设备措施。

（4）拉开已消失电压的母线所联接的断路器。

（5）恢复站用电。

6．事故抢修和事故检修的区别

（1）事故抢修。事故抢修系指设备在运行中发生故障，需要紧急抢修恢复发送电的任务，其工作量不大，时间不长。当日（24h 内）故障设备，能够处理结束，投入送电运行的，此项工作为事故应急抢修。事故抢修工作按安全工作规程规定可不用工作票，但应使用事故应急抢修单进行事故抢。

（2）事故检修。事故检修系指设备故障比较严重，短时间不能恢复。需转入事故检修的，故障（事故）变电设备检修工作量比较大或需要更换变电设备，当日不能处理（停电）或处理不了，将此变电设备转为事故检修设备。事故检修，因时间允许，正常检修设备办理工作票相应开工许可手续，方可进行事故检修。

【模块二】 线路事故分析及处理

核心知识 -

（1）变电站线路配备保护的形式及工作原理。

（2）线路的主要故障类型和产生原因。

关键技能 -

（1）正确发现及分析变电站线路故障发生时的现象。

（2）掌握线路发生事故时的正确处理原则和步骤。

（3）在处理电源线路发生事故过程中，运维人员能够对潜在的危险点正确认知并能提前预控危险。

目标驱动 -

目标驱动一：处理 10kV 线路相间永久性短路故障

××变电站一次设备接线方式如图 4 - 13 所示（运行方式：Ⅰ进线 101 断路器代 1 号主

变压器、10kVⅠ段母线运行，Ⅱ进线 102 断路器代 2 号主变压器、10kVⅡ段母线运行，内桥 100 断路器、10kV 分段 000 断路器热备用），××变电站高压侧为内桥接线（GIS 设备），10kV 侧为单母分段接线（小车开关柜）。

保护配置请见第四章第一节【模块六】目标驱动二中所述。

1. 现象

（1）监控系统显示内容如下：

1）一次系统接线图显示信息：××变电站 10kVⅠ出线 003 断路器变绿色闪光，有功、无功、电流均显示 0 值。

2）告警信息窗显示信息：

a.××变电站"事故总信号"、"预告信号"。

b.××变电站 10kVⅠ出线"出口跳闸"、"重合闸动作"、"过流Ⅱ段动作"、"10kVⅠ出线 003 断路器跳闸"。

（2）变电站当地保护屏显示信息：

1）××变电站 10kVⅠ出线保护及操控屏上液晶屏"过电流Ⅱ段启动"、"过电流Ⅲ段启动"、"过电流Ⅱ段动作"信息显示，"跳闸"信息红灯亮，"跳位"信息绿灯亮。电流表计指示 0 值。

2）线路侧高压带电指示装置显示"三相无电"。

2. 故障现象分析

分析一：变电站当地保护屏显示信息：××变电站 10kVⅠ出线"过电流Ⅱ段启动"、"过电流Ⅲ段启动"、"过电流Ⅱ段动作"信息显示分析。

以三段式电流保护原理为例进行说明，三段式电流保护原理配置图如图 4-35 所示，三段式电流保护原理接线图如图 4-36 所示。

从上述信息显示可以明确分析出 10kVⅠ出线所发生的故障范围在过电流Ⅱ段保护范围内。

1）反应相间短路的三段式电流保护的基本原理。

反应相间短路最简单的保护方式莫过于电流保护了，其原理就是反应电流的增加（大于整定值时）而动作。因其构成原理简单、动作可靠、易整定，而被广泛应用在 10、35、66kV 等小电流接地电网的线路上。

为保证电流保护的四个基本要求，通常按三段式电流保护配置，各段的保护范围如图 4-35 所示。

其中，电流速断保护（过电流Ⅰ段）（第Ⅰ段）是瞬时动作的保护（以 A 处保护为例），为保证其动作的选择性（即只负责反应本线路内部故障），只能提高其动作电流，也就是躲过本线路末端的最大短路电流 I_{Bmax}（通常按动作电流 $I'_{op} = 1.3I_{Bmax}$ 整定），将其保护范围缩短，所以有选择性的电流速断保护（过电流Ⅰ段）不可能保护线路的全长，为弥补这一缺点，需设置限时电流速断保护（过电流Ⅰ段）（第Ⅱ段），作为电流速断保护（过电流Ⅰ段）的辅助保护，其整定原则是：保护范围要能保护到本线路全长，但又不能超过下一条线路Ⅰ段保护的末端（以保证Ⅱ段的动作时间为 0.3～0.5s 而不致过长）。故电流Ⅰ、Ⅱ段保护作为本线路的主保护。而定时限过电流保护（第Ⅲ段）则作为后备保护（既要作本线路的近后备，又要作下一条线路的远后备），它的定值是按照躲过最大负荷电流来整定的，其保护范

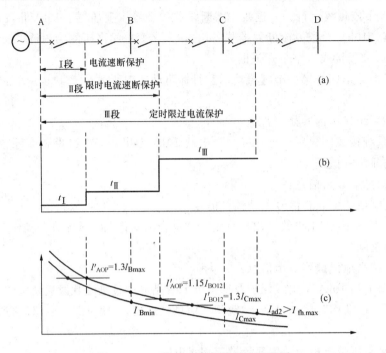

图 4 - 35　三段式电流保护原理配置图

（a）三段式电流保护各段保护范围；（b）动作时限；（c）动作值整定图解

围要求达到下一条线路的末端。在图 4 - 35 中，通过动作值与短路曲线的交点即可找出对应段的保护范围。

　　应用电流保护并非一定要配置三段，如对 10kV 输电线路，仅设置电流速断和定时限过电流保护，甚至在末段线路仅设置一段定时限过电流保护就足以能满足对保护的选择、灵敏和速动的要求，加上电流保护本身具有简单、可靠的特点，因此在 10kV 输电线路上得到了广泛的应用。

　　2）本线路过电流 II 段动作（定时限过电流保护动作）分析。

　　如图 4 - 36 所示，10kV I 出线所发生相间短路故障，限时速断（过电流 II 段）电流继电器 3KA（4KA）励磁动作→3KA（4KA）动合触点闭合→时间继电器 KT1 励磁动作→KT1 延时动合触点闭合→信号继电器 2KS1 励磁动作（2KS 动合触点闭合，发出"过电流 II 段动作"信息）→出口中间继电器 KCO 励磁动作→KCO 动合触点闭合→跳闸回路接通→跳闸线圈励磁→跳开 10kV I 出线 003 断路器。

　　由于三段式电流保护是按阶梯式原理相互配合的，因此过电流 II 段、过电流 III 段保护能够启动，故限时电流速断（过电流 II 段）电流继电器 3KA（4KA）和过电流保护（过电流 III 段）励磁动作→5KA（6KA）动合触点分别闭合→限时电流速断（过电流 II 段）时间继电器 KT1 和过电流保护（过电流 III 段）时间继电器 KT2 分别励磁动作，但由于没有达到整定的保护动作时限，即时间继电器 KT2 没有达到整定的保护动作时限，KT2 延时动合触点未闭合），因此过电流 III 段未动作。

　　分析二：重合闸动作情况分析。

　　单侧电源线路的三相一次重合闸工作原理框图如图 4 - 37 所示，主要由重合闸启动、重

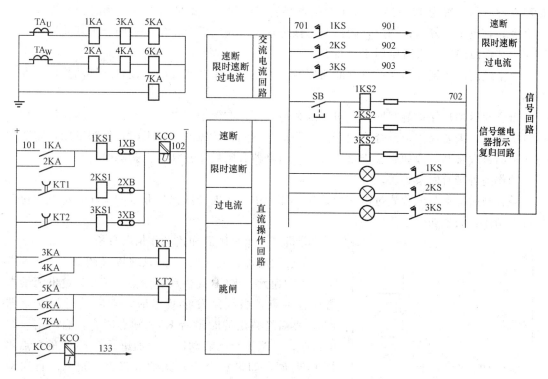

图 4-36 10kV 线路电流保护展开原理简图

合闸时间、一次合闸脉冲、手动跳闸后闭锁、手动合闸于故障时保护加速跳闸等元件组成。

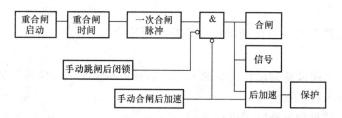

图 4-37 单侧电源线路的三相一次重合闸工作原理框图

三相一次重合闸的跳、合闸方式是：不论本线路发生任何类型的故障，继电保护装置都要将三相断路器跳开，重合闸启动，经预定时间发出重合闸脉冲，将三相断路器一起合上。瞬时性故障，重合成功。永久性故障，重合失败。

重合闸启动：当断路器由继电保护动作跳闸或其他非手动原因而跳闸后（母差保护等有关保护动作闭锁重合闸除外），重合闸均应启动。一般使用断路器的辅助常开接点或者用合闸位置继电器的触点构成，在正常运行情况下，当断路器由合闸位置变为跳闸位置时，马上发出启动命令。

重合闸时间：启动元件发出启动命令后，时间元件开始计时，达到预定的延时后，发出一个短暂的合闸脉冲命令。

一次合闸脉冲：当延时时间达到后，它马上发出合闸脉冲命令，并且开始计时，重合闸整组复归时间一般为 15～25s。在重合闸整组复归时间里，即使再有重合闸时间元件发出合闸命令，它也不再发出第二个合闸命令。保证在一次跳闸后有足够的时间合上断路器，如果合在永久性故障时再次跳闸后不再重合。

手动跳闸后闭锁：当手动跳开断路器时，避免启动重合闸回路，设置闭锁功能，不发重合闸命令。

重合闸后加速保护跳闸回路：对于永久性故障，在保证选择性的前提下，尽快加速故障的再次切除，需要保护与重合闸配合。当手动合闸到带故障的线路上时，保护跳闸，需要加速保护的再次跳闸。即如果合于永久故障，断路器合闸后，在加速保护瞬时切除故障，与第一次动作是否带有时限无关。

重合闸后加速与三段式过电流保护相互配合中，一般加速保护Ⅱ段的动作，也可加速保护Ⅲ段动作，快速切除故障。

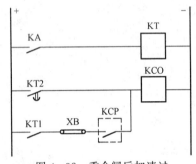

图 4-38　重合闸后加速过
电流保护原理接线图

分析三：重合闸后加速动作情况分析。

重合闸后加速过电流保护原理接线图如图 4-38 所示，后加速元件 KCP 提供动合触点，KA 为过电流继电器动合触点，当线路发生故障时，它启动时间继电器 KT，然后经整定的时限后 KT2 触点闭合，启动出口继电器跳闸。当重合闸启动后，后加速元件 KCP 的触点闭合 1s 时间，如果重合于永久性故障上，则 KA 再次动作，此时即可由时间继电器 KT 的瞬时动合触点 KT1、连接片和 KCP 触点串联立即启动 KCO 动作于跳闸，实现了重合闸后加速过电流保护加速动作要求。

3. 处理步骤

（1）获知事故发生地点或接到调控中心指令后应立即赶赴现场。

（2）检查一、二次设备的动作情况及表计、信号指示情况，将检查结果由运维负责人向调控中心当值值班人员汇报清楚。

（3）根据检查结果和分析原因进行处理。

具体处理步骤如下：

运维人员对一、二次设备进行检查（不少于两人）。

检查本站内二次设备运行工况，主要检查本站监控机、10kVⅠ出线保护屏，与监控机核对保护动作无误。记录保护及自动装置动作现象，调取、打印故障报告。汇报调控中心。

一次设备组人员穿绝缘靴，戴绝缘手套、安全帽，到室外检查一次设备，从 10kVⅠ出线 003 断路器检查至线路出口所有设备。检查 10kVⅠ出线 003 断路器在开位，回路及出口无问题，本站内未发现故障点。立即汇报调控中心和生产调度。

根据调控中心命令进行下述操作：

步骤一：事故处理。

1）如果调控中心下令 10kVⅠ出线强送电，如不成功，则执行如下程序后，应隔离故障点。

a. 退出 10kVⅠ出线重合闸出口连接片。

b. 合上 10kVⅠ出线 003 断路器，10kVⅠ出线 003 断路器再次跳闸，强送线路失败。

c. 检查相关的一、二次设备及故障现象并做好记录（略）。

d. 立即汇报调控中心。

2）如果调控中心没有下令 10kVⅠ出线强送，应隔离故障点。

步骤二：隔离故障点。

1）检查 10kVⅠ出线 003 断路器三相电流表计指示正确，电流 A 相＿＿ A、B 相＿＿ A、C 相＿＿ A。

2）检查 10kVⅠ出线 003 断路器分位监控信号指示正确。

3）检查 10kVⅠ出线保护测控装置断路器位置指示正确。

4）检查 10kVⅠ出线 003 断路器分位机械位置指示正确。

5）将 10kVⅠ出线 003 断路器操作方式开关由远方切至就地位置。

6）将 10kVⅠ出线 003 小车开关拉至试验位置。

7）检查 10kVⅠ出线 003 小车开关确已拉至试验位置。

步骤三：布置安全措施及工作流程完善。

1）检查 10kVⅠ出线电流互感器线路侧带电显示器三相指示无电。

2）合上 10kVⅠ出线 003-QS3 接地隔离开关。

3）检查 10kVⅠ出线 003-QS3 接地隔离开关确在合位。

4）拉开 10kVⅠ出线 003 断路器保护电源空气断路器。

5）拉开 10kVⅠ出线 003 断路器控制直流电源空气断路器。

6）取下 10kVⅠ出线 003 小车开关二次插件。

7）将 10kVⅠ出线 003 小车开关拉至检修位置。

8）检查 10kVⅠ出线 003 小车开关确已拉至检修位置。

9）在 10kVⅠ出线 003 断路器操作把手上挂"禁止合闸，线路有人工作！"标示牌（调控中心通知配电专业巡线、故障处理）。

10）将上述情况汇报调控中心及有关人员。同时准备好 10kVⅠ出线送电的操作票。

4. 故障处理的关键点

（1）能够正确调取和阅读故障信息报告，根据故障现象和故障信息能够正确分析故障的性质，判断故障范围，并能够针对小车断路器设备特点正确分析掌握在故障处理过程中存在的危险源，制订出合理、严谨的故障处理步骤和危险点控制措施。

（2）到现场检查、处理故障的工作人员应穿戴合格的安全用具。

（3）及时汇报调控中心，按调控中心令对 10kVⅠ出线进行强送，如不成功，则不允许再次强送。如无调控中心令对 10kVⅠ出线进行强送，则不准对 10kVⅠ出线进行强送。

（4）正确隔离故障点。

目标驱动二：处理 10kV 线路相间瞬时性短路故障

××变电站一次设备接线方式如图 4-13 所示（运行方式：Ⅰ进线 101 断路器代 1 号主变压器、10kVⅠ段母线运行，Ⅱ进线 102 断路器代 2 号主变压器、10kVⅡ段母线运行，内桥 100 断路器、10kV 分段 000 断路器热备用），××变电站高压侧为内桥接线（GIS 设备），10kV 侧为单母分段接线（小车开关柜）。

保护配置请见第四章第一节【模块六】目标驱动二中所述。

1. 现象

(1) 监控系统显示内容如下：

1) 一次系统接线图显示信息：××变电站 10kVⅠ出线 003 断路器变红色闪光，有功、无功、电流均显示正常值。

2) 告警信息窗显示信息：

a. "事故总信号"、"预告信号"。

b. ××变电站 10kVⅠ出线 "出口跳闸"、"重合闸动作"、"过电流Ⅱ段动作"、"10kVⅠ出线 003 断路器跳闸"、"10kVⅠ出线 003 断路器合闸"。

(2) 变电站当地保护屏显示信息：

1) ××变电站 10kVⅠ出线保护及操作屏上液晶屏 "过电流Ⅱ段启动"、"过电流Ⅲ段启动"、"过电流Ⅱ段动作"信息显示，"跳闸"信息红灯亮，"合位"信息红灯亮。电流表计指示正常值。

2) 线路侧高压带电指示装置显示 "三相有电"。

2. 故障现象分析

分析一：变电站当地保护屏显示信息：××变电站 10kVⅠ出线 "过电流Ⅱ段启动"、"过电流Ⅲ段启动"、"过电流Ⅱ段动作"信息显示分析。

请见请参考【模块二】目标驱动一中（二）故障现象分析之分析一相关内容。

分析二：重合闸动作情况分析。

请见请参考【模块二】目标驱动一中（二）故障现象分析之分析二相关内容。

3. 处理步骤

(1) 获知事故发生地点或接到调控中心指令后应立即赶赴现场。

(2) 检查一、二次设备的动作情况及表计、信号指示情况，将检查结果由运维负责人向调控中心当值值班人员汇报清楚。

(3) 根据检查结果和分析原因进行处理。

具体处理步骤如下：

1) 运维人员对一、二次设备进行检查（不少于两人）。

2) 检查本站内二次设备运行工况，主要检查本站监控机、10kVⅠ出线保护屏，与监控机核对保护动作无误。记录保护及自动装置动作现象，调取、打印故障报告。汇报调控中心。

3) 一次设备组人员穿绝缘靴，戴绝缘手套、安全帽，到室外检查一次设备，从 10kVⅠ出线 003 断路器检查至线路出口所有设备。

检查 10kVⅠ出线 003 断路器在合位，回路及出口无问题，本站内未发现故障点。

立即汇报调控中心和生产调度。

4. 故障处理的关键点

(1) 能够正确调取和阅读故障信息报告，根据故障现象和故障信息能够正确分析故障的性质，判断故障范围，并能够针对小车断路器设备特点正确分析掌握在故障处理过程中存在的危险源，制订出合理、严谨的故障处理步骤和危险点控制措施。

(2) 到现场检查、处理故障的工作人员应穿戴合格的安全用具。

目标驱动三：处理 10kV 线路异相两点接地短路故障 1

××变电站一次设备接线方式如图 4-13 所示（运行方式：Ⅰ进线 101 断路器代 1 号主变压器、10kVⅠ段母线运行，Ⅱ进线 102 断路器代 2 号主变压器、10kVⅡ段母线运行，内桥 100 断路器、10kV 分段 000 断路器热备用），××变电站高压侧为内桥接线（GIS 设备），10kV 侧为单母分段接线（小车开关柜）。

保护配置请见第四章第一节【模块六】目标驱动二中所述。

1. 现象

（1）监控系统显示内容如下：

1）一次系统接线图显示信息：

a. ××变电站 10kVⅠ出线 003 断路器变红色闪光，有功、无功、电流均显示正常值。

b. ××变电站 10kVⅡ出线 004 断路器变红色闪光，有功、无功、电流均显示正常值。

2）告警信息窗显示信息：

a. ××变电站"事故总信号"、"预告信号"。

b. ××变电站 10kVⅠ出线"出口跳闸"、"重合闸动作"、"过电流Ⅰ段动作"、"10kVⅠ出线 003 断路器跳闸"、"10kVⅠ出线 003 断路器合闸"。

c. ××变电站 10kVⅡ出线"出口跳闸"、"重合闸动作"、"过电流Ⅰ段动作"、"10kVⅡ出线 004 断路器跳闸"、"10kVⅡ出线 004 断路器合闸"。

d. "10kVⅠ段母线接地"、"10kVⅠ段母线电压 A 相电压降低、B 相电压升高、C 相电压升高"，10kVⅠ段母线线电压指示正常。

（2）变电站当地保护屏显示信息：

1）××变电站 10kVⅠ出线保护及操控屏上液晶屏"过电流Ⅰ段启动"、"过电流Ⅱ段启动"、"过电流Ⅲ段启动"、"过电流Ⅰ段动作"信息显示，"跳闸"信息红灯亮，"合位"信息红灯亮。电流表计指示正常值。

线路侧高压带电指示装置显示"三相有电"。

2）××变电站 10kVⅡ出线保护及操控屏上液晶屏"过电流Ⅰ段启动"、"过电流Ⅱ段启动"、"过电流Ⅲ段启动"、"过电流Ⅰ段动作"信息显示，"跳闸"信息红灯亮，"合位"信息红灯亮。电流表计指示正常值。

线路侧高压带电指示装置显示"三相有电"。

2. 故障现象分析

10kV 线路异相两点接地短路故障分析简图 1 如图 4-39 所示。

注：在不同配电线路上发生异相两点接地时的情况比较复杂，因为每条配电线路的长度和电气参数都不可能相同，因此针对于每条配电线路所整定的继电保护整定值也不尽相同。而且一旦不同配电线路上发生异相两点接地故障时，不同线路上发生单相接地故障性质也不同（可能是金属性接地、也可能是非金属性接地），只能靠继电保护装置测量计算出的电气参数来判断故障点是在各自保护装置预先设定的哪段保护范围内，然后由保护装置按预先整定时限切除故障。本书所讨论的不同配电线路上发生异相两点接地故障分析与处理是基于每条配电线路长度和电气参数相同的比较理想的情况下进行的，请各位尊敬的读者注意！

分析一：××变电站 10kVⅠ出线线路出口 C 相瞬间接地短路故障时的本线路保护动作分析。

从独立分析角度来看，××变电站 10kVⅠ出线在 10kVⅠ段母线运行，10kVⅠ出线线

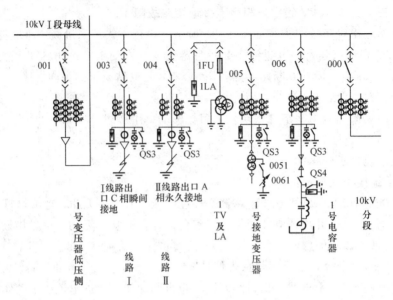

图 4 - 39　10kV 线路异相两点接地短路故障分析简图 1

路出口 C 相瞬间接地，在 10kV 小电流接地线系统中保护不动作。

分析二：××变电站 10kV Ⅱ出线线路出口 A 相永久接地短路故障时的本线路保护动作分析。

从独立分析角度来看，××变电站 10kV Ⅱ出线在 10kV Ⅰ段母线运行，10kV Ⅱ出线线路出口 A 相永久接地，在 10kV 小电流接地线系统中保护不动作。

分析三：××变电站 10kV Ⅱ出线线路出口 A 相和 10kV Ⅰ出线线路出口 C 相同时发生接地时综合分析。

（1）反应相间短路的三段式电流保护的基本原理。

请见第四章第一节【模块二】目标驱动一中（二）故障现象分析的相关内容。

（2）10kV Ⅱ出线和 10kV Ⅰ出线电流速断保护（过电流Ⅰ段）动作分析。

从综合分析角度来看，××变电站 10kV Ⅱ出线线路出口 A 相和 10kV Ⅰ出线线路出口 C 相同时发生接地，从保护判别故障性质的角度来分析此时相当于 10kV Ⅱ出线和 10kV Ⅰ出线发生了 AC 相短路故障，且在电流速断保护（过电流Ⅰ段）范围。10kV 输电线路电流保护原理展开图如图 4 - 36 所示，由于 10kV Ⅱ出线 A 相安装了 TA，故 10kV Ⅱ出线电流速断保护（过电流Ⅰ段）0 秒动作跳开 10kV Ⅱ出线 004 断路器。10kV Ⅰ出线 C 相安装了 TA，故 10kV Ⅰ出线电流速断保护（过电流Ⅰ段）动作，10kV Ⅰ出线 003 断路器跳闸。

分析四：10kV Ⅱ出线和 10kV Ⅰ出线重合闸装置动作分析。

单侧电源线路的三相一次重合闸原理图（仅适用于单电源供电线路）请见图 4 - 37 相关内容分析。

当电流速断保护（过电流Ⅰ段）跳开 10kV Ⅱ出线 004 断路器和 10kV Ⅰ出线 003 断路器后，按照重合闸装置动作逻辑 10kV Ⅱ出线和 10kV Ⅰ出线重合闸装置动作，10kV Ⅱ出线 004 断路器和 10kV Ⅰ出线 003 断路器重合。由于 10kV Ⅰ出线线路出口 C 相瞬间接地故障此事已经消失，10kV 系统 AC 相短路故障同时消失，因此，10kV Ⅱ出线 004 断路器和 10kV Ⅰ

出线 003 断路器重合成功。10kVⅡ出线线路出口 A 相接地是永久性接地，当 10kVⅡ出线 004 断路器重合成功后，10kVⅠ段母线绝缘监察系统会监测并发出"10kVⅠ段母线接地"、"10kVⅠ段母线电压 A 相电压降低、B 相电压升高、C 相电压升高"信息。

3. 处理步骤

（1）获知事故发生地点或接到调控中心指令后应立即赶赴现场。

（2）检查一、二次设备的动作情况及表计、信号指示情况，将检查结果由运维负责人向调控中心当值值班人员汇报清楚。

（3）根据检查结果和分析原因进行处理。

具体处理步骤如下：

运维人员对一、二次设备进行检查（不少于两人）。

检查本站内二次设备运行工况，主要检查本站监控机、10kVⅠ出线和 10kVⅡ出线保护屏，与监控机核对保护动作无误。记录保护及自动装置动作现象，调取、打印故障报告。汇报调控中心。

一次设备组人员穿绝缘靴，戴绝缘手套、安全帽，检查一次设备，从 1 号主变压器二次套管开始检查（10kV 系统），检查各线路及出口、母线各元件，重点检查 A 相。注意，防止跨步电压伤人。检查 10kVⅠ出线 003 断路器、10kVⅡ出线 004 断路器在合位，回路及出口无问题，本站内未发现故障点。立即汇报调控中心和生产调度。

按变电站接地选择规定进行接地设备选择，选择出 10kVⅡ出线 A 相接地。汇报调控中心根据调控中心命令进行下述操作：

步骤一：隔离故障点。

1）选择 10kVⅡ出线 004 断路器分闸。

2）检查 10kVⅡ出线 004 断路器分闸选线正确。

3）拉开 10kVⅡ出线 004 断路器。

4）检查 10kVⅡ出线 004 断路器三相电流表计指示正确，电流 A 相____ A、B 相____A、C 相____A。

5）检查 10kVⅡ出线 004 断路器分位监控信号指示正确。

6）检查 10kVⅡ出线保护测控装置断路器位置指示正确。

7）检查 10kVⅡ出线 004 断路器分位机械位置指示正确。

8）将 10kVⅡ出线 004 断路器操作方式开关由远方切至就地位置。

9）将 10kVⅡ出线 004 小车开关拉至试验位置。

10）检查 10kVⅡ出线 004 小车开关确已拉至试验位置。

步骤二：布置安全措施及工作流程完善。

1）检查 10kVⅡ出线电流互感器线路侧带电显示器三相指示无电。

2）合上 10kVⅡ出线 004-QS3 接地开关。

3）检查 10kVⅡ出线 004-QS3 接地开关确在合位。

4）拉开 10kVⅡ出线 004 断路器保护电源空气断路器。

5）拉开 10kVⅡ出线 004 断路器控制直流电源空气断路器。

6）取下 10kVⅡ出线 004 小车开关二次插件。

7）将 10kVⅡ出线 004 小车开关拉至检修位置。

8）检查 10kVⅡ出线 004 小车开关确已拉至检修位置。

9）在 10kVⅡ出线 004 断路器操作把手上分别挂"禁止合闸，线路有人工作！"标示牌（调控中心通知配电专业巡线、故障处理）。

10）将上述情况汇报调控中心及有关人员，同时准备好 10kVⅡ出线送电的操作票。

4．故障处理的关键点

（1）能够正确调取和阅读故障信息报告，根据故障现象和故障信息能够正确分析故障的性质，判断故障范围，并能够针对小车断路器设备特点正确分析掌握在故障处理过程中存在的危险源，制订出合理、严谨的故障处理步骤和危险点控制措施。

（2）到现场检查、处理故障的工作人员应穿戴合格的安全用具。

高压设备发生接地时，室内不得接近故障点 4m 以内，室外不得接近故障点 8m 以内。进入上述范围人员应穿绝缘靴，接触设备的外壳和构架时，应戴绝缘手套。

目标驱动四：处理 10kV 线路异相两点接地短路故障 2

××变电站一次设备接线方式如图 4-13 所示（运行方式：Ⅰ进线 101 断路器代 1 号主变压器、10kVⅠ段母线运行，Ⅱ进线 102 断路器代 2 号主变压器、10kVⅡ段母线运行，内桥 100 断路器、10kV 分段 000 断路器热备用），××变电站高压侧为内桥接线（GIS 设备），10kV 侧为单母分段接线（小车开关柜）。

保护配置请见第四章第一节【模块六】目标驱动二中所述。

1．现象

（1）监控系统显示内容如下：

1）一次系统接线图显示信息：

a.××变电站 10kVⅠ出线 003 断路器变绿色闪光，有功、无功、电流均显示 0 值。

b.××变电站 10kVⅡ出线 004 断路器变绿色闪光，有功、无功、电流均显示 0 值。

2）告警信息窗显示信息：

a.××变电站"事故总信号"、"预告信号"。

b.××变电站 10kVⅠ出线"出口跳闸"、"重合闸动作"、"过电流Ⅰ段动作"、"10kVⅠ出线 003 断路器跳闸"。

c.××变电站 10kVⅡ出线"出口跳闸"、"重合闸动作"、"过电流Ⅰ段动作"、"10kVⅡ出线 004 断路器跳闸"。

（2）变电站当地保护屏显示信息：

1）××变电站 10kVⅠ出线保护及操控屏上液晶屏"过电流Ⅰ段启动"、"过电流Ⅱ段启动"、"过电流Ⅲ段启动"、"过电流Ⅰ段动作"信息显示，"跳闸"信息红灯亮，"分位"信息绿灯亮。电流表计指示 0 值。

线路侧高压带电指示装置显示"三相无电"。

2）××变电站 10kVⅡ出线保护及操控屏上液晶屏"过电流Ⅰ段启动"、"过电流Ⅱ段启动"、"过电流Ⅲ段启动"、"过电流Ⅰ段动作"信息显示，"跳闸"信息红灯亮，"分位"信息绿灯亮。电流表计指示 0 值。

线路侧高压带电指示装置显示"三相无电"。

2．故障现象分析

10kV 线路异相两点接地短路故障分析简图 2 如图 4-40 所示。

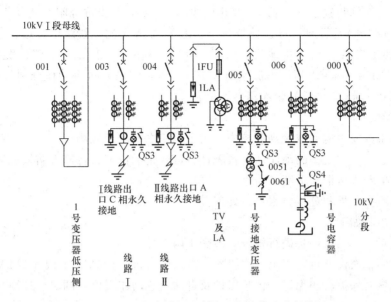

图 4-40　10kV 线路异相两点接地短路故障分析简图 2

分析一：××变电站 10kV Ⅰ出线线路出口 C 相永久接地短路故障时的本线路保护动作分析。

从独立分析角度来看，××变电站 10kV Ⅰ出线在 10kV Ⅰ段母线运行，10kV Ⅰ出线线路出口 C 相永久接地，在 10kV 小电流接地线系统中保护不动作。

分析二：××变电站 10kV Ⅱ出线线路出口 A 相永久接地短路故障时的本线路保护动作分析。

从独立分析角度来看，××变电站 10kV Ⅱ出线在 10kV Ⅰ段母线运行，10kV Ⅱ出线线路出口 A 相永久接地，在 10kV 小电流接地线系统中保护不动作。

分析三：××变电站 10kV Ⅱ出线线路出口 A 相和 10kV Ⅰ出线线路出口 C 相同时发生接地时综合分析。

（1）反应相间短路的三段式电流保护的基本原理。

请见【模块二】目标驱动一中（二）故障现象分析之相关内容。

（2）10kV Ⅱ出线和 10kV Ⅰ出线电流速断保护（过电流Ⅰ段）动作分析。

从综合分析角度来看，××变电站 10kV Ⅱ出线线路出口 A 相和 10kV Ⅰ出线线路出口 C 相同时发生接地，从保护判别故障性质的角度来分析此时相当于 10kV Ⅱ出线和 10kV Ⅰ出线发生了 AC 相短路故障，且在电流速断保护（过电流Ⅰ段）范围。10kV 输电线路电流保护原理展开图如图 4-36 所示，由于 10kV Ⅱ出线 A 相安装了 TA，故 10kV Ⅱ出线电流速断保护（过电流Ⅰ段）0 秒动作跳开 10kV Ⅱ出线 004 断路器。10kV Ⅰ出线 C 相安装了 TA，故 10kV Ⅰ出线电流速断保护（过电流Ⅰ段）动作，10kV Ⅰ出线 003 断路器跳闸。

分析四：10kV Ⅱ出线和 10kV Ⅰ出线重合闸装置动作分析。

单侧电源线路的三相一次重合闸原理图（仅适用于单电源供电线路）请见图 4-37 相关内容分析。

当电流速断保护（过电流Ⅰ段）动作跳开 10kV Ⅱ出线 004 断路器和 10kV Ⅰ出线 003 断

路器后，按照重合闸装置动作逻辑 10kVⅡ出线和 10kVⅠ出线重合闸装置动作，10kVⅡ出线 004 断路器和 10kVⅠ出线 003 断路器重合。由于 10kVⅠ出线线路出口 C 相永久接地故障和 10kVⅡ出线出口 A 相永久接地故障依然存在，相当于 10kV 系统 AC 相发生短路故障，此时 10kVⅡ出线和 10kVⅠ出线电流速断保护（过电流Ⅰ段）再次动作分别跳开 10kVⅡ出线 004 断路器和 10kVⅠ出线 003 断路器不重合。

3. 处理步骤

（1）获知事故发生地点或接到调控中心指令后应立即赶赴现场。

（2）检查一、二次设备的动作情况及表计、信号指示情况，将检查结果由运维负责人向调控中心当值值班人员汇报清楚。

（3）根据检查结果和分析原因进行处理。

具体处理步骤如下：

运维人员对一、二次设备进行检查（不少于两人）。

检查本站内二次设备运行工况，主要检查本站监控机、10kVⅠ出线和 10kVⅡ出线保护屏，与监控机核对保护动作无误。记录保护及自动装置动作现象，调取、打印故障报告。

汇报调控中心。

一次设备组人员穿绝缘靴、戴绝缘手套、安全帽，检查一次设备。

检查 10kVⅠ出线 003 断路器、10kVⅡ出线 004 断路器在分位，回路及出口无问题，本站内未发现故障点。

立即汇报调控中心和生产调度。

根据调控中心命令进行下述操作：

步骤一：事故处理。

1）如果调控中心下令对 10kVⅠ出线、10kVⅡ出线进行强送电。运维人员应执行如下程序后，隔离故障点。

a. 退出 10kVⅠ出线 003 断路器重合闸出口连接片。

b. 退出 10kVⅡ出线 004 断路器重合闸出口连接片。

c. 首先合上 10kVⅠ出线 003 断路器成功（此时出现接地现象）。

d. 然后合上 10kVⅡ出线 004 断路器，则出现 10kVⅠ出线 003、10kVⅡ出线电流速断保护动作，10kVⅠ出线 003、10kVⅡ出线 004 断路器同时跳闸现象。

e. 检查相关的一、二次设备及故障现象并做好记录（略）。

f. 立即汇报调控中心。

2）如果调控中心没有下令对 10kVⅠ出线和 10kVⅡ出线强送电，应隔离故障点。

步骤二：隔离故障点。

1）检查 10kVⅠ出线 003 断路器三相电流表计指示正确，电流 A 相____ A、B 相____ A、C 相____ A。

2）检查 10kVⅠ出线 003 断路器分位监控信号指示正确。

3）检查 10kVⅠ出线保护测控装置断路器位置指示正确。

4）检查 10kVⅠ出线 003 断路器分位机械位置指示正确。

5）将 10kVⅠ出线 003 断路器操作方式开关由远方切至就地位置。

6）将 10kVⅠ出线 003 小车开关拉至试验位置。

7）检查 10kVⅠ出线 003 小车开关确已拉至试验位置。

8）检查 10kVⅡ出线 004 断路器三相电流表计指示正确，电流 A 相＿＿ A、B 相＿＿ A、C 相＿＿ A。

9）检查 10kVⅡ出线 004 断路器分位监控信号指示正确。

10）检查 10kVⅡ出线保护测控装置断路器位置指示正确。

11）检查 10kVⅡ出线 004 断路器分位机械位置指示正确。

12）将 10kVⅡ出线 004 断路器操作方式开关由远方切至就地位置。

13）将 10kVⅡ出线 004 小车开关拉至试验位置。

14）检查 10kVⅡ出线 004 小车开关确已拉至试验位置。

步骤三：布置安全措施及工作流程完善。

1）检查 10kVⅠ出线电流互感器线路侧带电显示器三相指示无电。

2）合上 10kVⅠ出线 003-QS3 接地开关。

3）检查 10kVⅠ出线 003-QS3 接地开关确在合位。

4）拉开 10kVⅠ出线 003 断路器保护电源空气断路器。

5）拉开 10kVⅠ出线 003 断路器控制直流电源空气断路器。

6）取下 10kVⅠ出线 003 小车开关二次插件。

7）将 10kVⅠ出线 003 小车开关拉至检修位置。

8）检查 10kVⅠ出线 003 小车开关确已拉至检修位置。

9）在 10kVⅠ出线 003 断路器操作把手上分别挂"禁止合闸，线路有人工作！"标示牌。

10）检查 10kVⅡ出线电流互感器线路侧带电显示器三相指示无电。

11）合上 10kVⅡ出线 004-QS3 接地开关。

12）检查 10kVⅡ出线 004-QS3 接地开关确在合位。

13）拉开 10kVⅡ出线 004 断路器保护电源空气断路器。

14）拉开 10kVⅡ出线 004 断路器控制直流电源空气断路器。

15）取下 10kVⅡ出线 004 小车开关二次插件。

16）将 10kVⅡ出线 004 小车开关拉至检修位置。

17）检查 10kVⅡ出线 004 小车开关确已拉至检修位置。

18）在 10kVⅡ出线 004 断路器操作把手上分别挂"禁止合闸，线路有人工作！"标示牌。

19）将上述情况汇报调控中心及有关人员（调控中心通知配电专业巡线、故障处理）。同时准备好 10kVⅠ出线和 10kVⅡ出线送电的操作票。

4. 故障处理的关键点

（1）能够正确调取和阅读故障信息报告，根据故障现象和故障信息能够正确分析故障的性质，判断故障范围，并能够针对小车断路器设备特点正确分析掌握在故障处理过程中存在的危险源，制订出合理、严谨的故障处理步骤和危险点控制措施。

（2）到现场检查、处理故障的工作人员应穿戴合格的安全用具。

高压设备发生接地时，室内不得接近故障点 4m 以内，室外不得接近故障点 8m 以内。进入上述范围人员应穿绝缘靴，接触设备的外壳和构架时，应戴绝缘手套。

（3）如果调控中心下令进行 10kVⅠ出线、10kVⅡ出线强送电，当送出第一条线路时，接地现象会立即出现，因此应禁止继续操作，立即汇报调控中心。

（4）对属于一个电源系统供电系统同时发生异相两点接地时的保护动作逻辑应能正确分析，且能够对此类故障进行正确判断和处理。

危险预控 --

表 4 - 19　　　　　　　　　　　　线路事故处理危险点

序号	线路事故处理危险点	控 制 措 施
1	线路故障跳闸后，检查不细，断路器可能存在故障，再次恢复送电时，造成断路器爆炸等严重故障	线路故障跳闸后，应按事故处理程序全面检查故障间隔所属设备，防止断路器存在故障造成再次切断故障电流时可能产生的隐患
2	线路故障跳闸后，未认真检查断路器位置就操作断路器两侧隔离开关（或拉合小车开关），可能引起带负荷拉隔离开关	拉开断路器两侧隔离开关（或拉合小车开关）时，断路器的位置检查应以设备实际位置为准，无法看到实际位置时，可通过设备机械位置指示、电气指示、带电显示装置、仪表及各种遥测、遥信等信号的变化来判断。判断时，应有两个及以上的指示，且所有指示均已同时发生对应变化
3	线路故障跳闸后，未记录、核对统计断路器累计跳闸次数，可能造成断路器切除故障电流时爆炸	线路故障跳闸后，应及时记录、核对统计断路器累计跳闸次数，如超过规定次数，应立即上报，不允许擅自操作
4	不允许线路故障跳闸后重合闸的电缆（海缆）线路，跳闸后，未查明原因就强送电	跳闸后，待查明原因听候调度命令送电
5	66(35)kV 侧线路故障使 66(35)kV 某段母线失压，恢复主变压器送电时，选择内桥断路器充电，没投充电保护（或充电后未退出充电保护），因变电站内部存在故障造成变电站失压	正确选择充电方式及断路器，保护相符使用
6	用分段断路器对母线充电，没投充电保护（或充电后未退出充电保护），因变电站内部存在故障造成变电站低压侧失压	保护相符使用
7	防误闭锁装置失灵发生误操作	（1）应及时汇报，限期处理。 （2）积极采取补救措施。 （3）如需解除逻辑闭锁功能进行操作之前应按防误装置使用规定严格执行，不准擅自解除闭锁装置或使用万能解锁钥匙

思维拓展 --

以下其他情景下的事故处理步骤请读者思考后写出：

（1）图 4 - 13 的运行方式下，"××变电站 66(35)kV Ⅰ进线线路故障"的处理步骤。

（2）图 4 - 13 的运行方式下，"××变电站 66(35)kV Ⅱ进线线路故障"的处理步骤。

相关知识 --

1. 线路故障的种类

（1）线路故障按故障相别可划分为单相接地故障、相间短路故障、三相短路故障等。发生三相短路故障时，系统保持对称性，系统中将不产生零序电流。发生而单相故障时，系统三相不对称，将产生零序电流。当线路两相短时内相继发生单相短路故障时，由于线路重合闸动作特性，通常会判断为相间故障。

（2）线路故障按故障形态可划分为短路、断线故障。短路故障是线路最常见也最危险的故障形态，发生短路故障时，根据短路点的接地电阻大小以及距离故障点的远近，系统的电压将会有不同程度的降低。在大接地电流系统中，短路故障发生时，故障相将会流过很大的故障电流，通常故障电流会到负荷电流的十几甚至几十倍。故障电流在故障点会引起电弧危及设备和人身安全，还可能使系统中的设备因为过流而受损。

（3）线路故障按故障性质划分为瞬间故障、永久故障等。线路故障大多数为瞬间故障，发生瞬间故障后，线路重合闸动作，断路器重合成功，不会造成线路停电。

2. 输电线路跳闸事故处理的基本原则和方法

线路保护动作跳闸，对于送端，是一条线路停止供电，而对于受端，则可能发生母线失压甚至是全站失压事故，对于电力系统，可能会影响系统的稳定性。因此，线路保护动作跳闸，必须汇报调度，听从调度指挥。

（1）一般要求。

1）线路保护动作跳闸时，变电运维人员应认真检查保护及自动装置动作情况、故障录波器动作情况，检查站内一次设备动作情况和正常运行设备的运行情况，分析继电保护及自动装置的动作行为。

2）及时向调度汇报，汇报内容要全面，包括检查情况、天气情况等，便于调度及时、全面地掌握情况，结合系统情况进行分析判断。

3）线路保护动作跳闸，无论重合闸装置是否动作或重合成功与否，均应对断路器进行外部检查。

4）凡线路保护动作跳闸，应检查断路器所连接设备、出线部分有无故障现象。

总之，线路保护动作跳闸，一般必须与调度联系，详细汇报相关情况。处理时，应根据继电保护动作情况，按调度命令执行。

（2）线路跳闸后强送注意的问题。

线路故障大多是暂时的，强送时应考虑以下内容：

1）调控人员应正确选取强送端，使电网稳定不致遭到破坏，通常采用大电源侧进行强送。强送前，检查有关主干线路的输送功率在规定的范围之内，必要时应降低有关主干线路的输送功率至允许值并采取提高系统稳定水平的措施。

2）变电运维人员必须对故障跳闸线路的相关设备进行外部检查，并将检查结果汇报。装有故障录波器的变电站、发电厂可根据这些装置判明故障地点和故障性质。线路故障时，如伴有明显的故障现象，如火花、爆炸声、系统振荡等，需检查设备并消除振荡后再考虑强送。

3）强送所用的断路器必须完好，且具有完备的继电保护。

4）强送前调控人员应对强送端电压进行控制，并对强送后首端、末端及沿线电压做好估算，避免引起过电压。

5）线路故障跳闸后，一般允许强送一次，如强送不成功，再次强送，须经主管生产的领导同意。

6）线路故障跳闸，断路器跳闸次数应在允许的范围内，如断路器切除故障次数已达到规定次数，由变电运维人员根据现场规定，向相关调度汇报并提出处理建议。

7）当线路保护和高压电抗器保护同时动作造成线路跳闸时，事故处理应考虑线路和高抗同时故障的情况，在未查明高抗保护动作原因和消除故障前不得强送；如线路允许不带电抗器运行，则可将高抗退出后对线路强送。

8）强送电时，应将所用断路器的重合闸装置停用，强送断路器所在的母线上必须有变压器中性点直接接地。

9）有带电作业的线路故障跳闸后，若明确要求跳闸后不得强送者，在未查明原因之前不得强送。

10）系统间联络线送电，应考虑是否会出现非同期合闸。

11）由于恶劣天气，如大雾、暴风雨等，造成局部地区多条线路相继跳闸时，应尽快强送线路，保持电网结构完整。

12）线路跳闸后，若引起相邻线路或变压器过载、超稳定极限运行，则应在采取措施消除过载现象后再强送线路。

13）强送电后应对已送电的断路器进行外部检查。

（3）线路跳闸后不宜强送的情况。

下列情况的线路跳闸后，不宜立即强送电。

1）空充电线路。

2）试运行线路。

3）线路跳闸后，经备用电源自动投入已将负荷转移到其他线路上，不影响供电。

4）电缆线路。

5）有带电作业工作并申明不能强送的线路。

6）线路变压器组断路器跳闸，重合不成功。

7）运维人员已发现明显故障现象时。

8）线路断路器有缺陷或遮断容量不足的线路。

9）已掌握有严重缺陷的线路，如水淹、杆塔严重倾斜、导线严重断股等情况。

除以上情况外，线路跳闸，重合不成功，按有关规定或请示生产负责领导后可进行强送电，有条件的可对线路进行零起升压。

【模块三】 变压器事故分析及处理

核心知识 --

（1）变电站主变压器配备保护的形式及工作原理。

（2）变电站主变压器的主要故障类型和产生原因。

（1）正确发现及分析变电站主变压器故障发生时的现象。

（2）掌握变电站主变压器发生事故时的正确处理原则和步骤。

（3）在处理变电站主变压器发生事故过程中，运维人员能够对潜在的危险点正确认知并能提前预控危险。

目标驱动

目标驱动一：处理变电站 1 号主变压器瓦斯保护动作

××变电站一次设备接线方式如图 4-13 所示（运行方式：Ⅰ进线 101 断路器代 1 号主变压器、10kVⅠ段母线运行，Ⅱ进线 102 断路器代 2 号主变压器、10kVⅡ段母线运行，内桥 100 断路器、10kV 分段 000 断路器热备用），××变电站高压侧为内桥接线（GIS 设备），10kV 侧为单母分段接线（小车开关柜）。

保护配置请见第四章第一节【模块六】目标驱动二中所述。

1. 现象

1 号主变压器保护装置屏面图如图 4-41 所示。

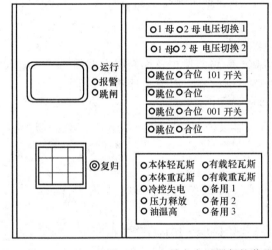

图 4-41　1 号主变压器保护装置屏面图

（1）监控系统显示内容如下：

1）一次系统接线图显示信息：

a.××变电站 66(35)kVⅠ进线 101 断路器变绿色闪光，有功、无功、电流均显示 0 值。

b.××变电站 1 号主变压器低压侧 001 断路器变绿色闪光，有功、无功、电流均显示 0 值。

c.××变电站 10kV 1 号电容器 006 断路器变绿色闪光，无功、电流均显示 0 值。

d.××变电站 10kV 分段 000 断路器变红色闪光，有功、无功、电流均显示正常值。

e.66(35)kVⅠ母线变绿色，电压指示 0 值。

2）告警信息窗显示信息：

a.××变电站"事故总信号"、"预告信号"。

b. ××变电站 1 号主变压器"本体装置动作"、"本体重瓦斯跳闸"、"压力释放"。

c. ××变电站 1 号主变压器"出口跳闸"、"66(35)kVⅠ进线 101 断路器跳闸"、"1 号主变压器低压侧 001 断路器跳闸"。

d. ××变电站备自投装置"主保护闭锁高压侧备自投"、"10kV 备自投动作"、"合分段 000 断路器"、"10kV 分段 000 断路器合闸"。

e. ××变电站 10kV 1 号电容器"出口跳闸"、"低电压动作"、"10kV 1 号电容器 006 断路器跳闸"。

f. ××变电站 1 号接地变压器、10kVⅠ出线、10kVⅡ出线保护装置显示"TV 断线"后自动"复归"。

g. ××变电站 66(35)kVⅠ母线"TV 断线"。

h. ××变电站直流电源充电机 1 电源故障、复归，站用电Ⅰ母失电、复归。

（2）变电站当地保护屏显示信息如下：

1）××变电站 1 号主变压器保护装置"报警"、"跳闸"、"101 断路器跳位"、"001 断路器跳位"、"本体轻瓦斯"、"本体重瓦斯"、"压力释放"信息红灯亮，电压切换 1"1 母"运行绿灯灭，液晶屏"本体重瓦斯动作"信息显示。

2）××变电站备自投装置液晶屏"主保护闭锁高压侧备自投"、"10kV 备投加速动作"信息显示。

（3）变电站当地一次设备显示信息如下：

1）××变电站 10kV 1 号电容器 006 断路器保护及操控屏上液晶屏"低电压动作"信息显示，"跳闸"信息红灯亮，"分位"信息绿灯亮，电流表计指示 0 值。

10kV 1 号电容器 006 断路器在分位。

2）××变电站 10kV 分段 000 断路器保护及操控屏上"合闸"信息红灯亮，"合位"信息红灯亮。电流表计指示正常值。

10kV 分段 000 断路器在合位。

3）××变电站 1 号主变压器低压侧 001 断路器操控屏上电流表计指示 0 值。1 号主变压器低压侧 001 断路器在分位。

4）66(35)kV GIS 设备显示 66(35)kVⅠ进线 101 断路器在分位。

5）1 号主变压器瓦斯继电器内有气体，压力释放阀动作喷油。

2. 故障现象分析

（1）变压器瓦斯保护动作分析。

1）变压器瓦斯保护原理。

瓦斯保护是反应变压器油箱内部气体的数量和流动的速度而动作的保护，保护变压器油箱内各种短路故障，特别是对绕组的相间短路和匝间短路。由于短路点电弧的作用，将使变压器油和其他绝缘材料分解，产生气体。气体从油箱经连通管流向油枕，利用气体的数量及流速构成瓦斯保护。

瓦斯继电器是构成瓦斯保护的主要元件，它安装在油箱与油枕之间的连接管道上，如图 4-42 瓦斯继电器安装示意图所示，这样油箱内产生的气体必须通过瓦斯继电器才能流向油枕。为了不妨碍气体的流通。变压器安装时应使顶盖沿瓦斯继电器的方向与水平面具有 1%～1.5% 的升高坡度，通往继电器的连接管具有 2%～4% 的升高坡度。

目前，在电力系统中应用的瓦斯继电器类型大部分是开口杯挡板式瓦斯继电器，其内部结构如图 4-43 所示。正常运行时，上、下开口杯 2 和 1 都浸在油中，开口杯和附件在油内的重力所产生的力矩小于平衡锤 4 所产生的力矩，因此开口杯向上倾，干簧触点 3 断开。当油箱内部发生轻微故障时，少量的气体上升后逐渐聚集在继电器的上部，迫使油面下降。而使上开口杯露出油面，此时由于浮力的减小，开口杯和附件在空气中的重力加上杯内油重所产生的力矩大于平衡锤 4 所产生的力矩，于是上开口杯 2 顺时针方向转动，带动永久磁铁10 靠近干簧触点 3，使触点闭合，发生"轻瓦斯"保护动作信号。当变压器油箱内部发生严重故障时，大量气体和油流直接冲击挡板 8，使下开口杯 1 顺时针方向旋转，带动永久磁铁靠近下部干簧的触点 3 使之闭合，发出跳闸脉冲，表示"重瓦斯"保护动作。当变压器出现严重漏油而使油面逐渐降低时，首先是上开口杯露出油面，发出报警信号，继之下开口杯露出油面后也能动作，发出跳闸脉冲。

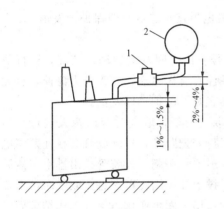

图 4-42　瓦斯继电器安装示意图

1—瓦斯继电器；2—油枕

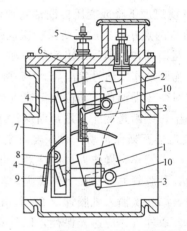

图 4-43　开口杯挡板式瓦斯继电器的结构图

1—下开口杯；2—上开口杯；3—干簧触点；
4—平衡锤；5—放气阀；6—探针；7—支架；
8—挡板；9—进油挡板；10—永久磁铁

变压器瓦斯保护原理接线如图 4-44 所示，上面的触点表示"轻瓦斯保护"，动作后经延时发出报警信号。下面的触点表示"重瓦斯保护"，动作后启动变压器保护的总出口继电器，使断路器跳闸。当油箱内部发生严重故障时，由于油流的不稳定可能造成干簧触点的抖动，此时为使断路器能可靠跳闸，应选用具有电流自保持线圈的出口中间继电器 KM，动作后由断路器的辅助触点来解除出口回路的自保持。此外，为防止变压器换油或进行试验时引起重瓦斯保护误动作跳闸，可利用切换片 XB 将跳闸回路切换到信号回路。

瓦斯保护的主要优点是动作迅速、灵敏度高、安装接线简单、能反映油箱内部发生的各种故障。其缺点则是不能反映油箱以外的套管及引出线等部位上发生的故障。因此，瓦斯保护可作为变压器的主保护之一，与纵差动保护相互配合、相互补充，实现快速而灵敏地切除变压器油箱内、外及引出线上发生的各种故障。

2)"瓦斯动作"信号发出的原因。

a. 变压器本体上重瓦斯保护动作跳开变压器各侧断路器后发出"瓦斯动作"信号。

b. 变压器内部有轻微故障。

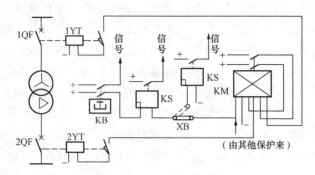

图 4-44　变压器瓦斯保护原理接线图

c. 变压器本体进入空气。

d. 环境温度下降或变压器漏油致使油面缓慢下降。

e. 直流两点接地造成瓦斯保护误动作或瓦斯继电器进水造成瓦斯保护误发信。

3）"瓦斯动作"信号发出后的处理。

a. "瓦斯动作"信号发出后，"瓦斯动作"信号发出时间及保护动作情况，运行值班人员应首先对变压器油色、油位及温度进行检查，并注意有无喷油，有无外力碰撞，有无振动等情况发生，判断是变压器重瓦斯保护还是变压器轻瓦斯保护动作发信。

b. 变压器瓦斯保护动作后，要对变压器进行取气分析，取气时应由两人进行，其中一人监护，一人操作，操作人员应注意与带电设备保持安全距离，将乳胶管套在瓦斯继电器的放气嘴上，乳胶管另一头夹上弹簧夹，然后，将注射器针头刺入乳胶管拔出排空，然后再次进行排空，第三次插入乳胶管取 20～30mL 气体，拔下针头用胶布密封。取气时，不要让油混入气体。取样气体应避光保存，以免气体在光的作用下发生变化，取气工作结束后应将气体立即送检修单位进行分析，在送交过程中需注意防止漏气。

瓦斯保护装置动作的原因和故障性质可由继电器内积累的气体多少颜色和化学成分鉴别：

a）气体无色无味不燃可定性为变压器进入空气故障。

b）气体颜色微黄色不燃可定性为变压器木质绝缘损坏故障。

c）气体颜色浅灰色带强烈臭味可燃可定性为变压器纸或纸板故障。

d）气体颜色灰色或黑色易燃可定性为变压器绝缘油故障。

c. 经检查如果为瓦斯回路或继电器结线盒进水，变压器本身无故障且其他保护未动作，应立即将瓦斯保护由跳闸改为信号，通知检修单位来站处理。

d. 经检查如果气体为无色无味不燃，证明气体是空气，则变压器可继续运行。如果气体性质变化，表明变压器内部故障，应汇报调控中心，做好安全措施，准备对变压器进行抢修。

e. 如果变压器瓦斯保护动作跳开各侧断路器，运行值班人员应检查潮流变化情况，汇报调控中心，运行值班人员应密切监视与停电变压器并列运行的变压器是否出现过负荷现象，如果有过负荷现象发生运行值班人员应立即汇报调控中心，通过调负荷将过负荷运行的变压器负荷降至正常。

f. 经检查若发现瓦斯继电器通向油枕的油门关闭而导致瓦斯信号误动，应立即将瓦斯保护由跳闸改为信号，汇报调控中心，排尽气体后，再开启油门，将变压器投入运行。

g. 如果变压器瓦斯保护动作跳开各侧断路器，运行值班人员不经详细检查，在没有确定事故性质时严禁将跳闸变压器再次合闸送电。

4）1 号主变压器瓦斯保护动作分析。

如图 4-43 所示，当 1 号主变压器油箱内部发生短路故障时，大量气体和油流直接冲击瓦斯继电器挡板 8，使下开口杯 1 顺时针方向旋转，带动永久磁铁靠近下部干簧的触点 3 使之闭合，发出跳闸脉冲，"重瓦斯"保护动作。

如图 4-44 所示，瓦斯继电器 KB 动作后→直流＋→KB 下部干簧的触点 3 闭合（KB 上部干簧的触点 3 闭合）→KS 线圈励磁（KS 动合触点闭合发出"重瓦斯保护动作"信号）→保护连接片 XB→中间继电器 KM 线圈励磁→KM 动合触点闭合。

直流＋→KM 动合触点→1QF 动合触点（2QF 动合触点）→1QF 跳闸线圈励磁（2QF 跳闸线圈励磁）→直流—→1QF 跳闸（2QF 跳闸）。即瓦斯保护动作使 66（35）kV Ⅰ 进线 101、1 号主变压器二次主 001 断路器跳闸。

（2）压力释放阀动作分析。

1）压力释放阀保护原理。

压力释放阀是一种安全保护阀门，作为油箱防爆保护装置，可及时切断电源并避免油箱变形或爆裂。如图 4-45 压力释放阀结构图所示，压力释放阀有一个金属膜盘，正常时受反弹簧压力作用紧压在阀座上，当油箱压力升高超过弹簧压力时，使膜盘顶起，变压器油从膜盘和阀座之间喷出，将气体放出，使油箱压力迅速降低，同时压力释放阀的微动开关动作，其触点闭合，发出"压力释放"信号。当变压器油箱或有载调压油箱内部的压力一直下降到动作压力的 53%～55% 时，变压器压力释放阀能自动可靠关闭，有效地防止外部空气、水分或其他杂质进入油箱。压力释放阀结构示意图如图 4-45 所示，压力释放阀微动开关示意图如图 4-46 所示，压力释放阀发出预告信号示意图如图 4-47 所示。

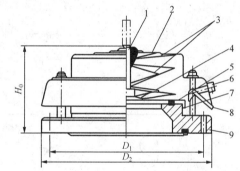

图 4-45　压力释放阀结构示意图

1—标志杆；2—外罩；3—弹簧；
4—膜盘；5—密封胶圈；6—开关；
7—侧胶圈；8—复位手柄；9—阀座

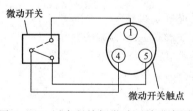

图 4-46　压力释放阀微动开关示意图

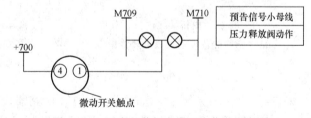

图 4-47　压力释放阀发出预告信号示意图

2）"压力释放"信号发出的原因分析。

a. 当变压器油箱或有载调压油箱内部发生故障时，一部变压器油被气化，使其内部压力剧增。当达到动作压力时,压力释放阀即动作。

b.变压器压力释放阀微动开关有故障,变压器压力释放阀动作后不复归。

3)"压力释放"信号发出后的处理。

a.运行值班人员应现场检查变压器油色、油位,如果发现变压器有喷油现象,应立即汇报调控中心,将变压器停运。

b.对变压器取油样检查若确定为变压器内部故障所至应将变压器停电进行处理。

c.若变压器压力释放阀动作不复归,可将变压器停电对压力释放阀的微动开关进行检查消缺。

(3)备自投装置动作分析。

1)备自投装置工作原理。内桥接线变电站备投工作原理请见第三章第六节【相关知识】中内容。

2)××变电站备自投装置液晶屏"主保护闭锁高压侧备自投"、"10kV备投加速动作"信息显示分析。

内桥接线内桥、分段断路器备投一次系统接线图(××变电站一次系统正常运行方式)如图4-48所示,内桥接线内桥、分段断路器备投运行方式1号主变压器故障高低压断路器跳闸后一次系统接线示意图如图4-49所示。

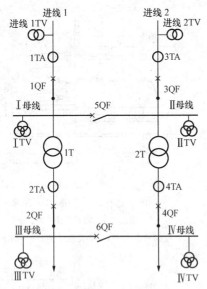

图4-48　内桥接线内桥、分段
断路器备投一次系统接线图

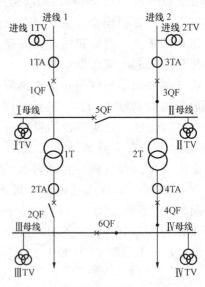

图4-49　内桥接线内桥、分段断路器
备投运行方式1号主变压器故障高低
压断路器跳闸后一次系统接线示意图

××变电站一次系统正常运行时Ⅰ进线101断路器代1号主变压器、10kVⅥ段母线运行,Ⅱ进线102断路器代2号主变压器、10kVⅦ段母线运行,内桥100断路器、10kV分段000断路器热备用。当两台主变压器任意一侧为手动跳开或主保护动作时,闭锁备自投装置。

当1号主变压器本体瓦斯保护动作时跳开主变压器两侧断路器,即跳开66(35)kVⅠ进线101断路器和1号主变压器二次主001断路器。同时闭锁66(35)kV侧备自投装置,使

66(35)kV 侧内桥 100 断路器不能合闸，如果此时不闭锁 66(35)kV 侧备自投装置，将会造成通过 66(35)kV 侧内桥 100 断路器再次向已经发生故障的 1 号主变压器合闸送电的错误动作行为。由于 1 号主变压器二次主 001 断路器已经跳开，10kV 侧备自投装置符合动作条件，因此 10kV 侧备自投装置动作合上 10kV 分段 000 断路器，使 10kV Ⅰ 段母线恢复送电。

（4）电容器低电压保护动作分析。

1）电容器组低电压保护逻辑。低电压保护装置必须在并联电容器组所接母线失压后，带短延时将其从系统切除。动作延时应大于该母线上所接馈电线路短路保护的最长动作时限，又应小于电源侧自动重合闸动作时限。其动作电压应小于正常运行时，并联电容器组所接母线可能出现的最低电压值，一般取 0.5～0.6 倍额定电压为低电压继电器动作值。为了防止所接 TV 二次空气断路器误跳造成 TV 二次失压引起低压保护误动，保护经电流闭锁。当供电电压消失后，电容器组有电流。当 TV 二次失压时，电容器组有电流。如果有流，保护装置判定为 TV 误跳，电容器保护不应动作，闭锁断路器跳闸。如果无流，保护装置判定符合动作条件，跳开电容器断路器。其电容器组低电压保护逻辑框图如图 4 - 50 所示。

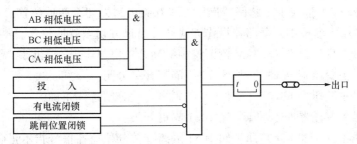

图 4 - 50　电容器组低电压保护逻辑框图

2）10kV 1 号电容器 006 断路器跳闸分析。根据电容器组低电压保护逻辑可知，当 10kV Ⅰ 段母线失去电压后 10kV 1 号电容器低电压保护动作跳开 10kV 1 号电容器 006 断路器。

3. 处理步骤

（1）获知事故发生地点或接到调控中心指令后应立即赶赴现场。

（2）检查一、二次设备的动作情况及表计、信号指示情况，将检查结果由运维负责人向调控中心当值值班人员汇报清楚。

（3）根据检查结果和分析原因进行处理。

具体处理步骤如下：

（1）运维人员对一、二次设备进行检查（不少于两人）。

（2）检查本站内二次设备运行工况，主要检查本站监控机、1 号主变压器、10kV 1 号电容器保护屏和备自投装置屏，与监控机核对保护动作无误。记录保护及自动装置动作现象，调取、打印故障报告。

汇报调控中心。

（3）一次设备组人员穿绝缘靴，戴绝缘手套、安全帽，检查一次设备。

1）检查 1 号主变压器本体、66(35)kVGIS 设备及 10kV Ⅰ 段母线连接的所有设备单元设备，发现 66(35)kV Ⅰ 进线 101、1 号主变压器二次主 001、66(35)kV 内桥 100 断路器在开位、主变压器压力释放阀动作，无其他故障现象，本体瓦斯继电器内有很多气体。

检查 10kV Ⅰ 段母线所属设备单元 10kV Ⅰ 出线 003、10kV Ⅱ 出线 004、10kV 1 号接地变压器 005、10kV 分段 000 断路器在合位，10kV 1 号电容器 006 断路器在开位。

2）取出 1 号主变压器本体瓦斯继电器内气体（取气体时，人员应要穿戴好劳动保护用品，一人操作、一人监护，防止造成高空摔跌）。必须采用专用取气装置进行，取出的气体立即送试验部门进行试验，判定主变压器内部故障性质。

3）检查 2 号主变压器负荷情况，加强温度监视。

4）检查 10kV Ⅰ 段母线电压指示正确。

5）检查 10kV 1 号接地变压器控制屏低压三相电压表指示值正确。

立即汇报调控中心和生产调度。

（4）根据调控中心命令进行下述操作：

步骤一：隔离故障点。

1）检查 66(35)kV Ⅰ 母线 TV 表计指示 0 值。

2）将 66(35)kV Ⅰ 进线 101 断路器操作方式开关由远方切至就地位置。

3）将 66(35)kV 内桥 100 断路器操作方式开关由远方切至就地位置。

4）合上 1 号主变压器 66(35)kV 侧汇控柜隔离开关电机电源空气断路器。

5）选择 1 号主变压器 66(35)kV 侧 1031 隔离开关分闸。

6）检查 1 号主变压器 66(35)kV 侧 1031 隔离开关分闸选线正确。

7）拉开 1 号主变压器 66(35)kV 侧 1031 隔离开关。

8）检查 1 号主变压器 66(35)kV 侧 1031 隔离开关分位监控信号指示正确。

9）检查 1 号主变压器 66(35)kV 侧 1031 隔离开关汇控柜位置指示确在分位。

10）检查 1 号主变压器 66(35)kV 侧 1031 隔离开关位置指示器确在分位。

11）将 1 号主变压器 10kV 侧 001 断路器操作方式开关由远方切至就地位置。

12）将 1 号主变压器 10kV 侧 001 小车开关拉至试验位置。

13）检查 1 号主变压器 10kV 侧 001 小车开关确已拉至试验位置。

14）拉开 1 号主变压器 10kV 侧 001 断路器控制直流电源空气断路器。

15）取下 1 号主变压器 10kV 侧 001 小车开关二次插件。

16）将 1 号主变压器 10kV 侧 001 小车开关拉至检修位置。

17）检查 1 号主变压器 10kV 侧 001 小车开关确已拉至检修位置。

步骤二：事故处理。

1）退出 66(35)kV 备投装置功能（具体操作步骤略）。

2）退出 10kV 备投装置功能（具体操作步骤略）。

3）合上 10kV 1 号电容器 006 断路器（具体操作步骤略）。

4）拉开 1 号主变压器保护电源空气断路器。

5）退出 1 号主变压器低后备出口跳 10kV 分段 000 断路器出口连接片。

6）退出 1 号主变压器高后备出口跳 10kV 分段 000 断路器出口连接片。

7）退出 1 号主变压器差动保护跳 66(35)kV Ⅰ 进线 101 断路器出口连接片。

8）退出 1 号主变压器差动保护跳 1 号主变压器 10kV 侧 001 断路器出口连接片。

9）退出 1 号主变压器差动保护跳 66(35)kV 内桥 100 断路器出口连接片。

10）退出 1 号主变压器高后备出口跳 66(35)kVⅠ进线 101 断路器连接片。

11）退出 1 号主变压器高后备出口跳 1 号主变压器 10kV 侧 001 断路器连接片。

12）退出 1 号主变压器高后备出口跳 66(35)kV 内桥 100 断路器连接片。

13）退出 1 号主变压器非电量跳 66(35)kVⅠ进线 101 断路器出口连接片。

14）退出 1 号主变压器非电量跳 1 号主变压器 10kV 侧 001 断路器出口连接片。

15）退出 1 号主变压器非电量跳 66(35)kV 内桥 100 断路器出口连接片。

16）退出 1 号主变压器高后备闭锁有载调压出口连接片。

17）退出 1 号主变压器差动闭锁 66(35)kV 桥备投连接片。

18）退出 1 号主变压器高后备出口闭锁 66(35)kV 桥备投连接片。

19）退出 1 号主变压器高后备出口闭锁 10kV 分段备投连接片。

20）退出 1 号主变压器低后备出口闭锁 10kV 分段备投连接片。

21）退出 1 号主变压器非电量闭锁 66(35)kV 桥备投连接片。

22）退出 1 号主变压器投 10kV 低后备启动高后备连接片。

23）退出 1 号主变压器本体重瓦斯保护投入连接片。

24）退出 1 号主变压器有载重瓦斯保护投入连接片。

25）退出 1 号主变压器差动保护连接片。

26）退出 1 号主变压器高后备投过流保护连接片。

27）将 66(35)kVⅠ进线 101 断路器操作方式开关由就地切至远方位置。

28）将 66(35)kV 内桥 100 断路器操作方式开关由就地切至远方位置。

29）选择 66(35)kVⅠ进线 101 断路器合闸。

30）检查 66(35)kVⅠ进线 101 断路器合闸选线正确。

31）合上 66(35)kVⅠ进线 101 断路器。

32）检查 66(35)kVⅠ进线 101 断路器三相电流表计指示正确，电流 A 相＿＿＿ A、B 相＿＿＿A、C 相＿＿＿ A。

33）检查 66(35)kVⅠ母线电压表计指示正确。

34）检查 66(35)kVⅠ进线 101 断路器合位监控信号指示正确。

35）检查 66(35)kVⅠ进线保护测控装置断路器位置指示正确。

36）检查 66(35)kVⅠ进线 101 断路器汇控柜位置指示确在合位。

37）检查 66(35)kVⅠ进线 101 断路器合位机械位置指示正确。

38）投入 66(35)kV 备投装置功能（具体操作步骤略）。

步骤三：布置安全措施及工作流程完善。

1）将 1 号主变压器 66kV（35kV）侧汇控柜操作方式选择开关由远控切至近控位置。

2）合上 1 号主变压器 66kV（35kV）侧 1031-QS2 接地开关。

3）检查 1 号主变压器 66kV（35kV）侧 1031-QS2 接地开关汇控柜位置指示确在合位。

4）检查 1 号主变压器 66kV（35kV）侧 1031-QS2 接地开关合位机械位置指示正确。

5）检查 1 号主变压器 66kV（35kV）侧 1031-QS2 接地开关合位监控信号指示正确。

6）拉开 1 号主变压器 66kV（35kV）侧汇控柜隔离开关电机电源空气断路器。

7）将 1 号主变压器 66kV（35kV）侧汇控柜操作方式选择开关由近控切至远控位置。

8）在 1 号主变压器 10kV 侧出线套管母线桥至母线桥侧三相验电确无电压。

9）在 1 号主变压器 10kV 侧出线套管至母线桥侧装设____号接地线。

10）在 1 号主变压器周围布置符合检修要求的安全措施，通知有关单位进行处理。

11）将上述情况汇报调控中心及有关人员。同时准备好恢复 1 号主变压器送电的操作票。

12）继续监视 2 号主变压器负荷情况及上层油温情况。

13）1 号主变压器故障原因在未查明之前不准将 1 号主变压器投入运行。

4. 故障处理的关键点

（1）能够正确调取和阅读故障信息报告，根据故障现象和故障信息能够正确分析故障的性质，判断故障范围，并能够正确分析掌握在故障处理过程中存在的危险源，制订出合理、严谨的故障处理步骤和危险点控制措施。

（2）到现场检查、处理故障的工作人员应穿戴合格的安全用具。

（3）及时汇报调控中心。

（4）加强 2 号主变压器本体上层油温、油位、声音及一、二次回路过热的监视工作。

（5）按照正确的方式取气，根据气体颜色鉴别故障性质，注意防止高空摔跌。

（6）正确隔离故障点后才能进行事故处理。

（7）掌握主变瓦斯保护和备自投装置的工作原理，特别要掌握主变压器主保护与备自投装置之间的闭锁逻辑关系。

目标驱动二：处理变电站 1 号主变压器差动保护动作

××变电站一次设备接线方式如图 4 - 13 所示（运行方式：Ⅰ进线 101 断路器代 1 号主变压器、10kVⅠ段母线运行，Ⅱ进线 102 断路器代 2 号主变压器、10kVⅡ段母线运行，内桥 100 断路器、10kV 分段 000 断路器热备用），××变电站高压侧为内桥接线（GIS 设备），10kV 侧为单母分段接线（小车开关柜）。

保护配置请见第四章第一节【模块六】目标驱动二中所述。

1. 现象

1 号主变压器保护装置屏面图如图 4 - 41 所示。

（1）监控显示内容。

1）监控系统显示内容如下：

a. 一次系统接线图显示信息。

a）××变电站 66（35）kVⅠ进线 101 断路器变绿色闪光，有功、无功、电流均显示 0 值。

b）××变电站 1 号主变压器低压侧 001 断路器变绿色闪光，有功、无功、电流均显示 0 值。

c）××变电站 10kV 1 号电容器 006 断路器变绿色闪光，无功、电流均显示 0 值。

d）××变电站 10kV 分段 000 断路器变红色闪光，有功、无功、电流均显示正常值。

e）66（35）kVⅠ母线变绿色，电压指示 0 值。

b. 告警信息窗显示信息。

a）××变电站"事故总信号"、"预告信号"。

b）××变电站 1 号主变压器"1 号主变差动速断（或比率差动）保护动作"。

c）××变电站 1 号主变压器"出口跳闸"、"66（35）kVⅠ进线 101 断路器跳闸"、"1 号主变压器低压侧 001 断路器跳闸"。

d）××变电站备自投装置"主保护闭锁高压侧备自投"、"10kV 备自投动作"、"合分段 000 断路器"、"10kV 分段 000 断路器合闸"。

e）××变电站 10kV 1 号电容器"出口跳闸"、"低电压动作"、"10kV 1 号电容器 006 断路器跳闸"。

f）××变电站 1 号接地变压器、10kV Ⅰ 出线、10kV Ⅱ 出线保护装置显示"TV 断线"后自动"复归"。

g）××变电站 66(35)kV Ⅰ 母线"TV 断线"。

h）××变电站直流电源充电机 1 电源故障、复归，站用电 Ⅰ 母失电、复归。

2）变电站当地保护屏显示信息：

a）××变电站 1 号主变压器保护装置"报警"、"跳闸"、"101 断路器跳位"、"001 断路器跳位"信息红灯亮，电压切换 1"1 母"运行绿灯灭，液晶屏"1 号主变差动速断（或比率差动）保护动作"信息显示。

b）××变电站备自投装置液晶屏"主保护闭锁高压侧备自投"、"10kV 备投加速动作"信息显示。

3）变电站当地一次设备显示信息：

a）××变电站 10kV 1 号电容器 006 断路器保护及操控屏上液晶屏"低电压动作"信息显示，"跳闸"信息红灯亮，"分位"信息绿灯亮。电流表计指示 0 值。

10kV 1 号电容器 006 断路器在分位。

b）××变电站 10kV 分段 000 断路器保护及操控屏上"合闸"信息红灯亮，"合位"信息红灯亮。电流表计指示正常值。

10kV 分段 000 断路器在合位。

c）××变电站 1 号主变压器低压侧 001 断路器操控屏上电流表计指示 0 值。

1 号主变压器低压侧 001 断路器在分位。

d）66(35)kV GIS 设备显示 66(35)kV Ⅰ 进线 101 断路器在分位。

e）1 号主变压器 66(35)kV 侧套管 AB 相闪络放电。

2. 故障现象分析

（1）变压器纵联差动保护动作分析。

1）变压器纵联差动保护原理。

纵联差动保护是反应被保护变压器各端流入和流出电流的相量差。对双绕组和三绕组变压器实现纵差动保护的原理接线如图 4 - 51 所示。

由于变压器高压侧和低压侧的额定电流不同，因此，为了保证纵联差动保护的正确工作，就必须适当选择两侧电流互感器的变比，使得在正常运行和外部故障时，两个二次电流相等。在保护范围内故障时，流入差回路的电流为短路点的短路电流的二次值，保护动作。纵联差动保护动作后，跳开变压器两侧断路器。例如在图 4 -51 变压器纵联差动保护的原理图中，应使

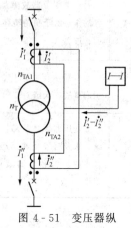

图 4 - 51　变压器纵联差动保护的原理

$$\frac{n_{TA2}}{n_{TA1}}=\frac{I_1''}{I_1'}=n_{TA}$$

式中　n_{TA1}——高压侧电流互感器的变比；

　　　　n_{TA2}——低压侧电流互感器的变比；

　　　　n_{TA}——变压器的变比。

由此可知，要实现变压器的纵差动保护，就必须适当地选择两侧电流互感器的变比，使其比值等于变压器的变比 n_{TA}，这是与送电线路的纵差动保护不同的。这个区别是由于线路的纵差动保护可以直接比较两侧电流的幅值和相位，而变压器的纵差动保护则必须考虑变压器变比的影响。一般内部故障流入差回路中的电流值远大于差动保护的启动电流。因此，纵联差动保护有较高的灵敏度。

2）1 号主变压器纵联差动保护动作分析。

1 号主变压器 66(35)kV 侧套管 AB 相闪络放电故障点在 1 号主变压器纵差动保护内，且流入差回路电流的二次值已经超过了差动保护动作电流的整定值，1 号主变压器纵联差动保护动作故跳开 66(35)kVⅠ进线 101、1 号主变压器二次主 001 断路器跳闸。

（2）备自投装置动作分析。

请见第四章第二节【模块三】目标驱动一中"备自投装置动作分析"内容。

（3）电容器低电压保护动作分析。

请见第四章第二节【模块三】目标驱动一中"电容器低电压保护动作分析"内容。

3. 处理步骤

请见第四章第二节【模块三】目标驱动一中"（三）处理步骤"内容。

4. 故障处理的关键点

请见第四章第二节【模块三】目标驱动一中"故障处理的关键点"内容。

危险预控

表 4 - 20　　　　　　　　　　　主变压器事故处理危险点

序号	主变压器事故处理危险点	控 制 措 施
1	一台主变压器故障跳闸后，若低压侧备自投装置动作，由于负荷转移造成另一台主变压器过负荷、过热	立即汇报调度，根据现场运行规程规定确定变压器允许过负荷倍数及运行时间，必要时采取减负荷或转移措施
2	变压器主保护动作，未查明原因就合闸送电，引起事故扩大或对变压器造成进一步损害	变压器主保护动作，在未查明原因，且经检查、试验合格，确定变压器可以运行前，不允许合闸送电
3	如变压器本体故障，如果变压器有油泵冷却系统，未及时停止油泵运行，造成把内部故障部位产生的炭粒和金属微粒扩散到各处，增加修复难度	如变压器本体故障，如果变压器有油泵冷却系统，应立即停用潜油泵的运行

续表

序号	主变压器事故处理危险点	控 制 措 施
4	内桥接线方式下的一台主变压器故障跳闸后，未将该台主变压器保护跳其他断路器保护连接片退出，在特殊运行方式时或对变压器进行试验时可能造成事故的扩大	一台主变压器故障跳闸后，应将该台主变压器保护跳其他断路器保护连接片退出，保护相符使用
5	内桥接线方式下的一台主变压器故障跳闸后，未将备自投装置运行方式做相应改变，在特殊运行方式时或对变压器进行试验时可能造成事故的扩大	内桥接线方式下的一台主变压器故障跳闸后，应将备自投装置运行方式做相应改变，保护相符使用
6	故障主变压器经检修、试验合格后送电时，充电方式或充电保护使用不当可能造成事故的扩大	故障主变压器经检修、试验合格后送电时，正确选择、使用充电方式和充电保护，保护相符使用
7	变压器着火时，未切断电源就进行灭火，造成人身感电	变压器着火时，应切断电源就进行灭火
8	变压器着火时，未进行认真检查核实，进行盲目排油，威胁人身安全	变压器着火时，应进行认真检查核实后方可排油，不可盲目接近着火的变压器
9	防误闭锁装置失灵发生误操作	（1）应及时汇报，限期处理。 （2）积极采取补救措施。 （3）如需解除逻辑闭锁功能进行操作之前应按防误装置使用规定严格执行，不准擅自解除闭锁装置或使用万能解锁钥匙

思维拓展

以下其他情景下的事故处理步骤请读者思考后写出：

（1）图 4-13 的运行方式下，"变电站 2 号主变压器瓦斯保护动作"的处理步骤。

（2）图 4-13 的运行方式下，"变电站 2 号主变压器差动保护动作"的处理步骤。

（3）图 4-13 的运行方式下，"变电站 1 号主变压器差动保护区 10kV 侧内外各有一点异相接地，差动保护动作"的处理步骤。

（4）图 4-13 的运行方式下，"变电站 1 号主变压器差动保护区 66(35)kV 侧内外各有一点异相接地，差动保护动作"的处理步骤。

相关知识

1. 变压器故障类型

变压器故障按发生的部位包括内部故障和外部故障。变压器的外部故障主要是变压器油箱及其附件焊接不良、密封不良，造成渗漏油故障；冷却系统包括油泵、风扇、控制设备等的故障；分接开关传动装置及其控制设备的故障；其他附件如套管、储油柜、测温元件、净油器、吸湿器、油位计及瓦斯继电器和压力释放阀等的故障。变压器的内部故障主要如下：

（1）磁路中的故障。即在铁芯、轭扼及夹件中的故障，其中最多的是铁芯多点接地故障。

（2）绕组故障。包括在线段、纵绝缘和引线中的故障，如绝缘击穿、断线和绕组匝、层间短路及绕组变形等。

（3）绝缘系统中的故障。即在绝缘油和主绝缘中的故障，如绝缘油异常、绝缘系统受潮、相间短路、围屏树枝状放电等。

（4）结构件和组件故障。如内部装配金具和分接开关、套管、冷却器等组件引起的故障。

变压器的故障类型是多种多样的，引起故障的原因也是极为复杂的。概括而言，有制造缺陷，包括设计不合理、材料质量不良、工艺不佳，运输、装卸和包装不当，现场安装质量缺陷，运行过负荷或者操作不当，甚至误操作；维护管理不善或不充分，包括干燥处理不彻底，以及雷击和动物危害等都是可能引起变压器内部故障甚至事故的原因。

2. 变压器主保护动作的处理

（1）轻瓦斯器保护动作后的处理。

1）轻瓦斯动作发出信号后，值班人员应首先停止音响信号，并观察瓦斯继电器动作的次数，间隔时间的长短。

2）检查气量的多少，气体的性质，从颜色、气味、可燃性等方面判断变压器是否发生内部故障。并将检查结果报告主管部门。

3）如确定为外部原因引起的动作，变压器可继续运行。

4）通过气体性质及气相色谱分析检查，确认是由于变压器内部轻微故障而产生的气体时，则应考虑该变压器能否继续运行。

（2）重瓦斯动作后的处理。瓦斯保护动作跳闸后，立即上报调度和主管部门，处理方法如下：

1）立即停用潜油泵的运行（避免把内部故障部位产生的炭粒和金属微粒扩散到各处，增加修复难度）。

2）检查压力释放阀动作情况。

3）检查吸湿器是否阻塞。

4）检查油位、油温、油色有无变化。

5）检查继电保护装置及二次回路有无故障；是否发生穿越性故障，继电器触点误动。

6）检查变压器外观有无明显反映故障性质的异常现象。

7）必要的电气试验及油、气分析；收集瓦斯继电器内的气体做色谱分析，如无气体，应检查二次回路和瓦斯继电器的接线柱及引线绝缘是否良好。

8）如果经检查未发现任何异常，而确系因二次回路故障引起误动作时，可在差动保护及过电流保护投入的情况下将重瓦斯保护退出，试送变压器并加强监视。

9）在瓦斯保护的动作原因未查清前，不得合闸送电。

若轻瓦斯发信号和重瓦斯跳闸同时出现，往往反映是变压器内部发生故障。

（3）瓦斯气体的取样方法与判别。

1）瓦斯继电器内取气的方法：①先准备好有关用具和工具，取气时应由两人进行，一人监护，一人操作取气；②操作时须注意人与带电体之间的安全距离，不得越过专设的遮栏；③在瓦斯继电器内取气的部位应正确，用具需采用密封的容器（如针筒）从瓦斯继电器内抽取气体。取气装置应严密，所取得的气体不得泄漏。因为气量多少也是判别故障性质之一。

2）直观判断其性质：①无色、无味、不可燃的气体是空气；②黄色、不可燃的是木质故障；③灰白色、有强烈的臭味、可燃的是纸质或纸板故障；④灰色、黑色、易燃的是油质故障。

3）变压器油质气相色谱分析。为了进一步判明变压器内部故障性质，将气（或油）样进行气相色谱分析及电试分析，判断设备故障类型。如果发现变压器有内部故障特征，则需进行吊芯（壳）检查。

（4）差动保护动作的处理。运行中的变压器，若差动保护动作，引起断路器跳闸，则运维人员应采取以下措施。

1）向调度及上级主管领导汇报。

2）如变压器本体故障，立即停用潜油泵的运行（避免把内部故障部位产生的炭粒和金属微粒扩散到各处，增加修复难度）。

3）检查变压器本体有无异常，检查差动保护范围内的瓷瓶是否有闪络、损坏、引线是否有短路。

4）气体及压力释放阀动作情况。

5）如果变压器差动保护范围内的设备无明显故障，应检查继电保护及二次回路是否有故障，直流回路是否有两点接地。变压器其他继电保护装置的动作情况。

6）经以上检查无异常时，应在切除负荷后立即试送一次，试送后又跳闸，不得再送。

7）如果是因继电器或二次回路故障、直流两点接地造成的误动，应将差动保护退出，将变压器送电后，再处理二次回路故障及直流接地。

8）必要的电气试验及油、气分析。

（5）重瓦斯与差动保护同时动作的处理。

重瓦斯与差动保护同时动作跳闸，则可认为是变压器内部发生故障，不经内部检查和试验，故障未消除前不得将变压器投入运行。

【模块四】 母线事故分析及处理

核心知识 --

（1）变电站母线配备保护的型式及工作原理。

（2）变电站母线的主要故障类型和产生原因。

关键技能 --

（1）正确发现及分析变电站母线故障发生时的现象。

（2）掌握变电站母线发生事故时的正确处理原则和步骤。

（3）在处理变电站母线发生事故过程中，运维人员能够对潜在的危险点正确认知并能提前预控危险。

目标驱动 --

目标驱动一：处理变电站 10kV Ⅰ 段母线短路故障

××变电站一次设备接线方式如图 4-13 所示（运行方式：Ⅰ进线 101 断路器代 1 号主

变压器、10kVⅠ段母线运行，Ⅱ进线 102 断路器代 2 号主变压器、10kVⅡ段母线运行，内桥 100 断路器、10kV 分段 000 断路器热备用），××变电站高压侧为内桥接线（GIS 设备），10kV 侧为单母分段接线（小车开关柜）。

保护配置请见第四章第一节【模块六】目标驱动二中所述。

1. 现象

1 号主变压器保护装置屏面图如图 4-41 所示。

（1）监控系统显示。

监控系统显示内容如下：

1）一次系统接线图显示信息：

a.××变电站 1 号主变压器低压侧 001 断路器变绿色闪光，有功、无功、电流均显示 0 值。

b.××变电站 10kV 1 号电容器 006 断路器变绿色闪光，无功、电流均显示 0 值。

c.××变电站 10kV 1 号接地变压器 005、10kVⅠ出线 003、10kVⅡ出线 004 断路器红色，有功、无功、电流均显示 0 值。

d.××变电站 10kV 分段 000 断路器绿色，电流均显示 0 值。

e.10kVⅠ段母线变绿色，电压指示 0 值。

2）告警信息窗显示信息：

a.××变电站"事故总信号"、"预告信号"。

b.××变电站 1 号主变压器"1 号主变低后备保护动作"、"1 号主变高后备保护启动"。

c.××变电站 1 号主变压器"出口跳闸"、"1 号主变压器低压侧 001 断路器跳闸"。

d.××变电站备自投装置"低后备出口闭锁低压侧备自投"。

e.××变电站 10kV 1 号电容器"出口跳闸"、"低电压动作"、"10kV 1 号电容器 006 断路器跳闸"。

f.××变电站 1 号接地变压器、10kVⅠ出线、10kVⅡ出线保护装置显示"TV 断线"。

g.××变电站 10kVⅠ段母线"TV 断线"。

h.××变电站直流电源充电机 1 电源故障、复归，站用电Ⅰ母失电、复归。

（2）变电站当地保护屏显示信息。

1）××变电站 1 号主变压器保护装置"报警"、"跳闸"、"001 断路器跳位"信息红灯亮，电压切换 2 "1 母"运行绿灯灭，液晶屏"1 号主变低后备保护动作"、"1 号主变高后备保护启动"信息显示。

2）××变电站备自投装置液晶屏"低后备出口闭锁低压侧备自投"信息显示。

（3）变电站当地一次设备显示信息。

1）××变电站 10kV 1 号电容器 006 断路器保护及操控屏上液晶屏"低电压动作"信息显示，"跳闸"信息红灯亮，"分位"信息绿灯亮。电流表计指示 0 值。

10kV 1 号电容器 006 断路器在分位。

2）××变电站 10kV 分段 000 断路器保护及操控屏上"分位"信息绿灯亮。电流表计指示 0 值。

10kV 分段 000 断路器在开位。

3）××变电站 1 号主变压器低压侧 001 断路器操控屏上电流表计指示 0 值。

1号主变压器低压侧 001 断路器在分位。

4）10kV 1 号接地变压器 005、10kV Ⅰ出线 003、10kV Ⅱ出线 004 断路器在合位。

5）10kV Ⅰ段母线 ABC 相间短路（母线支持绝缘子污秽闪络放电）。

2. 故障现象分析

一般情况下，内桥接线的 10kV 分段母线不配有专用的母线保护，10kV 分段母线在变压器后备保护范围之内。

（1）变压器低后备保护动作分析。

1）变压器低压过电流保护原理。

a. 定时限过电流保护。定时限过电流保护的动作电流要考虑躲过各种可能请况下的最大负荷电流，即要躲过并列运行的变压器，突然切除一台所出现的过负荷。以及变压器低压侧电动机自启动时的最大电流。

变压器过电流原理构成如图 4-52 所示，定时限过电流保护的核心测量元件就是电流元件（电流继电器），只要电流元件动作经过一定延时，即可出口跳闸。

b. 低电压启动的定时限过电流保护。变压器低电压启动的过电流原理构成如图 4-53 所示。按照上述定时限过电流保护的整定原则，动作工作电流一般都较大，往往不能满足作为相邻元件后备保护灵敏度的要求，为此要采取措施，引入低电压闭锁回路，即只有电流元件和低电压元件均动作后，才能出口跳闸。

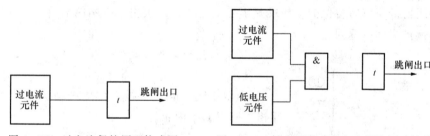

图 4-52 过电流保护原理构成图　　图 4-53 低电压启动过电流保护原理构成图

低电压元件的作用是保证在上述突然切除一台变压器和电动机自启动时保护不动作，因而电流元件的整定值就可以不用考虑可能出现的最大负荷电流，而是按大于变压器的额定电流来整定即可。也就是说，低电压元件的作用是提高了电流元件的灵敏度。

低电压元件的动作值应小于正常运行情况下母线上可能出现的最低工作电压，同时要保证外部故障被切除后电动机自启动时，能可靠返回。一般采用 0.7 倍的额定电压作为动作值。

需要说明的是，对于大容量变压器，如果低电压元件只接于变压器某一侧的电压互感器上，则当另一侧故障时，往往不能满足电压元件的灵敏度要求，此时可以考虑采用两套低电压元件分别接在变压器两侧电压互感器上（或分别采集两侧电压互感器的电压量），以并联（"或"门逻辑）关系，去启动电流回路，双侧低电压启动定时限过电流保护原理如图 4-54 所示。

2）1号主变压器"1号主变压器低后备保护动作"、"1号主变压器高后备保护启动"分析。

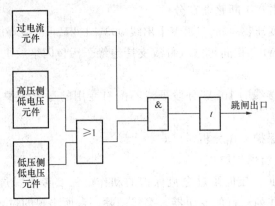

图 4-54　双侧低电压启动过电流保护原理构成图

　　本站 1、2 号主变压器后备保护配备的是双侧低电压启动过电流保护，1 号主变压器 1 号主变低后备保护动作逻辑如下：10kV Ⅰ段母线发生了相间短路故障，1 号主变压器低压侧后备保护电流元件和低压侧低电压元件均动作→经过延时→跳开 1 号主变压器二次主 001 断路器。

　　此时，1 号主变压器高压侧后备保护也达到启动条件→1 号主变高后备保护启动，但由于 1 号主变压器高压侧后备保护动作时间小于 1 号主变压器低压侧后备保护动作时间，因此当 1 号主变压器低压侧后备保护动作跳开 1 号主变压器二次主 001 断路器后，1 号主变压器高压侧后备保护启动后返回。

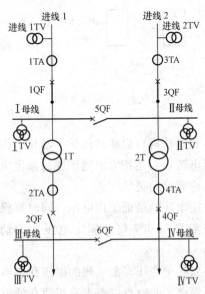

图 4-55　内桥接线内桥、分段断路器备投运行方式 1 号主变低后备保护动作低压断路器跳闸后一次系统接线示意图

　　（2）备自投装置未动作分析。

　　1）备自投装置工作原理。

　　内桥接线变电站备投工作原理请见第三章第六节【相关知识】中内容。

　　2）××变电站备自投装置液晶屏"低后备出口闭锁低压侧备自投"信息显示分析。

　　内桥接线内桥、分段断路器备投一次系统接线图（××变电站一次系统正常运行方式）如图 4-50 所示，内桥接线内桥、分段断路器备投运行方式 1 号主变低后备保护动作低压断路器跳闸后一次系统接线示意图如图 4-55 所示。

　　当两台主变压器任意低后备保护动作时，闭锁 10kV 侧备自投装置。其目的是防止通过 10kV 分段 000 断路器再次向已经发生故障的 10kV Ⅰ段母线合闸送电的错误动作行为。

　　（3）电容器低电压保护动作分析。

　　请见第四章第二节【模块三】目标驱动一中电容器低电压保护动作分析内容。

3. 处理步骤

（1）获知事故发生地点或接到调控中心指令后应立即赶赴现场。

（2）检查一、二次设备的动作情况及表计、信号指示情况，将检查结果由运维负责人向调控中心当值值班人员汇报清楚。

（3）根据检查结果和分析原因进行处理，具体处理步骤如下：

1）运维人员对一、二次设备进行检查（不少于两人）。

2）检查本站内二次设备运行工况，主要检查本站监控机、1号主变压器、10kV 1号电容器保护屏和备自投装置屏，与监控机核对保护动作无误。记录保护及自动装置动作现象，调取、打印故障报告。

汇报调控中心。

3）一次设备组人员穿绝缘靴，戴绝缘手套、安全帽，检查一次设备。

a. 检查检查 1号主变压器本体、66(35)kV GIS 设备及 10kV Ⅰ 段母线连接的所有设备单元设备，发现 1号主变压器二次主 001 断路器在开位。

检查 10kV Ⅰ 段母线所属设备单元 10kV Ⅰ 出线 003、10kV Ⅱ 出线 004、10kV 1号接地变压器 005 断路器在合位，10kV 1号电容器 006、10kV 分段 000 断路器在开位。

b. 检查 10kV Ⅰ 段母线电压指示 0 值。

c. 检查 10kV 1号接地变压器控制屏低压三相电压表指示值正确，10kV 1号接地变压器 0.4kV 侧 41 进线断路器在开位，检查 10kV 1号接地变压器 0.4kV 低压侧交流接触器确在分位，10kV 1、2号接地变压器 0.4kV 侧分段 40 断路器确在合位。

立即汇报调控中心和生产调度。

4）根据调控中心命令进行下述操作：

步骤一：隔离故障点。

请见第四章第一节【模块七】目标驱动四中"处理运行中的 10kV 封闭式母线异常故障"内容。

步骤二：事故处理。

请见第四章第一节【模块七】目标驱动四中"处理运行中的 10kV 封闭式母线异常故障"内容。

步骤三：布置安全措施及工作流程完善。

请见第四章第一节【模块七】目标驱动四中"处理运行中的 10kV 封闭式母线异常故障"内容。

4. 故障处理的关键点

（1）能够正确调取和阅读故障信息报告，根据故障现象和故障信息能够正确分析故障的性质，判断故障范围，并能够正确分析掌握在故障处理过程中存在的危险源，制订出合理、严谨的故障处理步骤和危险点控制措施。

（2）到现场检查、处理故障的工作人员应穿戴合格的安全用具。

（3）及时汇报调控中心。

（4）正确隔离故障点后才能进行事故处理。

（5）掌握主变压器后备保护和备自投装置的工作原理，特别要掌握主变压器后备保护与备自投装置之间的闭锁逻辑关系。

目标驱动二：处理变电站 66(35)kV Ⅰ 母线短路故障

××变电站一次设备接线方式如图 4‐13 所示（运行方式：Ⅰ进线 101 断路器代 1 号主变压器、10kV Ⅰ段母线运行，Ⅱ进线 102 断路器代 2 号主变压器、10kV Ⅱ段母线运行，内桥 100 断路器、10kV 分段 000 断路器热备用），××变电站高压侧为内桥接线（GIS 设备），10kV 侧为单母分段接线（小车开关柜）。

保护配置请见第四章第一节【模块六】目标驱动二中所述。

1. 现象

66(35)kV Ⅰ 母线变绿色，电压指示 0 值。10kV Ⅰ段母线没有变色，电压指示正常值。

其他请见第四章第二节【模块三】目标驱动二中"（一）现象"内容，只是一次设备故障点不同而已。

2. 故障现象分析

一般情况下，内桥接线的高压侧母线不配有专用的母线保护，高压侧母线在变压器差动保护范围之内，同时也在上一级线路后备保护范围之内。

××变电站 66(35)kV Ⅰ 母线短路故障在 1 号主变压器差动保护范围之内，因此故障现象分析应与第四章第二节【模块三】目标驱动二中的"故障现象分析"一致。

3. 处理步骤

步骤一：隔离故障点。

（1）将 1 号主变压器 10kV 侧 001 断路器操作方式开关由远方切至就地位置。

（2）检查 1 号主变压器 10kV 侧 001 断路器确在分位。

（3）将 1 号主变压器 10kV 侧 001 小车开关拉至试验位置。

（4）检查 1 号主变压器 10kV 侧 001 小车开关确已拉至试验位置。

（5）拉开 1 号主变压器 10kV 侧 001 断路器控制直流电源空气断路器。

（6）取下 1 号主变压器 10kV 侧 001 小车开关二次插件。

（7）将 1 号主变压器 10kV 侧 001 小车开关拉至检修位置。

（8）检查 1 号主变压器 10kV 侧 001 小车开关确已拉至检修位置。

（9）检查 66(35)kV Ⅰ 进线 101 断路器确在分位。

（10）将 66(35)kV Ⅰ 进线 101 断路器汇控柜操作方式选择开关由远控切至近控位置。

（11）合上 66(35)kV Ⅰ 进线 101 断路器汇控柜隔离开关电机电源空气断路器。

（12）选择 66(35)kV Ⅰ 进线 1013 隔离开关分闸。

（13）检查 66(35)kV Ⅰ 进线 1013 隔离开关分闸选线正确。

（14）拉开 66(35)kV Ⅰ 进线 1013 隔离开关。

（15）检查 66(35)kV Ⅰ 进线 1013 隔离开关分位监控信号指示正确。

（16）检查 66(35)kV Ⅰ 进线 1013 隔离开关汇控柜位置指示确在分位。

（17）检查 66(35)kV Ⅰ 进线 1013 隔离开关位置指示器确在分位。

（18）选择 66(35)kV Ⅰ 进线 1011 隔离开关分闸。

（19）检查 66(35)kV Ⅰ 进线 1011 隔离开关分闸选线正确。

（20）拉开 66(35)kV Ⅰ 进线 1011 隔离开关。

（21）检查 66(35)kV Ⅰ 进线 1011 隔离开关分位监控信号指示正确。

（22）检查 66(35)kV Ⅰ 进线 1011 隔离开关汇控柜位置指示确在分位。

（23）检查 66（35）kVⅠ进线 1011 隔离开关位置指示器确在分位。

（24）检查 66（35）kV 内桥 100 断路器确在分位。

（25）合上 66（35）kV 内桥 100 断路器汇控柜隔离开关电机电源空气断路器。

（26）选择 66（35）kV 内桥 1001 隔离开关分闸。

（27）检查 66（35）kV 内桥 1001 隔离开关分闸选线正确。

（28）拉开 66（35）kV 内桥 1001 隔离开关。

（29）检查 66（35）kV 内桥 1001 隔离开关分位监控信号指示正确。

（30）检查 66（35）kV 内桥 1001 隔离开关汇控柜位置指示确在分位。

（31）检查 66（35）kV 内桥 1001 隔离开关位置指示器确在分位。

（32）选择 66（35）kV 内桥 1002 隔离开关分闸。

（33）检查 66（35）kV 内桥 1002 隔离开关分闸选线正确。

（34）拉开 66（35）kV 内桥 1002 隔离开关。

（35）检查 66（35）kV 内桥 1002 隔离开关分位监控信号指示正确。

（36）检查 66（35）kV 内桥 1002 隔离开关汇控柜位置指示确在分位。

（37）检查 66（35）kV 内桥 1002 隔离开关位置指示器确在分位。

（38）合上 1 号主变压器 66（35）kV 侧汇控柜隔离开关电机电源空气断路器。

（39）选择 1 号主变压器 66（35）kV 侧 1031 隔离开关分闸。

（40）检查 1 号主变压器 66（35）kV 侧 1031 隔离开关分闸选线正确。

（41）拉开 1 号主变压器 66（35）kV 侧 1031 隔离开关。

（42）检查 1 号主变压器 66（35）kV 侧 1031 隔离开关分位监控信号指示正确。

（43）检查 1 号主变压器 66（35）kV 侧 1031 隔离开关汇控柜位置指示确在分位。

（44）检查 1 号主变压器 66（35）kV 侧 1031 隔离开关位置指示器确在分位。

（45）拉开 66（35）kVⅠ母线 TV 二次空气断路器。

（46）合上 66（35）kVⅠ母线 TV 一次 1051 隔离开关电机电源空气断路器。

（47）选择 66（35）kVⅠ母线 TV 一次 1051 隔离开关分闸。

（48）检查 66（35）kVⅠ母线 TV 一次 1051 隔离开关分闸选线正确。

（49）拉开 66（35）kVⅠ母线 TV 一次 1051 隔离开关。

（50）检查 66（35）kVⅠ母线 TV 一次 1051 隔离开关分位监控信号指示正确。

（51）检查 66（35）kVⅠ母线 TV 一次 1051 隔离开关汇控柜位置指示确在分位。

（52）检查 66（35）kVⅠ母线 TV 一次 1051 隔离开关位置指示器确在分位。

步骤二：事故处理。

（1）退出 10kV 备投装置功能（具体操作步骤略）。

（2）退出 66（35）kV 备投装置功能（具体操作步骤略）。

（3）拉开 1 号主变压器保护电源空气断路器。

（4）退出 1 号主变低后备出口跳 10kV 分段 000 断路器出口连接片。

（5）退出 1 号主变高后备出口跳 10kV 分段 000 断路器出口连接片。

步骤三：布置安全措施及工作流程完善。

（1）将 66（35）kVⅠ母线 TV 汇控柜操作方式选择开关由远控切至近控位置。

（2）合上 66（35）kVⅠ母线 TV 1151-QS1 接地开关。

(3) 检查 66(35)kV I 母线 TV 1151-QS1 接地开关汇控柜位置指示确在合位。

(4) 检查 66(35)kV I 母线 TV 1151-QS1 接地开关合位机械位置指示正确。

(5) 检查 66(35)kV I 母线 TV 1151-QS1 接地开关合位监控信号指示正确。

(6) 拉开 66(35)kV I 母线 TV 一次 1051 隔离开关电机电源空气断路器。

(7) 将 66kV（35kV）内桥 100 断路器汇控柜操作方式选择开关由远控切至近控位置。

(8) 合上 66kV（35kV）内桥 1001-QS1 接地开关。

(9) 检查 66kV（35kV）内桥 1001-QS1 接地开关汇控柜位置指示确在合位。

(10) 检查 66kV（35kV）内桥 1001-QS1 接地开关合位机械位置指示正确。

(11) 检查 66kV（35kV）内桥 1001-QS1 接地开关合位监控信号指示正确。

(12) 将 66kV（35kV）内桥 100 断路器汇控柜操作方式选择开关由近控切至远控位置。

(13) 拉开 66(35)kV 内桥 100 断路器汇控柜隔离开关电机电源空气断路器。

(14) 将 1 号主变压器 66kV(35kV) 侧汇控柜操作方式选择开关由远控切至近控位置。

(15) 合上 1 号主变压器 66kV(35kV) 侧 1031-QS2 接地开关。

(16) 检查 1 号主变压器 66kV(35kV) 侧 1031-QS2 接地开关汇控柜位置指示确在合位。

(17) 检查 1 号主变压器 66kV(35kV) 侧 1031-QS2 接地开关合位机械位置指示正确。

(18) 检查 1 号主变压器 66kV(35kV) 侧 1031-QS2 接地隔离开关合位监控信号指示正确。

(19) 拉开 1 号主变压器 66kV(35kV) 侧汇控柜隔离开关电机电源空气断路器。

(20) 合上 66(35)kV I 进线 1011-QS1 接地开关。

(21) 检查 66(35)kV I 进线 1011-QS1 接地开关汇控柜位置指示确在合位。

(22) 检查 66(35)kV I 进线 1011-QS1 接地开关合位机械位置指示正确。

(23) 检查 66(35)kV I 进线 1011-QS1 接地开关合位监控信号指示正确。

(24) 将 66(35)kV I 进线 101 断路器汇控柜操作方式选择开关由近控切至远控位置。

(25) 拉开 66(35)kV I 进线 101 断路器汇控柜隔离开关电机电源空气断路器。

(26) 拉开 66(35)kV I 进线 101 断路器控制直流电源空气断路器。

(27) 拉开 66(35)kV 内桥 100 断路器控制直流电源空气断路器。

4. 故障处理的关键点

(1) 能够正确调取和阅读故障信息报告，根据故障现象和故障信息能够正确分析故障的性质，判断故障范围，并能够正确分析掌握在故障处理过程中存在的危险源，制订出合理、严谨的故障处理步骤和危险点控制措施。

(2) 到现场检查、处理故障的工作人员应穿戴合格的安全用具。

(3) 及时汇报调控中心。

(4) 正确隔离故障点后才能进行事故处理。

(5) 注意区分内桥接线主变本体故障与 66(35)kV I 母线故障造成主变压器差动保护动作时的故障现象及处理步骤之异同。

(6) 掌握主变压器差动保护和备自投装置的工作原理，特别要掌握主变压器主保护与备自投装置之间的闭锁逻辑关系。

危险预控 -

表 4 - 21　　　　　　　　　　　母 线 事 故 危 险 点

序号	母线事故处理危险点	控 制 措 施
1	失压母线上的断路器未全部拉开，在事故处理过程中可能发生对故障母线充电事故	母线失压时，应检查并拉开失压母线上的所有断路器
2	如果故障点在母线上的电压互感器上，虽然电压互感器高压侧与母线已经隔离，但二次空气开关未拉开。当对该段母线充电后进行电压互感器二次并列操作时，可能发生反充电造成正常运行的另一段母线电压互感器二次空气开关跳闸，使保护、自动装置、计量等失去电压互感器电压	拉开故障电压互感器的二次空气开关
3	如果故障点在母线上的电压互感器上，故障点已经隔离，一次并列后未进行电压互感器二次并列，恢复该母线上的设备单元送电，使保护、自动装置、计量等失去电压互感器电压	失压母线电压恢复正常后，应先进行电压互感器二次并列操作，然后进行恢复该母线上的设备单元送电操作
4	因线路故障断路器拒动造成的母线失压故障，没有发现或没有进行隔离，在对母线充电操作时造成充电断路器跳闸	在对母线充电操作前应全面检查母线上所连接设备单元断路器的位置在开位，没有在开位的应拉开。拒动的断路器应进行有效隔离
5	母线故障后，未对设备进行全面检查，未发现故障点或故障点确定位置错误，造成误判断或事故处理造成事故扩大	母线故障后，应全面检查监控系统及变电站当地保护、自动装置的动作情况及信息，检查仪器、仪表、断路器位置、运行方式、现场的声光等信号，判断事故的性质和范围，准确确定故障设备和故障点。未发现故障点或未进行试验合格前不得进行送电操作
6	母线故障引起连接在该段母线上的主变压器失压后，若低压侧备自投装置动作，由于负荷转移造成另一台主变压器过负荷、过热	立即汇报调度，根据现场运行规程规定确定变压器允许过负荷倍数及运行时间，必要时采取减负荷或转移措施
7	母线故障引起连接在该段母线上的站用变压器失压，使低压交流负载失去电力能源	正确隔离故障设备后，选择正确站用电源运行方式，恢复站用电设备供电
8	防误闭锁装置失灵发生误操作	(1) 应及时汇报，限期处理。 (2) 积极采取补救措施。 (3) 如需解除逻辑闭锁功能进行操作之前应按防误装置使用规定严格执行，不准擅自解除闭锁装置或使用万能解锁钥匙

思维拓展 -

以下其他情景下的线路事故处理步骤请读者思考后写出：

(1) 图 4 - 13 的运行方式下，"变电站 66(35)kVⅡ母线短路故障"的处理步骤。

(2) 图 4 - 13 的运行方式下，"变电站 10kVⅡ母线短路故障"的处理步骤。

相关知识 ---

1. 母线事故的原因及种类

母线停电指由于各种原因导致母线电压为零，而连接在该母线上正常运行的断路器全部或部分在断开。

（1）母线停电的原因。

1）母线及连接在母线上运行的设备（包括断路器、避雷器、隔离开关、支持绝缘子、引线、电压互感器等）发生故障。

2）出线故障时，连接在母线上运行的断路器拒动，导致失灵保护动作使母线停电。

3）母线上元件故障，其保护拒动时，依靠相邻元件的后备保护动作切除故障时导致母线停电。

4）单电源变电站的受电线路或电源故障。

5）发电厂内部事故，使联络线跳闸导致全厂停电。

（2）母线常见故障。

母线故障指由于各种导致母线保护动作，切除母线上所有断路器，包括母联断路器。由于母线是变电站中的重要设备，通常其运行维护情况比较好，相对线路等其他电力元件，母线本身发生故障的几率很小。导致母线故障的原因主要有：

1）母线及其引线的绝缘子闪络或击穿，或支持绝缘子断裂倾倒。实际运行中，导致母差保护动作的大部分是这类故障。

2）直接通过隔离开关连接在母线上的电压互感器和避雷器发生故障。

3）某些连接在母线上的出线断路器本体发生故障。这些断路器两侧均配置有 TA，虽然断路器不是母线设备，但是故障点在元件保护和母线保护双重动作范围之内，因此这些断路器本体发生故障时该断路器所属的元件保护和母差保护均会动作，导致母线停电。

4）GIS 母线故障。目前 GIS 母线在电力系统中的应用越来越多，当 GIS 母线 SF_6 气体泄漏严重时，会导致短路事故发生。此时泄漏的气体会对人员安全产生严重威胁。

2. 母线事故处理原则及方法

（1）母线停电对电网的影响。

母线是电网中汇集、分配和交换电能的设备，一旦发生故障会对电网产生重大不利影响。

1）母线故障后，连接在母线上的所有断路器均断开，电网结构会发生重大变化，尤其是双母线同时故障时其至直接造成电网解列运行，电网潮流发生大范围转移，电网结构较故障前薄弱，抵御再次故障的能力大幅度下降。

2）母线故障后连接在母线上的负荷变压器、负荷线路停电，可能会直接造成用户停电。

3）对于只有一台变压器中性点接地的变电站当该变压器所在的母线故障时，该变电站将失去中性点运行。

4）3/2 接线方式的变电站，当所有元件均在运行的情况下发生单条母线故障将不会造成线路或变压器停电。

（2）母线停电后故障的查找。

1）变电站母线停电，一般是因母线故障或母线上所接元件保护、断路器拒动造成的，也可能因外部电源全停造成的。要根据仪表指示，保护和自动装置动作情况，断路器信号及事故现象（如火光、爆炸声等），判断事故情况，并且迅速采取有效措施。事故处理过程中切不可仅凭站用电源全停或照明全停而误认为是变电站全停电。

2）多电源联系的变电站母线电压消失而本站母差保护和失灵保护均无动作时，变电站运行值班人员应立即将母联断路器及母线上的断路器拉开，但每条母线上应保留一个联络线断路器在闭合状态。

3）当母线差动保护动作导致母线停电时，应检查母线本身及连接在该母线上在母线差动保护范围内的所有出线间隔，当发现故障点后应拉开隔离开关隔离故障。当故障母线无法送电而需将该母线上的元件倒至运行母线时，应先拉开该元件连接故障母线的隔离开关然后合上连接运行母线的隔离开关。

4）对于未配置母差保护的母线，不论故障发生在哪一段母线，均将造成向该母线供电的所有线路保护动作跳闸。

5）当失灵保护动作导致母线停电时，应将该失灵断路器转为冷备用后才能对母线送电。

（3）母线试送电。

1）母线停电后试送电，应尽量选用线路断路器由相邻变电站送电，在选择本站开关（通常为母联或变压器开关）时，应慎重考虑若强送失败对电网的影响。

2）母线送电时应确认除送电断路器外，其余断路器包括母联断路器均在断开位置。

3）当母线故障原因不明时，有条件的变电站应利用发电机对母线进行零起升压。

（4）母线失压的处理原则。

1）母差保护动作引起母线失压，首先应判断母差保护是否误动作。若是母差保护误动，误动母差保护退出后即可将母线加运。

2）将失压母线上所有开关断开，发电厂应迅速恢复受到影响的厂用电，同时报告值班调度员。

3）应尽快使受到影响的系统恢复正常，避免设备超过各项稳定极限。

4）未经检查不得强送。

5）因主保护（如母差）动作而停电时，应迅速查明故障原因，在调度指挥下应按以下原则处理：

a. 找到故障点并能迅速隔离的，在隔离故障后或属瞬间故障且已消失的，可对母线立即恢复送电；

b. 找到故障点但不能很快隔离的，如果是双母线中的一组母线故障，应将故障母线上完好的元件倒至非故障母线上恢复供电；

c. 经过检查不能找到故障点时，允许对母线试送电，试送电源的选择参考线路的事故处理部分，有条件者应进行零起升压；

d. GIS母线由于母差保护动作而失压，在故障查明并做有关试验以前母线不得送电。

6）双母线接线方式下，差动保护动作使母线停电一般按如下处理：

a. 双母线接线当单母线运行时母差保护动作使母线停电，按值班调度员指令可选择电源线路断路器试送一次，如不成功则切换至备用母线。

b. 双母线运行而又因母差保护动作同时停电时，现场值班人员不待调度指令，立即拉开未跳闸的断路器。经检查设备未发现故障点后，遵照值班调度员指令，分别用线路断路器试送一次，选取哪个断路器试送，由值班调度员决定。

c. 双母线之一停电时（母差保护选择性切除），应立即联系值班调度员同意，用线路断路器试送一次，必要时可使用母联断路器试送，但母联断路器必须具有完善的充电保护，试送失败拉开故障母线所有隔离开关。将线路切换至运行母线时，应防止将故障点带至运行母线。

7）后备保护（如开关失灵保护等）动作，引起母线失压，应根据有关厂、站保护及自动装置动作情况，正确判断故障线路、拒动的保护和开关，现场值班人员应将故障开关（包括保护拒动的开关）隔离后方可送电。

8）母联开关无故障跳闸，如对系统潮流分配影响较大，值班人员应立即同期合上母联开关，同时向值班调度员汇报，并查找误跳原因。

【模块五】 断路器拒动事故分析及处理

核心知识

（1）变电站后备保护的类型及工作原理。

（2）变电站断路器拒动的主要故障类型和产生原因。

关键技能

（1）正确发现及分析变电站断路器拒动事故发生时的现象。

（2）掌握变电站断路器发生拒动事故时的正确处理原则和步骤。

（3）在处理变电站断路器发生拒动事故过程中，运维人员能够对潜在的危险点正确认知并能提前预控危险。

目标驱动

目标驱动一：处理变电站 10kV Ⅰ 出线相间短路保护动作，10kV Ⅰ 出线 003 断路器拒动故障

××变电站一次设备接线方式如图 4-13 所示（运行方式：Ⅰ进线 101 断路器代 1 号主变压器、10kVⅠ段母线运行，Ⅱ进线 102 断路器代 2 号主变压器、10kVⅡ段母线运行，内桥 100 断路器、10kV 分段 000 断路器热备用），××变电站高压侧为内桥接线（GIS 设备），10kV 侧为单母分段接线（小车开关柜）。

保护配置请见第四章第一节【模块六】目标驱动二中所述。

1. 现象

1 号主变压器保护装置屏面图如图 4-41 所示。

（1）监控系统显示内容。

1）一次系统接线图显示信息：

a.××变电站 1 号主变压器低压侧 001 断路器变绿色闪光，有功、无功、电流均显示 0 值。

b.××变电站 10kV 1 号电容器 006 断路器变绿色闪光，无功、电流均显示 0 值。

c.××变电站 10kV 1 号接地变压器 005、10kV Ⅰ 出线 003、10kV Ⅱ 出线 004 断路器红

色，有功、无功、电流均显示 0 值。

d.××变电站 10kV 分段 000 断路器绿色，电流均显示 0 值。

e.10kVⅠ段母线变绿色，电压指示 0 值。

2）告警信息窗显示信息。

a.××变电站"事故总信号"、"预告信号"。

b.××变电站 1 号主变压器"1 号主变低后备保护动作"、"1 号主变高后备保护启动"。

c.××变电站 1 号主变压器"出口跳闸"、"1 号主变压器低压侧 001 断路器跳闸"。

d.××变电站备自投装置"低后备出口闭锁低压侧备自投"。

e.××变电站 10kV 1 号电容器"出口跳闸"、"低电压动作"、"10kV 1 号电容器 006 断路器跳闸"。

f.××变电站 10kVⅠ出线"出口跳闸"、"过电流Ⅱ段动作"。

g.××变电站 1 号接地变压器、10kVⅠ出线、10kVⅡ出线、10kV 1 号电容器保护装置显示"TV 断线"。

h.××变电站 10kVⅠ段母线"TV 断线"。

i.××变电站直流电源充电机 1 电源故障、复归，站用电Ⅰ母失电、复归。

（2）变电站当地保护屏显示信息。

1）××变电站 1 号主变压器保护装置"报警"、"跳闸"、"001 断路器跳位"信息红灯亮，电压切换 2"1 母"运行绿灯灭，液晶屏"1 号主变低后备保护动作"、"1 号主变高后备保护启动"信息显示。

2）××变电站备自投装置液晶屏"低后备出口闭锁低压侧备自投"信息显示。

（3）变电站当地一次设备显示信息。

1）××变电站 10kVⅠ出线保护及操控屏上液晶屏"过电流Ⅱ段启动"、"过电流Ⅲ段启动"、"过电流Ⅱ段动作"信息显示，"跳闸"信息红灯亮、"合位"信息红灯亮。电流表计指示 0 值。

10kVⅠ出线 003 断路器在合位。

2）××变电站 10kV 1 号电容器 006 断路器保护及操控屏上液晶屏"低电压动作"信息显示，"跳闸"信息红灯亮，"分位"信息绿灯亮。电流表计指示 0 值。

10kV 1 号电容器 006 断路器在分位。

3）××变电站 10kV 分段 000 断路器保护及操控屏上"分位"信息绿灯亮。电流表计指示 0 值。

10kV 分段 000 断路器在开位。

4）××变电站 1 号主变压器低压侧 001 断路器操控屏上电流表计指示 0 值。

1 号主变压器低压侧 001 断路器在分位。

5）10kV 1 号接地变压器 005、10kVⅡ出线 004 断路器在合位。

2. 故障现象分析

（1）10kVⅠ出线故障现象分析。

请见四章第二节【模块二】目标驱动一中"故障现象分析"内容。

（2）主变压器后备保护分析。

请见四章第二节【模块四】目标驱动一中"故障现象分析"内容。

（3）电容器低电压保护动作分析。

请见第四章第二节【模块三】目标驱动一中"电容器低电压保护动作分析"内容。

（4）备自投装置未动作分析。

请见四章第二节【模块四】目标驱动一中"备自投装置未动作分析"内容。

（5）10kVⅠ出线003断路器拒动故障分析。由于10kVⅠ出线末端发生相间短路启动了1号主变压器后备保护，1号主变压器低压侧后备保护动作延时时间大于10kVⅠ出线定时限过电流保护动作延时时间，10kVⅠ出线故障存在时间达到1号主变压器低压侧后备保护动作延时时间时，由于10kVⅠ出线003断路器拒动，则1号主变压器低压侧后备保护动作跳开1号主变压器二次主001断路器，使10kVⅠ段母线失去电压。

另外，当两台主变压器任意低后备保护动作时，闭锁10kV侧备自投装置。其目的是防止通过10kV分段000断路器再次向已经发生故障的10kVⅠ段母线合闸送电的错误动作行为。

3. 处理步骤

（1）获知事故发生地点或接到调控中心指令后应立即赶赴现场。

（2）检查一、二次设备的动作情况及表计、信号指示情况，将检查结果由运维负责人向调控中心当值值班人员汇报清楚。

（3）根据检查结果和分析原因进行处理。

具体处理步骤如下：

（1）运维人员对一、二次设备进行检查（不少于两人）。

（2）检查本站内二次设备运行工况，主要检查本站监控机、1号主变压器、10kVⅠ出线、10kV 1号电容器保护屏和备自投装置屏，与监控机核对保护动作无误。记录保护及自动装置动作现象，调取、打印故障报告。

汇报调控中心。

（3）一次设备组人员穿绝缘靴、戴绝缘手套、安全帽，检查一次设备。

1）检查检查1号主变压器本体、66(35)kV GIS设备及10kVⅠ段母线连接的所有设备单元设备，发现1号主变压器二次主001断路器在开位。

检查10kVⅠ段母线所属设备单元10kVⅠ出线003、10kVⅡ出线004、10kV 1号接地变压器005断路器在合位，10kV 1号电容器006、10kV分段000断路器在开位。

2）检查10kVⅠ段母线电压指示0值。

3）检查10kV 1号接地变压器控制屏低压三相电压表指示值正确，10kV 1号接地变压器0.4kV侧41进线断路器在开位，检查10kV 1号接地变压器0.4kV低压侧交流接触器确在分位，10kV 1、2号接地变压器0.4kV侧分段40断路器确在合位。

立即汇报调控中心和生产调度。

（4）根据调控中心命令进行下述操作：

步骤一：隔离故障点。

1）检查10kVⅠ段母线电压表计指示0值。

2）检查10kVⅠ出线003断路器三相电流表计指示正确，电流A相＿＿＿A、B相＿＿＿A、C相＿＿＿A。

3）检查10kVⅠ出线003断路器合位监控信号指示正确。

4）检查 10kV Ⅰ出线保护测控装置断路器位置指示正确。

5）检查 10kV Ⅰ出线 003 断路器分位机械位置指示正确。

6）将 10kV Ⅰ出线 003 断路器操作方式开关由远方切至就地位置。

7）将 10kV Ⅰ出线 003 小车开关拉至试验位置。

8）检查 10kV Ⅰ出线 003 小车开关确已拉至试验位置。

步骤二：事故处理。

1）退出 10kV 备投装置功能（具体操作步骤略）。

2）退出 66kV 备投装置功能（具体操作步骤略）。

3）选择 10kV Ⅱ出线 004 断路器分闸。

4）检查 10kV Ⅱ出线 004 断路器分闸选线正确。

5）拉开 10kV Ⅱ出线 004 断路器。

6）检查 10kV Ⅱ出线 004 断路器分位监控信号指示正确。

7）检查 10kV Ⅱ出线 004 断路器分位机械位置指示正确。

8）检查 10kV Ⅱ出线 004 断路器三相电流表计指示正确，电流 A 相____ A，B 相____ A，C 相____ A。

9）选择 10kV 1 号接地变压器 005 断路器分闸。

10）检查 10kV 1 号接地变压器 005 断路器分闸选线正确。

11）拉开 10kV 1 号接地变压器 005 断路器。

12）检查 10kV 1 号接地变压器 005 断路器分位监控信号指示正确。

13）检查 10kV 1 号接地变压器 005 断路器分位机械位置指示正确。

14）检查 10kV 1 号接地变压器 005 断路器三相电流表计指示正确，电流 A 相____ A，B 相____ A，C 相____ A。

15）投入 10kV 分段 000 断路器操控屏充电保护。

16）选择 10kV 分段 000 断路器合闸

17）检查 10kV 分段 000 断路器合闸选线正确。

18）合上 10kV 分段 000 断路器

19）检查 10kV 分段 000 断路器电流表计指示正确，电流 A 相____ A、B 相____ A、C 相____ A。

20）检查 10kV 分段 000 断路器合位监控信号指示正确。

21）检查 10kV 分段保护测控装置断路器位置指示正确。

22）检查 10kV 分段 000 断路器合位机械位置指示正确。

23）退出 10kV 分段 000 断路器操控屏充电保护。

24）检查 10kV Ⅰ段母线电压表计指示正确。

25）选择 1 号主变压器 10kV 侧 001 断路器合闸。

26）检查 1 号主变压器 10kV 侧 001 断路器合闸选线正确。

27）合上 1 号主变压器 10kV 侧 001 断路器。

28）检查 1 号主变压器 10kV 侧 001 断路器合位监控信号指示正确。

29）检查 1 号主变压器 10kV 侧 001 断路器合位机械位置指示正确。

30）检查 1 号主变压器 10kV 侧 001 断路器三相电流表计指示正确，电流 A 相____ A、

B 相_____ A、C 相_____ A。

31）选择 10kV 分段 000 断路器分闸。

32）检查 10kV 分段 000 断路器分闸选线正确。

33）拉开 10kV 分段 000 断路器。

34）检查 10kV 分段 000 断路器电流表计指示正确，电流 A 相_____ A、B 相_____ A、C 相_____ A。

35）检查 10kV 分段 000 断路器分位监控信号指示正确。

36）检查 10kV 分段保护测控装置断路器位置指示正确。

37）检查 10kV 分段 000 断路器分位机械位置指示正确。

38）选择 10kV Ⅱ 出线 004 断路器合闸。

39）检查 10kV Ⅱ 出线 004 断路器合闸选线正确。

40）合上 10kV Ⅱ 出线 004 断路器。

41）检查 10kV Ⅱ 出线 004 断路器合位监控信号指示正确。

42）检查 10kV Ⅱ 出线 004 断路器合位机械位置指示正确。

43）检查 10kV Ⅱ 出线 004 断路器三相电流表计指示正确，电流 A 相_____ A、B 相_____ A、C 相_____ A。

44）选择 10kV 1 号接地变压器 005 断路器合闸。

45）检查 10kV 1 号接地变压器 005 断路器合闸选线正确。

46）合上 10kV 1 号接地变压器 005 断路器。

47）检查 10kV 1 号接地变压器 005 断路器合位监控信号指示正确。

48）检查 10kV 1 号接地变压器 005 断路器合位机械位置指示正确。

49）检查 10kV 1 号接地变压器 005 断路器三相电流表计指示正确，电流 A 相_____ A、B 相_____ A、C 相_____ A。

50）选择 10kV 1 号电容器 006 断路器合闸。

51）检查 10kV 1 号电容器 006 断路器合闸选线正确。

52）合上 10kV 1 号电容器 006 断路器。

53）检查 10kV 1 号电容器 006 断路器合位监控信号指示正确。

54）检查 10kV 1 号电容器 006 断路器合位机械位置指示正确。

55）检查 10kV 1 号电容器 006 断路器三相电流表计指示正确，电流 A 相_____ A、B 相_____ A、C 相_____ A。

56）投入 10kV 备投装置功能（具体操作步骤略）。

57）投入 66kV 备投装置功能（具体操作步骤略）。

58）站用电 0.4kV 侧电源切换操作（具体操作步骤略）。

步骤三：布置安全措施及工作流程完善。

1）检查 10kV Ⅰ 出线电流互感器线路侧带电显示器三相指示无电。

2）合上 10kV Ⅰ 出线 003-QS3 接地开关。

3）检查 10kV Ⅰ 出线 003-QS3 接地开关确在合位。

4）拉开 10kV Ⅰ 出线 003 断路器保护电源空气断路器。

5）拉开 10kV Ⅰ 出线 003 断路器控制直流电源空气断路器。

6）取下 10kV Ⅰ 出线 003 小车开关二次插件。

7）将 10kV Ⅰ 出线 003 小车开关拉至检修位置。

8）检查 10kV Ⅰ 出线 003 小车开关确已拉至检修位置。

9）在 10kV Ⅰ 出线 003 断路器操作把手上分别挂"禁止合闸，线路有人工作!"标示牌（调控中心通知配电专业巡线、故障处理）。

10）将上述情况汇报调控中心及有关人员。同时准备好 10kV Ⅰ 出线送电的操作票。

4．故障处理的关键点

（1）能够正确调取和阅读故障信息报告，根据故障现象和故障信息能够正确分析故障的性质，判断故障范围，并能够正确分析掌握在故障处理过程中存在的危险源，制订出合理、严谨的故障处理步骤和危险点控制措施。

（2）到现场检查、处理故障的工作人员应穿戴合格的安全用具。

（3）及时汇报调控中心。

（4）正确隔离故障点后才能进行事故处理。

（5）注意区分 10kV Ⅰ 段母线故障与 10kV Ⅰ 线路故障 003 断路器拒动时，1 号主变压器后备保护动作的故障现象及处理步骤之异同。

（6）掌握主变压器后备保护和备自投装置的工作原理，特别要掌握主变后备保护与备自投装置之间的闭锁逻辑关系。

目标驱动二：处理变电站 1 号主变压器差动保护动作，66(35)kV Ⅰ 进线 101 断路器拒动故障

××变电站一次设备接线方式如图 4-13 所示（运行方式：Ⅰ进线 101 断路器代 1 号主变压器、10kV Ⅰ 段母线运行，Ⅱ进线 102 断路器代 2 号主变压器、10kV Ⅱ 段母线运行，内桥 100 断路器、10kV 分段 000 断路器热备用），××变电站高压侧为内桥接线（GIS 设备），10kV 侧为单母分段接线（小车开关柜）。

保护配置请见第四章第一节【模块六】目标驱动二中所述。

1．现象

66(35)kV Ⅰ 进线 101 断路器在合位。66(35)kV Ⅰ 母线变绿色，电压指示 0 值。10kV Ⅰ 段母线没有变色，电压指示正常值。

其他请见第四章第二节【模块三】目标驱动二中"（一）现象"内容。

2．故障现象分析

一般情况下，内桥接线的高压侧进线断路器不配有专用的保护装置，高压侧进线电流互感器至线路部分不在变压器差动保护范围之内，在上一级线路后备保护范围之内。

××变电站在 1 号主变压器差动保护动作，故障现象分析应与第四章第二节【模块三】目标驱动二中的"故障现象分析"一致。

3．处理步骤

步骤一：隔离故障点。

（1）检查 1 号主变压器 10kV 侧 001 断路器确在分位。

（2）检查 1 号主变压器 10kV 侧 001 断路器三相电流表计指示正确，电流 A 相＿＿ A、B 相＿＿A、C 相＿＿A。

（3）检查 66(35)kV 内桥 100 断路器分位监控信号指示正确。

（4）检查 66(35)kV 内桥保护测控装置断路器位置指示正确。

（5）检查 66(35)kV 内桥 100 断路器汇控柜位置指示确在分位。

（6）检查 66(35)kV 内桥 100 断路器分位机械位置指示正确。

（7）检查 66(35)kV 内桥 100 断路器三相电流表计指示正确，电流 A 相＿＿＿ A、B 相＿＿＿ A、C 相＿＿＿ A。

（8）检查 66(35)kVⅠ进线 101 断路器合位监控信号指示正确。

（9）检查 66(35)kVⅠ进线保护测控装置断路器位置指示正确。

（10）检查 66(35)kVⅠ进线 101 断路器汇控柜位置指示确在合位。

（11）检查 66(35)kVⅠ进线 101 断路器合位机械位置指示正确。

（12）检查 66(35)kVⅠ进线 1013 隔离开关线路侧带电显示器三相指示无电。

（13）检查 66(35)kVⅠ进线 101 断路器三相电流表计指示正确，电流 A 相＿＿＿ A、B 相＿＿＿ A、C 相＿＿＿ A。

（14）将 66(35)kVⅠ进线 101 断路器汇控柜操作方式选择开关由远控切至近控位置。

（15）合上 66(35)kVⅠ进线 101 断路器汇控柜隔离开关电机电源空气断路器。

（16）选择 66(35)kVⅠ进线 1013 隔离开关分闸。

（17）检查 66(35)kVⅠ进线 1013 隔离开关分闸选线正确。

（18）拉开 66(35)kVⅠ进线 1013 隔离开关。

（19）检查 66(35)kVⅠ进线 1013 隔离开关分位监控信号指示正确。

（20）检查 66(35)kVⅠ进线 1013 隔离开关汇控柜位置指示确在分位。

（21）检查 66(35)kVⅠ进线 1013 隔离开关位置指示器确在分位。

（22）选择 66(35)kVⅠ进线 1011 隔离开关分闸。

（23）检查 66(35)kVⅠ进线 1011 隔离开关分闸选线正确。

（24）拉开 66(35)kVⅠ进线 1011 隔离开关。

（25）检查 66(35)kVⅠ进线 1011 隔离开关分位监控信号指示正确。

（26）检查 66(35)kVⅠ进线 1011 隔离开关汇控柜位置指示确在分位。

（27）检查 66(35)kVⅠ进线 1011 隔离开关位置指示器确在分位。

步骤二：事故处理。

（1）退出 10kV 备投装置功能（具体操作步骤略）。

（2）退出 66kV 备投装置功能（具体操作步骤略）。

（3）退出 1 号主变压器主保护跳 66(35)kVⅠ进线 101 断路器出口连接片（具体操作步骤略）。

（4）退出 1 号主变压器后备保护跳 66(35)kVⅠ进线 101 断路器出口连接片（具体操作步骤略）。

（5）退出 1 号主变低后备出口跳 10kV 分段 000 断路器出口连接片（具体操作步骤略）。

（6）退出 1 号主变高后备出口跳 10kV 分段 000 断路器出口连接片（具体操作步骤略）。

（7）投入 66(35)kV 内桥 100 断路器充电保护。

（8）选择 66(35)kV 内桥 100 断路器合闸。

（9）检查 66(35)kV 内桥 100 断路器合闸选线正确。

（10）合上 66(35)kV 内桥 100 断路器。

（11）检查 66(35)kVⅠ母线电压指示正确。

（12）检查 66(35)kV 内桥 100 断路器电流表计指示正确，电流 A 相＿＿＿ A、B 相＿＿＿ A、C 相＿＿＿ A。

（13）检查 66(35)kV 内桥 100 断路器合位监控信号指示正确。

（14）检查 66(35)kV 内桥保护测控装置断路器位置指示正确。

（15）检查 66(35)kV 内桥 100 断路器汇控柜位置指示确在合位。

（16）检查 66(35)kV 内桥 100 断路器合位机械位置指示正确。

（17）退出 66(35)kV 内桥 100 断路器充电保护。

（18）选择 1 号主变压器 10kV 侧 001 断路器合闸。

（19）检查 1 号主变压器 10kV 侧 001 断路器合闸选线正确。

（20）合上 1 号主变压器 10kV 侧 001 断路器。

（21）检查 1 号主变压器 10kV 侧 001 断路器合位监控信号指示正确。

（22）检查 1 号主变压器 10kV 侧 001 断路器合位机械位置指示正确。

（23）检查 1 号主变压器 10kV 侧 001 断路器三相电流表计指示正确，电流 A 相＿＿＿ A、B 相＿＿＿ A、C 相＿＿＿ A。

（24）选择 10kV 分段 000 断路器分闸。

（25）检查 10kV 分段 000 断路器分闸选线正确。

（26）拉开 10kV 分段 000 断路器。

（27）检查 10kV 分段 000 断路器电流表计指示正确，电流 A 相＿＿＿ A、B 相＿＿＿ A、C 相＿＿＿ A。

（28）检查 10kV 分段 000 断路器分位监控信号指示正确。

（29）检查 10kV 分段保护测控装置断路器位置指示正确。

（30）检查 10kV 分段 000 断路器分位机械位置指示正确。

（31）选择 10kV 1 号电容器 006 断路器合闸。

（32）检查 10kV 1 号电容器 006 断路器合闸选线正确。

（33）合上 10kV 1 号电容器 006 断路器。

（34）检查 10kV 1 号电容器 006 断路器合位监控信号指示正确。

（35）检查 10kV 1 号电容器 006 断路器合位机械位置指示正确。

（36）检查 10kV 1 号电容器 006 断路器三相电流表计指示正确，电流 A 相＿＿＿ A、B 相＿＿＿ A、C 相＿＿＿ A。

（37）投入 10kV 备投装置功能（具体操作步骤略）。

（38）投入 1 号主变低后备出口跳 10kV 分段 000 断路器出口连接片（具体操作步骤略）。

（39）投入 1 号主变高后备出口跳 10kV 分段 000 断路器出口连接片（具体操作步骤略）。

（40）站用电 0.4kV 侧电源切换操作（具体操作步骤略）。

步骤三：布置安全措施及工作流程完善。

（1）合上 66(35)kVⅠ进线 1011-QS1 接地开关。

（2）检查 66(35)kVⅠ进线 1011-QS1 接地开关汇控柜位置指示确在合位。

（3）检查 66(35)kVⅠ进线 1011-QS1 接地开关合位机械位置指示正确。

（4）检查 66(35)kVⅠ进线 1011-QS1 接地开关合位监控信号指示正确。

（5）合上 66(35)kVⅠ进线 1013-QS2 接地开关。

（6）检查 66(35)kVⅠ进线 1013-QS2 接地开关汇控柜位置指示确在合位。

（7）检查 66(35)kVⅠ进线 1013-QS2 接地开关合位机械位置指示正确。

（8）检查 66(35)kVⅠ进线 1013-QS2 接地开关合位监控信号指示正确。

（9）将 66(35)kVⅠ进线 101 断路器汇控柜操作方式选择开关由近控切至远控位置。

（10）拉开 66(35)kVⅠ进线 101 断路器汇控柜隔离开关电机电源空气断路器。

（11）拉开 66(35)kVⅠ进线 101 断路器汇控柜断路器储能电源空气断路器。

（12）拉开 66(35)kVⅠ进线 101 断路器控制直流电源空气断路器。

4. 故障处理的关键点

（1）能够正确调取和阅读故障信息报告，根据故障现象和故障信息能够正确分析故障的性质，判断故障范围，并能够正确分析掌握在故障处理过程中存在的危险源，制订出合理、严谨的故障处理步骤和危险点控制措施。

（2）到现场检查、处理故障的工作人员应穿戴合格的安全用具。

（3）及时汇报调控中心。

（4）正确隔离故障点后才能进行事故处理。

（5）注意区分内桥接线主变差动保护动作正确跳闸与主变差动保护动作断路器拒动时的故障现象及处理步骤的异同。

（6）掌握主变差动保护和备自投装置的工作原理，特别要掌握主变主保护与备自投装置之间的闭锁逻辑关系。

危险预控

请见第四章第二节【模块四】中危险预控的相关内容。

思维拓展

以下其他情景下的事故处理步骤请读者思考后写出：

（1）图 4-13 的运行方式下，"处理变电站 10kVⅢ线路相间短路保护动作，10kVⅢ线路 009 断路器拒动故障"的处理步骤。

（2）图 4-13 的运行方式下，"处理变电站 2 号主变压器瓦斯保护动作，66(35)kVⅡ进线 102 断路器拒动故障"的处理步骤。

（3）图 4-13 的运行方式下，"处理变电站 2 号主变压器瓦斯保护动作，10kV 分段 000 断路器拒动故障"的处理步骤。

相关知识

1. 断路器拒动原因分析

断路器正常动作由控制部分和机械部分两部分共同完成，因此断路器拒动原因可分为控制部分故障和机械部分故障。

（1）控制部分故障。接受保护装置发出的分/合闸命令，并提供相关继电器（接触器）线圈电源，使分/合闸回路接通，分/合闸带电，使机械部分动作；此外，对于提供断路器储能单元的相关电气控制部分，也可作为控制部分进行考虑。

1）分/合闸回路不通。

a. 辅助开关接触不良或是未转换。

b. 接触器（继电器）线圈未带电或损坏，导致相关接点未闭合。

c. 回路中端子松脱分/合闸线圈损坏。

d. 分/合闸回路中串联电阻损坏。

2）分/合闸操作电源缺陷。

3）储能电气回路故障。储能回路不通，导致断路器拒动（对弹簧操作机构，一般情况下，断路器为合后储能，因此可能导致的结果为拒合）。

4）操作压力闭锁。闭锁接点因某种原因误接通，导致分/合闸被断开。如压力降至闭锁值，一般情况下为接点损坏。

5）SF$_6$气体压力闭锁。闭锁接点因某种原因误接通，导致分/合闸被断开。

关键点：辅助开关接点、接触器（继电器）接点、分合闸线圈。一般情况下为接点损坏。

（2）机械部分故障。断路器机械部分主要分为操作机构和传动机构两部分。

操作机构实际上指的是独立于断路器本体的机械部分，负责接受分合闸线圈动作指令，并最终形成机械动力输出。目前在运的断路器操作机构多为液压、弹簧、气动形式。

传动机构将机械动力输出通过传动杆作用于断路器动触头，最终使断路器动作。

1）操作机构分/合闸铁芯缺陷。

a. 间隙调整不当，导致不能击发挚子。

b. 动作电压调整不当，导致击发力不足。

c. 分/合闸铁芯卡涩，导致击发力不足或是不能击发。

2）操作机构挚子缺陷。

a. 由于元件磨损或是变形导致局部受力卡涩。

b. 由于元件磨损变形导致的保持挚子功能失效。

c. 由于加工误差导致的保持挚子功能失效。

3）操作机构连杆缺陷。

a. 由于元件磨损或是变形导致的局部受力卡涩。

b. 由于调整不当导致的无法过"死点"。

4）储能元件缺陷。储能元件缺陷，导致动作异常。如储能弹簧突然断裂、液压机构密封突然损坏等原因导致操作功消失，这种极端情况下后果可能很严重，会导致断路器设备开断关合故障。

5）液压机构的控制阀缺陷。液压机构分/合闸命令主要是以分合闸铁芯动作使控制阀动作，提供分/合闸高压油，并通过相关阀的开闭实现分合操作。因此，一旦控制阀出现缺陷，导致的结果就是断路器拒动。原因是多方面的，其中阀芯的磨损卡涩是原因之一。此外，相关管路的密封不良引起的泄漏也可能导致控制阀的不正确动作。

6）传动机构缺陷。

a. 传动机构松脱，无法带动动静头运动。

b. 传动机构卡涩，阻止传动杆运动。

关键部位：绝缘拉杆与动触头连接部位，粘接或是销接方式均有可能。

2. 断路器运行中发生拒绝跳闸故障的处理原则

断路器的"拒跳"对系统安全运行威胁很大，一旦某一线路发生故障时；断路器拒动，将会造成上一级断路器跳闸，称为"越级跳闸"。这将扩大事故停电范围，甚至有时会导致系统解列，造成大面积停电的恶性事故。因此，"拒跳"比"拒合"带来的危害性更大。对"拒跳"故障的处理方法如下。

（1）根据事故现象，可判别是否属断路器"拒跳"事故。

"拒跳"故障的特征为如下：

1）保护信号灯亮，信号显示保护动作，但该回路红灯仍亮，其电流、有功、无功值指示零值。上一级的后备保护如主变压器后备保护等动作，主回路电流、有功、无功值指示零值。相应母线电压值指示零值。

2）保护信号灯亮，信号显示保护动作，但该回路红、绿灯均灭，其电流、有功、无功值指示零值。上一级的后备保护如主变压器后备保护等动作，主回路电流、有功、无功值指示零值。相应母线电压值指示零值。

3）在个别情况下后备保护不能及时动作，主回路元件会有短时电流指示值剧增，电压指示值降低，功率变化频繁等现象发生，主变压器发出沉重嗡嗡异常响声，而相应断路器仍处在合位。

（2）确定断路器故障后，应立即隔离故障点。

1）当上级后备保护动作造成停电时，若查明有分路保护动作，通过对变电站一、二次设备检查确认拒动断路器，且该断路器的电流、有功、无功值指示零值，该设备单元失去电压，同时与之所连接的电源断路器电流、有功、无功值指示零值，此时应拉开拒动断路器两侧隔离开关及与失去母线电压所连接的断路器，合上上级电源断路器，恢复送电。

此时若是小车开关，应手动采用电气或机械分闸的方法拉开小车开关，然后将小车开关拉出。

2）若查明各分路保护均未动作，则应检查停电范围内设备有无故障，若无故障应拉开所有分路断路器，合上电源断路器后，逐一试送各分路断路器。当送到某一分路时电源断路器又再跳闸，则可判明该断路器为故障（拒跳）断路器。这时应将其隔离，同时恢复其他回路供电。

3）当尚未判明故障断路器之前而主变压器电源总断路器电流指示值最大，异常声响强烈，应判明此时是变压器正常过负荷还是变压器向故障点输送短路电流，若判明此时的现象是变压器向故障点输送短路电流造成的，应先拉开电源总断路器，以防烧坏主变压器。

4）在检查"拒跳"断路器除属可迅速排除的一般电气故障（如控制电源电压过低，或控制回路熔断器接触不良，熔丝熔断、空气开关跳闸等）外，对一时难以处理的电气或机械性故障，均应联系调度，将故障设备转检修处理。

【模块六】 二次设备故障分析及处理

核心知识 --

（1）变电站二次设备与一次设备之间的关系。

（2）变电站二次设备故障的主要故障类型和产生原因。

关键技能 --

（1）正确发现及分析变电站二次设备故障发生时的现象。

（2）掌握变电站二次设备故障时的正确处理原则和步骤。

（3）在处理变电站二次设备故障过程中运维人员能够对潜在的危险点正确认知并能提前预控危险。

目标驱动 --

目标驱动一：处理变电站 10kVⅠ出线相间短路，10kVⅠ出线保护装置故障

××变电站一次设备接线方式如图 4-13 所示（运行方式：Ⅰ进线 101 断路器代 1 号主变压器、10kVⅠ段母线运行，Ⅱ进线 102 断路器代 2 号主变压器、10kVⅡ段母线运行，内桥 100 断路器、10kV 分段 000 断路器热备用），××变电站高压侧为内桥接线（GIS 设备），10kV 侧为单母分段接线（小车开关柜）。

保护配置请见第四章第一节【模块六】目标驱动二中所述。

1. 现象

告警信息窗显示信息中没有××变电站 10kVⅠ出线任何信息。

变电站当地保护屏显示信息中××变电站 10kVⅠ出线保护及操控屏上液晶屏上没有任何信息，电流表计指示 0 值。

其他请见第四章第二节【模块五】目标驱动一中"（一）现象"内容。

2. 故障现象分析

（1）10kVⅠ出线故障现象分析。

请见四章第二节【模块二】目标驱动一中"故障现象分析"内容。

（2）主变压器后备保护分析。

请见四章第二节【模块四】目标驱动一中"故障现象分析"内容。

（3）电容器低电压保护动作分析。

请见第四章第二节【模块三】目标驱动一中"电容器低电压保护动作分析"内容。

（4）备自投装置未动作分析。

请见四章第二节【模块四】目标驱动一中"备自投装置未动作分析"内容。

（5）10kVⅠ出线相间短路，10kVⅠ出线保护装置故障分析。

10kVⅠ出线末端发生相间短路时，10kVⅠ出线定时限过电流保护应动作跳开 10kVⅠ出线 003 断路器，切除故障，但由于 10kVⅠ出线保护装置故障，因此其保护失灵。在 10kVⅠ出线末端发生相间短路时就已经启动了 1 号主变压器后备保护，1 号主变压器低压侧后备保护动作延时时间大于 10kVⅠ出线定时限过电流保护动作延时时间，10kVⅠ出线故障存在时间达到 1 号主变压器低压侧后备保护动作延时时间时，由于 10kVⅠ出线 003 断路器拒动，则 1 号主变压器低压侧后备保护动作跳开 1 号主变压器二次主 001 断路器，使 10kVⅠ段母线失去电压。

另外，当两台主变压器任意低后备保护动作时，闭锁 10kV 侧备自投装置。其目的是防止通过 10kV 分段 000 断路器再次向已经发生故障的 10kVⅠ段母线合闸送电的错误动作行为。

3. 处理步骤

请见第四章第二节【模块五】目标驱动一中"（三）处理步骤"内容。

4. 故障处理的关键点

请见第四章第二节【模块五】目标驱动一中"（四）故障处理的关键点"内容。当应注意断路器拒动与保护拒动时的故障现象及处理步骤之异同。

目标驱动二：处理变电站 1 号主变压器差动保护区相间短路，1 号主变压器保护装置故障

××变电站一次设备接线方式如图 4-13 所示（运行方式：Ⅰ进线 101 断路器代 1 号主变压器、10kVⅠ段母线运行，Ⅱ进线 102 断路器代 2 号主变压器、10kVⅡ段母线运行，内桥 100 断路器、10kV 分段 000 断路器热备用），××变电站高压侧为内桥接线（GIS 设备），10kV 侧为单母分段接线（小车开关柜）。

1. 现象

1 号主变压器保护装置屏面图如图 4-41 所示。

（1）监控系统显示内容。

1）一次系统接线图显示信息。

a.××变电站 66(35)kVⅠ进线 101 断路器变绿色闪光，有功、无功、电流均显示 0 值。

b.××变电站 66(35)kV 内桥 101 断路器变红色闪光，有功、无功、电流均显示 0 值。

c.××变电站 66(35)kVⅡ进线 102 断路器红色，有功、无功、电流均显示 0 值。

d.××变电站 10kV 分段 000 断路器变红色闪光，有功、无功、电流均显示 0 值。

e.××变电站 1 号主变压器低压侧 001 断路器变绿色闪光，有功、无功、电流均显示 0 值。

f.××变电站 10kV 1 号电容器 006 断路器变绿色闪光，无功、电流均显示 0 值。

g.10kVⅠ出线 003、10kVⅡ出线 004、1 号接地变压器 005 断路器红色，有功、无功、电流均显示 0 值。

h.××变电站 2 号主变压器低压侧 002 断路器红色，有功、无功、电流均显示 0 值。

i.××变电站 10kV 2 号电容器 007 断路器变绿色闪光，无功、电流均显示 0 值。

j.10kVⅢ线路 009、10kVⅣ线路 010、2 号接地变压器 008 断路器红色，有功、无功、电流均显示 0 值。

k.66(35)kVⅠ、Ⅱ母线变绿色，电压指示 0 值。

l.10kVⅠ、Ⅱ段母线变绿色，电压指示 0 值。

2）告警信息窗显示信息。

a.××变电站"事故总信号"、"预告信号"。

b.××变电站 10kV 1 号电容器"出口跳闸"、"低电压动作"、"10kV 1 号电容器 006 断路器跳闸"。

c.××变电站 1 号接地变压器、10kVⅠ出线、10kVⅡ出线保护装置显示"TV 断线"。

d.××变电站备自投装置"10kV 备自投动作"、"66(35)kV 备自投动作"信息显示。

e.××变电站"1 号主变压器低压侧 001 断路器跳闸"。

f.××变电站"66(35)kVⅠ进线 101 断路器跳闸"。

g.××变电站"66(35)kV 内桥 100 断路器合闸"。

h. ××变电站"10kV 分段 000 断路器合闸"。

i. ××变电站 10kV 2 号电容器"出口跳闸"、"低电压动作"、"10kV 2 号电容器 007 断路器跳闸"。

j. ××变电站 2 号接地变压器、10kVⅢ线路、10kVⅣ线路保护装置显示"TV 断线"。

k. ××变电站 66(35)kVⅠ、Ⅱ母线"TV 断线"。

l. ××变电站 10kVⅠ、Ⅱ段母线"TV 断线"。

m. ××变电站直流电源充电机 1、2 电源故障,站用电Ⅰ、Ⅱ母失电。

(2) 变电站当地保护屏显示信息。

1) ××变电站 1 号主变压器保护装置电压切换 1"1 母"、电压切换 2"1 母"运行绿灯灭,液晶屏无信息显示。

2) ××变电站 2 号主变压器保护装置电压切换 1"1 母"、电压切换 2"1 母"运行绿灯灭,液晶屏无信息显示。

3) ××变电站备自投装置液晶屏"10kV 备投加速动作"、"66(35)kV 备投加速动作"信息显示。

4) ××变电站 66(35)kVⅠ进线测控屏"跳闸"信息红灯亮,"分位"信息绿灯亮。电流表计指示 0 值。

5) ××变电站 66(35)kV 内桥测控屏"合闸"信息红灯亮,"合位"信息红灯亮。电流表计指示 0 值。

(3) 变电站当地一次设备显示信息。

1) ××变电站 10kV 1 号电容器 006 断路器保护及操控屏上液晶屏"低电压动作"信息显示,"跳闸"信息红灯亮,"分位"信息绿灯亮。电流表计指示 0 值。

10kV 1 号电容器 006 断路器在分位。

2) ××变电站 10kV 分段 000 断路器保护及操控屏上"合闸"信息红灯亮,"合位"信息红灯亮。电流表计指示 0 值。

10kV 分段 000 断路器在合位。

3) ××变电站 1 号主变压器低压侧 001 断路器操控屏上电流表计指示 0 值。

1 号主变压器低压侧 001 断路器在分位。

4) 66(35)kV GIS 设备显示 66(35)kVⅠ进线 101 断路器在分位。

5) 1 号主变压器 66(35)kV 侧套管 AB 相闪络放电。

6) ××变电站 10kV 2 号电容器 007 断路器保护及操控屏上液晶屏"低电压动作"信息显示,"跳闸"信息红灯亮,"分位"信息绿灯亮。电流表计指示 0 值。

10kV 2 号电容器 007 断路器在分位。

7) ××变电站 2 号主变压器低压侧 002 断路器操控屏上电流表计指示 0 值。

2 号主变压器低压侧 002 断路器在合位。

8) 66(35)kV GIS 设备显示 66(35)kVⅡ进线 102 断路器在合位。

9) 66(35)kV GIS 设备显示 66(35)kV 内桥 100 断路器在合位。

10) 10kVⅠ出线 003、10kVⅡ出线 004、1 号接地变压器 005 断路器在合位,电流表计指示 0 值。

11) 10kVⅢ线路 009、10kVⅣ线路 010、2 号接地变压器 008 断路器在合位,电流表计指示 0 值。

2. 故障现象分析

（1）变压器纵联差动保护动作分析。

请见第四章第二节【模块三】目标驱动二中"变压器纵联差动保护动作分析"内容。

1 号主变压器 66(35)kV 侧套管 AB 相闪络放电在 1 号主变压器差动保护范围，由于 1 号主变压器差动保护装置故障没有动作，造成 66(35)kV Ⅰ进线 101 断路器和 1 号主变压器低压侧 001 断路器没有跳开，事故扩大蔓延。

（2）备自投装置动作分析。

1）备自投装置工作原理。内桥接线变电站备投工作原理请见第三章第六节【相关知识】中内容。

2）××变电站备自投装置液晶屏"66(35)kV 备投加速动作"、"10kV 备投加速动作"信息显示分析。

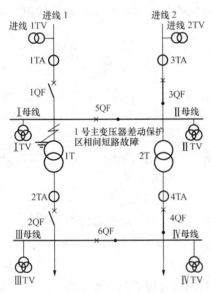

图 4-56　内桥接线内桥、分段断路器备投运行方式 1 号主变压器差动保护区相间短路，保护装置拒动故障后的一次系统接线示意图

内桥接线内桥、分段断路器备投一次系统接线图（××变电站一次系统正常运行方式）如图 4-50 所示，内桥接线内桥、分段断路器备投运行方式 1 号主变压器差动保护区相间短路，保护装置拒动故障后的一次系统接线示意图如图 4-56 所示，内桥接线内桥、分段断路器。

a. "66(35)kV 备投加速动作"分析。

1 号主变压器 66(35)kV 侧套管 AB 相闪络放电在 1 号主变压器差动保护范围，由于 1 号主变压器差动保护装置故障没有动作，造成 66(35)kV Ⅰ进线 101 断路器和 1 号主变压器低压侧 001 断路器没有跳开，故障点没有被切断。但该变电站在上一级 66(35)kV Ⅰ进线的后备保护范围之内，因此上一级 66(35)kV Ⅰ进线的后备保护动作跳开电源侧断路器，切断故障变电站故障点。

如图 4-48、图 4-56、图 4-57 所示，由于 1 号主变压器差动保护装置故障没有向备自投装置发出"主保护闭锁高压侧备自投"闭锁高压侧备自投动作信息，且上述动作行为满足了内桥断路器备投动作的"66(35)kV Ⅰ母线 TV 断线"、"66(35)kV Ⅰ进线无电流"、"66(35)kV Ⅱ进线 102 断路器在合位"、"66(35)kV Ⅱ母线 TV 有电压"的四个条件→高压侧备自投装置动作→跳开 66(35)kV Ⅰ进线 101 断路器（1 号主变压器差动保护装置故障时没有跳开）→合上 66(35)kV 内桥 101 断路器→通过 66(35)kV 内桥 101 断路器向故障点再次输送短路电流→66(35)kV Ⅱ进线上级线路后备保护动作跳闸（定时限过电流保护或距离Ⅱ段 0.5s）→切断故障点→本变电站失去电源→66(35)kV Ⅰ、Ⅱ母线同时失压。

b. "10kV 备投加速动作"分析。

如上所述，当上一级 66(35)kV Ⅰ进线的后备保护动作跳开电源侧断路器，切断故障变

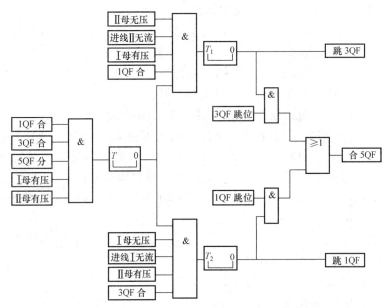

图 4-57　内桥接线内桥、分段断路器备投逻辑框图

电站故障点后，满足了分段断路器备投动作的"10kVⅠ段母线 TV 断线"、"1 号主变压器低压侧无电流"、"1 号主变压器低压侧 002 断路器在合位"、"10kVⅡ段母线 TV 有电压"的四个条件→低压侧备自投装置动作→跳开 1 号主变压器低压侧 001 断路器（1 号主变压器差动保护装置故障时没有跳开）→合上 10kV 分段 000 断路器→恢复 10kVⅠ段母线供电→由于 66(35)kVⅡ进线上级线路后备保护动作跳闸（定时限过电流保护或距离Ⅱ段 0.5s）→切断故障点→本变电站失去电源→10kVⅠ、Ⅱ段母线同时失压。

（3）电容器低电压保护动作分析。

请见第四章第二节【模块三】目标驱动一中"电容器低电压保护动作分析"内容。

3. 处理步骤

（1）获知事故发生地点或接到调控中心指令后应立即赶赴现场。

（2）检查一、二次设备的动作情况及表计、信号指示情况，将检查结果由运维负责人向调控中心当值值班人员汇报清楚。

（3）根据检查结果和分析原因进行处理。

具体处理步骤如下：

（1）运维人员对一、二次设备进行检查（不少于两人）。

（2）检查本站内二次设备运行工况，主要检查本站监控机、1 号主变压器、10kV 1 号电容器保护屏、10kV 2 号电容器保护屏和备自投装置屏，与监控机核对保护动作无误。记录保护及自动装置动作现象，调取、打印故障报告。

汇报调控中心。

（3）一次设备组人员穿绝缘靴，戴绝缘手套、安全帽，检查一次设备。

1）检查检查 1 号主变压器本体、66(35)kV GIS 设备及 10kVⅠ、Ⅱ段母线连接的所有设备单元设备，发现 66(35)kVⅠ进线 101 断路器在分位、66(35)kVⅡ进线 102 断路器在合位、66(35)kV 内桥 100 断路器在合位、2 号主变压器低压侧 002 断路器在合位、1 号主变压器二次主 001 断路器在开位、10kV 分段 000 断路器在开位。

检查 10kV Ⅰ 段母线所属设备单元 10kV Ⅰ 出线 003、10kV Ⅱ 出线 004、10kV 1 号接地变压器 005 断路器在合位，10kV 1 号电容器 006 断路器在开位。

检查 10kV Ⅱ 段母线所属设备单元 10kV Ⅲ 线路 009、10kV Ⅳ 线路 010、2 号接地变压器 008 断路器在合位，10kV 2 号电容器 007 断路器在开位。

2）检查 10kV Ⅰ、Ⅱ 段母线及 66(35)kV Ⅰ、Ⅱ 母线电压指示 0 值。

3）检查 10kV 1 号接地变压器控制屏低压三相电压表指示 0 值，10kV 1 号接地变压器 0.4kV 侧 41 进线断路器在开位，检查 10kV 1 号接地变压器 0.4kV 低压侧交流接触器确在分位，10kV 1、2 号接地变压器 0.4kV 侧分段 40 断路器确在分位，10kV 2 号接地变压器 0.4kV 侧 42 进线断路器在开位，检查 10kV 2 号接地变压器 0.4kV 低压侧交流接触器确在分位。

立即汇报调控中心和生产调度。

（4）根据调控中心命令进行下述操作：

步骤一：隔离故障点。

1）检查 66(35)kV Ⅰ 母线电压表计指示 0 值。

2）检查 66(35)kV Ⅱ 母线电压表计指示 0 值。

3）检查 10kV Ⅰ 段母线电压表计指示 0 值。

4）检查 10kV Ⅱ 段母线电压表计指示 0 值。

5）检查 66(35)kV Ⅰ 进线 101 断路器三相电流表计指示 0 值。

6）检查 66(35)kV Ⅱ 进线 102 断路器三相电流表计指示 0 值。

7）检查 66(35)kV 内桥 100 断路器三相电流表计指示 0 值。

8）拉开 66(35)kV 内桥 100 断路器（具体操作步骤略）。

9）将 66(35)kV Ⅰ 进线 101 断路器操作方式开关由远方切至就地位置。

10）将 66(35)kV 内桥 100 断路器操作方式开关由远方切至就地位置。

11）拉开 1 号主变压器 66(35)kV 侧 1031 隔离开关（具体操作步骤略）。

12）将 1 号主变压器 10kV 侧 001 断路器操作方式开关由远方切至就地位置。

13）将 1 号主变压器 10kV 侧 001 小车开关拉至检修位置（具体操作步骤略）。

步骤二：事故处理。

1）退出 66(35)kV 备投装置功能（具体操作步骤略）。

2）退出 10kV 备投装置功能（具体操作步骤略）。

3）拉开 1 号主变压器保护电源空气断路器。

4）退出 1 号主变压器所有保护连接片（具体操作步骤略）。

5）将 66(35)kV Ⅰ 进线 101 断路器操作方式开关由就地切至远方位置。

6）将 66(35)kV 内桥 100 断路器操作方式开关由就地切至远方位置。

7）拉开 2 号主变压器低压侧 002 断路器（具体操作步骤略）。

8）拉开 10kV 分段 000 断路器（具体操作步骤略）。

9）拉开 10kV Ⅰ 出线 003、10kV Ⅱ 出线 004、1 号接地变压器 005、10kV Ⅲ 线路 009、10kV Ⅳ 线路 010、2 号接地变压器 008 断路器（具体操作步骤略）。

10）联系调度，用 66(35)kV Ⅱ 进线上级断路器对本站 66(35)kV Ⅱ 母线及 2 号主变压器充电操作。

11）检查 66(35)kV Ⅱ 母线电压表计指示正确。

12）2 号主变压器低压侧 002 断路器（具体操作步骤略）。

13）检查 10kV Ⅱ 段母线电压表计指示正确。

14）投入 10kV 分段 000 断路器充电保护（具体操作步骤略）。

15）合上 10kV 分段 000 断路器（具体操作步骤略）。

16）检查 10kV Ⅰ 段母线电压表计指示正确。

17）分别合上 1 号接地变压器 005、2 号接地变压器 008 断路器（具体操作步骤略）。

18）恢复本站 0.4kV 电源正常运行方式（具体操作步骤略）。

19）分别合上 10kV Ⅰ 出线 003、10kV Ⅱ 出线 004、10kV Ⅲ 线路 009、10kV Ⅳ 线路 010 断路器（具体操作步骤略）。

20）监测 2 号主变压器负荷情况（具体操作步骤略）。

21）分别合上 10kV 1 号电容器 006、10kV 2 号电容器 007 断路器（具体操作步骤略）。

22）合上 66(35)kV Ⅰ 进线 101 断路器（具体操作步骤略）。

23）检查 66(35)kV Ⅰ 母线 TV 表计指示正确。

24）投入 66(35)kV 备投装置功能（具体操作步骤略）。

25）投入 10kV 备投装置功能（具体操作步骤略）。

步骤三：布置安全措施及工作流程完善。

1）将 1 号主变压器 66kV（35kV）侧汇控柜操作方式选择开关由远控切至近控位置。

2）合上 1 号主变压器 66kV（35kV）侧 1031-QS2 接地开关。

3）检查 1 号主变压器 66kV（35kV）侧 1031-QS2 接地开关汇控柜位置指示确在合位。

4）检查 1 号主变压器 66kV（35kV）侧 1031-QS2 接地开关合位机械位置指示正确。

5）检查 1 号主变压器 66kV（35kV）侧 1031-QS2 接地开关合位监控信号指示正确。

6）拉开 1 号主变压器 66kV（35kV）侧汇控柜隔离开关电机电源空气断路器。

7）将 1 号主变压器 66kV（35kV）侧汇控柜操作方式选择开关由近控切至远控位置。

8）在 1 号主变压器 10kV 侧出线套管母线桥至母线桥侧三相验电确无电压。

9）在 1 号主变压器 10kV 侧出线套管至母线桥侧装设____号接地线。

10）在 1 号主变压器周围布置符合检修要求的安全措施，通知有关单位进行处理。

11）将上述情况汇报调控中心及有关人员。同时准备好恢复 1 号主变压器送电的操作票。

12）继续监视 2 号主变压器负荷情况及上层油温情况。

13）1 号主变压器故障原因在未查明之前不准将 1 号主变压器投入运行。

4．故障处理的关键点

（1）能够正确调取和阅读故障信息报告，根据故障现象和故障信息能够正确分析故障的性质，判断故障范围，并能够正确分析掌握在故障处理过程中存在的危险源，制订出合理、严谨的故障处理步骤和危险点控制措施。

（2）到现场检查、处理故障的工作人员应穿戴合格的安全用具。

（3）及时汇报调控中心。

（4）加强 2 号主变压器本体上层油温、油位、声音及一、二次回路过热的监视工作。

（5）正确隔离故障点后才能进行事故处理。

（6）掌握主变压器差动保护和备自投装置的工作原理，特别要掌握主变压器主保护正确动作与保护动作失灵时的故障现象及处理步骤的异同。

（7）掌握内桥接线上一级电源线路的保护配置原则及与本站保护的配合关系。

危险预控 -

表 4 - 22 　　　　　　　　　　　二次设备故障处理危险点

序号	二次设备故障处理危险点	控 制 措 施
1	发生事故后，未对一次设备和二次设备进行全面检查，未发现二次设备隐蔽的故障点，误判断为断路器拒动或保护误动并按此处理，造成事故扩大	发生事故后，应全面检查监控系统及变电站当地保护、自动装置的动作情况及信息，检查仪器、仪表、断路器位置、运行方式、现场的声光等信号，判断事故的性质和范围，准确确定故障设备和故障点
2	发生事故后，对二次设备所显示的现象和信息不理解或判断失误，盲目处理，造成事故扩大	加强岗位培训工作，正确解读二次设备所显示的现象和信息，掌握继电保护及自动装置的工作原理，对事故的性质和范围进行准确的判断
3	高压侧母线及主变压器发生故障时，因主变压器保护故障拒动造成变电站失压，在用低压侧分段断路器对失压母线充电操作时，发生故障母线反充电事故	因故障变电站全部失去电压时，应正确隔离故障点，即将故障设备各侧的断路器和隔离开关拉开后，再根据调度命令进行恢复送电操作，防止发生反充电
4	因故障变电站全部失去电压，在恢复送电操作时未确定故障点位置及故障性质，未拉开就用主断路器进行合闸送电，造成事故的扩大	因故障变电站全部失去电压时，拉开失去电压断路器，应采取逐级送电方式，防止造成事故的扩大
5	因故障引起连接在该段母线上的主变压器失压后，若低压侧备自投装置动作，由于负荷转移造成另一台主变压器过负荷、过热	立即汇报调度，根据现场运行规程规定确定变压器允许过负荷倍数及运行时间，必要时采取减负荷或转移措施
6	因故障引起连接在该段母线上的站用变压器失压，使低压交流负载失去电力能源	正确隔离故障设备后，选择正确站用电源运行方式，恢复站用电设备供电
7	防误闭锁装置失灵发生误操作	（1）应及时汇报，限期处理。 （2）积极采取补救措施。 （3）如需解除逻辑闭锁功能进行操作之前应按防误装置使用规定严格执行，不准擅自解除闭锁装置或使用万能解锁钥匙

思维拓展 -

以下其他情景下的事故处理步骤请读者思考后写出：

（1）图 4-13 的运行方式下，"变电站 10kV I 出线相间短路保护动作，10kV I 出线 003 断路器及 1 号主变压器后备保护拒动故障"的处理步骤。

（2）图 4-13 的运行方式下，"变电站 2 号主变压器瓦斯保护动作，10kV 备自投装置拒动故障"的处理步骤。

（3）图 4 - 13 的运行方式下，"变电站 66(35)kV Ⅰ 进线上级线路保护动作，66(35)kV Ⅰ 进线失压，66(35)kV 备自投装置拒动故障"的处理步骤。

相关知识 -

1. 继电器保护及自动装置装置故障原因分析

（1）保护拒动。设备发生故障后，由于继电保护的原因使断路器不能动作跳闸，称为"保护拒动"。

拒动原因如下：

1）电流或电压继电器机械卡死，触点接触不良，引线及焊接线脱开等。

2）保护回路不通，如电流互感器二次侧开路、保护连接片、继路器辅助触点、出口中间继电器触点等接触不良及回路断线。

3）保护电源消失（指控制与保护均独立供电的保护）。

4）电流互感器变比选择不当，故障时电流互感器严重饱和，不能正确反映故障电流的变化。

5）保护整定值计算及调试中发生差错，造成故障时保护不能启动。

6）直流系统多点接地，将出口中间继电器或跳闸线圈短接。

7）微机保护软件或硬件问题。

（2）保护误动。保护装置误动是电网一次系统未发生故障，由于继电保护装置发生动作跳闸，称"保护误动"。

其原因主要如下：

1）直流系统两点接地，使出中间继电器或跳闸线圈带电。

2）延时保护时间元件的整定值变化，使保护动作时间不准，即"越级动作"。

3）整定值计算或调试不正确，或电流互感器、电压互感器回路故障。

4）保护接线错误，或电流互感器二次极性接反。

5）人员误碰，或外力造成短路。

6）微机保护软件或硬件问题。

（3）自动重合闸装置异常。

重合闸装置异常主要是重合闸拒动，其原因主要有如下几方面：

1）重合闸失掉电源。

2）断路器合闸回路接触不良。

3）位置继电器线圈或触点接触不良。

4）重合闸装置内部时间继电器或中间继电器线圈断线或接触不良。

5）重合闸装置内部电容故障，或充电回路故障。

6）重合闸连接片接触不良。

7）防跳跃中间继电器的常闭触点接触不良。

8）合闸熔丝熔断（合闸空气开关跳开）或合闸接触器损坏。

9）微机保护软件或硬件问题。

2. 继电保护及自动装置的运行及故障处理

（1）一般要求。

1）除系统运行方式和检查工作的需要，允许退出的继电保护及自动装置外，凡带有电压的一次设备均不得无保护运行。

2）保护装置的投退应遵守下列规定：

a. 按各级调度的命令执行。

b. 变电站调度的设备，正常时投退由值班长决定，如用户要求，需要改变原运行状况时，必须有单位提出申请，调度计划部门批准执行完毕后，汇报调度。

3）新型试制或改进的保护，应有施工安装单位移交的图纸、有关运行的规定，运维人员学习讨论后，先试运行（由设备主管部门决定试运行期限）试运行良好后由设备主管部门决定投入使用。

4）运维人员在巡视中应及时掌握微机保护的面板温度，特别是电源面板，处理面板，当发热严重时应及时汇报。

5）接有交流电压的保护，交流电压必须取自相应的一次设备母线，在倒闸操作过程中，禁止使保护失去交流电压，在交流电压回路上进行工作，必须采取防止保护误动的措施。

6）二次交流电压中断时，应立即停用下列保护及自动装置。

a. 各类距离保护装置。

b. 灵敏度较高的各类电压闭锁过电流保护。

c. 故障录波器。

7）如果发生下列情况，应停用有关保护：

a. 保护不良有误动危险或已发生误动或装置发告警信号确认需退出保护时。

b. 检查保护工作时。

c. 开关做跨越短接时。

d. 其他为安全专门规定条件，如带电作业时必须退出重合闸等。

8）保护投入前后运维人员应按以下规定顺序检查保护装置：

a. 查看继电器的接点位置正常。

b. 继电器有无掉牌指示。

c. 保护装置的监视表计、灯光指示正确，微机保护指示灯及液晶显示屏显示信号正常。

d. 切换把手、隔离开关、跨线、连片、端子、连接片的位置均应正确。

9）保护动作后，由两人检查掉牌，做好记录进行核对后加以恢复，检查、打印异常情况报告，及时向调度汇报有关情况。

10）运行中的保护及二次回路，禁止其他单位人员进行工作，如因基建工作或其他特殊需要，应取得运维人员和保护班的同意，并有本单位保护人员监护。

11）基建安装单位新装的设备，投运前应由保护工作人员验收，填写验收记录，并向运维人员进行交代清楚后，方可投入运行。

12）当保护检验后，由运行、保护人员共同进行开关的传动试验，装置调试，并记录传动次数。

13）继电保护工作完毕后，运维人员应按以下内容检查继电保护工作人员所填写的继电保护记录。

a. 工作内容或试验性质。

b. 整定值及接线变更情况。

c. 发现问题及带负荷检查的结果。

d. 操作试验及带负荷检查的结果。

e. 对保护使用的意见。

f. 运维人员应注意的事项。

g. 保护能否投入运行的结论。

14）继电保护工作完毕后，运行运维人员应根据下列内容验收：

a. 检查试验中连接的所有临时线是否已全部拆除。

b. 检查在试验中所拆动的接线是否已全部正确恢复。

c. 屏上的标志是否齐全，工作现场是否已清理完毕。

d. 检查连接片是否恢复正常运行位置。

e. 检查图纸与实际相符，改动部分是否画入记录中。

15）两个设备单元的两套保护共同作用于一台断路器时其中一个设备单元停运或检修时，必须退出该单元的所有保护。

16）装有微机保护装置的变电站在周围 50m 内不得使用无线电通信装置等其他产生高频电磁波的设备。

（2）微机保护装置运行的特殊要求。

1）装置投入前按定值通知单要求进行保护连接片投入、接线检查及整定值输入等工作。同时，打印一份保护定值清单并存盘。

2）正常运行时。要定时进行设备的巡视检查，查看装置电源指示灯及有关保护的投入；打印机的电源液晶显示情况等是否正常，做好日常的运行维护工作。保护如动作，记录保护动作情况，记录、打印有关报告，当前定值，及时收集故障录波情况，打印的资料，复归有关信号。

3）为防止经长期运行后的积灰造成爬电短路现象，每隔一段时间，必须将机箱柜和插件进行清洁处理，平时要保持装置柜体清洁，减少灰尘进入。

4）正常运行时，不得随意改变保护定值，定值修改必须有调度部门通知单，同时要退出本套保护装置，改变后经运维人员核对正确方可投运。

5）装置内部作业、检查，要停用整套保护装置。

6）保护插件出现异常更换插件后，要对整套装置重新校验，无误后方可投入使用。

7）保护装置本身使用的交流电压/电流回路，开关量输出回路作业，要停用本套保护装置。

8）保护装置动作后，运维人员根据信号指示情况及打印结果，故障录波装置输出波形，及时分析处理，同时向主管调度汇报有关情况，并做好相关的各种记录，准备好各种分析所需要的资料、报告。

9）为保证打印报告的连续性，严禁乱撕乱放打印纸，妥善保管打印报告，并及时归档。运维人员应在正常巡视时检查打印纸是否充足，字迹是否清晰，打印机电源是否正确连接。

10）装置故障或需全部停运时，要先断开出口连接片，再关装置的直流电源，严禁仅用停直流电源的方法停保护装置。

11）运维人员应掌握保护装置的时钟校对，采样值打印、定值清单打印、报告复制、故障录波器的使用，明确使用规定，按规定的方法、按调令改变定值，进行保护的停投和使用打印机等操作。

12）改变保护装置的定值、程序或接线时，要依据调度或有关方面的通知单（或有批准的图样）方允许工作，并和有关部门进行校对，严禁私自操作、变更。

13）运维人员在巡视装置，发现有端子发热、放电等异常情况时，应先与运维负责人或上级单位取得联系，及时处理。

14）当保护校验后，由运维、保护人员共同进行传动试验。

15）下列情况下应停用整套保护装置：

a. 保护使用的交流电压、交流电流、开关量输入、开关量输出回路作业。

b. 装置内部作业。

c. 继电保护人员输入定值。

16）本保护装置如需停用直流电源，应在两侧保护装置退出停用后，再停直流电源。

17）装置直流电源停用又恢复后，应重新检查、校对时钟。

18）装置出现告警呼唤时，下列情况之一者，应退出相应保护连接片对应的巡检开关，但允许装置其他保护继续动作。

a. 告警灯亮，同时某一个保护插件对应的告警指示灯亮。

b. 总告警灯亮，显示（打印）。

c. 某保护插件"有报告"灯常亮。（此种情况，在退出该保护后，可查对该 CPU 的巡检开关，若是没投入，则应投入，再复位接口插件，该保护插件如能恢复正常，仍可恢复该保护运行）。

19）装置动作后，则中央信号某保护装置光字牌打出，出现异常时，装置告警或装置呼唤光字牌打出，出现这些异常时，均有报告打印，运维人员根据打印报告，显示器显示内容等分析判断，应详细记录装置各种指示灯并打印报告，处理事故，装置复归处理完毕后，立即向主管调度汇报，通知继电保护人员到现场进行处理。

20）保护装置插件出现异常时，继电保护人员应用备用插件更换异常插件。更换的故障插件送维修中心（或制造厂）修理。

21）如出现 TV 或 TA 断线时，则装置将启动中央信号告警光字牌，并且报告打印 TV 或 TA 断线，运维人员可根据内容分析、处理、做好记录并上报。

22）运维人员应熟悉、掌握微机所打印出的各种运行、故障报告的格式、内容及含义。

23）退出某一种保护只需将对应的保护出口连接片打开即可，同时，相应保护运行指示灯灭、液晶屏显示相关保护退出正确，需进行确认操作。

参 考 文 献

［1］ 刘振亚 . 智能电网技术 . 北京：中国电力出版社，2010.

［2］ 国家电力调度中心 . 国家电网公司继电保护培训教材 . 北京：中国电力出版社，2009.

［3］ 国家电网公司人力资源部 . 继电保护及自动装置 . 北京：中国电力出版社，2010.

［4］ 国家电网公司人力资源部 . 变电运行（110kV 及以下）. 北京：中国电力出版社，2012.

［5］ 国家电网公司 . 智能变电站验收细则 .2010.

［6］ 国家电网公司 .110(66)kV～220kV 智能变电站设计规范 .2009.

［7］ 国家电网公司 . 智能变电站一体化监控系统建设技术规范 .2011.

［8］ 国家电网公司人力资源部 . 二次回路 . 北京：中国电力出版社，2010.

［9］ 国家电网公司人力资源部 . 电气试验 . 北京：中国电力出版社，2013.

［10］ 国家电网公司人力资源部 . 变电检修 . 北京：中国电力出版社，2011.

［11］ 焦日升 . 变电站事故分析与处理，上、中册 . 北京：中国电力出版社，2011.

［12］ 焦日升 . 变电站倒闸操作解析，上、中册 . 北京：中国电力出版社，2012.

［13］ 毛琛琳，张功望，刘 毅 . 智能机器人巡检系统在变电站中的应用 . 电网与清洁能源 .2009(9)：
       30-32.

［14］ 张永健 . 电网监控与调度自动化 . 北京：中国电力出版社，2009.

［15］ 张全元 . 变电运行现场技术问答 . 北京：中国电力出版社，2009.

［16］ 马振良 . 变电运行 . 北京：中国电力出版社，2008.

［17］ 陈家斌 . 变电设备运行异常及故障处理技术 . 北京：中国电力出版社，2009.

［18］ 肖信昌 . 变电运行及事故处理技术问答 . 北京：中国电力出版社，2013.